中国国家标准汇编

2008年修订-69

中国标准出版社　编

中国标准出版社
北京

图书在版编目（CIP）数据

中国国家标准汇编：2008年修订．69/中国标准出版社编．—北京：中国标准出版社，2009

ISBN 978-7-5066-5493-7

Ⅰ．中…　Ⅱ．中…　Ⅲ．国家标准-汇编-中国-2008
Ⅳ．T-652．1

中国版本图书馆CIP数据核字（2009）第183736号

中国标准出版社出版发行
北京复兴门外三里河北街16号
邮政编码：100045
网址 www.spc.net.cn
电话：68523946　68517548
中国标准出版社秦皇岛印刷厂印刷
各地新华书店经销

*

开本 880×1230　1/16　印张 37　字数 1 113 千字
2009年11月第一版　2009年11月第一次印刷

*

定价 200.00 元

ISBN 978-7-5066-5493-7

出 版 说 明

1.《中国国家标准汇编》是一部大型综合性国家标准全集。自1983年起，按国家标准顺序号以精装本、平装本两种装帧形式陆续分册汇编出版。它在一定程度上反映了我国建国以来标准化事业发展的基本情况和主要成就，是各级标准化管理机构，工矿企事业单位，农林牧副渔系统，科研、设计、教学等部门必不可少的工具书。

2.《中国国家标准汇编》收入我国每年正式发布的全部国家标准，分为"制定"卷和"修订"卷两种编辑版本。

"制定"卷收入上年度我国发布的、新制定的国家标准，顺延前年度标准编号分成若干分册，封面和书脊上注明"20××年制定"字样及分册号，分册号一直连续。各分册中的标准是按照标准编号顺序连续排列的，如有标准顺序号缺号的，除特殊情况注明外，暂为空号。

"修订"卷收入上年度我国发布的、被修订的国家标准，视篇幅分设若干分册，但与"制定"卷分册号无关联，仅在封面和书脊上注明"20××年修订-1，-2，-3，……"字样。"修订"卷各分册中的标准，仍按标准编号顺序排列(但不连续)；如有遗漏的，均在当年最后一分册中补齐。需提请读者注意的是，个别非顺延前年度标准编号的新制定的国家标准没有收入在"制定"卷中，而是收入在"修订"卷中。

读者配套购买《中国国家标准汇编》"制定"卷和"修订"卷则可收齐上一年度我国制定和修订的全部国家标准。

3. 由于读者需求的变化，自1996年起，《中国国家标准汇编》仅出版精装本。

4. 2008年制修订国家标准共5946项。本分册为"2008年修订-69"，收入新制修订的国家标准20项。

中国标准出版社

2009年10月

出版说明

[illegible]

目　　录

ICS 29.120.40
K 31

GB

中华人民共和国国家标准

GB 14048.6—2008/IEC 60947-4-2:2002
代替 GB 14048.6—1998

低压开关设备和控制设备 第4-2部分:接触器和电动机起动器 交流半导体电动机控制器和起动器(含软起动器)

Low-voltage switchgear and controlgear—
Part 4-2: Contactors and motor-starters—
AC semiconductor motor controllers and starters
(including soft-starter)

(IEC 60947-4-2:2002, IDT)

2008-03-24 发布　　2009-01-01 实施

中华人民共和国国家质量监督检验检疫总局
中国国家标准化管理委员会　发布

前 言

本部分的全部技术内容为强制性。

《低压开关设备和控制设备》是系列标准，目前包括以下各部分：

——GB 14048.1 低压开关设备和控制设备 第1部分：总则

——GB 14048.2 低压开关设备和控制设备 低压断路器

——GB 14048.3 低压开关设备和控制设备 第3部分：开关、隔离器、隔离开关及熔断器组合电器

——GB 14048.4 低压开关设备和控制设备 机电式接触器和电动机起动器

——GB 14048.5 低压开关设备和控制设备 第5-1部分：控制电路电器和开关元件 机电式控制电路电器

——GB 14048.6 低压开关设备和控制设备 接触器和电动机起动器 第2部分：交流半导体电动机控制器和起动器(含软起动器)

——GB 14048.7 低压开关设备和控制设备 辅助电器 第1部分：铜导体的接线端子排

——GB 14048.8 低压开关设备和控制设备 辅助电器 第2部分：铜导体的保护导体接线端子排

——GB 14048.9 低压开关设备和控制设备 多功能电器(设备) 第2部分：控制与保护开关电器(设备)

——GB/T 14048.10 低压开关设备和控制设备 控制电路电器和开关元件 第2部分：接近开关

——GB/T 14048.11 低压开关设备和控制设备 第6部分：多功能电器 第1篇：自动转换开关电器

——GB/T 14048.16 低压开关设备和控制设备 第8部分：旋转电机装入式热保护(PTC)控制单元

本部分是GB 14048《低压开关设备和控制设备》系列标准的一部分，要求大量引用GB 14048.1—2006《低压开关设备和控制设备 第1部分：总则》中的条款，故在使用中需与GB 14048.1—2006结合使用。

本部分等同采用IEC 60947-4-2:2002《低压开关设备和控制设备 第4-2部分：接触器和电动机起动器 交流半导体电动机控制器和起动器》，并补充说明如下：

——交流额定电压1 140 V的控制器或起动器可参照本部分执行，有关介电性能等要求由制造厂与用户协商；

——根据标准中的产品分类及功能描述，软起动器应属于本部分覆盖的内容，但从标准名称上很难看出，而我国现有的大部分产品基本上均以"软起动器"命名，因此出现了很多生产厂商和用户不清楚软起动器应符合何标准，造成了很多不必要的混乱，因此本部分的名称在IEC标准名称后增加"(含软起动器)"，并在图1中增加资料性脚注c以作说明；

——IEC 60947-4-2:2002的9.3.3.3.6中为"温升应在8.3.3.3.4的试验中测量"，但并无条款8.3.3.3.4，本部分将其更正为9.3.3.3.4；

——条款9.3.6.3中，IEC 60947-4-2:2002将"冲击耐受电压和工频耐受电压的混合试验"列为序号3)，为了使试验方法表述更明确，本部分将序号3)标题取消，仅保留原序号3)的内容；

——IEC 60947-4-2:2002中新增表格的序号不按在标准中出现的顺序排列，而是接在原最后一个

表格序号后顺序排列，为方便查找和符合习惯，本部分将所有表格按在本部分中出现的先后次序顺序排列，即本部分中表1～表3对应IEC 60947-4-2:2002中的表1～表3，表4对应IEC 60947-4-2:2002中的表17，表5对应IEC 60947-4-2:2002中的表18，表6～表18分别对应IEC 60947-4-2:2002中的表4～表16。

在本部分中，通称的术语“控制器”，主要关注的是电力(功率)半导体开关元件的特有性能；而通称的“起动器”，则主要关注的是半导体开关元件配备适当的过载保护装置后的电器设备。特定的型式(如型式1、型式HxB等)主要关注的是不同配置时的特性。

本部分代替GB 14048.6—1998，主要修订的内容为：增加了旁路控制器和旁路混合式电动机控制器的性能要求及其试验方法，同时对EMC试验的要求进行了修正。

本部分的附录A、附录B、附录C、附录D、附录I为规范性附录，附录E、附录F、附录G、附录H、附录J为资料性附录。

本部分由中国电器工业协会提出。

本部分由全国低压电器标准化技术委员会(SAC/TC 189)归口。

本部分负责起草单位：上海电器科学研究所(集团)有限公司。

本部分参加起草单位：常熟开关制造有限公司，德力西集团有限公司，施耐德电气(中国)投资有限公司，中国质量认证中心，华通机电集团有限公司，人民电器集团有限公司。

本部分主要起草人：曾萍、胡景泰。

本部分参加起草人：周建兴、吴品华、韩林、郑士泉、朱朝阳、程玉标、高文乐。

本部分所代替标准的历次版本发布情况为：

——GB 14048.6—1998。

低压开关设备和控制设备 第 4-2 部分:接触器和电动机起动器 交流半导体电动机控制器和起动器(含软起动器)

1 范围

本部分适用于可以带有一系列机械式开关电器、连接至电路的额定电压不超过交流 1 000 V 的控制器和起动器。

本部分规定了在使用时带或不带旁路开关电器的控制器和起动器的特性。

本部分范围内的控制器和起动器一般不用于分断短路电流,因此,控制器和起动器应配有适当的短路保护电器(见 8.2.5)作为其一部分,但不必在其内部。

本部分规定了与分离的短路保护电器相配合的控制器和起动器的要求。

本部分不适用于:

——在非正常转速下持续控制交流电动机的转速;

——控制非电动机负载的半导体装置、包括半导体接触器(见 GB 14048.1—2006 的 2.2.13);

——IEC 60146 中的电子式交流变流器。

用于控制器和起动器中的接触器和控制电路元件应符合其相应的产品标准,所用的机械式开关元件应符合其相应的国家标准和本部分中附加的规定。

本部分的目的是规定以下内容:

——控制器和起动器及其相关装置的特性;

——在以下几方面控制器和起动器应满足的条件:

a) 操作性能;

b) 介电性能;

c) 防护等级(当带有外壳时);

d) 结构要求;

——用来验证满足这些条件的试验及所采用的试验方法;

——标志在产品上或由制造厂提供的资料。

2 规范性引用文件

下列文件中的条款通过 GB 14048 的本部分的引用而成为本部分的条款。凡是注日期的引用文件,其随后所有的修改单(不包括勘误的内容)或修订版均不适用于本部分,然而,鼓励根据本部分达成协议的各方研究是否可使用这些文件的最新版本。凡是不注日期的引用文件,其最新版本适用于本部分。

GB/T 2828.1—2003 计数抽样检验程序 第 1 部分:按接收质量限(AQL)检索的逐批检验抽样计划(ISO 2859-1:1999,IDT)

GB/T 4365—2003 电工术语 电磁兼容(IEC 60050(161):1990,IDT)

GB 4824—2004 工业、科学和医疗(ISM)射频设备 电磁骚扰特性 限值和测量方法(IDT CISPR 11:2003)

GB 5171—2002 小功率电动机通用技术条件(neq IEC 60034-1:1983)

GB 7251.1—2005 低压成套开关设备和控制设备 第一部分:型式试验和部分型式试验成套设备(idt IEC 60439-1:1992)

GB/T 11021—2007 电气绝缘的耐热性评定和分级(eqv IEC 60085:1984)

GB 13539.1—2002 低压熔断器 第1部分:基本要求(IEC 60269-1:1998,IDT)

GB 14048.1—2006 低压开关设备和控制设备 第1部分:总则(IEC 60947-1:2001,MOD)

GB/T 16935(所有部分) 低压系统内设备的绝缘配合(idt IEC 60664)

GB 17625.1—2003 电磁兼容 限值 谐波电流发射限值(设备每相输入电流≤16 A)(IEC 61000-3-2:2001,IDT)

GB/T 17626.2—2006 电磁兼容 试验和测量技术 静电放电抗扰度试验(idt IEC 61000-4-2:1995)

GB/T 17626.3—2006 电磁兼容 试验和测量技术 射频电磁场辐射抗扰度试验(idt IEC 61000-4-3:1995)

GB/T 17626.4—1998 电磁兼容 试验和测量技术 快速瞬变/脉冲群抗扰度试验(idt IEC 61000-4-4:1995)

GB/T 17626.5—1999 电磁兼容 试验和测量技术 浪涌(冲击)抗扰度试验(idt IEC 61000-4-5:1995)

GB/T 17626.6—1998 电磁兼容 试验和测量技术 射频场感应的传导骚扰抗扰度(idt IEC 61000-4-6:1996)

GB/T 17626.11—1999 电磁兼容 试验和测量技术 电压暂降、短时中断和电压变化的抗扰度试验(idt IEC 61000-4-11:1994)

GB/Z 18039.5—2003 电磁兼容 环境 公用供电系统低频传导骚扰及信号传输的电磁环境(IEC 61000-2-1:1990,IDT)

CISPR 14-1:1993 电磁兼容 家用及类似用途的电动工具的要求 第一部分:发射 产品系列标准

CISPR 14-2:1993 电磁兼容 家用及类似用途的电动工具的要求 第一部分:抗扰性 产品系列标准

3 术语和定义

GB 14048.1—2006 第3章中相应的术语和定义适用,并补充如下术语和定义。

3.1 有关交流半导体电动机控制电器的定义

3.1.1 交流半导体电动机控制器和起动器(见图1)

3.1.1.1

交流半导体电动机控制器 AC semiconductor motor controller

为交流电动机提供起动功能和截止状态的半导体开关电器(见 GB 14048.1—2006 中 2.2.3)。

注:由于半导体电动机控制器在截止状态时存在危险等级的漏电流(3.1.13),负载端总被认为是带电的。

3.1.1.1.1

半导体电动机控制器(型式1) semiconductor motor controller(form 1)

该型式交流半导体电动机控制器,其起动功能可以包括制造厂规定的任何一种起动方法,其控制功能则包括对电动机的操纵、可控加速、运行或可控减速。该型式控制器也可以提供全电压运行。

3.1.1.1.2

软起动半导体电动机控制器(型式2) semiconductor soft-start motor controller(form 2)

一种特殊型式的交流半导体电动机控制器,其起动功能仅限于控制电压和(或)电流上升,也可包括可控加速,附加的控制功能仅限于提供全电压运行。

3.1.1.1.3

直接(DOL)半导体电动机控制器(型式3)　semiconductor direct on line(DOL)motor controller(form 3)

一种特殊型式的交流半导体电动机控制器，其起动功能仅限于全电压，电压的上升不受控制，附加的控制功能仅限于提供全电压运行。

3.1.1.2

半导体电动机起动器(型式1,型式2,型式3)　semiconductor motor starter(form 1,form 2,form 3)

配备适当的过载保护装置的交流半导体电动机控制器，其额定值按单一电器加以规定。

3.1.2　混合式电动机控制器和起动器(见图1)

<table>
<tr><th>电器</th><th colspan="3"></th></tr>
<tr><td>半导体电动机控制器
(型式1,2,3)</td><td colspan="3">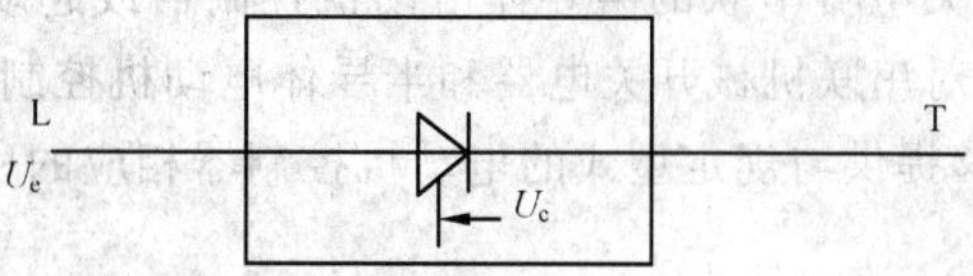
</td></tr>
<tr><td>半导体电动机起动器[c]
(型式1,2,3)</td><td colspan="3">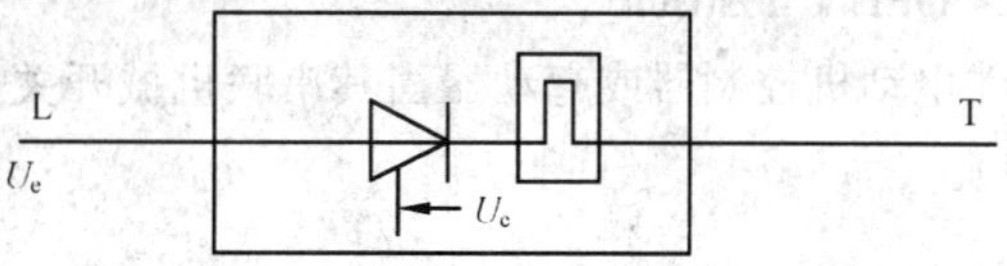
</td></tr>
<tr><td>混合式电动机控制器
HxA[a]
其中 x=1,2 或 3</td><td colspan="3">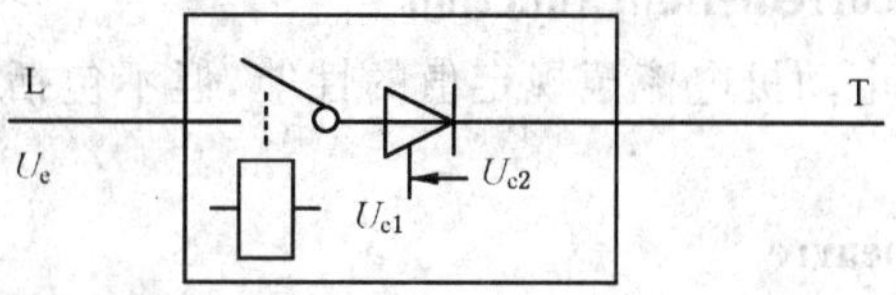
</td></tr>
<tr><td>混合式电动机控制器
HxB[b]</td><td colspan="3">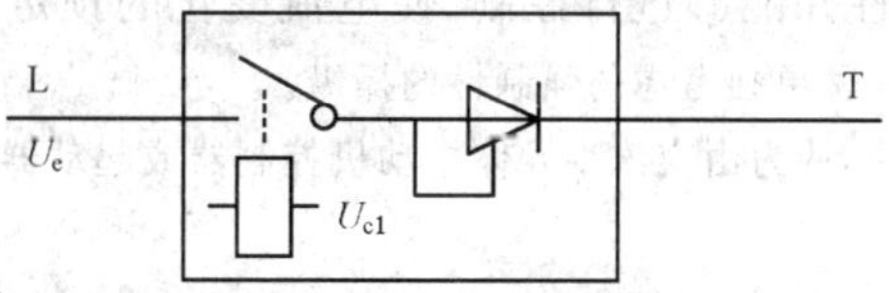
</td></tr>
<tr><td>旁路控制器[c]</td><td colspan="3">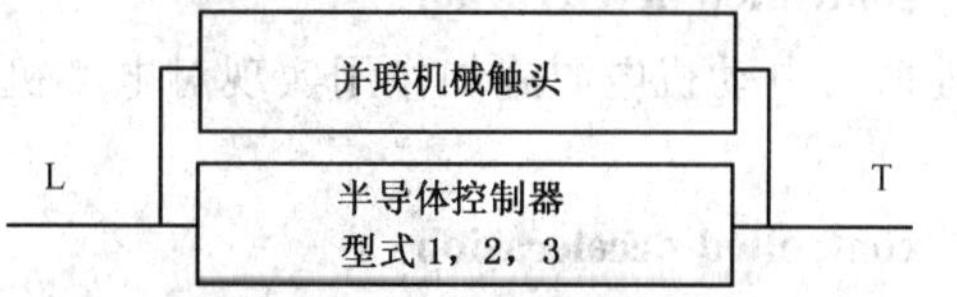
</td></tr>
<tr><td>旁路混合式电动机控制器</td><td colspan="3">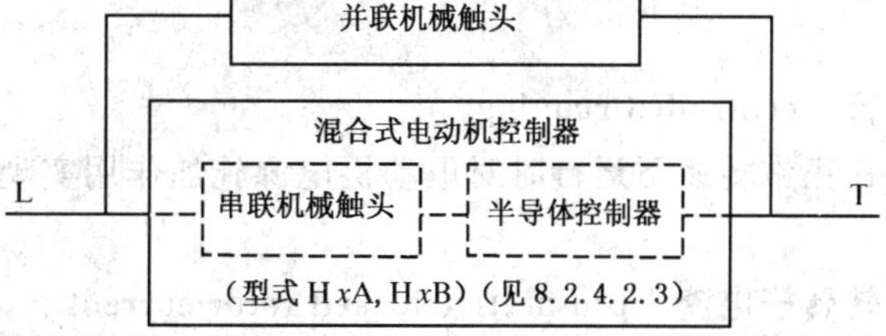
</td></tr>
<tr><td>混合式电动机起动器</td><td>型式 H1A 或 H1B
带有电动机过载保护</td><td>型式 H2A 或 H2B
带有电动机过载保护</td><td>型式 H3A 或 H3B
带有电动机过载保护</td></tr>
<tr><td colspan="4">a　有两种分离的控制，分别用于控制器和串联的机械开关电器。
b　仅有一种控制，用于串联的机械开关电器。
c　型式1,2的半导体电动机起动器即为通常所称的不带旁路的“软起动器”，型式1,2的旁路控制器带有电动机过载保护即为通常所称的“旁路型软起动器”。</td></tr>
</table>

图1　半导体电动机控制电器的图例

3.1.2.1

混合式电动机控制器或起动器，型式 H*x*A(其中 *x*=1,2 或 3)　hybrid motor controllers or starters, form H*x*A(where *x*=1,2 or 3)

与机械开关电器串联的半导体电动机控制器或起动器，型式1、型式2或型式3，其额定值按单一电器加以规定。对串联机械开关电器和半导体电动机控制器或起动器提供分别的控制指令，能够提供与规定型式的电动机控制器或起动器相应的所有控制功能，并带有断开位置。

3.1.2.2

混合式电动机控制器或起动器，型式 H*x*B(其中 *x*=1,2 或 3)　hybrid motor controllers or starters, form H*x*B(where *x*=1,2 or 3)

与机械开关电器串联的半导体电动机控制器或起动器，型式1、型式2、型式3，其额定值按单一电器加以规定。对串联机械开关电器和半导体电动机控制器或起动器提供单一的控制指令。除了在截止位置以外，能够提供与规定型式的电动机控制器相应的所有控制功能。

3.1.2.3

断开位置　OPEN position

混合半导体电动机控制器或起动器当其串联机械开关电器处于断开位置时的状态(见GB 14048.1—2006中2.4.21)。

3.1.3

限流功能　current-limit function

控制器限制电动机电流至规定值的性能，但不包括限制短路条件下的瞬时电流的性能。

3.1.4

操纵　manoeuvre

必须规定特性并能够进行控制、使电流变化的预定动作(如点动、制动)。

注1：起动是一种单独考虑的强制性的操纵。

注2：本部分中，认为由交流半导体电动机控制器或起动器实现的制动操作也是操纵。

3.1.5

可控加速　controlled acceleration

电动机加速时对电动机电源施加作用实现对电动机特性的控制。

3.1.6

可控减速　controlled deceleration

电动机减速时对电动机电源施加作用实现对电动机特性的控制。

3.1.7

可控运行　controlled running

电动机在正常转速下运行时对电动机电源施加作用实现对电动机特性的控制(如节能运行)。

3.1.8

预期堵转转子电流　prospective locked rotor current

I_{LRP}

当对电动机施加额定电压、转子堵转时的预期电流(见GB 14048.1—2006中2.5.5)。

3.1.9

导通状态　ON-state

当导通电流能够流过主电路时控制器所处的状态。

3.1.10

(控制器的)全电压状态　FULL-ON(state of controllers)

当控制器的控制功能使负载处于施加全电压时的状态。

3.1.11

最小负载电流　minimum load current

控制器在导通状态能够正确工作时主电路所必需的最小工作电流。

注：最小负载电流应按有效值给出。

3.1.12

截止状态　OFF-state

不施加控制信号且通过主电路和电流不超过截止状态漏电流时控制器所处的状态。

表 1　半导体电动机控制电器的功能

电　器	型式 1	型式 2	型式 3
半导体电动机控制器	——截止状态 ——起动功能 ——操纵 ——可控加速 ——运行 ——全电压 ——可控减速	——截止状态 ——起动功能 ——可控加速 ——全电压	无
直接半导体电动机控制器	无	无	——截止状态 ——起动功能 ——全电压
半导体电动机起动器	型式 1 控制器，带有电动机过载保护	型式 2 控制器，带有电动机过载保护	无
直接半导体电动机起动器	无	无	型式 3 直接电动机控制器，带有电动机过载保护
混合式电动机控制器 HxA[a] 其中 x=1,2 或 3	H1A： ——断开 ——截止状态 ——起动功能 ——操纵 ——可控加速 ——运行 ——全电压 ——可控减速	H2A： ——断开 ——截止状态 ——起动功能 ——可控加速 ——全电压	H3A： ——断开 ——截止状态 ——起动功能 ——全电压
混合式电动机控制器 HxB[b] 其中 x=1,2 或 3	H1B： ——断开 ——起动功能 ——操纵 ——可控加速 ——运行 ——全电压 ——可控减速	H2B： ——断开 ——起动功能 ——可控加速 ——全电压	H3B： ——断开 ——起动功能 ——全电压
混合式电动机起动器	型式 H1A 或 H1B，带有电动机过载保护	型式 H2A 或 H2B，带有电动机过载保护	型式 H3A 或 H3B，带有电动机过载保护

[a] 有两种分离的控制，分别用于控制器和串联的机械开关电器。

[b] 仅有一种控制，用于串联的机械开关电器。

3.1.13

截止状态漏电流　OFF-state leakage current

I_L

截止状态下通过控制器主电路的电流。

3.1.14

(控制器的)操作　operation(of a controller)

从导通状态至截止状态或相反的转换。

3.1.15

(控制器的)操作循环　operating cycle(of a controller)

从一个状态到另一个状态再返回到初始状态的连续操作。

注：连续操作但没有构成操作循环被认为是操作系列。

3.1.16

操作性能　operating capability

在规定条件下，完成一系列操作循环而不失效的性能。

3.1.17

过电流特性　overload current profile

一组电流-时间坐标，用于规定在某一时间内的过电流的要求(见 5.3.5.1)。

3.1.18

额定参数(值)　rating index

以规定的格式将相应使用类别的额定工作电流、过电流曲线、工作循环或截止时间统一在一起的额定值信息(见 6.1e))。

3.1.19

(控制器或起动器的)脱扣操作　tripping operation (of a controller or starter)

由控制信号激发使之产生并保持在截止状态的操作(若为型式 H*x*B 的控制器或起动器，则为断开位置)。

3.1.20

自由脱扣控制器或起动器　trip-free controller or starter

当出现脱扣条件时，产生并保持不能取消的截止状态的控制器或起动器。

注：对于型式 H*x*B，术语"截止状态"由术语"断开位置"取代。

3.1.21

断相保护热过载继电器或脱扣器　phase-loss sensitive thermal overload relay or release

按规定的要求，当过载以及断相时动作的多极热过载继电器或脱扣器。

3.1.22

通电时间　ON-time

控制器处于导通状态时的时间，如附录 F 中的图 F.1。

3.1.23

截止时间　OFF-time

控制器处于截止状态时的时间，如附录 F 中的图 F.1。

3.1.24

旁路控制器　bypassed controller

其内部机械开关电器的主电路触头与半导体开关电器主电路接线端子并联，且上述两种开关电器的操作是按程序进行的。

3.2 EMC的定义

GB/T 4365给出了多种EMC定义，GB/Z 18039.5中又作出了进一步的解释。为便于查找和避免混淆，本部分列出GB/T 4365中部分重要的定义。

3.2.1

电磁兼容性　electromagnetic compatibility；EMC

装置或系统在其电磁环境中正常工作而不对该环境中其他设备造成不允许的电磁扰动的能力[IEV 161-01-07]。

3.2.2

电磁发射　electromagnetic emission

从一个源发射电磁能量的现象[IEV 161-01-08]。

3.2.3

电磁干扰　electromagnetic disturbance

所有使电器设备或系统的性能下降或对活动或固定成分产生有害影响的电磁现象[IEV 161-01-05]。

注：电磁干扰可以是电磁噪声、非期望信号或传播介质本身的变化。

3.2.4

无线电(频率)干扰　radio (frequency) disturbance

带有无线电频率分量的电磁干扰[IEV 161-01-13]。

3.2.5

无线电射频干扰　radio frequency interference；RFI

由于无线电干扰引起的对有用信号接收性能的下降[IEV 161-01-14]。

注："射频干扰"通常也用于非期望信号的射频干扰。

3.2.6

瞬态(的)　transient(adjective and noun)

有关或确定的在两相邻稳定状态之间变化的物理量或物理现象，其变化时间小于所关注的时间尺度[IEV 161-02-01]。

3.2.7

(脉冲或振荡的)猝发　burst(of pulses or oscillations)

一串数量有限的清晰脉冲或一个持续时间有限的振荡[IEV 161-02-07]。

3.2.8

电压浪涌　voltage surge

沿线路或电路传播的瞬态电压波，其特征是电压快速上升后缓慢下降[IEV 161-08-11]。

4 分类

5.2给出了可作为分类依据的数据。

5 交流半导体电动机控制器和起动器的特性

5.1 特性概要

控制器和起动器的特性用下列(适用的)项目加以规定：

——电器类型(5.2)；

——主电路的额定值和极限值(5.3)；

——使用类别(5.4)；

——控制电路(5.5)；

——辅助电路(5.6)；

——继电器和脱扣器的特性(5.7)；

——与短路保护电器的协调配合(5.8)；

——通断操作过电压(5.9)。

5.2 电器类型

以下各项应予规定：

5.2.1 电器的型式

控制器和起动器的型式(见 3.1.1 和 3.1.2)。

5.2.2 极数

5.2.2.1 主极数

5.2.2.2 由半导体开关器件控制的主极数

5.2.3 电流种类

仅交流适用。

5.2.4 分断(电弧)介质(空气、真空等)

仅适用于混合式控制器和起动器的机械开关电器。

5.2.5 电器的操作条件

5.2.5.1 操作方式

例如：

——对称控制的控制器(如全相控制的半导体器件)；

——非对称控制的控制器(如可控硅和二极管)。

5.2.5.2 控制方式

例如：

——自动(由主令开关或程序控制器控制)；

——非自动(即用按钮控制)；

——半自动(即部分是自动的，部分是非自动的)。

5.2.5.3 连接方式

例如(见图 2)：

——电动机三角形、可控硅与绕组串联；

——电动机星形、可控硅三角形；

——电动机三角形、可控硅连接在绕组与电源之间。

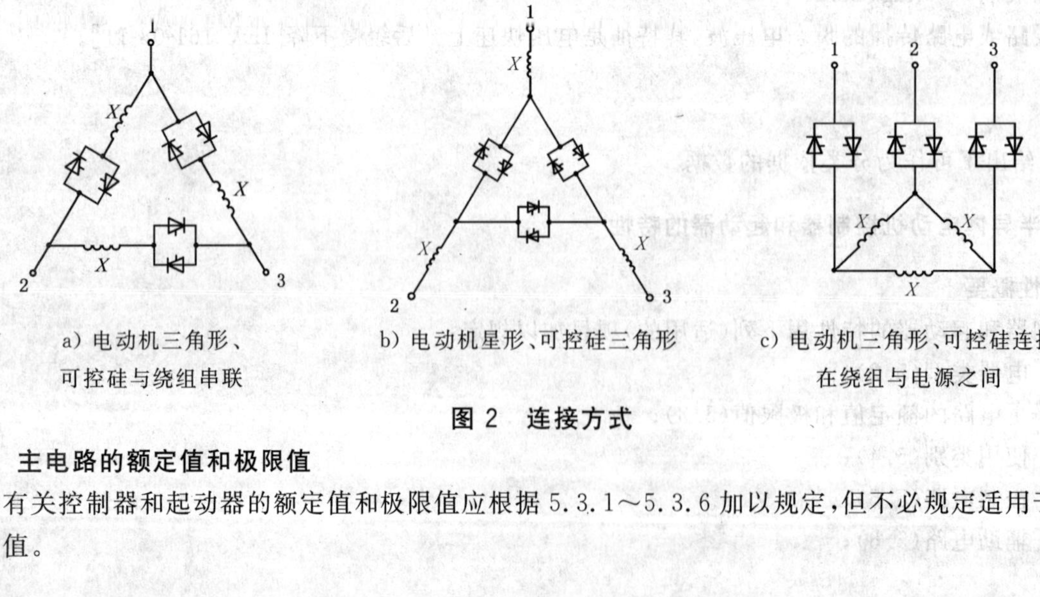

a) 电动机三角形、可控硅与绕组串联　　b) 电动机星形、可控硅三角形　　c) 电动机三角形、可控硅连接在绕组与电源之间

图 2 连接方式

5.3 主电路的额定值和极限值

有关控制器和起动器的额定值和极限值应根据 5.3.1～5.3.6 加以规定，但不必规定适用于试验的所有值。

5.3.1 额定电压

控制器或起动器应规定以下电压：

5.3.1.1 额定工作电压(U_e)

GB 14048.1—2006 中 4.3.1.1 适用。

5.3.1.2 额定绝缘电压(U_i)

GB 14048.1—2006 中 4.3.1.2 适用。

5.3.1.3 额定冲击耐受电压(U_{imp})

GB 14048.1—2006 中 4.3.1.3 适用。

5.3.2 电流

控制器或起动器应规定以下电流：

5.3.2.1 约定(自由空气)发热电流(I_{th})

GB 14048.1—2006 中 4.3.2.1 适用。

5.3.2.2 约定封闭发热电流(I_{the})

GB 14048.1—2006 中 4.3.2.2 适用。

5.3.2.3 额定工作电流(I_e)

控制器和起动器的额定工作电流 I_e 是指电器在全电压状态下的正常工作电流，并应考虑到额定工作电压(见 5.3.1.1)、额定频率(见 5.3.3)、额定工作制(5.3.4)、使用类别(见 5.4)、过载特性(见 5.3.5)以及防护等级(有外壳时)。

5.3.2.4 额定不间断电流(I_u)

GB 14048.1—2006 中 4.3.2.4 适用。

5.3.3 额定频率

GB 14048.1—2006 中 4.3.3 适用。

5.3.4 额定工作制

正常条件下的额定工作制规定如下：

5.3.4.1 8 h 工作制

此工作制指控制器或起动器处于全电压状态时，承载稳定电流持续足够长时间使电器达到热平衡，但超过 8 h 必须分断。

5.3.4.2 不间断工作制

此工作制指控制器或起动器处于全电压状态时承载稳定电流超过 8 h(数星期、数月、数年)时不分断。

5.3.4.3 断续周期工作制或断续工作制

GB 14048.1—2006 中 4.3.4.3 适用，但其中第一段改述如下：

"此工作制指控制器或起动器处于全电压状态时的有载时间与无载时间有一确定比例值，此两个时间都很短，不足以使用电器达到热平衡。"

5.3.4.4 短时工作制

此工作制指控制器或起动器处于全电压位置的持续时间不足以使电器达到热平衡状态，有载时间之间被空载时间隔开，该空载时间足以使电器恢复到等于冷却介质的温度。短时工作制的通电时间标准值为：30 s，1 min，3 min，10 min，30 min，60 min 和 90 min。

5.3.4.5 周期工作制

GB 14048.1—2006 中 4.3.4.5 适用。

5.3.4.6 工作制的周期值和符号

本部分用两个符号 F 和 S 来表示工作制的周期值，用这两个符号描述工作制以及冷却所需的时间。

负载因数(F)是通电时间与整个周期之比，用百分数表示。

F 的优选值为：F=1%，5%，15%，25%，40%，50%，60%，70%，80%，90%，99%

S是每小时操作循环次数。

S的优选值为：S=1,2,3,4,5,6,10,20,30,40,50,60 次操作循环/h

注：其他的F和/或S值由制造厂规定。

5.3.5 正常负载和过载特性

GB 14048.1—2006 中 4.3.5 适用,补充规定如下：

5.3.5.1 过电流特性

过电流曲线用来表示控制过电流的电流-时间特性,用符号X和T_x表示。

表 6 中的列出的X值用来表示过电流为I_e的倍数,并表示过载条件下由于起动、运行或操纵时引起的最大工作电流。当无电流限制功能时,$X=I_{LRP}/I_e$。

预定的不超过 10 个循环的过电流(如提升、突跳起动等)可能会超过XI_e值,但这不在过载特性范围内考虑。

T_x表示起动、运行和操纵时,控制过电流的持续时间累加值,见表 6。

对于起动器,T_x对应过载继电器在冷态下承载XI_e的电流时(允许承受的)最小动作时间。

5.3.5.2 操作性能

操作性能表示在全电压及在正常负载和过载条件下,按使用类别、过电流特性和规定工作制的周期值所确定的以下综合性能：

——导通状态时变换电流及承载电流；

——建立及保持在截止状态(关断)的性能。

操作性能按以下规定：

——额定工作电压(见 5.3.1.1)；

——额定工作电流(见 5.3.2.3)；

——额定工作制(见 5.3.4)；

——过电流特性(见 5.3.5.1)；

——使用类别(见 5.4)。

相应的要求见 8.2.4.1。

5.3.5.3 起动、停止和操纵性能

控制笼型电动机和密封制冷电动机的控制器和起动器的典型使用条件如下：

5.3.5.3.1 笼型电动机和密封制冷电动机的起动特性

a) 一个旋转方向并包括以下的相应控制能力:可控加速至正常转速、可控减速至停止或控制器不断电时偶然的操纵(AC-53a,AC-58a)。

b) 一个旋转方向并包括可控加速至正常转速的相位控制能力。控制器和起动器仅规定断续工作制(AC-53b,AC-58b)的额定值;例如起动后,电动机可能工作在电力半导体被旁路的电路中。

采用了超出了本部分范围内的方式,通过反接控制器或电动机接线实现两个旋转方向,由所选方式的有关标准加以规定。

通过控制器或起动器内的相位反相也可实现两个旋转方向,这种操作随使用情况而变,对此由制造厂和用户协议。

根据控制器和起动器的控制能力的不同,其在起动、停止、操纵中的电流不同于表 8 列出的预期堵转转子电流。

5.3.5.3.2 定子由控制器供电的转子变阻式起动器的起动特性(AC-52a,AC-52b)

起动器用于降低滑环电动机定子绕组的励磁电压,从而减少了转子电路的起动开关级数,对于大多数使用要求,根据负载转矩、惯性以及起动的严酷度,1 级至 2 级的起动级数就已足够。

注：本部分中的起动器和控制器不用于转子电路,因此,转子电路由传统的方式进行控制,并应符合转子电路中应用的转子变阻式起动器相应的产品标准。

5.3.6 额定限制短路电流

GB 14048.1—2006 中 4.3.6.4 适用。

5.4 使用类别

GB 14048.1—2006 中 4.4 适用，并补充如下：

表 2 给出的使用类别被认为是控制器和起动器的标准使用类别。任何其他类型的使用类别应根据制造厂和用户的协议规定，但制造厂的样本或投标书给出的参数可作为这种协议。

每种使用类别（见表 2）都是用表 3、表 6、表 7、表 8 给出的电流、电压、功率因数和其他数据及本部分规定的试验条件表示其特征的。

使用类别代号的第一位数表示半导体电动机控制器或起动器，第 2 位数表示典型用途，后缀 a 表示控制器能够实现表 1 列出的任一功能的性能，后缀 b 表示起动器的性能仅限于实现在时间 T_x 内自截止状态到起动功能的转变后，即刻返回至截止状态构成 8.2.4.1 规定的工作循环。

5.4.1 基于试验结果选择使用类别

对于特定的控制器或起动器，规定了一种使用类别的额定值并已进行了验证试验后，只要满足下述条件即可选用于其他的额定值而不必再进行试验：

——验证试验的额定工作电流和电压不应低于所选用的不进行试验的额定值。

——验证试验的使用类别和工作循环应等于或严酷于所选用的不进行试验的额定值，相应的严酷度见表 3。

——验证试验过电流特性应等于或严酷于所选用的不进行试验的额定值，相应的严酷度见表 3。仅当 X 值小于已试验的 X 值时才可不进行试验。

表 2 使用类别

使用类别	典型用途
AC-52a	控制滑环电动机定子：在起动、加速和运行时加载电流的8 h工作制
AC-52b	控制滑环电动机定子：断续工作制
AC-53a	控制笼型电动机：在起动、加速和运行时加载电流的8 h工作制
AC-53b	控制笼型电动机：断续工作制
AC-58a	控制具有自动复位过载脱扣器的密封制冷压缩机中的电动机：在起动、加速和运行时加载电流的8 h工作制
AC-58b	控制具有自动复位过载脱扣器的密封制冷压缩机中的电动机：断续工作制

注 1：半导体控制器的旁路方式可以是与控制器/起动器组装在一起也可以是分离安装。

注 2：密封制冷压缩机中的电动机是由压缩机和电动机构成的，这两个装置在同一外壳内，无外部传动轴和轴封，电动机在冷却介质中操作。

表 3 相应的严酷度等级

严酷度等级	使用类别	过电流特性（X-T_x）	相应的时间要求
最严酷	AC-52a AC-53a AC-58a	$(XI_e)^2 \times T_x$ 的最大值（注 1）	$F \times S$ 的最大值（注 2）
	AC-52b AC-53b AC-58b	$(XI_e)^2 \times T_x$ 的最大值（注 1）	截止时间的最小值（注 3）

注 1：当 $(XI_e)^2 \times T_x$ 的最大值出现在多于一个的 XI_e 值时，采用 XI_e 最大值。

注 2：当 $F \times S$ 的最大值出现在多于一个的 S 值时，采用 S 的最大值。

注 3：当 $(XI_e)^2 \times T_x$ 的最大值出现在多于一个的截止时间时，采用截止时间的最小值。

5.5 控制电路

GB 14048.1—2006 中 4.5.1 适用，并补充如下：

参考附录 G 给出的示例，电子式控制电路的特性为：

——电流种类；

——功耗；

——额定频率(或直流)；

——额定控制电路电压，U_c(性质：交流/直流)；

——额定控制电源电压，U_s(性质：交流/直流)；

——控制电路电器的种类(触头、传感器)。

注：控制电路电压 U_c 与控制电源电压 U_s 是有区别的，U_c 是控制输入信号的电压，U_s 是施加到控制电路电器电源端的电压，由于控制电路中设有的变压器、整流器、电阻器等，U_s 可能与 U_c 不同。

5.6 辅助电路

GB 14048.1—2006 中 4.6 适用，并补充如下：

电子式辅助电路实现的实用功能(如监控、数据采集等)，对于控制规定工作特性的直接任务而言并非必需。

正常情况下，辅助电路的特性的规定方式与控制电路的相同，并应符合相同的要求，如果辅助功能包括非正常的工作特性，建议制造厂规定临界特性。

5.7 (过载)继电器和脱扣器的特性

附录 B.1 适用于保护电动机的继电器和脱扣器。

5.8 与短路保护电路(SCPD)的协调配合

控制器和起动器的特性是由 SCPD 的型式、额定值和特性来表示其特征的，选用的 SCPD 提供起动器和 SCPD 之间的过电流选择性，并为控制器和起动器在短路电流出现时提供适当的保护。

本部分中 8.2.5 和 GB 14048.1—2006 中 4.8 给出了具体的规定。

5.9 通断操作过电压

在考虑中。

6 产品的资料

6.1 资料的种类

制造厂应提供下列资料：

识别标志：

a) 制造厂厂名或商标；

b) 产品名称、设计型号或系列号；

c) 本部分号；

特性、主要的额定值和使用类别：

d) 额定工作电压(见 5.3.1.1)；

e) 相应使用类别(5.4)的额定工作电流(5.3.2.3)、过电流特性(5.3.5.1)、工作制的周期值(5.3.4.6)或截止时间构成的额定值参数；

用于 AC-52a、AC-53a、AC-58a 的规定格式示例如下：

100A：AC-53a：6-6：60-1

表示用于电流额定值为 100 A 的一般用途的笼型电动机，电器在 600 A 下能够承受的时间为 6 s，负载因数为 60%；每小时一次标准的操作循环。

用于 AC-52b、AC-53b、AC-58b 的规定格式示例如下：

100 A：AC-53b：3-52：1 440

表示用于电流额定值为 100 A 的单纯的起动工作制，电器在 300 A 下能够承受的时间为 52 s，在可能出现的接连的起动前的截止时间不小于 1 440 s。

f) 额定频率值,如 50 Hz 或 50 Hz/60 Hz;

g) 额定工作制(5.3.4);

h) 设计型式(如型式 1 或型式 H1A 等,见表 1);

安全性及安装:

i) 额定绝缘电压(5.3.1.2);

j) 额定冲击耐受电压(5.3.1.3);

k) IP 代号,当带有外壳时(8.1.11);

l) 污染等级(7.1.3.2);

m) 额定限制短路电流和相应的 SCPD 的型式、电流额定值和特性以及和控制器或起动器的协调配合型式(见 5.8);

n) 通断操作过电压(见 5.9);

控制电路:

o) 额定控制电路电压 U_c、电流性质和额定频率(适用时)、额定控制电源电压 U_s,电流种类和额定频率以及保证控制电路正常工作所需(如符合要求的阻抗值)的其他资料(见附录 G 给出的控制电路示例);

辅助电路:

p) 辅助电路的性质和额定值(5.6);

过载继电器和脱扣器:

q) 按 5.7 规定的特性;

EMC 发射和抗干扰性水平:

r) 设备等级及维持该等级(见 8.3.2)的特殊要求;

s) 抗扰性等级及维持该等级(见 8.3.3)的特殊要求。

6.2 标志

GB 14048.1—2006 中 5.2 适用于控制器和起动器,并补充如下:

上述 d)至 s)项数据应标志在铭牌上,或电器上,或制造厂的出版物上。

上述 c)和 k)项数据应优先标志在电器上。

6.3 安装、操作和维修说明

GB 14048.1—2006 中 5.3 适用,并补充如下:

制造厂应提供用户对电器进行以下方面测量时的方法:

——发生短路情况时;

——涉及 EMC 的要求时。

7 正常工作、安装和运输条件

除以下规定外,GB 14048.1—2006 中第 6 章适用。

7.1 正常工作条件

除以下规定外,GB 14048.1—2006 中 6.1 适用。

7.1.1 周围空气温度

周围空气温度不超过+40℃且 24 h 内的平均值不超过+35℃。

周围空气温度的下限为 0℃。

对不具有外壳的电器,周围空气温度指电器周围的空气温度,而对具有外壳的电器,周围空气温度指外壳周围的空气温度。

注:电器用于周围空气温度高于+40℃(如用于开关设备和控制设备装置内部,用在锻造冶炼车间、锅炉房、热带国家)或低于 0℃,由制造厂和用户协议,制造厂样本中给出的数据可以作为这种协议。

7.1.2 海拔

安装地点的海拔不超过1 000 m。

注：电器用于较高海拔时应考虑空气的冷却作用和介电强度的下降，电器用于这样的条件时，应根据制造厂和用户的协议进行设计或使用。

7.1.3 大气条件

7.1.3.1 湿度

GB 14048.1—2006中6.1.3.1适用。

7.1.3.2 污染等级

除非制造厂另有规定，控制器和起动器用于污染等级3的环境条件下，见GB 14048.1—2006中6.1.3.2的定义。但根据微观环境，也可用于其他污染等级。

7.1.4 冲击和振动

GB 14048.1—2006中6.1.4.适用。

7.2 运输和储存条件

GB 14048.1—2006中6.2适用。

7.3 安装

GB 14048.1—2006中6.3适用。

对于EMC，见以下的8.3和9.3.5。

7.4 电气系统的骚扰和影响

对于EMC，见8.3和9.3.5。

8 结构和性能要求

8.1 结构要求

注：GB 14048.1—2006中7.1.1和7.1.2中关于材料和载流部件更进一步的要求在考虑中，材料和载流部件在本部分中的应用也将进一步考虑。

8.1.1 材料

GB 14048.1—2006中7.1.1适用(见8.1注)。

8.1.2 载流部件及其连接

GB 14048.1—2006中7.1.2适用(见8.1注)。

8.1.3 电气间隙和爬电距离

GB 14048.1—2006中7.1.3适用，并补充如下：规定的最小爬电距离仅适用于半导体外部的尺寸。

0.1.4 空

8.1.5 空

8.1.6 空

8.1.7 接线端子

GB 14048.1—2006中7.1.7适用，并补充如下：

GB 14048.1—2006中7.1.7.4适用，并补充附录A给出的要求。

8.1.8 空

8.1.9 接地的规定

GB 14048.1—2006中7.1.9适用。

8.1.10 电器外壳

GB 14048.1—2006中7.1.10适用。

8.1.11 具有外壳的控制器和起动器的防护等级

GB 14048.1—2006中7.1.11适用。

8.2 性能要求

8.2.1 动作(操作)条件

8.2.1.1 一般要求

用于控制器和起动器的辅助电器应按制造厂的说明书和其相应的产品标准进行操作。

8.2.1.1.1 控制器和起动器的结构应是:

a) 自由脱扣(见3.1.20);

b) 在起动过程的任何时候或在进行任何的操纵过程中,能够用所提供的方式导致返回到断开或截止状态。

按9.3.3.6.3进行验证。

8.2.1.1.2 控制器和起动器不应因其内部电器操作引起的机械冲击或电磁干扰而导致误动作。

按9.3.3.6.3进行验证。

8.2.1.1.3 无论人力或自动操作,混合控制器和起动器中串联的机械开关电器的动触头的结构设计应保证各级基本上同时接通和分断。

8.2.1.2 控制器和起动器的动作范围

按9.3.3.6.3进行试验时,控制器或起动器在其额定工作电压 U_e 和额定控制电源电压 U_s 的85%～110%之间任何值均应可靠工作,此范围的85%用于下限值,110% U_s 用于上限值。

8.2.1.3 欠电压继电器和脱扣器的动作范围

空

8.2.1.4 分励线圈脱扣器(分励脱扣)的动作范围

空

8.2.1.5 电流动作过载继电器和脱扣器的动作范围

继电器和脱扣器可以是热、磁或固态延时的。起动器和控制器应分别满足8.2.1.5.1和8.2.1.5.2规定的特性。

8.2.1.5.1 起动器中的继电器和脱扣器

装在起动器内用于保护电动机的继电器和脱扣器应满足B2的规定。

8.2.1.5.2 与控制器相关联的继电器和脱扣器

与控制器相关联的用于保护电动机的继电器和脱扣器在电流为 XI_e 时应在时间 T_x 内动作,X 和 T_x 是规定的额定值,当规定的额定值多于一个时,X 和 T_x 是相应于给定产品的最高 $(XI_e)^2 \times T_x$ 的值。

8.2.1.6 旁路控制器中经过型式试验的元件

8.2.1.6.1 已满足其本身相关产品标准要求的开关电器应该被视为已进行过部分型式试验电器,并应满足以下补充要求:

a) 机械开关电器的温升应满足8.2.2的要求;

b) 机械开关电器的接通和分断能力应满足8.2.4.2的要求;

c) 半导体开关电器应满足8.2.4.1中使用类别AC-53b的要求。

8.2.1.6.2 考虑到旁路控制器的装配需要,对于符合8.2.1.6.1全部要求的开关装置,在安装前,应被认为是已通过型式试验的元件,其使用于旁路控制器时不受限(见附录J)。

8.2.1.7 旁路控制器中的关联元件

考虑到旁路控制器的装配需要,对于不符合8.2.1.6.1全部要求的开关装置,在安装前,应被认为是关联元件,其仅适用于旁路控制器的受限使用(见附录J)。

8.2.1.8 旁路控制器中开关电器的非限制用途

当机械开关电器和半导体开关电器都被视为已经过型式试验的元件时,这些电器应按照制造厂规定的额定值、工作制和用途安装和使用,而没有更多的限制。

8.2.1.9 旁路控制器中开关电器的受限用途

当一个或两个开关电器被视为关联元件时，开关电器应符合下列要求：

a) 开关电器应组合为一个整体，并按整体规定额定值和进行试验。

b) 开关电器之间应采取下列方式相互联锁：电气的、电子的和机械的方式，以上方式可以任意组合使用，这样没有半导体开关电器的直接作用，机械开关触头也无需接通或分断过载电流。

c) 每当需要接通或分断过载电流，半导体开关电器应能控制流过主电路中的电流。

8.2.2 温升

GB 14048.1—2006 中的 7.2.2 适用。

8.2.2.1 端子

GB 14048.1—2006 中的 7.2.2.1 适用。

8.2.2.2 易近部件

GB 14048.1—2006 中的 7.2.2.2 适用。

8.2.2.3 周围空气温度

GB 14048.1—2006 中的 7.2.2.3 适用。

8.2.2.4 主电路

8.2.2.4.1 一般要求

按 9.3.3.3.4 进行试验时，控制器或起动器在全电压状态时承载电流的主电路(包括相关过电流脱扣器)应能承载以下电流而其温升不超过 GB 14048.1—2006 中 7.2.2.1 规定的极限值：

——用于 8 h 工作制的控制器或起动器：约定发热电流(见 5.3.2.1 和/或 5.3.2.2)；

——用于不间断工作制、断续工作制或短时工作制的控制器或起动器：相应的额定工作电流(见 5.3.2.3)。

8.2.2.4.2 混合式控制器中的串联机械开关电器

对于混合式控制器，与主电路串联的元件温升应在 9.3.3.3.4 和 9.3.3.6.1 规定的程序中验证(见表 13)。

8.2.2.4.3 旁路控制器中的并联机械开关电器

a) 电器经确认为经过型式试验的元件(见 8.2.1.6)应能承载电流 I_e 而其温升不超过 GB 14048.1—2006 中 7.2.2.1 规定的极限值；

b) 电器经确认为关联元件(见 8.2.1.7)，其温升应按 9.3.3.3.4 和 9.3.3.6.1(包括表 7 和表 13)规定的程序验证。电器应视为整体的一部分在整体上进行试验，此时应在两个开关电器(见表 7)指定的有载时间内进行同一程序的操作，该操作应和正常工作时一样。

8.2.2.4.4 连接在主电路的半导体电器

连接在主电路的半导体电器的温升应在 9.3.3.3.4 和 9.3.3.6.1(热稳定试验)规定的程序中验证。

8.2.2.5 控制电路

GB 14048.1—2006 中的 7.2.2.5 适用。

8.2.2.6 线圈和电磁铁的绕组

8.2.2.6.1 不间断和 8 h 工作制绕组

当旁路电路通以最大电流时，包括电气—气动接触器或起动器的电气操作阀绕组在内的线圈绕组必须在持续负载和额定频率(当为交流时)及最高额定控制电源电压下温升不超过表 4 和 GB 14048.1—2006 中 7.2.2.2 规定的极限值。

8.2.2.6.2 断续周期工作制绕组

当旁路电路无电流流过时，线圈绕组在额定频率(当为交流时)及最高额定控制电源电压下，按表 5

给出的断续周期工作制级别进行操作时，其温升不超过表4和GB 14048.1—2006中7.2.2.2规定的极限值。

8.2.2.6.3 **特殊额定值(短时或周期工作制)绕组**

特殊额定值绕组应在相应于其所使用的最严酷工作制的操作条件下进行试验，其额定值由制造厂规定。

注：特殊额定值绕组可包括只在起动位置通电的接触器或控制器线圈、锁扣接触器的脱扣线圈和供联锁气动接触器用的电磁阀门线圈。

表4 在空气和油中的绝缘线圈的温升极限

绝缘材料耐热等级 GB/T 11021—1998	温升极限/K (电阻法测得)	
	线圈在空气中	线圈在油中
A	85	60
E	100	60
B	110	60
F	135	—
H	160	—

表5 断续周期工作制的试验循环数

断续周期工作制级别	每一次闭合—断开操作循环	线圈持续通电的通电时间
1	3 600 s	通电时间根据制造厂规定的负载因数选取
3	1 200 s	
12	300 s	
30	120 s	
120	30 s	
300	12 s	
1 200	3 s	

8.2.2.7 **辅助电路**

GB 14048.1—2006中的7.2.2.7适用。

8.2.2.8 **其他部件**

GB 14048.1—2006中的7.2.2.8适用。

8.2.3 **介电性能**

下列要求是基于GB/T 16935的原则并提供了在安装条件下获得绝缘配合的方法。

设备应能承受：

——根据GB 14048.1—2006中附录H规定的额定冲击耐受电压(见5.3.1.3)；

——根据GB 14048.1—2006中表14给出的适用于隔离电器断开触头间的冲击耐受电压；

——工频耐受电压。

注1：也可以用一个直流电压来替代上述电压，但条件是该电压值应不低于设计的交变电压峰值。

注2：电源系统的名义电压与电器的额定冲击耐受电压的关系见GB 14048.1—2006中附录H。

对于规定了额定工作电压(见GB 14048.1—2006中4.3.1.1的注1和注2)的电器，其额定冲击耐受电压应不低于该电器所使用点线路的电源系统名义电压和相应的过电压类别所对应于GB 14048.1—2006中附录H的额定冲击耐受电压。

本要求采用9.3.3.4规定的试验方法验证。

8.2.3.1 冲击耐受电压

1) 主电路

GB 14048.1—2006中7.2.3.1项1)适用。

2) 辅助和控制电路

GB 14048.1—2006中7.2.3.1项2)适用,并对项2)a)作如下修改:

a) 直接从主电路引入额定工作电压的辅助电路和控制电路,从带电部件到接地部件之间的电气间隙及极与极之间的电气间隙应能承受GB 14048.1—2006中表12相应于额定冲击耐受电压的试验电压的考核。

注:相关电器的固体绝缘的电气间隙应能承受冲击耐受电压的考核。

8.2.3.2 主电路、辅助电路和控制电路的耐受电压

GB 14048.1—2006中的7.2.3.2适用。

8.2.3.3 电气间隙

GB 14048.1—2006中的7.2.3.3适用。

8.2.3.4 爬电距离

GB 14048.1—2006中的7.2.3.4适用。

8.2.3.5 固体绝缘

GB 14048.1—2006中的7.2.3.5适用。

8.2.3.6 分离电路间的空间

GB 14048.1—2006中的7.2.3.6适用。

8.2.4 正常负载和过载性能要求

8.2.4.1和8.2.4.2给出了根据5.3.5规定的有关正常负载和过载特性的要求。

8.2.4.1 操作性能要求

按9.3.3.6进行试验时,控制器和起动器应能实现导通状态、变换电流、承载预定水平的过电流、以及实现并保持在截止状态的性能而无故障,并且无任何形式的损坏。

预定用于使用类别AC-52a,AC-53a,AC-58a的控制器,其相应于X值的T_x值不应小于表6规定的值,对应的起动器的T_x值应为其过载继电器的最大脱扣时间。

预定用于使用类别AC-52b,AC-53b,AC-58b的控制器和起动器,应能满足这些使用类别所要求的长加速时间的要求。考虑到在起动状态时控制器的最大热容量会完全耗尽,为此,在起动状态结束后应立即为控制器提供适当的无载时间(例如采用旁路方式),其相应于X值的T_x值不应小于表6规定的值,对应的起动器的T_x值应为其过载继电器的最大脱扣时间。

当无限流功能或在全电压状态无限流功能时,$XI_e = I_{LRP}$。如果控制器或起动器配备适用的过载保护,当电动机已在正常转速下运转而其转子出现堵转时,则允许控制器或起动器在比上述规定更短的时间内实现截止状态。

对额定值的验证应在本部分表7和表8以及GB 14048.1—2006中8.3.3.5.2,8.3.3.5.3,8.3.3.5.4相应部分规定的条件下进行。

当XI_e超过1 000 A时,过载能力的验证应由制造厂和用户协议(例如采用计算机进行模拟)。

表7和表8中列出的使用类别AC-52a,AC-53a,AC-58a(F-S—60-1)的工作制的周期值以及使用类别AC-52b,AC-53b,AC-58b(截止时间=1 440 s)的截止时间是每小时起动一次的最低严酷度,制造厂可以规定更苛刻的严酷度,且应对最严酷工作制按表3进行验证。如果控制器已经按过比标准额定值更严酷的工作制进行过试验和规定额定值,制造厂在用于标准工作制时便无需验证。

对于使用类别 AC-52a,AC-53a,AC-58a,用于更严酷的导通和截止时间试验参数按下式计算:

导通时间(s)=$36F/S$

截止时间(s)=$36(100-F)/S$

对于使用类别 AC-52b,AC-53b,AC-58b,制造厂可以对起动器的操作能力规定为操作时的截止时间少于本部分要求的 1 440 s,但应按制造厂规定的截止时间进行验证。

预定用于断续工作制、短时工作制或周期工作制的控制器或起动器,制造厂应按 5.3.4.6 规定的 F 和 S 值选取。

表 6 相应过载继电器脱扣等级和过电流倍数(X)的最小过电流耐受时间(T_x)(见表 B.1)

	最小过电流耐受时间 T_x/s						
	$X=8$	$X=7$	$X=6$	$X=5$	$X=4$	$X=3$	$X=2$
10A[a]	1.6	2	3	4	6	12	26
10[a]	3	4	6	8	13	23	52
20[a]	5	6	9	12	19	35	78
30[a]	7	9	13	19	29	52	112

[a] 本规定仅为推荐性,且表示脱扣等级的最小脱扣时间与相应的 X 和 T_x 值相匹配。

表 7 热稳定性试验条件的最低要求[a]

使用类别	控制器的型式[e]	试验电流 I_T 操作循环导通时间/s				操作循环截止时间/s
		试验水平 1[a]		试验水平 2[a]		
		I_T	导通时间[b]	I_T	导通时间[b]	
AC-52a AC-53a AC-58a	1,H1	XI_e	T_x	I_e	2 160-T_x	≤1 440
	2,H2	$0.75I_{LRP}$				
	3,H3	I_{LRP}				
AC-52b AC-53b AC-58b	1,H1	XI_e	T_x	0[c]	0[c]	≤1 440
	2,H2	$0.75I_{LRP}$				
	3,H3	I_{LRP}				

试验电路参数:

I_{LRP}——预期转子堵转电流;

I_e——额定工作电流;

I_T——试验电流;

U_T——试验电压(任意值);

$\cos\varphi$——电路功率因数(任意值);

操作循环数[d]。

[a] 从试验水平 1 至试验水平 2 的转换时间不应大于工频的三个周期。

[b] 预定仅用于与规定的过载继电器一起使用的起动器或控制器,T_x 应取为其过载继电器在热态下所允许承受的最大动作时间。

[c] 由于是无载周期,试验水平 2 不适用于 AC-52b,AC-53b,AC-58b。

[d] 操作循环次数取决于控制器达到热平衡所需的时间。

[e] 对于旁路控制器参见 8.2.2.4.3 和 8.2.2.4.4。

表 8　过载能力试验条件的最低要求

使用类别	试验电路参数			操作循环导通时间[d]/s	操作循环截止时间[d]/s	操作循环次数
	I_{LRP}/I_e	U_r/U_e[a]	$\cos\varphi$[b]			
AC-52a AC-52b	4		0.65			
AC-53a AC-53b	8	1.05	[e]	T_x[c]	≤1 440	3
AC-58a AC-58b	6		[e]			

I_{LRP}——预期转子堵转电流；

I_e——额定工作电流；

U_e——额定工作电压；

U_r——工频恢复电压。

温度条件：初始壳体温度 C_i，对每一试验不应低于+40℃加上温升试验（见 9.3.3.3）时的最高壳体温升值，试验过程中的周围空气温度应在+10℃～+40℃范围内。

[a] 在导通时间的最后 3 个工频周期加上截止时间的第一秒（全电压周期），U_r/U_e 为 1.05，在减压周期内，U_r/U_e 可以为任意值。

[b] 在全电压周期的电路特性（$\cos\varphi$ 和最大可能的电流）是被强制的，而在减压周期，电路特性不受强制，负载电路允许电流大于 $X \times I_e$。

[c] 预定仅用于与规定的过载继电器一起使用的起动器或控制器，T_x 应取为其过载继电器在热态下所允许承受的最大动作时间，热态是指进行温升试验（见 9.3.3.3）时达到的热平衡状态。

[d] 转换时间不应大于工频的三个周期。

[e] 对于 $I_e \leqslant 100$ A，$\cos\varphi = 0.45$；

对于 $I_e > 100$ A，$\cos\varphi = 0.35$。

表 9　对感应式电动机负载进行试验时的最低要求及条件

使用类别	试验电动机参数				外部机械负载参数
	K	U/U_e	功率	$\cos\varphi$	
AC-52a，b					
AC-53a，b	≥4	[a]	[a]	[a]	[a]
AC-58a，b					

K——试验电动机的转子堵转电流对额定满负载电流的比值。

试验过程中的电动机和周围空气温度允许在 10℃～40℃范围内任意值。

[a] 感应电动机试验负载的参数见 8.2.4.3 的规定。

8.2.4.2　主电路电器的接通和分断能力

8.2.4.2.1　一般要求

在出现电动机转子堵转电流时（起动电流和过载电流），控制器或起动器包括与其相关的过电流脱扣器和机械开关电器，应能工作而不发生故障。

接通和分断电流而不发生故障的能力应在表 10 和表 11 规定的相应使用类别和操作次数下验证。

8.2.4.2.2　混合式控制器中的串联机械开关电器

控制器和起动器主电路里串联的机械开关电器应符合其自身的产品标准要求，并在单机验证时应符合 8.2.4.2 的附加要求。

对于旁路混合式的控制器和起动器（见图 1），串联机械开关电器可能会被指定与半导体控制器断续工作制（如 AC-53b）相匹配的额定工作制。

接通和分断能力应按 9.3.3.5 和 9.3.3.5.1 中规定的程序验证。

8.2.4.2.3　旁路控制器中经过型式试验的并联机械开关电器

接通和分断能力试验应按 9.3.3.5 和 9.3.3.5.2 规定的程序在单独的电器上进行。

8.2.4.2.4　旁路控制器中的关联并联机械开关电器

接通和分断能力试验应按 9.3.3.5 和 9.3.3.5.3 规定的程序在组合单元上进行。

8.2.4.2.5　半导体开关电器

控制过载电流的能力应按 9.3.3.6.2 和 9.3.3.6.3 规定的程序验证。

8.2.4.3　感应电动机试验负载的要求

感应电动机试验负载应为四极鼠笼型电动机，并符合以下特性：

a）电动机的额定电压应大于或等于被试电器的 U_e；

b）电动机运行时，通过电动机和控制器的试验电流应为大于 1 A 的任意电流值；

c）电动机的功率因数为任意值；

d）电动机绕组内部的接线方式可以是任意方式（如三角形，星形）；

e）连接在电动机转轴上的机械负载参数应加以调整，以使从基准转速降至零转速的减速时间在 2 s～4 s 范围内。

表 10　接通和分断能力试验；混合式电动机控制器 H1、H2、H3 和相应型式的旁路控制器中的机械开关电器与其使用类别对应的接通和分断条件

使用类别	接通和分断条件					
	I_c/I_e	U_r/U_e	cosφ	导通时间/s	截止时间/s	操作循环次数
AC-52a，b	4.0	1.05	0.65	0.05	b	50
AC-53a，b	8.0		a			
AC-58a，b	6.0		a			

电流 I_c/A	截止时间/s
$I_c \leqslant 100$	10
$100 < I_c \leqslant 200$	20
$200 < I_c \leqslant 300$	30
$300 < I_c \leqslant 400$	40
$400 < I_c \leqslant 600$	60
$600 < I_c \leqslant 800$	80
$800 < I_c \leqslant 1\,000$	100
$1\,000 < I_c \leqslant 1\,300$	140
$1\,300 < I_c \leqslant 1\,600$	180
$1\,600 < I_c$	240

I_c——接通和分断电流，用交流有效值表示；

I_e——额定工作电流；

U_e——额定工作电压；

U_r——工频恢复电压。

[a] 对于 $I_e \leqslant 100$ A，cosφ=0.45；

对于 $I_e > 100$ A，cosϕ=0.35；

[b] 截止时间不应大于表中给出的值。

表 11 混合式电动机控制器 H1B、H2B、H3B 和相应型式的旁路控制器中的机械开关电器相应使用类别的约定操作性能的接通和分断条件

使用类别	接通和分断条件					
	I_c/I_e	U_r/U_e	$\cos\varphi$	导通时间/s	截止时间/s	操作循环次数
AC-52a,b	2.0	1.05	0.65	0.05	[b]	6 000
AC-53a,b	2.0	1.05	[a]			
AC-58a,b	6.0	1.05	0.35	1 10	9 90	5 900 100

I_c——接通和分断电流，用交流有效值表示；
I_e——额定工作电流；
U_e——额定工作电压；
U_r——工频恢复电压。

[a] 对于 $I_e \leqslant 100$ A，$\cos\varphi = 0.45$；
对于 $I_e > 100$ A，$\cos\varphi = 0.35$；

[b] 截止时间不应大于表 10 中给出的值。

8.2.5 与短路保护电器的协调配合

8.2.5.1 短路条件下的性能

控制器和起动器由短路保护电器作为后备保护时的额定限制短路电流验证试验应按 9.3.4 规定的短路试验进行。本试验强制进行。

SCPD 的额定值应适用于所有给出的额定工作电流、额定工作电压和相应的使用类别。

允许有两种配合类型。9.3.4.3 给出了两种类型的试验条件。

“1”型协调配合：要求在短路条件下，电器不应对人身或其安装设备引起危害，在未修理和更换零件前，允许不能够继续使用；

“2”型协调配合，要求在短路条件下，电器不应对人身或其安装设备引起危害，且能够继续使用。对于混合式控制器和起动器，允许触头熔焊，此时，制造厂应指明设备维修时所采用的方法。

注：选用不同于制造厂推荐的 SCPD 时，协调配合可能会无效。

8.2.5.2 过载继电器和 SCPD 之间的选择性

这可以用特殊试验进行验证(见 9.1.5)。

8.2.6 通断操作过电压

在考虑中。

8.3 电磁兼容性(EMC)的要求

8.3.1 一般要求

电器和电子器件之间应实现预期的电磁兼容性已被广泛接受，在许多国家存在强制性的 EMC 要求。实现一个可接受 EMC 水平的试验水平和要求见条款 8 和条款 9。

下述条款中的规定用以实现控制器和起动器的电磁兼容性，包括所有有关抗干扰性和发射方面的要求以及不需要或者需要进行的附加试验。EMC 性能并不保证控制器或起动器中的电子器件不出现故障，对此情况不作考虑而且也不作为试验要求的内容。

所有现象，不论是发射还是抗干扰性，都被认为是相互独立的：即认为规定条件下的极限值不具有累积效应。

控制器和起动器是一种综合电器，即必须与其他设备(如电动机、电缆等)组成系统。由于其他设备或连接器件可能并不受控制器或起动器制造厂的控制，因此，进行下述试验的控制器和起动器应按独立的电器规定其特性，并应按制造厂的许可进行试验，或至少在制造厂选定的试验室中进行试验。系统的综合者(也可以是控制器和起动器制造厂)有责任保证装有控制器或起动器的系统符合适用的规范和条款的要求。

这些条款不描述或改变对控制器或起动器的安全要求，如防电击、绝缘配合以及相应的介电试验，不安全的操作，或不安全的故障操作顺序。

当控制器或起动器用于离接收天线的距离少于 10 m 时，规定的发射极限值不提供无线电和电视接收的全面抗干扰保护。

8.3.2 发射

按 GB 4824，有两种设备等级。

设备等级 A 为通常的等级，且规定用于工业环境。

本等级规定的设备其安装位置不直接与公用低压配电网相连，但认为通过专用配电变压器与工业电力配电网相连。

设备等级 A 不适用于特殊要求的工业环境时，如当传感测量通道可能受影响时，用户应规定设备等级 B。

任何等级 A 的控制器或起动器应附带适当的标记以提醒；当应用场合为家用时可能导致无线电干扰，例如：

注意：

本产品设计为设备等级 A，本产品应用场合为家用时可能会导致无线电干扰，为此，可能要求用户采取附加的降低措施。

若产品上不能附带这一标记时，制造厂可选择在提供给用户的信息中给出这一信息，且规定这一信息应以能引起注意的方式出现。

安装在工业或轻工业的场合、直接与公用低压配电网相连时，应规定设备等级 B。

制造厂应在提供给用户的信息中规定设备等级。

8.3.2.1 作用于主工频的低频发射

8.3.2.1.1 谐波

控制器或起动器的额定值小于 16 A 并接至公用低压配电网时，应符合 GB 17625.1 的要求。GB 17625.1范围以外的控制器或起动器的要求在考虑中。当控制器或起动器在全电压状态运行时不需要进行试验，如型式 2 和型式 3 以及部分型式 1 的控制器或起动器，因为谐波发射仅在起动时短时出现，且在全电压状态时没有明显的谐波发射。

8.3.2.1.2 电压波动

控制器或起动器的动作不会产生这种现象，因此不需要进行试验。

8.3.2.2 高频发射

8.3.2.2.1 传导射频(RF)发射

表 16 规定的极限值应按 9.3.5.1.1 规定的程序进行验证。

8.3.2.2.2 辐射发射

表 17 规定的极限值应按 9.3.5.1.2 规定的程序进行验证。

8.3.3 抗干扰性

8.3.3.1 一般要求

根据其影响强度的大小，电系统的影响可能是破坏性的或非破坏性的。破坏性的影响(电压或电流)导致控制器或起动器不可恢复的损坏，非破坏性的影响可能导致控制器或起动器出现暂时的误动作或非正常的动作，但当影响减少或消除时能够恢复正常工作；有些情况下可能需要人为的干预。

制造厂应考虑到这些能够出现比控制器或起动器进行试验的等级更严酷的外部影响的情况，如安装在带有长电力传输线的远距离场合；紧靠在GB 4824中规定的工业、科学和医疗射频设备(ISM)。

注：安装时采用适当的去耦合有助于减小外部传输影响，如控制电路接线应与主电路接线分离。当难免紧接时，控制电路的接线应采用双绞线或屏蔽线。

列出一系列的要求，试验结果的判定采用GB/T 17626系列中规定的性能指标，为了方便，以下列出性能参数，并在表12中列出更详细的规定。

这些要求为：

a) 在规定极值范围内的正常性能。

b) 应能够恢复的短时的性能下降、功能或性能丧失。

c) 要求操作者的干预或系统复位的短时的性能下降、功能或性能丧失，通过简单的干预如人力复位或重起动即能恢复正常的功能，且不应有任何损坏的器件。

整体的控制器或起动器进行试验时采用表12中描述整体性能的允许指标(A)，若不能对整体的控制器或起动器进行试验时，采用功能单元性能的允许指标(B、C、D)。

表12 存在电磁干扰时特定的允许值或性能指标

项目	允许指标 (试验中应执行的标准)		
	1	2	3
A整体性能	工作特性无显著变化 能够按预期计划工作	动作特性有显著的变化(可见或可听到) 能够自行恢复	动作特性发生变化 保护电器触动 不能够自行恢复
B主电路和驱动电路的工作	无不正确工作	短时的不导致脱扣的误动作、或电动机转矩出现反常和可看到的变化	停机 保护电器触动 不能够自己复位
C显示器和控制面板的工作	可视的显示信息无变化 发光二极管(LED)仅有轻微的光亮度脉动、或字母轻微的移动	暂时的可视的变化或信息的丢失 非预期的LED发光	停止工作 信息永久丢失或显示错误 不允许的动作状态 不能够自行恢复
D信息处理和传感功能	与外部设备进行无干扰通信和数据交换	短时干扰通信，可能有内、外部设备的错误报表	错误的信息处理 通信时数据丢失和/或信息出错 不能够自行恢复

8.3.3.2 静电放电(ESD)

试验值及程序见9.3.5.2.1。

8.3.3.3 射频电磁场

试验值及程序见9.3.5.2.2。

8.3.3.4 快速瞬变(通常方式)(5/50 ns)

试验值及程序见9.3.5.2.3。

8.3.3.5 浪涌(1.2/50/μs～8/20/μs)

试验值及程序见9.3.5.2.4。

8.3.3.6 谐波和转换缺口

试验值及程序见9.3.5.2.5。

8.3.3.7 电压暂降和短时中断

试验值及程序见9.3.5.2.6。

8.3.3.8 工频磁场

不需要进行试验。通过合格的操作性能试验(见 9.3.3.6)可以证明其具有抗干扰性。

9 试验

9.1 试验种类

9.1.1 一般规则

GB 14048.1—2006 中 8.1.1 适用。

9.1.2 型式试验

型式试验用于验证各种型式的控制器和起动器的设计是否符合本部分,验证试验包括:

a) 温升极限(9.3.3.3);

b) 介电性能(9.3.3.4);

c) 操作性能(9.3.3.6);

d) 动作和动作范围(9.3.3.6.3);

e) 混合式电器中串联的机械开关电器的额定接通和分断能力以及约定操作性能(9.3.3.5);

f) 短路条件下的性能(9.3.4);

g) 接线端子的机械性能(GB 14048.1—2006 中 8.2.4 适用);

h) 带外壳控制器和起动器的防护等级(GB 14048.1—2006 中附录 C 适用);

i) EMC 试验(9.3.5)。

9.1.3 常规试验(9.3.6)

当不进行抽样试验(9.1.4)时,GB 14048.1—2006 中 8.1.2 适用。

控制器和起动器的常规试验包括:

——动作和动作范围(9.3.6.2);

——介电试验(9.3.6.3)。

9.1.4 抽样试验(9.3.6)

控制器和起动器的抽样试验包括:

——动作和动作范围(9.3.6.2);

——介电试验(9.3.6.3)。

GB 14048.1—2006 中 8.1.3 适用,并补充如下:

制造厂可以自行决定用抽样试验取代常规试验。按 GB/T 2828.1—2003 中的规定(GB/T 2828.1—2003 中表 3),抽样试验应满足或超过下述要求:

抽样的基础是合格质量水平 AQL≤1:

——合格判定数 Ac=0(无缺陷验收);

——不合格判定数 Re=1(若一件缺陷,则整批全部检查)。

对每一检查批应固定间隔进行抽样。

允许采用其他的能够保证符合上述 GB/T 2828.1—2003 要求的统计方法,如控制连续生产的统计方法或性能指标的过程控制。

根据 GB 14048.1—2006 中 8.3.3.4.3 进行电气间隙的抽样试验在考虑中。

9.1.5 特殊试验(9.4)

控制器和起动器的特殊试验包括:

——过载继电器和 SCPD 之间的选择性(见附录 C)。

9.2 验证结构要求

GB 14048.1—2006 中 8.2 适用(见 8.1 注)。

9.3 验证性能要求

9.3.1 程序试验

每一程序试验均应在新试品上进行。

注1：制造厂同意时，允许在同一台试品上进行多于一个的或全部的程序试验，但每一试品必须按规定的顺序进行试验。

注2：程序试验中的某些试验只是为了减少所需试品的数量；其结果对程序试验中的前项或后项试验不产生显著的影响，因此，为方便试验，允许这些试验在单独的新试品上进行并在相应的程序中取消，但这一规定仅适用于下述试验：

GB 14048.1—2006 中 8.3.3.4.1 5)：爬电距离检查；

GB 14048.1—2006 中 8.2.4：接线端子的机械性能；

GB 14048.1—2006 中附录 C：带外壳电器的防护等级。

规定的程序试验如下：

a) 程序试验Ⅰ

i) 验证温升(9.3.3.3)；

ii) 验证介电性能(9.3.3.4)。

b) 程序试验Ⅱ：验证操作性能(9.3.3.6)

i) 热稳定性试验(9.3.3.6.1)；

ii) 过载能力试验(9.3.3.6.2)；

iii) 关断和变换能力试验(9.3.3.6.3)，包括动作和动作范围验证。

c) 程序试验Ⅲ

i) 短路条件下的性能(9.3.4)。

d) 程序试验Ⅳ

i) 接线端子机械性能验证(GB 14048.1—2006 中 8.2.4)；

ii) 带外壳电器的防护等级验证(GB 14048.1—2006 中附录 C)。

e) 程序试验Ⅴ

EMC 试验(9.3.5)。

9.3.2 一般试验条件

GB 14048.1—2006 中 8.3.2 适用，并补充如下：

除相应试验条款中另有规定外，连接中的拧紧力矩应按制造厂的规定，若无规定时，按 GB 14048.1—2006 中表 4 规定。

若规定了多种散热装置时，应采用热阻最高的一种。

应采用真正的电压和电流有效值测量方法。

9.3.3 空载、正常负载和过载条件下的性能

9.3.3.1 空

9.3.3.2 空

9.3.3.3 温升

9.3.3.3.1 周围空气温度

GB 14048.1—2006 中 8.3.3.3.1 适用。

9.3.3.3.2 部件温度的测量

GB 14048.1—2006 中 8.3.3.3.2 适用。

9.3.3.3.3 部件的温升

GB 14048.1—2006 中 8.3.3.3.3 适用。

9.3.3.3.4 主电路的温升

对于主电路中的半导体开关电器(见 8.2.2.4)，温度测量传感器应紧靠于试验中可能产生最高温

升的半导体开关电器的壳体外表面。应记录试验终了时的壳体温度 C_f 和终了周围空气温度 A_f，以用于 9.3.3.6.2 规定的试验。

对机械开关电器（见 8.2.2.4.2 和 8.2.2.4.4），温度测量传感器的位置应符合 GB 14048.1—2006 中 8.3.3.3 的要求。

主电路应按 8.2.2.4 的规定通电。

通常通电的辅助电路通以最大额定工作电流（见 5.6），控制电路施加额定电压。

起动器应装有符合 5.7 的过载继电器，并按下述规定进行选择：

——不可调式继电器

电流整定值等于起动器的最大工作电流，试验在此电流下进行。

——可调式继电器

最大电流整定值应尽可能接近但不超过起动器的最大工作电流。

对于起动器，试验应选配电流整定值与起动器电流范围的最大值最接近的过载继电器进行。

注：上述选择方法用以保证过载继电器的接线端子的温升以及起动器散发的功率不小于任何可能会出现的继电器和起动器配套的数值。当过载继电器对此值的影响可忽略时（如固态过载继电器），试验电流应当总是起动器的最大工作电流。

9.3.3.3.5 控制电路的温升

GB 14048.1—2006 中 8.3.3.3.5 适用，并补充如下：

温升应在 9.3.3.3.4 的试验中进行测量。

9.3.3.3.6 线圈和电磁铁的温升

GB 14048.1—2006 中 8.3.3.3.6 适用并补充如下：

用于半导体控制器或机械旁路开关电器的接触器或起动器的电磁铁，应按照 8.2.2.6 的规定在试验过程中对主电路通以额定电流，温升应在 9.3.3.3.4 的试验中测量。

9.3.3.3.7 辅助电路的温升

GB 14048.1—2006 中 8.3.3.3.7 适用，并补充如下：

温升应在 9.3.3.3.4 的试验中进行测量。

9.3.3.4 介电性能

9.3.3.4.1 型式试验的介电性能验证

1） 耐压试验的一般条件

GB 14048.1—2006 中 8.3.3.4.1 1）适用（最后一个注除外），并见 8.2.3。

2） 冲击耐受电压的验证

a） 一般条件

GB 14048.1—2006 中 8.3.3.4.1 2）a）适用。

b） 试验电压

GB 14048.1—2006 中 8.3.3.4.1 2）b）适用并补充如下：

对于介电性能受海拔高度影响不大的部件（例如：光耦合器，密封部件等），不必对海拔进行修正。

c） 试验电压的施加

被试电器按上述项 1）规定的方式安装和准备，试验电压按如下方法施加：

i） 触头（如适用）处于所有正常工作位置，主电路所有的接线端子连接在一起（包括控制电路和辅助电路接至主电路）和外壳或安装板之间。

ii） 触头（如适用）处于所有正常工作位置，对于所有与其他极流过电流无关的主电路极与连接在一起并与外壳或安装板连接的其他极之间。

iii) 正常工作不接至主电路的每个控制电路和辅助电路与以下部位之间：

——主电路；

——其他电路；

——外露导电部件；

——外壳或安装板，如适用可以连接在一起。

iv) 对适用于隔离的电器，主电路电源端的接线端子连接在一起，负载端的接线端子连接在一起，当电器的触头处于隔离打开位置时试验电压应施加在电源端和负载端之间，施加电压按 GB 14048.1—2006 中 7.2.3.1 1)b)的规定。

d) 试验结果的判别

GB 14048.1—2006 中 8.3.3.4.1 2)d)适用。

3) 固体绝缘的工频耐受电压验证

i) 一般要求

GB 14048.1—2006 中 8.3.3.4.1 3)a)适用。

ii) 试验电压

GB 14048.1—2006 中 8.3.3.4.1 3)b)适用并将下列内容补充至第一段结尾：

如果由于 EMC 滤波元件的原因而不能施加交流试验电压，且该元件不易被拆除，可采用与交流试验电压峰值相同的直流试验电压进行试验。

iii) 试验电压的施加

GB 14048.1—2006 中 8.3.3.4.1 3)c)适用并将最后两句话修改如下：

在下列条件下试验电压施加时间为 5s：

——符合上述 2)c)中 i)、ii)和 iii)的要求；

——对于混合式控制器或起动器，主电路电源端的接线端子连接在一起，负载端的接线端子连接在一起。

iv) 试验结果的判别

GB 14048.1—2006 中 8.3.3.4.1 3)d)适用。

4) 电器分断和短路试验后耐受工频电压验证

a) 一般要求

GB 14048.1—2006 中 8.3.3.4.1 4)a)适用。

b) 试验电压

GB 14048.1—2006 中 8.3.3.4.1 4)b)适用。

c) 试验电压的施加

GB 14048.1—2006 中 8.3.3.4.1 4)c)适用并将下列内容补充在最后：

无需使用 GB 14048.1—2006 中 8.3.3.4.1 1)中提到的金属箔。

d) 试验结果的判别

GB 14048.1—2006 中 8.3.3.4.1 4)d)适用。

5) 耐湿性能试验后的工频耐受电压验证

GB 14048.1—2006 中 8.3.3.4.1 5)适用。

6) 直流耐受电压的验证

GB 14048.1—2006 中 8.3.3.4.1 6)适用。

7) 爬电距离的验证

GB 14048.1—2006 中 8.3.3.4.1 7)适用。

8) 适用于隔离的电器的泄漏电流验证

最大泄漏电流应不大于 GB 14048.1—2006 中 7.2.7 的规定值。

9.3.3.4.2　空

9.3.3.4.3　验证电气间隙的抽样试验

1）　一般要求

GB 14048.1—2006 中 8.3.3.4.3 1)适用。

2）　试验电压

试验电压为额定冲击耐受电压。

抽样方案和程序在考虑中。

3）　试验电压的施加

GB 14048.1—2006 中 8.3.3.4.3 3)适用。

4）　试验结果的判别

GB 14048.1—2006 中 8.3.3.4.3 4)适用。

9.3.3.5　机械开关电器的接通和分断能力

应验证机械开关电器是否符合 8.2.4.2 的要求。

如果机械开关电器没有验证前面的试验，应满足 8.2.4.2 的下列分条款的要求。接通和分断能力应根据 GB 14048.1—2006 中 8.3.3.5 验证。

9.3.3.5.1　混合式控制器中的串联机械开关电器

a）　开关电器可以作为一个单独的元件进行试验，或

b）　短接各极半导体元件后按正常工作一样对整个混合式控制器进行试验。

9.3.3.5.2　旁路控制器中经过型式试验的并联机械开关电器

开关电器应作为单独的电器进行试验。

9.3.3.5.3　旁路控制器中关联的并联机械开关电器

连同旁路在内的整个单元应如正常工作一样进行试验。为了模拟起动和停止，操作程序应和正常工作时一样。

9.3.3.6　操作性能

用以下三项试验验证操作性能是否符合 8.2.4.1 的规定：

——热稳定性试验；

——过载能力试验；

——关断和转换能力试验。

试验模拟8 h工作制。

主电路的连接与电器在正常工作时的连接相似。控制电压应调整为额定控制电源电压 U_s 的 110%。

如果起动器内的控制器已满足上述操作性能要求，且满足 5.4.1 基于试验结果选择使用类别的规定，则起动器不需要进行本条款规定的试验。

9.3.3.6.1　热稳定性试验程序

试验规程和允许指标见表 13，试验曲线示于图 F.1。

1）　对试验过程中每一通电周期规定序列数 n(如 $n=0,1,2\cdots n-1,N$)。

2）　记录初始壳体温度 C_0、初始周围空气温度 A_0。

3）　设置试验电流为对应试验水平 1 的 I_T(见表 7)，将 n 取为新值 $n=n+1$。

4）　施加试验电压 U_T 至试品主电路输入端，U_T 可以保持施加在试验过程中，也可以与控制电压 U_c 同步接通-断开。

使试品处于导通状态(施加试品控制电压 U_c)。

注：时间 T_x 起始于电流达到 $X\times I_e$ 值的时刻，因此，电流上升至试验电流 $X\times I_e$ 的时间延长了试验总时间。

5a）　仅对于 AC-52a，AC-53a，AC-58a：

时间间隔 T_x(见表 7)之后,将试验电流转变为对应试验水平 2 的 I_T。

待试验水平 2 的时间间隔之后,将试品切换至截止状态。

5b) 仅对于 AC-52b,AC-53b,AC-58b:

时间间隔 T_x(见表 7)之后,将试品切换至截止状态。

6) 记录壳体温度 C_n、周围空气温度 A_n。

7) 确定是否结束(或继续)试验:

a) 计算壳体温升变化比值:

$$\Delta_n=(C_n-C_{n-1}-A_n+A_{n-1})/(C_{n-1})$$

b) 检查是否符合规定的结果(表 13)

若 $\Delta_n>0.05$,总的试验时间小于8 h,且试验结果(表 13 中的 a)和 b))未出现异常,则重复上述步骤 3~7。

若 $\Delta_n>0.05$,总的试验时间大于 8 h 或试验结果非正常,则结束试验,本试验不合格。

若 $\Delta_n\leqslant0.05$,总的试验时间小于 8 h 且没有出现与表 13 试验结果 a)、b)、c)和 d)不符的现象,则结束试验,本试验合格。

表 13 热稳定性试验规程

项 目	水 平	说 明
试验目的	验证在 8 h 时间内按顺序进行连接的相同操作循环之间的温度变化减少至 5% 以内验证机械开关电器主电路的易近端子温升不超过 GB 14048.1—2006 中表 2 的极限值。	
试验持续时间	进行试验直至 $\Delta_n\leqslant0.05$ 或达到 8 h 后 $\Delta_n=(C_n-C_{n-1}-A_n+A_{n-1})/(C_{n-1})$	
试验条件	表 7	
EUT[a] 温度	C_n,壳体温度	温度测量传感器紧靠半导体开关电器的外表面(见 9.3.3.3.4),监测预计是最热的半导体开关电器
周围空气温度	A_n,任意方便的值	温度测量传感器监测周围空气温度的变化(GB 14048.1—2006 中 8.3.3.3.1适用)
试验结果	a) 8 h内:$\Delta_n\leqslant0.05$ b) 无可见的损坏现象(如冒烟、变色) c) 机械开关电器主电路的易近端子温升应不超过 GB 14048.1—2006 中表 2 的极限值。 d) 当端子不是易近部件时,温升可以超过 GB 14048.1—2006 中表 2 的极限值,但不应损坏相邻的部件。	

[a] 进行试验的电器,即试品。

9.3.3.6.2 过载能力试验程序

1) 试验条件

a) 按表 8,试验曲线见图 F.2。

b) 控制器和起动器除带有全电压状态时提供过载保护的过载继电器外,还带有电流型控制关断电器时,应带有此关断电器进行试验。进行本试验时,允许此关断电器在少于规定的通电时间时使试品处于截止状态。

2) 试品的调整

a) 试品的调整应当使达到试验电流水平 I_{LRP}的时间最短。

b) 试品带有限流功能时,对应规定的 I_e 将 X 设置为最大值。

c) 当试品为起动器时，短接其过载继电器，T_x 的设备应符合表 8 中注 c 的规定。

3) 试验

a) 建立初始条件

b) 施加试验电压至试品主电路输入端。

（对于型式 H*x*A，串联机械开关电器的触头应闭合。对于型式 H*x*B，串联机械开关电器应断开。）试验电压应在试验过程中施加。

c) 将试品切换至导通状态。

d) 导通时间（表 8）之后，将试品切换至截止状态。

注：对于型式 H*x*B，截止状态应为断开状态。

e) 重复步骤 c）和 d）两次。结束试验。

当试品在起动状态（且可能会停止）而不是在全电压状态带有限流功能时，验证试品是否符合 8.2.4.1 规定的过载能力试验的程序如下：

i) 进行上述两个操作循环之后，将试品切换至导通状态，并承载初始试验电流 I_0，但不高于 I_e。

ii) 使试品处于全导通状态，由外部开关将表 8 规定的试验电路接到负载，电流从 I_0 至 I_{LRP} 的转换过程中不应出现电流的中断。

iii) 按表 6，在由试品建立截止状态之前，试验电流 I_{LRP} 的保持时间为 T_X（单位：s）。但当试品带有适当的过载保护时，允许在比 T_X 短的时间内建立截止状态。

iv) 这一操作循环应进行两次。

对应这四个操作循环的初始壳体温度应符合表 14 的规定。

4) 验证性能指标（见 9.3.3.6.4）

a) 不丧失转换能力。

b) 不丧失关断能力。

c) 不丧失功能。

d) 无可见的损坏现象。

表 14 初始壳体温度的规定

操作循环次数	初始壳体温度/℃
1	不低于 40℃
2	起动器中的过载继电器在第一个操作循环后能够复位的最高温度，或制造厂推荐的与控制器配套使用的过载继电器的最高温度
3 和 4	≥40℃加上进行温升试验时（9.3.3.3）的最高壳体温升

9.3.3.6.3 关断和转换能力试验

试验规程见表 9 和表 15，试验曲线见图 F.3。

对型式 H*x*A，试验过程中串联机械开关电器的触头应处于闭合状态。

对型式 H*x*B，串联机械开关电器的触头的动作应能完成试验循环。但对于每一极的电压测量，串联触头应闭合且半导体开关电器处于截止状态。制造厂应对特定功能的试品提供必要的说明，以满足电压测量的规定。

1) 试品应和正常使用时一样安装和连接，试品和试验负载之间的连接导线长度不超过 10 m。

2) 电流测量仪器的安装方式应能记录步骤 3）和步骤 7）中通过控制器的泄漏电流。

如果存在其他辅助电路或设备与半导体元件并联连接，应注意避免测量为并联电流；仅测量半导体元件的泄漏电流并依此仅安装用于该测量的仪器。

3) 对试品施加 U_e 和 U_s，断开控制电压 U_c，测量流过试品每极的电流并记录为初始数据 I_0。

从步骤 4)开始到完成步骤 7) 试验电路应保持闭合。步骤 5)和 6)过程中电流测量仪器应通过远程控制方式短接,但断开电路时不应移去。

4) 试验开始,对试品施加 U_e 和 U_s(见表 15 规定)并持续到完成步骤 7)。

5) 通过控制电压 U_c 使试品按表 15 规定的导通和截止状态切换。如果控制器不按规定操作,或如果出现损坏的迹象,则终止试验,认为该试验不合格。

6) 进行规定次数的操作循环之后,断开 U_c 但维持 U_e 和 U_s。允许试品恢复到初始环境温度。

7) 重复步骤 3)的电流测量,并记录为对应初始数据 I_0 的终止数据 I_F。

8) 用下面的公式计算每一极上泄漏电流的变化值:

$$\Delta I=(I_F-I_0)/I_0$$

表 15 关断和转换能力试验规程

项　目	范　围	细　则
操作循环次数	试验 1:85%U_e 和 85%U_s 下操作 100 次 试验 2:110%U_e 和 110%U_s 下操作 1 000 次	
试验负载	感应电动机和机械负载的参数见表 9	
试验设备	电流真有效值测量仪器应连接在试品每一极的负载端和电动机端子之间,测量仪器应能测量毫安级电流	
试品温度	室温(+10℃～+40℃)	
试品整定	试品整定仅限于制造厂正常供货的产品上带有外部可调功能时 a) 带限流功能的控制器的整定:使电动机(见表 9)能够起动时对应最小的 X 值 b) 带斜坡起动功能的控制器的整定:最大的斜坡时间或 10 s,取其小值起动电流和/或起动电压初始值应整定为允许电动机立即起动的最小值	
试验循环	导通时间>达到全电压和全转速的时间+1s 截止时间=惯性转动至静止时间的 1/3	
试验结果	a) 对每一极:$\|\Delta I\|<0.10$,其中 $\Delta I=(I_F-I_0)/I_0$ b) 无可见的损坏现象(如冒烟、变色) c) 制造厂规定的功能无丧失	

9.3.3.6.4 控制器或起动器在操作性能试验过程中的状态和试后条件

a) 转换能力

如果半导体器件不能正常进行转换,早期故障表现为性能的下降,在此状态下继续工作就会出现热击穿,最终结果将是过热和失去关断性能。

b) 热稳定性

承受快速操作循环的半导体器件可能得不到适当的冷却,初始效应为可能导致失去关断性能的热击穿。

c) 关断性能

关断性能是指关断并保持在截止状态的能力。过度的热效应会降低关断性能,故障形态表现为部分或全部失控。

d) 功能

某些故障形态在开始时并不是很严重,这些故障表现为逐渐丧失其功能,早期检测和调整可以避免永久损坏。

e) 目测

过度高温热效应最终导致永久损坏,可见的损坏现象(冒烟或变色)是最终损坏的早期警告。

9.3.4 短路条件下的性能

本条款规定了验证符合8.2.5.1规定要求的试验条件。9.3.4.1和9.3.4.3给出了有关试验程序、试验顺序、试后的设备状况、协调配合类型的规定。

9.3.4.1 短路试验的一般条件

短路试验的一般条件如下：

——"O"操作：作为预备试验的条件，控制器/起动器在模拟电机负载的条件下保持导通状态，预备试验的电流应为大于控制器/起动器的最小负载电流(见3.1.11)的任意值。闭合短接开关将短路电流施加到控制器/起动器上。短路电流由SCPD断开而控制器/起动器应能承载允通电流。

——"CO"操作：用于直接起动设备(全电压设备)。

初始壳体温度应不低于+40℃。某些情况下，不可能在仅适用于短路试验的地点预热试品并维持初始壳体温度。这种情况下，制造厂和用户应允许在环境温度下进行试验，此时，应在试验报告中记录较低的温度。

9.3.4.1.1 短路试验的一般要求

GB 14048.1—2006中8.3.4.1.1适用。

9.3.4.1.2 验证短路额定值的试验电路

GB 14048.1—2006中8.3.4.1.2的试验电路应按本部分附录I的图I.1修订使用。模拟的电动机负载和短接开关应具备以下特性：

a) 模拟负载应为笼型电动机并符合8.2.4.3中规定的特性；

b) 短接开关(不是试品的一部分)应能接通和承载短路电流且不能妨碍短路电流的施加过程(如：触头弹跳或其他断续断开触头的情况)。

9.3.4.1.3 试验电路的功率因数

GB 14048.1—2006中8.3.4.1.3适用。

9.3.4.1.4 空

9.3.4.1.5 试验电路的调整

GB 14048.1—2006中8.3.4.1.5适用。

9.3.4.1.6 试验过程

GB 14048.1—2006中8.3.4.1.6适用，并补充如下：

控制器或起动器连同其相应的SCPD应按正常使用情况安装和接线。每一主电路采用最大长度为2.4 m的电缆(相应于起动器的额定工作电流)进行连接。

如果SCPD与控制器或起动器是分离的，则采用上述电缆(总长度不超过2.4 m)接至起动器(或控制器)。

认为三相的试验结果对单相情况有效。

试验程序的时间曲线见图I.2。

a) T_0 时刻，试验开始，短路开关在断开位置。

b) T_1 时刻，施加试验电压，模拟电动机负载会限流，但至少应使控制器维持在导通状态。

c) 在流过控制器的电流稳定后的任意时刻，闭合短接开关，便建立了一条路径使短路电流流过试品(T_2 时刻)，这条路径将在 T_3 时刻被SCPD切断。

9.3.4.1.7 空

9.3.4.1.8 试验报告说明

GB 14048.1—2006中8.3.4.1.8适用。

9.3.4.2 过载继电器和SCPD之间的选择性

特殊试验。详见附录C。

9.3.4.3 控制器和起动器的限制短路电流

控制器或起动器及其相应的 SCPD 应进行 9.3.4.3.1 规定的试验。

带非关联元件的旁路控制器不需进行进一步的试验。

带有关联元件的旁路控制器应按 9.3.4 的规定进行以下两个单独的短路试验：

a) 试验 1：试验在半导体导通而旁路触头断开的状态下进行。该试验模拟半导体控制的起动状态下发生短路的情况。

b) 试验 2：试验在半导体被旁路而旁路触头闭合的状态下进行。该试验模拟试品的半导体被旁路的情况下发生短路的情况。

试验在相应使用类别 AC-53a 的最大的 I_e 和最大的 U_e 的条件下分别进行。

若相同的半导体器件用于不同的额定值时，试验应在相应最高额定电流 I_e 的条件下进行。

在规定的电压下，采用独立的电源进行控制。所用的 SCPD 应符合 8.2.5.1 的规定。

如果 SCPD 是电流整定值可调的断路器，则对 1 型协调配合，应将断路器调整到最大整定值进行试验；对 2 型协调配合，应将断路器调整到规定的最大整定值进行试验。

进行试验时，所有外壳的门均应像正常时一样关上，门或盖用适用的工具固紧。

对于适用于某一范围电动机额定值和配有可更换过载继电器的起动器，试验应在装有最大阻抗的过载继电器和装有最小阻抗的过载继电器及其相应的 SCPD 上进行。

在 I_q 下对试品进行 O 操作。

9.3.4.3.1 额定限制短路电流 I_q 试验

对电路进行调整使预期短路电流 I_q 等于额定限制短路电流。

若 SCPD 为熔断器且试验电流在熔断器电流极限范围以内，如有可能，则熔断器应按能够允许的最大分断电流(I_c)(根据 GB/T 13539.1—2002 中图 3)和最大允通电流 I^2t 选取。

除直接控制器或起动器外，SCPD 的一次分断操作应在控制器或起动器处于全导通状态且 SCPD 处于闭合位置时进行；短路电流由一独立的开关电器接通。

对于直接控制器或起动器，SCPD 的一次分断操作应是闭合控制器或起动器接通短路电流。

9.3.4.3.2 试验结果的判别

根据规定的协调配合类型，若控制器或起动器满足下述条件，则认为其预期短路电流 I_q 试验合格。对两种配合类型：

a) 故障电流由 SCPD 或起动器成功地分断且外壳与电源间的熔丝或熔断体或固体连接未熔断。

b) 外壳的门或盖未被吹开且能够打开门或盖。只要外壳的防护等级不小于 IP2X，则其变形是允许的。

c) 导线或接线端子不应损坏，且连接导线未与接线端子分离。

d) 绝缘基座的碎裂不应使安装带电体的整体遭到破坏。

1 型协调配合

e) 壳体外的零件不应击穿。允许控制器和过载继电器损坏，试验之后的起动器或控制器允许不能够继续操作。

2 型协调配合

f) 试验过程中，过载继电器或其他部件不应损坏。如果容易分离(如用螺丝旋具)且无明显变形，则混合控制器和起动器的触头熔焊是允许的。对此熔焊触头，电器的功能应按表 8 相应使用类别进行 10 次操作循环(替代 3 次)的验证。

g) 在短路试验前及试验后，均应按 5.7 在过载继电器的一个电流整定值倍数上验证其脱扣特性与所提供的脱扣特性相符。

h) 用介电试验验证控制器或起动器的绝缘程度，试验电压的规定按 9.3.3.4.1.4)的规定。

9.3.5 电磁兼容性(EMC)试验

所有发射和抗干扰性试验均为型式试验,且应在有代表性的工作条件和环境条件下进行试验。试验时采用制造厂推荐的接线方法并应采用制造厂规定的外壳。

所有试验应在稳定条件下进行。试验时需要电动机,电动机及其接线作为进行试验所需的辅助设备,但不作为进行试验设备的组成部分。除进行谐波发射试验外,不需要给电动机加负载。试验中选用电动机的功率小于控制或起动器的规定功率时,试验报告中应予以注明。功率输出端口不需要进行试验。除非制造厂另有规定,接至电动机的连接线长度应为 3 m。

试验报告应给出有关试验的全部信息(如负载条件、电缆布置等)。功能的描述和允许的参数极限值由制造厂提供且应在试验执行中注明,试验报告中应包括为达到兼容性而采取的任何措施,例如使用屏蔽线或特殊电缆。为使设备符合抗干扰性及发射要求所必需的辅助设备以及控制器或起动器也应包括在试验报告中,试验应在额定电源电压 U_s 和能够再现的方式下进行。

型式 1 的控制器和起动器,其中的电力开关器件如可控硅,在某些或全部稳态工作方式下并不是完全导通,其试验应在制造厂规定的最小导通条件下或在能够代表控制器或起动器获得最大发射或敏感性的工作条件下进行(见 9.3.5.1)。

9.3.5.1 EMC 发射试验

9.3.5.1.1 传导射频发射试验

有关试验描述、试验方法和试验装置见 GB 4824。

对某一功率范围的控制器,仅需对能够代表这一功率范围的最大功率值和最小功率值的两台试品进行试验。

发射不应超过表 16 规定的极限值。

主电路连接中附加的通常方式的高频滤波可能导致电动机起动转矩不可容忍的降低,或导致生产工业中考虑到系统安全而采用的不接地或高阻抗接地配电系统无效。

如果,为了满足表 16 中的发射水平,应采用滤波器但并不是基于上述的原因,其他的预防措施也应考虑以使发射水平不超过表中的规定。

表 16 传导射频发射的接线端子干扰电压极限值

设备等级 (网络形式)	A[a] (工业)		B (公用)	
频率/ MHz	准峰值/ dB(μV)	平均值/ dB(μV)	准峰值/ dB(μV)	平均值/ dB(μV)
0.15～0.5	100	90	66～56 (随频率的对数值降低)	56～46 (随频率的对数值降低)
0.5～5	86	76	56	46
5～30	90～70 (随频率的对数值降低)	80～60 (随频率的对数值降低)	60	50

[a] 限值的依据为 GB 4824,组 2。

9.3.5.1.2 辐射射频(RF)发射试验

有关试验描述、试验方法、试验装置见 GB 4824。特殊试验条件见附录 D 中的 D.2。

注:在美国,功耗小于 6 nW 的数字式电器不进行 RF 发射试验。

对于不同功率范围的控制器或起动器,仅需对一台有代表性的试品进行试验。

发射不应超过表 17 规定的极限值。

表 17 辐射发射试验极限值

频带	场强	
	设备等级 A[a]	设备等级 B
30 MHz～230 MHz	30 dB(μV/m) 30 m 处准峰值	30 dB(μV/m) 10 m 处准峰值
230 MHz～1 000 MHz	37 dB(μV/m) 30 m 处准峰值	37 dB(μV/m) 10 m 处准峰值

[a] 设备等级 A 试验允许在 10 m 处进行，其极限值增大 10 dB。

9.3.5.2 EMC 抗干扰性试验

相同框架上某一范围内的控制器或起动器，其控制部分由相同形体的电子器件组成时，仅需在制造厂规定的一台有代表性的控制器或起动器上进行试验。

9.3.5.2.1 静电放电(ESD)

控制器或起动器应按 GB/T 17626.2 规定的方式进行试验。采用的试验等级为 4 kV 接触放电或 8 kV空气放电，对每一选中的点施加 10 次正脉冲和 10 次负脉冲，每一相邻的单个放电脉冲间的时间间隔为 1s，试验不需要在电力接线端子上进行，放电仅需在正常使用过程中容易接近的点上进行。

控制器或起动器应符合表 12 中性能指标 2 的规定。

当控制器或起动器为开启式或为框架式或防护等级为 IP00 时，不可能进行本试验。此时，制造厂应在设备上加标记以提示由于静电放电的危险性。

9.3.5.2.2 射频电磁场

射频电磁场试验分成两种频率范围：0.15 MHz～80 MHz 和 80 MHz～1 000 MHz。对于 0.15 MHz～80 MHz 的范围，试验方法见 GB/T 17626.6，试验水平为 140 dB(μV)(水平 3)。

频率由制造厂选定且应在试验报告中注明，控制器或起动器应满足表 12 中性能指标 1。

对于 80 MHz～1 000 MHz 的范围，试验方法见 GB/T 17626.3，试验水平为 10 V/m，扫描频率范围为 80 MHz～1 000 MHz，控制器和起动器应符合表 12 中性能指标 1 的规定。

当控制器是作为被安装在特定目的的 EMC 金属外壳内的元件提供时，不需进行本试验。此时，制造厂应提供书面的提示或指导以便规定打开外壳时应采取的预防措施。

9.3.5.2.3 快速瞬变(5/50 ns)

控制器或起动器按 GB/T 17626.4 规定的方法进行试验。

通过耦合/去耦合网络的交流电力电源端的试验水平为 2.0 kV/5.0 kHz。试验电压施加 1 min。

用于连接导体的控制电路和辅助电路的接线端子，当连接导线超过 3 m 时，应通过耦合夹子在 2.0 kV/5.0 kHz下进行试验。

控制器或起动器应符合表 12 中性能指标 2 的规定。

9.3.5.2.4 浪涌(1.2/50 μs～8/20 μs)

控制器或起动器应按 GB/T 17626.5 规定的方法进行试验。

电力端子的试验水平为线对地 2 kV 和线对线 1 kV。

用于连接导体的控制电路和辅助电路的接线端子，当连接导线超过 3 m 时，试验应在线对地 2.0 kV和线对线 1.0 kV 下进行。试验无需对保护电路进行。

重复速率为每分钟 1 次，脉冲数目为 5 正 5 负。

控制器或起动器应符合表 12 中性能指标 2 的规定。

当控制器需要安装在缺少保护的条件下运行时，如按 GB/T 17626.5 的安装等级 4 或 5 下运行时，用户应予以注明。此时试验水平为线对地 4 kV 和线对线 2 kV。

9.3.5.2.5 **谐波和转换缺口**

在考虑中。

9.3.5.2.6 **电压暂降和短时中断**

采用 GB/T 17626.11 规定的试验方法验证是否符合试验 A 的要求。验证试验 B 和 C 的方法在考虑中。

应符合表 18 规定的指标。

表 18 电压暂降和短时中断试验

试验	试验水平 % U_T [a]	持续时间	性能指标
A	0	5 000 ms	3
B	40	100 ms	在考虑中
C	70	半波	在考虑中

[a] 其中 U_T 表示相应的 U_e 和/或 U_s。

9.3.6 **常规试验和抽样试验**

常规试验是在装配过程中或装配后对每一台控制器或起动器进行的试验，以验证是否符合规定的要求。

9.3.6.1 **一般要求**

常规试验或抽样试验应在与 9.1.2 对应的型式试验相同或等效的条件下进行。9.3.3.2 的验证动作范围试验可在常温下及单独的过载继电器上进行，但可能需要对常温条件下进行校正。

9.3.6.2 **动作和动作范围**

应验证电器设备的工作符合 8.2.1.2 和 8.2.1.5 的规定。

8.2.1.2 规定的功能根据表 9 和 9.3.3.6.3 采用关断和转换能力试验进行验证，需要进行 2 个操作循环，一个为 85%U_e 和 85%U_s，另一个为 110% U_e 和 110% U_s。

8.2.1.5 规定的相应试验允许在任意方便的电压下仅在一种选定的相应的电流下进行(可以不同于本部分中规定的值)。本试验也可以作为单项试验，各极通以此电流以验证脱扣时间符合(在允差范围内)制造厂提供的曲线。

9.3.6.3 **介电试验**

无需使用金属箔。试验应在干燥和清洁的控制器和起动器上进行。

介电性能的验证允许在电器的最终装配之前(即在连接敏感电器例如滤波电容器之前)进行。

1) 冲击耐受电压验证

GB 14048.1—2006 中 8.3.3.4.2 1)适用。和：

2) 工频耐受电压验证

GB 14048.1—2006 中 8.3.3.4.2 2)适用。

上述 1)和 2)的试验可以仅用一个工频耐受试验替代(冲击耐受电压和工频耐受电压的混合试验)，该正弦波的峰值为 1)和 2)中的较大者。

9.4 **特殊试验**

9.4.1 **过载继电器和 SCPD 之间的选择性**

附录 C 给出了详细的规定。

附　录　A
（规范性附录）
接线端子的标志和识别

A.1　总则

接线端子识别的目的是提供关于每个接线端子功能的信息，或相对于其他接线端子的位置或其他用途。

A.2　半导体控制器和起动器接线端子的标志和识别

A.2.1　主电路接线端子的标志和识别

主电路接线端子应由单独数字和字母数字系统标志。

表 A.1　主电路接线端子标志

接线端子	标　志
主电路	1/L1-2/T1 3/L2-4/T2 5/L3-6/T3 7/L4-8/T4

对于特殊形式的控制器或起动器（见 5.2.5.3），制造厂应提供接线图。

A.2.2　控制电路接线端子的标志和识别

A.2.2.1　控制电路电源接线端子

在考虑中。

A.2.2.2　控制电路输入/输出信号接线端子

在考虑中。

A.2.3　辅助电路接线端子的标志和识别

辅助电路接线端子应在图表上用两位数标志或识别：

——个位数是功能数；

——十位数是序列数。

以下举例说明这种标志系统：

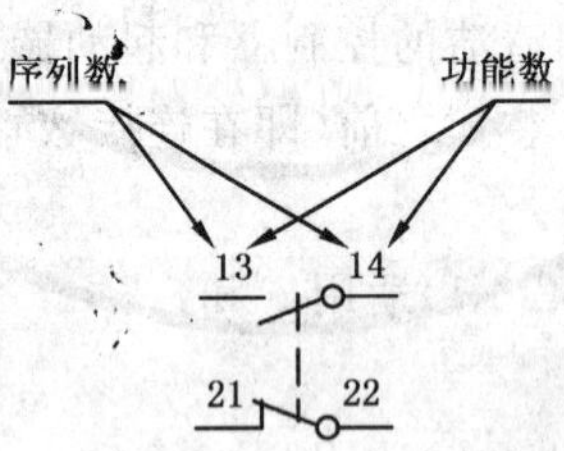

A.2.3.1　功能数

在电路中用功能数 1、2 表示分断触头，功能数 3、4 表示接通触头。

注：关于接通触头和分断触头的定义见 GB 14048.1—2006 中 2.3.12 和 2.3.13。

例：

注：上例图中的点代表序列数，应用时此位置应加上适用的数字。

带转换触头元件电路的接线端子的功能数用1、2和4标志。

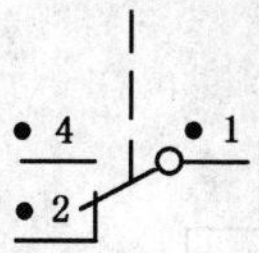

功能数5和6(对分断触头)、7和8(对接通触头)表示辅助电路中具有特殊功能的辅助触头的接线端子。

例：

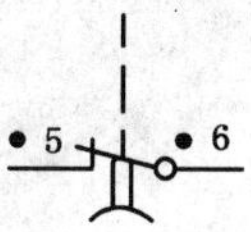

闭合延时分断触头

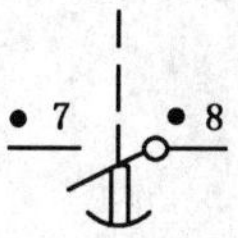

闭合延时接通触头

具有特殊功能的转换触头元件电路的接线端子,应用功能数5、6和8标志。

例：

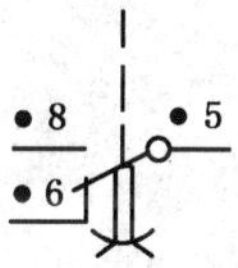

延时断开和延时闭合的转换触头

A.2.3.2 序列数

属于同一触头元件的接线端子应用相同的序列数标志。

所有具有相同功能的触头元件应有不同的序列数。

当制造厂提供的信息清楚地给出了这种序列数时,允许在接线端子上省去序列数。

例：

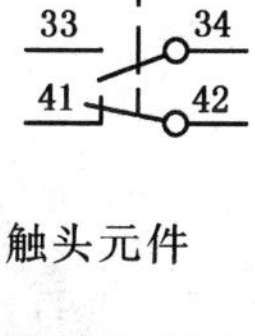

四触头元件

三触头元件

A.3 过载继电器接线端子的标志与识别

过载继电器主电路的接线端子应与控制器和起动器主电路接线端子的标志方法一致(见A.2.1)。

过载继电器的辅助电路的接线端子应与具有特殊功能的控制器和起动器辅助电路的接线端子标志方法一致(见A.2.3)。

序列数规定为9,如果要求第二个序列数可用数字0。

例：

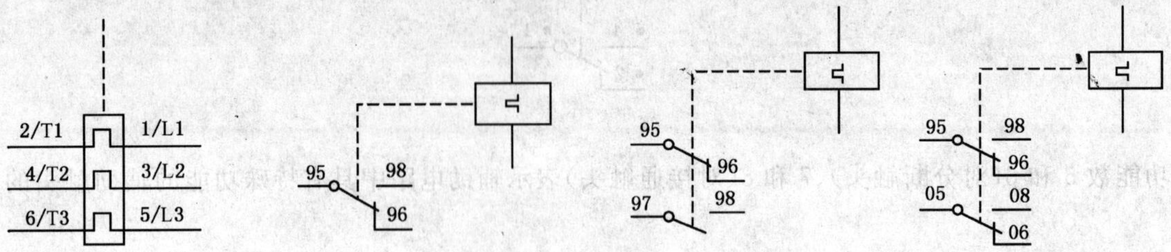

另外，接线端子可由电器提供的接线图来识别。

附 录 B
（规范性附录）
过载继电器或脱扣器

B.1 过载继电器和脱扣器的特性

注：本部分以下部分中术语“过载继电器”表示相应的过载继电器或过载脱扣器。

B.1.1 特性概要

继电器和脱扣器的特性用下述适用的项目规定：

——继电器或脱扣器的型式(见 B.1.2)；

——特性值(见 B.1.3)；

——过载继电器的标志和电流整定值(见 B.1.4)；

——过载继电器的时间-电流特性(见 B.1.5)；

——周围空气温度的影响(见 B.1.6)。

B.1.2 过载继电器或脱扣器的型式

它们是延时继电器的型式，延时型式为：

a) 与原先负载有关(如热过载继电器)；

b) 与原先负载有关(如热过载继电器)，且和断相有关(见 3.1.21)。

注：过载继电器也可提供其他保护功能；此时制造厂应规定相应的特性。

B.1.3 特性值

——标志和电流整定值(见 B.1.4)；

——额定频率，当需要时(如带有电流互感器的过载继电器)；

——时间-电流特性(或特性范围)，当需要时；

——根据表 B.1 分类的脱扣等级或在 B.2.1.1 规定条件下脱扣时间超过 30 s 时的最大脱扣时间，单位为 s；

——极数；

——继电器的类型：如热或固态。

表 B.1 过载继电器的脱扣等级

脱扣等级	在 B.2.1.1e)规定条件下的脱扣时间 T_p/s
10 A	$2<T_p\leqslant10$
10	$4<T_p\leqslant10$
20	$6<T_p\leqslant20$
30	$9<T_p\leqslant30$
注：根据继电器类型，脱扣条件见 B.2.1.1。	

B.1.4 过载继电器的标志和电流整定值

过载继电器是用其电流整定值(如可调则为电流整定范围的上限值和下限值)和其脱扣等级标志的。

电流整定值(或电流整定范围)应标志在继电器或脱扣器上。

但如果电流整定值受使用条件或其他因素影响而不容易在继电器上标志时，则继电器或其可更换件(如热元件、工作线圈或电流互感器)上应带有编号或标志，以便从制造厂或其产品样本中或优先地从起动器所带有的数据中获得有关资料。

对带有电流互感器的过载继电器，可以标志供给电流互感器的一次电流，也可以标志过载继电器的电流整定值。两种情况下均应注明电流互感器的变化。

B.1.5 过载继电器的时间-电流特性

制造厂应以曲线簇的形式提供典型的时间-电流特性。这些曲线应表明从冷态开始的脱扣时间(见B.1.6)与至少到最大(XI_e)值之间的变化关系。

制造厂应以适当的方式给出这些曲线的基本误差和适用于这些曲线的导体截面(见B.3)。

注：推荐以对数坐标的横坐标表示电流，纵坐标表示时间。推荐电流用整定电流的倍数、时间用秒(s)在标准坐标纸上绘制，有关表示方法详见GB 13539.1—2002中的5.6.1、GB/T 13539.2—2002中的图1以及GB/T 13539.6—2002中的图4(I)、图3(II)和图4(II)。

B.1.6 周围空气温度的影响

时间-电流特性(见B.1.5)与规定的周围空气温度有关，且是基于过载继电器没有预负载(即自冷态开始)的条件做出的。周围空气温度应清楚地表示在时间曲线上；其推荐值为+20℃或+40℃。

当周围空气温度在0℃～+40℃范围内时，过载继电器应能动作。制造厂应说明周围空气温度变化对过载继电器特性的影响。

B.2 性能要求

B.2.1 过载继电器的动作极限值

B.2.1.1 延时过载继电器各极通电时的动作极限值

按下述规定进行试验时，继电器应符合表B.2的要求。

a) 通常装在外壳内的过载继电器或起动器应在外壳内，基准周围空气温度按表B.2的规定，在A倍电流整定值下从冷态开始在2 h内不应脱扣，但当过载继电器接线端子在试验电流下且在小于2 h就达到热平衡时，则试验时间可取为达到该热平衡所需的时间。

b) 当电流紧接着上升到B倍电流整定值时，应在2 h内脱扣。

c) 对于10 A级过载继电器，在电流整定值下达到热平衡后通以C倍电流整定值，按GB 5171应在2 min内脱扣。

d) 对于10、20和30级的过载继电器，在电流整定值下达到热平衡后通以C倍电流整定值，应分别对应4 min、8 min或12 min内脱扣。

e) 脱扣等级的分类对应自冷态下进行的7.2倍电流整定值试验。试验电流值可以由与XI_e相等的电流取代，此时脱扣时间为：

——大于或等于表6规定的相应值；

——小于或等于表B.1中最大脱扣时间T_p的$(7.2/X)^2$倍。

当规定的额定值参数多于一个时，X和T_p是相应最大$(XI_e)^2\times T_p$的额定值参数。

对电流整定值可调的过载继电器，动作极限值适应于继电器承载与最大整定值相应的电流和承载与最小整定值相应的电流两种情况。

对于无补偿的过载继电器，其电流倍数/周围空气温度特性不应大于1.2%/K。

注：1.2%/K是PVC绝缘导体的下降特性。

如果过载继电器符合+20℃下表B.2和B.3相应的要求，且在其他温度下的极限值在图B.1范围内，则认为是有补偿的。

表B.2 延时过载继电器各极通电时的动作极限值

过载继电器的型式	对电流整定值的倍数			基准周围空气温度/℃
	A	B	C	
对周围空气温度变化无补偿	1.0	1.2	1.5	+40
对周围空气温度变化有补偿	1.05	1.2	1.5	+20

表 B.3　3 极过载继电器在 2 极通电时的动作极限值

过载继电器的型式	对电流整定值的倍数		基准周围空气温度/℃
	A	*B*	
对周围空气温度变化有补偿，无断相保护	3 极 1.0	2 极 1.32 1 极 0	+20
对周围空气温度变化无补偿，无断相保护	3 极 1.0	2 极 1.25 1 极 0	+40
对周围空气温度变化有补偿，有断相保护	2 极 1.0 1 极 0.9	2 极 1.15 1 极 0	+20

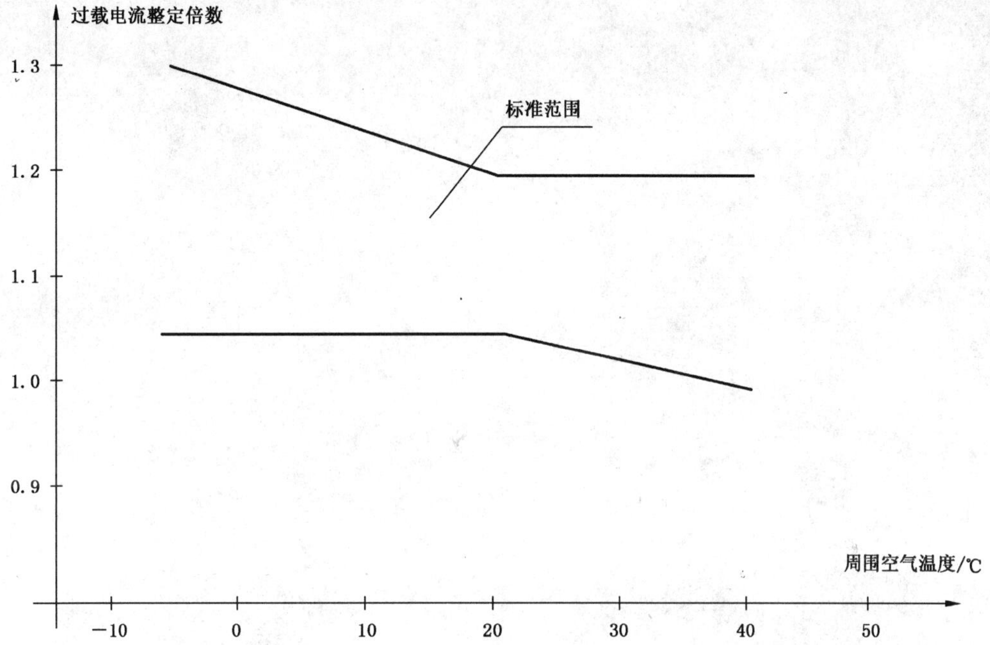

图 B.1　对周围空气温度有补偿的延时过载继电器的电流整定极限值的倍数

B.2.1.2　3 极过载继电器在 2 极通电时的动作极限值

参照表 B.3：

通常装在外壳内的过载继电器或起动器应在外壳内进行试验。在表 B.3 规定的周围空气温度下，从冷态开始，继电器 3 极均通以 *A* 倍电流整定值，在 2 h 内不应脱扣。

紧接着将 2 极的电流值（对于断相保护继电器，2 极承载较大的电流）增加到 *B* 倍电流整定值而第 3 极不通电时，应在 2 h 内脱扣。

这些极限值适用于各极任何的组合情况。

对电流整定值可调的过载继电器，动作极限值适应于继电器承载与最大整定值相应的电流和承载与最小整定值相应的电流两种情况。

B.3　操作极限试验条件

过载继电器和起动器应根据 GB 14048.1—2006 中表 9、表 10 和表 11 选用连接导线，对应的试验电流值规定如下：

——脱扣等级 10 A 的过载继电器，为过载继电器电流整定值的 100%；

——脱扣等级 10、20 和 30 以及最大脱扣时间大于 30 s 的过载电器（见 B.1.3），为过载继电器电流整定值的125%。

过载继电器各极通电时按B.2.1.1进行试验。

并且B.2.1.1规定的特性应在0℃、+20℃和+40℃下进行验证。

当继电器整定值可调时，3极过载继电器在2极通电时的各极的所有不同组合情况仅需按B.2.1.2分别对最大和最小电流整定值进行试验。

附 录 C
（规范性附录）
过载保护电器和 SCPD 之间的选择性

C.1 保护电器和 SCPD 之间的选择性

C.1.1 一般要求

本附录规定了验证起动器中的过载继电器和相应的 SCPD 在其对应的时间-电流特性交接点 I_c 上下电流值要求的性能及 8.2.5.1 所述的协调配合类型的试验方法。

当能够确定过载保护时间-电流特性时（如某些提供限流功能的电器），制造厂应选定 I_c 的试验电流值（预期值或非预期值）。

C.1.2 试验条件

起动器及相应的 SCPD 应像正常使用时一样安装和接线。

所有试验均自冷态开始进行。

C.1.3 试验电流和试验电路

除不需要对振荡瞬态电压进行调整外，试验电路应按 GB 14048.1—2006 中 8.3.3.5.1 的规定。试验电流为：

a) $0.75I_{c}{}^{0}_{-5\%}$ 和

b) $1.25I_{c}{}^{+5\%}_{0}$

试验电路的功率因数应符合表 8 的规定。对于高阻抗的小继电器，主要使用电抗器以获得尽可能低的功率因数，恢复电压为额定工作电压 U_e 的 1.05 倍。

SCPD 应符合 8.2.5.1 的规定，且其额定值和特性应与 9.3.4.3 试验中所用的 SCPD 相同。

除非制造厂另有规定，控制电路由一独立的电源供电，电压为额定控制电源电压，线路的连接方式应为当过载继电器动作时起动器恢复至截止状态（对混合起动器为断开状态）。

C.2 试验过程和试验结果

C.2.1 试验过程

起动器和 SCPD 闭合，由独立的闭合电器接通 C.1.3 规定的试验电流。

电器应在室温下进行每一试验。

检查 SCPD，过载继电器或断路器脱扣器应复位。如果熔断器有一相熔断时，更换全部熔断体。

C.2.2 试验结果

C.1.3 a)较小电流试验后，SCPD 不应动作，过载保护电器应动作使电流分断，起动器不应有损坏。

C.1.3 b)较大电流试验后，SCPD 应在过载保护电器之前动作，起动器应满足制造厂规定的符合 9.3.4.3.2相应协调配合类型的条件。

附 录 D
（规范性附录）
辐射发射试验的要求

D.1 控制器和起动器的特性

控制器和起动器的主电路包括感应电动机绕组内或与之串联的半导体器体，通过在电源的一个周期或多个周期中对导通角进行调整，半导体器件使得固定的或变化的能量由电源传到电动机。电动机馈电电源的基波频率与控制器接线端子上电源的基波频率相同。在该过程中，控制器不是将电能由一种型式转换成为另一种形式。

本附录中，控制器或起动器被认为包括以下的组成器件：

——主电路，包括将能量传递给电动机的半导体开关器件；

——控制电路，包括产生控制功能所需的所有器件；

——辅助电路，实现诸如数字通信线路装置和电力线载波系统。

D.2 辐射发射

D.2.1 主电路

D.2.1.1 全导通状态

在全导通状态，电动机的电压波和电流波实际上为正弦波，且为电源频率。因波形为正弦时没有多次谐波存在，在全导通状态工作时，不需要进行电路的发射试验。

D.2.1.2 相位控制状态

控制器主电路内 RF 能量的唯一来源，是来自将电力半导体自导通状态切换至非导通状态或反之时所需要的能量。切换的特性是要保证当切换操作出现时（即自然换向）电流总量等于或接近零；由于切换能量很小且产生 RF 发射的能力也很小，因此：

——产生 RF 发射的能力与主电路在全导通时出现的电流值无关，且与额定电流值 I_e 无关。

——不需要进行主电路的 RF 试验。

D.2.2 控制和辅助电路

对于控制和辅助电路，以下规则适用：

即认为它们与主电路是分离的。

按 CISPR14 关于类似电器的规定，经试验证明，对于半导体控制器，干扰能量主要由连接到控制器的外部端子进行辐射。因此，本部分中控制器的干扰能力定义为提供到这些端子上的高频功率。

产生或在工作时带有正弦波的电路，当其所包含的最高基波频率是 30 MHz 或超过此值时，应进行试验。

在连接到控制电路或辅助电路端子的线路上，如果没有在 30 MHz 及以上任何频率时的功率超过 18 nW（设备等级 A）或 2.0 nW（设备等级 B）的器件时，不需要进行试验（见附录 E）。

附 录 E
（资料性附录）
将 GB 4824 中辐射发射极限值转换为发射功率等效值的方法

根据众所周知和证实的包括 Lorentz 相互作用理论，达到 GB 4824 规定的场强所必需的发射功率 P_T 可由下式求得：

$$P_T = E^2 d^2 / 30G$$

式中：

P_T——发射功率，W；

E——电磁场场强，V/m；

G——天线增益（对于理想的半波偶极，$G=1.64$）；

d——发射至接收天线间的距离，m。

当 $d=30$ m，$E=31.6$ μV/ m(30 dBμV/m)时，$P_T=18$ nW

当 $d=10$ m，$E=31.6$ μV/ m(30 dBμV/m)时，$P_T=2$ nW

由此可以计算，当理想的半波偶极适当地连接至能够产生 18 nW 或 2 nW 的任一源发射器时，辐射发射场强即等于 GB 4824 中相应设备等级 A 和等级 B 的极限值。

附 录 F
（资料性附录）
操 作 性 能

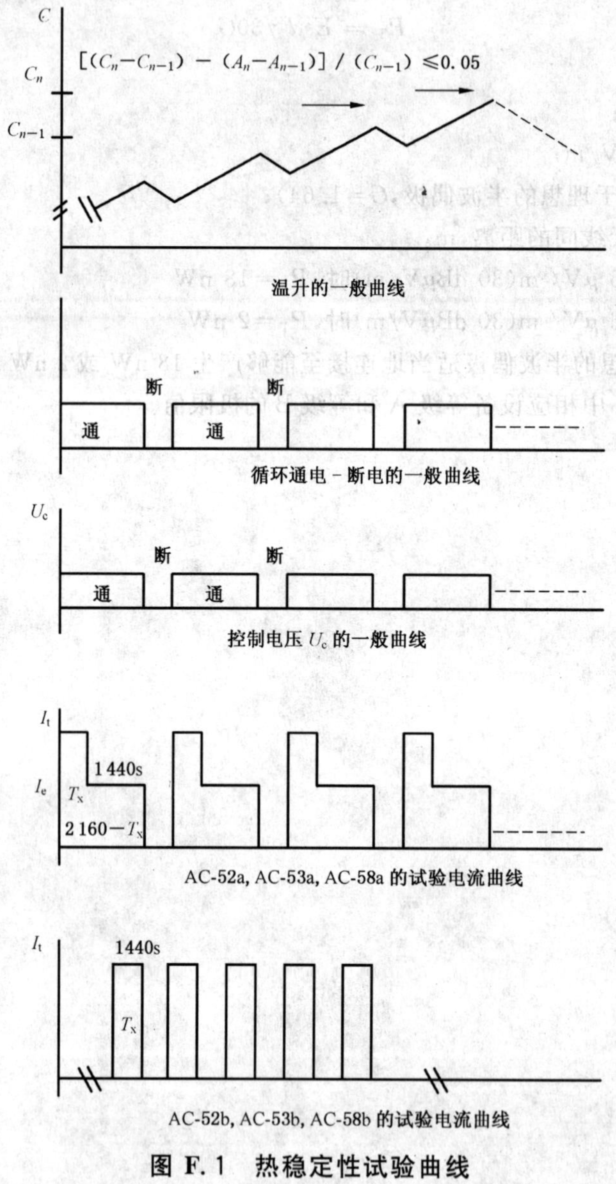

图 F.1 热稳定性试验曲线

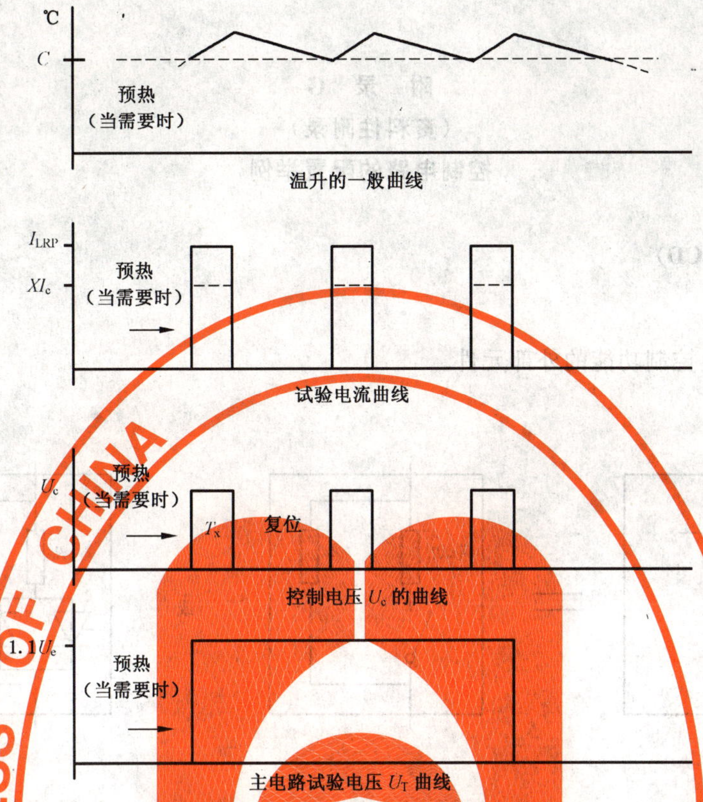

图 F.2　过载能力试验曲线

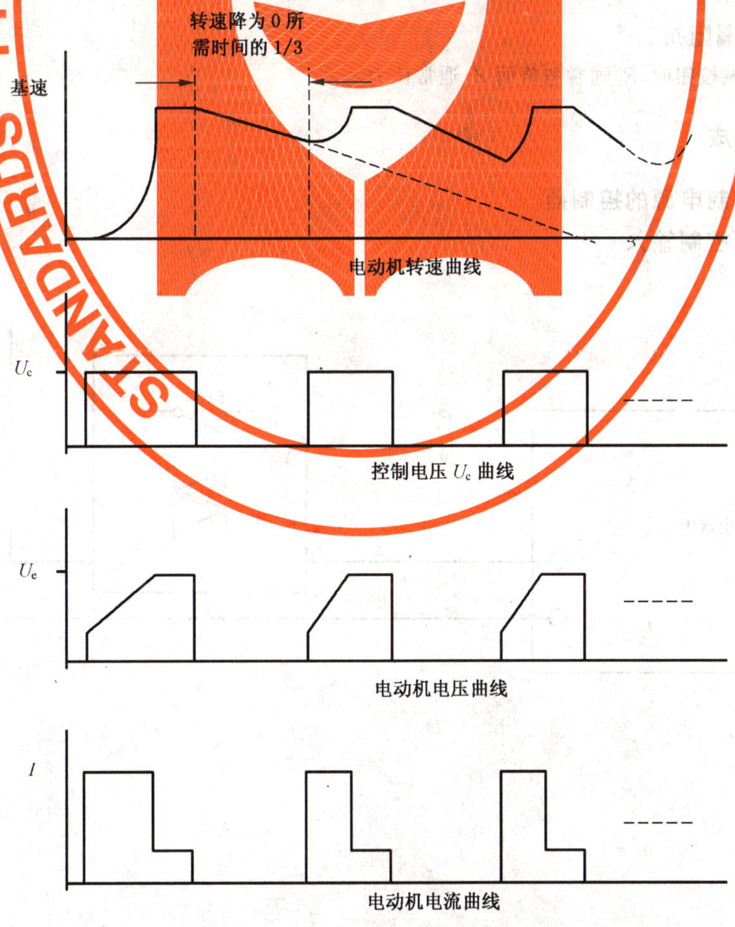

图 F.3　关断和转换能力试验曲线

附 录 G
（资料性附录）
控制电路的配置举例

G.1 外部控制电器（ECD）

G.1.1 ECD 的定义

用于对控制器产生控制功能的外部元件。

G.1.2 ECD 的图示

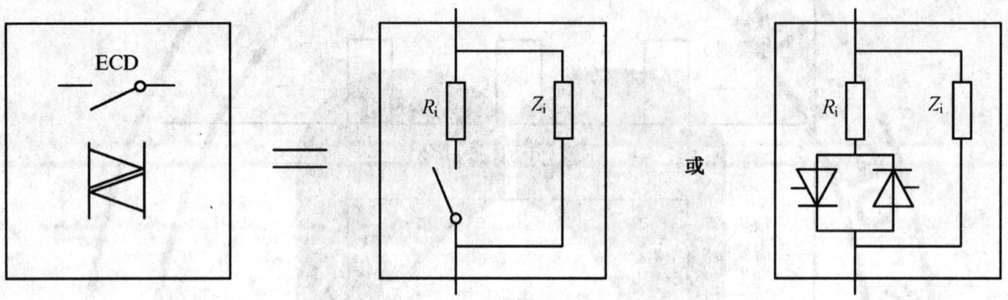

G.1.3 ECD 的参数

——R_i：内部电阻；

——Z_i：内部泄漏阻抗。

注：当 ECD 为机械按钮时，R_i 通常忽略而 Z_i 通常认为∞。

G.2 控制电路的构成

G.2.1 带有外部控制电源的控制器

G.2.1.1 单电源和控制输入

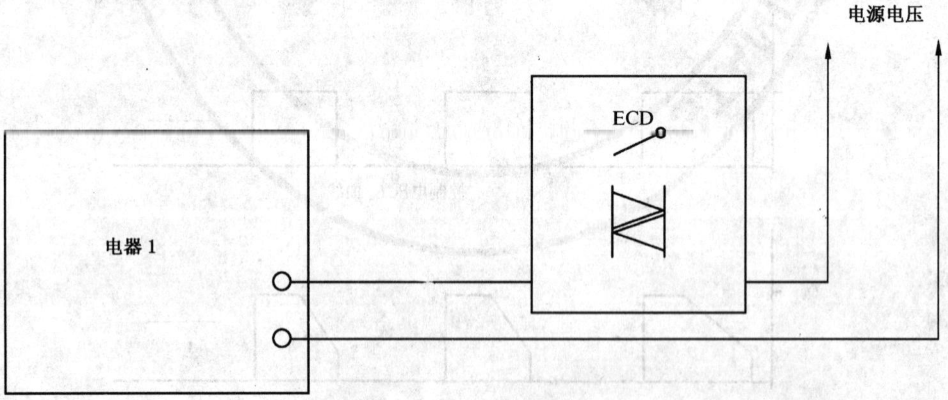

G.2.1.2 分离的电源和控制输入

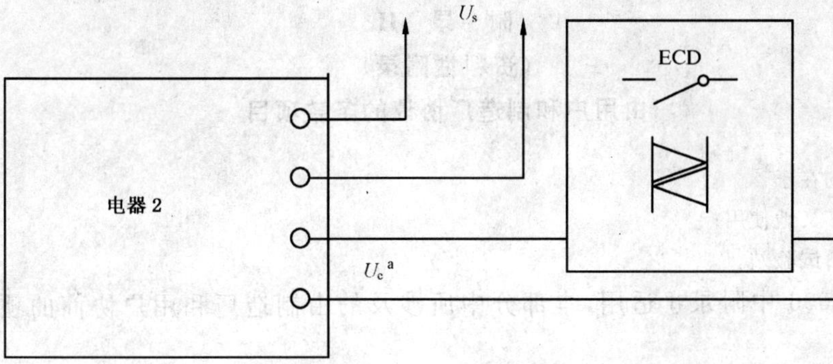

a 在断开状态。

G.2.2 带有内部控制电源和仅带控制输入的控制器

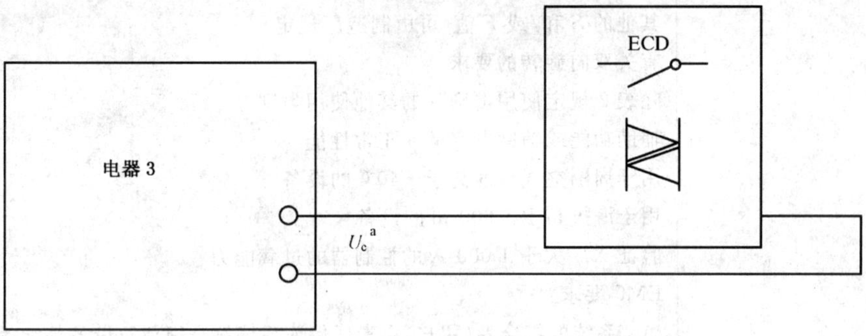

a 在断开状态。

附 录 H
（资料性附录）
由用户和制造厂协议的条款项目

注：本附录的目的在于：
——协议被广义地使用；
——用户包括试验站。

GB 14048.1—2006 中附录 J 适用，本部分中所涉及的由制造厂和用户协商的项目条款如下表所示：

本部分的条款及分条款号	项 目
5.3.4.6 注	其他的 S 和/或 F 值（可由制造厂规定）
5.3.5.3.1b)	有关双向旋转的要求
5.4	除表 2 规定使用类别外的其他使用类别
5.6	辅助功能或辅助电路的非正常性能
7.1.1 注	用于周围空气温度高于＋40℃的设备
7.1.2 注	用于海拔高于 1 000 m 的设备
8.2.4.1	验证 XI_e 大于 1 000 A 的控制器的过载能力
8.3.1	EMC 要求： a) 系统的综合者（用户）有责任保证系统符合规范及设备等级适用的要求 b) 大的设备的 EMC 要求
8.3.3.1	抗干扰性：严重的外部影响的场合（应向制造厂咨询）
8.3.3.3	在 80 MHz～1 000 MHz 范围内验证抗干扰性
9.3.1 注 1 和注 2	程序试验中的试品数量（制造厂同意时）
表 15	验证关断和转换能力的结果：制造厂规定的功能丧失
9.3.3.6.3	对特定试品提供必要的说明以满足电压测量的要求
9.3.5	EMC 试验： a) 功能的描述和允许的参数的极限值（由制造厂规定） b) 最小导通条件（由制造厂选定）
9.3.5.2	EMC 抗干扰性试验：单元有代表性试品的试验（由制造厂制定）
9.3.5.2.2	打开特定目的的 EMC 金属外壳时描述预防措施的指示（由制造厂提供）

附 录 I
（规范性附录）
半导体电动机控制器和起动器短路试验的修正试验电路

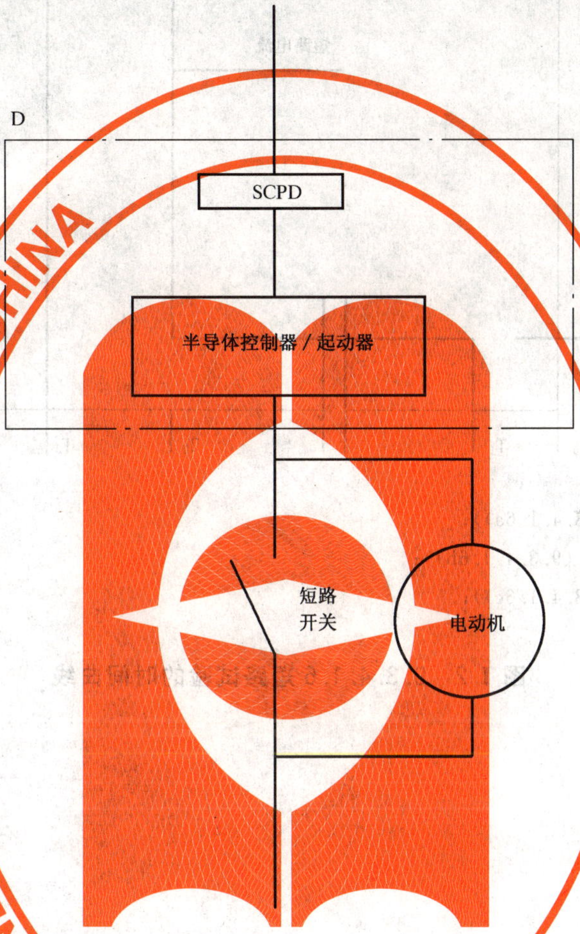

D——被试电器（包括连接电缆）。

注：略图包括金属的屏蔽物或外壳。

图 I.1 半导体设备短路试验的修订试验电路

短路试验的标准试验电路见 GB 14048.1—2006 中的图 9～图 12。

图例的修订仅针对半导体控制器短路试验标准试验电路的一相，对多相电器的试验，试验电路的每一相的修订是一样的，如图中所示一样。

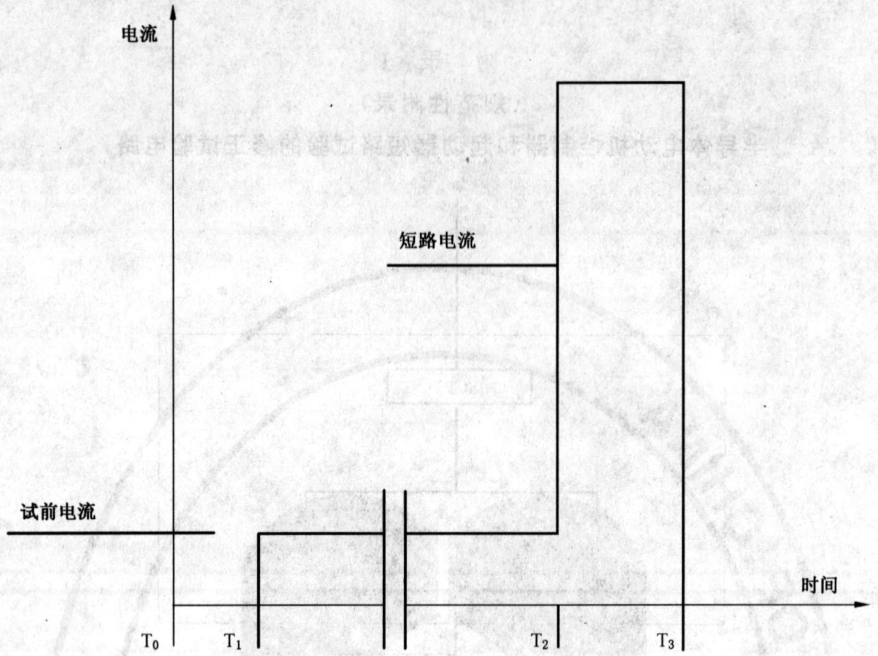

T_0——短路开关断开（9.3.4.1.6a)）；

T_1——试验电路施加电压（9.3.4.1.6b)）；

T_2——短路开关闭合（9.3.4.1.6c)）；

T_3——SCPD 清除故障。

图 I.2　9.3.4.1.6 短路试验的时间曲线

附　录　J
（资料性附录）
构造旁路半导体控制器试验的流程图

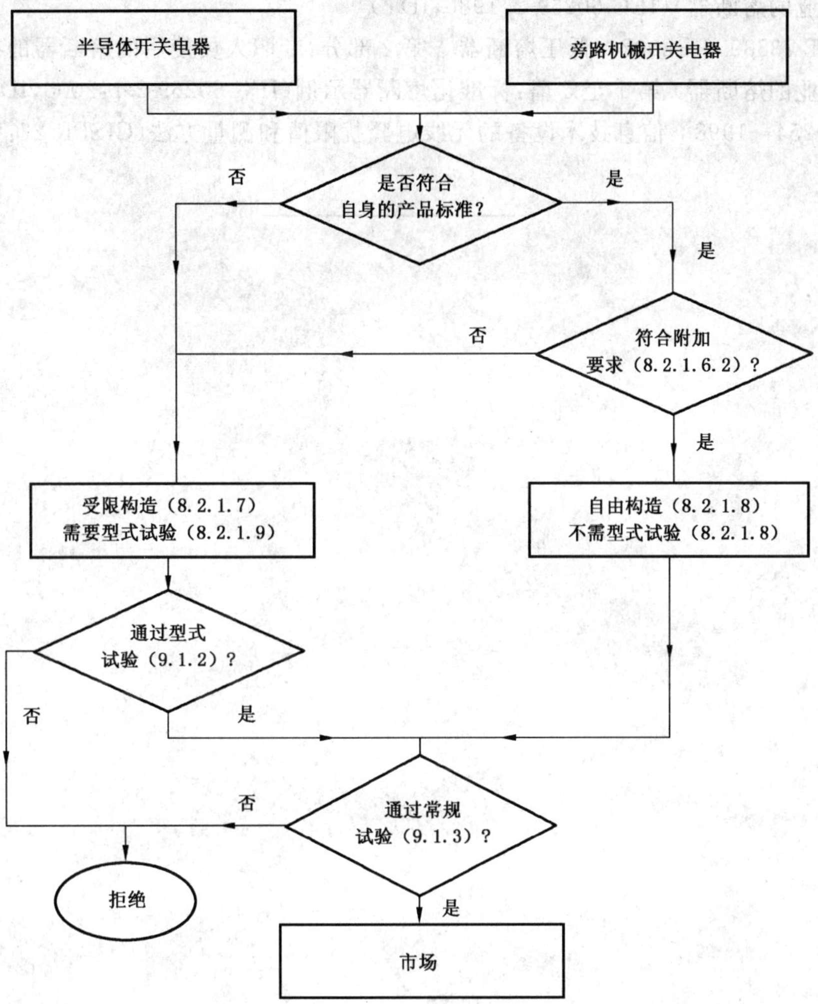

参 考 文 献

[1] IEC 60146(所有部分) 半导体变流器
[2] GB/T 13539.2—2002 低压熔断器 第2部分:专职人员使用的熔断器的补充要求(主要用于工业的熔断器)(IEC 60269-2:1986,IDT)
[3] GB/T 13539.6—2002 低压熔断器 第2部分:专职人员使用的熔断器的补充要求(主要用于工业的熔断器) 第1至5篇:标准化熔断器示例(IEC 60269-2-1:2000,IDT)
[4] GB 9254—1998 信息技术设备的无线电骚扰限值和测量方法(CISPR 22:1997,IDT)

ICS 29.130.20
K 32

中华人民共和国国家标准

GB 14048.9—2008/IEC 60947-6-2:2007
代替 GB 14048.9—1998

低压开关设备和控制设备 第6-2部分:多功能电器(设备) 控制与保护开关电器(设备)(CPS)

**Low-voltage switchgear and controlgear—
Part 6-2: Multiple function equipment—
Control and protective switching devices (or equipment) (CPS)**

(IEC 60947-6-2:2007,IDT)

2008-09-19 发布　　　　2009-06-01 实施

中华人民共和国国家质量监督检验检疫总局
中国国家标准化管理委员会　发布

前言

本部分为条文强制性标准。本部分中 8.1.3、8.2.3、8.2.4.1、8.2.4.2、8.2.5、8.3.2、8.3.3.2、9.3.3.4、9.3.3.5.5、9.3.3.6、9.3.4、9.3.5 为强制性，其余为推荐性。

《低压开关设备和控制设备》是系列标准，目前包括以下各部分：

——GB 14048.1　低压开关设备和控制设备　第 1 部分：总则

——GB 14048.2　低压开关设备和控制设备　第 2 部分：断路器

——GB 14048.3　低压开关设备和控制设备　第 3 部分：开关、隔离器、隔离开关及熔断器组合电器

——GB 14048.4　低压开关设备和控制设备　机电式接触器和电动机起动器

——GB 14048.5　低压开关设备和控制设备　第 5-1 部分：控制电路电器和开关元件　机电式控制电路电器

——GB 14048.6　低压开关设备和控制设备　接触器和电动机起动器　第 2 部分：交流半导体电动机控制器和起动器

——GB/T 14048.7　低压开关设备和控制设备　第 7-1 部分：辅助电器　铜导体的接线端子排

——GB/T 14048.8　低压开关设备和控制设备　第 7-2 部分：辅助电器　铜导体的保护导体接线端子排

——GB 14048.9　低压开关设备和控制设备　第 6-2 部分：多功能电器(设备) 控制与保护开关电器(设备)(CPS)

——GB/T 14048.10　低压开关设备和控制设备　第 5-2 部分：控制电路电器和开关元件　接近开关

——GB/T 14048.11　低压开关设备和控制设备　第 6-1 部分：多功能电器　转换开关电器

——GB/T 14048.12　低压开关设备和控制设备　第 4-3 部分：接触器和电动机起动器——非电动机负载用交流半导体控制器和接触器

——GB/T 14048.13　低压开关设备和控制设备　第 5-3 部分：控制电路电器和开关元件——在故障条件下具有确定功能的接近开关(PDF)的要求

——GB/T 14048.14　低压开关设备和控制设备　第 5-5 部分：控制电路电器和开关元件——具有机械锁闩功能的电气紧急制动装置

——GB/T 14048.15　低压开关设备和控制设备　第 5-6 部分：控制电路电器和开关元件——接近传感器和开关放大器的 DC 接口(NAMUR)

——GB/T 14048.16　低压开关设备和控制设备　第 8 部分：旋转电机用装入式热保护(PTC)控制单元

本部分等同采用 IEC 60947-6-2:2007《低压开关设备与控制设备　第 6-2 部分：多功能电器(设备)控制与保护开关电器(设备)(CPS)》(以下简称“IEC”)。本部分与 IEC 的差异补充说明如下：

——交流额定电压 1 140 V 的 CPS 可参照本部分执行。有关介电性能等要求由制造厂与用户协商。

——将 8.2.1.5.1.1 中表 3 第二列表头的上标 a 删除，因第二列不适用于公差带 E。

——IEC 中 5.8 仅有标题没有内容，本部分增加“空”。

——9.4 表 16 的试验程序 I 中的“最大 I_e”，指进行温升试验时采用最大 I_e 的试品，如果脱扣器电流可整定，将脱扣器电流整定到最大 I_e。为避免误解为“试验电流为最大 I_e”，对原括号中内

容“最大 I_e”修改为“在最大 I_e 的产品上进行”。

——本部分抽样试验的有关规定由 IEC 60410 改为 ISO 2859，即国标 GB/T 2828.1。

——IEC 的 H.7 中为“除了进行 9.3.6 的试验之外”，有误，改为“除了进行 9.5 的试验之外”。

——IEC 中关于 EMC 试验的图中，所有试品的符号均为断路器的符号，本部分均改为 CPS 的符号。

本部分在技术内容与编写格式上与 IEC 60947-6-2:2007 基本一致。

本部分是《低压开关设备和控制设备》系列标准之一，有关 CPS 的一般要求大量引用 GB 14048.1—2006《低压开关设备和控制设备 第 1 部分：总则》中的条款，故在使用中需与 GB 14048.1—2006 结合使用。

本部分代替 GB 14048.9—1998《低压开关设备与控制设备 多功能电器(设备) 第 2 部分：控制与保护开关电器(设备)》。IEC 60947-4-1 中无耐潮试验，考虑国情和保证质量，望各企业在制定企业标准中作适当规定，试验要求符合 GB 14048.1—2006。

本部分与 GB 14048.9—1998 的主要差别为：

——范围中增加与 PLC 兼容的数字输入和(或)数字输出的有关要求。

——增加下列术语定义：电磁铁的电子式控制线圈、欠电流继电器或脱扣器、欠电压继电器或脱扣器、电子式堵转过载继电器、电子式阻塞过载继电器、禁止保护时间，并对上述脱扣器进行相应的性能要求。

——取消产品铭牌上必须标志产品名称的要求。

——增加无热记忆功能的电子式过载继电器，必须在产品上标注的规定。

——增加“2、3、5、40”四组脱扣级别及相应脱扣时间。

——增加了验证反时限过载继电器或脱扣器在各极通电时的动作极限值的周围空气温度。

——对“材料”增加具体要求：制造商应规定使用何种试验方法，并规定了在试验设备上和在材料上进行试验的具体技术要求。

——1998 版国家标准中的介电性能允许采用工频耐受电压，本部分规定型式试验采用冲击耐受电压，常规试验采用冲击耐受电压和工频耐受电压或二者的混合试验。

——9.4 表 16 的试验程序 I 中的“最大 I_e”，指进行温升试验时采用最大 I_e 的试品，如果脱扣器电流可整定，将脱扣器电流整定到最大 I_e。为避免误解为“试验电流为最大 I_e”，对原括号中内容“最大 I_e”修改为“在最大 I_e 的产品上进行”。

——增加电子式过载继电器的热记忆试验验证要求。

——增加电磁兼容性的性能要求和试验方法。

——附录 B 将原有内容“介电性能(耐压验证)”删除，现为“空”。

——增加附录 E(资料性附录)：控制电路的配置举例。

——增加附录 F(规范性附录)：CPS 与串联在同一电路中的另一台短路保护装置在短路条件下的配合。

——增加附录 G(规范性附录)：用于 IT 系统的 CPS 的试验程序。

——增加附录 H(规范性附录)：电子式过载继电器和脱扣器的扩展功能。其中附录中未涉及到的功能可以参考 GB 14048.4 中的有关规定。

本部分的附录 A、附录 C、附录 F、附录 G 和附录 H 是规范性附录，本部分的附录 D、附录 E 是资料性附录。

本部分由中国电器工业协会提出。

本部分由全国低压电器标准化技术委员会(SAC/TC 189)归口。

本部分由上海电器科学研究所(集团)有限公司、苏州万龙集团有限公司、江苏凯隆电器有限公司负责起草。

本部分参加起草单位：浙江中凯电器有限公司、北京 ABB 低压电器有限公司、常熟开关制造有限公司、施耐德电气(中国)投资有限公司、浙江正泰电器股份有限公司、人民电器集团有限公司、浙江瑞安工泰电器有限公司、江苏新晨电气有限公司。

本部分主要起草人：曾萍、胡景泰、贾峰、程玉标、丁军。

本部分参加起草人：李华民、王农、周建兴、王津先、汪泰宇、高文乐、蔡甫寒、李兆粉。

本部分所代替标准的历次版本发布情况为：GB 14048.9—1998。

低压开关设备和控制设备
第 6-2 部分:多功能电器(设备)
控制与保护开关电器(设备)(CPS)

1 范围

本部分适用于连接至主触头电路的额定电压交流不超过 1 000 V 或直流不超过 1 500 V 的控制与保护开关电器(设备)(CPS)。

CPS 用于为电路提供保护和控制功能,可以手动或以其他方式操作(例如自动控制、遥控等)。它们也可以实现附加功能,例如隔离功能。

CPS 中与 PLC 兼容的数字输入和(或)数字输出应满足 GB/T 15969.2—1995 的要求。

本部分的目的是规定:

——CPS 的特性;

——在操作性能、介电性能及外壳防护等级(当带有外壳时)等方面 CPS 应满足的条件;

——用来验证满足这些条件的试验及所采用的试验方法;

——标志在产品上或由制造厂提供的资料。

2 规范性引用文件

下列文件中的条款通过《低压开关设备和控制设备》的本部分的引用而成为本部分的条款。凡是注日期的引用文件,其随后所有的修改单(不包括勘误的内容)或修订版均不适用于本部分,然而,鼓励根据本部分达成协议的各方研究是否可使用这些文件的最新版本。凡是不注日期的引用文件,其最新版本适用于本部分。

GB 755—2000 旋转电机 定额和性能(idt IEC 60034-1:1996)

GB/T 2828.1—2003 计数抽样检验程序 第 1 部分:按接收质量限(AQL)检索的逐批检验抽样计划(ISO 2859-1:1999,IDT)

GB 4824—2004 工业、科学和医疗(ISM)射频设备 电磁骚扰特性 限值和测量方法(CISPR 11:2003,IDT)

GB/T 5169.16—2008 电工电子产品着火危险试验 第 16 部分:50 W 水平与垂直火焰试验方法(IEC 60695-11-10:2003,IDT)

GB/T 11021—2007 电气绝缘 耐热性分级(IEC 60085:2004,IDT)

GB 14048.1—2006 低压开关设备和控制设备 第 1 部分:总则(IEC 60947-1:2001,MOD)

GB 14048.2—2008 低压开关设备和控制设备 第 2 部分:断路器(IEC 60947-2:2006,IDT)

GB 14048.5—2008 低压开关设备和控制设备 第 5-1 部分:控制电路电器和开关元件 机电式控制电路电器(IEC 60947-5-1:2003,MOD)

GB/T 15969.2—1995 可编程序控制器 第 2 部分:设备特性(eqv IEC 61131-2:1988)

GB/T 17626.2—2006 电磁兼容 试验和测量技术 静电放电抗扰度试验(IEC 61000-4-2:2001,IDT)

GB/T 17626.3—2006 电磁兼容 试验和测量技术 射频电磁场辐射抗扰度试验(IEC 61000-4-3:2002,IDT)

GB/T 17626.4—2008 电磁兼容 试验和测量技术 电快速瞬变脉冲群抗扰度试验(IEC 61000-

4-4:2004,IDT)

GB/T 17626.5—2008 电磁兼容 试验和测量技术 浪涌(冲击)抗扰度试验(IEC 61000-4-5:2005,IDT)

GB/T 17626.6—2008 电磁兼容 试验和测量技术 射频场感应的传导骚扰抗扰度(IEC 61000-4-6:2006,IDT)

GB 14598(所有部分) 电气继电器

3 定义

GB 14048.1—2006 中第 2 章和以下定义适用于本部分。

3.1

控制与保护开关电器(设备) control and protective switching devices(or equipment)(CPS)

可以手动或以其他方式操作、带或不带就地人力操作装置的开关电器(设备)。

注 1:“可以手动或以其他方式操作”指电器可以通过一种或多种外部激励被控制或保持在工作位置。

注 2:对于电磁铁控制的 CPS,该电磁铁可以是电子式控制的(见 3.1.1)。

CPS 能够接通、承载和分断正常条件下包括规定的运行过载条件下的电流,且能够接通、在规定时间内承载并分断规定的非正常条件下的电流,如短路电流。

CPS 具有过载和短路保护功能,这些功能经协调配合使得 CPS 能够在分断直至其额定运行短路分断能力 I_{cs} 的所有电流后连续运行。CPS 可以是也可以不是由单一的电器组成,但总被认为是一个整体(或单元)。协调配合可以是内在固有的,也可以是遵照制造厂的规定经正确选取脱扣器而获得的。

注 3:一个 CPS 可以具有一个以上的休止位置。

注 4:本部分中的“制造厂”指任何人、公司或组织,其职责如下:

——按本部分验证性能;

——根据第 6 章提供产品资料(标志、标识、特性)。

注 5:本部分中的“连续运行”是指 CPS 承受规定条件下的过电流后能够恢复运行。

3.1.1

电磁铁的电子式控制线圈 electronically controlled coil for electromagnet

线圈由带有有源电子元件的电路控制。

3.2

适用于隔离的 CPS CPS suitable for isolation

在断开位置上符合隔离功能有关要求的 CPS(见 8.1.6)。

3.3

电动机控制与保护用 CPS CPS for motor control and protection

3.3.1

直接 CPS Direct-on-line CPS

将线电压直接加到电动机接线端子上的 CPS。

3.3.2

可逆 CPS Reversing CPS

用于起动电动机,当电动机可能尚在运行时反接电动机先前接线方法使其反向运行的 CPS。

3.3.3

双向 CPS Two-direction CPS

用于起动电动机,在电动机停转时反接电动机先前接线方法使其反向运行的 CPS。

3.4

断开时间 Opening time

GB 14048.1—2006 中的 2.5.39 适用并补充如下:

——当CPS是由过电流继电器或脱扣器脱扣时，断开时间的起始时刻为电流大到使CPS动作的时刻。

——当CPS是由任何辅助电源操作时，断开时间的起始时刻为辅助电源施加到断开脱扣器或辅助电源从断开脱扣器上除去的时刻。

注：CPS的“断开时间”一般称为“脱扣时间”，但严格地讲，脱扣时间是指断开时间的起始时刻和断开指令成为不可逆转时刻之间的时间。

3.5

（用于电动机保护的）断相保护继电器或脱扣器 phase lose sensitive relayor release(for motor protection)

按规定的要求，在断相时动作的保护电动机用的多极继电器或脱扣器。

3.6

欠电流继电器或脱扣器 under-current relay or release

当通过继电器或脱扣器的电流低于整定值时自动动作的继电器或脱扣器。

3.7

欠电压继电器或脱扣器 under-voltage relay or release

当施加于继电器或脱扣器的电压低于整定值时自动动作的继电器或脱扣器。

3.8

电子式堵转过载继电器或脱扣器 stall sensitive electronic overload relay or release

根据相关要求，起动过程中如果电流在规定时间内没有减小到预定值以下，或当继电器接收到的输入信号表明电动机在规定时间过后没有旋转，在上述任何一种情况下均会动作的电子式过载继电器或脱扣器。

注：堵转是指转子在起动过程中被锁定。

3.9

电子式阻塞过载继电器或脱扣器 jam sensitive electronic overload relay or release

根据相关要求，如果发生过载，或者在运行过程中电流超过规定值达到一定时间，在上述任何一种情况下均会动作的电子式过载继电器或脱扣器。

注：阻塞是指起动完成以后发生了很大的过载，使电流达到了被控电动机的转子堵转电流。

3.10

禁止保护时间 inhibit time

继电器的脱扣功能被推迟执行的一段时间（可以调节）。

3.11

SCPD 的 I^2t 特性 I^2t characteristic of a SCPD

表示与分断时间有关的 I^2t 最大值与预期电流（交流为对称有效值）的函数关系（一般为一条曲线），预期电流可至最大值，最大的预期电流相应于额定短路分断能力及有关的电压的预期电流。

4 分类

本部分5.2中的规定可作为分类的依据。

5 特性

5.1 特性概要

CPS的特性由具体产品标准采用下列适用的项目加以规定：

——CPS的种类和型式（5.2）；

——主电路的额定值和极限值（5.3）；

——使用类别(5.4);
——控制电路(5.5);
——辅助电路(5.6);
——继电器或脱扣器(5.7)。

5.2 CPS的型式

产品标准应规定以下适用的项目:

5.2.1 极数

5.2.2 电流种类(交流或直流)

5.2.3 操作方式

例如:
——电磁铁操作;
——人力操作;
——电动机操作。

5.2.4 控制方式

例如:
——自动(由主令辅助开关或程序控制器控制);
——非自动(例如用手或按扭控制)。

5.2.5 过载后的再扣或复位方式

下列方式被认可:
——自动再扣或复位;
——就地人力再扣或复位;
——远距离再扣或复位。

5.2.6 短路后的重合闸方式

下列方式被认可:
——CPS动作后能够远距离重合闸;
——CPS动作后不能够远距离重合闸:
- 不需要更换可更新的短路保护元件,如正常操作的断路器;
- 需要更换可更新的短路保护元件,如熔断体。

5.3 主电路的额定值和极限值

具体产品标准应根据5.3.1～5.3.6选取适用的数据加以规定。

5.3.1 额定电压

GB 14048.1—2006中4.3.1适用并补充如下:
对用于不接地或阻抗接地系统(IT系统)的CPS应按照附录G补充试验。

5.3.2 电流和功率

CPS用下列电流和功率加以规定:
——约定发热电流(I_{th}):GB 14048.1—2006中4.3.2.1适用;
——约定封闭发热电流(I_{the}):GB 14048.1—2006中4.3.2.2适用;
——额定工作电流(I_e),或额定工作功率:GB 14048.1—2006中4.3.2.3适用。

5.3.3 额定频率

GB 14048.1—2006中4.3.3适用。

5.3.4 额定工作制

GB 14048.1—2006中4.3.4适用,并对GB 14048.1—2006中4.3.4.3(断续周期工作制或断续工作制)进行补充:

对于使用类别 AC-42 和 AC-43，一个操作循环包括起动、运转至正常速度和切断电动机的电源。

注：对于控制断续工作制电动机的 CPS，过载继电器和电动机之间热时间常数的不同有可能使热继电器不适用于过载保护。对此类过载保护问题，建议由制造厂和用户协商。

5.3.5 正常负载和过载特性

5.3.5.1 额定接通和分断能力

GB 14048.1—2006 中 4.3.5.2 和 4.3.5.3 适用，并补充如下：

对应不同使用类别(5.4)的要求见 8.2.4.1。

只有当 CPS 按 8.2.1.1 和 8.2.1.2 的要求操作时，接通和分断能力才有效。

5.3.6 短路特性

5.3.6.1 额定运行短路分断能力(I_{cs})

GB 14048.1—2006 中 4.3.6.3 适用，并补充如下：

短路分断能力要求 CPS 在与试验电压相应的工频恢复电压下，能够分断直至等于与额定能力相应的所有电流值，且：

——对于交流，所有功率因数不小于 GB 14048.1—2006 表 16 中的值；

——对于直流，时间常数直至等于 GB 14048.1—2006 表 16 中的值。

CPS 的额定运行短路分断能力是按 9.4.4.2 所规定的条件，对 CPS 规定的相应额定工作电压下的运行短路分断能力值，用预期分断电流表示。I_{cs}应等于或大于 I_{cr}[见 8.2.5a)]。

注：对于交流，CPS 的短路接通能力应不小于其 I_{cs} 乘以 GB 14048.1—2006 表 16 中的比率 n。

对于直流，CPS 的短路接通能力应不小于其 I_{cs}。

5.4 使用类别

GB 14048.1—2006 中 4.4 适用，并补充如下：

5.4.1 标准的使用类别

表 1 给出了标准的使用类别。其他的使用类别由制造厂和用户协商，但制造厂产品目录或标的中提供的数据应包含该协商内容。

每种使用类别都是用表 9、表 10、表 11、表 12 和表 13 给出的电流、电压、功率因数或时间常数和其他数据及本部分规定的试验条件表示其特征的。

因为 CPS 由其使用类别所确定，因此，其额定接通与分断能力直接取决于表 9 所规定的使用类别，故可不必单独规定额定接通和分断能力。

所有使用类别的电压均为 CPS 的额定工作电压。

表 1 使用类别的代号及典型用途

使用类别[b]	典 型 用 途
AC-40	配电电路，包括由组合电抗器组成的电阻性和电感性混合负载
AC-41	无感或微感负载、电阻炉
AC-42	滑环型电动机：起动、分断
AC-43	笼型感应电动机：起动、运行中分断[a]
AC-44	笼型感应电动机：起动、反接制动或反向运行、点动
AC-45a	放电灯的通断
AC-45b	白炽灯的通断
DC-40	配电电路，包括由组合电抗器组成的电阻性和电感性混合负载
DC-41	无感或微感负载、电阻炉
DC-43	并激电动机：起动、反接制动或反向运行、点动、直流电动机在动态中分断

表 1（续）

使用类别[b]	典 型 用 途
DC-45	串激电动机：起动、反接制动或反向运行、点动、直流电动机在动态中分断
DC-46	白炽灯的通断

[a] AC-43 类别可用于偶然的限定时间内的点动（微动）或反向（反接制动），如机床的起动；这一限定时间内的操作次数既不应超过 5 次/min，也不应在 10 min 内超过 10 次。

[b] 第 1 位数（十位数）表示 CPS，第 2 位数（个位数）表示典型用途。

5.4.2 基于试验结果选择使用类别

a) 如果 CPS 已进行过一种使用类别或任一种参数组合（例如最高工作电压和电流等）的试验，则只要下述条件成立就可以选用于其他的使用类别，而不必进行更多的试验，这种条件为：试验电流、电压、功率因数或时间常数、操作循环次数、闭合和断开时间，所选用的使用类别的试验电路不比设备已进行过试验的数值严酷，且温升已在不间断工作制的电流下通过验证。

例如：当 CPS 已进行过使用类别 AC-44 的试验后，只要在相同的额定工作电压下其 AC-43 使用类别的 I_e 不高于 AC-44 的 I_e 的 1.2 倍，则可选用于 AC-43 使用类别。

b) 只要满足下述条件，则认为 DC-43 或 DC-45 的 CPS 可以分断和接通除已进行过试验以外的负载的能力，这些条件为：

——电压和电流不超过规定的 U_e 和 I_e 值；

——实际负载中储存的能量 J 等于或小于 CPS 已进行过试验的负载中储存的能量 J_c。

试验电路中储存的能量值如下：

使用类别	储存的能量 J_c
DC-43	$0.005\ 25 \times U_e \times I_e$
DC-45	$0.031\ 5 \times U_e \times I_e$

常数 0.005 25 和 0.031 5 由下式得出：

$$J_c = 1/2LI^2$$

式中：

时间常数分别由 DC-43 的 2.5×10^{-3} s 和 DC-45 的 15×10^{-3} s 替代，且 $U = 1.05U_e$，$I = 4I_e$（见表 9）。

5.4.3 交流电动机控制负载使用类别的应用

——一个旋转方向，断开在正常使用条件下运行的电动机（使用类别 AC-42，AC-43）；

——两个旋转方向，但电动机只有在 CPS 断开且电动机完全停转以后，才能实现在第二个方向的运行（使用类别 AC-42，AC-43）；

——一个旋转方向，或如上段所述的两个旋转方向，但具有不频繁点动的可能性。直接 CPS 通常用于这种工作条件（使用类别 AC-43）；

——一个旋转方向且有频繁点动（微动），直接 CPS 通常用于这种工作条件（使用类别 AC-44）；

——一个或两个旋转方向，但具有不频繁的反接制动来停止电动机的可能性，如果带有转子电阻制动器，则反接制动与此有关。在这种工作情况下，CPS 可用于定子电路（使用类别 AC-42）；

——两个旋转方向，具有当电动机在一个方向上运行时反接电动机电源接线的可能性（反接制动或反向运行），以切断正常工作条件下尚在运行的电动机电源并使其反向运行。直接可逆 CPS 通常用于这种工作情况（使用类别 AC-44）。

除非另有规定，CPS 用作起动器是基于电动机的起动特性与表 9 中的接通能力相一致而设计的。

当电动机的起动电流超过这些值时，则应选用额定工作电流适当高的CPS。

5.5 控制电路

GB 14048.1—2006 中 4.5 适用；而且，对于电子式控制电磁铁，GB 14048.1—2006 中 4.5.1 适用，并补充如下要求：

电子部分提供了电器的固有功能，电子部分可以作为电器整体的一部分或一个独立的部分，无论哪种情况，都应在电子部分按正常使用条件安装的情况下对电器进行试验。

电子式控制电路的特性如下所述：

——电流的类型；

——功耗；

——额定频率（或直流）；

——额定控制电路电压，U_c（交流/直流）；

——额定控制电源电压，U_s（交流/直流）；

——外部控制电路电器的类型（触头、传感器、光耦、电子有源元件等）。

附录E给出了不同电路配置的例子和说明。

注：控制电路电压 U_c 和控制电源电压 U_s 是有区别的，控制电路电压 U_c 是控制输入信号，控制电源电压 U_s 是施加到电器控制电路电源端子处的电压，由于控制电路中有内存变压器、整流器、电阻、电子电路等，故该电压可能与 U_c 不同。

5.6 辅助电路

GB 14048.1—2006 中 4.6 适用。

5.7 继电器或脱扣器

GB 14048.1—2006 中 4.7 适用，并补充如下：

5.7.1 继电器或脱扣器的型式

5.7.1.1 分励脱扣器（GB 14048.1—2006 中 2.4.33）

5.7.1.2 欠电压和欠电流继电器或脱扣器（用于断开）（GB 14048.1—2006 中 2.4.34）

5.7.1.3 过电流继电器或脱扣器

5.7.1.3.1 过载继电器或脱扣器

a） 瞬时过载继电器或脱扣器（如阻塞继电器，见3.9）。

b） 定时限过载继电器或脱扣器（GB 14048.1—2006 中 2.4.26）。

c） 反时限过载继电器或脱扣器（GB 14048.1—2006 中 2.4.27）：

  i） 完全与原先负载无关；

  ii） 与原先负载有关；

  iii） 与原先负载有关且带有断相保护（见3.5）。

d） 堵转继电器或脱扣器（见3.8）。

5.7.1.3.2 短路继电器或脱扣器

a） 瞬时短路继电器或脱扣器（GB 14048.1—2006 中 2.4.24）；

b） 定时限短路继电器或脱扣器（GB 14048.1—2006 中 2.4.26）。

注：CPS具有上述5.7.1.3.1和5.7.1.3.2中继电器或脱扣器的组合功能。

5.7.1.4 其他继电器或脱扣器（例如断相继电器、与电动机热保护器相联的控制继电器、剩余电流继电器）

注：作为特殊型式，由制造厂和用户协商。

5.7.2 特性量

分励、欠电压（欠电流）、过电压（瞬时过电流）、电流或电压不平衡及反相断开继电器或脱扣器：

——额定电压（电流）；

——额定频率；

——动作电压(电流)；

——动作时间(如适用)；

——禁止保护时间(如适用)。

过电流继电器或脱扣器：

——名称和电流整定值(或整定值的范围)(见 5.7.3)；

——额定频率，如需要的话(如电流互感器操作的过载继电器)；

——时间-电流特性(或特性的范围)，如需要的话；

——脱扣级别，如适用的话根据表 3 的分级，或在 8.2.1.5.1 表 2 中 D 列规定的条件下，时间超过 40 s，以最大脱扣时间(以 s 为单位)来规定；

——继电器或脱扣器的类型：热、电磁、电子式或无热记忆的电子式；

——复位的类型：手动或自动。

带剩余电流保护功能的继电器或脱扣器：

——额定电流；

——动作电流；

——动作时间或符合表 H.1 的时间-电流特性；

——禁止保护时间(如适用)；

——设计型式(见附录 H)。

5.7.3 过载继电器或脱扣器的标志和电流整定值

过载继电器或脱扣器是根据其电流整定值(或电流整定值范围的上限值和下限值)和其适用的脱扣级别标志的。电流整定值(或电流整定值范围)应标志在继电器或脱扣器上。

5.7.4 过电流继电器或脱扣器的时间-电流特性

延时继电器或脱扣器：

——定时限延时：继电器或脱扣器的延时时间与过电流无关。若延时时间不可调，脱扣时间整定值用 CPS 的断开时间来表示，单位为 s，若延时时间可调，则用断开时间的最小值和最大值来表示。

——反时限延时：制造厂应以曲线簇的形式提供时间-电流特性，且应表明从冷态开始。在继电器或脱扣器的动作范围以内，断开时间如何随电流变化。制造厂应以适当的形式表明这些曲线的误差。这些曲线应对应最小电流整定值和最大电流整定值给出，若给定电流整定值的时间整定值是可调的，建议特性上附加给出每一时间整定值的最小和最大值。

注：详见 GB 14048.1—2006 中 4.8 的规定。

5.7.5 周围空气温度的影响

除非另有规定，过电流继电器或脱扣器除热型式的以外，其动作值在－5 ℃～＋40 ℃的范围内与周围空气温度无关。

对于热式继电器或脱扣器：

时间-电流特性与规定的周围空气温度有关，并且是过载继电器无预负载(即自冷态开始)的条件下做出的。

该周围空气温度值应清楚地表示在时间曲线上；其优选值为＋20 ℃或＋40 ℃。

过载继电器或脱扣器应能在周围空气温度－5 ℃～＋40 ℃范围内时动作，且制造厂应说明周围空气温度变化对过载继电器或脱扣器特性的影响。

5.8 通断操作过电压

空

6 产品资料

6.1 标志的种类

制造厂应给出下列标志的内容：

6.1.1 铭牌

a) 制造厂厂名或商标；

b) 设计型号或系列号；

c) 符合的标准号，如制造厂声明符合的话。

6.1.2 特性

d) 额定工作电压(U_e)(见 5.3.1，如适用见附录 G)；

e) 使用类别和在额定工作电压下的额定工作电流(或额定功率，如适用的话)；

f) 额定频率(如：50 Hz，50 Hz/60 Hz)和/或“D.C.”(或符号“⎓”)；

g) 额定工作制且应标明断续工作制的级别(如有的话)；

h) 额定运行短路分断能力(I_{cs})(见 5.3.6.1)；

i) 额定冲击耐受电压(U_{imp})；

j) 断开和闭合位置指示(见 8.1.4 和 8.1.5)；

k) 污染等级(见 7.1.3.2)；

l) 额定控制电路电压(U_c)，电流种类或额定频率(如为交流的话)；

m) 空

n) IP 符号(对具有外壳的 CPS)；

o) 额定控制电源电压(U_s)，电流性质和额定频率和(如有必要)；

p) 辅助电路的额定值；

r) 过电流继电器或脱扣器的电流整定值，时间-电流特性的标志，另外，如果电子式过载继电器无热记忆功能(见 5.7)，也应标注；

s) 根据 5.7 的过电流继电器电器或脱扣器的其他特性；

t) 对于可重复使用的短路保护元件(见 5.2)，其电流额定值，型式和符合相应标准的特性；

u) 适合于隔离(的性能)，如适用的话(见 GB 14048.1—2006 中 5.2)；

v) 环境 A 或环境 B(见 GB 14048.1—2006 中 7.3.1)；

w) 特殊要求，如适用的话，如屏蔽线或双绞线。

注：无屏蔽线或双绞线则为正常安装条件。

6.2 标志

GB 14048.1—2006 中 5.2 适用，并就上述 6.1.1 和 6.1.2 补充如下：

——a)项和 b)项数据以及 d)项、e)项和 f)项中的有关工作数据应标志在 CPS 上；

——a)项和 b)项数据应标志在 CPS 上且应优先标志在铭牌上，如有的话；

——c)项和 n)项的数据应优先标志在 CPS 上；

——与 d)项、e)项和 f) 项中工作数据有关的 h)项和 t)项的数据应标志在 CPS 上；

——r)项数据应标志在继电器或脱扣器上；

——u)项数据应标志在 CPS 上，常用符号为：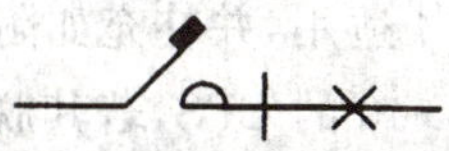

——剩下的其他数据应标志在 CPS 上或包括在制造厂出版的说明书中；

——接线端子上应有标志以便清楚地识别进线端和负载端(见 8.1.7.4)。

如果制造厂声明电子式过载继电器不带热记忆功能，则应标志在 CPS 上。

6.3 安装、操作和维修说明

GB 14048.1—2006 中 5.3 适用，并补充如下：

如果 CPS 综合了自动复位过载继电器的能力而使得 CPS 可以自动重起动，则制造厂应告知用户存在自动重起动的可能性。

7 正常工作、安装和运输条件

GB 14048.1—2006 中第 6 章适用，并补充如下；

7.1.3.2 污染等级

除非制造厂另有规定，CPS 用于的环境条件为污染等级 3，其定义见 GB 14048.1—2006 中 6.1.3.2。根据 CPS 所处的微观环境，也可考虑用于其他污染等级。

8 结构和性能要求

8.1 结构要求

8.1.1 材料

GB 14048.1—2006 中 7.1.1 适用，并补充如下：

制造厂应规定所采取的试验方法。

试验在电器或部件上进行时，载流部件所使用的绝缘材料部件应满足 GB 14048.1—2006 中 8.2.1.1.1 中规定的 960 ℃的灼热丝试验。

上述部件以外的其他绝缘材料部件应满足 GB 14048.1—2006 中 8.2.1.1.1 中规定的 650 ℃的灼热丝试验。

在材料上进行试验时，可根据 GB 14048.1—2006 中 8.2.1.1.2 规定的可燃性分类法，采用热丝引燃和电弧引燃(如适用)方法进行试验。根据制造厂选定的可燃性分类(见 GB/T 5169.16—2008)，所选用的材料应符合 GB 14048.1—2006 中表 M.1 的要求。

8.1.2 载流部件及其连接

GB 14048.1—2006 中 7.1.2 适用。

8.1.3 电气间隙和爬电距离

GB 14048.1—2006 中 7.1.3 适用。

8.1.4 操动器

GB 14048.1—2006 中 7.1.4 适用。

8.1.5 触头位置的指示

GB 14048.1—2006 中 7.1.5 适用。

8.1.6 适用于隔离的 CPS 的附加安全要求

GB 14048.1—2006 中 7.1.6 适用，并补充如下：

适用于隔离的 CPS 在其隔离位置应具备锁扣装置。

8.1.7 接线端子

GB 14048.1—2006 中 7.1.7 适用，并补充如下：

8.1.7.4 接线端子的识别和标志

GB 14048.1—2006 中 7.1.7.4 适用，并补充如附录 C 给出的要求和以下要求：

对于使用类别为 AC-40 和 DC-40 的 CPS，若其脱扣部件为不可更换式或经封装而不能更换时，则电源和负载接线端子可以不加标志，在这种情况下，控制电路不应在其内部接至主电路。

8.1.8 具有中性极的 CPS 的附加要求

GB 14048.1—2006 中 7.1.8 适用。

8.1.9 保护接地的要求

GB 14048.1—2006 中 7.1.9 适用。

8.1.10 CPS 的外壳

GB 14048.1—2006 中 7.1.10 适用,并补充如下:

带外壳的 CPS 具有外部人力操作的操动器时,盖或门应有联锁以使 CPS 不在断开位置时,不能打开门或盖。但 CPS 在闭合位置时,允许采用工具打开门或盖。

8.2 性能要求

8.2.1 动作(操作)条件

8.2.1.1 一般规则

GB 14048.1—2006 中 7.2.1.1 适用,并补充如下:

CPS 的结构应保证其自由脱扣(见 GB 14048.1—2006 中 2.4.23)。

CPS 承载最大额定工作电流达到热平衡、按 9.3.3.1 进行试验时,CPS 不应因其操作所引起的冲击而导致脱扣器动作;若过载继电器或脱扣器的电流整定值可调,则应分别承载与最小整定值和最大整定值相应的两种电流进行试验。

无闭合指令时,继电器和脱扣器的再扣操作不应导致 CPS 闭合。

8.2.1.2 动力操作的 CPS 的动作范围

8.2.1.2.1 电磁铁控制的 CPS

电磁铁控制的 CPS,在其额定控制电源电压 U_s 的 85%～110%之间任何值均应可靠地闭合。此范围的 85%U_s 适用于下限值,110%U_s 适用于上限值。

CPS 释放和完全断开的极限值是其额定控制电源电压 U_s 的 20%～75%(交流)和 10%～75%(直流)。此范围的 20%U_s(交流)或 10%U_s(直流)适用于上限值,75%U_s(交、直流)适用于下限值。

闭合的极限值是在周围空气温度为制造厂声明的环境温度(但不小于+40 ℃),线圈在 100%U_s 下持续通电达到稳定温升后确定的。

释放的极限值是线圈电路电阻在−5 ℃时确定的,此值可用在正常室温下获得的数值计算验证。

上述极限值适用于直流和规定频率的交流。

8.2.1.2.2 具有电子式控制电磁铁的 CPS

8.2.1.2.1 适用,并作如下修改。

第二段修改为:

具有电子式控制电磁铁的 CPS 释放和完全断开的极限值是:

——直流:额定控制电源电压 U_s 的 75%～10%;

——交流:额定控制电源电压 U_s 的 75%～20%;

——交流:如果制造厂有规定,可为额定控制电源电压 U_s 的 75%～10%;

——交流:如果制造厂规定极限值的范围为额定控制电源电压 U_s 的 75%～10%,那么 CPS 还应该进行 8.2.1.2.4 的电容性释放试验。

上述范围的 20%U_s 或 10%U_s 适用于上限值,75%U_s 适用于下限值。

8.2.1.2.3 电气-气动 CPS

电气-气动或气动 CPS 在其额定气源压力的 85%和 110%范围内均应可靠地闭合,在额定气源压力的 75%和 10%的范围内断开。

8.2.1.2.4 电容性释放试验

电源电路(电压为 U_s)中串联接入电容 C,连接导体的总长度小于等于 3 m。电容被一个阻抗可忽略的开关短路。电源电压调到 110%的 U_s。

当开关打到断开位置时,可以验证 CPS 释放。

电容的取值应该为:

$$C(\text{nF})=30+200\ 000/(f\times U_{smax})$$

示例：对于额定电压为12 V～24 V、频率为50 Hz的线圈，电容为196 nF(U_s取最大值，见注1)。

注1：试验电压是所声明的额定电源电压范围U_s的最大值。

注2：计算电容器的大小，用以模拟长100 m截面积为1.5 mm^2的电缆，该电缆连接到具有1.3 mA泄漏电流的静态输出端。

注3：对于特定的使用情况例如紧急分断应在这一规定时间释放。

8.2.1.3 欠电压继电器和脱扣器的动作范围

GB 14048.1—2006中7.2.1.3适用。

8.2.1.4 分励脱扣器的动作范围

GB 14048.1—2006中7.2.1.4适用。

8.2.1.5 电流动作型继电器和脱扣器的动作范围

8.2.1.5.1 过载情况下断开

8.2.1.5.1.1 反时限过载继电器或脱扣器的一般脱扣要求[即5.7.1.3.1中的c)型]

a) 使用类别AC-42、AC-43、AC-44、DC-43、DC-45

注1：电源电压中存在谐波时电动机的热保护正在考虑中。

各极通电时：

用于这些使用类别的继电器或脱扣器按表3分级，按下述规定进行试验时，应符合表2和表3的要求。

——若CPS通常装在外壳内，则应在其外壳内进行试验。在表2规定的基准温度下，通以A倍电流整定值，自冷态开始在2 h内CPS不应脱扣。如果过载继电器接线端子在试验电流下小于2 h就已达到热平衡时，则试验时间可取为达到热平衡所需的时间。

——当电流紧接着上升到B倍电流整定值时，应在2 h内脱扣。

——根据GB 755—2000中9.3.3，脱扣级别为2、3、5和10 A的过载继电器或脱扣器，在1.0倍电流整定值下达到热平衡后，通以C倍电流整定值，应在2 min内脱扣。

注2：GB 755—2000中9.3.3规定："额定输出不超过315 kW，额定电压不超过1 kV的多相电动机应该可以耐受1.5倍额定电流不少于2 min。"

——脱扣级别为10、20、30和40的过载继电器或脱扣器，在1.0倍电流整定值下达到热平衡后，通以C倍电流整定值，应分别在4 min、8 min、12 min或16 min内脱扣。

——从冷态开始，通以D倍电流整定值，相应于其脱扣级别和公差带的脱扣时间(T_P)应在表3规定的范围内。

——对于具有电流整定范围的过载继电器或脱扣器，其动作特性分别适用于承载与最大电流整定值和最小电流整定值相应的电流两种情况。

——对于无温度补偿的过载继电器或脱扣器，规定其电流倍数/周围空气温度特性应不大于1.2%/K。

注3：1.2%/K是PVC绝缘电缆的下降特性。

如果过载继电器或脱扣器满足下述条件则认为是有温度补偿的：即满足表2中在+20 ℃栏下相应的要求，且在其他温度下，其动作值均在图1规定的极限范围以内。

两极通电时：

在表4规定的基准温度下，继电器或脱扣器3极通以A倍电流整定值的电流，自冷态开始在2 h内不应脱扣。

紧接着将2极(具有断相保护功能的继电器，这两极承载较高的电流)承载的电流增大到B倍电流整定值而第3极不通电时，应在2 h内脱扣。

动作特性适用于各极所有不同组合的情况。

电流整定值可调的继电器或脱扣器，其动作特性分别适用于继电器或脱扣器承载与最大电流整定值和最小电流整定值相应的电流两种情况。

b) 使用类别 AC-40、AC-41、AC-45a、AC-45b、DC-40、DC-41、DC-46

反时限过载继电器或脱扣器动作的约定值见表 2。

在 30 ℃±2 ℃基准温度和 1.05 倍电流整定值时，即 CPS 在基准温度下，分断脱扣器所有各极自冷态起通以约定不脱扣电流(见 GB 14048.1—2006 中 2.5.30)，在约定时间 2 h(I_e<63 A 时为 1 h)内不应脱扣。

在约定时间之后，将电流紧接着上升到 1.30 倍电流整定值即约定脱扣电流时，应在上述约定时间内脱扣。

注 4：基准温度是 CPS 的时间-电流特性以其为基准的周围空气温度。

若制造厂规定继电器或脱扣器完全与周围空气温度无关，则在制造厂规定的温度带范围内，表 2 中的电流值适用于 0.3%/K 的误差范围，温度带范围至少为基准温度的±10 K。

表 2 反时限过载继电器或脱扣器在各极通电时的动作极限值

使用类别	继电器或脱扣器的型式	电流整定倍数				周围空气温度
		A	*B*	*C*	*D*	
AC-42	热式但无周围空气温度补偿	1.0	1.2	1.5	7.2	−5 ℃，+20 ℃，+40 ℃
AC-43	热式有周围空气温度补偿	1.05	1.3	1.5	—	−5 ℃
AC-44		1.05	1.2	1.5	7.2	+20 ℃
DC-43		1.0	1.2	1.5	—	+40 ℃
DC-45	电子式	1.05	1.2	1.5	7.2	−5 ℃，+20 ℃，+40 ℃
AC-40 AC-41 AC-45a AC-45b DC-40 DC-41 DC-46	所有型式	1.05	1.3	—	—	+30 ℃

表 3 使用类别 AC-42、AC-43、AC-44、DC-43、DC-45 的过载继电器或脱扣器的脱扣级别

脱扣级别	8.2.1.5.1.1 规定条件下的脱扣时间 T_p/s 表 2 中 *D* 列	8.2.1.5.1.1 规定条件下的脱扣时间 T_p/s 表 2 中 *D* 列(公差带 E)[a]
2	—	$T_p \leqslant 2$
3	—	$2 < T_p \leqslant 3$
5	$0.5 < T_p \leqslant 5$	$3 < T_p \leqslant 5$
10 A	$2 < T_p \leqslant 10$	—
10	$4 < T_p \leqslant 10$	$5 < T_p \leqslant 10$
20	$6 < T_p \leqslant 20$	$10 < T_p \leqslant 20$
30	$9 < T_p \leqslant 30$	$20 < T_p \leqslant 30$
40	—	$30 < T_p \leqslant 40$

a 对于符合公差带 E 的产品制造厂应增加字母 E 加以指示。

表 4　3 极反时限过载继电器或脱扣器仅 2 极通电时的动作极限值

过载继电器或脱扣器型式	电流整定倍数		基准环境温度
	A	*B*	
热式,有周围空气温度补偿或电子式,无断相保护	3 极 1.0	2 极 1.32,1 极 0	+20 ℃
热式,无周围空气温度补偿,无断相保护	3 极 1.0	2 极 1.25,1 极 0	+40 ℃
热式,有周围空气温度补偿或电子式,有断相保护	2 极 1.0,1 极 0.9	2 极 1.15,1 极 0	+20 ℃

8.2.1.5.1.2　使用类别 AC-42、AC-43、AC-44、DC-43、DC-45 的热记忆试验验证

除非制造厂规定电器无热记忆功能,否则电子式过载继电器应满足以下要求(见图 26):

——通以电流 I_e 直至电器达到热平衡;

——中断电流 $2\times T_p$ 时间(见表 3),相应的公差为±10%(T_p 是根据表 3,在 D 电流下测得的时间);

——通以电流 $7.2\times I_e$;

——继电器应在 50%T_p 的时间内脱扣。

8.2.1.5.1.3　瞬时和定时限过载继电器或脱扣器(5.7.1.3.1 中的 a)型和 b)型)在过载条件下断开

对所有电流整定值,CPS 应在相应其电流整定值所规定的脱扣电流值的±10%准确度范围内脱扣。

8.2.1.5.2　短路情况下断开

瞬时和定时限短路继电器或脱扣器[5.7.1.3.2 中的 a)型和 b)型]。

对于所有的电流整定值,CPS 应在相应其电流整定值所标明的脱扣电流值的±20%准确度范围内脱扣。

8.2.1.5.3　自动转换中的欠电流继电器或脱扣器的动作范围

欠电流继电器或脱扣器在动作过程中如果各极的电流小于 0.9 倍欠电流整定值,那么继电器或脱扣器应该在 90%～110%的整定时间内断开 CPS。

8.2.1.5.4　电子式堵转过载继电器或脱扣器的动作范围

堵转继电器或脱扣器,应该在 80%～120%的整定时间内(堵转禁止保护时间)或由制造厂规定的精度范围内断开 CPS,规定如下:

a)　电流检测继电器:电流比整定堵转电流值高 20%;

示例:堵转继电器的整定电流为 100 A,整定时间为 6 s,精度为±10%,那么当电流等于或大于 100 A×1.2=120 A 时,继电器应该在 5.4 s 到 6.6 s 的范围内脱扣。

b)　旋转检测继电器:输入信号表明电动机没有旋转。

8.2.1.5.5　电子式阻塞过载继电器或脱扣器的动作范围

阻塞继电器或脱扣器,如果起动结束后的运行期间,电流超过 1.2 倍阻塞继电器的整定电流值,那么阻塞继电器或脱扣器应该在 80%～120%的整定时间内(阻塞禁止保护时间)或由制造厂规定的精度范围内断开 CPS。

8.2.2　温升

GB 14048.1—2006 中 7.2.2 适用,试验应在清洁的、新的 CPS 上进行。当试验电压小于 100 V 时,可采用不能被吸收的方法或在试验前有载或无载操作几次以清洁触头表面。

注:当试验电压高于 100 V 时,氧化接触电阻对温升试验没有影响。

如果有电子式控制电磁铁,那么通过电阻的变化测量线圈的温升是不可行的,此时可以采用其他的方法,例如热电偶或其他适用的方法。

8.2.2.1　接线端子

接线端子的温升不应超过表 5 中的规定值。

表 5 接线端子的温升极限值

接线端子材料	温升极限值[b]/K
裸铜	60
裸黄铜	65
镀锡的铜或黄铜	65
镀银或镍的铜或黄铜	70[a]
其他金属	c

a 接线端子温升极限值 70 K 是以连接 PVC 电缆为依据的，当实际使用中采用的连接导体或电缆显著小于 GB 14048.1—2006 中表 9 和表 10 所列值时，将导致接线端子和内部部件的温度升高，较高的温度有害于电器，未征得制造厂同意不应采用这类导体。

b 规定的温升极限值适用于 9.4.1 试验程序Ⅰ中的新试品，而对于顺序试验Ⅳ(9.4.4)中的温升验证的极限值可增高 10 K。

c 温升极限值是根据使用经验或寿命试验确定的，但不应超过 65 K。

8.2.2.2 易近部件

易近部件的温升不应超过表 6 中的规定值。

表 6 易近部件的温升极限值

部件名称[a]	温升极限值[b]/K
手操作部件	
——金属的	15
——非金属的	25
可触及但不可握持的部件：	
——金属的	30
——非金属的	40
正常操作时不触及的部件：	
——金属的	40
——非金属的	50

a 除所列部件之外不规定其值，但不应引起相邻绝缘材料部件的损害。

b 规定的温升极限值适用于新试品。

8.2.2.3 周围空气温度

GB 14048.1—2006 中 7.2.2.3 适用。

8.2.2.4 主电路温升

GB 14048.1—2006 中的 7.2.2.4 适用，并补充如下：

CPS 的主电路、包括过电流继电器或脱扣器，应能承载不间断工作制、断续或短时工作制下相应其使用类别的最大额定工作电流，而其温升不超过表 5 和表 6 规定的极限值。不间断工作制的额定值是 AC-40 和 DC-40 使用类别所要求的。

8.2.2.5 控制电路的温升

控制电路包括用于 CPS 闭合和断开操作的控制电路电器，应允许在 5.3.4 所规定的额定工作制下运行，且按 9.3.3.3.5 的规定进行温升试验时，其温升不超过表 5 和表 6 规定的极限值。

8.2.2.6 线圈和电磁铁绕组的温升

8.2.2.6.1 不间断工作制和8小时工作制的绕组

主电器通以电流最大值，线圈绕组应能够在连续负载和额定频率(交流时)下承受其额定控制电源电压、而其温升不超过表7规定的极限值。

注：根据一些技术方法，例如某些型式的电子式控制电磁铁，当线圈按正常运行连接时，控制电源电压可以不直接施加在线圈绕组上。

8.2.2.6.2 断续周期工作制绕组

主电路不通电，线圈绕组在额定频率(交流时)下，应能承受根据其断续工作制级别由表8所规定施加的额定控制电源电压(若为某一范围值，则取最高额定控制电源电压)，而其温升不超过表7规定的极限值。

注：根据一些技术方法，例如某些型式的电子式控制电磁铁，当线圈按正常运行连接时，控制电源电压可以不直接施加在线圈绕组上。

表7 绝缘线圈在空气中的温升极限值

绝缘材料耐热等级 (根据GB/T 11021—2007)	温升极限(电阻法测量)/ K
A	85
E	100
B	110
F	135
H	160

表8 断续工作制试验循环数据

CPS断续工作制的级别	每一次闭合-断开操作循环时间/ s	控制线圈电源 保持通电时间
1	3 600	通电的时间应与制造厂规定的负载因数相一致
3	1 200	
12	300	
30	120	
120	30	
300	12	
1 200	3	

8.2.2.6.3 特殊额定值(短时或周期工作制)的绕组

特殊额定值绕组应根据制造厂规定使用的最严酷工作制的操作条件进行检验。

8.2.2.7 辅助电路的温升

GB 14048.1—2006中7.2.2.7适用。

8.2.2.8 其他部件的温升

GB 14048.1—2006中7.2.2.8适用。

8.2.3 介电性能

GB 14048.1—2006中7.2.3适用。

8.2.4　在空载、正常负载和过载条件下的性能

除非另有规定，所有试验均是通过远距离控制电路进行的。

8.2.4.1　接通和分断能力

CPS 按表 9 中相应其使用类别所规定的接通和通断条件，应能接通和分断电流而无故障。

间隔时间和通电时间不应超过表 9 和表 10 的规定值。

表 9　额定接通和分断能力——相应使用类别的接通与分断条件

使用类别	接通和分断条件					
	I_c/I_e	U_r/U_e	$\cos\phi$	通电时间[b]/s	间隔时间/s	操作循环次数
AC-40	6	1.05	0.5	0.05	e	24
AC-41	1.5	1.05	0.8	0.05	e	50
AC-42	4.0	1.05	0.65	0.05	e	50
AC-43[g]	8.0	1.05	a	0.05	e	50
AC-44[g]	10.0	1.05	a	0.05	e	50
AC-45a	3.0	1.05	0.45	0.05	e	50
AC-45b	1.5[c]	1.05	c			
			L/R ms			
DC-40	2.5	1.05	2.5	0.05	e	24[d]
DC-41	1.5	1.05	1.0	0.05	e	50[d]
DC-43	4.0	1.05	2.5	0.05	e	50[d]
DC-45	4.0	1.05	15.0	0.05	e	50[d]
DC-46	1.5[c]	1.05	c	0.05	e	50[d]
使用类别	接通条件					
	I/I_e	U/U_e	$\cos\phi$	通电时间[b]/s	间隔时间/s	操作循环次数
AC-43	10.0	1.05[f]	a	0.05	10	50
AC-44	12.0	1.05[f]	a	0.05	10	50

I：接通电流，接通电流用直流或交流对称有效值表示，但对交流而言，接通操作时实际的电流峰值可能会高于对称峰值。

I_c：接通和分断电流，用直流或交流对称有效值表示。

I_e：额定工作电流。

U：外施电压。

U_r：工频或直流恢复电压。

U_e：额定工作电压。

$\cos\phi$：试验电路的功率因数。

L/R：试验电路的时间常数。

表 9（续）

使用类别	接通和分断条件					
	I_c/I_e	U_r/U_e	$\cos\phi$	通电时间[b]/ s	间隔时间/ s	操作循环次数
a $I_e \leqslant 100$ A，$\cos\phi = 0.45$；$I_e > 100$ A，$\cos\phi = 0.35$。 b 只要触头再断开之前已经完全闭合到底(牢固)，则允许时间小于 0.05 s。 c 试验用白炽灯作为负载。 d 用一种极性操作一半，反极性操作一半。 e 见表 10。 f U/U_e 的允许误差为±20%。 g 接通条件也必须验证。只有当制造厂同意时，方可在接通和分断试验中一起进行试验。此时，接通电流的倍数应为所示的 I/I_e，分断电流倍数应为所示的 I_c/I_e。分别在控制电源电压为额定控制电源电压 U_s 的 110% 和 85% 的条件下各进行 25 次操作。间隔时间按表 10 的规定。						

表 10　验证额定接通与分断能力时分断电流 I_c 与间隔时间的关系

分断电流 I_c/ A	间隔时间/ s
$I_c \leqslant 100$	10
$100 < I_c \leqslant 200$	20
$200 < I_c \leqslant 300$	30
$300 < I_c \leqslant 400$	40
$400 < I_c \leqslant 600$	60
$600 < I_c \leqslant 800$	80
$800 < I_c \leqslant 1\ 000$	100
$1\ 000 < I_c \leqslant 1\ 300$	140
$1\ 300 < I_c \leqslant 1\ 600$	180
$1\ 600 < I_c$	240

8.2.4.2　操作性能

GB 14048.1—2006 中 7.2.4.2 适用，并补充规定如下：

a)　接通和通断能力试验后的约定操作性能

在进行接通和通断能力试验之后，CPS 按表 11 中相应其使用类别所规定的约定条件及规定的操作循环次数，应能接通和分断电流而无故障。

通电时间规定为 0.05 s，只要触头再断开之前已经完全闭合到底，则允许小于 0.05 s。

除使用类别 AC-45b 和 DC-46 的间隔时间为 60 s 外，其余间隔时间不应超过表 10 的规定值。

表 11 接通分断能力试验后的约定操作性能——相应使用类别的接通和分断条件及其操作循环次数

使用类别	I_c/I_e	U_r/U_e	$\cos\phi$[d]	操作循环次数	
				通电	不通电
AC-40	1.0	1.05	0.8	3 000	4 000
AC-41	1.0	1.05	0.8	6 000	4 000
AC-42	2.0	1.05	0.65	6 000	4 000
AC-43	2.0	1.05	a	6 000	4 000
AC-44	6.0	1.05	a	6 000	4 000
AC-45a	2.0	1.05	0.45	6 000	4 000
AC-45b	1.0[b]	1.05	b		
			L/R[e] ms		
DC-40	1.0	1.05	2.5	3 000[c]	4 000
DC-41	1.0	1.05[b]	1.0	6 000[c]	4 000
DC-43	2.5	1.05	2.5	6 000[c]	4 000
DC-45	2.5	1.05	15.0	6 000[c]	4 000
DC-46	1.0[b]	1.05	b	6 000[c]	4 000

a、b、c、d、e 解释见表 12 注。

b) I_{cr}和 I_{cs}短路试验前和试验后的操作性能

在进行 I_{cr}和 I_{cs}[见 8.2.5a)]短路试验前和试验后，CPS 按表 12 中相应其使用类别所规定的条件及规定的操作循环次数，应能接通和分断电流而无故障。I_{cs}短路试验后的前 25 次操作循环应使控制电路先通电、用就地人力操作装置(如有的话)进行，就地人力操作装置可以就地直接或远距离驱动(例如：手柄、电动机驱动、螺旋管等)。

除上述 25 次以外的其余操作循环，通电时间规定为 0.05 s，只要触头再断开之前已经完全闭合到底(牢固)，则允许小于 0.05 s。除使用类别 AC-45b 和 DC-46 的间隔时间为 60 s 外，其余间隔时间不应超过表 10 规定的值。

c) 约定机械操作性能

除上述 a)项要求的电气操作性能之外，按 9.4.2.2 规定的试验条件，CPS 的机械闭合-断开操作循环次数应能满足表 11 中相应不通电时的要求。

若 CPS 可配备欠电压和/或分励脱扣器，则每一个脱扣器的闭合-脱扣操作应占操作循环总次数的 10%，试验开始时和试验结束前各进行 5%。

表 12 I_{cr}和I_{cs}短路试验前和试验后的操作性能相应使用类别的接通和分断条件

使用类别	额定工作电流	接通			分断			试前、试后作循环次数	
		I/I_e	U/U_e	$\cos\phi$[d]	I_c/I_e	U_r/U_e	$\cos\phi$[d]	I_{cr}	I_{cs}
AC-40	所有值	1	1	0.8	1	1	0.8	1 500	750
AC-41	所有值	1	1	0.95	1	1	0.95	3 000	1 500
AC-42	所有值	2.5	1	0.65	2.5	1	0.65	3 000	1 500
AC-43	$I_e \leqslant 17$ A	6	1	0.65	1	0.17	0.65	3 000	1 500
	$I_e > 17$ A	6	1	0.35	1	0.17	0.35	3 000	1 500
AC-44	$I_e \leqslant 17$ A	6	1	0.65	6	1	0.65	3 000	1 500
	$I_e > 17$ A	6	1	0.35	6	1	0.35	3 000	1 500
AC-45a	所有值	2	1	0.45	2	1	0.45	3 000	1 500
AC-45b	所有值	1[b]	1	b	1[b]	1	b	3 000	1 500
				L/R[e] ms			L/R[e] ms		
DC-40	所有值	1	1	1	1	1	1	1 500	750
DC-41	所有值	1	1	1	1	1	1	3 000	1 500
DC-43	所有值	2.5	1	2	2.5	1	2	3 000	1 500
DC-45	所有值	2.5	1	7.5	2.5	1	7.5	3 000	1 500
DC-46	所有值	1	1	b	1	1	b	3 000	1 500

I:接通电流,接通电流用直流或交流对称有效值表示,但考虑到电路的功率因数,接通操作时实际的电流峰值可能会高于对称峰值。

I_c:接通和分断电流,除了使用类别 AC-45b 或 DC-46,接通电流用直流或交流对称有效值表示,但考虑到电路的功率因数,接通操作时实际的电流峰值可能会高于对称峰值。

I_e:额定工作电流。

U_r:工频或直流恢复电压。

U:外施电压。

U_e:额定工作电压。

$\cos\phi$:试验电路的功率因数。

L/R:试验电路的时间常数。

a $I_e \leqslant 100$ A,$\cos\phi = 0.45$;$I_e > 100$ A,$\cos\phi = 0.35$。

b 试验用白炽灯作为负载。

c 用一种极性操作一半,反极性操作另一半。

d $\cos\phi$ 的允许误差:±0.05。

e L/R 的允许误差:±15%。

8.2.4.3 寿命

GB 14048.1—2006 中 7.2.4.3 适用。

8.2.4.3.1 机械寿命

GB 14048.1—2006 中 7.2.4.3.1 适用,并补充规定如下:

CPS机械寿命的验证作为特殊试验由制造厂自行处理。

进行本试验的推荐方法见附录A中的A.2。

8.2.4.3.2 **电寿命**

GB 14048.1—2006中7.2.4.3.2适用，并补充规定如下：

CPS电寿命的验证作为特殊试验由制造厂自行处理。

本试验的推荐方法见附录A中的A.3。

8.2.5 **接通、承载和分断短路电流的能力**

CPS应能够起承受短路电流所引的热效应，电动力效应和电场强度效应。

短路电流可能会在接通电流、在闭合位置通过电流和在分断电流时发生。

a) CPS接通、承载和分断短路电流的能力用下述额定值来表示：

——预期约定短路电流 I_{cr} 和"r"电流(I_r)。

——额定运行短路分断能力 I_{cs}(见5.3.6.1)。

表13 与给定结构的最大 I_e 相应的预期约定试验电流 I_{cr} 和"r"电流(I_r)

给定结构的最大 I_e/A	I_{cr}		"r"电流(I_r)/kA
	I_{cr}/I_{emax}	I_{crmin}/kA	
$0<I_e\leqslant16$	30	0.2	1
$16<I_e\leqslant32$	30	0.2	3
$32<I_e\leqslant63$	25	1	3
$63<I_e\leqslant125$	20	1.6	5
$125<I_e\leqslant250$	20	1.6	10
$250<I_e\leqslant315$	15	5	10
$315<I_e\leqslant630$	15	5	18

b) 如果瞬时脱扣器的瞬时最大脱扣电流值的80%大于表9中相应的 I_c/I_e 值，则应按此80%电流值进行3次附加的接通和分断操作(见9.4.5)。

c) 4极的CPS应符合9.3.4.1.6中a)、b)、c)的规定。

功率因数或时间常数按GB 14048.1—2006表16的规定。

8.3 **电磁兼容性(EMC)**

8.3.1 **一般要求**

GB 14048.1—2006中7.3.1适用并补充如下：

工频电磁场试验不需要进行，因为该类电器通常就是在这种磁场中运行的。抗扰度能通过成功完成操作性能试验(见9.3.3.5和9.3.3.6)得以验证。

8.3.2 **抗扰度**

GB 14048.1—2006中7.3.2适用并补充如下：

表14 电磁骚扰出现时的可接受判据

项目	可接受判据		
	A	B	C
整体性能	动作特性无显著的变化。能够按预定的进行操作	暂时的性能降低或丧失，能够自行恢复	暂时的性能降低或丧失，但需人工干预或系统复位

表 14（续）

项目	可接受判据		
	A	B	C
电源和控制电路的工作	依据注1的原则无误动作	瞬间的误动作，依据注2的原则不足以引起脱扣。 不允许触头误接通或分断。 能够自行恢复	过载继电器脱扣。 允许触头误接通或分断
显示器、控制面板和辅助电路的工作	显示信息没有变化。 仅有指示灯亮度的轻微波动或字符的漂移	信息暂时的可见变化或丢失。 不期望的LED发光。 辅助触头无误动作	关机。 永久丢失显示信息或信息错误。 不允许的动作方式。 辅助触头误动作。 不能够自行复位
信息处理和传感功能	与外部电器无骚扰地通信和数据交换	短时骚扰通信，对内部和外部电器产生可能是错误的通信	错误的信息处理。 数据和(或)信息丢失。 通信错误。 不能够自行复位

注1：可接受判据A是基于以下试验的结果：试验中，CPS承载0.9倍设定电流时不应脱扣，承载2倍设定电流时应脱扣，脱扣时间在制造厂提供的时间电流特性的0.9倍最小值和1.1倍最大值范围内，如果有监测功能，应能正确指示CPS的状态。

注2：可接受判据B是基于以下试验的结果：试验中，CPS承载0.9倍设定电流时不应脱扣，此试验后，承载2倍设定电流CPS应满足制造厂提供的时间电流特性，如果有监测功能，应能正确指示CPS的状态。

试验值和过程见9.3.5.2。

8.3.3 发射

8.3.3.1 无电子线路的电器

GB 14048.1—2006 的 7.3.3.1 适用。

8.3.3.2 具有电子线路的电器

GB 14048.1—2006 的 7.3.3.2 适用。

试验值和过程见9.3.5.3。

9 试验

9.1 试验种类

9.1.1 一般规则

GB 14048.1—2006 中 8.1.1 适用。

9.1.2 型式试验

GB 14048.1—2006 中 8.1.2 适用。

9.1.3 常规试验

GB 14048.1—2006 中 8.1.3 适用，并补充规定如下：

常规试验项目包括：

a) 动作和动作范围验证试验(9.5.2)。

b) 介电性能试验(9.5.3)。

注：允许采用 GB 14048.1—2006 中 8.3.3.4.2 中的组合试验。

9.1.4 抽样试验

电气间隙的抽样试验按 GB 14048.1—2006 中 8.3.3.4.3 的规定进行。

如果通过材料控制和生产管理，认为介电性能可以满足要求，则可采用抽样试验代替常规试验，采用的抽样方案(GB/T 2828.1—2003)应被认可。

允许采用 GB 14048.1—2006 中 8.3.3.4.2 规定的组合试验。

9.1.5 特殊试验

GB 14048.1—2006 中 9.1.5 适用，并补充规定如下：

本部分规定的特殊试验见附录 A。

9.2 验证结构要求

GB 14048.1—2006 中 8.2 适用。

9.3 验证性能要求

为了避免适用于不同试验程序的同样条文的重复，本部分下列条文中，将通用的试验条件按以下 3 项组合在一起；

——适用于所有顺序试验的一般试验条件(9.3.2)。

——适用于空载、正常负载和过载条件下的性能试验的试验条件(9.3.3)。

——适用于短路试验的试验条件(9.3.4)。

在下述条文中，术语“试验”表示所进行的每一项试验，“验证”则表示“进行验证的试验”且用于表示：在顺序试验中紧接着对 CPS 有不利影响的前项试验来验证其试后状况。

9.3.1 顺序试验

CPS 应能承受 9.4 中表 16 规定的顺序试验的考核。

9.3.2 一般试验条件

9.3.2.1 一般要求

GB 14048.1—2006 中 8.3.2.1 适用，并补充规定如下：

每一试验程序所需试品数量、试验条件(如过载脱扣器的整定值、接线端子的连接)在表 16 中规定。

除非另有规定，试验应在基本几何尺寸相同和结构相似的 CPS 中选用最大额定工作电流的 CPS 进行。这些试验结果可代表基本几何尺寸相同和结构相似的各额定电流规格的 CPS 的特性。

注：当已进行了等效或更严酷的试验时，可以选定某些使用类别而不需要再进行试验或只需进行有限数量的试验(见 5.4.2)。

9.3.2.2 试验参数

GB 14048.1—2006 中 8.3.2.2 适用。

9.3.2.3 试验结果的评定

CPS 试后的条件根据每一试验程序所要求的验证进行检查。

若 CPS 满足适用的每一试验程序的要求，则认为 CPS 符合本部分。

9.3.2.4 试验报告

GB 14048.1—2006 中 8.3.2.4 适用。

9.3.3 空载、正常负载和过载条件下的性能试验的试验条件

9.3.3.1 操作

本试验是按 8.2.1.1 的要求来验证电器能够正确地操作。

9.3.3.2 动作范围

GB 14048.1—2006 中 8.3.3.2 适用，并补充规定如下：

应按进行温升试验时的规定测量周围空气温度（见 GB 14048.1—2006 中 8.3.3.3.1）。

若过电流断开的脱扣器通常装在 CPS 的内部时，则应在相应的 CPS 的内部对其进行验证。其他单独安装的脱扣器则应大致按正常工作时一样安装，完整的 CPS 应按 9.3.2.1 的规定安装。被试 CPS 应免受非正常的外来的加热或冷却作用。

CPS 的连接，或其他单独的脱扣器的连接，对应以下试验电流根据 GB 14048.1—2006 中表 9、表 10和表 11 选用导线：

——对脱扣级别为 2、3、5 和 10 A 的所有型式过载继电器（见表 3）和脱扣级别为 10、20、30 和 40 的电子式过载继电器：过载继电器整定电流的 100%；

——对脱扣级别为 10、20、30 和 40 的热过载继电器（见表 3）和最大脱扣时间大于 40 s 的过载继电器（见 5.7.2）：过载继电器整定电流的 125%；

CPS 的过电流脱扣器可调整时，应分别在最小和最大电流整定值上进行试验。

试验可以在任一方便的电压下进行。

9.3.3.3 温升试验

9.3.3.3.1 周围空气温度

GB 14048.1—2006 中 8.3.3.3.1 适用。

9.3.3.3.2 部件温度的测量

GB 14048.1—2006 中 8.3.3.3.2 适用。

9.3.3.3.3 部件的温升

GB 14048.1—2006 中 8.3.3.3.3 适用。

9.3.3.3.4 主电路的温升试验

8.2.2.4 和 GB 14048.1—2006 中 8.3.3.3.4 适用，但应进行所有各极主电路通以最大额定电流的单项试验。并补充规定如下：

主电路按 8.2.2.4 规定通电。

通常承载电流的所有辅助电路应同时通以最大额定工作电流（见 5.6），而控制电路应施加额定电压（见 5.5）。

对于 4 极的 CPS，先在带有相应过电流继电器的 3 极上进行试验。当 CPS 的约定发热电流不大于 63 A 时，应在其第 4 极和相邻一极上通以试验电流进行单独的附加试验；当 CPS 的发热电流更高时，试验方法由制造厂和用户另外协商。本试验应在试验程序 I 中（见 9.4.1.1）进行。

9.3.3.3.5 控制电路的温升

GB 14048.1—2006 中 8.3.3.3.5 适用。

9.3.3.3.6 线圈和电磁铁绕组的温升

GB 14048.1—2006 中 8.3.3.3.6 适用，并补充规定如下：

a） 预定用于不间断或 8 小时工作制的 CPS 的线圈和电磁铁绕组，只需按 8.2.2.6.1 规定的条件进行试验，试验过程中主电路通以相应的额定电流；

b） 预定用于断续工作制的 CPS 的线圈和电磁铁绕组，除进行上述试验外，还应根据其级别按 8.2.2.6.2 规定的条件进行试验，试验过程中主电路不通电；

c） 特殊额定值（短时工作制或周期工作制）的绕组按 8.2.2.6.3 的规定进行试验，试验过程中主电路不通电。

9.3.3.3.7 辅助电路的温升

GB 14048.1—2006 中 8.3.3.3.7 适用。

9.3.3.4 介电性能

GB 14048.1—2006 中 8.3.3.4 适用，并作如下修改：

9.3.3.4.1 型式试验

GB 14048.1—2006 中 8.3.3.4.1 适用，并作如下修改：

——在 GB 14048.1—2006 中 8.3.3.4.1 2)b)第二段后插入：

如果 CPS 电路中的电器已进行过 U_{imp} 试验，且试验电压低于 GB 14048.1—2006 中 7.2.3.1 和 8.3.3.4.1 的规定，那么根据制造厂的说明，试验时该电路可以断开(使得其没有连接相与地)。

对于通常与主电路连接的控制电路断开的情况，在试验报告中应注明使主触头保持闭合的方法。

——在 GB 14048.1—2006 中 8.3.3.4.1 3)c)第一段前插入：

对于通常与主电路连接的控制电路断开的情况，在试验报告中应注明使主触头保持闭合的方法。

——将 GB 14048.1—2006 中 8.3.3.4.1 8)替换如下：

适用于隔离的 CPS，触头处于断开位置时应测量流过每极的泄漏电流，试验电压为 $1.1U_e$，泄漏电流不应超过 0.5 mA。

9.3.3.4.2 常规试验

GB 14048.1—2006 中 8.3.3.4.2 适用。

9.3.3.5 接通和分断能力

9.3.3.5.1 一般试验条件

GB 14048.1—2006 中 8.3.3.5.1 适用，并补充规定如下：

根据表 9 规定的操作条件进行本试验。

对于使用类别 AC-43 和 AC-44 的接通试验，其中一半操作次数的控制电源电压为 110% U_s，另一半为 85% U_s。其余试验的控制电源电压均为 100% U_s。

CPS 主电路的连接应与预定的通常工作时的连接相似。控制电路和辅助电路特别是 CPS 的操作线圈，可以由一独立的电源供电，此电源应能提供与正常工作条件所规定的相同种类的电流和相同的电压。

进行本试验时允许将过载继电器或脱扣器短接。

9.3.3.5.2 试验电路

GB 14048.1—2006 中 8.3.3.5.2 适用。

9.3.3.5.3 瞬态恢复电压的特性

GB 14048.1—2006 中 8.3.3.5.3 适用。

9.3.3.5.4 空

9.3.3.5.5 接通和分断能力的试验过程

GB 14048.1—2006 中 8.3.3.5 适用，并补充规定如下：

1) 除 AC-44 之外其他使用类别的试验程序

CPS 应满足 8.2.4.1 和表 9 规定的接通和分断操作要求。

使用类别 AC-43 的 CPS 应先进行 50 次单独的接通操作，接着进行 50 次接通和分断操作。

2) 使用类别 AC-44 的试验程序

CPS 应能接通和分断表 9 规定的电流。

先进行 50 次单独的接通操作，接着进行 50 次接通和分断操作。

接至CPS的负载电路应与接至电动机一样。装有A和B两台电器的可逆CPS,其接线和使用应与正常使用时一样。50次操作的每个程序为:

闭合A——断开A——闭合B——断开B——间隔时间

从“断开A”到“闭合B”的转换应如正常控制系统所允许的一样快。应使用可逆CPS上配有或预定在CPS上联接的机械联锁和(或)电气联锁装置。

如果反向电路的构成可能使两台CPS同时通电,则应对两台CPS进行10次同时施加电源的附加试验。

9.3.3.5.6 CPS在接通和分断、转换和反向试验过程中的状况和试后条件

a) 极间、极与支架之间应无燃弧和飞弧,漏电检测电路中的熔体F不熔断(见GB 14048.1—2006中的8.3.4.1.2)、触头无熔焊;

b) 试后应在CPS处于闭合位置时验证每一对电源和负载接线端子之间(电路)的连续性;

c) 按下述方法验证触头无熔焊:

带有人力操作装置的CPS,先使人力操作装置处于闭合位置但不施加控制电源电压,然后断开人力操作装置而施加控制电源电压,在任一电源和负载接线端子之间均无电路连续性。不带人力操作装置的CPS,先使所有远距离闭合装置均处于闭合位置,然后轮流断开每一个远距离分断装置,验证每一对电源和负载接线端子之间均无电路连续性。

注:为保证这一验证程序正确,有必要参照制造厂的使用说明书。

9.3.3.6 操作性能试验

GB 14048.1—2006中8.3.3.6适用,并补充规定如下:

约定操作性能试验的目的是验证CPS能够满足表11规定的要求以及I_{cr}或I_{cs}短路试验前和试验后表12规定条件下的要求。

主电路的连接应和CPS预定用的工作情况相似。

进行本试验时允许将过载继电器或脱扣器短接。

试验电路按9.3.3.5.2。

控制电压为100% U_s。

9.3.4 短路条件下的性能试验

GB 14048.1—2006中8.3.4适用。

9.3.4.1 短路试验的试验条件

9.3.4.1.1 一般要求

对GB 14048.1—2006中8.3.4.1.1进一步规定为:

CPS应在自由空气中进行试验。对于额定运行短路分断能力试验,应在CPS可能会发生击穿现象的各个位置上按制造厂规定的距离及位置布置金属箔。详细的情况,包括进行试验的CPS到金属箔的距离,均应在试验报告中注明。此外,对于在单独外壳中使用的CPS,应根据试验程序Ⅶ在制造厂规定最小的外壳中进行附加试验。

注:单独外壳是一种经设计选定仅容纳一台CPS及辅助电器(如有的话)的外壳。

这一附加试验应在新试品上进行,试验操作程序为O-t-CO-t-rCO(见9.3.4),并接着进行9.4.2.3规定的耐压验证试验。

若CPS装有可调整的过电流脱扣器,脱扣器的整定应按每 试验程序的规定进行。

若CPS不带过电流脱扣器但带有分励脱扣器,则该脱扣器应在不早于短路产生时刻且不迟于短路产生后10 ms的时间内通电,施加的电压值为脱扣器额定控制电源电压的70%(见8.2.1.4)。

进行上述试验时,试验电路的电源应根据制造厂的标志接至CPS相应的接线端子上,如无此标志时，试验电路的连接按表16的规定。

9.3.4.1.2 试验电路

GB 14048.1—2006中8.3.4.1.2适用。

9.3.4.1.3 试验电路的功率因数

GB 14048.1—2006中8.3.4.1.3适用。

9.3.4.1.4 试验电路的时间常数

GB 14048.1—2006中8.3.4.1.4适用。

9.3.4.1.5 试验电路的调整

GB 14048.1—2006中8.3.4.1.5适用。

9.3.4.1.6 试验过程

GB 14048.1—2006中8.3.4.1.6适用，并补充规定如下：

短路条件的性能试验应按试验程序Ⅲ和Ⅳ(9.4.3和9.4.4)进行。

对于额定电流至(包括)630 A的CPS，应包括下述长度为75 cm、截面积按9.3.3.2规定的导体：

——电源端为50 cm；

——负载端为25 cm。

以下字母用于定义以下操作程序：

——"O"表示分断操作；

——"CO"表示一次人力的接通操作，控制电路应预先通电，紧接着一次分断操作。无人力操作装置时，这一操作程序由rCO代替；

——"rCO"表示一次远距离控制的接通操作(控制电路通电)，紧接着一次分断操作；

——"t"表示两次连接的短路操作之间的间隔时间，规定取为3 min或CPS再扣时间二者中的较长者。t的实际值应记录在试验报告中。

试验过程中I^2t(见GB 14048.1—2006中2.5.18)的最大值应记录在试验报告中。

注：试验过程中的I^2t的最大值并不一定是规定条件下可能出现的最大值。若需确定此最大值应补充试验。

4极的CPS：

a) 4极CPS的4极额定值相同时，按GB 14048.1—2006中图11在3极上进行试验；

b) 4极CPS的第4极短路定额减少时，按GB 14048.1—2006中图11在3个主极上进行试验，且应在第4极和其相邻极上进行附加的试验：采用GB 14048.1—2006中的图12(见该图的注3))，试验电压为$U_e/\sqrt{3}$、试验电流为与第4极相应的额定值；

c) 4极CPS带有可转换(通断)的中性极(见GB 14048.1—2006中7.1.8)时，按GB 14048.1—2006中图12在4个极上进行试验。

9.3.4.1.7 CPS在短路接通和分断试验中的状况

9.3.3.5.6a)和9.3.3.5.6c)适用，重合闸后按9.3.3.5.6b)。

此外，壳体不允许破碎但允许有发状裂缝。

注：发状裂缝是由于分断很高的故障电流时电弧熄灭产生高气压或热应力造成的，仅具有表面特性，不发展深入到电器模制壳体的整个厚度。

外壳的门或盖(如果有的话)，不应被炸开，但应能够打开。

9.3.4.1.8 试验报告说明

GB 14048.1—2006中8.3.4.1.8适用。

9.3.5 电磁兼容性(EMC)性能试验

9.3.5.1 一般要求

GB 14048.1—2006的8.4适用并补充如下：

经制造厂同意，多项 EMC 试验或所有的 EMC 试验可在同一台试品上进行。这一试品可以是新的，也可以是经过了 9.3.1 规定的程序试验后的试品。EMC 的程序试验可以是任意方便的顺序。

额定值为 50 Hz～60 Hz 的 CPS，可在任意的额定频率下试验。

如果某一范围内的 CPS 的电子式控制器相同（包括尺寸、元器件、印刷电路板装配和外壳（如果有的话）），且互感器设计相同，则仅需在最低的额定电流产品上进行试验。

过电流继电器或脱扣器的设定电流 I_R 应调整至最小值。

短时和瞬时继电器或脱扣器设定值，如适用的话应分别调整至最小值但不小于 2.5 倍 I_R，除非本部分或制造厂的说明书中有规定，采用判据 B 并记录与试验报告中。

除非相关条款中有说明，抗干扰试验后，应验证 8.2.1.2 和 8.2.1.5.2 种的动作极限值（如适用）。

发射试验后，无需验证性能试验。

试验报告应包括任何为符合标准要求而必须采取的特殊措施，例如使用屏蔽线或特殊的电缆，如果为了符合抗扰度或发射试验的要求，使用了辅助电器，应在报告中说明。

除非另有规定，试品应处于断开或闭合中较为不利的位置，操作时应通以额定电源控制电压。

除非另有规定，试品应处于自由空气中。

根据其使用类别和过电流保护，含电子线路的 CPS 应按下列方式将使用类别分组，其试验时依次为依据：

——使用组别 A：包括不提供电子式过电流保护功能的使用类别 AC-40、AC-41、AC-45a、AC-45b、DC-40、DC-41 和 DC-46，以及适用于所有情况的使用类别 AC-42、AC-43、AC-44、DC-43 和 DC-45；

——使用组别 B：包括提供电子式过电流保护功能的使用类别 AC-40、AC-41、AC-45a、AC-45b、DC-40、DC-41 和 DC-46。

用于断相保护且可用于单极（相）元件的使用类别 AC-41 的 CPS 应按使用组别 A 进行试验。

9.3.5.2 抗扰度

9.3.5.2.1 一般要求

GB 14048.1—2006 的 8.4.1.2 适用并补充如下：

具体要求见 9.3.5.2.2～9.3.5.2.8 的规定。如果在 EMC 试验中，试品与导线连接，则导线的接头和类型应按制造厂说明书中选择。

可接受判据见表 14。

9.3.5.2.2 静电放电

9.3.5.2.2.1 一般要求

试验应按 GB/T 17626.2—2006 进行。除金属部件应进行接触放电外，其余部件仅需进行空气放电。对每一试点应施加正、负极性脉冲各 10 次，各放电间隔时间为 1 s。接线端子不必进行该试验。

如果电器为敞开的框架式或防护等级为 IP00，则该项试验无法进行。这种情况下，制造厂应在部件上贴标签，告示静电放电导致危害的可能性。

9.3.5.2.2.2 对使用组别的特殊要求

a） 使用组别 A（见 9.3.5.1）

按 9.3.5.2.2.1 中的描述。

b） 使用组别 B（见 9.3.5.1）

试验应按 9.3.5.2.2.1 和以下 1）和 2）的要求进行：

1） 试验条件

EUT（试品）应安装在如图 2、3、4 所示的适用的金属外壳中。但经制造厂同意，试验也可在自由空气中进行。

EUT 和金属外壳的距离为 $0.1^{+10\%}_{0}$ m，除非按制造厂规定必须按正常工作位置安装的，其正面保持最小的距离。

试验电路见图 5。对于断相保护脱扣器，试验电路见图 6 或图 7(如适用)。

母线走线方式见图 2、图 3 和图 4，对外壳的距离为 $0.1^{+10\%}_{0}$ m。试验中实际使用的图应在试验报告中注明。

2) 试验程序

EUT 按落地式设备(见 GB/T 17626.2—2006 中的 7.1.2)进行试验。

试验配置见本部分的图 8。

直接和间接放电应按照 GB/T 17626.2—2006 进行。

试验按以下要求进行：

——接触放电：8 kV；

——空气放电：8 kV。

直接放电试验仅在 CPS 易近部件上进行，例如设定装置、键盘、显示器、按钮等。试验实施点应在试验报告中注明。

如果对 EUT 采用直接放电(接触放电或空气放电)的方式，应在试验点进行两种极性的试验电压各 10 次，各放电间隔时间为≥1 s。

间接放电应在外壳表面所选的点进行，应在试验点进行两种极性的试验电压各 10 次，各放电间隔时间为≥1 s。

9.3.5.2.3 射频电磁场辐射

9.3.5.2.3.1 一般要求

试验应按 GB/T 17626.3—2006 的要求进行。

电器应满足可接受判据 A。

9.3.5.2.3.2 对使用组别的特殊要求

a) 使用组别 A(见 9.3.5.1)

按 9.3.5.2.3.1 中的描述。

b) 使用组别 B(见 9.3.5.1)

试验应按 9.3.5.2.3.1 和以下 1)和 2)的要求进行：

1) 试验条件

EUT 应在自由空气中进行试验除非其仅用于单独的外壳内，当用于单独外壳内时应在壳内进行试验。外壳的详细资料包括尺寸应在试验报告中记录。

从地板到 EUT 的高度为 1 m±0.1 m。

EUT 仅在前面(面板)进行试验，试验配置见图 9。

当使用外壳时，应根据制造厂的规定接地。

试验电路见图 5。对于断相保护脱扣器，试验电路见图 6 或图 7(如适用的话)。

为了具有可重复性，实际的试验装置包括电源母线、变压器等均应在试验报告中记录。

试验等级为 10 V/m。

试验应在水平和垂直两个极化方向进行。

2) 试验程序

i) 为防止脱扣，EUT 应通 0.9 倍的设定电流，试验频率根据 GB/T 17626.3—2006 中第 8 章的规定应在 80 MHz～1 000 MHz 范围内。

每一频率的停留时间应在 500 ms～1 000 ms 之间，步长应是前一个频率的 1%。

实际的频率停留时间应在试验报告中记录。

ii) 为验证时间-电流特性，EUT 应通以 2 倍的设定电流。

应测量脱扣时间。

试验应在下列频率进行：80 MHz、100 MHz、120 MHz、180 MHz、240 MHz、320 MHz、480 MHz、640 MHz 和 960 MHz，试验电流应在每一频率的扫描场稳定后施加。

9.3.5.2.4 快速瞬变/脉冲群(EFT/B)

9.3.5.2.4.1 一般要求

试验应按 GB/T 17626.4—2008 的规定进行。

电源线的试验水平为 2 kV/5 kHz，采用耦合/去耦网络。对于 I/O、信号、数据和控制端口，试验水平为 1 kV/5 kHz，采用容性耦合夹。

试验电压施加 1 min。

电器应满足可接受判据 A。

9.3.5.2.4.2 对使用组别的特殊要求

a) 使用组别 A(见 9.3.5.1)

按 9.3.5.2.4.1 中的描述。

b) 使用组别 B(见 9.3.5.1)

试验应按 GB/T 17626.4—2008 和以下 1)、2)和 3)的要求进行：

1) 试验条件

EUT 应安装在如图 2、图 3、图 4 所示的适用的金属外壳中。但经制造厂同意，试验也可在自由空气中进行。

EUT 和金属外壳的距离为 $0.1^{+10\%}_{0}$ m，除非按制造厂规定必须按正常工作位置安装的，其正面保持最小的距离。

金属外壳应接地。

试验电路见图 13。对于断相保护脱扣器，试验电路见图 14 或图 15(如适用的话)。

试验水平为主电路和连接至主电路的辅助电路 4kV，辅助的输入输出端口为 2 kV。

2) 试验程序

EUT 按落地式设备(见 GB/T 17626.4—2008 中的 7.1.2)进行试验，试验配置见本部分图 16。

骚扰应在距离 EUT 为 0.9 m 和 1 m 处注入。

注 1：建议对变压器通过耦合/去耦网络进行试验以避免主网络的骚扰。

注 2：骚扰注入距离的确定是为了确保试验的可重复性。

对于 AC 主电路，可采用直接注入法。对于辅助端口可采用耦合/去耦网络或耦合夹，如适用。

在 AC 端口，骚扰可在任意一相上进行，EUT 可在其他相施加电源，见图 13。对于断相保护脱扣器，可按图 14 三相串联连接并按图 15 三相任选一相进行试验。

试验按下述方法进行：

i) 为防止脱扣，在骚扰施加过程中 EUT 应通 0.9 倍的设定电流。

骚扰施加时间为 1 min。

ii) 为验证时间-电流特性，在骚扰施加过程中 CPS 应通以 2 倍的设定电流。

3) 试验结果

可接受判据 A 适用。然而，试验过程中监测功能的暂时变化(例如不期望的 LED 发光)是可以接受的，这种情况应在试后验证监测功能的正确性。

9.3.5.2.5 浪涌(1.2/50 μs－8/20 μs)

9.3.5.2.5.1 一般要求

试验应按 GB/T 17626.5—2008 的规定进行。

9.3.5.2.5.2 对使用组别的特殊要求

a) 使用组别 A(见 9.3.5.1)

试验应按 9.3.5.2.5.1 及下述要求进行：

试验优先使用电容耦合。浪涌应施加到所有主电路、控制电路或辅助电路的端子上，无论电子式或传统的触头。

用于连接大于 3 m 导线的控制和辅助电路端子，试验应在线对地 2.0 kV 和线对线 1.0 kV 下进行。试验不需使用保护电路。

试验频率为 1 min 一次，正、负极性各施加 5 次。

如果 CPS 需要安装在缺少保护的条件下运行时，如按 GB/T 17626.5—2008 的安装等级 4 或 5 下运行时，用户应予以注明。此时试验水平为线对地 4 kV 和线对线 2 kV。

b) 使用组别 B(见 9.3.5.1)

试验应按 9.3.5.2.5.1 和以下 1)和 2)的要求进行：

1) 试验条件

EUT 应安装在如图 2、图 3、图 4 所示的适用的金属外壳中。但经制造厂同意，试验也可在自由空气中进行。

EUT 和金属外壳的距离为 $0.1^{+10\%}_{0}$ m，除非按制造厂规定必须按正常工作位置安装的，其正面保持最小的距离。

金属外壳应接地。

AC 主端口的试验电路见图 17(线对地)或图 18(线对线)。

对于断相保护脱扣器，试验电路见图 19(线对地)和图 20(线对线)或图 21(线对地)和图 22(线对线)(如适用的话)。

注：建议对变压器通过耦合/去耦网络进行试验以避免主网络的骚扰。

对于 AC 主电路和连接至主电路的辅助电路试验水平为 4 kV(线对地)和 2 kV(线对线)，对于不接至主电路的辅助电路为 2 kV(线对地)和 1 kV(线对线)。

2) 试验程序

在 AC 主端口，骚扰可在任意一相上进行，EUT 可在其他相施加电源，见图 17(线对地)和图 18(线对线)。对于断相保护脱扣器，可按图 19(线对地)和图 20(线对线)三相串联连接或按图 21(线对地)和图 22(线对线)三相任选一相进行试验。

辅助端口骚扰应采用 GB/T 17626.5—2008 中图 6 和图 7 所示的耦合/去耦和网络注入。

脉冲应在正、负两个极性进行，相角为 0°和 90°。

在每一极性和相角进行施加 5 次脉冲(共计 20 次)，每两次脉冲之间的间隔时间为 1 min。如果制造厂同意可缩短间隔时间。

CPS 在试验期间通以 0.9 倍的设定电流。

9.3.5.2.6 射频场引起的传导干扰(共模方式)

9.3.5.2.6.1 一般要求

试验应按 GB/T 17626.6—2008 的规定进行。

设备应当符合性能标准 A。

9.3.5.2.6.2 不同使用组别的特殊要求

a) 使用组别 A(见 9.3.5.1)

9.3.5.3.6.1 适用。

b) 使用组别 B(见 9.3.5.1)

试验应依据 9.3.5.3.6.1 和下列要求 1)2)进行。

1) 试验条件

一般情况下,EUT 应当在自由空气中测试。当产品将用在有特殊单独封闭外壳的情况时,要进行封闭外壳测试,包括封装的尺寸的细节应当在测试报告中列出。

当封闭外壳应用时,应当根据产品厂商指示接地。

为了能够重复的进行试验,实际的试验设置供电排,变压器等,应列入试验报告。

试验在主回路上进行,其他辅助电路接在主回路上。

试验设置应当依据应用情况按图 10、图 11 或图 12 设定。

依据实际应用情况按 GB/T 17626.6—2008 中 6.2.2,干扰应当可以被一个耦合-退耦网络 M1 和 M2 装置打断(见图 10、图 11 或图 12)。

连接线的截面积“S”(mm^2)和其高度从地平面的高度“h”(cm)的比例为 1∶5。

试验电路交流主回路端口,应当与图 10 符合。对于断相保护脱扣器,测试回路依据实际应用情况应当与图 11 或图 12 一致。

对主电路和辅助接口,试验等级应为 10 V。

2) 试验程序

i) 为了防止误脱扣,EUT 应当提供 0.9 倍设定电流并且试验频率应覆盖 150 kHz～80 MHz 的范围,与 GB/T 17626.6—2008 第 8 章相符。

在同一频率的保持时间应在 500 ms 到 1 000 ms 之间,并且相邻频率变化幅度应为前一个频率的 1%。

实际的保持时间应当被记录在试验报告中。

ii) 为确定时间/电流特性,EUT 应当提供 2 倍的设定电流。

脱扣时间应当被测量。

本试验应按下列频率进行:0.150 MHz、0.300 MHz、0.450 MHz、0.600 MHz、0.900 MHz、1.20 MHz、1.80 MHz、2.40 MHz、3.60 MHz、4.80 MHz、7.20 MHz、9.60 MHz、12.0 MHz、19.2 MHz、27.0 MHz、49.4 MHz、72.0 MHz 和 80.0 MHz,应在干扰电压等级在其频率稳定后再施加试验电流。

9.3.5.2.7 谐波

9.3.5.2.7.1 一般要求

设备应遵照可接受判据 A

9.3.5.2.7.2 不同使用组别的特殊要求

a) 使用组别 A(见 9.3.5.1)

GB 14048.1—2006 的 8.4.1.2 适用。

b) 使用组别 B(见 9.3.5.1)

1) 试验条件

这些试验适用于那些电流传感器被制造商规定按有效值采样的 CPS。

这个应当通过在 CPS 上标记“均方根值(r.m.s)”或者在厂方文献中给出指示,或者在 CPS 上标记并同时在厂方文献中给出指示。

一般情况下,EUT 应当在自由空气中测试。当产品将用在有特殊单独封闭外壳的情况时,要进行封闭外壳测试,包括封装的尺寸的细节应当在测试报告中列出。

在应用时,试验应当在额定频率下进行。

注:试验电流可以由基于晶闸管(见图 23)、饱和铁心、可编程电源或其他可适当的电源产生。

2) 试验电流

试验电流波形应当由下列两个选项中的一项构成。

——选项 a):两个连续波形:

- 一个波形由一个基波和一个 3 次谐波组成;

● 一个波形由一个基波和一个5次谐波组成。

——选项b)：波形由一个基波和一个3次，一个5次和7次谐波构成。

试验电流应当：

——对选项a)：

三次谐波和峰值因数的试验

● 72%基波构成≤3次谐波≤88%基波构成；

● 峰值因数：2.0±0.2。

五次谐波和峰值因数的试验；

● 45%基波构成≤5次谐波≤55%基波构成；

● 峰值因数：1.9±0.2。

——对选项b)

试验电流，每个周期，由有如下定义的两个相等的负半波组成：

● 电流导通时间，对每半波≤21%的周期；

● 峰值因数：≥2.1。

注1：峰值因数是电流峰值除电流有效值，相关公式见图23。

注2：试验对于选项b)电流有至少下列谐波内容基本构成：

——3次谐波>60%；

——5次谐波>14%；

——7次谐波>7%。

更高次的谐波可能也是可见的。

注3：对于选项b)的电流波形试验，可由两个背对背的晶闸管产生(见图23)。

注4：试验电流 $0.9I_R$ 和 $2.0I_R$(见 可接受判据A)是合成波形的有效值。

3) 试验过程

试验应在任意两相上进行，选择符合8.2.1.5.1可提供试验电流的任意方便电压，连接应符合图5。对具有断相保护功能的脱扣器，按照图6或图7进行适用的连接。

如果有欠电压脱扣器，应通电或拆除，在试验时，全部其他附件应当被断开。

验证误脱扣抗扰度(0.9倍电流整定值)的持续时间应为相应于2倍电流整定值的脱扣时间的10倍。

9.3.5.2.8 电流跌落和短时中断

CPS会响应于控制电源的跌落和短时中断，其响应应在8.2.1.2的限制范围内，并可通过9.3.3.2验证。

然而，在额定控制电源电压(或电流)下，用于使用类别AC-40、AC-41、AC-45a、AC-45b、DC-40、DC-41和DC-46的带有电子电路的CPS可能被视为对干扰不敏感，这在后面会被验证。

1) 试验过程

一般情况下，EUT应当在自由空气中测试。当产品将用在有特殊单独封闭外壳的情况时，要进行封闭外壳测试，包括封闭外壳的尺寸的细节应当在试验报告中列出。

试验电路应当依图5确定，可随机选择任意两相。对断相保护脱扣器，依据实际情况，试验电流应当依据图6或图7。

试验应当在任意方便电压的一个正弦电流下进行。电流应依照图24和表15其中 I_R 是设定电流，I_D 是跌落试验电流，T 是正弦电流的周期。

每次试验的持续时间，应当在相应的两倍设定电流下，3倍到4倍最大脱扣时间之间或10 min，两者中的取小值。

表 15 电流瞬时跌落和短时中断试验参数

试验序号	I_D	Δt
1	0	0.5T
2	0	1T
3	0	5T
4	0	25T
5	0	50T
6	0.4I_R	10T
7	0.4I_R	25T
8	0.4I_R	50T
9	0.7I_R	10T
10	0.7I_R	25T
11	0.7I_R	50T

2) 试验结果

除了试验后不需要确认外,表 14 中可接受判据 B 可以适用。

9.3.5.3 发射

GB 14048.1—2006 中 8.4.2 适用,并补充规定如下:

9.3.5.3.1 传导射频发射试验

试验描述,试验方法和试验装置在 GB 4824—2004 中给出。

a) 使用组别 A(见 9.3.5.1)

GB 4824—2004,1 类,表 2a)中的限定适用于环境 A

GB 4824—2004,1 类,表 2b)中的限定适用于环境 B

b) 使用组别 B(见 9.3.5.1)

GB 4824—2004,1 类,表 2a)中的限定适用于环境 A

GB 4824—2004,1 类,表 2b)中的限定适用于环境 B

9.3.5.3.2 辐射射频发射试验

9.3.5.3.2.1 一般规则

试验描述,试验方法和试验装置在 GB 4824—2004 中给出。

试验适用于包含有基本频率大于 9 kHz 的控制和(或)辅助电路,例如开关电源供电等。

9.3.5.3.2.2 不同使用组别的特殊要求

a) 使用组别 A(见 9.3.5.1)

GB 4824—2004,表 3 中限定的相应的环境等级。

b) 使用组别 B(见 9.3.5.1)

试验应依据 9.3.5.3.2.1 和下列 1),2)和 3)的要求进行。

1) 试验条件

一般情况下,EUT 应当在自由空气中测试。当产品将用在有特殊单独封闭外壳的情况时,要进行封闭外壳测试,包括封闭外壳的尺寸的细节应当在测试报告中列出。

注:封装的存在可能在一定频率下引起干扰。

EUT 从地面的高度应为 1 m±0.1 m。

试验电路应当依照图 5 。对于单相失灵特性释放,测试电路应依据实际情况依照图 6 或图 7。

试验设置见图 25。

为了可以重复试验,实际的试验设定包括供电排、变压器等应当记录在试验报告中。

2) 实验过程

欠电压释放,如果有应当或者被激励或者被禁止。所有的附件在试验时应当被切断连接。

3) 试验结果

GB 4824—2004,表 3 中限定的相应的环境等级。

9.3.5.3.3 谐波

电子式控制的电路工作在低功耗条件下,因此干扰可以忽略,所以不需要进行本试验。

9.3.5.3.4 电压波动

电子式控制的电路工作在低功耗条件下,因此干扰可以忽略,所以不需要进行本试验。

9.4 试验程序

试验程序见表 16。对于每一个试验程序中的各项试验,CPS 均应按所列顺序进行。

表 16 试验程序

试验程序 No	试验	试验条款	性能条款	U_e/I_e	U_e/I_{cs}	试品 数量	试品 编号 No[d]	脱扣器的整定[c]
Ⅰ	——温升(在最大 I_e 的产品上进行)	9.4.1.1	8.2.2					
	——操作	9.4.1.2	8.2.1			1[f]		
	——动作范围	9.4.1.3	8.2.1					
	——介电性能	9.4.1.4	8.2.3					
Ⅱ	——额定接通和分断能力	9.4.2.1	8.2.4.1					
	——电气机械约定操作性能	9.4.2.2	8.2.4.2[a)+c)]	e		1[f]		
	——耐压验证	9.4.2.3	9.3.3.4					
Ⅲ	——U_e/I_e 操作性能	9.4.3.1	8.2.4.2b)					
	——I_{cr} 约定分断能力	9.4.3.2	8.2.5a)				1	
	——U_e/I_e 操作性能	9.4.3.1	8.2.4.2b)					
	——耐压验证	9.4.3.4	9.3.3.4	e		2		Max
	——过载脱扣器验证	9.4.3.5	8.2.1.5					
	——I_r 约定分断能力	9.4.3.2	8.2.5a)					
	——耐压验证	9.4.3.4	9.3.3.4				2	
	——过载脱扣器验证	9.4.3.5	8.2.1.5					
Ⅳ	——U_e/I_e 操作性能	9.4.4.1	8.2.4.2b)		1	1[a]		Max
	——I_{cs} 额定运行短路分断能力	9.4.4.2	8.2.5a)		2	2[b]	1	Max
	——U_e/I_e 操作性能	9.4.4.1	8.2.4.2b)	e			2	Max
	——耐压验证	9.4.4.4	9.3.3.4				1	Max
	——温升验证	9.4.4.5	8.2.2		>3	3[b]	2	Max
	——过载脱扣器验证	9.4.4.6	8.2.1.5				3	Min

表 16（续）

试验程序 No	试验	试验条款	性能条款	U_e/I_e	U_e/I_{cs}	试品 数量	试品 编号 No[d]	脱扣器的整定[c]
Ⅴ[g]	——附加分断能力 ——耐压验证	9.4.5.1 9.4.5.3	8.2.5b) 9.3.3.4			1		Max
Ⅵ[h]	——短路分断能力 ——耐压验证	9.4.6.1 9.4.6.3	8.2.5c) 9.3.3.4			1	1	Max
Ⅶ[i]	——I_{cs} 额定运行短路分断能力 ——耐压验证	9.4.7.1 9.4.7.3	8.2.5a) 9.3.3.4			1	1	Max
Ⅷ[j]	EMC	9.4.8	8.3					

a 若 CPS 的电源和负载接线端子未加标志且带有固定式或封装式的脱扣部件(见 8.1.7.4)，则应附加 1 台试品进行反向接线时的试验。

b 若 CPS 的电源和负载接线端子未加标志且带有固定式或封装式的脱扣部件(见 8.1.7.4)，则其中 1 台试品应反向接线进行试验。

c 当过电流继电器整定值为可调时；

d 与 U_e 有关的具有多个 I_{cs} 额定值时的试品编号。

No1——U_{emax}/相应的 I_{cs}

No2——I_{csmax}/相应的 U_e

No3——中间值的 U_e/相应的 I_{cs}

e 根据 9.3.2.1 的规定，当已进行了等效或更严酷的试验时，可以不再进行试验或只需有限数量的试验和/或试品，以选定某些使用类别 U_e/I_e 的额定值。

f 程序Ⅰ和程序Ⅱ可用同一试品。

g 见 8.2.5，试验在 U_{emax} 下进行。

h 仅适用于 4 极 CPS。

i 适用于在单独外壳中使用的 CPS。

j 如适用(见 8.3)。

9.4.1 试验程序Ⅰ：温升、动作范围、介电性能

——温升试验(9.4.1.1)。

——操作试验(9.4.1.2)。

——动作范围试验(9.4.1.3)。

——介电性能试验(9.4.1.4)。

——用于隔离的 CPS 的主触头位置验证(9.4.1.5)。

9.4.1.1 温升试验

温升试验应在约定发热电流下按 9.3.3.3 的规定进行。试验终了时温升值不应超过表 5、表 6 和表 7 的规定值。

9.4.1.2 操作试验

CPS 按 9.3.2.1 的规定安装，根据 8.2.1.1 进行以下试验：

——在闭合电器通电时，验证 CPS 满足脱扣要求；

——脱扣器处于动作(脱扣)位置，闭合操作开始时验证 CPS 满足自由脱扣动作要求；

——当 CPS 已处于闭合状态时，验证外部动力操作电器的动作既不应对 CPS 也不应对操作者引起危害；

——无闭合指令时，验证 CPS 不应因再扣操作而导致闭合。

若 CPS 配有组合式的断开(停止)和再扣操动机构，当 CPS 处于闭合位置时，操动再扣机构应导致 CPS 断开。

若 CPS 配有分离式的断开(停止)和再扣操动机构，当 CPS 处于闭合位置且再扣机构处于再扣位置时，操动脱扣机构应导致 CPS 断开。

注：这些试验用以验证当保持再扣机构处于再扣位置时，过载脱扣动作不会失效。

当按进行主电路温升试验时一样对 CPS 通电并且温度达到平衡时，CPS 按通常的方式快速连续操作(动作)3 次，CPS 不应因动作引起的冲击而导致脱扣。

CPS 的机械操作允许在无载条件下进行。

对带有储能操作机构的 CPS，应验证当操作机构指示装置所示(储存的)能量略低于储足的值时，动触头不应自断开位置移动。

若制造厂规定了 CPS 的闭合和断开时间，则应符合其规定值。

9.4.1.3 动作范围试验

按 9.3.3.2 的规定进行试验。

9.4.1.3.1 动力操作的 CPS

采用本试验验证 CPS 符合 8.2.1.2 的规定。

对于和动力操作有关的 CPS，其操作机构的动作应根据制造厂规定的最小值和最大值分别通电(供气)进行验证。

9.4.1.3.2 继电器或脱扣器

a) 分励脱扣器的动作

采用本试验验证分励脱扣器符合 8.2.1.4 的规定。

b) 欠电压继电器或脱扣器的动作

采用本试验验证欠电压继电器或脱扣器符合 8.2.1.3 的规定。每一极限值验证 3 次。对于释放试验，电压应在约 1 min 的时间内均匀地从额定值降至零。

c) 过电流继电器或脱扣器的动作

1) 过载条件下断开

瞬时或定时限继电器或脱扣器[5.7.1.3.1 中的 a)型和 b)型]：

继电器或脱扣器的动作特性应分别在标称(整定)脱扣电流值的 90% 和 110% 下进行验证。试验电流应对称(平衡)。

当试验电流等于标称脱扣电流值的 90% 时，CPS 不应脱扣，试验电流的保持时间如下：

——瞬时继电器或脱扣器：0.2 s；

——定时限继电器或脱扣器：制造厂规定延时值的 2 倍时间。

当试验电流等于标称脱扣电流值的 110% 时，CPS 应在下述时间内脱扣：

——瞬时继电器或脱扣器：0.2 s；

——定时限继电器或脱扣器：制造厂规定延时值的 2 倍时间。

多极继电器或脱扣器的动作应对各极同时通以试验电流进行验证。

反时限继电器或脱扣器[5.7.1.3.1 中的 c)型]：

采用本试验验证反时限过载继电器或脱扣器在各极通电时的动作特性符合 8.2.1.5.1 相应的规定。

8.2.1.5.1.1 的特性应在 −5 ℃、+20 ℃、+40 ℃ 下验证，如果温度范围更大，还应在制造厂规定的最高和最低温度下验证。但是，对具有温度补偿的继电器或脱扣器，如果制造厂规定的温度超出图 1 给出的范围，在制造厂规定的最高和最低温度条件下验证后，－5 ℃和(或)＋40 ℃两种温度下特性无需再验证，相应的脱扣电流值按图 1 中－5 ℃和(或)＋40 ℃对应的极限值。

对电子式过载继电器或脱扣器，按 8.2.1.5.1.2 的热记忆验证在＋20 ℃条件下进行。

三极仅两极通电的热或电子式过载继电器或脱扣器，按 8.2.1.5.1.1 的要求在各极所有不同组合的情况下进行，整定值可调的继电器，应在最大和最小电流整定值下进行。

2) 短路条件下断开

瞬时或定时限继电器或脱扣器[5.7.1.3.2 中的 a)型和 b)型]

i) 预定用于短路保护的过电流继电器或脱扣器，其动作应分别在其电流整定值的 80％和 120％下进行验证，试验电流应对称(平衡)。当试验电流等于短路电流整定值的 80％时，CPS 不应脱扣，试验电流的保持时间如下：

——瞬时继电器或脱扣器：0.2 s；

——定时限继电器或脱扣器：制造厂规定延时值的 2 倍时间。

当试验电流等于短路电流整定值的 120％时，CPS 应在下述时间内脱扣：

——瞬时继电器或脱扣器：0.2 s；

——定时限继电器或脱扣器：制造厂规定延时值的 2 倍时间。

多极继电器或脱扣器的动作，应分别对带短路脱扣器的所有可能组合的极取 2 极串联进行验证。

ii) 此外，应在每一单独的极上进行短路脱扣器的脱扣动作试验，试验电流等于制造厂规定的单极脱扣电流，在下述时间内应脱扣：

——瞬时继电器或脱扣器：0.2 s；

——定时限继电器或脱扣器：制造厂规定延时值的 2 倍时间。

3) 定时限继电器或脱扣器[5.7.1.3.1 和 5.7.1.3.2 中的 b)型]延时时间的附加验证试验

断开试验：

本试验在 1.5 倍电流整定值上进行：

——过载继电器或脱扣器[5.7.1.3.1 中的 b)型]各极通电；

——短路继电器或脱扣器[5.7.1.3.2 中的 b)型]，分别对所有可能的 2 极串联通以试验电流。

测得的断开时间应在制造厂规定的延时极限范围以内。

不脱扣时间试验：

本试验在与上述试验相同的条件卜进行。

首先在与制造厂规定的不脱扣时间相等的时间内保持电流不变；然后将电流降至额定电流且在 2 倍于制造厂规定的标称延时时间内保持该值，CPS 不应脱扣。

4) 自动转换中的欠电流继电器

按 8.2.1.5.3 验证动作极限值。

5) 电子式堵转过载继电器

按 8.2.1.5.4 验证动作极限值。

对电流检测继电器，试验应分别对应最大、最小电流整定值以及最大、最小堵转禁止保护时间下进行(4 个设定值)。

对旋转检测继电器，试验在最人、最小堵转禁止保护时间下进行，可在堵转继电器的传感器输入端用一个合适的信号模拟试验。

6) 电子式阻塞过载继电器

按 8.2.1.5.5 验证动作极限值。

试验应分别对应最大、最小电流整定值以及最大、最小阻塞禁止保护时间下进行(4个整定值)。

在每一个整定值,试验应在以下条件进行:

——施加试验电流为整定电流值的95%,阻塞继电器应不脱扣。

——增大电流至整定电流值的120%,阻塞继电器应根据8.2.1.5.5的要求脱扣。

9.4.1.4 介电性能试验

9.3.3.4适用。

9.4.1.5 适用于隔离的CPS主触头位置的验证

适用于隔离的CPS,应根据GB 14048.1—2006中8.2.5的要求验证主触头位置指示的有效性。

9.4.2 试验程序Ⅱ:正常负载和过载条件下的性能

——额定接通和分断能力试验(9.4.2.1);

——约定操作性能试验(9.4.2.2);

——耐压验证(9.4.2.3)。

9.4.2.1 额定接通和分断能力试验

9.3.3.5适用。

9.4.2.1.1 除AC-44之外其他使用类别(如直接CPS和双向CPS)的额定接通和分断能力

9.3.3.5.5 1)适用。

9.4.2.1.2 AC-44使用类别(如直接CPS和可逆CPS)的额定接通和分断能力

9.3.3.5.5 2)适用。

9.4.2.1.3 CPS在接通和分断、转换和反向试验过程的状况和试后条件

9.3.3.5.6适用。

9.4.2.2 约定操作性能试验

9.3.3.6适用。

9.4.2.2.1 除AC-44之外其他使用类别(如直接CPS和双向CPS)的约定操作性能

CPS应能够接通和分断表11规定次数及相应其使用类别的电流。

9.4.2.2.2 AC-44使用类别(如直接CPS和可逆CPS)的约定操作性能

——CPS应能够接通和分断表11规定的次数及相应其使用类别的电流。

——对于可逆CPS,每一程序为:

闭合A-断开A-闭合B-断开B-断电时间间隔

从“断开A”到“闭合B”的转换应如正常控制系统所允许的一样快。

9.4.2.2.3 CPS在约定操作性能试验过程中及试后的状况

9.3.3.5.6适用。

9.4.2.3 耐压验证

应满足9.3.3.4的要求。

适用于隔离的CPS,根据9.3.3.4.1的要求测量泄漏电流但泄漏电流不应超过2 mA。

9.4.3 试验程序Ⅲ:I_{Cr}和“r”电流试验前和后的操作性能

第一台试品的试验:

——U_e/I_e操作性能试验(9.4.3.1)。

——I_{cr}约定分断能力试验,操作程序为:O-t-CO-t-CO-t-O-t-rCO-t-rCO。

——U_e/I_e操作性能试验(9.4.3.1)。

——耐压验证(9.4.3.4)。

——过载脱扣器验证(9.4.3.5)。

第二台试品的试验:

——“r”约定分断能力试验，操作程序为：O-t-CO-t-rCO。

——耐压验证(9.4.3.4)。

——过载脱扣器验证(9.4.3.5)。

注：经制造厂同意试验可在一台试品上进行。

9.4.3.1 操作性能试验

在第一台试品上进行 I_{cr}试验前和试验后，CPS 应根据 8.2.4.2b)和 9.3.3.6 进行试验。

9.4.3.2 预期约定试验电流 I_{cr}和 I_r 试验

在 9.3.4 规定的一般条件下，按 8.2.5a)的规定对电流 I_{cr}和 I_r 进行验证。

操作程序见 9.4.3。

9.4.3.3 CPS 在 I_{cr}和 I_r 试验过程中及试后的状况

9.3.4.1.7 适用。

9.4.3.4 耐压验证

9.4.2.3 适用。

9.4.3.5 过载脱扣器验证

接 9.4.3.4 试验之后，在基准温度和任意方便的电压下验证过载脱扣器[5.7.1.3.1 中 a)型、b)和 c)型]的动作特性，通电电流为：

——使用类别 AC-42、AC-43、AC-44、DC-43、DC-45：1.2 倍电流整定值。

——使用类别 AC-40、AC-41、AC-45a 、AC-45b、DC-40、DC-41、DC-46：1.45 倍电流整定值。

各极串联后进行本试验，也允许采用 3 相电源进行本试验。

应在 2 h 内脱扣。

9.4.4 试验程序Ⅳ：额定运行短路电流 I_{cs}试验前和后的操作性能试验

——操作性能试验(9.4.4.1)。

——短路电流 I_{cs}试验(9.4.4.2)。

——耐压验证(9.4.4.4)。

——温升验证(9.4.4.5)。

——过载脱扣器验证(9.4.4.6)。

9.4.4.1 操作性能试验

在进行 9.4.4.2 规定的试验前和试验后，CPS 应根据 9.3.3.6 的规定及表 12 给出的参数进行试验。

9.4.4.2 额定运行短路电流 I_{cs}试验

按 9.3.4 规定的一般条件和制造厂规定的预期电流 I_{cs}值(见 5.3.6.1)进行短路试验。

试验电路的功率因数应根据 GB 14048.1—2006 中表 16 选取。

操作程序为：O-t-CO-t-rCO(见 9.3.4.1.6)。

注：在美国和加拿大，多极 CPS 的单极最小 I_{cs}和附加短路验证试验，由用户与制造厂协商进行。但相应的试验电压按以下选取：仅标明相-相电压的 CPS，相应的试验电压即为相-相电压；标明相-中性线/相-相电压的 CPS，相应的试验电压为相-中性线电压。

9.4.4.3 CPS 在 I_{cs}试验过程中及试后的工作状态

9.3.4.1.7 适用。

9.4.4.4 耐压试验

9.4.2.3 适用。

9.4.4.5 温升验证

根据 9.3.3.3.1～9.3.3.3.4 的规定，在相应于 CPS 使用类别的额定工作电流下验证接线端子的温升。温升不应超过表 5 的规定值。

9.4.4.6 过载脱扣器验证

接9.4.4.5试验之后，按9.4.3.5验证过载脱扣器的动作特性。

9.4.5 试验程序V：附加分断能力试验

——附加分断能力试验(9.4.5.1)。

——耐压验证(9.4.5.3)。

9.4.5.1 附加分断能力试验

CPS应能分断8.2.5b)规定的试验电流：电压为额定工作电压U_e，功率因数或时间常数根据GB 14048.1—2006中表16选取。

试验程序为：O-*t*-O-*t*-O

9.4.5.2 CPS附加分断能力试验过程中和试后的状况

9.3.3.5.6适用。

9.4.5.3 耐压验证

9.4.2.3适用。

9.4.6 试验程序Ⅵ：4极CPS的附加试验程序

——短路分断能力试验(9.4.6.1)。

——耐压验证(9.4.6.3)。

9.4.6.1 短路分断能力试验

对于第4极短路定额减少的4极CPS应能通过9.3.4.1.6b)规定的附加试验。

操作程序为：O-*t*-CO-*t*-rCO

9.4.6.2 CPS在短路分断能力试验过程中和试后的工作状态

9.3.4.1.7适用。

9.4.6.3 耐压验证

9.4.2.3适用。

9.4.7 试验程序Ⅶ：预定在单独外壳中使用的CPS附加试验程序

——额定运行短路分断能力I_{cs}试验(9.4.7.1)。

——耐压验证(9.4.7.3)。

9.4.7.1 额定运行短路分断能力I_{cs}试验

预定在单独外壳中使用的CPS的附加试验(见9.3.4.1.1)应在制造厂规定的最小的单独外壳中进行，试验电压为额定工作电压U_e，功率因数或时间常数根据GB 14048.1—2006中表16选取。

试验电流等于与CPS最高U_e相应的额定运行短路分断能力I_{cs}。

操作程序为：O-*t*-CO-*t*-rCO

9.4.7.2 CPS在额定运行短路分断能力I_{cs}试验过程中和试后的状况

9.3.4.1.7适用。

9.4.7.3 耐压验证

9.4.2.3适用。

9.4.8 试验程序Ⅷ：EMC

CPS应按照9.3.5进行试验。

9.5 常规试验

9.5.1 一般要求

常规试验应在与9.1.2相关部分规定的型式试验相同或等效的条件下进行，但9.4.1.3规定的动作范围可在常温下进行验证。

9.5.2 动作和动作范围

本试验用以验证动作范围在8.2.1规定的范围以内。

注：进行本试验不必达到热平衡。

未达到热平衡可用并联电阻器或适当降低电压极限值加以补偿。

应进行验证过载继电器或脱扣器的校正刻度的试验，对于延时过载继电器或脱扣器，本试验可为下述的单项试验：各极通以相同整定电流倍数的电流以验证其脱扣时间与制造厂规定的曲线相一致（在误差范围以内）；对于瞬时过载继电器或脱扣器，应在 1.1 倍电流整定值上进行试验。对欠电流继电器、堵转和阻塞继电器，应验证其动作的正确性（见 8.2.1.5.3、8.2.1.5.4 和 8.2.1.5.5）。

注：当延时过载继电器或脱扣器的延时电器带有液体阻尼器时，其校正刻度可在阻尼器空时根据制造厂规定电流整定值的百分比进行且能够用特殊试验加以证明。

9.5.3 介电性能（工频耐压）试验

按 9.3.3.4 进行验证。

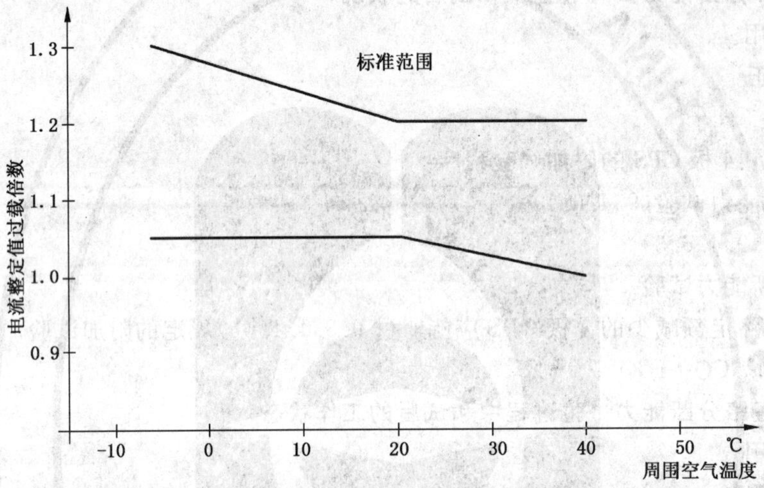

图 1 带周围空气温度补偿的延时过载继电器和脱扣器电流整定范围的倍数（见 8.2.1.5.1）

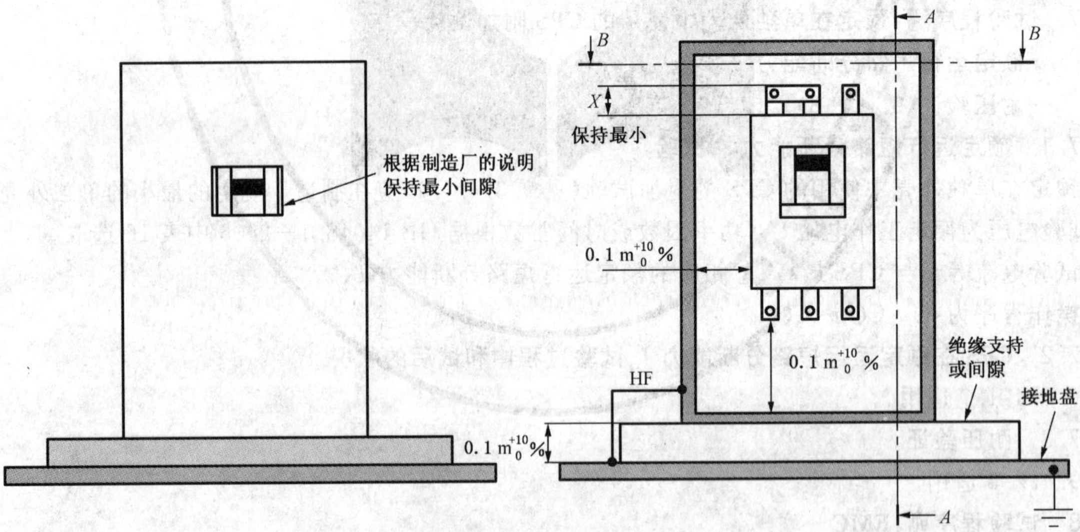

图 2a) 正视图

图 2 试品安装在金属外壳中——两极串联

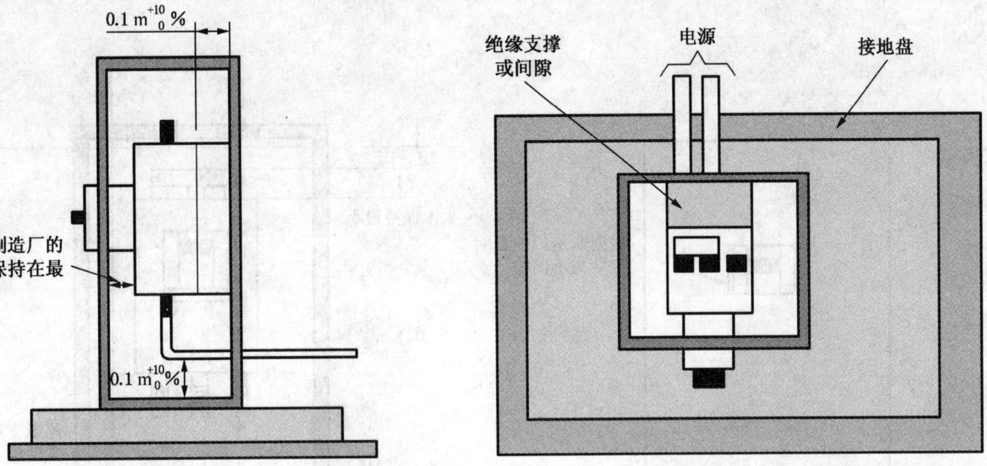

截面 *A*—*A*　　截面 *B*—*B*

图 2b) 截面 *A*—*A* 和 *B*—*B*

图 2（续）

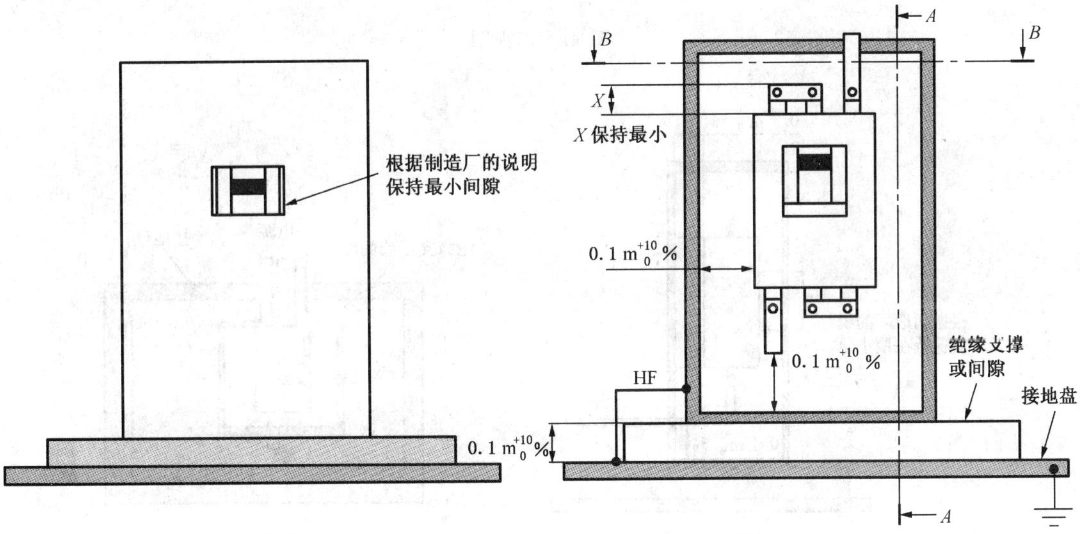

图 3a) 正视图

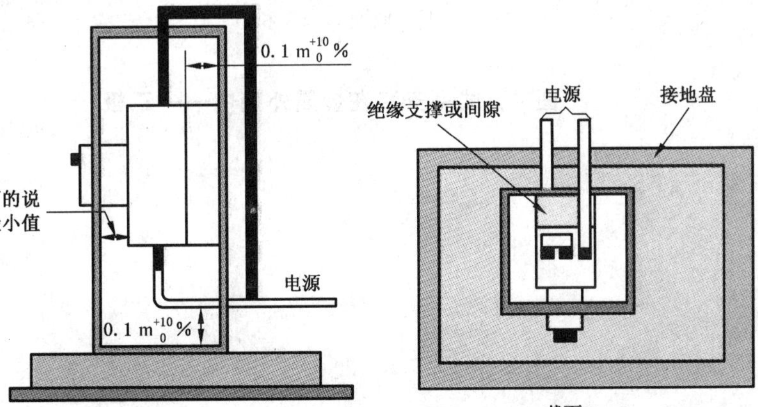

截面 *A*—*A*　　截面 *B*—*B*

图 3b) 截面 *A*—*A* 和 *B*—*B*

图 3　试品安装在金属外壳中——三极串联

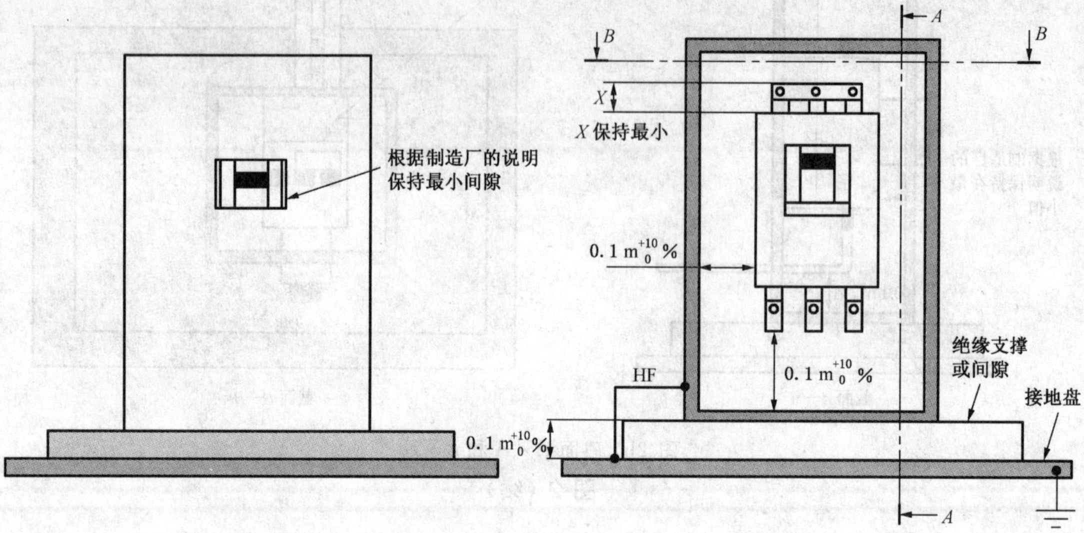

图 4a）正视图

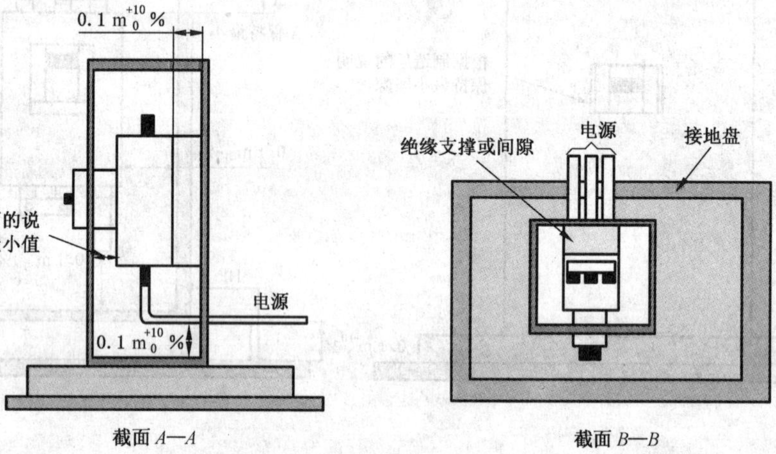

图 4b）截面 *A*—*A* 和 *B*—*B*

图 4　试品安装在金属外壳中——三极

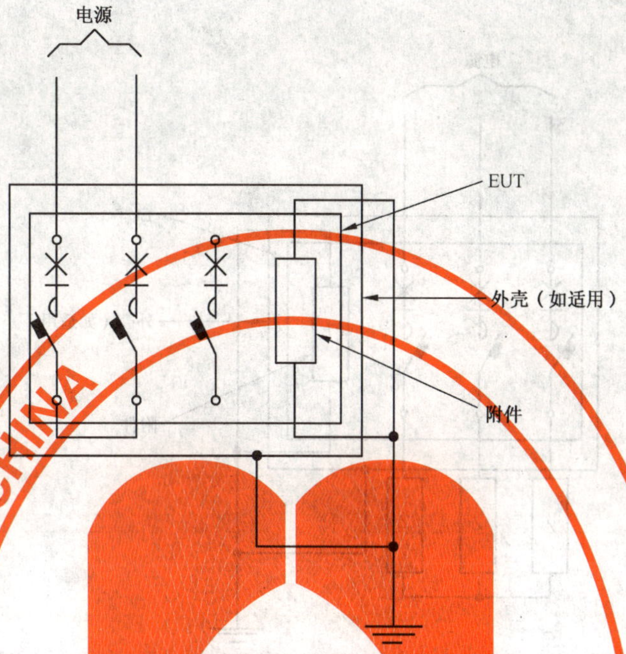

图5　发射试验、谐波抗扰度、电流跌落、静电放电和射频电磁场试验电路——两极串联

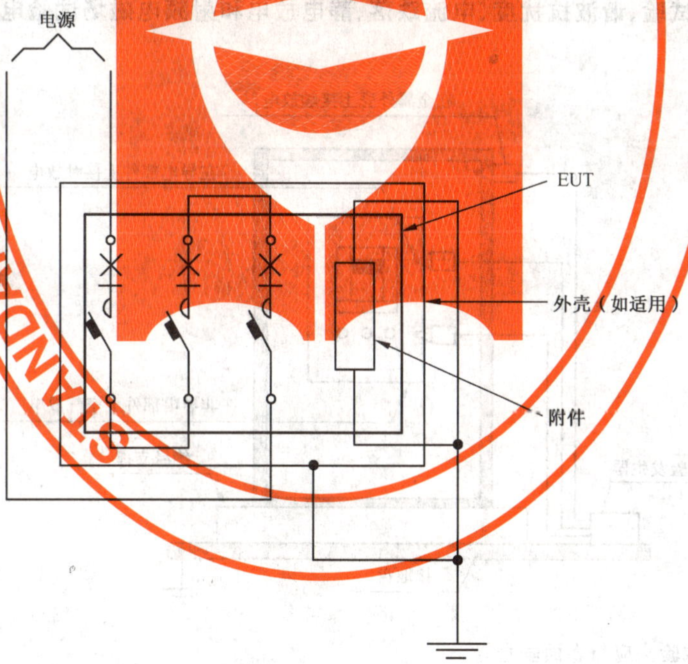

图6　发射试验、谐波抗扰度、电流跌落、静电放电和射频电磁场试验电路——三极串联

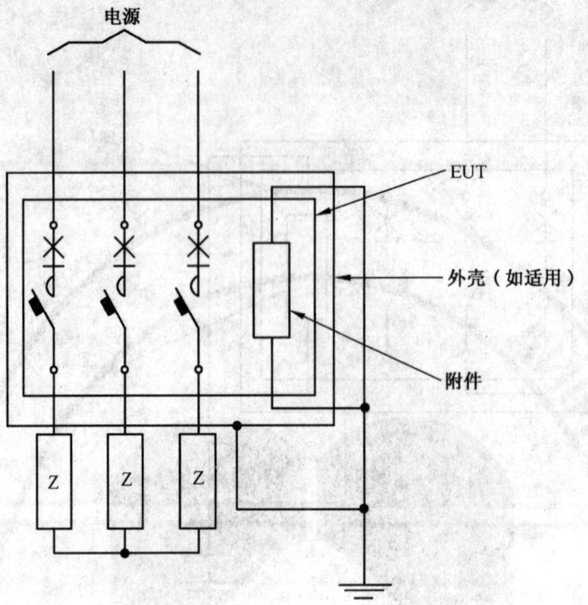

Z——调节电流的阻抗(当需要)。

图 7 发射试验、谐波抗扰度、电流跌落、静电放电和射频电磁场试验电路——三极

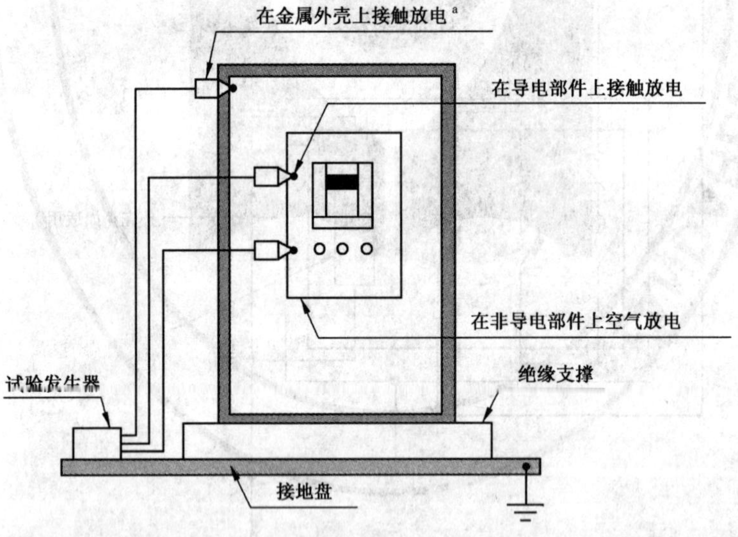

a 试验时接触放电试验头应与表面垂直。

图 8 验证静电放电抗扰性的试验装置

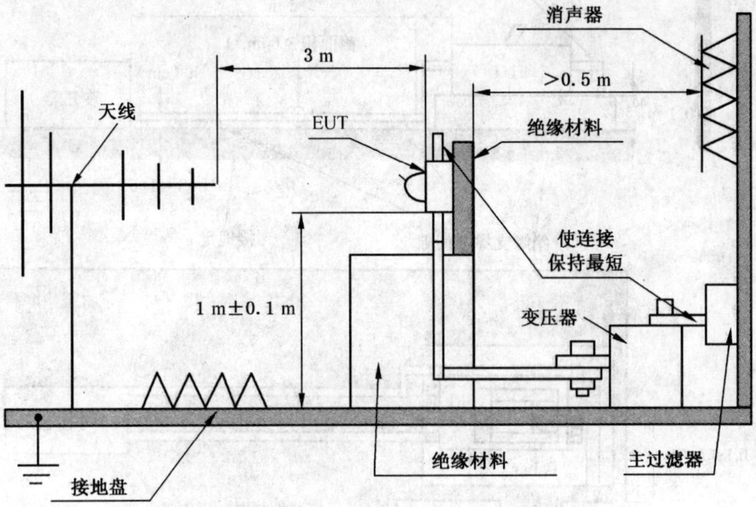

图 9　射频电磁场抗扰性试验装置

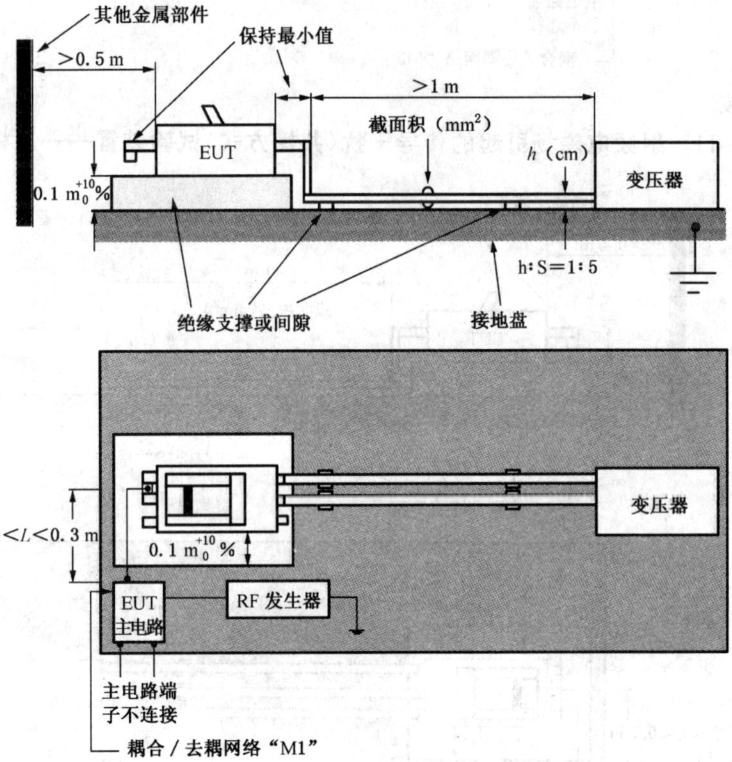

L——电缆总长度。

图 10　射频电磁场引起的传导干扰(共模方式)试验装置——两极串联

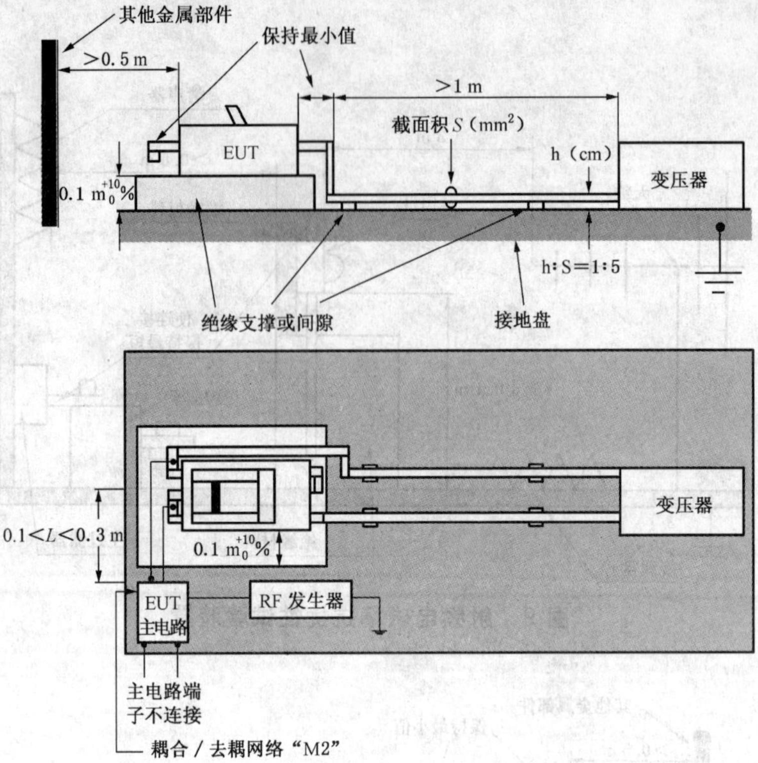

L——电缆总长度。

图 11 射频电磁场引起的传导干扰(共模方式)试验装置——三极串联

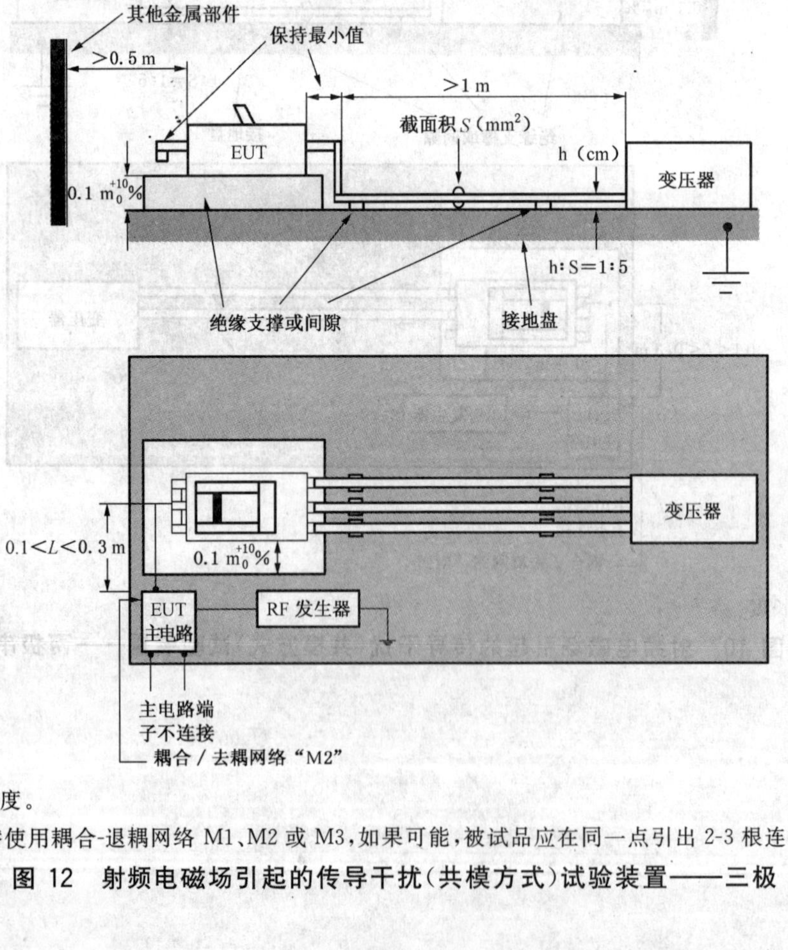

L——电缆总长度。

注:可能会交替使用耦合-退耦网络 M1、M2 或 M3,如果可能,被试品应在同一点引出 2-3 根连接导线。

图 12 射频电磁场引起的传导干扰(共模方式)试验装置——三极

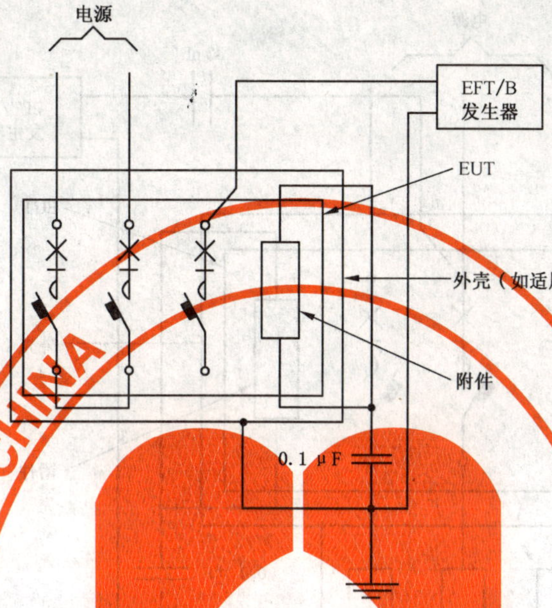

图 13　快速瞬变/脉冲群(EFT/B)抗扰度试验电路——两极串联

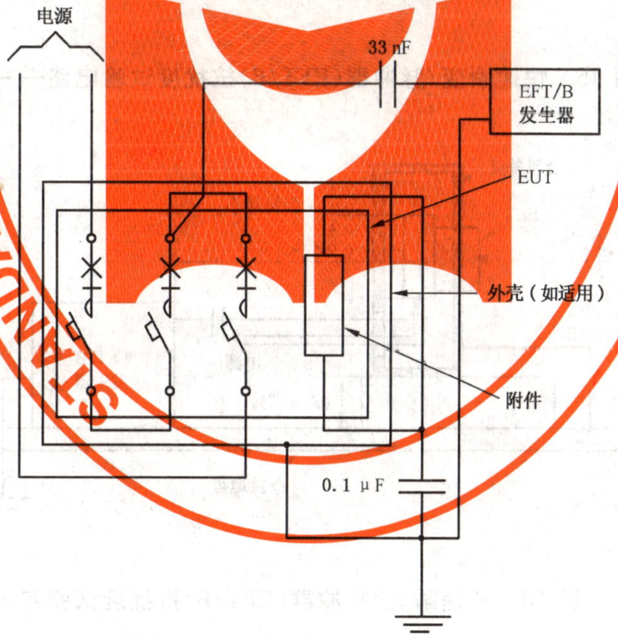

图 14　快速瞬变/脉冲群(EFT/B)抗扰度试验电路——三极串联

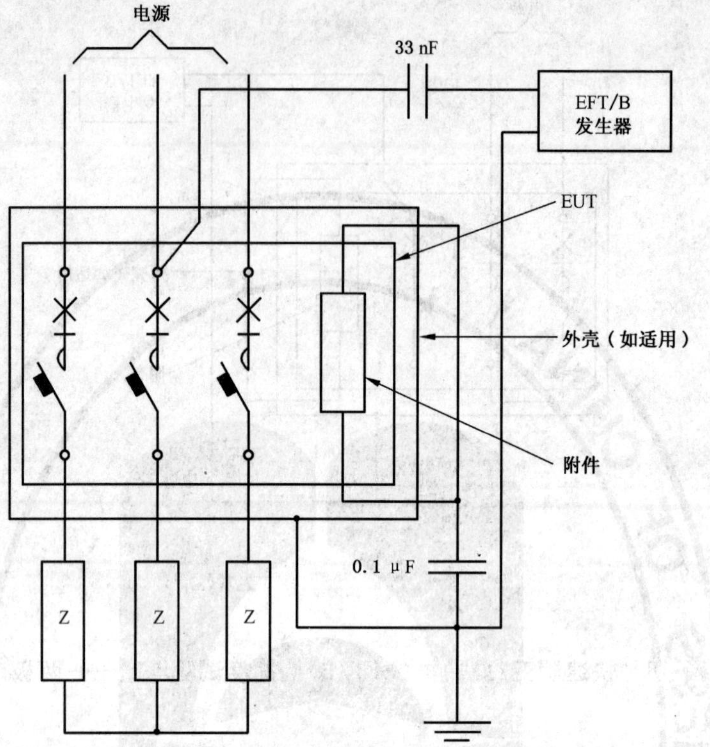

图 15 快速瞬变/脉冲群(EFT/B)抗扰度试验电路——三极

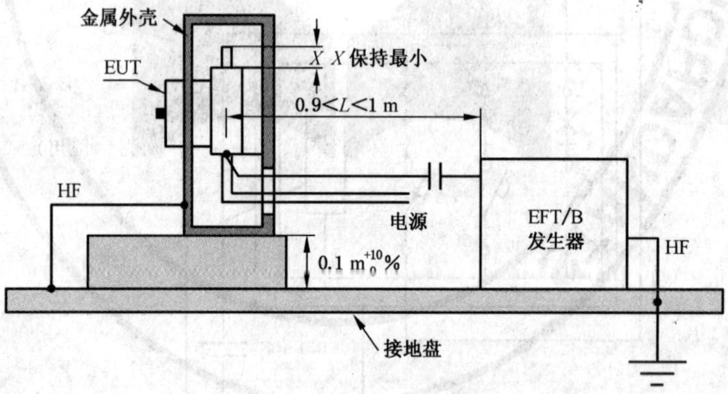

图 16 快速瞬变/脉冲群(EFT/B)抗扰度试验装置

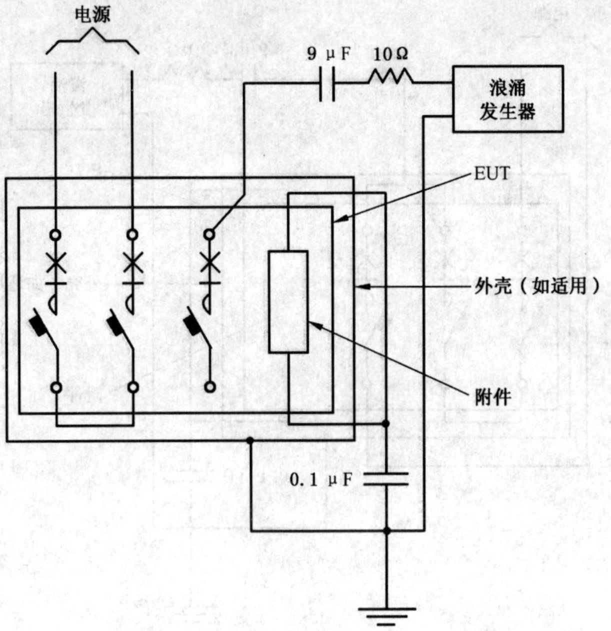

图 17　主电路(线对地)浪涌试验电路——两极

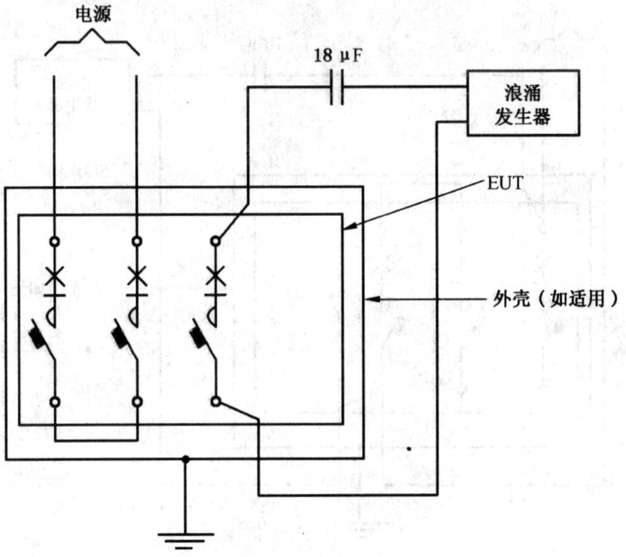

图 18　主电路电流浪涌试验电路——两极

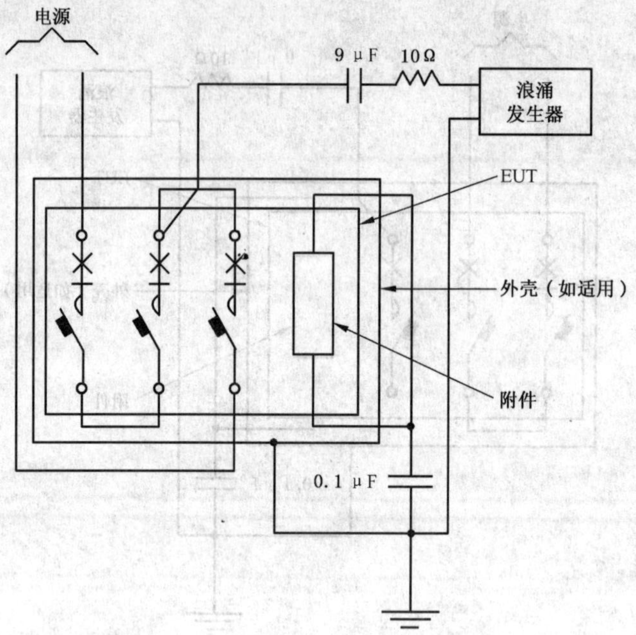

图 19 主电路(线对地)浪涌试验电路——三极串联

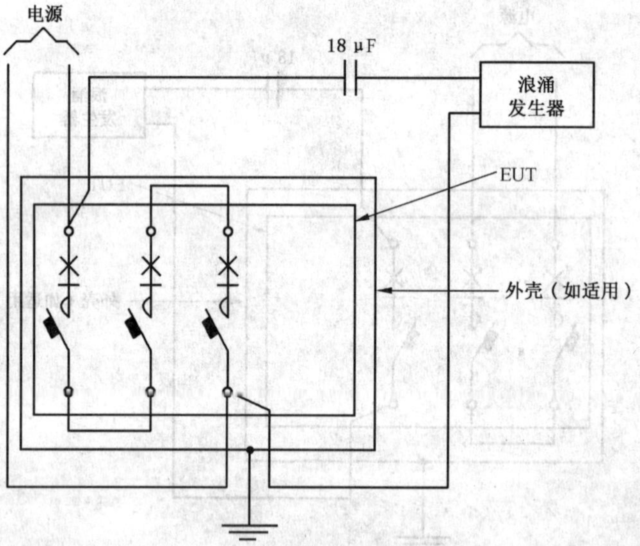

图 20 主电路电流浪涌试验电路——三极串联

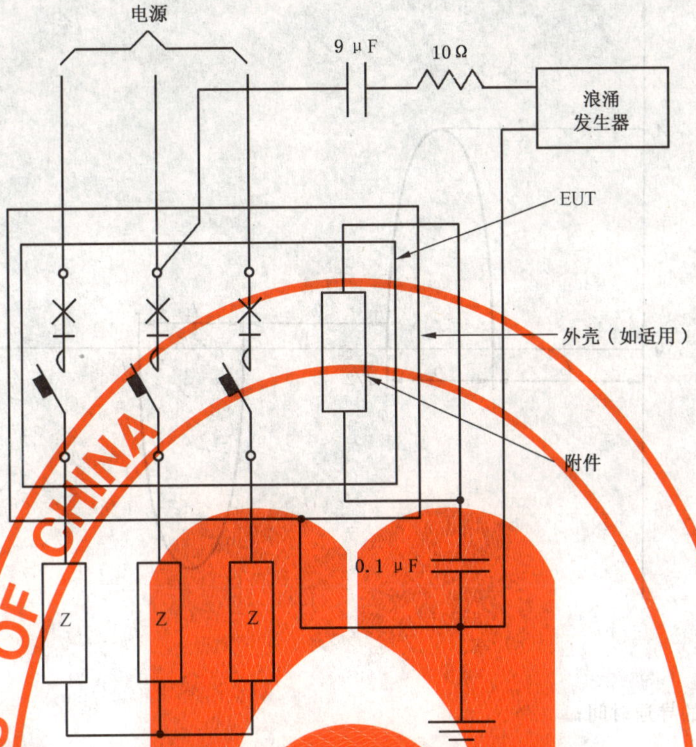

Z——调节电流的阻抗(当需要时)。

图 21　主电路(线对地)浪涌试验电路——两极

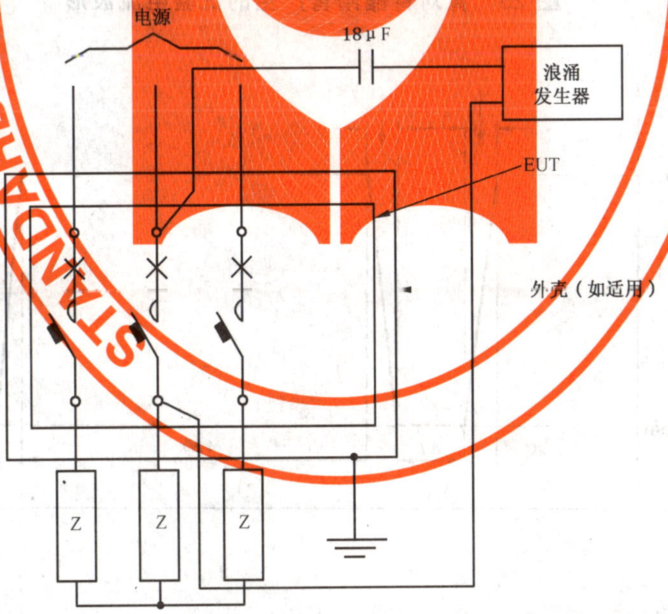

Z——调节电流的阻抗(当需要时)。

图 22　主电路电流浪涌试验电路——三极

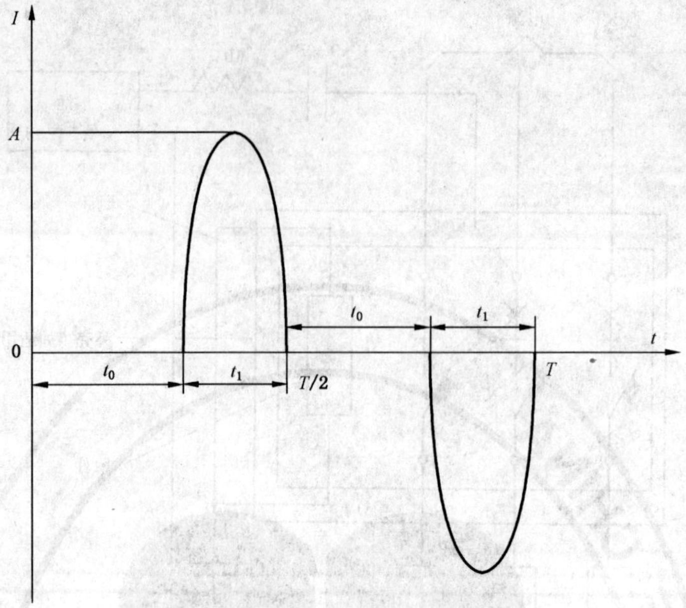

A——峰值电流；

T——周期；

t_1——每半个周期的导通时间；

t_0——延时。

$$峰值因数=\frac{A}{\sqrt{\frac{2}{T}\int_0^{T/2} i^2(t)\,\mathrm{d}t}}$$

图 23　背对背晶闸管产生的试验电流波形

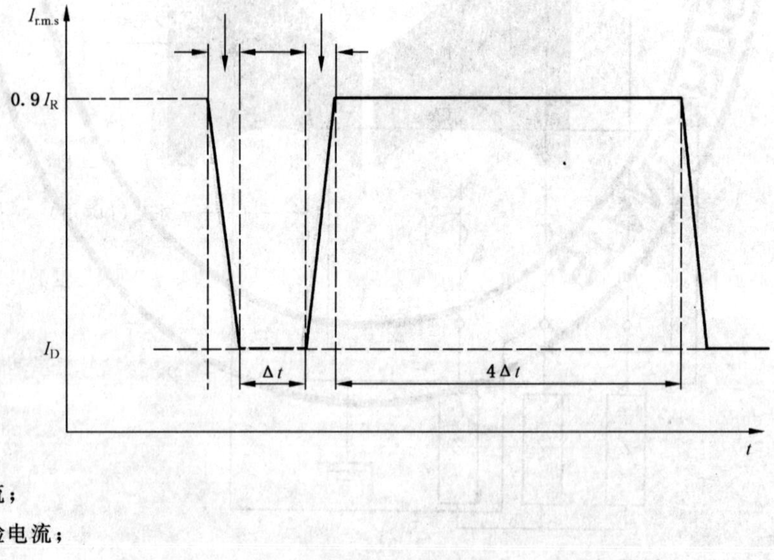

I_R——设定电流；

I_D——跌落试验电流；

Δt——跌落时间；

$4\Delta t$——驻留时间。

图 24　电流瞬时跌落和短时中断试验的试验电流

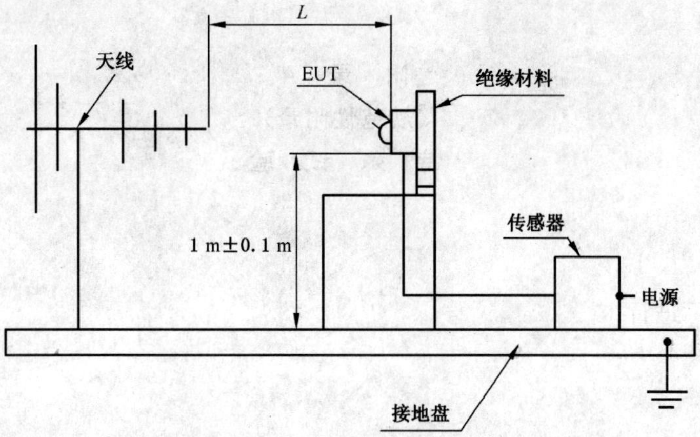

L——根据相关标准的要求为 10 m 或 3 m。

图 25 射频发射试验装置

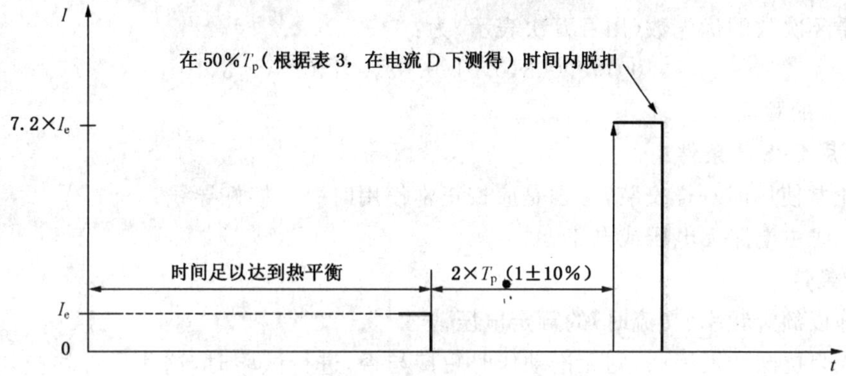

图 26 热记忆试验

附 录 A
（规范性附录）
特 殊 试 验

A.1 一般要求

特殊试验由制造厂进行。

A.2 机械寿命

A.2.1 一般条件

按照惯例，一种型式的CPS的机械寿命定义为有90％的这种型式的电器在需要进行维修或更换机械零件前，所能达到或超过的无载操作循环次数，但在A.2.2.1和A.2.2.3中进行的正常的维修包括更换触头是允许的。

无载操作循环次数的优先数（用百万次表示）为：

0.001，0.003，0.01，0.03，0.1，0.3，1，3，10

A.2.2 机械寿命的验证

A.2.2.1 试验用CPS的条件

CPS应按正常使用时一样安装，特别是应按正常使用时一样接好导线。

进行本试验时主电路无电压或电流。

A.2.2.2 操作条件

控制电路施以额定频率（交流时）的额定电压。

若有电阻或阻抗与线圈串联，则无论动作时短接与否，进行试验时，这些元件均应如正常操作时一样连接。

A.2.2.3 试验程序

a) 试验按与断续工作制级别相应的操作频率进行。但如果制造厂认为当使用更高的操作频率时CPS仍能满足所要求的条件，则允许这样做。

b) 若CPS既带有远距离操作装置又带有就地人力操作装置时，应在不同试品上分别进行本试验。

c) 对于电磁式CPS，控制线圈的通电时间应大于CPS的动作时间，且其不通电时间亦应足够长，以使CPS能够在两个极端位置上停留。

   所进行的操作循环次数应不少于制造厂规定的无载操作循环次数。

d) 若CPS带有分励（线圈）脱扣器或欠电压脱扣器，则由这些脱扣器所进行的操作次数至少为断开操作总次数的10％。

A.2.2.4 试验结果的判别

机械寿命试验后，CPS应仍能满足室温下8.2.1.2和9.3.3.2所规定的动作条件。

所有用于自动控制的时间继电器或其他电器应仍能工作。

A.2.2.5 CPS试验结果的统计分析

一种型式的CPS的机械寿命是由制造厂规定的并通过本试验结果的统计分析来验证。

对于小批量生产的CPS，A.2.2.6和A.2.2.7所规定的试验不适用。但对于生产批量小且与基本设计相比仅有较小变化且对特性无明显影响的CPS，制造厂可以根据相似设计的经验、分析、材料的性能等以及根据对基本型式设计相同、生产批量大的CPS的试验结果的分析来确定其机械寿命。

作出上述规定后应进行试验。试验采用下述方法中的一种，由制造厂根据各自情况选择最适合一种方法，例如根据计划的产量或根据约定发热电流来选择。

注：本试验不作为批量生产或用户的产品验收试验。

A.2.2.6　单 8 制试验

8 台 CPS 进行试验，一直试到规定的机械寿命。

如果不合格的台数不超过 2 台，则认为试验通过。

A.2.2.7　双 3 制试验

3 台 CPS 进行试验，一直试到规定的机械寿命。

如果没有不合格，则认为试验通过；如果有 1 台以上不合格，则认为试验失败。如果有 1 台不合格，再试 3 台 CPS，一直试到规定的机械寿命，若不再有不合格，则认为试验通过，在任何情况下只要有 2 台或更多台不合格，就认为试验失败。

注：单 8 制和双 3 制两种试验都是建立在对有限数量的 CPS 进行试验且基本上具有相同的统计特性（验收质量水平：10%）的客观基础上。

A.3　电寿命

A.3.1　一般条件

按照惯例，CPS 的耐电气磨损性以表 12 中相应使用类别下不需维修或更换零件的有载操作循环次数来表示。

制造厂可规定按下述条件所能达到的电寿命：

——在正常负载和过载条件下；

——在短路后（I_{cs} 的 O-*t*-CO-*t*-rCO 操作之后）。

对于使用类别 AC-43 和 AC-44，试验电路包括电抗器和电阻器以便获得表 12 规定的电流、电压、功率因数的合适值，而且对于 AC-44 应采用接通和分断能力试验电路，见 9.3.3.5。

操作循环时间（闭合时间和间隔时间）由制造厂决定。

若试验报告中记录的电流值和电压值均不低于规定值的 95%，则认为试验有效。

试验在 A.2.2.1 和 A.2.2.2 相应的条件下进行，如适用，除不允许更换触头以外，可采用 A.2.2.3 规定的试验程序。

电寿命试验以后，CPS 应满足 9.3.3.2 规定的动作条件，且能承受 GB 14048.1—2006 中 8.3.3.4.1.4）b）中规定的介电试验电压，按 GB 14048.1—2006 中 8.3.3.4.1.4）的规定施加，试验电压仅施加在以下部位：

——连接在一起的所有各极与 CPS 的支架之间；

——每一极和所有接至 CPS 支架的各极之间。

附　录　B

（空）

附 录 C
（规范性附录）
CPS 接线端子的标志和识别

C.1 一般要求

标志（识别）CPS 接线端子的目的就是提供关于每个接线端子的功能或相对于其他接线端子的位置及其他用途的资料。

C.2 CPS 接线端子的标志和识别

C.2.1 线圈接线端子的标志和识别

电磁线圈的接线端子由字母数字系统标志，应分别标志为 A1 和 A2：

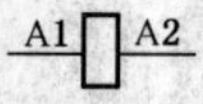

对有抽头的线圈，抽头的接线端子应按顺序标志 A3、A4 等。

例如：

注：由于上述原因，两个进、出接线端子有可能均为奇数或偶数。

对于双绕组的线圈，第 1 个线圈的接线端子标志为 A1、A2，第二个线圈标志为 B1、B2。

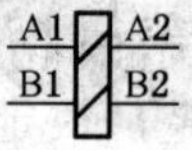

C.2.2 主电路接线端子的标志和识别

主电路的接线端子应用一位数字和一字母数字混合方式标志。

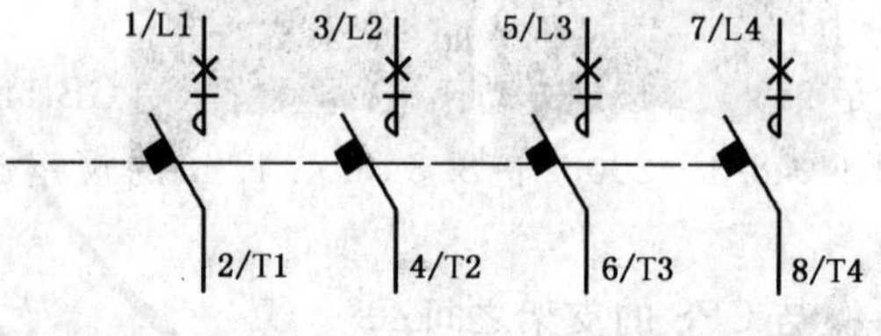

注：现行的两种可交替使用的标志方法，即 1-2 和 L1-L2 将分别逐渐被上述新方式取代。

另一方面，接线端子可以根据电器上提供的接线图加以识别。

C.2.3 辅助电路接线端子的标志和识别

辅助电路的接线端子在其接线图上用两位数字来标志和识别：

——个位数是功能数；

——十位数是顺序数。

下列例子说明如这种标志方式：

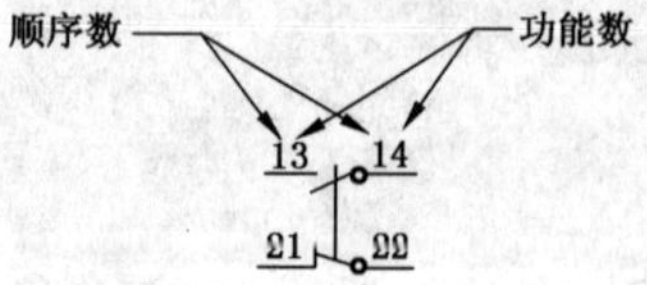

C.2.3.1 功能数

功能数 1、2 规定用于分断触头电路，功能数 3、4 规定用于接通触头电路。

注：分断触头和接通触头的定义由第 1 部分的 2.3.12 和 2.3.13 给出。

例如：

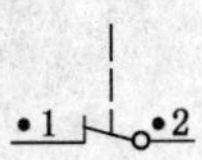

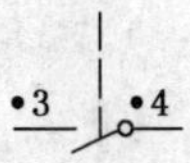

注：上述例举中圆点是取代顺序数，应根据相应的使用情况填入。

带有转换触头元件的接线端子应用功能数 1.2 和 4 来标志。

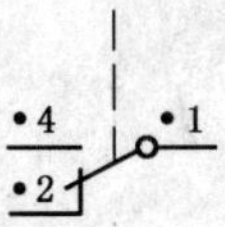

功能数 5 和 6(用于分断触头)，7 和 8(用于接通触头)规定用于其辅助触头具有特殊功能的辅助电路的接线端子。

例如：

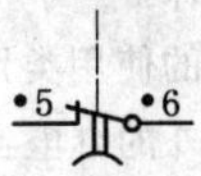

分断触头
闭合延时

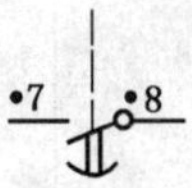

接通触头
闭合延时

带有转换触头且转换触头具有特殊功能的接线端子应作功能数 5,6 和 8 来标志。

例如：

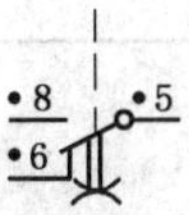

转换触头
双向延时

C.2.3.2 顺序数

属于同一触头元件的接线端子应用相同的顺序数标志。

具有相同功能的所有触头元件均应有不同的顺序号。

例如：

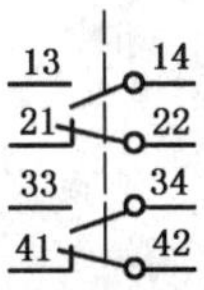

四触头元件

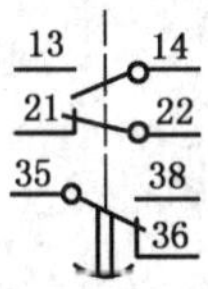

三触头元件

过电流保护电器辅助电路的接线端子的顺序优先数为 9 或 0，且在所有情况下，辅助电路接线端子应随 CPS 标志在接线图上。

附 录 D
（资料性附录）
由制造厂和用户协商的项目

注：就本附录而言：
——“协议”包括非常广泛的内容；
——“用户”包括试验站。

GB 14048.1—2006 附录J与本部分有关的条款、分条款均适用，并补充如下：

本部分中的条款或分条款号	项 目
5.3.4 注	断续工作制的过载保护
5.4.1	除表1中规定以外的使用类别
5.7.1.4	除5.7.1.3所列以外的继电器或脱扣器
8.2.2.6.3	特殊额定制绕组的定额(由制造厂提供)
表9	AC-43和AC-44在接通和分断试验中验证其接通条件(制造厂同意时)
9.1.5	特殊试验
9.3.3.3.4	约定发热电流大于63 A的4极CPS的温升试验方法

附 录 E
（资料性附录）
控制电路的配置举例

E.1 外部控制电器(ECD)

E.1.1 ECD 的定义

用于对 CPS 产生控制功能的外部元件。

E.1.2 ECD 的图示

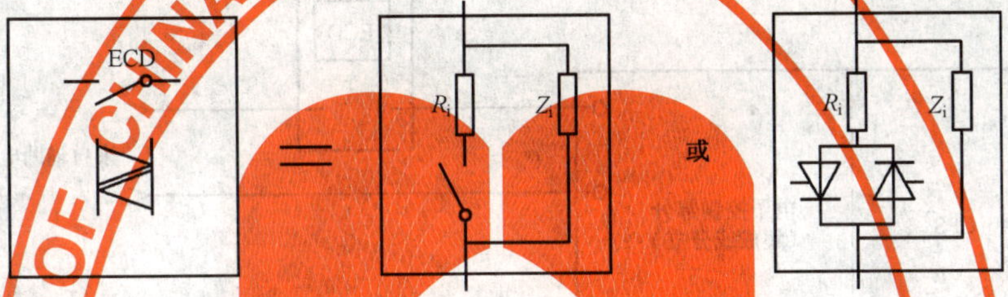

E.1.3 ECD 的参数

——R_i：内部电阻；

——Z_i：内部泄漏阻抗。

注：当 ECD 为机械按钮时，R_i 通常忽略而 Z_i 通常认为∞。

E.2 控制电路的构成

E.2.1 带有外部控制电源的 CPS

E.2.1.1 单电源和控制输入

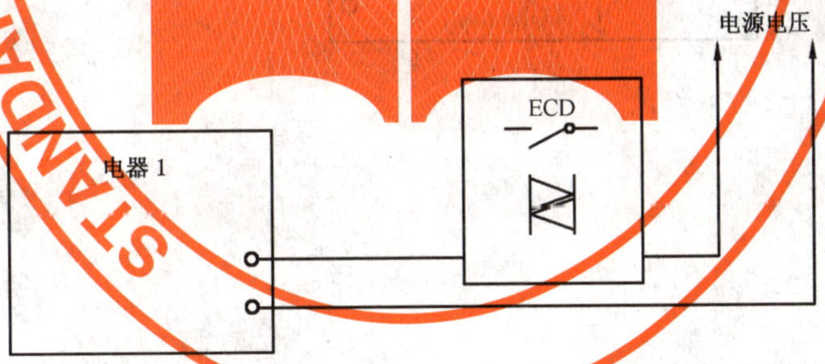

E.2.1.2 分离的电源和控制输入

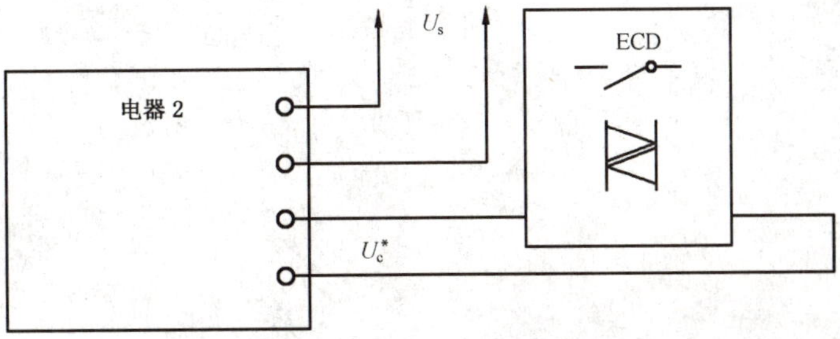

* 在断开状态。

E.2.2 仅带有内部控制电源和控制输入的 CPS

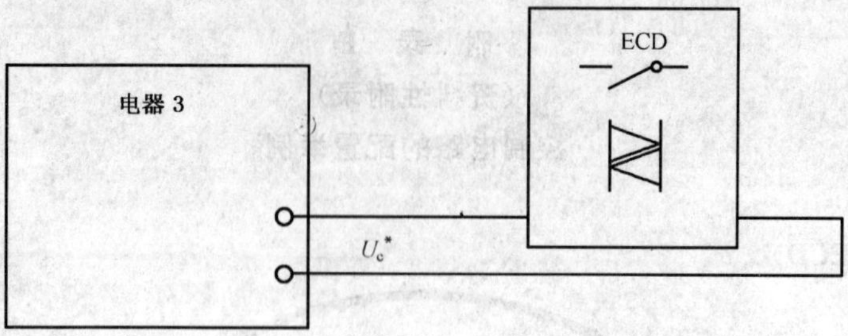

* 在断开状态。

E.2.3 具有多个外部控制电源的 CPS

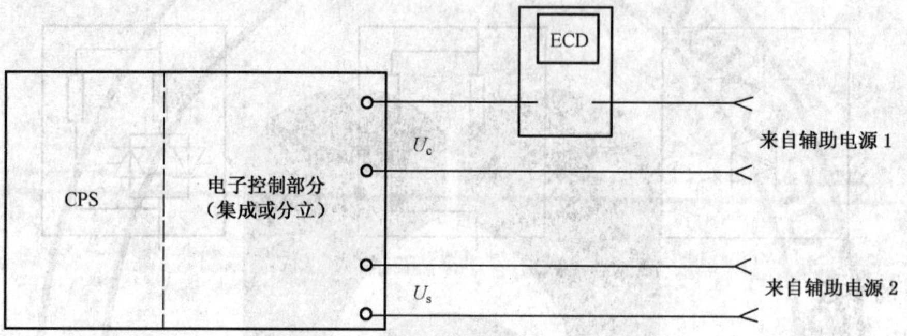

E.2.4 具有总线接口的 CPS(可以与其他的电路配置组合)

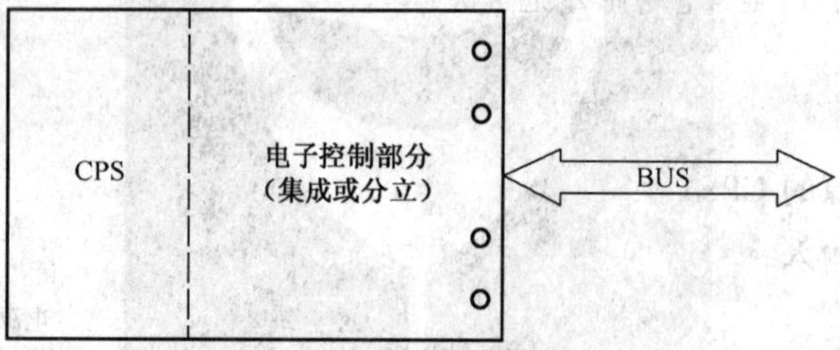

附 录 F
（规范性附录）
CPS与串联在同一电路中的另一台短路保护装置在短路条件下的配合

F.1 前言

为了确保CPS(C_1)与串联在同一电路中的另一台短路保护装置(SCPD)在短路条件下的配合，则需要考虑两台电器各自的特性及它们连接在一起的性能。

注1：SCPD可增加附加的保护装置，例如，过载脱扣器。

SCPD可由一熔断器（或一组熔断器）—见图F.1—或另一台CPS或断路器(C_2)（见图F.2至图F.5)组成。

注2：除非另有规定，案例中的SCPD是另一个CPS或断路器，且其作用相同时，这两个案例被认为是同一个案例；这被看作CPS或断路器。

当涉及到串联动作的两台电器的性能时，仅对比两台串联在一起的电器的各自的特性是不够的，因为这两台电器的阻抗往往是不可忽略的。为此建议需考虑这种情况。对于短路电流，建议用I^2t来代替时间。

C_1经常与另一台SCPD串联连接，其原因是由于设备中所采用的配电方式不同，或者是由于单独的C_1的短路分断能力不能满足预定的用途要求。在这种情况下，SCPD可以安装在离C_1一定距离的地方。SCPD可以保护供电给几台CPS(C_1)或只供电给一台CPS的主馈线。

对于这类使用情况，用户或专业技术管理部门可能需要仅根据理论计算来判断如何达到最佳配合水平。本附录的目的在于对这样的判断提供指导，同时也用来对CPS制造厂为未来用户提供的资料形式进行指导。

在所推荐的应用场合，如有必要进行这类试验时，也可作为试验的指导。

术语“配合”不仅包括考虑两者的选择性保护（见GB 14048.1—2006中2.5.23和GB 14048.2—2008中2.17.2以及2.17.3)，而且还包括考虑后备保护（见GB 14048.1—2006中2.5.24)。

一般选择性可通过理论计算的方式加以考虑（见F.5)，而后备保护通常是用试验加以验证（见F.6)。

在考虑短路分断能力时，可根据预定的标准来确定是采用极限短路分断能力(I_{cu})还是采用额定运行短路分断能力(I_{cs})。

F.2 适用范围和目的

本附录对CPS与串联在同一电路中的其他SCPD的配合即有关选择性保护和后备保护提供指导并给出相应的要求。

本附录目的在于规定：

——CPS与另一台SCPD配合的一般要求；

——用于验证已符合配合条件的方法和试验（如果认为有必要）。

F.3 CPS 与另一台 SCPD 配合的一般要求

F.3.1 一般原理

理想的配合应为这样：使得 CPS(C_1)在所有的过电流值小于其额定短路分断能力 I_{cs} 的极限值情况下只有 CPS(C_1)动作。

注 1：如果在安装点的预期故障电流值小于 C_1 的额定极限短路分断能力，则可认为 SCPD 在此电路中不考虑用作后备保护，作一般保护之用。

实际上，应采用下列一些原理：

a) 如果选择极限电流值 I_s(见 GB 14048.2—2008 中 2.17.4)过低，则就会有破坏选择性保护的危险。

b) 如果在安装点的预期故障电流值大于 C_1 的额定极限短路分断能力，则 SCPD 应这样选择，即使得 C_1 的性能按 F.3.3 和交接电流 I_B(见 GB 14048.2—2008 中 2.17.6)(如有时)应符合 F.3.2 的要求。

如有可能，SCPD 应安装在 C_1 的电源侧。如果 SCPD 安装在负载侧，则 C_1 与 SCPD 之间的连接必须安置得使短路危险减小到最低限度。

注 2：在具有可更换的脱扣器情况下，这些原理应适用于各有关的脱扣器。

F.3.2 交接电流

就后备保护而言，交接电流 I_B 不应大于单独的断路器 C_1(见图 A.4)的额定极限短路分断能力 I_{cs}。

F.3.3 与另一台 SCPD 连接的 C_1 的性能

对于小于或等于串接装置的短路分断能力的所有过电流值，C_1 应符合 GB 14048.1—2006 中 7.2.5 的要求，而串接装置应符合 8.2.1.5.2 的要求。

若短路保护设备的联合测试不执行过电流联合等级(见 GB 14048.1—2006 中 2.5.22)，制造商应提供资料(通常为曲线)反映。

——最大切断(允许通过)峰值电流(见 GB 14048.1—2006 中 2.5.19)为预期电流(r.m.s 对称的)的一个函数。

——I^2t 特性(见 3.11)。

这些资料的一致性将会在测试流程的 III 和 IV 两步的相关型式试验中进行检查(见表 16)。

F.4 串联的 SCPD 的型式和特性

根据要求，CPS 制造厂应提供用于与 C_1 串联的 SCPD 的型式和特性以及适合于串接装置在规定的工作电压下的最大预期短路电流等方面的资料。

用于按本附录进行任何试验的 SCPD 详细情况，例如，制造厂名称、型号、额定电压、额定电流以及短路分断能力等应在试验报告中注明。

最大限制短路电流(见 GB 14048.1—2006 中 2.5.29)不应大于 SCPD 的额定极限短路分断能力或在没有规定额定极限短路分段能力的案例中应不大于 SCPD 额定工作短路分断能力。

如果所串联的 SCPD 为 CPS，则它应符合该标准的要求，或符合其他有关的标准。

如果所串联的 SCPD 为熔路器，则它应符合相应的熔断器标准。

F.5 验证选择性

通常选择性仅用理论计算方法来考虑的，即通过比较 C_1 和串联的 SCPD(例如，当串联的 SCPD 为具有人为延时的 CPS/断路器 C_2 时)的动作特性。

C_1 制造厂和 SCPD 制造厂均应提供足够的有关产品动作特性的数据以便对每种特定的组合确定 I_s。

在某些情况下,对组合装置需在 I_s 下进行试验,例如:

——当 C_1 为限流型,且 C_2 为无人为的延时时;

——当 SCPD 的断开时间小于半波的时间时。

当串联的 SCPD 是一 CPS/断路器时欲获得要求的选择性,则 C_2 需要有一人为的短延时。

选择性可以是小于 C_1 额定短路能力 I_{cu}(或 I_{cs})的局部选择性(见图 F.4)或全选择性。对于全选择性,C_2 的不脱扣特性或熔断器的弧前特性应大于 C_1 的脱扣(断开时间)特性。

有关全选择性的两个图例见图 F.2 和图 F.3。

F.6 验证后备保护

F.6.1 交接电流的确定

可通过比较 C_1 和串联的 SCPD 的动作特性(对 C_1 所有整定值,如适用时,对 C_2 所有整定值)来检验是否符合 F.3.2 的要求。

F.6.2 验证后备保护

a) 通过试验验证

通常按 F.6.3 的试验来验证是否符合 F.3.3 的要求。在这种情况下,所有的试验条件应按本部分 9.3.4.1 的规定,使短路试验用的可变电阻器和电抗器置于逆流而上设备的电源侧。

b) 通过特性比较验证

在某些实际情况下以及当 SCPD 为一 CPS/断路器时(见图 F.4 和图 F.5),则可以比较 C_1 和串联的 SCPD 的动作特性,但必须特别注意下列内容:

——C_1 在 I_{cs} 下的焦耳积分值和组合装置预期电流下的 SCPD 的焦耳积分值;

——SCPD 峰值动作电流对 C_1 的影响(例如由于电弧能量,最大峰值电流,截断电流等)。

配合是否恰当可按 SCPD 总的动作 I^2t 特性的最大值估计,I^2t 的范围是从 C_1 的额定短路分断能力 I_{cu}(或 I_{cs})到应用的预期短路电流,但不超过 C_1 在其额定分断能力时的最大允通 I^2t 或制造厂规定的其他下限值。

注:如果串联的 SCPD 为熔断器,则理论研究应限于 C_1 的 I_{cu}(或 I_{cs})以下才有效。

F.6.3 验证后备保护的试验

如果 C_1 装有可调过电流断开脱扣器,则动作特性应为相应于最小时间和电流整定的动作特性。

如果 C_1 装有瞬时过电流断开脱扣器,则所用的动作特性应为相应于装有这类脱扣器的 C_1 的动作特性。

如果串联的 SCPD 为装有可调过电流断开脱扣器的 CPS/断路器(C_2),则所用的动作特性应为相应于最大的时间和电流整定值的动作特性。

如果串联的 SCPD 为一组熔断器,则每次试验应用一组新的熔断器进行,即使在以前的试验中某些熔断器没有熔断。

如适用时,根据 9.3.4.1.6 规定的连接电缆应包括在内,但如果串联的 SCPD 为 CPS/断路器(C_2),则与该断路器连接的总长度为 0.75 m 的电缆可放在电源侧(见图 F.6)。

每个试验应包括按 9.3.4.1.6 和 GB 14048.2—2008 中 8.3.5 进行的 O—t—CO 操作程序,不论是

在 I_{cu} 或 I_{cs} 下试验，CO 操作均在 C_1 上进行。

用预定用途的最大预期电流进行一次试验。该值不应超过额定限制短路电流（见 GB 14048.1—2006 中 4.3.6.4）。

另一次试验应在等于 C_1 额定短路分断能力 I_{cs} 的预期电流值下进行，进行本试验时，可用新的 C_1 试品进行，此外如果串联的 SCPD 为断路器，也可用新的 C_2 试品进行。

在每次操作期间：

a) 如果串联的 SCPD 为 CPS/断路器（C_2）：

——C_1 和 C_2 均应在两次试验电流下脱扣，不要求进一步进行试验。

这是一般情况，仅提供后备保护。

——或在两次试验电流下 C_1 应脱扣，C_2 应在每次操作结束时处在闭合位置，不要求再进行试验。

在每次操作期间允许 C_2 的触头瞬间分开。在这种情况下，除后备保护外，又可恢复供电（见图 F.4 注 1）。进行本试验时，应记录 C_2 触头分开（如有时）的时间。

——或在较低试验电流下 C_1 应脱扣，而在较高试验电流下 C_1 和 C_2 均应脱扣。

C_2 的触头在较低的试验电流下允许瞬间分开。并应在中档电流下进行一些附加试验，以确定 C_1 和 C_2 均应脱扣的最低的试验电流，低于该电流时，C_2 应能恢复供电。进行本试验时，应记录 C_2 触头分开时间（如有时）。

b) 如果串联的 SCPD 为一熔断器（或一组熔断器）：

——在单相电路中，至少应有一台熔断器熔断；

——在多相电路中，至少应有两台或两台以上熔断器熔断，或一台熔断器熔断和 C_1 脱扣。

F.6.4 获得的结果

GB 14048.1—2006 中 8.3.4.1.7 适用。

试验之后，C_1 应符合 9.4.4.4 和 9.4.4.6 的要求。

此外，如果串联的 SCPD 为一 CPS/断路器（C_2），应用手动操作或其他合适的装置验证 C_2 触头无熔焊。

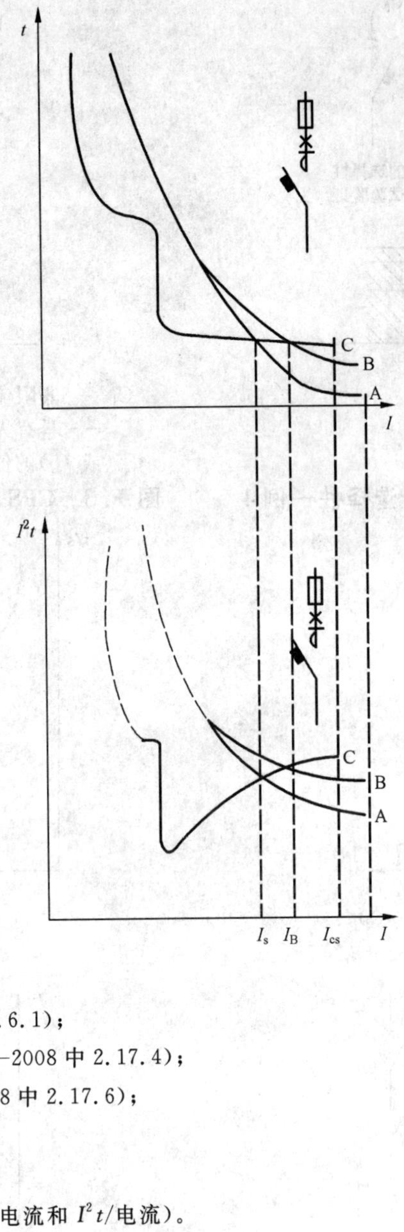

I——预期短路电流；

I_{cs}——额定运行短路分断能力(5.3.6.1)；

I_s——选择极限电流(GB 14048.2—2008 中 2.17.4)；

I_B——交接电流(GB 14048.2—2008 中 2.17.6)；

A——熔断器弧前特性；

B——熔断器动作特性；

C——CPS 的动作特性(断开时间/电流和 I^2t/电流)。

注 1：A 表示在下极限，B、C 表示上极限。

注 2：点划线表示的 I^2t 非绝热区。

图 F.1 在 CPS 与熔断器或作后备保护熔断器之间的过电流配合：动作特性

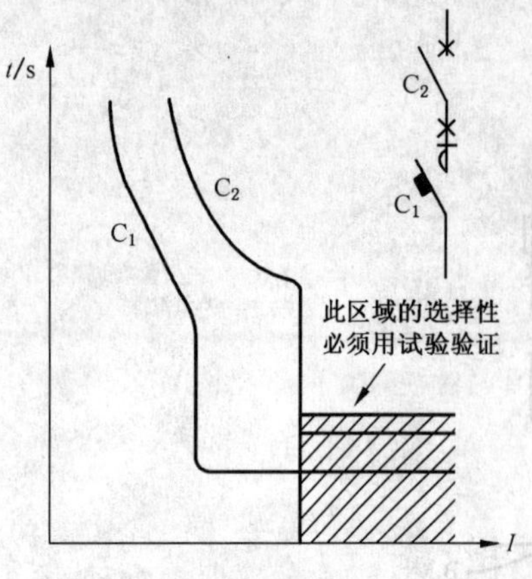

C_1——限流 CPS(断开时间特性)；
C_2——非限流断路器（脱扣特性）；
I_{cu}（或 I_{cs}）的值未表示。

图 F.2　CPS 和断路器之间的全选择性—例 1

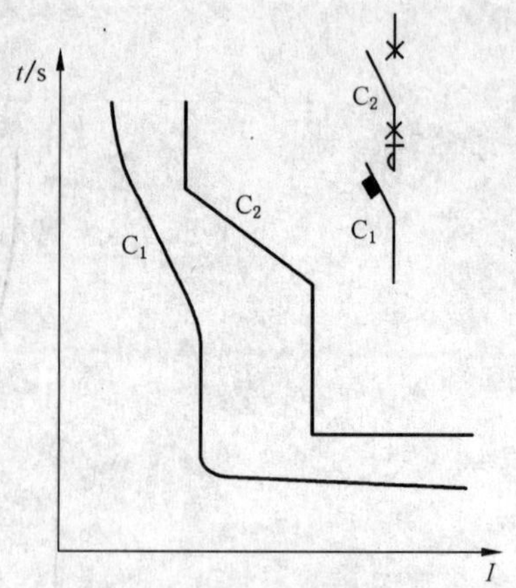

C_1——非限流 CPS(断开时间特性)；
C_2——具有人为短延时的断路器（脱扣特性）；
I_{cu}（或 I_{cs}）的值未表示。

图 F.3　CPS 和断路器之间的全选择性—例 2

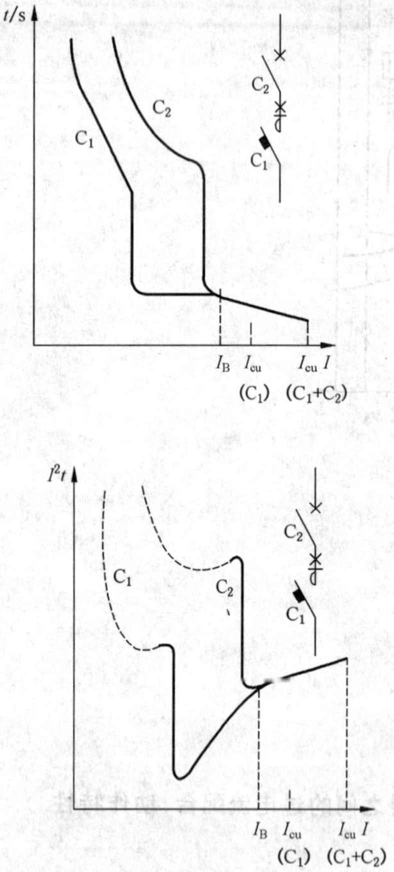

C_1——非限流 CPS/断路器；
C_2——限流 CPS/断路器；
I_B——交接电流。

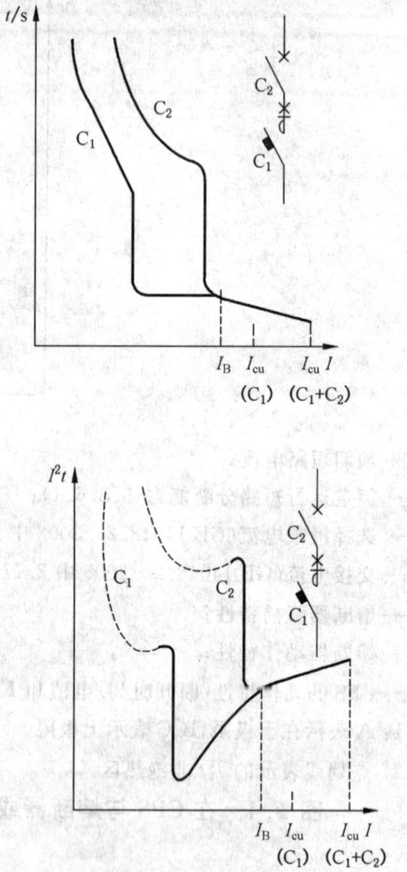

C_1、C_2——非限流 CPS/断路器；
I_B——交接电流。

注 1：适用时，用 C_2 进行恢复供电。
注 2：$I_{cu}(C_1+C_2)\leqslant I_{cu}(C_2)$。
注 3：对 $I>I_B$ 的值，曲线是组合装置的曲线(用粗线表示)，其数据需由试验获得。

图 F.4　用 CPS/断路器作后备保护——动作特性　例 1

图 F.5　用 CPS/断路器作后备保护——动作特性　例 2

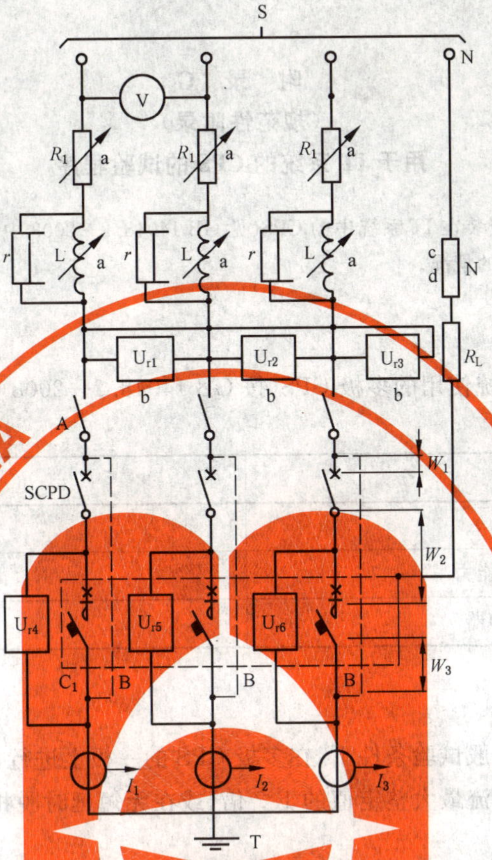

S——电源

U_{r1},U_{r2},U_{r3},U_{r4},U_{r5},U_{r6}——电压传感器

V——电压测量装置

A——闭合装置

R_1——可调电阻

N——电源中性线(或人工中性点)

F——熔化元件(GB 14048.1—2006 中 8.3.4.1.2d)项)

L——可调电感

SCPD——断路器 C_2 或 3 只熔断器(套)

r——分流电阻(GB 14048.1—2006 中 8.3.4.1.2b)项)

R_L——限制故障电流的电阻

B——调整用临时连接线

I_1,I_2,I_3——电流传感装置

T 接地——仅有一个接地点(负载端或电源端)

W_1——对 SCPD 规定的电缆长度 75 cm

W_2——对 C_1 规定的电缆长度 50 cm

W_3——对 C_1 规定的电缆长度 25 cm

C_1——试品

[a] 可调负载 L 和 R_1 可置于电源电路的高压侧或低压侧,闭合装置须置于低压侧。

[b] U_{r1}、U_{r2}、U_{r3} 也可接至相与中性线之间。

[c] 在装置预期用于相接地网络时,F 应接至电源的一相。

[d] 在美国和加拿大(见 GB 14048.2—2008 中 4.3.1.1)F:

——与电器的电源的一相连接,以压值 U_e 标志;

——与电器的中性极连接,以 2 倍 U_e 电压值标志。

图 F.6　表示三极 CPS(C_1)电缆连接的限制短路分断能力试验电路举例

附 录 G
（规范性附录）
用于IT系统的CPS的试验程序

注：本试验程序是用来覆盖安装在IT系统中的CPS(见GB 14048.2—2008中4.3.1.1)的另一侧存在第一个故障时，发生第二个接地故障的情况。

G.1 总则

本试验程序适用于IT系统使用的多极CPS(按GB 14048.2—2008中4.3.1.1)。试验程序由下列试验组成：

试 验	条 款
单极短路(I_{IT})	G.2
验证介电耐受能力	G.3
验证过载脱扣器	G.4

G.2 单极短路

短路试验是在9.3.4.1一般试验条件下，在多极CPS的一极上进行，试验电流 I_{IT} 等于：

——短延时脱扣器脱扣电流最大整定值的1.2倍，或在无短延时脱扣器时，瞬时脱扣器脱扣电流最大整定值的1.2倍，

或如有关时，

——定时限脱扣器脱扣电流最大整定值的1.2倍

但不超过50 kA。

注1：考虑到CPS及其连接的阻抗，试验电路的预期电流可能需要增加，以确保试验电流超过实际的短时或瞬时动作电流。

注2：制造商可要求用高于 I_{IT} 的值进行替代试验，并由制造商声明。

施加电压应为相应于适用于IT系统CPS的最大额定工作电压的相间电压。试验样品数和可调脱扣器的整定值应符合表G.1。功率因数按GB 14048.1—2006表16中对应的试验电流。当 I_{IT}=50 kA时，短时或瞬时动作整定值应调节到小于(50/1.2)kA，并最接近的整定值。

表G.1 单独极

标志的 U_e 额定值倍数			试品数量	设定电流	实验电压
1	2	多倍			
X	X	X	1	最大	U_{emax}

对带保护中性极的四极CPS，中性极的试验电压应为相间电压除以$\sqrt{3}$。该试验仅在保护中性极的结构与相极的结构不同时适用。

试验电路应符合GB 14048.1—2006中8.3.4.1.2和图9，电源S来自三相电源的两相，可熔断元件F应接至另一相。另一极或几极也应通过可熔断元件接至该相。

操作顺序应为 O—t—CO(见9.3.4.1.6)

且每相极轮流单独进行试验。

G.3 验证介电耐受能力

继G.2试验后，按9.4.4.4验证介电耐受能力。

G.4 验证过载脱扣器

继G.3试验后，应按9.4.4.6验证过载脱扣器的动作。

G.5 标志

对于所有额定电压值已按本附录进行过试验或被这些试验覆盖的CPS，不需要附加标志。

对于所有额定电压值未按本附录试验或没有被这些试验覆盖的CPS，应按照GB 14048.2—2008中H.5条款确定。

附　录　H
（规范性附录）
电子式过载继电器和脱扣器的扩展功能

注：本附录中，“继电器”包含了继电器和脱扣器。

H.1　范围

H.1.1　一般要求

本附录用于覆盖不直接与过载保护相关的电子式过载继电器的扩展功能。

本部分没有涉及到的过载继电器的所有其他功能应该符合涉及到该功能的相关标准的要求（例如GB 14598 和 GB 14048.5—2008 系列标准）。

本附录只适用于交流电路中使用的电子式过载继电器。

H.1.2　剩余电流功能

使用可检测剩余电流的电器作为保护系统。这种电器常与电子式过载继电器配合使用或作为一个内置部件使用以检测设备接地故障电流，可以提供附加的保护防止由于过流保护功能无法检测的连续性的接地故障引起火灾和其他危险。不考虑由于存在直流分量而引起的故障。

H.2　定义

下列定义适用于本附录。

H.2.1

具有剩余电流（接地故障）保护功能的电子式过载继电器　electronic overload relay with residual current (earth fault) function

根据规定的要求，当主电路中电流的矢量和超过规定值时动作的多极电子式继电器。

H.2.2

具有电流或电压不平衡保护功能的电子式过载继电器　electronic overload relay with current or voltage asymmetry function

根据规定的要求，当电流或电压幅值不平衡时动作的电子式过载继电器。

H.2.3

具有反相保护功能的电子式过载继电器　electronic overload relay with phase reversal function

根据规定的要求，当 CPS 线路侧的相序不正确时动作的多极电子式过载继电器。

H.2.4

具有过电压保护功能的电子式过载继电器　over-voltage sensitive electronic overload relay

根据规定的要求，在过载或当电压超过规定值时动作的电子式过载继电器。

H.2.5

禁止保护电流　inhibit current (I_{ic})

故障电流超过该保护设定值，开关电器不应被触发断开。

H.3　电子式过载继电器的分类

a)　电流和电压不平衡继电器。

b) 过压继电器。

c) 剩余电流(接地故障)继电器。

d) 反相继电器。

H.4 继电器的型式

A 型:A 型电子式过载继电器在所有水平的故障电流情况下都能触发开关电器断开;

B 型:B 型电子式过载继电器在大于设定的禁止保护电流 I_{ic} 的情况下不能触发开关电器断开。

H.5 性能要求

H.5.1 电子式剩余电流过载继电器的动作限值

在表 H.1 给定的条件下控制 CPS 的剩余电流过载继电器会动作使得 CPS 断开。对于剩余电流设定值为一个范围的继电器,继电器的动作限值应在最小设定值和最大设定值下验证。

表 H.1 电子式剩余电流过载继电器的动作时间

剩余电流设定值倍数	动作时间 T_p/ms
≤0.9	不动作
1.1	$10<T_p\leqslant 1\,000$

H.5.2 B 型电子式剩余电流继电器的动作限值

H.5.1 适用并补充如下:

存在剩余电流时,如果任意一相的故障电流达到或超过设定的禁止保护电流 I_{ic}(见 H.4)的 95%,B 型电子式剩余电流继电器不会触发开关电器动作;如果任意一相的故障电流为 75% I_{ic} 或更低时,B 型电子式剩余电流继电器动作并触发开关电器断开。

H.5.3 具有电压不平衡保护功能的继电器的动作限值

当电压不平衡度大于电压不平衡度设定值的 1.2 倍时,用于控制 CPS 且具有电压不平衡保护功能的过载继电器应能动作并使得 CPS 在 120% 设定时间内断开,且应能防止 CPS 闭合。

H.5.4 具有反相保护功能的过载继电器的动作限值

当 CPS 电源侧的电压相序与设定的电压相序一致时,用于控制 CPS 且具有反相保护功能的过载继电器应允许 CPS 闭合。交换两相的顺序后,应能防止 CPS 闭合。

H.5.5 具有电流不平衡保护功能的继电器的动作限值

当电流不平衡度大于电流不平衡度设定值的 1.2 倍时,用于控制 CPS 且具有电流不平衡保护功能的过载继电器应能动作并使得 CPS 在 120% 设定时间内断开。

H.5.6 具有过电压保护功能的过载继电器的动作限值

a) 动作电压

当电源电压大于设定值或在规定时间内持续大于继电器额定电压的 110% 时,用于控制 CPS 且具有过电压保护功能的过载继电器应动作使 CPS 断开并能防止 CPS 闭合。

b) 动作时间

对于延时过电压继电器,延时时间的测量应从电压达到动作值瞬间起至继电器动作使开关电器脱扣的瞬间止。

H.6 试验

H.6.1 A 型电子式剩余电流继电器的动作限值

动作限值见 H.5.1,验证如下:

对于剩余电流可调的过载继电器,试验应在最小和最大电流设定值进行。

试验电路按照图 H.1。试验在功率因数≥0.8、任意方便的电压和电流条件下进行。

试验电路在表 H.1 规定的每一个剩余动作电流值进行校准,开关 S1 处于闭合位置,闭合开关 S2 就会迅速建立剩余电流。

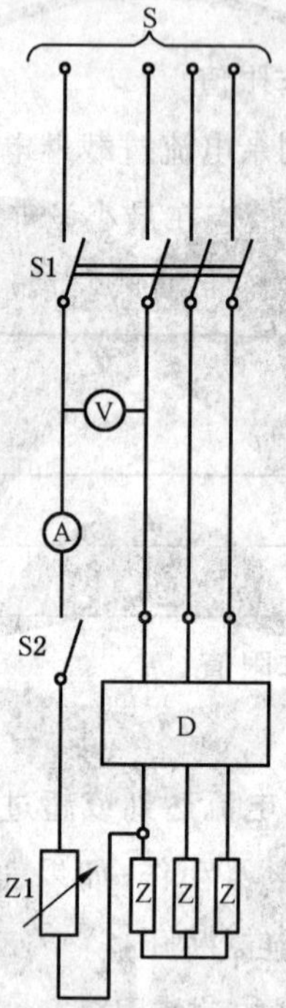

S——电源;

V——电压表;

A——电流表;

S1——多极开关;

S2——单极开关;

D——被试过载继电器;

Z——负载电路;

Z1——调节阻抗。

注:图中仅表示了 CPS 的电子式剩余电流过载继电器部分。

图 H.1 验证电子式剩余电流过载继电器动作特性的试验电路

H.6.2 B 型电子式剩余电流继电器的动作限值

H.6.1 适用并补充如下:

过电流条件下的动作限值要求见 H.5.2,验证方法如下。

试验采用三极负载,连接按照图 H.1。功率因数≥0.8、在主电路任意方便的电压和电流条件下进行。

对于剩余电流设定值可调的过载继电器,试验应在最低的设定值进行。

对于禁止保护电流 I_{ic}设定值可调的过载继电器，试验应分别在最小和最大的 I_{ic}设定值进行。

调整阻抗 Z1 可使流过电路的电流等于：

a） 95%的禁止保护电流 I_{ic}

开关 S1 处于闭合位置，闭合开关 S2 建立剩余电流。

过载继电器应不脱扣。

b） 75%的禁止保护电流 I_{ic}

开关 S1 处于闭合位置，闭合开关 S2 建立剩余电流。

过载继电器应脱扣。

H.6.3 电流不平衡继电器

电流不平衡继电器的动作限值按照 H.5.5 进行验证。

H.6.4 电压不平衡继电器

电压不平衡继电器的动作限值按照 H.5.3 进行验证。

H.6.5 反相保护继电器

反相保护继电器的动作限值按照 H.5.4 进行验证。

H.6.6 过电压保护继电器

过电压保护继电器的动作限值按照 H.5.6 进行验证。

H.7 常规试验和抽样试验

具有扩展功能的电子式过载继电器，除了进行 9.5 的试验之外，还应该按照 H.5 的要求进行附加试验以验证其相关的附加功能。

ICS 29.120.20
K 30

中华人民共和国国家标准

GB/T 14048.10—2008/IEC 60947-5-2:2004
代替 GB/T 14048.10—1999

低压开关设备和控制设备 第5-2部分:控制电路电器和开关元件 接近开关

Low-voltage switchgear and controlgear—Part 5-2:Control circuit devices and switching element—Proximtiy switches

(IEC 60947-5-2:2004,IDT)

2008-09-24 发布　　2009-08-01 实施

中华人民共和国国家质量监督检验检疫总局
中国国家标准化管理委员会　发布

前　言

《低压开关设备和控制设备》系列标准，目前分为16个部分：

——GB 14048.1　低压开关设备和控制设备　第1部分：总则

——GB 14048.2　低压开关设备和控制设备　第2部分：断路器

——GB 14048.3　低压开关设备和控制设备　第3部分：开关、隔离器、隔离开关及熔断器组合电器

——GB 14048.4　低压开关设备和控制设备　机电式接触器和电动机起动器

——GB 14048.5　低压开关设备和控制设备　第5-1部分：控制电路电器和开关元件　机电式控制电路电器

——GB 14048.6　低压开关设备和控制设备　第4-2部分：接触器和电动机起动器　交流半导体电动机控制器和起动器

——GB 14048.7　低压开关设备和控制设备　第7-1部分：辅助电器　铜导体的接线端子排

——GB 14048.8　低压开关设备和控制设备　第7-2部分：辅助电器　铜导体的保护导体接线端子排

——GB 14048.9　低压开关设备和控制设备　第6-2部分：多功能电器(设备)　控制与保护性开关电器(设备)

——GB/T 14048.10　低压开关设备和控制设备　第5-2部分：控制电路电器和开关元件　接近开关

——GB/T 14048.11　低压开关设备和控制设备　第6-1部分：多功能电器　转换开关电器

——GB/T 14048.12　低压开关设备和控制设备　第4-3部分：接触器和电动机起动器　非电动机负载用交流半导体控制器和接触器

——GB/T 14048.13　低压开关设备和控制设备　第5-3部分：控制电路电器和开关元件　在故障条件下具有确定功能的接近开关(PDF)的要求

——GB/T 14048.14　低压开关设备和控制设备　第5-5部分：控制电路电器和开关元件　具有机械锁闩功能的电气紧急制动装置

——GB/T 14048.15　低压开关设备和控制设备　第5-6部分：控制电路电器和开关元件　接近传感器和开关放大器的DC接口(NAMUR)

——GB/T 14048.16　低压开关设备和控制设备　第8部分：旋转电机用装入式热保护(PTC)控制单元

本部分为《低压开关设备和控制设备》的第10部分。

本部分等同采用IEC 60947-5-2:2004(2.2版)《低压开关设备和控制设备　第5-2部分：控制电路电器和开关元件　接近开关》(英文版)。

本部分根据我国的具体情况作了如下的修改：

——删除了国际标准IEC前言，增加了国家标准前言；

——IEC 60947-5-2:2004第2条中有一个按字母顺序排列的定义目录，本部分删去；

——附录B的B.7.3要求介电性能试验电压应选择IEC 60947-1的附录H中表H.1或表H.2的规定值。现IEC 60947-1:2001已删去了表H.2，国家标准GB 14048.1也作了相应的删除，所以本部分也删去了“表H.2”的文字。

本部分在编写格式上与IEC 60947-5-2:2004一致，并参考了GB/T 1.1—2000《标准化工作导则

第1部分:标准的结构和编写规则》。

本部分代替GB 14048.10—1999《低压开关设备和控制设备　控制电路电器和开关元件　第2部分:接近开关》。

本部分与GB 14048.10—1999相比,除了文字上有部分改动外,主要技术差异如下:

——增加了有关非机械磁性式接近开关的规定,包括定义(2.1.1.5),其基准轴的定义(2.2.2.1),其感应面的定义(2.2.11.4),动作(4.1.4),周围环境温度(6.1.1.1),灵敏度和动作距离(7.2.1.3.6),振动(7.4.2),标靶(8.3.2.1.4)及各项试验(8.4.1,8.5.1a));

——增加了动作范围(r_o)的定义(2.3.1.8);将图1a)和b)中的S_d改为r_o,增加了“4.2.3.2动作范围(r_o)”;

——2.1中增加了D型接近开关(2.1.1.4.1)、R型接近开关(2.1.1.4.2)、T型接近开关(2.1.1.4.3),直接动作接近开关(2.1.1.6)、间接动作接近开关(2.1.1.7)和中密度滤光器(2.1.1.8)的定义;

——7.2.6电磁兼容性增加了表7和表8,增加了浪涌(7.2.6.2.5)、射频场感应的传导骚扰(7.2.6.2.6)、工频磁场(7.2.6.2.7)、电压暂降、中断(7.2.6.2.8)、电源谐波(7.2.6.2.9),高频发射的极限(7.2.6.3.2)和低频发射的极限(7.2.6.3.3);

——增加了增益比值的确定(8.4.2.1);

——8.4.2.4中将“受光器移向发光器”改为“发光器轴向移向受光器”;

——增加了光电式接近开关(现在有许多生产企业习惯地将“光电式接近开关”简称为“光电开关”)的操作频率测量方法(8.5.3);

——8.6中增加了射频场感应的传导骚扰(8.6.2.4)、工频磁场(8.6.2.5)、电压暂降、短时中断(8.6.2.6)、电源谐波(8.6.2.6)和发射(8.6.3);

——附录D中增加了M12∅4插脚交流接近开关的整体接插件(图D.5),M12∅5插脚交流接近开关的整体接插件(图D.6),M12∅6插脚交流接近开关的整体接插件(图D.7);

——增加了附录F(资料性附录)接近开关的符号。

本部分的附录A、附录B、附录C、附录D和附录E为规范性附录,附录F是资料性附录。

本部分由中国电器工业协会提出。

本部分由全国低压电器标准化技术委员会(SAC/TC 189)归口。

本部分由上海电器科学研究所(集团)有限公司负责起草。

本部分参加起草单位:欧姆龙(中国)有限公司,中国质量认证中心。

本部分主要起草人:季慧玉、黄兢业、陈晓东。

本部分参与起草人:韩露、张男。

本部分所替代标准的历次版本发布情况为:GB/T 14048.10—1999。

低压开关设备和控制设备 第5-2部分:控制电路电器和开关元件 接近开关

1 基本要求

本部分采用GB 14048.1—2006《低压开关设备和控制设备 第1部分:总则》的有关条款,当采用时,本部分将特别声明。本部分在采用总则的条款以及表格、图、附录时,将标出所采用的具体条款号,例如:GB 14048.1—2006的7.1.9.3,GB 14048.1—2006的附录C。

第1章~第8章为接近开关的一般要求。各种类型接近开关的特殊要求见附录A。

1.1 适用范围和目的

本部分适用于能检测金属的和(或)非金属的物体存在与否的电感式和电容式接近开关、能检测反射声音物体存在与否的超声波式接近开关、能检测物体存在与否的光电式接近开关和能检测磁性物体存在与否的非机械磁性式接近开关。上述接近开关应是全封闭式,并且具有半导体开关元件,可用于连接额定电压交流不超过250 V(50 Hz或60 Hz),或直流不超过300 V的电路。

本部分不适用于具有模拟量输出的接近开关。

本部分旨在说明接近开关的下列内容:

——定义;

——分类;

——特性;

——产品信息;

——正常使用、安装和运输条件;

——结构和性能要求;

——额定特性的验证试验。

1.2 规范性引用文件

下列文件中的条款通过《低压开关设备和控制设备》的本部分的引用而成为本部分的条款。凡是注日期的引用文件,其随后所有的修改单(不包括勘误的内容)或修订版均不适用于本部分,然而,鼓励根据本部分达成协议的各方研究是否可使用这些文件的最新版本。凡是不注日期的引用文件,其最新版本适用于本部分。

GB/T 2423.4—2008 电工电子产品环境试验 第2部分:试验方法 试验Db:交变湿热试验方法(IEC 60068-2-30:2005,IDT)

GB/T 2423.5—1995 电工电子产品环境试验 第2部分:试验方法 试验Ea和导则:冲击(idt IEC 60068-2-27:1987)

GB/T 2423.10—2008 电工电子产品环境试验 第2部分:试验方法 试验Fc和导则:振动(正弦)(IEC 60068-2-6:1995,IDT)

GB/T 2423.22—2002 电工电子产品环境试验 第2部分:试验方法 试验N:温度变化(IEC 60068-2-14:1984,IDT)

GB/T 2900.18—2008 电工术语 低压电器

GB 4824—2004 工业、科学和医疗(ISM)射频设备 电磁骚扰特性 限值和测量方法(CISPR 11:2003,IDT)

GB/T 5465.2—2008　电气设备用图形符号(IEC 60417DB:2007,IDT)

GB 7947—2006　人机界面标志标识的基本和安全规则　导体的颜色或数字标识(IEC 60446:1999,IDT)

GB 14048.1—2006　低压开关设备和控制设备　第1部分:总则(IEC 60947-1:2001,MOD)

GB 14048.5—2008　低压开关设备和控制设备　第5-1部分:控制电路电器和开关元件　机电式控制电路电器(IEC 60947-5-1:2003,MOD)

GB/T 16514.2—2005　电子设备用机电开关　第5-1部分　按钮开关　空白详细规范(IEC 61020-5-1:1991,IDT)

GB 16895(所有部分)　建筑物电气装置(IEC 60364(所有部分),IDT)

GB/T 17045—2008　电击防护　装置和设备的通用部分(IEC 61140:2001+IEC 61140A1:2004,IDT)

GB 17625.1—2003　电磁兼容　限值　谐波电流发射限值(设备每相输入电流≤16 A)(IEC 61000-3-2:2001,IDT)

GB 17625.2—2007　电磁兼容　限值　对每相额定电流≤16 A且无条件接入的设备在公用低压供电系统中产生的电压变化、电压波动和闪烁的限制(IEC 61000-3-3:1994,IDT)

GB/T 17626.2—2006　电磁兼容　试验和测量技术　静电放电抗扰度试验(IEC 61000-4-2:2001,IDT)

GB/T 17626.3—2006　电磁兼容　试验和测量技术　射频电磁场辐射抗扰度试验(IEC 61000-4-3:2001,IDT)

GB/T 17626.4—2008　电磁兼容　试验和测量技术　电快速瞬变脉冲群抗扰度试验(IEC 61000-4-4:2004,IDT)

GB/T 17626.5—2008　电磁兼容　试验和测量技术　浪涌(冲击)抗扰度试验(IEC 61000-4-5:2005,IDT)

GB/T 17626.6—2008　电磁兼容　试验和测量技术　射频场感应的传导骚扰抗扰度(IEC 61000-4-6:2006,IDT)

GB/T 17626.8—2006　电磁兼容　试验和测量技术　工频磁场抗扰度试验(IEC 61000-4-8:1993,IDT)

GB/T 17626.11—2008　电磁兼容　试验和测量技术　电压暂降、短时中断和电压变化的抗扰度试验(IEC 61000-4-11:2004,IDT)

GB/T 17626.13—2006　电磁兼容　试验和测量技术　交流电源端口谐波、谐间波及电网信号的低频抗扰度试验(IEC 61000-4-13:2002,IDT)

ISO 630:1995　结构钢　板材、宽板、棒材、型材和型条

2　定义

GB 14048.1—2006的第2章适用,并补充如下:

2.1　基本定义

2.1.1

接近开关　proximity switch

与运动部件无机械接触而能动作的位置开关。

[GB/T 2900.18—2008中4.5.46]

2.1.1.1

电感(应)式接近开关　inductive proximity switch

能在检测区产生电磁场且具有半导体开关元件的接近开关。

2.1.1.2

电容式接近开关　capacitive proximity switch

能在检测区产生电场且具有半导体开关元件的接近开关。

2.1.1.3

超声波式接近开关　ultrasonic proximity switch

能在检测区发射和接受超声波且具有半导体开关元件的接近开关(见图2)。

2.1.1.4

光电式接近开关　photoelectric proximity switch

能检测可反射或阻断可见光或不可见光的物体,并且具有半导体开关元件的接近开关(见图1)。

2.1.1.4.1

D型光电式接近开关　type D photoelectric proximity switch

由一规定的物体通过横向或轴向接近其基准轴进行直接动作的漫射光电式接近开关。

2.1.1.4.2

R型光电式接近开关　type R photoelectric proximity switch

由一规定的物体在发光器—受电器组件与反光器之间通过横向接近其基准轴进行间接动作的回射光电式接近开关。

2.1.1.4.3

T型光电式接近开关　type T photoelectric proximity switch

由一规定的物体在发光器与受光器之间通过横向接近其基准轴进行间接动作的对射光电式接近开关。

2.1.1.5

非机械磁性式接近开关　non-mechanical magnetic proximity switch

能检测磁场存在与否,并具有半导体开关元件且检测元件中无运动部件的接近开关。

2.1.1.6

直接动作接近开关　direct operated proximity switch

不使用外部设备,如反光器,而能检测标靶的接近开关。

2.1.1.7

间接动作接近开关　indirect operated proximity switch

使用外部设备,如反光器,才能检测标靶的接近开关。

2.1.1.8

中密度滤光器　neutral density filters

能在一宽光谱范围内均匀地衰减光照度的过滤器。

注:衰减功能是采用吸光玻璃或采用具有吸收和反射相结合的薄片金属来达到的。

2.2　接近开关部件

2.2.1

半导体开关元件　semiconductor switching element

利用半导体的可控导电性通断电路电流的元件。

2.2.2

基准轴　reference axis

2.2.2.1

电感式、电容式、非机械磁性式和超声波式接近开关的基准轴　reference axis for inductive, capacitive, non-mechanical magnetic and ultra-sonic proximity switches

垂直于电感式、电容式、非机械磁性式、超声波式接近开关的感应面并通过其中心的轴。

2.2.2.2

R型或D型光电式接近开关的基准轴　reference axis for type R and D photoelectric proximity switches

位于光电式接近开关发光器和受光器元件或镜头光轴之间中间位置的轴(见图1)。

2.2.2.3

T型光电式接近开关的基准轴　reference axis for type T photoelectric proximity switches

通过发光器中心且与其感应面垂直的轴。

2.2.3

标靶　standard target

用于动作距离和检测距离可比性测量的规定的物体。

2.2.4

自由区　free zone

接近开关周围的空间,在该空间内不应设置任何对接近开关特性生产影响的材料。

2.2.5

阻尼材料　damping material

对接近开关特性有影响的材料。

2.2.6

非阻尼材料　non-damping material

对接近开关特性影响极小的材料。

2.2.7

反射声音材料　sound-reflecting material

能反射超声波并且能产生可检测回声的材料。

2.2.8

吸声材料　sound-absorbing material

对超声波的反射特性极弱并不能产生回声的材料。

2.2.9

埋入式接近开关　embeddable proximity switch

当任何阻尼材料设置在感应面平面的四周时其特性可以不受阻尼材料影响的开关称埋入式接近开关。

2.2.10

非埋入式接近开关　non-embeddable proximity switch

如接近开关的感应面周围需要有一个自由区以保持其特性,这种接近开关称非埋入式接近开关。

2.2.11

感应面　sensing face

2.2.11.1

电感式接近开关的感应面　sensing face of an inductive proximity switch

能产生电磁场的接近开关的表面。

2.2.11.2

电容式接近开关的感应面　sensing face of a capacitive proximity switch

能产生电场的接近开关的表面。

2.2.11.3

超声波式接近开关的感应面　sensing face of an ultrasonic proximity switch

能发射和接受超声波的接近开关的表面。

2.2.11.4

非机械磁性式光电开关的感应面　sensing face of a non-mechanical magnetic proximity switch

能检测磁场变化的接近开关的表面。

2.2.12

发光器　emitter

提供光束所需的光源、透镜及所需电路的组合件。

2.2.13

受光器　receiver

能检测从发光器发射的光束存在与否的检测器、透镜和所需电路的组合件。

2.2.14

反光器　reflector

在R型光电式接近开关中，将光反射到受光器上所用的特定器件。

2.2.15

调整器　adjuster

2.2.15.1

电容式接近开关的调整器　adjuster of a capacitive proximity switch

电容式接近开关中用于确定动作距离的部件。该部件用于补偿由于标靶材料、传输介质和安装条件对电容式接近开关的影响。

2.2.15.2

超声波式或光电式接近开关的调整器　adjuster of an ultrasonic or a photoelectric proximity switch

在超声波式或光电式接近开关中用于检测范围内动作距离整定的部件。

2.3　接近开关的动作

2.3.1

动作距离(S)　operation distancc

动作距离是指标靶沿基准轴向感应面移近时能引起输出信号变化的距离。

2.3.1.1

额定动作距离(S_n)　rated operating distance

额定距离是用于确定动作距离的约定量。它不考虑制造公差及如电压和温度等外界条件引起的变化量。

2.3.1.2

检测范围(S_d)　sensing range

动作距离可调整的范围。

2.3.1.2.1

最小动作距离　minimum operating distance

超声波式或光电式接近开关规定检测范围的下限值。

2.3.1.2.2

最大动作距离　maximum operating distance

超声波式或光电式接近开关规定检测范围的上限值。

2.3.1.3

盲区　blind zone

感应面与最小动作距离间的区域，在该区内检测不到物体。

2.3.1.4

全发射角　total beam angle

当超声波式接近开关的声量降低到3 dB时在其基准轴周围的立体角。

2.3.1.5

有效动作距离(S_r)　effective operating distanee

有效动作距离是指在规定的基准环境温度、额定电压和安装条件下所测得单只接近开关的动作距离。

2.3.1.6

可用动作距离(S_u)　usable operating distance

可用动作距离是指在规定条件下(见7.2.1.3.2)测得的单只接近开关的动作距离。

2.3.1.7

确保的动作距离(S_a)　assured operating distance

在规定条件确保时接近开关正确动作后其动作点距其感应面的一段距离。

2.3.1.8

动作范围(r_o)　operating range

标靶横向接近会引起对射光电式或回射光电式接近开关输出信号发生变化的范围。

2.3.2

横向接近　lateral approach

标靶垂直于接近开关基准轴的接近。

2.3.3

轴向接近　axial approach

标靶的轴心保持在接近开关基准轴上的接近。

2.3.4

重复精度　repeat accuracy

有效动作距离在规定条件下(见7.2.1.4)的变化值。

2.3.5

回差(H)　differential travel

标靶移近接近开关时的动作点和标靶移开接近开关时复位点之间的距离。

2.4　开关元件的特性

2.4.1

开关元件的功能

2.4.1.1

接通功能　make function

接通功能是指在标靶被检测到时有负载电流,在标靶未被检测到时无负载电流的功能。

2.4.1.2

分断功能　break function

分断功能是指在标靶被检测到时无负载电流,在标靶未被检测到时有负载电流的功能。

2.4.1.3

接通分断或转换功能　make-break,of changeover function

具有接通功能和分断功能的开关元件组合体。

2.4.1.4

接近开关的响应时间　response time for a proximity switch

当标靶进入或离开检测区后开关元件响应所需的时间。

2.4.1.5

光电式接近开关的接通时间　turn on time for a photoelectric proximity switch

当标靶进入检测区范围后且增益比(见2.4.6)为2时开关元件响应所需时间。

2.4.1.6

光电式接近开关的截止时间　turn off time for a photoelectric proximity switch

当标靶离开增益比(见2.4.6)为0.5的检测范围后,开关元件响应所需的时间。

2.4.2

非从动(快速)动作　independent(snap)action

其动作实质上与标靶的移动速度无关的开关元件功能。

2.4.3

操作频率　frequency of operating cycles

接近开关在规定的时间内所完成的操作循环次数。

2.4.4

起动前的延时(t_v)　time delay before availability

起动前的延时是指接近开关从接通电源电压时至准备好正确动作时止的时间间隔。

2.4.5

电流(I)

2.4.5.1

截止状态电流(I_r)　off-state current

通过处于截止状态的接近开关的负载电路的电流。

2.4.5.2

最小动作电流(I_m)　minimum operational current

维持开关元件导通状态所需的电流。

2.4.5.3

空载电源电流(I_o)　no-load supply current

当三端或四端子接近开关不联接负载时其电源中得到的电流。

2.4.6

光电式接近开关的增益比　excess gain for a photoelectric proximity switch

光电式接近开关所接受到光亮度与光电式接近开关动作所需的光亮度之比。

2.4.7

光电式接近开关的环境光　ambient light for a photoelectric proximity switch

对本部分而言,环境光是指受光器接受到的除发射器发出的光以外的光。

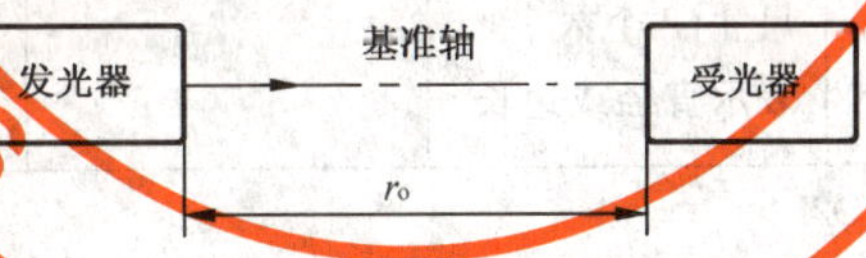

a) T型　发光器和受光器-对射光电式

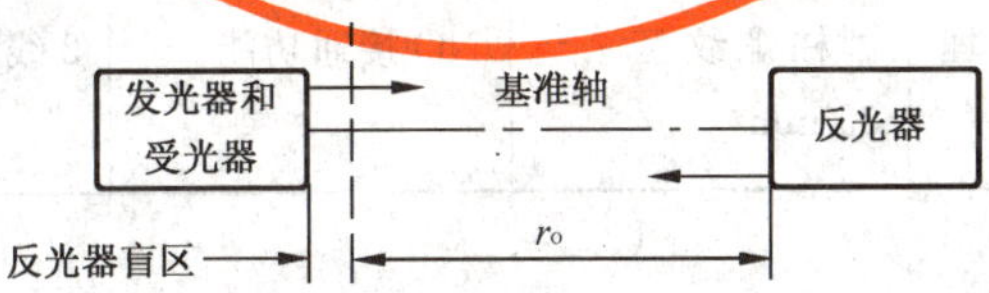

b) R型　发光器-受光器和反光器-回射光电式

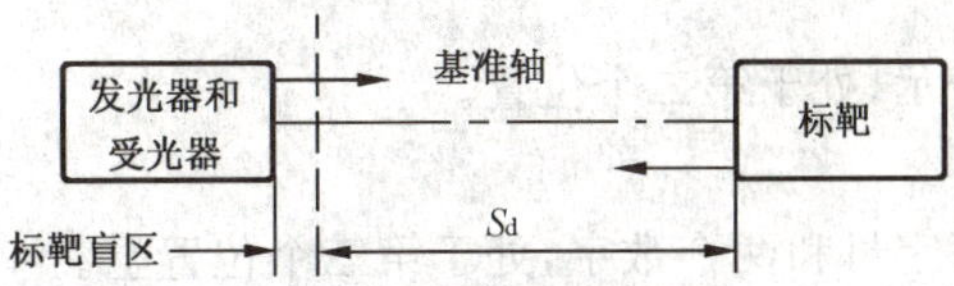

c) D型　发光器-受光器和标靶-漫射光电式

图1　光电式接近开关的检测范围和动作范围(7.2.1.3和8.4)

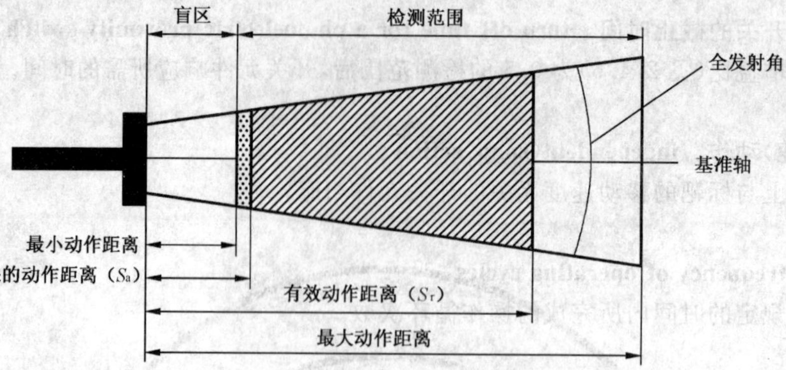

图 2　超声波式接近开关的动作距离

3　分类

接近开关按表 1 所示各种基本特性分类。

表 1　接近开关的分类

第一个位置 1 位数	第二个位置 1 位数	第三个位置 3 位数	第四个位置 1 位数	第五个位置 1 位数	第六个位置 1 位数
感应方式 3.1	机械安装方式 3.2	结构型式和尺寸 3.3	开关元件功能 3.4	输出型式 3.5	联接方式 3.6
I＝电感式 C＝电容式 U＝超声波式 D＝漫射光电式 M＝非机械磁性式 R＝回射光电式 T＝对射光电式	1＝埋入式 2＝非埋入式 3＝埋入式和非埋入式	型式 (1 个大写字母) A＝圆柱螺纹型 B＝圆柱光面型 C＝方形截面长方体 D＝矩形截面长方体 尺寸(2 个数字) 表示直径或边长	A＝接通 NO B＝分断 NC C＝通断转换 (接通-分断) P＝由用户编用 S＝其他	P＝PNP 输出 3 或 4 线、直流 N＝NPN 输出 3 或 4 线、直流 D＝2 线、直流 F＝2 线、交流 U＝2 线、直流或交流 S＝其他	1＝整体固定接头式 2＝接插式 3＝螺旋式 9＝其他
超声波式接近开关举例：U3A30AD2					
U 超声波式	3 埋入式和非埋入式	A30 圆柱螺纹型 ϕ＝30 mm	A NO 接通功能	D 2 线直流	2 接插式

3.1　按检测方式分类

检测方式用一个大写字母表示，处于第一个位置。

3.2　按机械安装方式分类

机械安装方式用一个数字表示，处于第二个位置。

3.3　按结构型式和尺寸分类

结构型式和尺寸用一个大写字母和两个数字，处于第三个位置上。

大写字母表示结构型式，例如圆柱型或长方体型。

两个数字表示尺寸，例如圆柱型的直径或长方体型的一边长度。

3.4 按开关元件的功能分类

开关元件的功能用一个大写字母表示，处于第四个位置上。

3.5 按输出型式分类

输出型式用一个大写字母表示，处于第五个位置上。

3.6 按联接方式分类

联接方式用一个数字表示，处于第六个位置上。

4 特性

4.1 特性概述

接近开关的特性应用下列项目表示：

——动作条件(4.2)；

——额定值和极限值(4.3)；

额定电压(4.3.1)；

电流(4.3.2)；

额定电源频率(4.3.3)；

操作频率(4.3.4)；

正常负载特性和非正常负载特性 (4.3.5)；

短路特性(4.3.6)；

——开关元件的使用类别(4.4)。

4.1.1 电感式或电容式接近开关的动作

由电磁场中或电场中特定物体的存在与否确定接近开关的输出信号，该特定物体能吸收或改变由检测面发射的能量。

4.1.2 超声波式接近开关的动作

由检测区中特定物体的存在与否确定接近开关的输出信号，该特定物体能反射由感应面发射出的超声波能量。

4.1.3 光电式接近开关的动作

由特定物体的存在与否确定接近开关的输出信号，该特定物体能反射或截断由发射器发射的可见光和不可见光。

注：许多光电式接近开关的制造商已习惯地使用术语“入光动作”和“遮光动作”，在此情况下，所谓“入光动作”是指受光器受光引起输出元件处于接通(ON)状态，则该开关称为“入光动作”。所谓“遮光动作”是指受光器受光引起输出元件处于截止(OFF)状态，则该开关称为“遮光动作”。

4.1.4 磁性接近开关的动作

由特定物体的存在与否确定接近开关的输出信号，该特定物体在检测区磁场内会产生变化。

4.2 动作条件

4.2.1 电感式或电容式接近开关的动作距离(S)

动作距离之间的关系见图3。

4.2.1.1 额定动作距离(S_n)

额定动作距离由有关的附录规定。

4.2.2 超声波式接近开关的动作距离(S)

动作距离之间的关系见图4。

4.2.2.1 检测范围(S_d)

检测范围数值在有关附录中规定。

4.2.3 光电式接近开关的动作距离(**S**)

4.2.3.1 检测范围(S_d)

对 D 型光电式接近开关,动作距离以检测范围的形式给出(S_d)。

4.2.3.2 动作范围(r_o)

对 T 型和 D 型光电式接近开关,动作范围(r_o)即为动作距离。

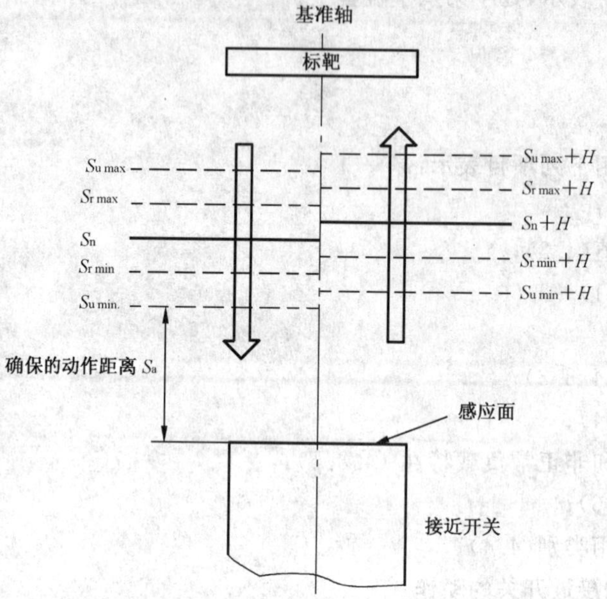

图 3 电感式或电容式接近开关的动作距离之间的关系

(4.2.1、7.2.1.3 和 8.4.1)

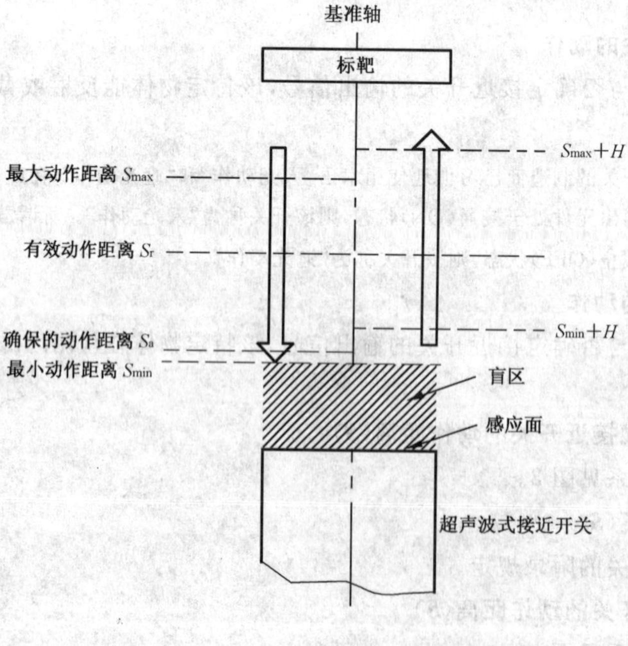

图 4 超声波式接近开关的动作距离之间的关系

(4.2.2、7.2.1.3 和 8.4.1)

4.3 接近开关和开关元件的额定值和极限值

4.3.1 电压

接近开关和其开关元件应规定下列额定电压：

4.3.1.1 额定工作电压(U_e)

额定工作电压(U_e)(或范围)交流不超过 250 V,直流不超过 300 V。

注：制造商应规定包括 U_e 允差在内的极限值之间的数值，即应规定 U_B。

U_e 和 U_B 之间的关系如下：

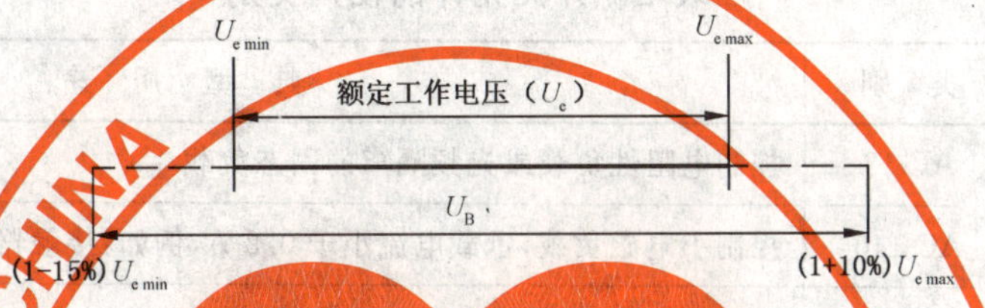

4.3.1.2 额定绝缘电压(U_i)

接近开关的额定绝缘电压是进行介电试验的电压值，该值与爬电距离有关。

对接近开关而言，最高额定工作电压被认为是额定绝缘电压。

4.3.1.3 额定冲击耐受电压(U_{imp})

GB 14048.1—2006 的 4.3.1.3 适用。

4.3.1.4 电压降(U_d)

电压降是指当在规定的条件下工作电流流过接近开关时在其实际输出端之间测量的电压值。该值在 7.2.1.15 规定。

4.3.2 电流

接近开关及其开关元件应规定下列电流：

4.3.2.1 额定工作电流(I_e)

见 7.2.1.11。

4.3.2.2 最小工作电流(I_m)

见 7.2.1.12。

4.3.2.3 截止状态电流(I_r)

见 7.2.1.13。

4.3.2.4 空载电源电流(I_0)

三端子或四端子接近开关的空载电源电流由制造商规定。

4.3.3 额定电源频率

交流电路的额定电源频率应为 50 Hz 和(或)60 Hz。

4.3.4 操作频率(f)

操作频率见本部分的附录 A 的规定或由制造商规定。

4.3.5 正常负载或非正常负载特性

4.3.5.1 开关元件正常负载条件下的接通能力和分断能力及性能

开关元件应满足表 4 的要求。

注：对已规定了使用类别的开关元件，不必分别规定接通和分断能力。

4.3.5.2 开关元件非正常条件下的接通能力和分断能力

开关元件应满足表 5 的要求。

注：对已规定了使用类别的开关元件，可不必分别规定接通能力和分断能力。

4.3.6 短路特性

4.3.6.1 额定限制短路电流

接近开关的额定限制短路电流预期值为100 A,接近开关应能耐受住8.3.4规定的试验。

4.4 开关元件的使用类别

表2给出的使用类别是标准使用类别。其他形式的用途可由制造商与用户的协议确定,制造商在产品样本和目录中给出的参数也可构成上述的协议。

表2 开关元件的使用类别

电流种类	类 别	典 型 用 途
交流	AC-12	控制电阻性负载或光频隔离的固态负载
	AC-140	控制小电磁负载,承载电流小于0.2 A,例如:接触器式继电器
直流	DC-12	控制电阻性负载或光频隔离的固态负载
	DC-13	控制电磁铁

5 产品资料

5.1 资料种类

制造商应提供下列资料。

5.1.1 标志内容

a) 制造商的名称或商标;

b) 型号标志或其他标志,从中可识别接近开关并且可从制造商或其样本中得到有关数据(见表1);

c) 如果制造商说明其符合本部分,则应标记所符合的标准号;

基本的额定值和使用类别:

d) 额定工作电压(见4.3.1.1);

e) 在额定工作电压和额定频率或直流条件下的使用类别和额定工作电流;

f) 额定绝缘电压(见4.3.1.2);

g) 额定冲击耐受电压(见4.3.1.3);

h) 防护等级IP符号(见7.1.10);

i) 污染等级(见6.1.3.2);

j) 短路保护电器的型号和最大额定值(见7.2.5);

k) 额定限制短路电流(见4.3.6.1);

l) 电磁兼容性(EMC)(见7.2.6);

m) 动作距离(见7.2.1.3);

n) 重复精度(见7.2.1.4);

o) 回差(见7.2.1.5);

p) 操作频率(见7.2.1.6);

q) 最小工作电流(见7.2.1.12);

r) 截止状态电流(见7.2.1.13);

s) 空载电源电流(见 4.3.2.4);

t) 电压降(见 7.2.1.15);

u) 开关元件功能(见 2.4.1);

v) 安装方式,埋入式或非埋入式(见 2.2.9 和 2.2.10);

w) 结构尺寸(见 7.3);

x) 增益比(见 7.2.1.10)。

5.2 标志要求

5.2.1 基本要求

为了能从制造商获得(全部的)数据,5.1.1a)和 b)两项必须标志在接近开关的铭牌上或其本体上。

对直径小于等于 12 mm 的圆柱型接近开关,a)和 b)两项应标在端面处或紧靠端面处的接线端子上,该标志离器件本体的距离不应大于 100 mm。

标志应是不易磨灭和易于识别的,并且不应标在正常使用时可移动的部件上。

c)~y)的数据若不标在接近开关上,则应在制造商的说明书中给出。

5.2.2 接线端子的识别和标志

见 7.1.7.4。

5.2.3 功能标志

如果接近开关的结构不能明显的区分感应面时,感应面应标志出。

5.3 安装、使用和维修说明

制造商应在其文件中或样本中规定接近开关的安装、使用和维修条件。

制造商的上述文件应规定推荐的程度及维修的次数(如有的话)。

6 正常使用、安装和运输条件

6.1 正常使用条件

符合本部分的接近开关应能在下列条件下动作。

注:如果接近开关使用的条件与本部分规定的不同,用户应规定出与标准使用条件的不同之处,并且用户应与制造商协商在这种条件下使用的适用性。

6.1.1 周围环境温度

6.1.1.1 电感式、电容式、非机械磁性式和超声波式接近开关的周围环境温度

接近开关应能在－25 ℃～＋70 ℃的环境温度下动作。在环境温度允许的范围内其动作特性应保持不变。

注:对超声波式接近开关,由于声速与空气温度有关,其动作距离可能每度变化 0.17%。

6.1.1.2 光电式接近开关的周围空气温度

光电式接近开关应能在－5 ℃～55 ℃环境温度下动作,在环境温度允许的范围内其动作特性应保持不变。

6.1.2 海拔

GB 14048.1—2006 的 6.1.2 适用。

6.1.3 大气条件

6.1.3.1 湿度

空气的相对湿度(RH)在 70 ℃时不超过 50%,在较低的温度下允许有较高的相对湿度,例如在 20 ℃ 时 90%。

注:感应面的冷凝和湿度变化可能影响动作距离。因此必须考虑因温度变化产生的冷凝(70 ℃时相对湿度 RH 为 50%,相当于 54 ℃时相对湿度为 100%)。

6.1.3.2 污染等级

除非制造商另有规定，接近开关用于安装在污染等级为3的环境条件下(见GB 14048.1—2006的6.1.3.2)。其他污染等级的采用取决于所使用的微观环境。

6.2 运输和储存条件

如果运输和储存条件不同于6.1所规定的条件，例如温度和湿度，则制造商与用户应规定一个特殊协议。

6.3 安装

安装尺寸和条件应根据有关附录A规定。

7 结构和性能要求

7.1 结构要求

7.1.1 材料要求

材料应适合于特殊应用，并确保设备满足有关的试验要求。

特别要注意材料的耐火性和耐湿性，有些绝缘材料必需防湿。

注：要求在考虑中。

7.1.2 载流部件及其联接

载流部件应满足其预定用途所必需的机械强度和载流能力。对于电气连接，接触压力不应通过绝缘材料传递，应用性能更适合的陶瓷或其他材料，除非金属部件有足够的弹性来补偿绝缘材料任何可能发生的收缩和变形。

7.1.3 电气间隙和爬电距离

GB 14048.1—2006的表7和表8适用。

7.1.4 动作

接近开关进行动作试验时(检测标靶存在与否)，其特性检验方法见8.3.2.1中规定。

7.1.5 空白

7.1.6 空白

7.1.7 接线端子

7.1.7.1 接线端子的结构要求

GB 14048.1—2006的7.1.7.1适用。

7.1.7.2 接线端子联接导线的能力

GB 14048.1—2006的7.1.7.2适用。

7.1.7.3 接线端子的联接

GB 14048.1—2006的7.1.7.3适用，并补充如下要求。

接线端子可具有整体联接引线：这种情况下，连接引线长度应为$2^{+0.1}_{0}$ m。

7.1.7.4 接线端子的标志和识别

GB 14048.1—2006的7.1.7.4适用，并补充如下：

具有整体引线的接线开关应根据表3要求标志引线颜色。

具有接线端子连接的接近开关应根据表3要求标志颜色。

绿-黄双色线只用于标记保护导体(GB 7947—2006)。

为了保持接近开关整体持久接地安全性，绿色除用于标记接地保护导体外不能用作其他用途。

表 3　导线的联接型式与标记

型　式	功　能	接线	接线颜色	接线端编号[b]
2 接线端、交流 和 2 接线端、直流 (不分极性)	NO(接通)		除黄、绿或黄-绿双色 以外的任何颜色[a]	3 4
	NC(分断)			1 2
	NO/NC 可编程			1 4
2 接线端、 直流 (分极性)	NO(接通)	+ −	棕色 蓝色	1 4
	NC(分断)	+ −	棕色 蓝色	1 2
3 接线端、 直流 (分极性)	NO(接通)	+ − 输出	棕色 蓝色 黑色	1 3 4
	NC(分断)	+ − 输出	棕色 蓝色 黑色	1 3 2
3 接线端、交流和 3 接线端交流/直流(分极性)	NO(接通)	L 输出	棕色 蓝色 黑色	1 3 4
	NC(分断)	L 输出	棕色 蓝色 黑色	1 3 2
4 接线端、 直流 (分极性)	通断转换,(接通-分断)	+ − NO 输出 NC 输出	棕色 蓝色 黑色 白色	1 3 4 2

[a] 两根线推荐用相同颜色线。

[b] 接线端编号(除了交流接近开关和 3 接线端 8 mm 联接器的接近开关)应与整体联接器插脚号相同。

7.1.8　空白

7.1.9　保护接地的规定

7.1.9.1　结构要求

GB 14048.1—2006 的 7.1.9.1 适用,并补充如下要求:

注 1:当接近开关具有Ⅱ级绝缘时,其外部金属壳不需联接保护接地端子(GB/T 17045—2006)。

注 2:最大额定电压交流不超过 50 V 或直流不超过 120 V 的接近开关不需要保护接地要求。

根据安装原则(GB 16895)接近开关必须考虑其电源或变压器(如有的话)安全绝缘。

7.1.9.2　保护接地端子

GB 14048.1—2006 的 7.1.9.2 适用。

7.1.9.3　保护接地端子的标志和识别

GB 14048.1—2006 的 7.1.9.3 适用。

7.1.10 防护等级

当接近开关按制造商的说明安装时应具有至少 IP65 的保护等级，但光电式接近开关应至少为 IP54 保护等级，并且应根据 8.2 要求检验。

注：在进行外壳防护等级试验时不需接近开关动作。

7.1.11 具有整体连接电缆的接近开关的要求

见附录 C。

7.1.12 Ⅱ级封装绝缘接近开关

Ⅱ级封装绝缘的接近开关不提供保护接地功能(见 GB/T 17045—2008)。

对于Ⅱ级封装绝缘的接近开关要求见附录 B。

7.2 性能要求

以下要求适用于新的接近开关。

7.2.1 动作条件

7.2.1.1 动作条件一般要求

接近开关应根据附录 A 的说明或制造商的说明安装。

对 7.2.1.3～7.2.1.6 的试验，负载应调整到能提供 $0.2I_e$。

7.2.1.2 动作范围

接近开关应在下列条件下可靠动作：

a) 85%U_e 和 110%U_e 之间；或

b) 85%U_{emin} 和 110%U_{emax} 之间；或

c) 在 U_B 的范围内。

对于直流，其波纹电压值(峰值至峰值)应不超过 $0.1U_e$(见 4.3.1.1)。

7.2.1.3 动作距离

动作距离根据 8.4 的规定测量。动作距离是当标靶轴向移近接近开关时确定的。

对电感式和电容式接近开关，动作距离间的关系见图 3。

对超声波式接近开关，其动作距离间的关系见图 4。

对光电式接近开关，其动作距离之间的关系见图 1。

7.2.1.3.1 有效动作距离(S_r)

有效动作距离是在额定电压和环境温度为 23 ℃±5 ℃条件下测得的。

——对电感式和电容式接近开关，有效动作距离为额定动作距离 S_n 的 90%～110%：即 $0.9S_n \leqslant S_r \leqslant 1.1S_n$；

——对超声波式接近开关，有效动作距离是最大动作距离值和最小动作距离值之间的距离。即 $S_{min} \leqslant S_r \leqslant S_{max}$。

7.2.1.3.2 可用动作距离(S_u)

可用动作距离是在环境温度范围内，电源电压在其额定值的 85%和 110%时测得。

对电感式和超声波式接近开关，可用动作距离为其有效动作距离(S_r)的 90%～110%：即 $0.9S_r \leqslant S_n \leqslant 1.1S_r$。

对电容式接近开关，可用动作距离为有效动作距离(S_r)的 80%～120%：即 $0.8S_r \leqslant S_u \leqslant 1.2S_r$。

7.2.1.3.3 确保的动作距离(S_a)

对电感式接近开关，确保的动作距离为额定动作距离(S_n)的 0～81%：

$0 \leqslant S_a \leqslant 0.9 \times 0.9S_n$。

对电容式接近开关，确保的动作距离为额定动作距离(S_n)的 0～72%：

$0 \leqslant S_a \leqslant 0.9 \times 0.8S_n$。

7.2.1.3.4 **T 型和 R 型光电式接近开关的动作范围(r_o)**

动作范围按 8.4 规定测量。

动作范围如下：

——T 型[图 11 的 a)]：发光器和受光器之间；

——R 型[图 11 的 b)]：发光器-受光器和反光器之间。

动作范围和增益比值是在环境光小于 300 lx 时和 5 000 lx 时的值，由制造商规定，其试验方法见 8.4.2 规定。

增益比按 8.4.2.1 规定。

7.2.1.3.5 **D 型光电式接近开关的检测范围(S_d)**

检测范围和/或动作距离按 8.4 测量。

D 型光电式接近开关的检测范围见图 11c)。

检测范围和增益比值是在环境光小于 300 lx 和 5 000 lx 时的值由制造商规定，其试验方法见8.4.2。

7.2.1.3.6 **非机械磁性式接近开关的灵敏度和动作距离**

非机械磁性式接近开关的动作检测特性和其容差由制造商规定。

7.2.1.4 **重复精度(R)**

有效动作距离(S_r)的重复精度是在环境温度为 23 ℃±5 ℃之间，相对湿度在 6.1.3.1 规定的范围内(其误差为±5%)和规定的电源电压下 8 h 内测得的。

任何两次测量的差值不应超过有效动作距离(S_r)的 10%：

$R \leqslant 0.1S_r$

7.2.1.5 **回差(H)**

回差是以有效动作距离的百分比型式给出。其测量是在环境温度为 23 ℃±5 ℃和额定电源电压下按 8.4.1.3 规定测量。回差不应大于有效动作距离(S_r)的 20%：

$H \leqslant 0.2S_r$

7.2.1.6 **操作频率(f)**

7.2.1.6.1 **电感式、电容式和超声波式接近开关的操作频率**

操作频率见本部分附录 A 的规定，并按 8.5.1 和 8.5.2 的规定测量。

7.2.1.6.2 **光电式接近开关的操作频率**

操作频率(f)用下式确定：

$$f = \frac{1}{t_{on} + t_{off}}$$

式中：

t_{on}——接通时间；

t_{off}——截止时间。

操作频率值由制造商规定。

t_{on}和 t_{off}按 8.5.3 测得。

7.2.1.7 **起动前的延时(t_v)(起始时间)**

起动前的延时不应超过 300 ms。

在此段时间内开关元件不应发出错误信号。

错误信号是指除无(零)信号外超过 2 ms 的信号(见 8.3.3.2.1)。

注：无(零)信号是指只有截止(OFF)状态电流流过负载。

7.2.1.8 接通时间(t_{on})

接通时间及其测量方法由制造商规定。

7.2.1.9 截止时间(t_{off})

截止时间及其测量方法由制造商规定。

7.2.1.10 光电式接近开关的增益比

增益比及其测量方法由制造商规定。

7.2.1.11 额定工作电流(I_e)

额定工作电流为:

直流 50 mA 或交流 200 mA 有效值。

大于上述值时制造商和用户应协商解决。

7.2.1.12 最小工作电流(I_m)

最小工作电流为:

2 端子:$I_m \leqslant 5$ mA(直流或交流有效值);

3 端子或 4 端子:$I_m \leqslant 1$ mA(直流)。

上述值根据 8.3.3.2.2 验证。

7.2.1.13 截止状态电流(I_r)

在接近开关截止状态下通过其负载电路的最大电流 I_r 为:

2 端子:$I_r \leqslant 1.5$ mA(直流)或 $I_r \leqslant 3$ mA(交流有效值);

3 端子或 4 端子:$I_r \leqslant 0.5$ mA(直流)。

上述值按 8.3.3.2.3 规定验证。

7.2.1.14 开关元件的操作

开关元件的操作应是独立的动作,其操作应根据 8.3.3.2.4 规定验证。

7.2.1.15 电压降(U_d)

电压降应根据 8.3.3.2.5 规定测量,其值为:

2 端子:$U_d \leqslant 8$ V(直流)或 $U_d \leqslant 10$ V(交流有效值);

3 端子或 4 端子:$U_d \leqslant 3.5$ V(直流)。

7.2.2 温升

GB 14048.1—2006 的 7.2.2 适用,并补充如下:

接近开关的温升极限为 50 K。该值适用于金属的或非金属材料的外壳外部和接线端子。

7.2.3 介电特性

接近开关应能耐受 8.3.3.4 规定的介电试验。

Ⅱ级封装绝缘的接近开关检验要求见附录 B。

7.2.3.1 冲击耐压

最小的试验电压为 1 kV。

冲击脉冲发生器特性:1.2/50 μs 脉冲;电源阻抗:500 Ω;电源功率:0.5 J。

注:对于尺寸在 M12 以下的接近开关,容许制造商规定外部保护元件以满足此要求。

7.2.4 正常负载和非正常负载条件下的接通和分断能力

7.2.4.1 接通和分断能力

a) 正常条件下的接通和分断能力

在表 4 规定的使用类别和操作次数及 8.3.3.5 规定的条件下开关元件应能接通和分断电流而不发生故障。

表 4 不同使用类别[a] 的正常条件下开关元件的接通和分断能力验证

使用类别	正常使用条件								
	接通[b]			分断[b]			接通与分断操作次数及频率		
	I/I_e	U/U_e	$\cos\phi$ 或 $T_{0.95}$	I/I_e	U/U_e	$\cos\phi$ 或 $T_{0.95}$	操作次数[c]	每分钟操作次数	接通时间/ms
AC-12	1	1	0.9	1	1	0.9	6 050	6	50
AC-140	6	1	0.3	1	1	0.3	6 050	6	20
DC-12	1	1	1 ms	1	1	1 ms	6 050	6	1
DC-13	1	1	$6P$ms[d]	1	1	$6P$ms[d]	6 050	6	$T_{0.95}$

I_e:额定工作电流;
U_e:额定工作电压;
I:接通或分断电流;
U:接通前电压;
P:稳态功耗,$P=U_eI_e$;
$T_{0.95}$:直流电流达到其稳态电流值的时间,ms。

[a] 见 8.3.3.5。
[b] 试验值允差,见 8.3.2.2。
[c] 试验时前 50 次试验在 $U/U_e=1.1$ 下进行,而负载为 U_e 时的负载。
[d] $6P$ 是经验公式,它是从代表大多数直流电磁铁负载的不超过上限 $P=50$ W 的经验关系中得出。

b) 非正常条件下的接通和分断能力

在表 5 规定的使用类别和操作次数及 8.3.3.5 规定的条件下开关元件应能接通和分断电流而不发生故障。

表 5 不同使用类别[a] 的非正常条件下开关元件的接通和分断能力验证

使用类别	非正常使用条件[b]					
	接通和分断[c]			接通与分断操作次数及频率		
	I/I_e	U/U_e	$\cos\phi$	操作次数	每分钟操作次数	接通时间/ms
AC-12	不使用			—	—	—
AC-140[d]	6	1.1	0.7	10	6	20
DC-12	不使用			—	—	—
DC-13	见注[e]			—	—	—

I_e:额定工作电流;
U_e:额定工作电压;
I:接通或分断电流;
U:接通前电压。

[a] 见 8.3.3.5。
[b] 非正常条件是模拟电磁铁打开时将其堵住时状态。
[c] 试验值允差见 8.3.2.2。
[d] 制造商规定的过载保护电器可用于非正常条件下的验证。
[e] 本试验已包括在正常条件下的接通分断能力试验的前 50 次中。

7.2.5　限制短路电流

开关元件应在 8.3.4 规定的条件下应能耐受由于短路产生的应力。

7.2.6　电磁兼容性(EMC)

7.2.6.1　一般要求

接近开关的动作特性应在各种电磁干扰(EMI)电平下及制造商规定的最大干扰电平下保持不变。

由于接近开关的实际尺寸较小和其保护的应用环境等原因,本部分规定的抗扰度电平在某些方面与一般抗扰度标准中规定的电平有所不同。

被试接近开关应有其代表该型号所有基本设计结构部分,被试品应是清洁和新的。

试验中和试验后不允许维修和更换部件。

EMC 发射标准通常规定了二种环境:环境 A 和环境 B、本部分涉及的产品是应用于环境 A 的。

环境 A 涉及低电压非公共或工业网络/场所/设备,包括强骚扰源。

注 1：环境 A 相当于 GB 4824—2001 中规定的设备 A 级。

环境 B 涉及低电压公共网络,如民用、商业和轻工业的场所/设备。在此环境下,不会有类似电焊机一样的强骚扰源。

注 2：环境 B 相当于 GB 4824—2001 中规定的设备 B 级。

7.2.6.2　抗扰性

7.2.6.2.1　合格准则

合格准则见表 7。

表 7　合格准则

项　目	合格准则 (试验中性能判别准则)		
	A	B	C
整体性能	工作特性无明显变化 按预期计划执行[a]	试验中,开关元件的状态发生变化的持续时间,直流元件不应大于 1 ms,交流元件不应大于半个电源频率周期	性能暂时降低或丧失,需操作者干预或系统复位
显示器和信号元件	显示信息无变化,仅 LED 有轻微的光亮度变化或字符轻微移动	暂时可视变化或信息丢失 非预想 LED 照明	停机,永久性丧失显示信息,或错误信息。 非法操作模式。 不能自行恢复
信息处理和传感功能	不骚扰与外部设备通信和数据交换,符合规定的要求	暂时骚扰通信,能被检测并自行恢复	信息的错误处理。未检测数据和/或信息丢失。 通信错误。 不能自行恢复

[a] 制造商应在其文件中规定操作频率和传导射频可能会产生故障的带宽。

7.2.6.2.2　静电放电

按 GB/T 17626.2—2006 和表 8 进行。

对有金属外壳的接近开关,采用接触放电的方法施加试验电压。

对非金属外壳的接近开关,采用空气放电的方法施加试验电压。

表 8 抗扰度试验

试验的型式	所要求的试验电平	合格准则
静电放电 GB/T 17626.2—2006	8 kV/空气放电 或 4 kV/接触放电	B
射频电磁场(80 MHz～1 GHz) GB/T 17626.3—2006	3 V/m[a]	A
电快速瞬变脉冲群 GB/T 17626.4—2008	2 kV	B
射频场感应的传导骚扰 (150 kHz～80 MHz) GB/T 17626.6—2008	3 V[a]	A
工频磁场[b] GB/T 17626.8—2006	30 A/m	A
电压暂降、短时中断[c] GB/T 17626.11—2008	半个周波降到 30%U_T 5 个周波、50 周波降到 60%U_T	B
电源谐波 GB/T 17626.13—2006	无要求[d]	—

[a] 此要求的电平不同于 GB 14048.1—2006 的规定，因接近开关尺寸较小，因此其内部无法安装滤波器。

[b] 仅适用于包含有受磁场影响的元器件的接近开关。

[c] 仅适用于交流开关。

[d] 试验电平在研究中。

7.2.6.2.3 **射频电磁场**

采用 GB/T 17626.3—2006 和表 8 的规定。

如已知扰动影响最严重的方向，则试验只需在此方向进行，否则磁场应对设备三个相互垂直的方向进行试验。

7.2.6.2.4 **电快速瞬变脉冲群**

采用 GB/T 17626.4—2008 和表 8 的规定。

7.2.6.2.5 **浪涌**

接近开关无需进行浪涌抗扰度试验。开关设备的工作环境已考虑到能很好地防护由雷电引起的浪涌电压。

7.2.6.2.6 **射频场感应的传导骚扰**

采用 GB/T 17626.6—2008 和表 8 的规定。

7.2.6.2.7 **工频磁场**

采用按 GB/T 17626.8—2006 和表 8 的规定。

注：强磁场的情况见附录 E。

7.2.6.2.8 **电压暂降、短时中断**

采用 GB/T 17626.11—2008 和表 8 的规定。

7.2.6.2.9 **电源谐波**

采用 GB/T 17626.13—2006 和表 8 的规定。

7.2.6.3 发射

7.2.6.3.1 测量条件

测量应在工作模式进行，包括接地条件，产生在频率范围内最(高)强的发射，此频率范围是按正常使用情况调查试验研究的结果(见第4章)。

每次测量应按规定和重复再现条件进行。

试验说明，试验方法和建立按GB 4824—2004进行。本部分在此不再赘述。但试验中实际应用需要的修改和附加补充信息由本部分规定。

接近开关由公用主电源供电，因此它属GB 17625.1—2003和GB 17625.2—2007的范围内，有关低频发射也应满足这些标准的要求。

7.2.6.3.2 高频发射的极限

接近开关设备能产生持续的电磁骚扰。

这样的发射不应超过GB 4824—2001环境A规定的极限值。仅当控制电路和/或辅助电路包含开关基频大于9 KHZ的元件时，需要进行本项试验。

7.2.6.3.3 低频发射的极限

对于产生低频谐波的接近开关设备，GB 17625.1—2003适用。

对于产生低频电压振荡的接近开关设备，GB 17625.2—2007适用。

注：对于不连接到公用主电源上的设备，这些要求并不需要。

7.3 机械结构尺寸

接近开关的标准机械结构尺寸在有关的附录中给出(附录A)。

注：本部分也适用于其他尺寸的接近开关。

7.4 冲击和振动

7.4.1 冲击

用下列条件根据GB/T 2423.5—1995进行试验，沿三个相互垂直的轴的每一个方向进行六个单独的试验：

冲击(脉冲)波形：半正弦；

峰值加速度：30 g_n；

脉冲持续时间：11 ms。

7.4.2 振动

用下列条件根据GB/T 2423.10—2008试验，试验沿三个相互垂直的轴进行：

频率范围：10 Hz～55 Hz；

振幅：对电感式、电容式、非机械磁性式和超声波式接近开关：1 mm；

对光电式接近开关：0.5 mm；

扫频周期时间：5 min；

在共振频率或55 Hz时持续时间：在3个轴上每个轴30 min(共计90 min)。

7.4.3 试后判别

试验结束后，动作特性应保持第4章的规定。

8 试验

除非另有规定，试验应在环境温度(23±5)℃的范围内进行。

8.1 试验的种类

8.1.1 一般要求

GB 14048.1—2006的8.1.1适用。

8.1.2 型式试验

型式试验是为验证产品是否符合本部分。

型式试验的验证包括如下项目：

a) 温升(8.3.3.3)；

b) 介电性能(8.3.3.4)；

c) 正常条件和非正常条件下开关元件的接通和分断能力(8.3.3.5)；

d) 限制短路电流性能(8.3.4)；

e) 结构要求(8.2)；

f) 防护等级(8.2)；

g) 动作距离(8.4)；

h) 操作频率(8.5)；

i) 电磁兼容性(8.6)；

j) 冲击耐受能力(7.4.1)；

k) 振动耐受能力(7.4.2)。

8.1.3 常规试验

常规试验由制造商负责，一般局限为机械检验和电气动作验证。

检验可增加介电试验。进行介电性能试验时，可按 8.3.3.4 的规定进行，但试验时间可减少为 1 s。

8.1.4 抽样试验

GB 14048.1—2006 的 8.1.4 适用。

8.1.5 特殊试验

特殊试验项目由用户和制造商协商。

8.2 验证结构要求

GB 14048.1—2006 的 8.2 适用。

8.3 性能

8.3.1 试验程序

试验型式和程序应在五个样品上进行：

样品No.1：

试验 No.1—温升(8.3.3.3)；

试验 No.2—接线端子的机械性能(见 GB 14048.1—2006 的 8.2.4)；

试验 No.3—介电性能(8.3.3.4)；

试验 No.4—目测。

样品No.2：

试验 No.1—防护等级(GB 14048.1—2006 附录 C)；

试验 No.2—振动(7.4.2)；

试验 No.3—操作频率(8.5)；

试验 No.4—动作距离(8.4)；

试验 No.5—介电性能(8.3.3.4)。

样品No.3：

试验 No.1—防护等级(GB 14048.1—2006 附录 C)；

试验 No.2—冲击(7.4.1)；

试验 No.3—操作频率(8.5)；

试验 No.4—动作距离(8.4)；

试验 No.5—介电性能(8.3.3.4)。

样品No.4：

试验 No.1—接通和分断能力(8.3.3.5)；

试验 No.2—介电性能(8.3.3.4)；

试验 No.3—动作距离(8.4)。

样品No.5：

试验 No.1—电磁兼容性(8.6)；

试验 No.2—短路条件下性能(8.3.4)；

试验 No.3—介电性能(8.3.3.4)；

试验 No.4—动作距离(8.4)。

上述试验任一项目不得失败。

注1：如果制造商有要求，一个样品可进行二个及以上程序或全部程序试验，试验必须按上述为每个样品给出的顺序进行。

注2：对于Ⅱ级封装绝缘的接近开关，需增加试品(见附录B)。对于具有整体连接电缆的接近开关，也需增加试品(见附录C)。

8.3.2 一般试验条件

8.3.2.1 一般要求

除非另有规定，GB 14048.1—2006 的 8.3.2.1 适用，并补充如下：

8.3.2.1.1 电感式和电容式接近开关的标靶

标靶为方形，厚为 1 mm，由碳钢制成，如 ISO 630:1995 规定的 Fe 360 型碳钢。标靶应是轧制的。

标靶的边长(a)为感应面实际表面内切圆直径，或额定动作距离的 3 倍，两者取大者(见图 5)。

对电容式接近开关，标靶应接地。

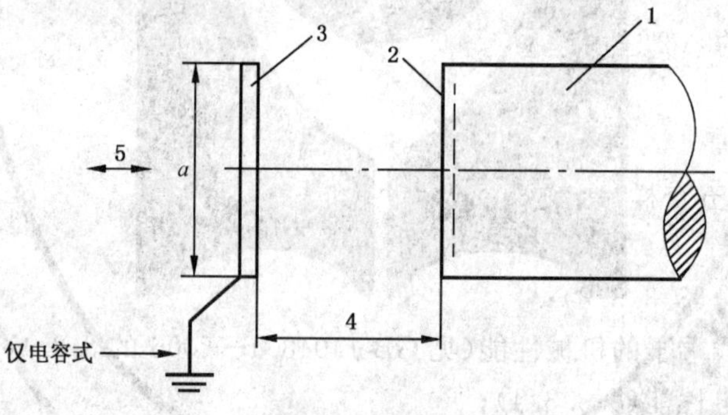

1——接近开关；

2——感应面；

3——标靶；

4——动作距离；

5——运动方向。

图 5 动作距离的测量方法(8.3.2.1 和 8.4.1)

8.3.2.1.2 超声波式接近开关的标靶

标靶为方形，厚 1 mm。标靶应为轧制的金属。其尺寸在附录 A 中规定。

8.3.2.1.3 光电式接近开关的标靶

a) R 型

对于 R 型接近开关，标靶为反光器，该反光器由制造商提供或由制造商指定。

b) T 型

对于 T 型接近开关，标靶为发光器，该发光器由制造商提供或由制造商指定。

c) D型

标靶为200 mm×200 mm具有90%反射性的白纸。

注：根据更全的使用要求可选定标准化标靶。对于特殊产品或应用，需要给出附加信息。

8.3.2.1.4 非机械磁性式接近开关的标靶

非机械磁性式接近开关的标靶由制造商规定。

8.3.2.2 试验参数

GB 14048.1—2006的8.3.2.2适用，但其中8.3.2.2.3除外。

8.3.2.3 试后判定

接近开关每项试验后的状态应用适于每项试验的验证方法进行检验。

如果接近开关满足所适用的每项试验和(或)试验程序，则认为接近开关满足本部分的要求。

8.3.2.4 试验报告

GB 14048.1—2006的8.3.2.4适用。

8.3.3 空载、正常负载或非正常负载条件下的性能

8.3.3.1 动作

GB 14048.1—2006的8.3.3.1适用。

8.3.3.2 动作电压范围

动作电压范围见7.2.1.2的规定。

8.3.3.2.1 起动前的延时时间

试验按图6规定将接近开关连接到电路上。标靶放置在开关元件处于接通状态的位置。在额定工作电压下，或额定工作电压的最小值(对 U_e 为一范围而言)下，将负载调至具有最小动作电流 I_m。

起动前的延时时间和错误信号的持续时间是在自由反弹式开关处于闭合时用示波器测量负载端的信号得到的。图7是直流开关元件的典型示波图。图7a)是表示开关元件处于接通状态时的示波图，图7b)是表示开关元件于截止状态的示波图。

对于电感式和电容式接近开关，标靶应处于 $1/3S_n$ 或 $3S_n$ 位置上。

测得的起动前的延时时间，即 $t_0 \sim t_3$(见图7)的时间应符合7.2.1.7的规定。错误信号持续时间，即图7a)和图7b)中 $t_1 \sim t_2$ 的时间应满足7.2.1.7的规定。

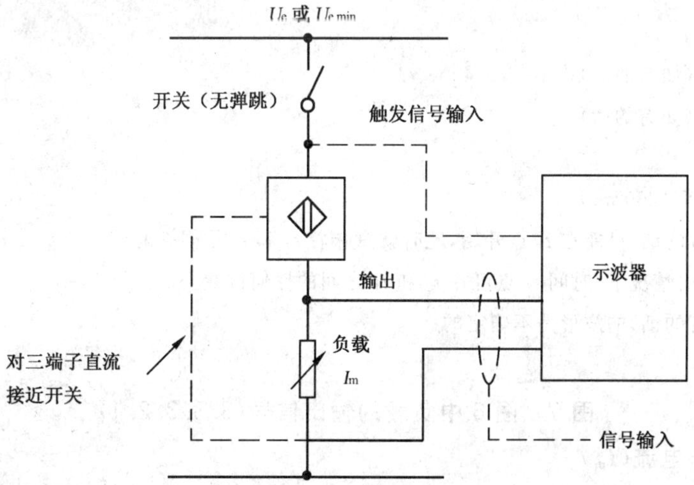

图6 验证起动前的延时时间的试验电路图(7.2.1.7和8.3.3.2.1)

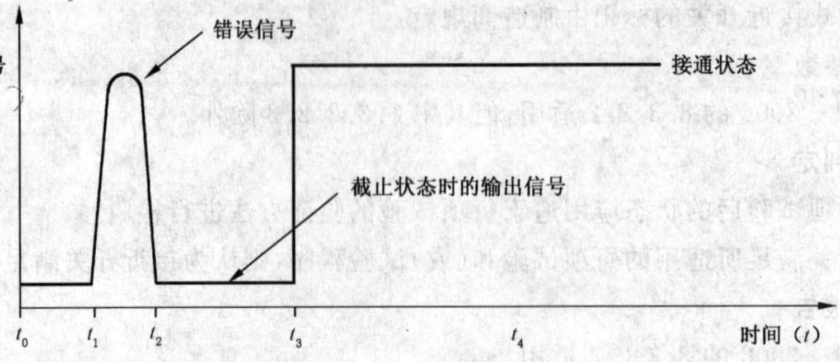

a) 开关元件处于接通状态

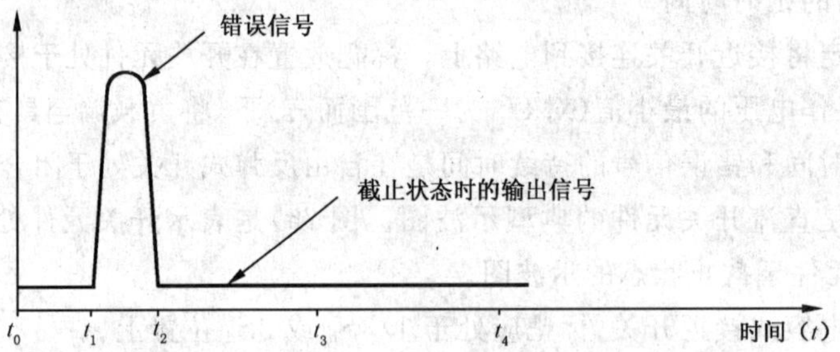

b) 开关元件处于截止状态

t_0——电源接通；

t_1　错误信号起点(如有的话)；

t_2——错误信号终点(如有的话)；

t_3——延时结束；

t_4——延时的最大时间(300 ms)。

注 1：错误信号(如有的话)可能在 t_0 点开始，此时就意味着 t_0 和 t_1 是同一时刻。

注 2：在无错误信号的情况下，时间 t_3 点可在 t_0 和 t_4 之间的任何位置上。

注 3：错误信号(如有的话)的波形是不确定的。

图 7　图 6 中负载的输出信号(8.3.3.2.1)

8.3.3.2.2　最小工作电流(I_m)

按近开关按图 8 要求进行连接。

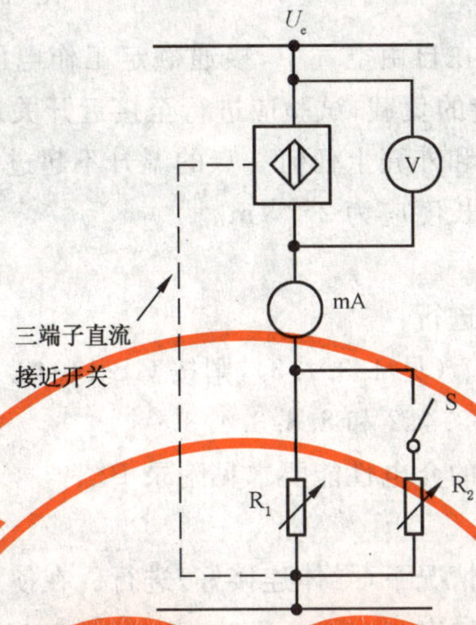

R_1、R_2——电阻负载；

V——高阻抗电压表，阻抗大于 0.2 MΩ/V；

mA——毫安表；

S——开关；测量方式：交流有效值，直流平均值。

图 8 验证最小工作电流、截止状态电流、电压降和非从动快速动作的试验电路图

(8.3.3.2.2、8.3.3.2.3、8.3.3.2.4 和 8.3.3.2.5)

标靶应处于使开关元件为接通状态的位置上。

在电源电压为 U_e 和开关 S 处于打开状态下，负载 R_1 调至具有电流 I_m。所测的 I_m 值不应超过 7.2.1.12 规定的值。

试验时开关元件不应改变状态。

8.3.3.2.3 截止状态电流(I_r)

采用图 8 的电路，开关 S 处于闭合，在电源电压取最高 U_e 时将负载 R_2 调至具有额定工作电流 I_e，然后将标靶移至开关元件处于截止状态的位置。

在电源电压为(1+10%)U_e 或电源电压 U_B 的最大值(对电源电压为一范围而言)时，测量 I_r 电流。所测电流 I_r 应不超过 7.2.1.13 规定的数值。

8.3.3.2.4 非从动动作

在最大和最小额定工作电压下最大和最小负载动作电流时测量非从动动作。四次试验的每项试验应调整相应的负载电阻。

在进行上述试验时，将标靶从开关元件处于截止状态的位置移至开关元件处于接通状态的位置，观察示波器上的输出。开关元件的功能应基本上与标靶的移动速度无关，且输出在接通状态和截止状态转换时应无振荡，也不应保持在任何中间值上。

8.3.3.2.5 电压降(U_d)

电压降是在开关元件处于接通状态，在 23 ℃±5 ℃环境温度和最低额定频率下承载额定工作电流(I_e)时接近开关实际输出端测得的电压。电压降的测量用图 8 的电路，开关 S 处于闭合。负载 R_2 调至在额定电源电压 U_e 时具有额定工作电流 I_e。电压降 U_d 在下述情况下测量：

——(1+10%)U_e 和(1−15%)U_e；或

——(1+10%)U_{emax} 和(1−15%)U_{emin}；或

——U_{Bmax} 和 U_{Bmin}。

所测的电压降不应超过 7.2.1.15 规定。

8.3.3.3 温升

进行温升试验时将接近开关放在自由空气中，接通额定工作电压 U_e(或其电压范围的最高工作电压)，联接与其额定工作电流 I_e 相应的负载，试验应进行至接近开关达到热平衡。

接线端子的温升(如适用的话)和外壳上任何一点的温升不超过 50 K(见 7.2.2)。

连接至每个接线端子的导体的长度应为 $2^{+0.1}_{0}$ m。

8.3.3.4 介电性能

介电性能的验证应按如下要求进行：

——对额定冲击耐受电压值 U_{imp}(见 4.3.1.3)，则按 GB 14048.1—2006 的 8.3.3.4 进行试验。

——按本部分 8.3.3.4.1、8.3.3.4.2 和 8.3.3.4.3。

对于Ⅱ级封装绝缘的接近开关的介电性能要求见附录 B。

8.3.3.4.1 试验电压的施加

试验应在接近实际使用条件的情况下(导体连接好)进行。在使用中可能触及到的全部绝缘部件的外表面应紧密覆盖一层金属箔使其导电。

接近开关应能耐受施加的试验电压，型式试验为 1 min(常规试验时为 1 s)，施加电压部位如下：

——开关元件的带电部件与用于接地的其他部件之间；

——开关元件的带电部件与接近开关使用中可能触及的导电的或金属箔使其导电的表面之间；

——电气上分开的开关元件带电部件之间，如有的话。

8.3.3.4.2 试验电压值

按 8.3.3.4.1 要求施加正弦工频电压值。

试验电压见表 9。

表 9 试验电压值

额定绝缘电压/V		介电试验电压(交流有效值)/V
直流	交流	
75	50	500
150	125	1 250
300	250	1 500

8.3.3.4.3 试验结果的判别

试验时应无击穿放电。但人为的放电除外。

注 1：用于某种目的的人为击穿放电是例外的，例如：瞬态过电压抑制器。

注 2：术语“击穿放电”是一种在电应力下绝缘发生故障的一种现象，击穿使被试绝缘完全导通，使试验电极两端电压减到零或几乎为零。

注 3：术语“火花放电”是指气体中或液体介质中的击穿放电现象。

注 4：术语“闪络”是气体或液体介质表面的击穿放电现象。

注 5：术语“击穿”是固体介质中的击穿放电现象。

注 6：固体介质中的击穿放电产生永久性的介质强度损害，但液体或气体介质中的介质强度的损害可能只是暂时的。

8.3.3.4.4 冲击耐压试验

试验按 7.2.3.1 进行，并补充下列要求：

——试验中接近开关不通电；

——冲击试验施加在：

a) 所有端子并联与地之间；

b) 连接电源的两接线端子之间；

c) 每个输出端与连接电源的每个端子之间。

——每两点之间,施加间隔不小于 5 s 的三个正脉冲和三个负脉冲。

注:冲击耐压试验为型式试验。

8.3.3.5 **接通和分断能力**

验证接通和分断能力的试验应根据 8.3.2.1 规定的基本试验要求进行。

8.3.3.5.1 **试验线路**

负载阻抗应放置在电器的负载端,如图 9 所示。试验电流通过时的试验电压应不低于 U_e。

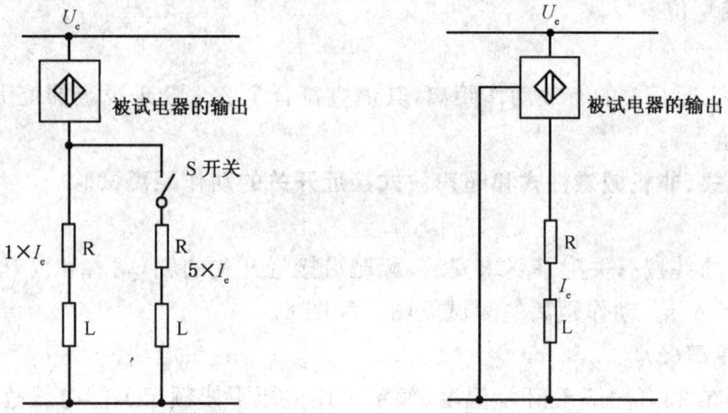

a) 两端子交流或两端子直流　　b) 三端子直流

图 9　验证接通和分断能力的试验线路(8.3.3.5)

8.3.3.5.2 **正常条件下的接通和分断能力**

负载电路应按表 4 规定的值进行调整。

8.3.3.5.3 **非正常条件下的接通和分断能力**

负载电路应根据表 5 的规定值进行调整。

8.3.3.5.4 **试验结果**

试后应测量接近开关的有效动作距离,其值应保持在 7.2.1.3.1 规定的范围内。

8.3.4 **短路条件下的性能**

8.3.4.1 **试验线路和试验程序**

新的接近开关(PS)应按实际使用安装,在大气中,并用实际使用时相同尺寸的导线与试验电路联接。见图 10。

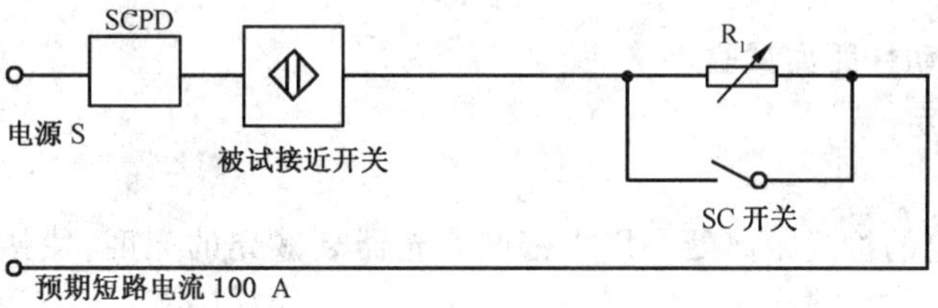

a) 交流两端子或直流两端子

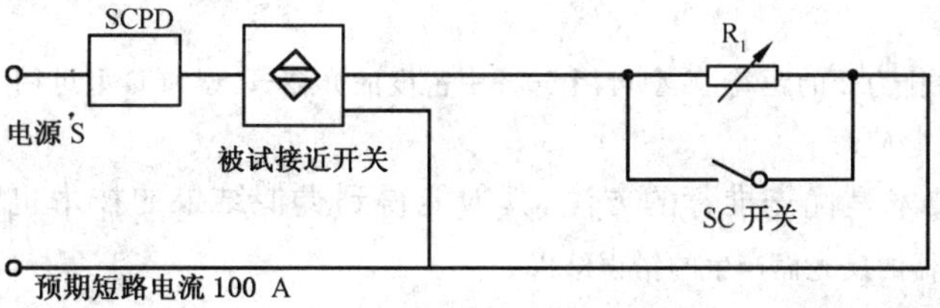

b) 直流三端子

图 10　短路试验(8.3.4.2)

短路保护电器(SCPD)是制造商规定的型式和额定值。如果接近开关本身能进行保护防止短路则SCPD可不采用。

标靶应处于使开关元件为接通状态的位置,R_1 应调整到通过接近开关的电流等于其额定工作电流,电源应调整到具有 100 A 预期短路电流,短路开关"SC"与负载 R_1 并联,用来产生短路电流,开路电压应为额定工作电压的 1.1 倍或电压范围最大值。

试验应进行三次,每次任意闭合开关(SC),试验电流应保持到 SCPD 或接近开关内的短路保护装置动作为止,三次试验的每次试验间隔应不少于 3 min,试验的实际间隔应记录在试验报告中。每次试验后,SCPD 应更换或复位。

8.3.4.2 试验结果

试验后 ,应测量接近开关的有效动作距离,其值应符合 7.2.1.3.1 规定的范围。

8.4 动作距离的试验

8.4.1 电感式、电容式、非机械磁性式和超声波式接近开关的动作距离试验

8.4.1.1 试验条件

接近开关应是新的并按有关附录要求安装,标靶沿接近开关的轴,朝着和离开接近开关的感应面移动,其速度不超过 1 mm/s。动作距离的测试见图 3 和图 4。

8.4.1.2 有效动作距离($\boldsymbol{S_r}$)

有效动作距离是在 23 ℃±5 ℃环境温度、额定工作电压下或额定工作电压范围内的任意电压下进行测量,其测量值应在 7.2.1.3.1 规定的范围内。

8.4.1.3 回差($\boldsymbol{H}$)

回差为有效动作距离的百分数。测量是在额定工作电源电压下,23 ℃±5 ℃的条件下进行,标靶应移向接近开关至有效动作距离 S_r 范围内,然后标靶离开接近开关,测量的回差值应符合 7.2.1.5 的规定。

8.4.1.4 可用动作距离($\boldsymbol{S_u}$)

可用动作距离是在-25 ℃～ 70 ℃环境温度范围内,电源电压为其额定值的85%和110%时测量,标靶移向接近开关时,测量值应在 7.2.1.3.2 规定的范围内。

8.4.1.5 重复精度($\boldsymbol{R}$)

有效动作距离 S_r 的重复精度是在 8 h 内,外壳温度在 23 ℃±5 ℃,电源电压为额定工作电压(1±5%)U_e 或额定工作电压范围内任意电压±5%条件下测量,标靶移向接近开关时,测量值应在 7.2.1.4 规定的范围内。

8.4.2 光电式接近开关动作距离试验

8.4.2.1 增益比值的确定

——D 型

标靶放置于规定的检测距离处。用中密度滤光器衰减光的亮度,使接近开关失去效用。然后计算出增益比。

——R 型和 T 型

发光器或反光器放在规定的动作范围,用中密度滤光器衰减光的亮度,以启动接近开关。然后计算出增益比。

示例:为获得增益比为 2 的距离,T 型可用 50%中密度滤光器,R 型和 D 型可用 70%中密度滤光器。滤光器尽可能靠近感应面。

中密度滤光器测量技术是优先推荐的方法,具他能得到类似结果的技术也可使用,由制造商规定。

注:须小心避免从滤光器的反光而产生的错误结果。

8.4.2.2 动作/检测范围和/或动作距离的试验

试验应在额定电压或电压范围内的任意电压下用新的光电式接近开关进行,除其他试验后规定的

检测以外，该检测试验应在清洁的空气条件下，23 ℃±5 ℃之间的任意环境温度，黑暗中(小于 300 lx)和 8.4.2.3 规定的 5 000 lx 环境光中进行。

试后可得增益比，其值应符合制造商在说明书中的规定。

8.4.2.3 **环境光光源**

采用色温在 3 000 K～3 200 K 之间光源，光强度采用变化照度计与光源的距离的办法获得，用照度计测量。

8.4.2.4 **T 型**

在最大和最小动作距离附近，发光器轴向移向受光器，移动速度不大于 1 mm/s，测量最大和最小动作距离：

a) 无环境光(300 lx)；

b) 有环境光(5 000 lx)。

光源与基准轴之间的夹角为 5°±1°，光源朝向受光器[见图 11a)，T 型]。

8.4.2.5 **R 型**

反光器安装在基准轴上最大动作范围 r_o 处。

光源与基准轴之间的夹角为 5°±1°，光源朝向光电式接近开关[见图 11b)，R 型]。

8.4.2.6 **D 型**

a) 动作距离不超过 400 mm：

光源与基准轴之间的夹角为 15°±1°，光源指向标靶[见图 11d)，D 型]。

接近开关轴向移向标靶，移动速度不大于 1 mm/s，测量检测距离：

1) 无环境光(300 lx)；

2) 有环境光(5 000 lx)。

b) 动作距离超过 400 mm：

在检测距离附近，标靶轴向移近光电式接近开关，移动速度不超过 1 mm/s，测量检测距离：

1) 无环境光(300 lx)；

2) 有环境光(5 000 lx)。

光源与基准轴的夹角的 15°±1°，光源朝向光电式接近开关[见图 11c)，D 型]。

8.4.2.7 **试验结果**

检测范围由制造商规定(见 7.2.1.3.4 和 7.2.1.3.5)。

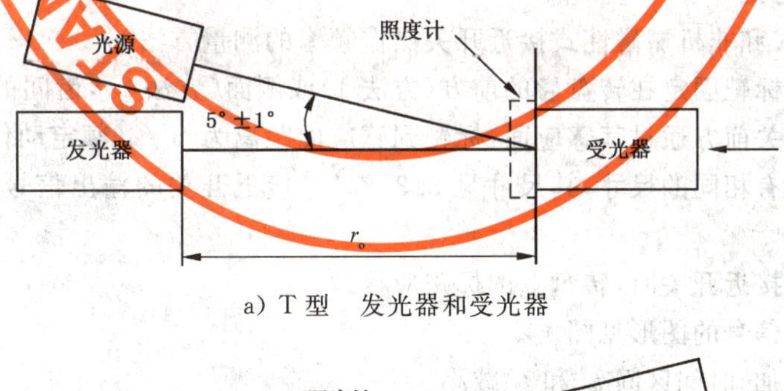

a) T 型　发光器和受光器

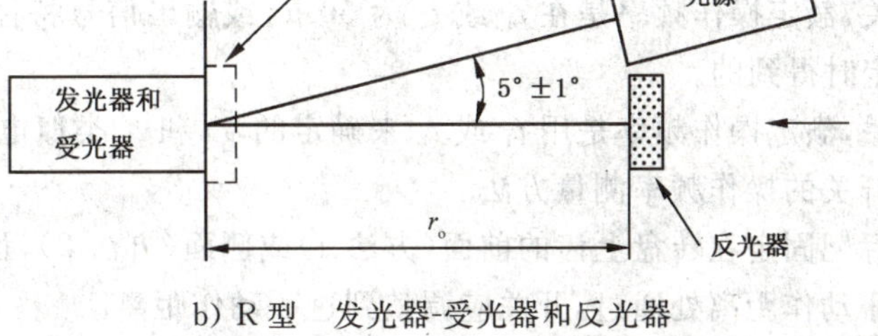

b) R 型　发光器-受光器和反光器

图 11　检测范围试验(8.4)

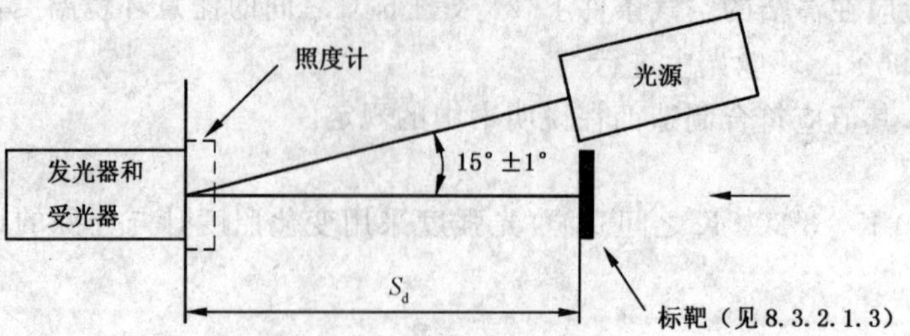

c) D 型　发光器-受光器和标靶

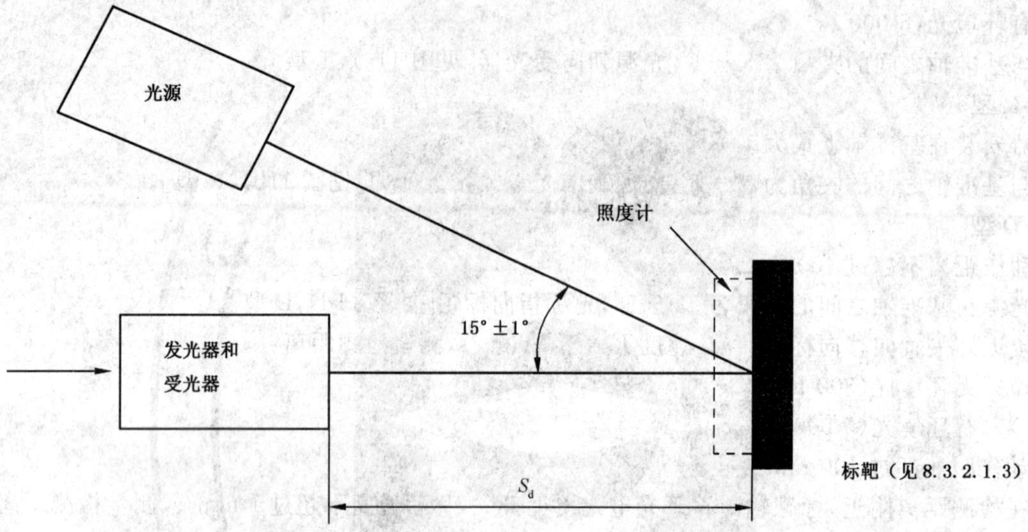

d) D 型　发光器-受光器和标靶

图 11（续）

8.5　操作频率试验

当操作频率超过了规定的测量方法的极限时，制造商应规定其测量方法。

8.5.1　操作频率测试方法

a)　电感式、电容式和非机械磁性式接近开关操作频率的测量方法

如图 12 所示，标靶固定在转盘齿的前方（方法 1）或侧面（方法 2），齿间的空隙为 $2a$，这样可使标靶在接近开关前方通过其感应面，标靶到感应面距离为 $S_n/2$（额定动作距离的一半）。

每个标靶应具有相同的尺寸，其尺寸见 8.3.2.1。接近开关的输出信号从转盘速度从零开始增加时测量。

当试验电容式接近开关时，转盘上的标靶应接地。

接近开关输出信号的图形见图 14。

随着速度的增加，时间区间 t_1 和 t_2 减小。

对直流接近开关，额定操作频率是在 t_1 或 t_2 为 50 μs 或输出信号特性在接通或断开状态下达到有关附录规定时得到的。

对交流接近开关，额定操作频率是用 t_1 或 t_2 来确定的，t_1 和 t_2 类似电源频率（f_b）半个周期。

b)　超声波式接近开关的操作频率测量方法

如图 13 所示，标靶固定在转盘上齿的前面（方法 1）或侧面（方法 2），齿间距离为 $3a$，标靶能在感应面前面最小动作距离处通过，开关应调整到这一动作距离。

操作频率是用下列公式确定的：

$$f=\frac{1}{t_1+t_2}$$

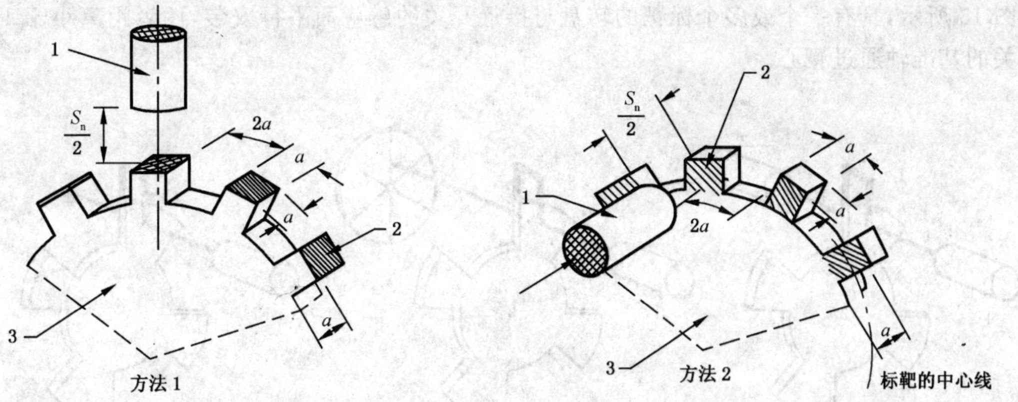

1——接近开关;

2——标靶;

3——非磁性和非导电材料制成的转盘。

注：为了避免从一个标靶到另一个标靶的角度的影响，如果接近开关额定动作距离(S_n)小于 10 mm，则转盘至少应有 10 个标靶，如果额定动作距离大于 10 mm，则转盘上应至少有 6 个标靶。

图 12　电感性、电容性和非机械磁性式接近开关的操作频率 f 的测量方法

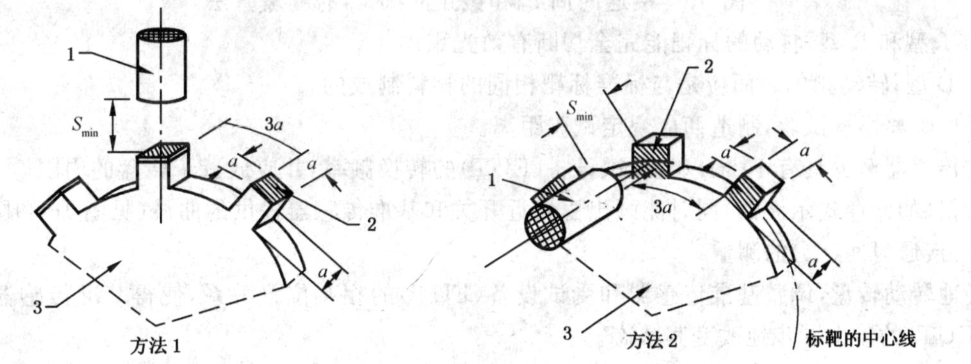

1——接近开关;

2——标靶;

3——非磁性和非导电材料制成的转盘。

注 1：为了避免从一个标靶到另一个标靶的角度的影响，转盘至少应有 10 个标靶。

注 2：方法 2 仅试用于窄射束角度的接近开关。

图 13　超声波式接近开关的操作频率 f 的测量方法

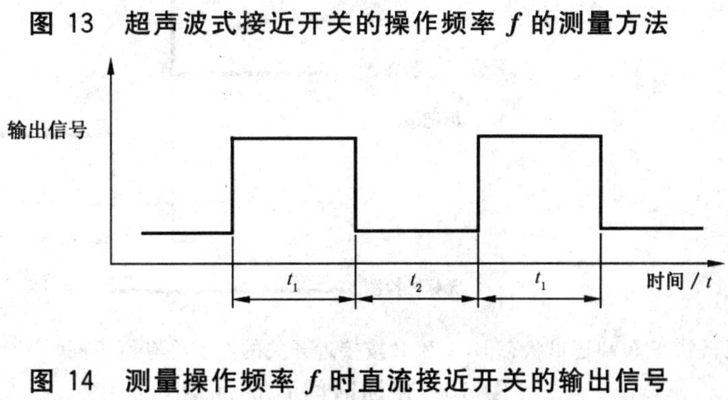

图 14　测量操作频率 f 时直流接近开关的输出信号

8.5.2　试验结果

试验后数值不小于附录 A 的规定值。

8.5.3 光电式接近开关的操作频率测量方法。

8.5.3.1 测量方法

如图 15 所示，具有一个或多个标靶的转盘与接近开关的感应面平行安装，两者距离小于 10 cm，使接近开关的基准轴通过靶心。

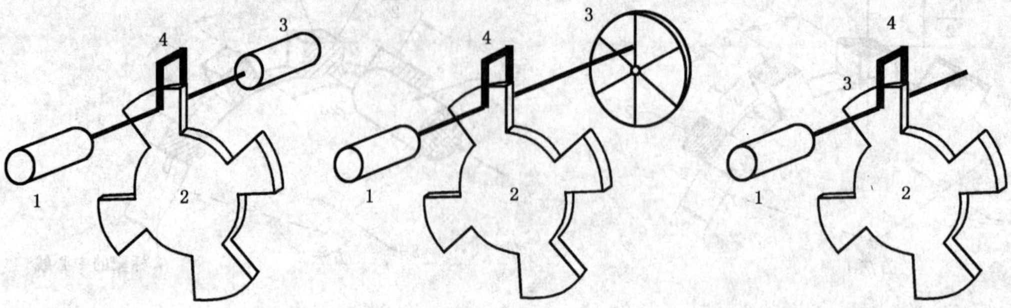

T 型
（对射）

1——受光器；
2——转盘；
3——发光器；
4——基准传感器。

R 型
（回射）

1——发光器-受光器；
2——转盘；
3——反光器；
4——基准传感器。

D 型
（漫射）

1——发光器-受光器；
2——转盘；
3——标靶；
4——基准传感器。

图 15 接通时间 t_{on} 和截止时间 t_{off} 的测量方法

对于 T 型和 R 型，转动的标靶能完全切断有效光束。

对于 D 型，转动靶的表面应是与标准标靶相同的材料制成的。

如动作距离影响试验，制造商应规定试验距离。

基准传感器至少具有 10 倍以上受试设备(EUT)的转换频率，并应放置于转盘的周围。

记录仪（如储存式示波器）同时能画出由接近开关和基准传感器提供的曲线（见图 16 和图 17）。

8.5.3.2 接通时间(t_{on})的测量

慢慢地转动转盘，调整基准传感器和受试设备(EUT)的相互位置关系，使得基准传感器输出与受试设备(EUT)的输出同步地改变其状态。

要测量 t_{on}，须调整转盘速度，使 EUT 以近似于制造商规定的最大动作频率的一半的动作。

接通时间 t_{on} 是基准传感器输出和 EUT 输出状态变化之间的最大观察延时（见图 16）。

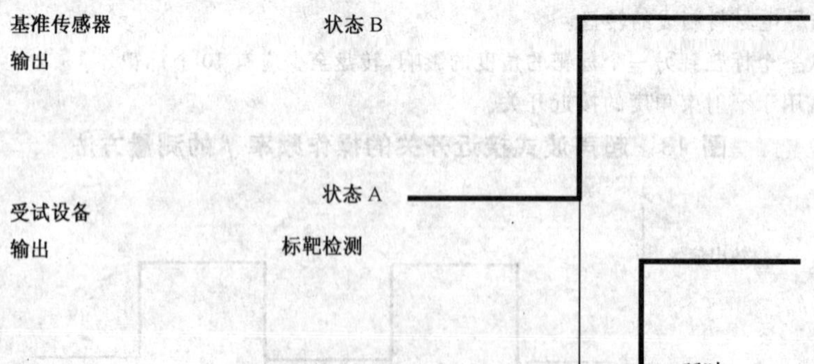

注：本图涉及到逻辑状态 A 和逻辑状态 B，A 和 B 按接近开关的类型将有所不同。

图 16 接通时间 t_{on} 的测量

8.5.3.3 截止时间(t_{off})的测量

慢慢地转动转盘，调整基准传感器与 EUT 的位置关系，使基准传感器输出与 EUT 的输出同步改变其状态。

要测量 t_{off},须调整转盘速度,使 EUT 以近似于制造商规定的最大动作频率的一半动作。

截止时间 t_{off}是基准传感器输出和 EUT 输出状态变化之间的最大观察延时(见图 17)。

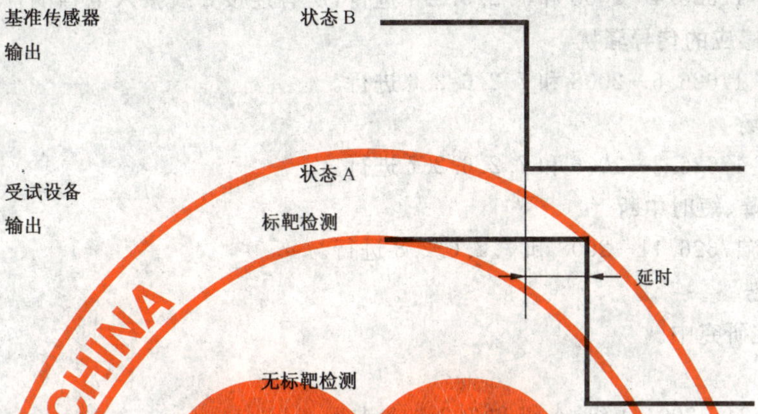

注:本图涉及到逻辑状态 A 和逻辑状态 B,A 和 B 按接近开关的类型将有所不同。

图 17 截止时间 t_{off}的测量

8.5.3.4 结果判别

动作频率 f 按 7.2.1.6.2 给出的公式计算,其值不应小于制造商的规定值。

8.6 验证电磁兼容性

8.6.1 一般要求

下列试验应在下列条件下进行:

——接近开关(在自由空气条件下安装)与负载相联,该负载为能通过额定工作电流 I_e 的负载,并施加额定工作电压(或其电压范围内的最大电压值)U_e。

——连接导线为 $2^{+0.1}_{0}$ m。对不带有整体电缆的接近开关,使用的电缆类型由制造商规定,并记录在试验报告中。

试验应进行:

a) 标靶处于开关元件为截止状态的位置;

b) 标靶处于开关元件为接通状态的位置。

——对电感式和电容式接近开关,标靶应处在 $1/3S_n$ 或 $3S_n$。

——对光电式接近开关,应进行二次试验;标靶首先处在增益比为 2 的位置,然后:

——对 D 型,无标靶;

——对 R 型,无反光器;

——对 T 型,无发光器。

对于按 7.2.6.2.4 进行的试验,补充下列安装条件:

——圆柱形接近开关根据图 A.2(IA)b)进行非埋入式安装。紧夹在防松螺母间的金属垫圈应连接到基准接地板上;

——长方体接近开关应非埋入式安装在金属平板上。金属板与基准接地板相连接;

——与基准接地板的连接方式按制造商的说明书进行(如制造商说明书有此规定),并在试验报告中写明。

8.6.2 抗扰性

8.6.2.1 静电放电

试验按 GB/T 17626.2—2006 和 7.2.6.2.2 进行。在每个测量点重复 10 次,脉冲之间最小时间间隔为 1 s。

8.6.2.2 射频电磁场

试验按 GB/T 17626.3—2006 和 7.2.6.2.3 进行。

8.6.2.3 电快速瞬变脉冲群

试验按 GB/T 17626.4—2008 和 7.2.6.2.4 进行,所有连接导线接入电容耦合端子。

8.6.2.4 射频场感应的传导骚扰

试验按 GB/T 17626.6—2008 和 7.2.6.2.6 进行。

8.6.2.5 工频磁场

试验按 GB/T 17626.8—2006 和 7.2.6.2.7 进行。

8.6.2.6 电压暂降、短时中断

试验按 GB/T 17626.11—2008 和 7.2.6.2.8 进行。

8.6.2.7 电源谐波

试验电平正在研究中。

8.6.3 发射

试验按 GB 4824—2004、1 组、A 级和 7.2.6.3 进行。

上面的规定仅仅专门为工业环境(环境 A)中使用而制造的接近开关提出来的。当它们用于民用环境(环境 B)时,在使用说明书中应包含下列的告示。

告　示
本产品为环境 A 级产品。在民用环境中本产品可能会引起射频干扰。在此情况下,请用户采取必要的措施。

8.7 试验结果和试验报告

试验结果应在全面综合试验报告中确认,试验报告应写明试验的目的、结果和全部有关信息,试验报告应详细说明受试接近开关,包括电缆的配置和必要的辅助设备。记录任何与试验计划不一致的地方。

同一类接近开关按照相同的原理和设计,使用相同类型的元器件,试验可以在代表性的样品上进行。此外根据首次试验结果,试验室可限定射频和传导试验的试验频率范围,采用的频率范围应记录在试验报告中。

附 录 A
（规范性附录）
典 型 型 式

型式 IA 电感式圆柱螺纹型接近开关

A.1 （IA） 尺寸

图 A.1(IA)所示的外形尺寸和螺纹尺寸见表 A.1。在 d_1 和 l_2 的尺寸范围内，包括联接端子的刚性部件。无螺纹部分的直径 d_2 不应超过螺纹的小径。对于 I1 型（埋入式），在长度不超过 $l_3=1$ mm 的一段螺纹可以省略，直径可减小到 d_2。对 I2 型，在长度不超过 $l_3=2S_n$ 的一段上，螺纹可以省略，其直径可减小到 d_2。

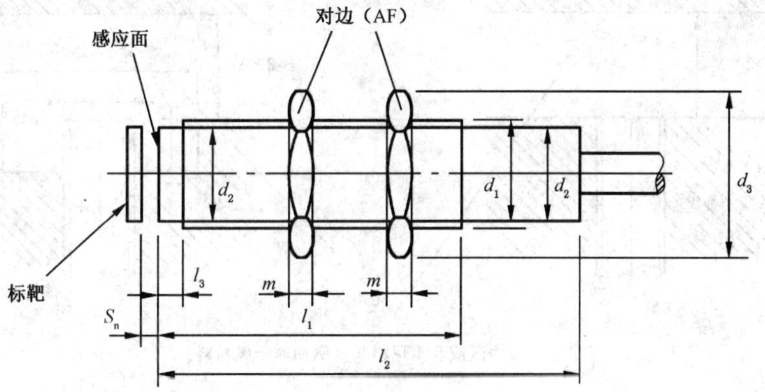

图 A.1 （IA） 尺寸

表 A.1 （IA） 尺寸

感应方式:电感式(I)		尺寸/mm					
1 埋入式	2 非埋入式	本体			螺母		
		d_1 螺纹	l_{1min}	l_{2max}	AF	$m+0.15$	d_{3max}[a]
I1A08	I2A08	M8×1	40	60	13	4	15
I1A12	I2A12	M12×1	40	80	17	4	20
I1A18	I2A18	M18×1	50	100	24	4	28
I1A30	I2A30	M30×1.5	50	100	36	5	42
[a] $d_{3min}=1.13$ AF。							

A.2 （IA） 额定动作距离

对埋入式和非埋入式接近开关，额定动作距离见表 A.2。额定动作距离是一个约定量，该值不考虑制造误差或外部条件变化的影响，例如电压和温度变化（见 2.3.1.1 和 7.2.1.3.1）。

表 A.2 （IA） 额定动作距离

I1 型埋入式		I2 型非埋入式	
型式和尺寸	额定动作距离/mm	型式和尺寸	额定动作距离/mm
A 08	1	A 08	2
A 12	2	A 12	4
A 18	5	A 18	8
A 30	10	A 30	15

A.3 （IA） 安装

当埋入式接近开关安装到阻尼材料中，应按图 A.2(IA)a)要求进行安装。

当非埋入式接近开关安装在阻尼材料中，应按图 A.2(IA)b)要求进行安装。

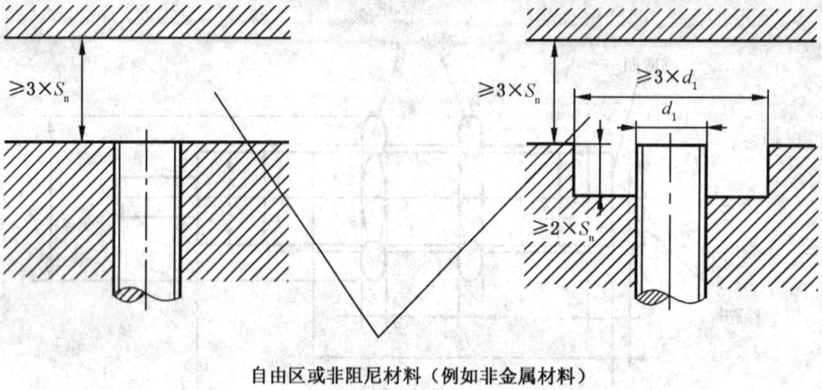

a) 埋入式　　　　b) 非埋入式

图 A.2 （IA） 安装

A.4 （IA） 操作频率 f(最小要求)

表 A.4 （IA） 操作频率

型式和尺寸	机械安装方式	开关元件功能：A 或 B		
		输出型式		
		P 或 N	D	F
A 08	1	500	300	5
	2	300	200	
A 12	1	400	200	
	2	200	100	
A 18	1	200	100	
	2	100	50	
A 30	1	70	50	
	2	50	30	

注：上述操作频率仅适用于通用型，对于其他型式（见表 1 的分类）操作频率由制造商规定。

型式 IB 电感式圆柱光面型接近开关

A.1 (IB) 尺寸

图 A.1(IB)所示的尺寸见表 A.1(IB)。在 d_1 和 l_2 的尺寸范围内,包括联接端子的刚性部件。在 l_2 长度范围内的接近开关的最大直径为 d_1。

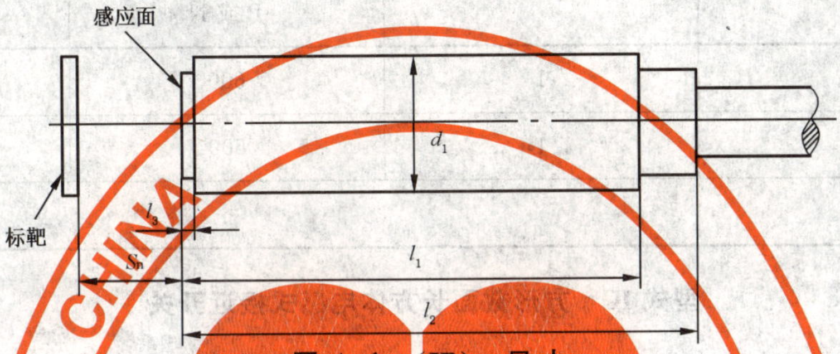

图 A.1 (IB) 尺寸

表 A.1 (IB) 尺寸

感应方式:电感式(I)	尺寸/mm			
I1 埋入型	d_1	l_{1min}	l_{2min}	l_{3max}
I1B04	4	25	50	0.5
I1B06	6.5	40	60	1

A.2 (IB) 额定动作距离

额定动作距离见表 A.2(IB)。额定动作距离是一个约定量。该值不考虑制造误差和外部条件的变化的影响,例如电压和温度(见 2.3.1.1 和 7.2.1.3)。

表 A.2 (IB) 额定动作距离

I1 型埋入式	
型式	额定动作距离/mm
B04	0.8
B06	1

A.3 (IB) 安装

当接近开关安装在阻尼材料中,应按图 A.2(IB)要求进行安装。

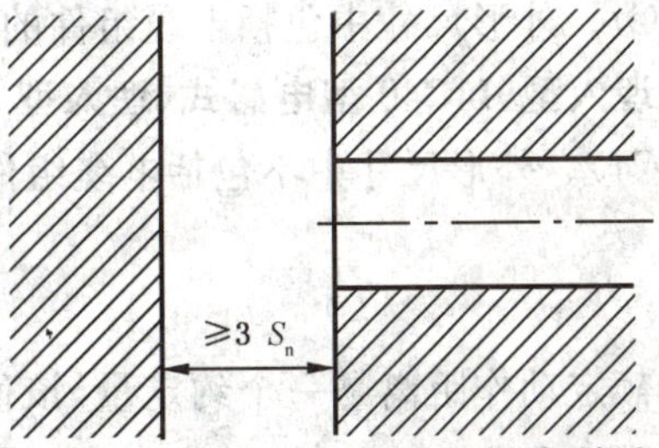

图 A.2 (IB) 在阻尼材料中的安装

A.4 (IB) 操作频率 *f*(最小要求)

表 A.4 (IB) 操作频率

型式和尺寸	机械安装方式	开关元件功能:A 或 B	
		输出型式	
		P 或 N	D
B04	1	600	300
B06	1	500	250
注:同 A.4(IA)。			

型式 IC 方形截面长方体电感式接近开关

A.1 (IC) 尺寸

A.1.1 (IC) I1C26 型电感式、埋入型、26 mm×26 mm 接近开关

外型和安装尺寸见图 A.1.1(IC)。外形尺寸中包括电缆组件的刚性部分。电缆进线口应提供一通道并保证固定及夹紧电缆,其电缆外径为 7 mm~10 mm。

单位为毫米

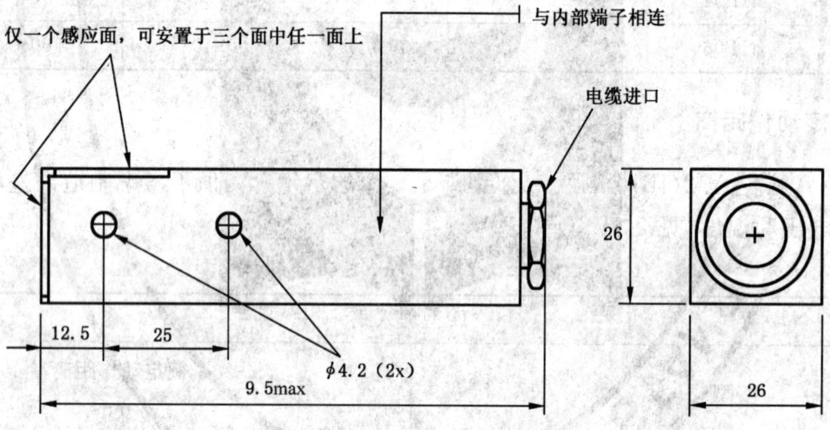

图 A.1.1 (IC) 尺寸

A.1.2 (IC) I2C35 型电感式、非埋入型、35 mm×35 mm 接近开关

外形及安装尺寸见图 A.1.2(IC)。外形尺寸中包括电缆组件的刚性部分。

A.1.3 (IC) I2C30 型电感式、非埋入型和 I1C30 型电感式、埋入型、30 mm×30 mm 接近开关

外形及安装尺寸见图 A.1.3(IC)。外形尺寸中包括电缆组件的刚性部分。

A.1.4 (IC) I2C40 型电感式、非埋入型,I1C40 型电感式、埋入型、40 mm×40 mm 接近开关

外形及安装尺寸见图 A.1.4(IC4)。外形尺寸中不包括电缆组件的刚性部分。

A.2 (IC) 额定动作距离

额定动作距离见表 A.2(IC)。额定动作距离是一个约定量;该值不考虑制造误差和外部条件的变化的影响,例如电压和温度(见 2.3.1.1 和 7.2.1.3)。

表 A.2 (IC) 额定动作距离

形式和尺寸	额定动作距离/ mm
I1C26 埋入式	10
I2C35 非埋入式	15
I1C40 埋入式	15
I2C40 非埋入式	20
I1C30 埋入式	10
I2C30 非埋入式	15

单位为毫米

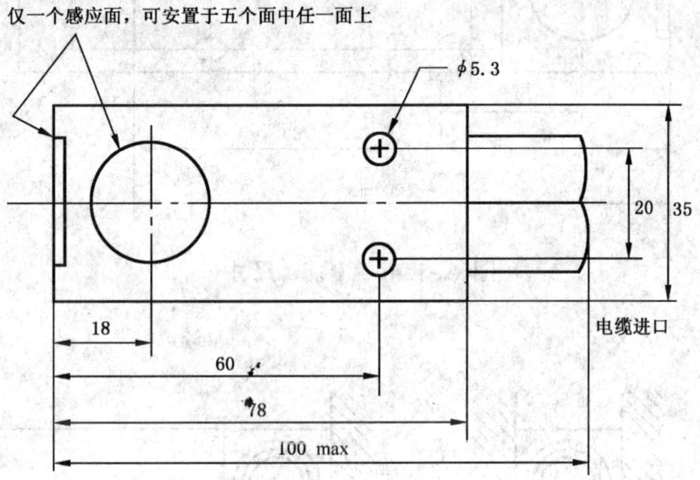

图 A.1.2 (IC) 尺寸

单位为毫米

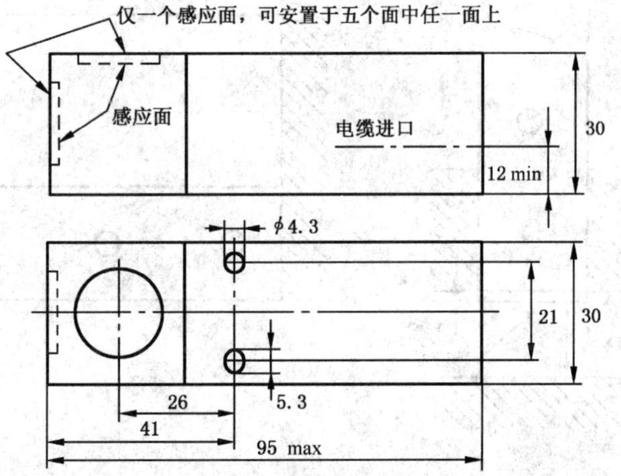

图 A.1.3 (IC) 尺寸

A.3 (IC) 安装

A.3.1 (IC) 安装于阻尼材料中的I1C型接近开关的安装方式见图A.2(IC),图A.2(IC)a)表示接近开关正面感应面安装,图A.2(IC)b)表示接近开关侧面感应面安装。

单位为毫米

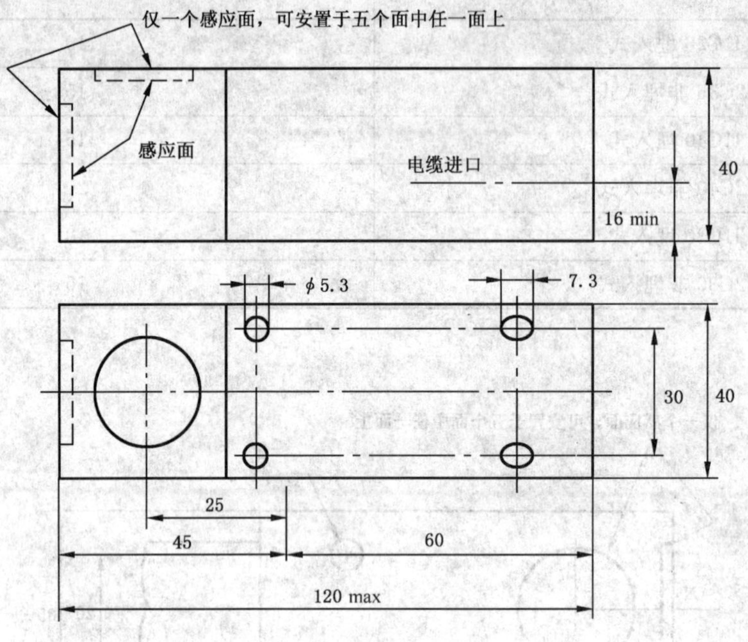

图 A.1.4 （IC） 尺寸

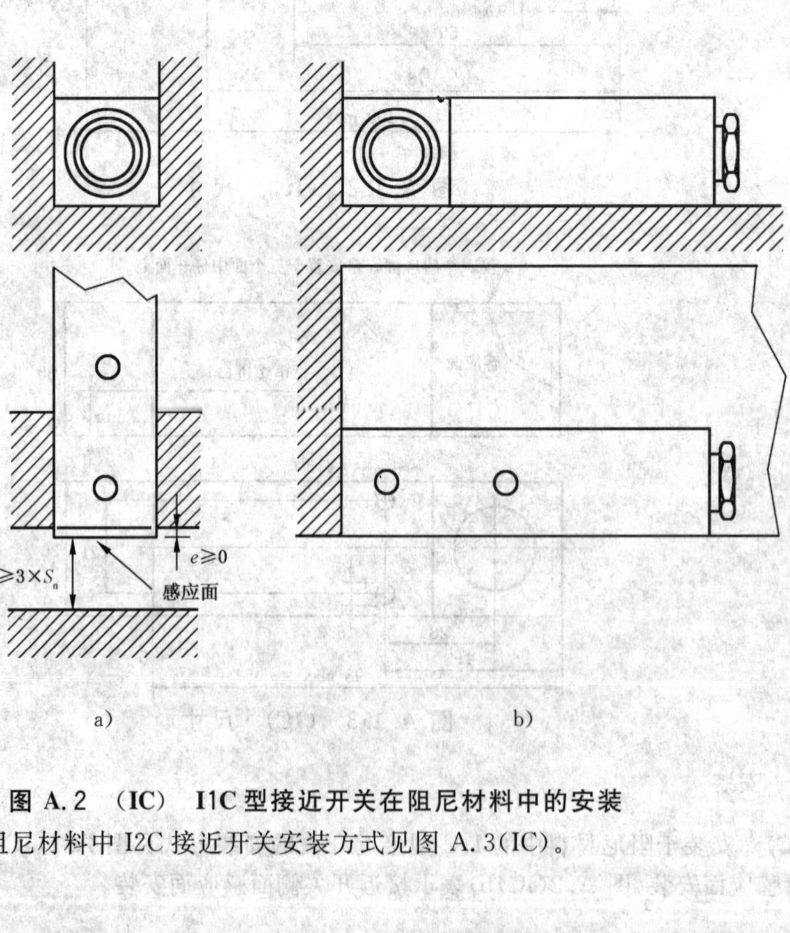

图 A.2 （IC） I1C 型接近开关在阻尼材料中的安装

A.3.2 （**IC**） 安装于阻尼材料中 I2C 接近开关安装方式见图 A.3(IC)。

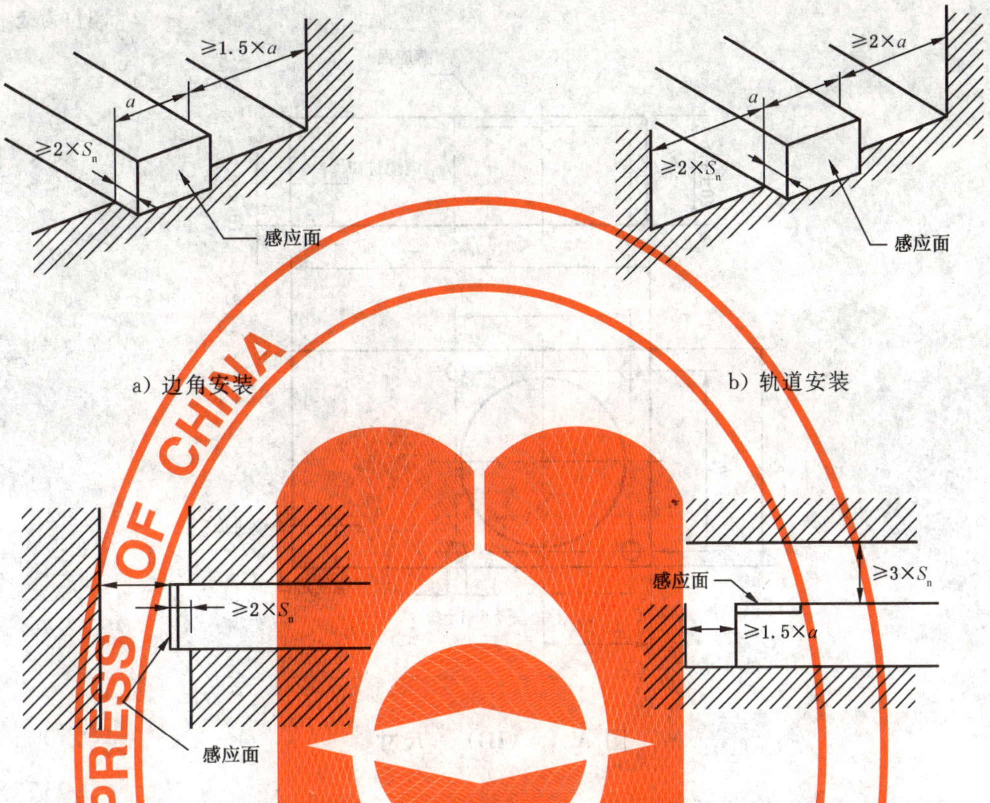

c) 埋入阻尼材料中　　d) 未埋入阻尼材料中

图 A.3 (IC) 12C35 型接近开关在阻尼材料中的安装

A.4 (IC) 操作频率 *f*(最小要求)

表 A.4 (IC) 操作频率

型式和尺寸	机械安装方式	开关元件功能:A 或 B		
		输出型式		
		P 或 N	D	F
C26	1	40	40	5
C35	2	100	50	
C30	1	70	50	
C40	1	50	50	
注:同 A.4(1A)。				

型式 ID 矩形截面长方体电感式接近开关

A.1 (ID) 尺寸

I2D 型非埋入式接近开关的外形和安装尺寸见图 A.1(ID)和表 A.1(ID)。外形尺寸不包括电缆组件。

单位为毫米

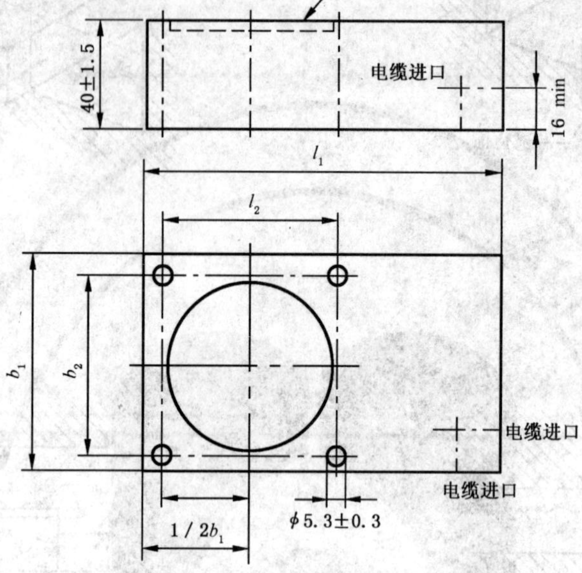

图 A.1 （ID） 尺寸

表 A.1 （ID） 尺寸

型式	l_{1max}/ mm	$l_2=b_2$/ mm	b_{1max}/ mm
I2D60	120	45	50
I2D80	135	65	80

A.2 （ID） 额定动作距离

非埋入式接近开关的额定动作距离见表 A.2(ID)。额定动作距离是一个约定量，该值不考虑制造误差或外部条件的变化的影响，例如电压和温度(见 2.3.1.1 和 7.2.1.3)。

表 A.2 （ID） 额定动作距离

型 式	额定动作距离/ mm
I2D60 非埋入式	25
I2D80 非埋入式	40

A.3 （ID） 安装

安装于阻尼材料中的 I2D60 和 I2D80 接近开关的安装方式见图 A.2(ID)。

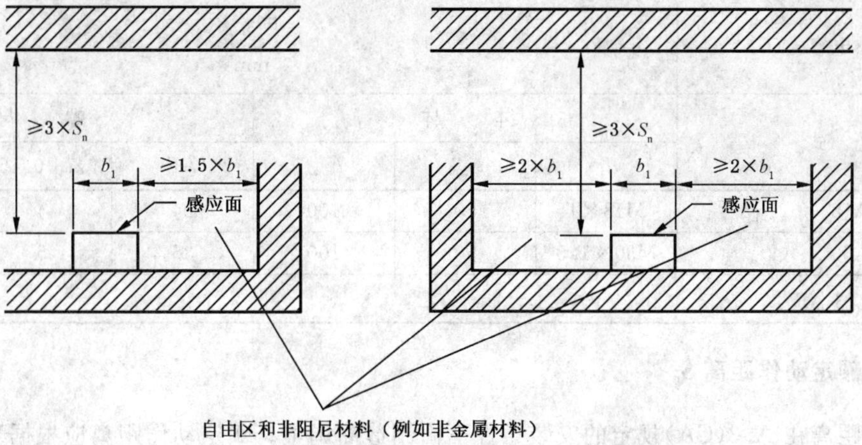

图 A.2 （ID） I2D 型接近开关在阻尼材料中的安装

A.4 （ID） 操作频率 f(最小要求)

表 A.4 （ID） 操作频率

型式和尺寸	机械安装方式	开关元件功能:A 或 B		
		输出型式		
		P 或 N	D	F
D60	2	25	15	5
D80	2	10	10	
注：同 A.4(IA)。				

型式 CA 螺纹圆柱型电容式接近开关

A.1 （CA） 尺寸

图 A.1(CA)所示的各尺寸和螺纹尺寸见表 A.1(CA)，在 d_1 和 l_2 的尺寸范围内，包括联接端子的刚性部件。无螺纹部分直径 d_2 应不超过螺纹小径。在长度不超过 l_3($l_3 \leqslant 2S_n$)的一段上，螺纹可以省略且直径可减小到 d_2。

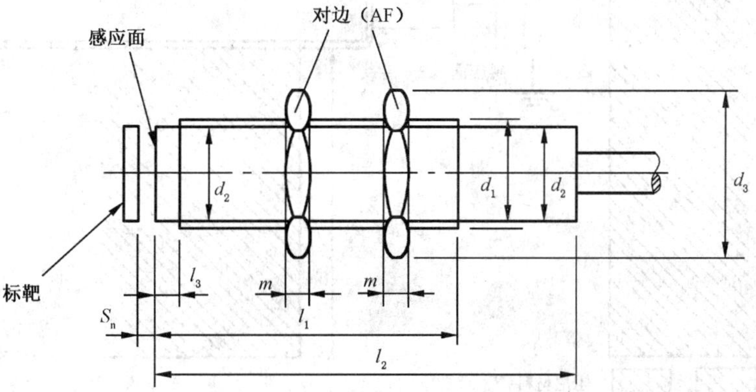

图 A.1 （CA） 尺寸

表 A.1 (CA) 尺寸

检测方式:电容式(C)	尺寸/mm					
型　式	本　体			螺　母		
	d_1	l_{1min}	l_{2max}	AF	$m+0.15$	$d_{3\,max}^{a}$
A18	M18×1	50	100	24	4	28
A30	M30×1.5	50	100	36	5	42
a $d_{3min}=1.13$ AF。						

A.2 (CA) 额定动作距离 S_n

额定动作距离在 A.3(CA)规定的安装条件下由制造商调整。额定动作距离应根据表 A.2(CA)确定,该值是一个约定量,它不考虑制造误差和外部条件和变化的影响,例如电压、湿度和安装条件。

表 A.2 (CA) 额定动作距离

型　式	额定动作距离/mm
A18	5
A30	10

A.3 (CA) 安装

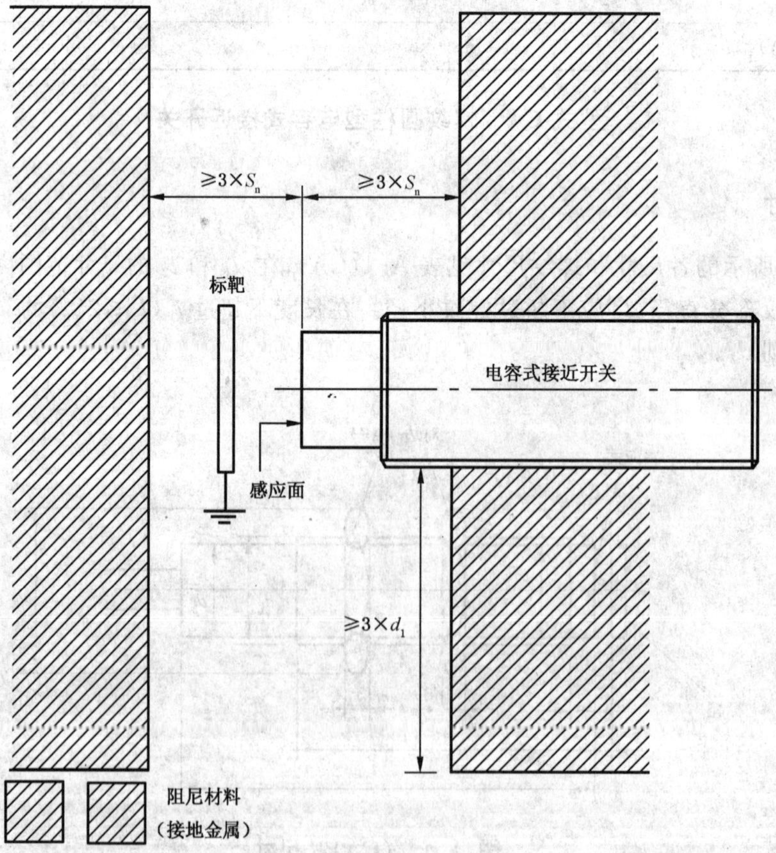

图 A.2 (CA) 安装

A.4 （CA） 操作频率 f

最小要求:对 A 18 型和 A 30 型每秒操作 10 次。

型式 CB 光面圆柱型电容式接近开关

（正在考虑中）

形式 CC 方形截面长方体型电容式接近开关

A.1 （CC） 尺寸

C30 型的外形及安装尺寸见图 A.1(CC)a),C40 型的外形及安装尺寸见图 A.1(CC)b)。除图所示尺寸外,接近开关的结构设计不受约束。在接近开关的外形尺寸内,包括安装尺寸,但不包括电缆进线口尺寸。

单位为毫米

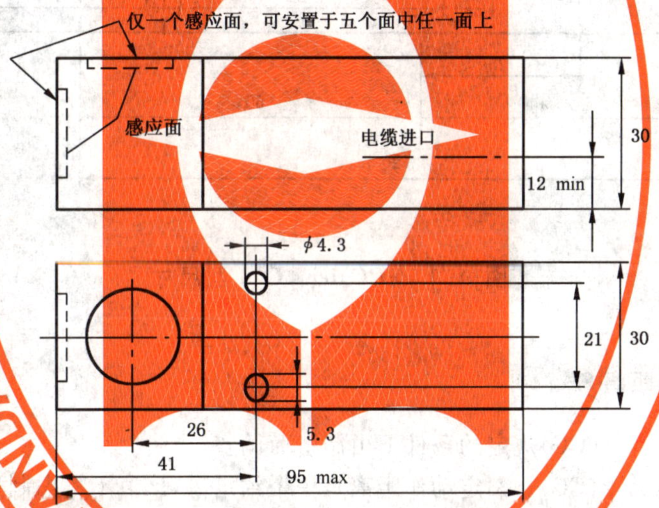

图 A.1 （CC)a） C30 型尺寸

单位为毫米

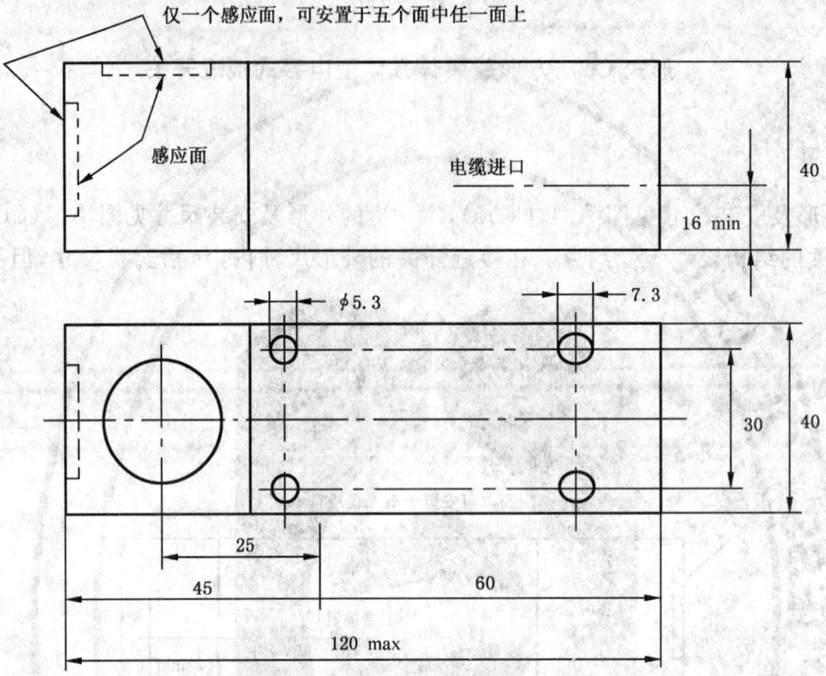

图 A.1 (CC)b) C40 型尺寸

A.2 (CC) 额定动作距离 S_n

额定动作距离应在 A.2(CC)规定的条件下由制造商调整。

额定动作距离见表 A.2(CC)。额定动作距离是一个约定量，该值不考虑制造误差或外部条件变化的影响，例如安装方式、电压、温度和湿度。

表 A.2 (CC) 额定动作距离

型　　式	额定动作距离/mm
CC30	10
CC40	15

A.3 （CC） 安装

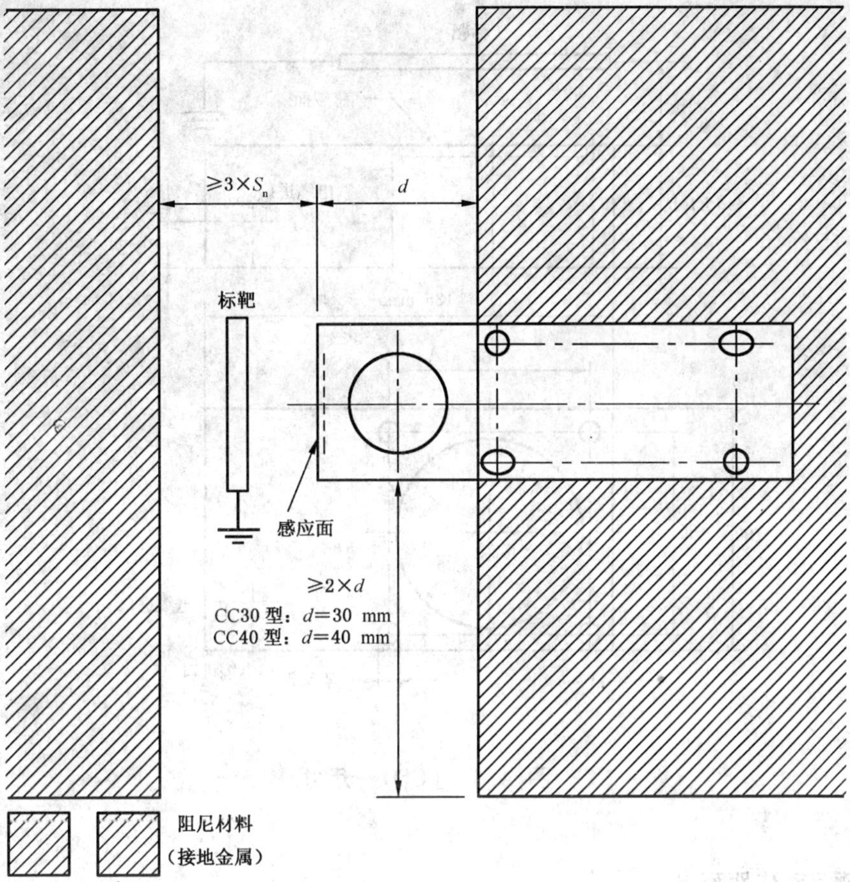

图 A.2 （CC） 安装

A.4 （CC） 额定操作频率 f

最小要求：对 C 30 和 C 40 每秒操作 10 次。

型式 CD 矩形截面长方体型电容式接近开关

A.1 （CD） 尺寸

D80 型接近开关的外形尺寸和安装尺寸见表 A.1(CD)。在外形尺寸中不包括电缆组件部分。

单位为毫米

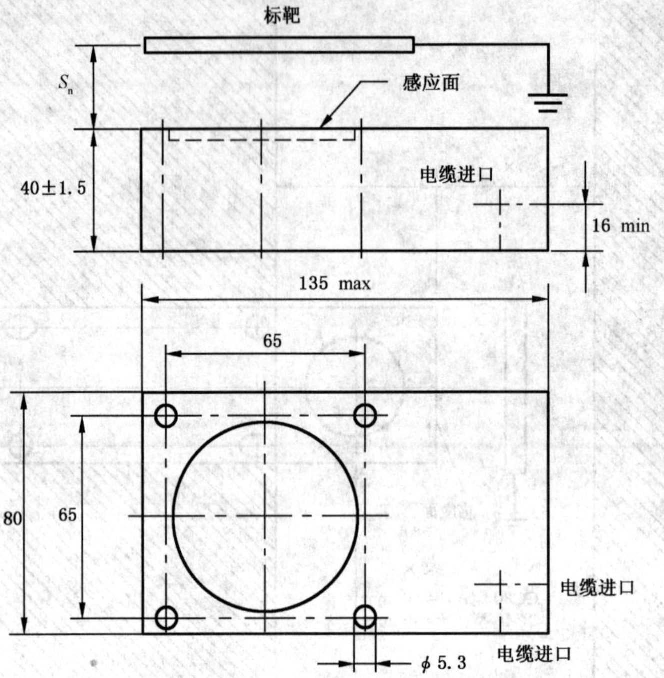

图 A.1 (CD) 尺寸

A.2 (CD) 额定动作距离 S_n

额定动作距离 S_n 应在 A.2(CD)规定的安装条件下由制造商调整。

额定动作距离为 S_n=40 mm。

额定动作距离是一个约定量,该值不考虑制造误差或外部条件变化的影响,例如安装、电压、湿度和温度。

A.3 (CD) 安装

接近开关应安装在阻尼材料中。阻尼材料的尺寸应至少为电容式接近开关外形尺寸的 3 倍。

感应面对面的阻尼材料与感应面的距离应不小于 $3S_n$。

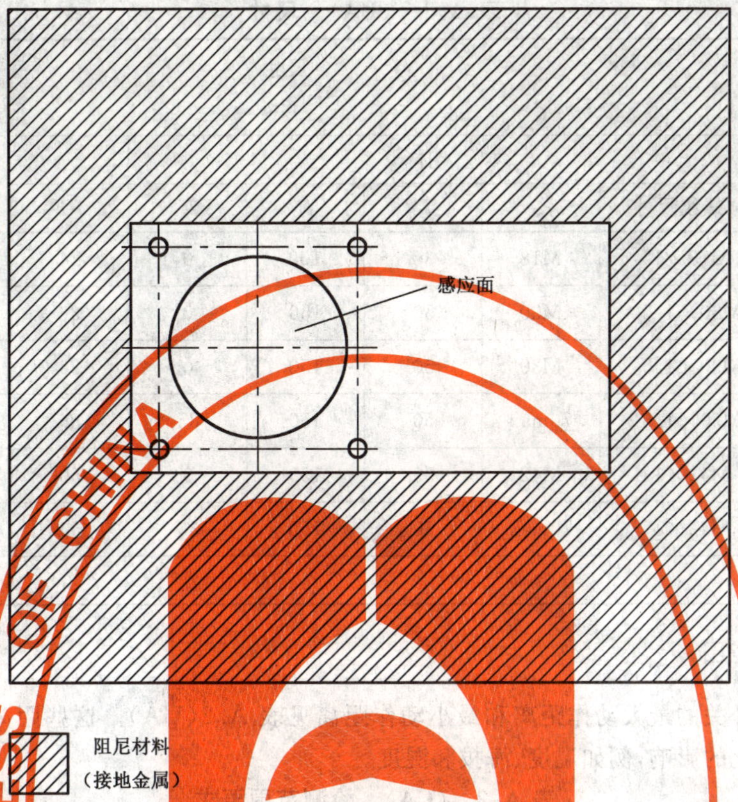

图 A.2 （CD） 安装

A.4 （CD） 操作频率 f

最小要求：每秒钟 10 次操作循环。

型式 UA 圆柱型螺纹超声波式接近开关

A.1 （UA） 尺寸

图 A.1(UA)接近开关的尺寸和螺纹尺寸见表 A.1(UA)。在 d_1 和 l_2 尺寸范围内，包括联接端头的刚性部件。为了扩大感应范围，直径 d_2 可超过螺纹的直径。无螺纹部分的直径 d_4 不应超过螺纹小径。

单位为毫米

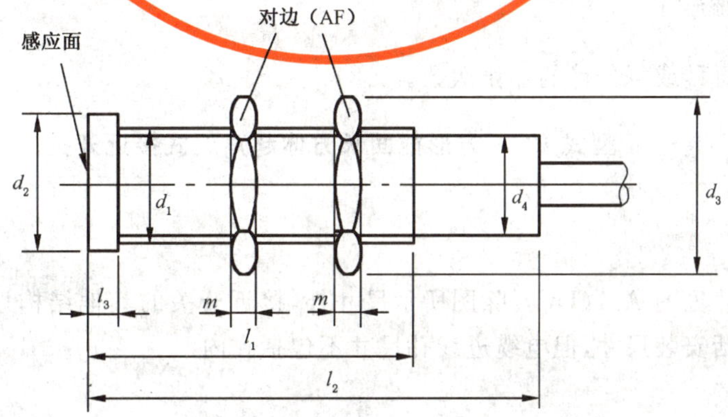

图 A.1 （UA） 尺寸

表 A.1 (UA) 尺寸

型号	尺寸/mm							
	本体					螺母		
	d_1 螺纹尺寸	d_2	l_1	l_2	l_3	AF	$m+0.15$	d_{3max}^{a}
U3A18A	M18×1	M18	30	100	0	24	4	28
U3A30A	M30×1.5	M30	50	150	0	36	5	42
U3A30B	M30×1.5	M30	50	150	0	36	5	42
U3A30E	M30×1.5	70max	50	150	35	36	5	42
U3A42D	M42×1	M42	35	150	0	50	6	57
U3A42E	M42×1	70max	50	150	35	50	6	57

a $d_{3min}=1.13AF$。

A.2 (UA) 检测范围

超声波式接近开关的最大动作距离和最小动作距离见表 A.2(UA)。这些距离是约定值,它们不考虑外部条件的变化的影响,例如温度、海拔和湿度。

表 A.2 (UA) 检测范围要求

检测范围	最小/mm	最大/mm	标靶尺寸/mm
A	60	300	10×10
B	300	800	20×20
D	500	2 000	100×100
E	800	6 000	100×100

A.3 (UA) 安装

见制造商的安装说明书。

A.4 (UA) 操作频率 f

由制造商规定每秒或每分钟的操作次数。

型式 UC 方形截面长方体超声波式接近开关

A.1 (UC) 尺寸

外形及安装尺寸见图 A.1(UC),除图所示尺寸外,接近开关的其他结构设计尺寸不受约束。在外壳的外形尺寸内包括安装尺寸,但电缆进线孔尺寸不包括在内。

单位为毫米

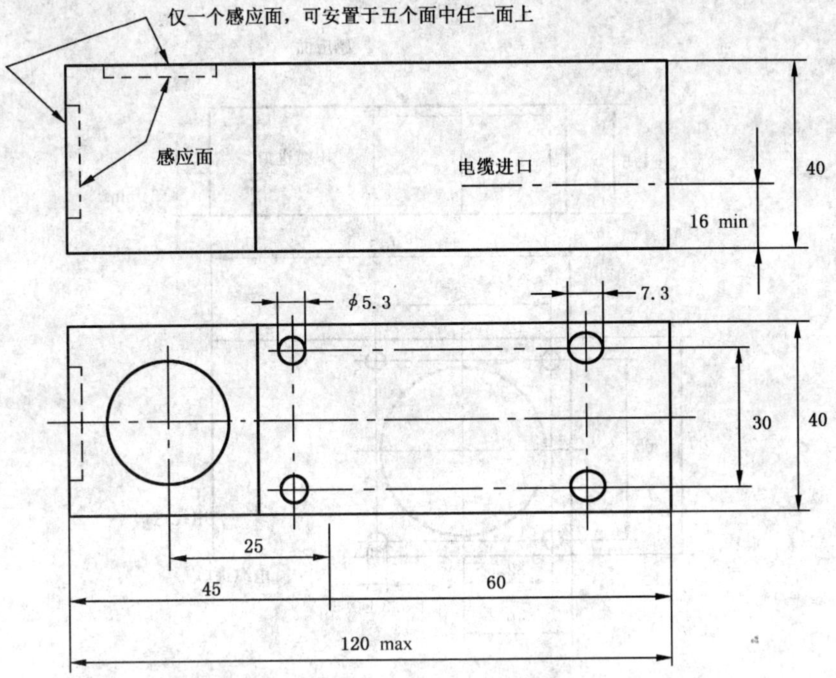

图 A.1 （UC） U3C40 型尺寸

A.2 （UC） 检测范围

超声波式接近开关的最大和最小动作距离见表 A.1(UC)。这些值是约定值，它们不考虑外部条件和变化的影响，例如温度、海拔和湿度。

表 A.1 （UC） 检测范围要求

检测范围	最小/ mm	最大/ mm	标靶尺寸/ mm
A	60	300	10×10
C	300	1 000	20×20

A.3 （UC） 安装

按制造商的说明书安装。

A.4 （UC） 操作频率 *f*

制造商应规定每秒或每分钟的操作次数。

型式 UD 矩型截面长方体超声波式接近开关

A.1 （UD） 尺寸

U3D80 型超声波式接近开关应具有如图 A.1(UD)所示的外形尺寸和安装尺寸。外形尺寸不包括电缆组件部分。

单位为毫米

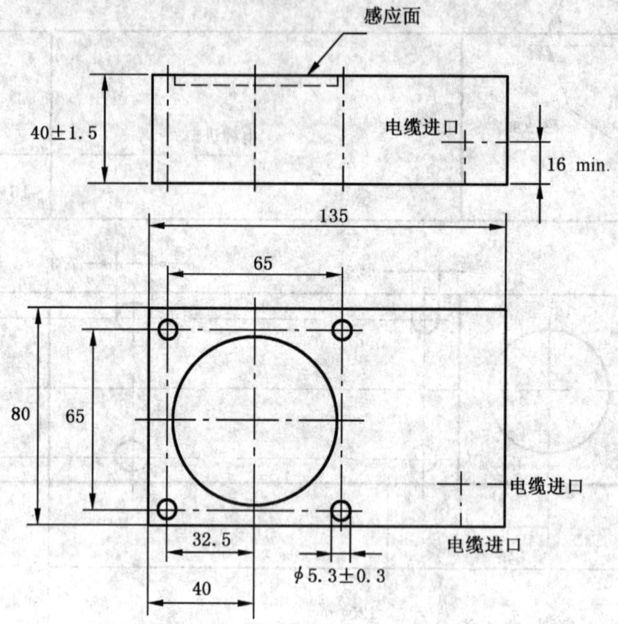

图 A.1 （UD） U3D80 型尺寸

A.2 （UD） 检测范围

动作距离见表 A.2(UD)。这些值是约定值，它们不考虑外部条件变化的影响，例如温度、海拔和湿度。

表 A.2 （UD） 检测范围要求

检测范围	最小/ mm	最大/ mm	标靶尺寸/ mm
A	60	300	10×10
C	300	1 000	20×20
E	800	6 000	100×100

A.3 （UD） 安装

按制造商的说明书安装。

A.4 （UD） 操作频率 f

制造商应规定每秒或每分钟的操作次数。

附 录 B
（规范性附录）
Ⅱ级封装绝缘的接近开关的要求和试验

B.1 总则

本附录规定了Ⅱ级绝缘的接近开关和电器部件的结构要求和试验，根据 GB/T 17045—2008 的规定，Ⅱ级绝缘是通过封装来实现的。

对于未封装的所有部件的电气间隙和爬电距离应满足双重绝缘的要求。

B.2 定义

本附录规定下列定义。

B.2.1

封装 encapsulation

将所有的元件、导体和整体固定电缆接头用适当的方法，如：埋入或罐装方式，封装在绝缘的复合物中的工艺方法。

B.2.1.1

埋入式 embedding

将复合物浇铸到模压壳中的电器部件上将其全部封装，在复合物固化后可将被封装的电器部件从模压壳中取出的工艺方法。

B.2.1.2

罐装式 potting

将模压壳保持在被封装电器部件上的工艺方法。

B.2.2

复合物 compound

固化时需要或不需要填料和（或）添加剂的热固性、热塑性、催化凝固的和弹塑性材料。

B.2.3

复合物温度范围

复合物的温度范围见 GB 14048.1—2006 的 6.1.1 的规定。

B.5 标志

符合本附录要求的接近开关的符号为：

该符号引自 GB/T 5465.2—2008 中编号为 5172 的图形符号。

B.7 结构和性能要求

B.7.1 复合物的选择

复合物的选择应使接近开关满足 B.8 的试验要求。

B.7.2 复合物的附着力

复合物的附着力应足以防止复合物与所有被封装的电器部件之间进入湿气，并能防止被封装的电缆端头的移动（如有的话）。

满足上述要求的试验方法见 B.8.1.2.5 和 B.8.1.2.2。

B.7.3 介电性能

本部分的7.2.3适用,并补充如下:

当U_{imp}由制造商规定时,介电性能试验电压应选择GB 14048.1—2006的附录H中表H.1第一栏对应于接近开关最大额定工作电压使用类别较高一档的规定的过电压类别使用类别的电压值。

当制造商未规定U_{imp}时,介电性能试验电压为本部分表6规定的电压值加1 000 V。

B.8 试验

B.8.1 试验的种类

B.8.1.1 一般要求

GB 14048.1—2006的8.1.1适用。

B.8.1.2 型式试验

按规定的顺序每三台试品按下述6试验程序进行试验。

B.8.1.2.1 新试品的介电性能试验

GB 14048.1—2006的8.3.3.4适用,但试验电压施加在接近开关的电缆剥离并铰合在一起端部或短接接线端子与封装的电器表面(或表面的金属薄片)的任何一点之间(见图B.1)。

不应出现绝缘损坏。

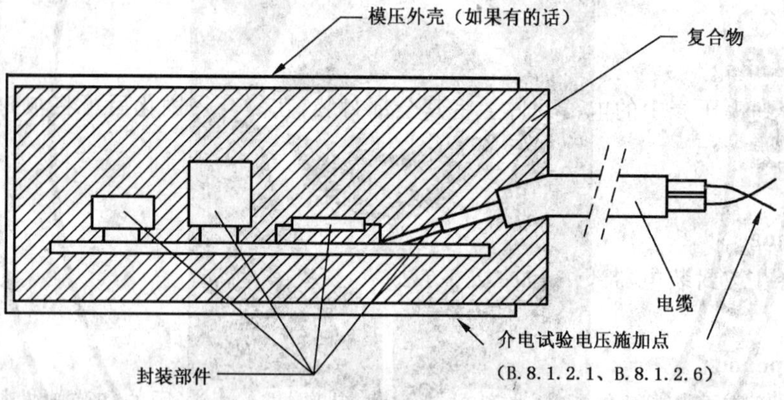

图B.1 被封装的电器

B.8.1.2.2 电缆线试验(如适用的话)

具有整体固定连接电缆线的接近开关应满足本部分附录C的要求。

B.8.1.2.3 温度快速变化试验

试验Na应按GB/T 2423.22—2002的要求进行试验,并补充如下数据:

——T_A和T_B是B.2.3规定的最小值和最大值;

——转换时间t_2:2 min到3 min;

——周期数:5;

——暴露时间t_1:3 h。

试验后,试品不应有可见的损坏(见注)。

注:在B.8.1.2.3,B.8.1.2.4和B.8.1.2.5试验后,在成型的复合物上允许产生的小裂痕,如果有的话(见图B.1),它不会影响B.8.1.2.6的试验结果。

B.8.1.2.4 冲击试验

试验按如下要求进行。试验装置见图B.2。

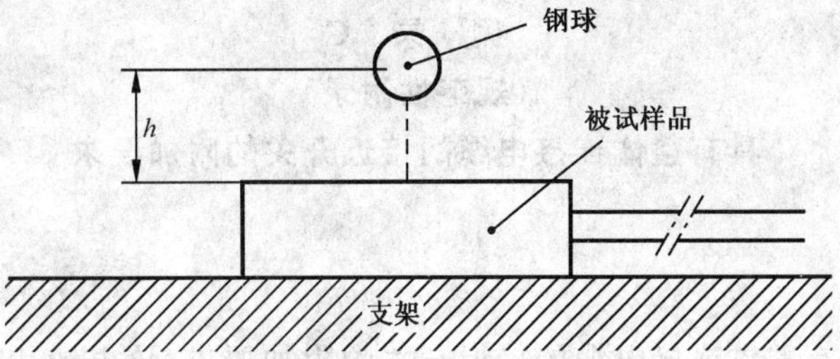

图 B.2 试验装置

试品应放在一个钢性的支撑平台上。施加 0.5 J 的冲击力三次，冲击力应施加在封装电器最大表面的中心部位或最长轴上(对于圆柱型的接近开关而言)。

冲击试验是采用 0.25 kg 的钢球距冲击点 0.20 m 高度落下的方法进行。

如果在规定的冲击能量下，支撑平台的移动小于 1 mm，则认为其有足够的刚性。

试验后，试品不应有可见的损坏。

注：在 B.8.1.2.3,B.8.1.2.4 和 B.8.1.2.5 试验后，在成型的复合物上产生小裂痕是可以接受的，如果有的话(见图 B.1)，它将不会影响 B.8.1.2.6 的试验结果。

B.8.1.2.5 交变湿热试验

试验 Db 应根据 GB/T 2423.4—2008 规定进行，其试验参数为：

——上限温度：55 ℃；

——循环周期数：6。

试验报告中应规定采用何种变化：变化 1 或变化 2。

试验后，试品不应有可见的损坏。

注：在 B.8.1.2.3,B.8.1.2.4 和 B.8.1.2.5 试验后，在成型的复合物上产生的小裂痕是可以接受的，如果有的诂(见图 B.1)，它不会影响 B.8.1.2.6 的试验结果。

B.8.1.2.6 冲击试验后的介电性能试验

在 B.8.1.2.5 的试验后，应按 8.3.3.4.1 和 8.3.3.4.2 规定的相应试验进行介电性能试验，但试验电压施加 1 min。

试验结果的判别按 8.3.3.4.3 规定，但泄漏电流在 1.1U_i 时不大于 2 mA。

B.8.1.3 常规试验

本部分 8.1.3 适用，但介电性能试验必须进行。

附 录 C
（规范性附录）
具有整体连接电缆的接近开关的附加要求

C.1 一般要求

本附录规定了适用具有整体连接电缆的接近开关的附加要求，该电缆用于与其他设备和(或)电源的电气连接。

具有整体连接电缆的接近开关不允许用户自行更换电缆，本附录主要规定电缆、电缆固定和电缆进口密封的结构和性能要求。

C.2 定义

本附录规定下列定义：

C.2.1

电缆连接的接近开关 cable connected proximity switch

具有整体连接电缆端头并用于与其他设备和/或电源进行电气连接的接近开关。

C.2.2

电缆进口密封方式 cable entrance sealing means

在电缆和电器外壳之间提供所需保护以免电缆损坏并提供外壳和电缆固定所需密封要求的密封方法。

C.2.3

电缆固定 cable anchorage

防止机械应力对电缆端头影响以保证电缆与电器之间的电气连接。

C.7 结构和性能要求

C.7.1 结构要求

C.7.1.1 电缆材料

接近开关应具有柔软电缆线，电缆线应满足相应的电压、电流、温度范围和环境条件的要求。

注：提供的电缆长度应在有关的产品标准中规定。

C.7.1.2 电缆的固定件

电缆的固定件不应使施加到电缆上的力传递到接近开关内部的电气连接线路上，将接近开关的电缆推入和拉出时不应引起电缆联接和电气内部部件的损坏。

C.7.1.3 电缆进口的密封方式

接近开关电缆进口的密封方式应适于接近开关规定的防护等级（见 GB 14048.1—2006 附录 C）。

注：对密封式电气，密封方式是可以固定的。

C.7.2 性能要求

电缆和电器密封方式应能承受 C.8 规定的试验。

C.8 试验

下列试验的目的是保证在运输、维护和安装时接近开关电缆的完整性。

接近开关一旦安装后，接近开关和电缆应保持相对固定。

C.8.1 型式试验

按下述四个试验程序，按规定程序在相应的样品上进行试验。

C.8.1.1 拉出试验

在电缆沿其进口的轴线方向施加稳定拉力，该力施加在电缆的绝缘外套上，时间为 1 min。

对电缆直径大于等于 8 mm 的电缆拉出力为 160 N，对于直径小于 8 mm 的电缆，拉出力为电缆直径(mm)的 20 倍(N)。

C.8.1.2 扭转试验

电缆应施加 0.1 Nm 的力矩或施加的力矩值能使电缆 360°旋转，力矩应施加到电缆上顺时针旋转 1 min，逆时针旋转 1 min，施加点距离电缆口 100 mm。

C.8.1.3 推力试验

推力应沿电缆轴尽可能靠近电缆进口处施加。

推力应缓慢地施加到 20 N，每次试验施加力持续 1 min，在两次施加推力之间停顿 1 min。

试验后，电缆进口密封应无可见的损坏，不需更换电缆。

C.8.1.4 弯曲试验

电缆应加负载，并按下述方法弯曲：

a) 电缆进口轴线处于铅垂位置，在距电缆进口 1 m 电缆处，悬挂 3 kg 重物；

b) 倾斜接近开关 90°，使电缆有一个 90°的弯曲，保持此位置 1 min；

c) 相对铅垂位置相反方向倾斜接近开关 90°，使电缆有一相反方向的 90°弯曲，保持此位置 1 min。

C.8.2 试验结果

在上述试验后，接近开关的电缆、电缆密封方式、电缆进口或电气联接方式不应损坏，本试验采用目测，同时要验证是否满足规定的 IP 防护要求。

附 录 D
（规范性附录）
插入式接近开关的整体接插件

插入式接近开关使用的 M12 或 M8 整体接插件，其结构见图 D.1。当接近开关与相配的接插件正确联接时，应具有的最小的防护等级为 IP65。

单位为毫米

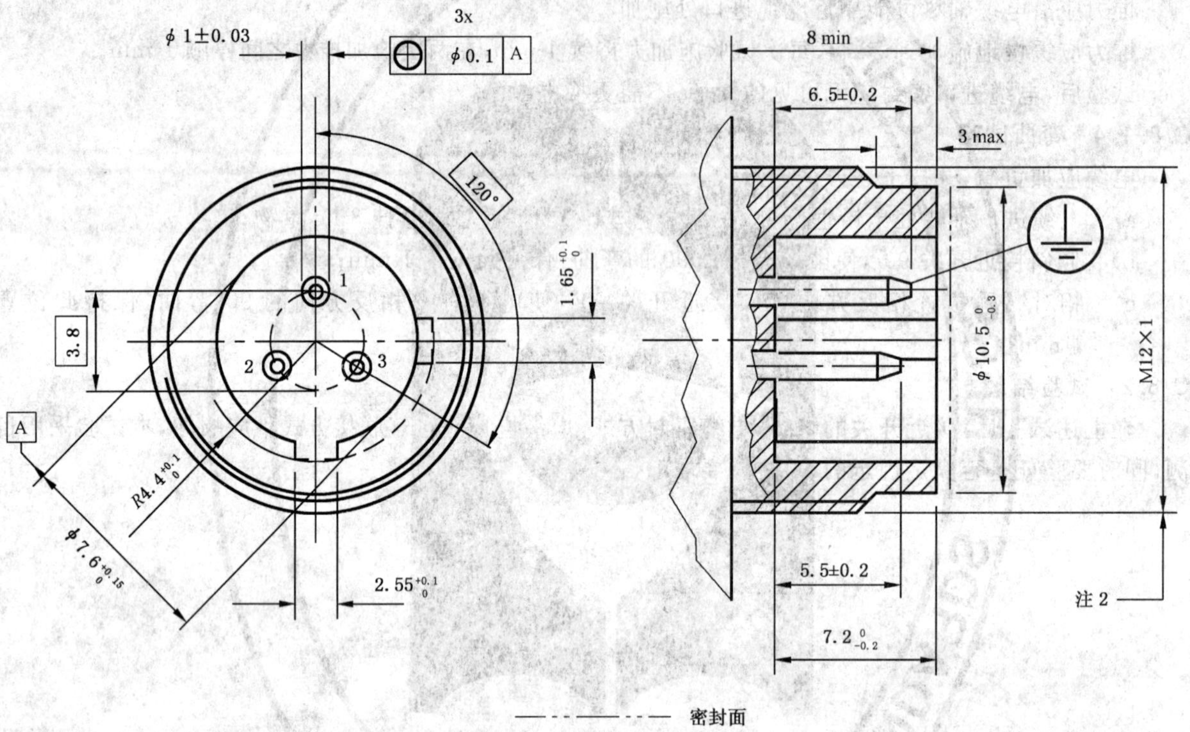

注 1：插脚不必编号。

注 2：对于交流接近开关，目前暂时允许用 1/2″UFN 替代 M12。

注 3：对于Ⅱ级接近开关，保护接地插脚可以省略。

图 D.1 M12ϕ3 插脚交流接近开关的整体接插件

单位为毫米

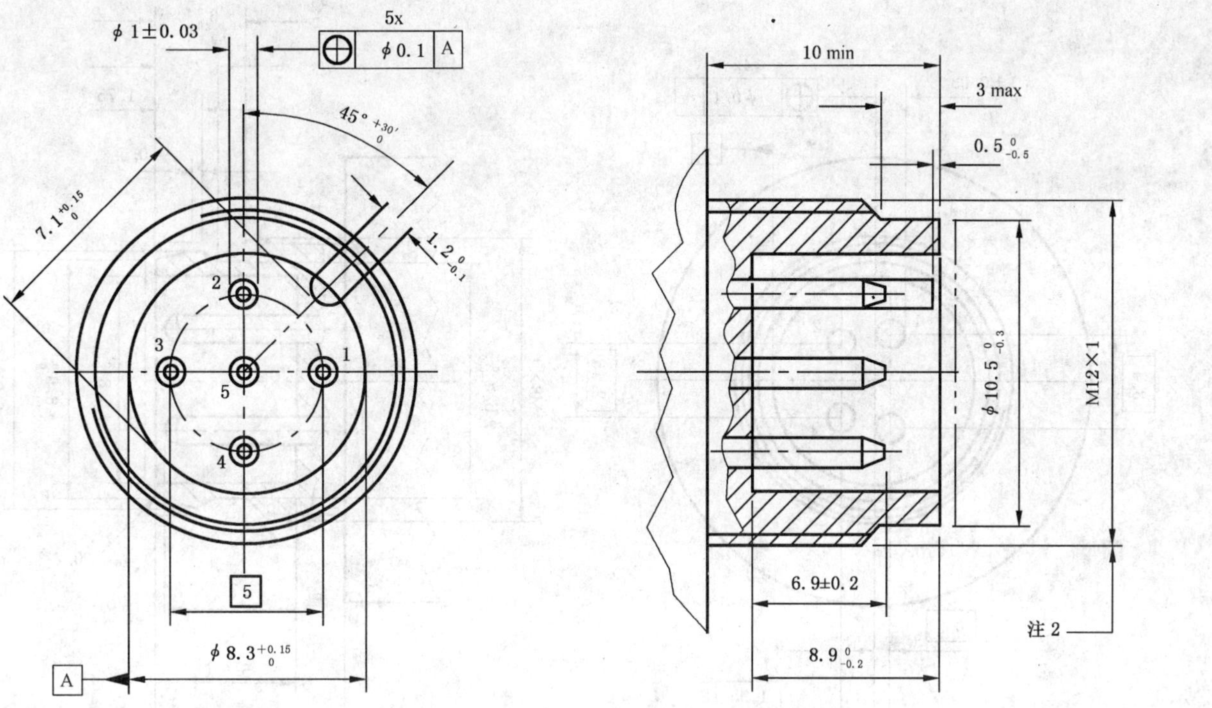

——·—·———·—·—— 密封面

注：中心插脚当不需要时可以省略。

图 D.2　M12φ5 插脚直流接近开关的整体接插件

单位为毫米

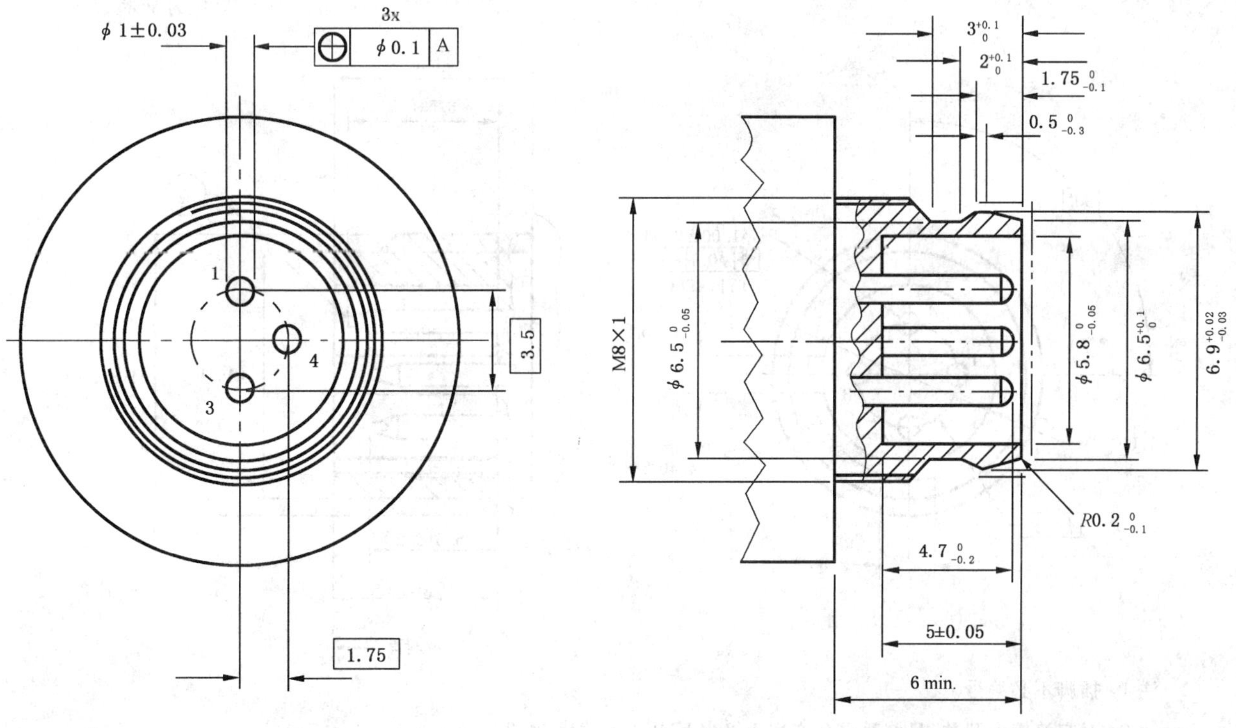

——·—·———·—·—— 密封面

图 D.3　φ8 3 插脚直流接近开关的整体接插件

单位为毫米

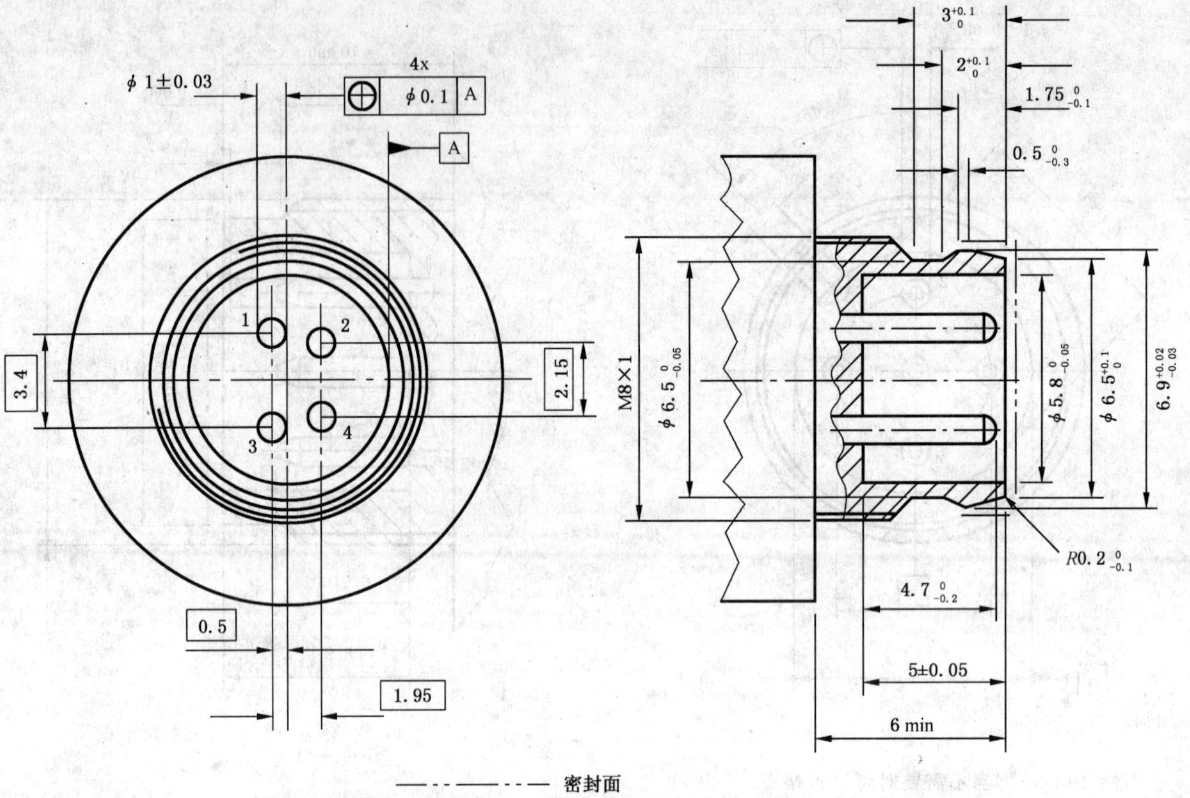

图 D.4　ϕ8 4 插脚直流接近开关的整体接插件

单位为毫米

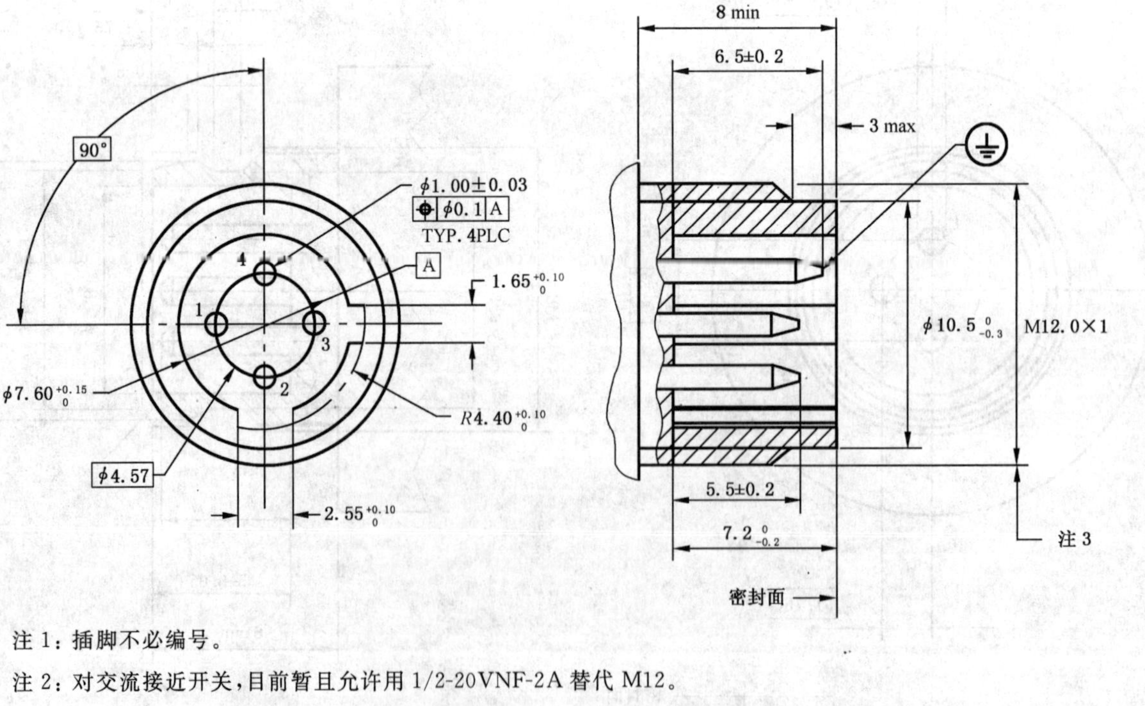

注 1：插脚不必编号。

注 2：对交流接近开关，目前暂且允许用 1/2-20VNF-2A 替代 M12。

注 3：对于Ⅱ级接近开关，保护接地插脚可以省略。

图 D.5　M12ϕ4 插脚交流接近开关的整体接插件

单位为毫米

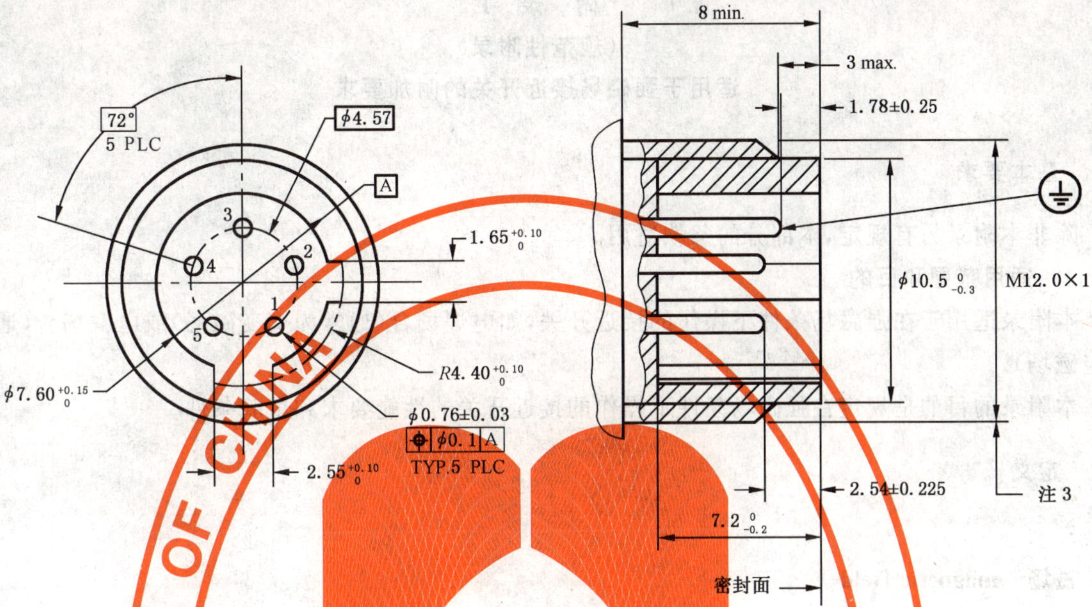

注 1：插脚不必编号。

注 2：对交流接近开关，目前暂且允许用 1/2-20VNF-2A 替代 M12。

注 3：对于Ⅱ级接近开关，保护接地插脚可以省略。

图 D.6　M12ϕ5 插脚交流接近开关的整体接插件

单位为毫米

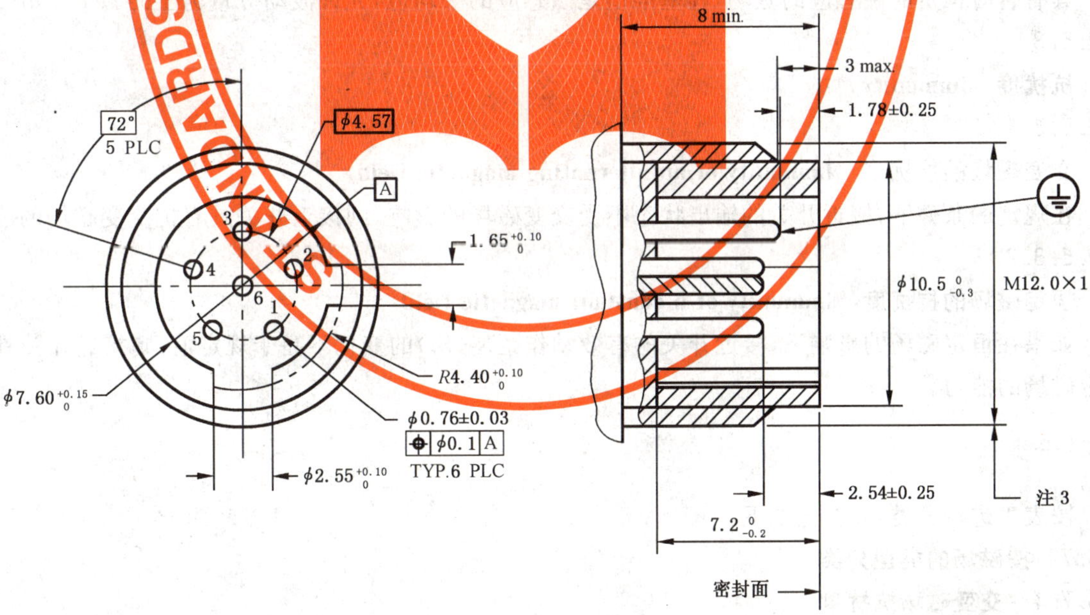

注 1：插脚不必编号。

注 2：对交流接近开关，目前暂且允许用 1/2-20VNF-2A 替代 M12。

注 3：对于Ⅱ级接近开关，保护接地插脚可以省略。

图 D.7　M12ϕ6 插脚交流接近开关的整体接插件

附 录 E
（规范性附录）
适用于强磁场接近开关的附加要求

E.1 基本要求

除非本附录另有规定，本部分的条款适用。

E.1.1 适用范围和目的

本附录适用于在强磁场条件下操作的接近开关，如电焊场合（通常为交变磁场）或电解场合（通常为恒定磁场）。

本附录的目的是规定在强磁场条件下操作的接近开关的性能要求和试验条件。

E.2 定义

E.2.5

磁场 magnetic field

本部分定义的磁场是由磁感应值确定的（磁通密度），该值的单位为 T（特斯拉，$V \cdot S/m^2$）。

E.2.5.1

交变磁场 alternating magnetic field

具有 45 Hz～65 Hz 固有频率的磁感应方向交变的磁场，磁感应的基准值为磁感应的峰值。

E.2.5.2

恒定磁场 constant magnetic field

具有暂时恒定的磁感应的磁场，其基准值是磁感应的平均值，允许波动分量为±5％。

E.2.5.3

抗扰度 immunity

E.2.5.3.1

交变磁场的抗扰度 immunity of an alternating magnetic field

在规定的条件下，接近开关的输出状态不受交变磁场的影响，则接近开关具有抗交变磁场的能力。

E.2.5.3.2

恒定磁场的抗扰度 immunity of a constant magnetic field

如果在恒定磁场的影响下，接近开关的有效动作距离（S_r）的变化不高于规定值，则接近开关具有抗恒定磁场的能力。

E.3 分类

按表 1 进行分类，并补充如下：

E.3.7 按磁场的类型分类

E.3.7.1 交变磁场抗扰度

对交变磁场抗扰度用大写字母 X 表示，该字母处于第八个位置。

E.3.7.2 恒定磁场抗扰度

对恒定磁场抗扰度用大写字母 Y 表示，该字母处于第八个位置。

E.3.7.3 交变磁场和恒定磁场抗扰度

对交变磁场和恒定磁场抗扰度用大写字母 Z 表示，该字母处于第八个位置。

E.7 结构和性能要求

E.7.2.1.6 操作频率

E.7.2.1.6.1 电感式和电容式接近开关的操作频率

电感式和电容式接近开关的操作频率由制造商规定，并根据 8.5 规定测量。

E.7.5 磁场抗扰度

下列值适用：

a) 交变磁场最大值

磁感应：0T～0.1T，峰值；

b) 恒定磁场

磁感应：0T～0.1T，平均值。

E.7.5.1 性能要求

E.7.5.1.1 在交变磁场中的性能要求

接近开关按 E.8.9.1 进行试验时，其输出状态不应改变。

E.7.5.1.2 在恒定磁场中的性能要求

本部分的 7.2.1.3.1 适用。对于电感式和电容式接近开关，补充如下要求：

在规定的磁场范围内，有效动作距离（S_r）的偏差不应超过规定值的±30%，试验按 E.8.9.2 进行。

E.8 试验

E.8.9 验证抗扰度

E.8.9.1 验证交变磁场抗扰度

E.8.9.1.1 检验和试验程序（见图 E.1）

注：可以采用其他试验配置方式。

a) 测量磁场强度的探头(1)应置于空心电抗器(4)内心的中央部位；

b) 空心电抗器(4)应通以电流(A)，直到示波器(3)显示磁感应强度峰值达到 0.1T，这一电流值 I_{ref} 应予以记录；

注：为了调整 I_{ref} 值，允许采用相位控制方法，最大为 30°。

c) 移走探头(1)，将接近开关(I)置于空心电抗器(4)中，接近开关的基准轴应与空心电抗器(4)的轴线相同，接近开关的感应面应位于空心电抗器(4)的中心点(1/2L)；

接近开关的方向与磁场的方向一致和垂直时进行试验；

d) 空心电抗器(4)通以 I_{ref} 电流值的时间约为 t(s)＝3/f，但不小于 0.1 s；

e) 根据 d)的规定，试验按如下方法进行：

——标靶距感应面 3 S_n；

——标靶距感应面 1/3 S_n。

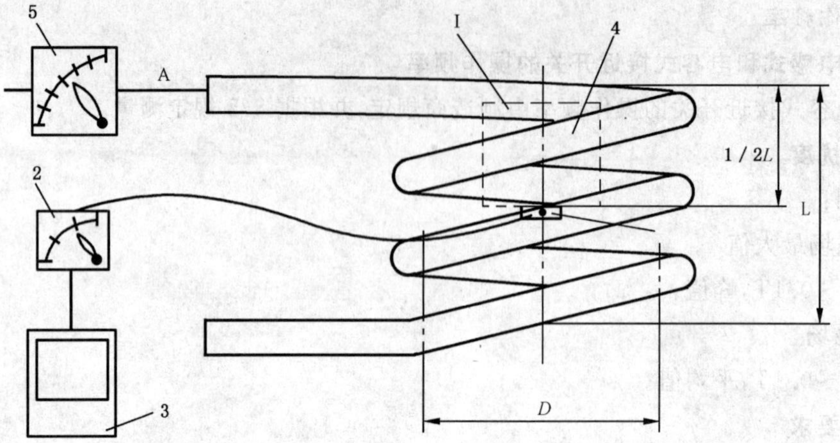

1——探头；

2——磁感应检测仪器；

3——示波器(用于指示磁感应峰值)；

4——空心电抗器(匝数不规定)；

5——交流电流表；

A——交流电流；

I——接近开关；

D——空心电抗器的内径≥100 mm；

L——空心电抗器的长度≥100 mm。

图 E.1 交变磁场抗扰度验证试验配置示例

E.8.9.1.2 试验结果

在电流通过空心电抗器(4)时接通和断开 I_{ref}，接近开关的输出状态不应发生变化。

试验后接近开关的有效动作距离 S_r 应保持在 7.2.1.3.1 规定值。

注：对于感应面直径大于 18 mm 的接近开关，在断开条件下标靶可以移走。

E.8.9.2 验证恒定磁场抗扰度

E.8.9.2.1 检验和试验程序(见图 E.2)

注：可以采用其他试验配置方式。

a) 测量磁场强度的探头(1)应置于铁芯(3)之间空隙的中央部位；

b) 铁芯感应线圈(4)应通以直流电流(A)，直到磁感应测量仪器(2)显示磁感应强度达到 0.1T，这一电流值 I_{ref} 应予以记录；

c) 移走探头(1)，将接近开关(I)置于铁芯(3)之间空隙的中央部位，感应面应与铁芯(3)的外表面平行；

d) 沿标靶的轴线方向测量接近开关的有效动作距离 Sr，同时按下述值调整直流电流：

0 I_{ref}，0.2 I_{ref}，0.4 I_{ref}，0.6 I_{ref}，0.8 I_{ref}，1.0 I_{ref}。

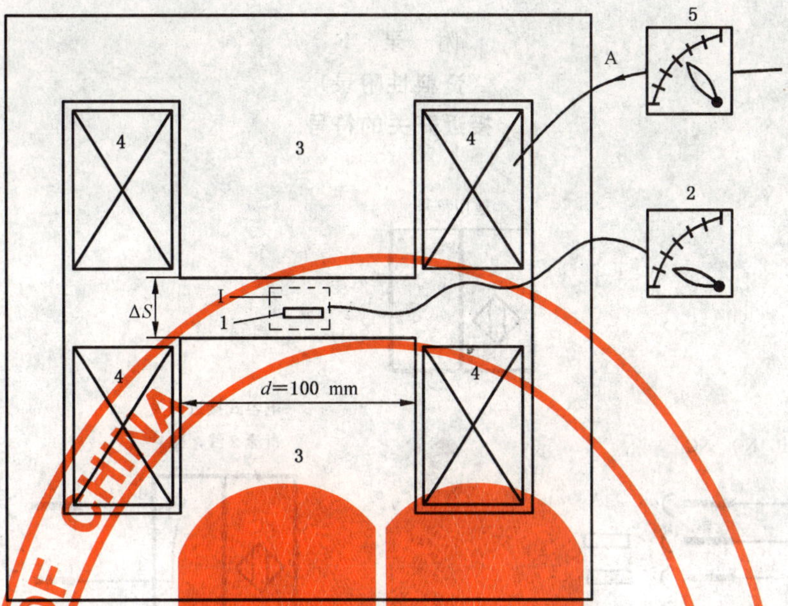

1——探头；

2——磁感应检测仪器；

3——磁感应铁芯(铁芯内径 $d=100$ mm)；

4——感应线圈；

5——直流电流表；

A——直流电流；

I——接近开关；

ΔS 铁芯间的气隙，大于 2 倍的接近开关直径，最小值为 40 mm。

注：对于本试验接近开关受电磁场影响的部分可以与开关的其他部分分开。

图 E.2　恒定磁场抗扰度验证试验配置示例

E.8.9.2.2　试验结果

在通以上述直流电流时，接近开关的有效动作距离 S_r 应保持在 $0I_{ref}$ 时测量的有效动作距离值的 ±30% 范围内。

附 录 F
（资料性附录）
接近开关的符号

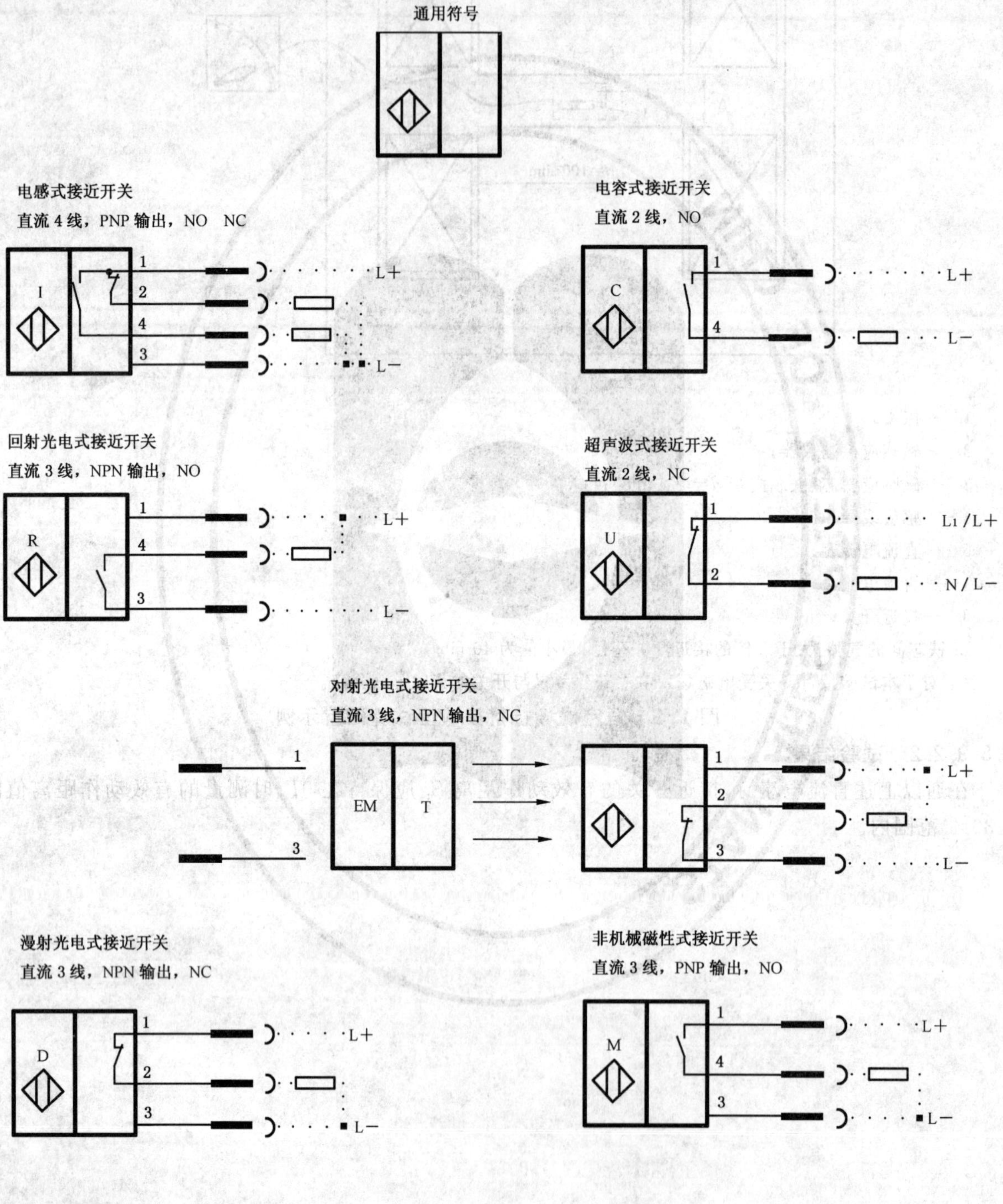

注：符号可有不同的朝向，但其所有的信息应保留。

图 F.1 接近开关符号示例

ICS 29.130.20
K 30

中华人民共和国国家标准

GB/T 14048.11—2008
代替 GB/T 14048.11—2002

低压开关设备和控制设备
第6-1部分:多功能电器　转换开关电器

Low-voltage switchgear and controlgear—
Part 6-1:multiple function equipment—Transfer switching equipment

(IEC 60947-6-1:2005,MOD)

2008-09-24 发布　　2009-08-01 实施

中华人民共和国国家质量监督检验检疫总局
中国国家标准化管理委员会　发布

前　言

《低压开关设备和控制设备》目前分为 16 个部分：

——GB 14048.1　低压开关设备和控制设备　第 1 部分：总则

——GB 14048.2　低压开关设备和控制设备　第 2 部分：断路器

——GB 14048.3　低压开关设备和控制设备　第 3 部分：开关、隔离器、隔离开关及熔断器组合电器

——GB 14048.4　低压开关设备和控制设备　机电式接触器和电动机起动器

——GB 14048.5　低压开关设备和控制设备　第 5-1 部分：控制电路电器和开关元件　机电式控制电路电器

——GB 14048.6　低压开关设备和控制设备　接触器和电动机起动器　第 2 部分　交流半导体电动机控制器和起动器

——GB 14048.7　低压开关设备和控制设备　第 7-1 部分：辅助电器　铜导体的接线端子排；

——GB 14048.8　低压开关设备和控制设备　第 7-2 部分：辅助电器　铜导体的保护导体接线端子排

——GB 14048.9　低压开关设备和控制设备　第 6-2 部分：多功能电器（设备）　控制与保护开关电器（设备）

——GB/T 14048.10　低压开关设备和控制设备　第 5-2 部分：控制电路电器和开关元件　接近开关

——GB/T 14048.11　低压开关设备和控制设备　第 6-1 部分：多功能电器　转换开关电器

——GB/T 14048.12　低压开关设备和控制设备　第 4-3 部分：接触器和电动机起动器　非电动机负载用交流半导体控制器和接触器

——GB/T 14048.13　低压开关设备和控制设备　第 5-3 部分：控制电路电器和开关元件——在故障条件下具有确定功能的接近开关（PDF）的要求

——GB/T 14048.14　低压开关设备和控制设备　第 5-5 部分：控制电路电器和开关元件——具有机械锁闩功能的电气紧急制动装置

——GB/T 14048.15　低压开关设备和控制设备　第 5-6 部分：控制电路电器和开关元件——接近传感器和开关放大器的 DC 接口（NAMUR）

——GB/T 14048.16　低压开关设备和控制设备　第 8 部分：旋转电机用装入式热保护（PTC）控制单元

本部分为 GB 14048 的第 11 部分。

本部分引用大量 GB 14048.1—2006《低压开关设备和控制设备　第 1 部分：总则》中规定的技术要求和试验方法，因此本部分必须与 GB 14048.1—2006 结合使用。

本部分修改采用 IEC 60947-6-1：2005（2.0 版）《低压开关设备和控制设备　第 6-1 部分：多功能电器　转换开关电器》（英文版）。本部分在编写格式上与 IEC 60947-6-1：2005（2.0 版）一致。

考虑到我国国情，在采用 IEC 60947-6-1：2005 时，本部分做了一些修改。有关技术性差异已编入正文中并在它们所涉及的条款的页边空白处用垂直单线标识。在附录 C 中给出了这些技术性差异及其原因的一览表以供参考。

本部分代替 GB/T 14048.11—2002《低压开关设备和控制设备　第 6 部分：多功能电器　第 1 篇：自动转换开关电器》。

本部分与 GB/T 14048.11—2002 的主要差异为：

——标准名称更改为“低压开关设备和控制设备　第 6-1 部分：转换开关电器”。

——增加“派生 TSE”定义(3.1.5)及其试验要求(表 7；9.3.3.5；9.3.3.6；9.3.4)。

——在第 4 章“分类”增加：

a) 短路能力：

——CC 级：能够接通和承载，但不用于分断短路电流的 TSE。该 TSE 主要由满足 GB 14048.4要求的电器构成。

b) 控制转换的方式：

——人工操作的开关电器(MTSE)；

——遥控的开关电器(RTSE)；

——自动转换开关电器(ATSE)。

——增加使用类别 AC-32 及 AC-33i，其中 AC-33i 技术指标与 GB/T 14048.11—2002 中的 AC-33 一致。

——使用类别 AC-33 的接通与分断能力的 I/I_e 由 6 倍提高到 10 倍。

——规定了 CC 级 ATSE 应提示的内容。

——增加 9.3.3.6.2 f)试后温升的验证要求。

——增加表 A.1 在 GB 14048 产品标准中使用的使用类别的等效性。

本部分的附录 A 为规范性附录，附录 B、附录 C 为资料性附录。

本部分由中国电器工业协会提出。

本部分由全国低压电器标准化技术委员会(SAC/TC 189)归口。

本部分负责起草单位：上海电器科学研究所(集团)有限公司。

本部分参加起草单位：深圳泰永科技有限公司、沈阳斯沃电器有限公司、施耐德电气(中国)投资有限公司、无锡韩光电器有限公司、德力西电器股份有限公司、上海电器股份有限公司人民电器厂、常熟开关制造有限公司、苏州飞腾电器有限公司、正泰集团公司、华通机电集团有限公司、杭申控股集团有限公司、扬州新菱电器有限公司、上海良信电器有限公司、宁波奇乐电器实业总公司、中国质量认证中心。

本部分主要起草人：曲德刚、季慧玉、黄兢业。

本部分参加起草人：段剑波、平高潮、王津先、何巍伟、郑士泉、黄蓉蓉、王军、俞昭昶、周建兴、李然、朱朝阳、成峰、贺贵兵、黄浙勇、宗兴华、阳维龙。

本部分所代替标准的历次版本发布情况为：

——GB/T 14048.11—2002。

低压开关设备和控制设备 第6-1部分:多功能电器 转换开关电器

1 范围和目的

本部分适用于额定电压交流不超过1 000V或直流不超过1 500V的转换开关电器(TSE),TSE用于在转换过程中中断对负载供电的电源系统。

它包括:

——手动操作转换开关电器(MTSE);

——遥控操作转换开关电器(RTSE);

——自动转换开关电器(ATSE)。

它包括带外壳和不带外壳的TSE。

TSE所必需的控制电器(如控制开关等)和保护电器(如断路器等)应符合相关国家标准的要求。

注:仅用于紧急照明的TSE可能需要符合特定规程和/或法定要求,因而不在本标准范围内。

本部分的目的旨在规定:

1) 电器的特性:

a) 专用[1)]的转换开关电器;

b) 主体部分[2)]符合其他GB 14048产品标准的转换开关电器。

2) 电器必须遵循的有关条件:

a) 电器的预定操作;

b) 在规定的非正常条件(如短路)下的操作与性能;

c) 介电性能。

3) 证明符合这些条件的试验及进行这些试验的方法。

4) 应该在电器上标明的数据及制造商需提供的数据。

2 规范性引用文件

下列文件中的条款通过《低压开关设备和控制设备》的本部分的引用而成为本部分的条款。凡是注日期的引用文件,其随后所有的修改单(不包括勘误的内容)或修订版均不适用于本部分,然而,鼓励根据本部分达成协议的各方研究是否可使用这些文件的最新版本。凡是不注日期的引用文件,其最新版本适用于本部分。

GB 4824—2004 工业、科学和医用(ISM)射频设备电磁骚扰特性 限值和测量方法(CISPR 11:2003,IDT)

GB/T 5169.11—2006 电工电子产品着火危险试验 试验方法 成品的灼热丝试验和导则(idt IEC 60695-2-10:2000,IDT)

GB/T 5169.16—2002 电工电子产品着火危险试验 第16部分:50 W水平和垂直火焰试验方法(idt IEC 60695-11-10:1999)

GB 14048.1—2006 低压开关设备和控制设备 第1部分:总则(IEC 60947-1:2003,MOD)

GB 14048.2—2008 低压开关设备和控制设备 第2部分:断路器(IEC 60947-2:2006,IDT)

1) 指非派生的TSE。

2) 指派生的TSE。

GB 14048.3—2002 低压开关设备和控制设备 第3部分:开关、隔离器、隔离开关及熔断器组合电器(IEC 60947-3:2001,IDT)

GB 14048.4—2003 低压开关设备和控制设备 机电式接触器和电动机起动器(IEC 60947-4-1:2000,IDT)

GB 14048.6—1998 低压开关设备和控制设备 接触器和电动机起动器 第2部分 交流半导体电动机控制器和起动器(idt IEC 60947-4-2:1995)

GB 14048.9—2008 低压开关设备和控制设备 第6-2部分:多功能电器(设备) 控制与保护开关电器(设备)(IEC 60947-6-2:2007,IDT)

GB/T 14048.12—2006 低压开关设备和控制设备 第4-3部分:接触器和电动机起动器 非电动机负载用交流半导体控制器和起动器(IEC 60947-4-3:1999,IDT)

GB/T 17626.2—2006 电磁兼容 试验和测量技术 静电放电抗扰度试验(IEC 61000-4-2:2001,IDT)

GB/T 17626.3—2006 电磁兼容 试验和测量技术 射频电磁场辐射抗扰度试验(IEC 61000-4-3:2002,IDT)

GB/T 17626.4—2008 电磁兼容 试验和测量技术 电快速瞬变脉冲群抗扰度试验(IEC 61000-4-4:2004,IDT)

GB/T 17626.5—2008 电磁兼容 试验和测量技术 浪涌(冲击)抗扰度度试验(IEC 61000-4-5:2005,IDT)

GB/T 17626.6—2008 电磁兼容 试验和测量技术 射频场感应的传导骚扰抗扰度(IEC 61000-4-6:2006,IDT)

3 术语和定义,符号和缩写

GB 14048.1—2006中第2章中规定的有关定义适用于本部分并补充以下定义:

3.1 开关电器 switching device

3.1.1

转换开关电器 transfer switching equipment

TSE

由一个或多个开关设备构成的电器,该电器用于从一路电源断开负载电路并连接至另外一路电源上。

3.1.2

手动操作转换开关电器 manually operated switching equipment

MTSE

由人工操作的转换开关电器。

3.1.3

遥控操作转换开关电器 remotely operated transfer switching equipment

RTSE

遥控操作的转换开关电器。

注:RTSE可以具有可选的本地操作特性。

3.1.4

自动转换开关电器 automatic transfer switching equipment

ATSE

自行动作的转换开关电器。

注1:ATSE通常包括所有用于监测和转换操作所必需的设备。

注2:ATSE可以具有可选的人工操作特性。

3.1.5

派生转换开关电器　derived transfer switching equipment

派生 TSE

其主体部分电器满足 GB 14048 系列其他产品标准要求的 TSE。

注 1：为方便起见，派生 TSE 可分为派生 ATSE、派生 MTSE 及派生 RTSE。

注 2：为方便起见，主体部分以外的部件（如用于控制 TSE 的控制开关、机械互锁装置等）称为其他部件。

3.2　TSE 的操作　operation of TSE

3.2.1

ATSE 的操作程序　operation sequence of ATSE

常用电源被监测到出现偏差时，ATSE 自动将负载从常用电源转换至备用电源；如果常用电源恢复正常时，则自动[3]将负载返回到常用电源。

注 1：转换时可有预定的延时或无延时，并可有一个断开位置。

注 2：在存在常用电源和备用电源两个电源的情况下，ATSE 需指定一个常用电源位置。

3.2.2

ATSE 被监测的电源偏差　monitored supply deviation of ATSE

被监测的电源特性改变，当电源特性偏离规定限值时，被监测到的电源偏差作为信号使 ATSE 动作。

注：电源电压或频率的非正常改变属于偏差。

3.2.3

电源电压偏差　voltage supply deviation

常用电源电压的改变或消失。

3.2.4

电源频率偏差　frequency supply deviation

常用电源频率偏离正常工作频率的变化。

3.2.5

触头转换时间　contact transfer time

测定从第一组主触头断开常用电源起至第二组主触头闭合备用电源为止的时间。

3.2.6

转换动作时间　operating transfer time

测定从主电源被监测到偏差的瞬间起至主触头闭合备用电源为止的时间，不包括特意引入的延时。

3.2.7

总动作时间　total operating time

转换动作时间与特意引入的延时之和。

3.2.8

返回转换时间　return transfer time

从常用电源完全恢复正常的瞬间起至主触头组闭合常用电源的瞬间为止的时间加上特意引入的延时。

3.2.9

断电时间　off-time

在产生最长燃弧时间的条件下，从各相电弧最终熄灭的瞬间起至主触头闭合另一个电源的转换过程中测量的时间。

注：断电时间包括任何特意引入的延时时间。

3）　当两路电源互为备用电源时，也可按用户要求的操作程序动作，相关操作程序要求和试验由双方协商。

3.3 主触头位置 main contact position

3.3.1

常用位置 normal position

常用电源无偏差时电器的触头位置。

3.3.2

备用位置 alternative position

当常用电源被监测出偏差时，负载电路转换至备用(应急)电源时电器的触头位置。

3.3.3

断开位置 off-position

负载电路不连接任何电源时电器的触头位置。

注：断开位置的起因可以是负载电路故障引起的自动脱扣或是自动转换功能的有意中断。

3.4 符号和缩写

EMC 电磁兼容性

I_{cm} 额定短路接通能力(5.3.6.2)

I_{cn} 额定短路分断能力(5.3.6.3)

I_{cw} 额定短时耐受电流(5.3.6.1)

I_e 额定工作电流(5.3.2)

I_u 额定不间断电流(5.3.2)

I_q 额定限制短路电流

SCPD 短路保护电器

U_e 额定工作电压(5.3.1.1)

U_i 额定绝缘电压(5.3.1.2)

U_{imp} 额定冲击耐受电压(5.3.1.3)

U_r 工频或直流恢复电压(表 2)

U_s 控制电源电压

4 分类

转换开关电器根据下列方式分类：

a) 短路能力：

——PC 级：能够接通和承载，但不用于分断短路电流的 TSE；

注：如果能满足 PC 级的试验要求，接触器可用于 PC 级。

——CB 级：配备过电流脱扣器的 TSE，它的主触头能够接通并用于分断短路电流；

——CC 级[4]：能够接通和承载，但不用于分断短路电流的 TSE。该 TSE 主要由满足 GB 14048.4 要求的电器构成。

b) 控制转换的方式：

——手动操作转换开关电器(MTSE)；

——遥控操作转换开关电器(RTSE)；

——自动转换开关电器(ATSE)。

5 特性

5.1 特性概要

TSE 的特性应规定以下几项(如适合)：

---

4) 受短路电流冲击后，主触头允许熔焊。

——电器型式(5.2);

——主电路的额定值和极限值(5.3);

——使用类别(5.4);

——控制电路(5.5);

——辅助电路(5.6)。

TSE 采用符合 GB 14048 标准的产品时,可以补充这些标准的相关特性。

5.2 电器型式

应规定以下几项:

——电器级别和转换控制方式(见第 4 章);

——极数;

——电流种类;

——操作程序。

5.3 主电路的额定值和极限值

GB 14048.1—2006 中 4.3 适用,但是,有关 5.3.6.1、5.3.6.3 和 5.3.6.4 的最小值在本部分的表 4 中给定。

5.3.1 额定电压

5.3.1.1 额定工作电压(U_e)

GB 14048.1—2006 中 4.3.1.1 适用。

5.3.1.2 额定绝缘电压(U_i)

GB 14048.1—2006 中 4.3.1.2 适用。

5.3.1.3 额定冲击耐受电压(U_{imp})

GB 14048.1—2006 中 4.3.1.3 适用。

5.3.2 额定工作电流(I_e)

TSE 的额定工作电流是额定不间断电流(I_u),见 GB 14048.1—2006 中 4.3.2.4。

5.3.3 额定频率

GB 14048.1—2006 中 4.3.3 适用。

5.3.4 不间断工作制

GB 14048.1—2006 中 4.3.4.2 适用。

5.3.5 额定接通能力与分断能力

额定接通能力与分断能力是由制造商规定的,即在规定条件下,TSE 能够良好地接通与分断的电流值。除非另有规定,额定接通能力与分断能力用稳态电流值表示。在接通操作过程,触头闭合时的电流峰值可能高于稳态电流幅值,这取决于试验电路(负载)的特性以及闭合瞬间的电压相位角。

额定接通能力与分断能力应参照额定工作电压、额定工作电流和表 2 中的使用类别加以规定。

对于交流,额定接通能力与分断能力用电流的交流分量有效值表示。

5.3.6 短路特性

5.3.6.1 额定短时耐受电流(I_{cw})

额定短时耐受电流是由制造商规定的,在 9.3.4.3 规定的试验条件下,电器能够承载的短时耐受电流值。

对于交流,额定短时耐受电流值用电流的交流分量有效值表示,且任何一相的最大峰值电流都不应小于该有效值的 n 倍,系数 n 在 GB 14048.1—2006 表 16 中给出。

短时耐受电流最小值在本标准的表 4 第 2 栏中给出。

注 1:制造商可对较长通电时间的短时耐受电流补充规定较小值。

最短通电时间为:

——额定工作电流小于等于 400 A 时,交流为额定频率的 1.5 个周波,直流为 0.025 s;

——额定工作电流大于 400 A 时,交流为额定频率的 3 个周波,直流为 0.05 s。

5.3.6.2 额定短路接通能力(I_{cm})

额定短路接通能力是制造商规定的,在额定工作电压、额定频率和规定的功率因数(或时间常数)下,电器的短路接通能力值。额定短路接通能力用最大预期峰值电流表示。

对于交流 CB 级的 TSE,额定短路接通能力应不小于短路分断能力有效值乘以 GB 14048.1—2006 中表 16 的系数 n 后的值。制造商可规定一个更大的短路接通能力值。

对于直流,假设稳态短路电流值是恒定的,额定短路接通能力不小于额定短路分断能力。

额定短路接通能力是指 TSE 在外施电压小于等于 105% 额定工作电压时,应能接通相应于额定短路接通能力的电流。

5.3.6.3 额定短路分断能力(I_{cn})

额定短路分断能力是制造商规定的,在额定工作电压、额定频率与规定的功率因数(或时间常数)下,电器的短路分断能力值。

额定短路分断能力用预期分断电流值(在交流情况下,用交流分量有效值)表示。

额定短路分断能力最小值在表 4 的第 2 栏中给出,制造商可规定一个更大的短路分断能力值。

额定短路分断能力是指 CB 级 TSE 应能分断额定短路分断能力及以下的任何电流。

5.3.6.4 额定限制短路电流(I_q)

额定限制短路电流是制造商规定的,在 9.3.4.4 规定的试验条件下,被指定的短路保护电器(SCPD)保护的 TSE 在短路保护电器动作时间内足以能够承受的预期短路电流值。

预期电流最小值在表 4 的第 2 栏中给出。

制造商应说明所规定的短路保护电器的详细情况,包括其型号、额定值、特性,对于限流电器,还应包括相应于预期电流值时的最大峰值电流和 I^2t。

注 1:对于交流,额定限制短路电流用电流的交流分量有效值表示。

注 2:短路保护电器可以作为 TSE 的组成部分,也可以是一个单独电器。

5.4 使用类别

TSE 可在一个或几个额定工作电压下规定一个或几个如表 1 所列的标准使用类别。

根据应用情况所要求的操作次数(见表 8,表 9 和表 10),可以用尾标 A 和 B 来标注使用类别。

指定用于某一使用类别的 TSE 应符合相应于该使用类别的额定接通与分断能力要求(见表 2)以及电气与机械操作性能要求(见表 3)。

表 1 使用类别

电流性质	使用类别		典型用途
	A 操作	B 操作	
交流	AC-31A	AC-31 B	无感或微感负载
	AC-32A	AC-32B	阻性和感性的混合负载,包括中度过载
	AC-33iA	AC-33iB	系统总负荷包含笼型电动机及阻性负载
	AC-33A	AC-33B	电动机负载或包含电动机、电阻负载和 30% 以下白炽灯负载的混合负载
	AC-35 A	AC-35 B	放电灯负载
	AC-36 A	AC-36 B	白炽灯负载
直流	DC-31 A	DC-31 B	电阻负载
	DC-33 A	DC-33 B	电动机负载或包含电动机的混合负载
	DC-36 A	DC-36 B	白炽灯负载

对于主体部分属于其他 GB 14048 产品标准的 TSE，这些标准所规定的的使用类别可以与表 1 中规定的使用类别等效使用，具体见附录 A。

5.5 控制电路

GB 14048.1—2006 中 4.5 适用，并对被监测的电源(3.2.2)补充以下内容：

5.5.1 控制主电路的机电式电器

制造商应规定 TSE 电压的最大值和最小值或电压和频率的工作范围，该范围应与转换控制电器的工作范围相对应。

5.5.2 转换控制电器

制造商应规定以下内容：

a) 发生转换时的电压偏差和频率偏差；

b) 触头转换时间、转换动作时间、总动作时间、返回转换时间和断电时间及范围(如有的话)。

5.6 辅助电路

GB 14048.1—2006 中 4.6 适用。

6 产品资料

6.1 资料种类

制造商应提供下列资料：

识别标志：

a) 制造商厂名或商标；

b) 型号或系列号；

c) 本标准编号(如制造商确定符合本标准时)；

特性：

d) 电器级别：PC，CB 或 CC；

e) 额定工作电压；

f) 使用类别及额定工作电压下的额定工作电流；

g) 额定频率值(例如 50 Hz)或直流的文字符号"d.c."(或直流的图形符号 ⎓)；

h) PC 级 TSE 的额定短路接通能力；

i) 额定短时耐受电流，(如适用)；

j) 额定限制短路电流及相应的 SCPD(见 5.3.6.4)，(如适用)；

k) CB 级 TSE 的额定短路接通与分断能力；

l) 主触头的位置数；

m) 被监测的电源偏差和操作范围；

n) 操作程序和延时(如有的话)，以及在操作程序中延时的设置；

o) 额定冲击耐受电压；

p) 环境 A 或 B(见 GB 14048.1—2006 中 7.3.1)；

q) 特殊要求(如适用)，(例如屏蔽或绞合导体)；

注：无屏蔽或非绞合导线作为正常安装条件。

r) 派生 TSE 的断电时间(见 3.2.9)；

s) 因为 CC 级 ATSE 的主触头受短路电流冲击后标准允许其熔焊。制造商应向用户提出警告性提示，"提示——本产品的触头发生熔焊后，ATSE 将不能转换"。

6.2 标志

每个 TSE 应采用耐久的方式作标志，并标明下列数据。标志必须设置在 TSE 本体上或设置在固定于 TSE 上的一个或几个铭牌上，TSE 安装后，标志仍应清晰可见。

6.1 的 a)～j)项和 o)项数据应标志在 TSE 上(如适用)，或标志在铭牌上。

k)～n)项和 p)～s)项可以标志在 TSE 上，并应在制造商文件中规定。

6.3 安装、使用和维修说明

GB 14048.1—2006 中 5.3 适用。

制造商应提供信息,告诉用户有关 TSE 的 EMC 问题(如有的话)所采取的措施。

7 正常使用、安装和运输条件

GB 14048.1—2006 中 6 适用。

8 结构要求和性能要求

8.1 结构要求

GB 14048.1—2006 中 7.1 适用,并作如下补充。

8.1.1.1 耐非正常热和火

用于固定载流部件的绝缘材料部件应满足 GB 14048.1—2006 中 8.2.1.1.1 规定的灼热丝试验,试验温度为 850 ℃或 960 ℃,根据 GB/T 5169.11—2006 附录 A 的规定选择适合于产品的相应的温度值。

当在材料上进行试验时,制造商应对每种被试材料提供符合 GB/T 5169.16 要求的可燃性类别。

8.2 性能要求

8.2.1 操作条件

GB 14048.1—2006 中 7.2.1 适用,并补充以下内容。

8.2.1.1 操作机构

a) TSE 应能够在标志预定性能的所有条件下进行操作。

b) 在所有情况下,操作机构都应被连锁以防止同时接通常用电源和备用电源。移去盖子或面板不应导致连锁机构失灵。

c) PC/CC 级 TSE 的操作机构不应使负载电路与常用电源和备用电源均保持长期断开,但是,在完成转换前可具有一个预定的断开时间,在某些情况下,可提供一休止位置。

CB 级 TSE 可具有预定的断开时间和/或断开位置。

d) 对于用机电装置操动主触头的 TSE,主触头在闭合和断开时应无跳动(如无明显地减速)。

应按 9.3.3.1 规定进行验证。本要求不适用于贮能操作装置。

8.2.1.2 操作控制、程序和范围

a) 过电压条件

控制电磁铁的线圈应能在正常通电运行或达到稳定温度的最长时间内承受 110%额定工作电压而不损坏。

b) 欠电压条件

电磁式电压监测继电器的线圈(如采用)应承受 95%额定吸合电压 4 h 而不损坏。

c) 电源失压时的操作

ATSE 应在常用电源被监测的任意一相或所有各相电压中断后的一预定时间内将负载从常用电源转换至备用电源,并在常用电源恢复正常时将负载返回转换至常用电源。

d) 电源电压降低时的操作

如果 TSE 装有当主电源电压降低时能将负载从常用电源转换至备用电源的装置,则应在制造商规定的电压范围内开始进行转换。

e) 基于备用电源电压或备用电源电压和频率可用性转换

如果 TSE 具有确定备用电源可用性的电压或电压和频率的监测电路,则应在制造商规定的范围内进行转换。

f) 动作时间

在由常用电源转换至备用电源或由备用电源转换至常用电源的转换动作过程中,总动作转换时间中的任何延时或断电时间,均应在制造商规定的时间范围内。

用9.3.3.2规定的试验来验证是否符合上述要求。

表2　验证接通与分断能力——对应于各种使用类别的接通与分断条件

使用类别		接通与分断试验条件					
		I/I_e	U_r/U_e	$\cos\varphi$[a]	通电时间[b]/s	循环周期/min	操作循环/次数
交流	AC-31A　AC-31B	1.5	1.05	0.80	0.05	[c]	[c]
	AC-32A　AC-32B	3.0	1.05	0.65	0.05	[c]	[c]
	AC-33iA　AC-33iB	6.0	1.05	0.50	0.05	[c]	[c]
	AC-33A　AC-33B	10.0	1.05	[h]	0.05	[c]	[c]
	AC-35A　AC-35B	3.0	1.05	0.50	0.05	[c]	[c]
	AC-36A　AC-36B	1.5[d]	1.05	[d]	0.05	[c]	[c]
直流				L/R[e] ms			
	DC-31A　DC-31B	1.5	1.05	[g]	0.05	[c]	[c f]
	DC-33A　DC-33B	4.0	1.05	2.5	0.05	[c]	[c f]
	DC-36A　DC-36B	1.5[d]	1.05	[d]	0.05	[c]	[c f]

I=接通和分断电流。接通电流用直流或交流的对称有效值表示。但对于使用类别AC-36A,AC-36B和DC-36A,DC-36B,接通操作中的实际峰值可以理解为是高于对称峰值的值。

I_e=额定工作电流。

U_r=工频恢复电压或直流恢复电压。

U_e=额定工作电压。

a $\cos\varphi$的允差为±0.05。

b 只要触头在重新断开前已完全闭合,则通电时间可小于0.05 s。

c 见表8。

d 用白炽灯负载按9.3.3.5.1中规定的一般试验条件进行试验。

e L/R的允差为±15%。

f 如果未标明极性,则对正反极性各进行一半次数的操作循环试验。

g 无预定的时间常数。

h 当$I_e \leqslant 100$ A时$\cos\varphi=0.45$,当$I_e>100$ A时$\cos\varphi=0.35$。

表3　验证操作性能——对应于各种使用类别的接通与分断条件

使用类别		接通与分断试验条件					
		I/I_e	U_r/U_e	$\cos\varphi$[a]	通电时间[b]/s	循环周期/min	操作循环/次数
交流	AC-31A　AC-31B	1.0	1.05	1.0	0.05	[c]	[c]
	AC-32A　AC-32B	1.0	1.05	0.8	0.05	[c]	[c]
	AC-33iA　AC-33iB	2.0[h]	1.05	0.8	0.05	[c]	[c]
	AC-33A　AC-33B	2.0[h]	1.05	0.8	0.05	[c]	[c]
	AC-35A　AC-35B	2.0[h]	1.05	0.8	0.05	[c]	[c]
	AC-36A　AC-36B	1.0[d]	1.05	[d]	0.05	[c]	[c]

表 3（续）

使用类别		接通与分断试验条件					
		I/I_e	U_r/U_e	$\cos\varphi$ [a]	通电时间[b]/s	循环周期/min	操作循环/次数
				L/R[e] ms			
直流	DC-31A　DC-31B	1.0	1.05	[g]	0.05	[c]	[cf]
	DC-33A　DC-33B	2.5[i]	1.05	2.5	0.05	[c]	[cf]
	DC-36A　DC-36B	1.0[d]	1.05	[d]	0.05	[c]	[cf]

I＝接通和分断电流。接通电流用直流或交流的对称有效值表示。但对于使用类别 AC-36A，AC-36B 和 DC-36A，DC-36B，接通操作中的实际峰值可以理解为是高于对称峰值的值。

I_e＝额定工作电流。

U_r＝工频恢复电压或直流恢复电压。

U_e＝额定工作电压。

[a] $\cos\varphi$ 的允差为±0.05。

[b] 只要触头在重新断开前已完全闭合，则通电时间可小于 0.05 s。

[c] 见表 9 和表 10。

[d] 用白炽灯负载按 9.3.3.5.1 中规定的一般试验条件进行试验。

[e] L/R 的允差为±15%。

[f] 如果未标明极性，则对正反极性各进行一半次数的操作循环试验。

[g] 无预定的时间常数。

[h] 除 AC-33iB、AC-33B 和 AC-35B 使用类别应在 $I/I_e=1$ 的情况下进行全部次数的操作循环试验以外，其他使用类别应在 $I/I_e=1$ 情况下进行一半次数的操作循环试验。

[i] 除 DC-33B 使用类别应在 $I/I_e=1$ 的情况下进行全部次数的操作循环试验以外，其他使用类别应在 $I/I_e=1$ 情况下进行一半次数的操作循环试验。

8.2.2　温升

在 9.3.3.3 规定的条件下通以最大额定工作电流进行温升试验时，TSE 上任何一点所达到的温度均不应该使电器采用的任何材料引起着火危险或损坏，且温升不得超过 GB 14048.1—2006 中 7.2.2 的规定值。

8.2.3　介电性能

GB 14048.1—2006 中 7.2.3 适用。

8.2.4　空载、正常负载和过载条件下的接通与分断能力

8.2.4.1　接通与分断能力

TSE 在进行 9.3.3.5 规定的试验时，应在表 2 对指定使用类别规定的条件下，无损坏地接通与分断电流，见附录 A 中 A.3。

8.2.4.2　操作性能

8.2.4.2.1　电气操作性能

接通与分断能力试验后，TSE 接着进行 9.3.3.6.2 规定的试验，应在表 3 对指定使用类别规定的试验条件下，无损坏地接通与分断电流，见附录 A 中 A.3。

8.2.4.2.2　**机械操作性能**

电气操作性能试验后，TSE 接着进行 9.3.3.6.3 规定的试验，应无损坏地完成表 9 和表 10 规定的空载操作次数，见附录 A 中 A.3。

8.2.5　**短路条件下的接通与分断能力**

8.2.5.1　**额定短时耐受电流**

对于制造商未指定短路保护电器的 PC 级 TSE，应承受表 4 给定的预期电流。如果制造商规定的短时耐受电流大于表 4 的给定值，则 TSE 应能承受制造商规定的电流值。

额定短时耐受电流的通电时间在 5.3.6.1 中给定。

表 4　验证短路操作能力的试验电流值

额定工作电流 I_e(r.m.s)/V	试验电流(r.m.s)/A
$I_e \leqslant 100$	5 000
$100 < I_e \leqslant 500$	10 000
$500 < I_e \leqslant 1\,000$	$20I_e$
$1\,000 < I_e$	$20I_e$ 或 50 kA(选较小值)
注：功率因数和时间常数应按 GB 14048.1—2006 中表 16 规定。	

8.2.5.2　**额定限制短路电流**

对于制造商已指定短路保护电器(SCPD)的 PC/CC 级 TSE，应能承受表 4 给定的预期试验电流，直至 SCPD 断开电路。

如果制造商规定的限制短路电流大于表 4 的给定值，则 TSE 也应能承受制造商规定的电流值。

所使用的 SCPD 应符合其产品标准，其额定值不得低于本部分中的规定值。

8.2.5.3　**额定短路接通能力**

对于制造商没有规定额定限制短路电流(或 9.3.4.4 规定条件下的 I_q)的 PC 级 TSE 和 CB 级 TSE 应能接通表 4 和 5.3.6.2(见表 6 脚注 a)规定的试验电流。

如果制造商规定的短路接通能力大于表 4 给定的试验电流，则 TSE 也应能接通制造商规定的电流值。

8.2.5.4　**额定短路分断能力**

CB 级 TSE 应能分断表 4 给定的试验电流。

如果制造商规定的短路分断能力大于表 4 给定的试验电流值，则 TSE 也应能分断制造商规定的电流值。

8.3　**电磁兼容性(EMC)**

8.3.1　**一般要求**

GB 14048.1—2006 中 7.3.1 适用并作以下补充：

派生 TSE 的主体部分，在按照制造商规定的相关 EMC 要求进行安装后，当满足同样或更严酷要求时根据本部分不应进行试验。

因为电器本身承受工频磁场，因此不要求进行工频磁场试验，用操作性能能力试验(见 9.3.3.5 和 9.3.3.6)结果证明其抗扰性。

8.3.2　**抗扰度**

GB 14048.1—2006 中 7.3.2 及表 5 适用，并作下列补充：

试验值和程序在 9.5 中规定。

8.3.3 发射

GB 14048.1—2006 中 7.3.3 适用，并作下列补充：

试验值和程序在 9.5 中规定。

表 5 合格判别标准

项 目	合格判别标准(试验中的性能标准)		
	1	2	3
电源和控制电路的操作	无操作失灵	暂时性操作失灵，但不得引起脱扣；不允许触头有误断开或闭合；可自复位	触头有误断开或闭合
显示和辅助电路的操作	可视显示的信息无变化，只允许 LED 的光强度轻微波动或字符漂移	暂时的可视变化，如 LED 的误发光辅助触头无操作失灵	显示信息永久丧失；辅助触头操作失灵

9 试验

9.1 试验种类

9.1.1 概述

GB 14048.1—2006 中 8.1.1 适用。

9.1.2 型式试验

用于验证 TSE 满足本部分要求的型式试验在表 6 和表 7 中规定。

9.1.3 常规试验

GB 14048.1—2006 中 8.1.3 适用。

常规试验在 9.4 中规定。

9.1.4 抽样试验

按照 GB 14048.1—2006 中 8.3.3.4.3 规定的验证电气间隙的抽样试验正在考虑中。

9.2 验证结构要求

8.1 及 GB 14048.1—2006 中 8.2.1～8.2.4 适用。

9.3 性能

9.3.1 试验顺序

试验顺序参见表 6 和表 7 及下列规定：

1) 试验 a)～e)和 m)可在一个样品或分开的样品上进行。

2) 试验 f)、g)和 h)应在一个样品上按表规定的顺序进行。

3) 试验 i)～l)应在一个样品上(不是用进行过程序Ⅱ试验的样品)按表规定的顺序进行。

如果制造商要求或同意的话，全部试验可在一个样品上进行。在此情况下，试验顺序应为a)～m)。

9.3.2 基本试验条件

9.3.2.1 一般要求

被试电器的条件应符合 GB 14048.1—2006 中 8.3.2 的规定。

注：不必对指定使用类别所对应的全部试验值进行试验，见附录 A。

9.3.3.3、9.3.4.2、9.3.4.3 和 9.3.4.4 的试验应按下述规定进行：

a) 如果 TSE 的结构在常用电源位置和备用电源位置之间无明显的影响试验结果的差异(如触头

尺寸与压力、开距、母线排尺寸与长度、对外壳的电气间隙等)时,则可在开关的其中一个位置上进行。

b) 如果能确定一个位置代表更为严酷的情况,可在该位置上进行试验。

表 6 型式试验项目表(试验程序一览表)

试验程序	试验	参考条款	适用的 TSE 等级		N^0 样品数量[c]
Ⅰ 一般性能特性	a) 结构要求	9.2	PC/CC	CB	1
	b) 操作	9.3.3.1			
	c) 操作控制、程序和范围	9.3.3.2			
	d) 温升	9.3.3.3			
	e) 介电性能	9.3.3.4			
Ⅱ 操作性能	f) 接通与分断能力	9.3.3.5	PC/CC	CB	1
	g) 操作性能能力(电气)	9.3.3.6.2			
	——介电性能验证	9.3.3.4			
	——温升验证	9.3.3.3			
	h) 操作性能能力(机械)	9.3.3.6.3			
Ⅲ 短路能力验证	i) 短路接通能力	9.3.4.2.2	PC[a]	CB	1
	——介电性能验证[d]	9.3.3.4	PC	CB	
	j) 短路分断能力	9.3.4.2.3	—	CB	
	——介电性能验证[d]	9.3.3.4	—	CB	
	k) 短时耐受电流	9.3.4.3	PC[a]	—	
	——介电性能验证[d]	9.3.3.4	PC	—	
	l) 限制短路电流	9.3.4.4	PC/CC[b]	—	
	——介电性能验证	9.3.3.4	PC/CC	CB	
	——温升验证	9.3.4.3	PC/CC	CB	
Ⅳ 环境试验	m) 电磁兼容性(EMC)	9.5	PC/CC	CB	1

[a] 如果生产商规定限制短路电流,则不要求进行此试验。

[b] 仅在制造商指定短路保护电器时进行此项试验。

[c] 制造商同意时,试验可在一个样品上进行。

[d] 仅在同一样品上不需要进一步试验时,则进行此试验。

表 7　对于给定的派生 TSE 应进行的型式试验(参照其条款号)项目表

试验程序	试　验	参考条款	适合 TSE 等级							N⁰ 样品数量[f]
			PC/CC			CB				
			主要		其他[a]	主要			其他[a]	
			GB 14048.3—2002	GB 14048.4—2003		GB 14048.2—2008	GB 14048.3—2003	GB 14048.9—2008		
Ⅰ 一般性能特性	a) 结构要求	9.2			×				×	1
	b) 操作	9.3.3.1	×	×	×	×	×	×	×	
	c) 操作控制、程序和范围	9.3.3.2	×	×	×	×	×	×	×	
	d) 温升[h]	9.3.3.3	×	×	×	×	×	×	×	
	e) 介电性能	9.3.3.4	×	×	×	×	×	×	×	
Ⅱ 操作性能	f) 接通与分断能力包括互锁功能试验	9.3.3.5	×	×[g]		×	×	×[g]		1
	g) 操作性能能力(电气)	9.3.3.6.2	×[g]	×[g]		×[g]	×[g]	×[g]		
	——介电性能验证[e]	9.3.3.4	×	×	×	×	×	×	×	
	——温升验证	9.3.4.3	×	×	×	×	×	×	×	
	h) 操作性能能力(机械)	9.3.3.6.3	×	×[g]	×	×	×	×[g]	×	
Ⅲ 短路能力验证	i) 短路接通能力	9.3.4.2.2	×[c]	×[c]		×[c]	×[c]	×[c]		1
	j) 短路分断能力	9.3.4.2.3	N/A	N/A		×[c]	×[c]	×[c]		
	k) 短时耐受电流	9.3.4.3	×[b,d]	×[b,d]	×[d]	N/A	N/A	N/A		
	l) 限制短路电流	9.3.4.4	×[c]	×[c]		N/A	N/A	N/A		
	——介电性能验证[e]	9.3.3.4	×	×	×	×	×	×	×	
	——温升验证	9.3.4.3	×	×	×	×	×	×	×	

表 7(续)

试验程序	试验	参考条款	适合 TSE 等级							N° 样品数量[f]
			PC/CC			CB				
			主要		其他[a]	主要			其他[a]	
			GB 14048.3—2002	GB 14048.4—2003		GB 14048.2—2008	GB 14048.3—2003	GB 14048.9—2008		
Ⅳ 环境试验	m) 电磁兼容性(EMC)	9.5	×	×	×	×	×	×	×	1

N/A:不适用。

a 为了方便,除了主体部分以外的部件(如那些用来控制 TSE 的控制开关,机械互锁电器等)称作其他部件。

b 适用性参见 8.2.5.1 和 9.3.4.3。

c 如果可行,见 8.2.5.3,9.3.4.2 和/或 9.3.4.4。

d 只有当安装在专用外壳内时。

e 只有当要求操作性能和/或短路试验时。

f 试验可在一个样品上进行,样品由生产商随意抽选。

g 如果可行,见 9.3.3.5.3 和/或 9.3.3.6.1。

h 只有内部导体的载流能力小于 GB 14048.1—2006 中表 9 和表 10 要求时,要求进行试验。

9.3.3 空载、正常负载与过载条件下的性能

9.3.3.1 操作

操作机构

应按 8.2.1.1 a)、b)和 c)规定验证 TSE 的操作机构。

对于用电磁铁操动主触头的 TSE，当控制电源电压以 $0.2U_s/s$ 的速率由零升高时，或由额定电源电压 U_s 降低时(如合适的话)，其主触头在闭合或断开时应无跳动，本试验不适用于贮能操作装置。

9.3.3.2 操作控制、程序和范围

9.3.3.2.1 一般要求

TSE 应根据 8.2.1.2 的要求进行验证其性能的试验。详细试验内容在下述条款中规定。

9.3.3.2.2 过电压条件

ATSE 的常用电源和备用电源的接线端子及 RTSE 控制电磁铁的线圈应施加 110% 额定工作电压，通电时间足以使在运行中通电的电磁铁线圈达到稳定温度。

9.3.3.2.3 电磁式电压监测继电器的欠电压条件

电压监测继电器的线圈(如有的话)应施加 95% 额定吸合电压值(继电器不应吸合)，并在此电压下保持 4 h。

9.3.3.2.4 电源失压时的操作

ATSE 应按图 1 所示，与具有额定电压与额定频率的常用电源和备用电源两条电路(空载)连接，ATSE 应处于常用电源位置。

当常用电源被监测的其中一相断电时，ATSE 应转换至备用电源。当常用电源该相重新接通时，ATSE 应返回至常用电源位置。

此项试验应在依次断电的每个被监测的常用电源导体上重复进行。

9.3.3.2.5 电源电压降低时的操作

如果 TSE 具有常用电源的电压偏差监测功能时，TSE 应按 9.3.3.2.4 规定接线，并依次将每相被监测的常用电源导体上的电压降低至制造商的规定值，然后再恢复至原值。此项试验还应在常用电源所有相的电压同时降低，然后再恢复至原值，这样重复进行。

每次试验时，TSE 应在常用电源电压降低时转换至备用电源位置，而在常用电源电压恢复正常时返回转换至常用电源位置。

9.3.3.2.6 备用电源电压或备用电源电压和频率转换可行性

如果 TSE 具有备用电源的电压和频率监测，TSE 应按图 1 接线。按照下列 a)或 b)规定(如适用的话)，验证从常用电源转换至备用电源时的动作电压值和频率值：

a) 备用电源电压的检测

当备用电源电压低于制造商规定值，而常用电源电压为额定值时，断开常用电源的其中一根电源导线，然后逐渐提高备用电源的电压，TSE 应在制造商规定的电压范围内由常用电源转换至备用电源；

b) 备用电源的电压和频率的检测

常用电源电压为额定值，断开其中一根电源导线：

1) 使备用电源的电压保持为最低规定值，从频率低于吸合值开始，逐渐提高备用电源的频率，TSE 应在制造商规定的频率范围内，由常用电源转换至备用电源。

2) 使备用电源的频率保持为最低规定值，从电压低于吸合值开始，逐渐提高备用电源的电压，TSE 应在制造商规定的电压范围内，由常用电源转换至备用电源。

9.3.3.3 温升

温升试验按 GB 14048.1—2006 中 8.3.3.3 规定进行，并应符合 8.2.2 的规定。

9.3.3.4 介电性能

GB 14048.1—2006 中 8.3.3.4 适用，并作下列修改：

9.3.3.4.1 型式试验

GB 14048.1—2006 中 8.3.3.4.1 全部适用，并作下列补充：

——在项 1)后添加下面的句子：

金属箔不适用于接通与分断、操作和短路试验后的工频耐压验证。

——在项 2)b)第 2 段后添加下面的句子：

相间联接的 TSE 的控制电路，已经承受的冲击耐受试验电压 U_{imp} 低于 GB 14048.1—2006 中 7.2.3.1 和 8.3.3.4.2 的规定，则可以断开进行试验。

——在项 2)c)②第 1 段后添加下面的句子：

在控制电路(一般与主电路相连)断开[根据 8.3.3.4.1 项 2)b)]的情况下，保持主触头闭合的方法应在相关的试验报告表明。

——在 8.3.3.4.1 项 8)的最后添加下面的句子：

对于适用于隔离的电器，应通过触头在开断位置测量每极的泄漏电流，试验电压为 1.1U_e，泄漏电流不超过 0.5 mA。

不适用于隔离的电器[见 GB 14048.1—2006 中 8.3.3.4.1，项 2)c)④]不需要进行断开触头间的冲击耐受电压验证试验。

9.3.3.5 接通能力与分断能力

9.3.3.5.1 一般试验条件

GB 14048.1—2006 中 8.3.3.5.1 适用。

9.3.3.5.2 试验电路

GB 14048.1—2006 中 8.3.3.5.2 适用，但是在电源侧试验电路中 TSE 的接线应按图 2 或图 3 所示。

对于 AC-36A 或 AC-36B 和 DC-36A 或 DC-36B 使用类别，所接负载应能获得额定工作电流，并使接通时的瞬态电流符合表 2 规定。瞬态接通电流应在电路接通后的 5 ms 内达到其峰值。可采用任何合适的负载，诸如：

a) 白炽灯；

b) 无感电阻，或与一电容器并联的电阻；

c) 带有部分电阻可短时短路以产生瞬态峰值电流的电阻负载。

试验应按与被监测的电源偏差无关的外部控制程序进行。

9.3.3.5.3 派生 TSE

当 TSE 已满足 GB 14048 相关产品标准中对其相应使用类别的等同或更严厉的试验(见附录 A)要求，则可不按 9.3.3.5.4 验证接通能力和分断能力。但是这样的 TSE 应在常用电源电路主体部分和备用电源电路主体部分同时通电/运行时进行试验，GB 14048.4 和 GB 14048.9 派生的 TSE 除外(已包含 GB 14048.4 和 GB 14048.9 规定的可逆试验的要求)。测量的断电时间应大于或等于制造商提供的数值，但不应小于 50 ms。

9.3.3.5.4 验证接通能力与分断能力

a) TSE 应按表 2 规定在相应于给定使用类别的电压、功率因数或时间常数下接通与分断试验电流。

操作循环次数和循环周期应按表 8 规定。

一个操作循环包括接通与分断常用电源触头和备用电源触头二者的试验电流。

20%附加操作，最少操作 2 次，应在常用电源电路主体部分和备用电源电路主体部分同时通电/运行时进行试验。

应测量总的转换动作时间，延时时间及断电时间，其值应在制造商规定的极限范围内。

9.3.3.5.4 中的试验仅在 TSE 不符合 9.3.3.5.3 所规定的条件时进行。

根据 9.3.3.5.3 进行本试验的派生 TSE，仅进行 20%操作，最少操作 2 次，应在常用电源电路主体部分和备用电源电路主体部分同时通电/运行时进行试验。

表 8　接通与分断能力试验的操作循环次数和操作循环时间

额定工作电流 I_e/A	操作循环次数			操作循环时间[a]/min
	A 操作	B 操作		
	AC-31A，AC-32A，AC-33iA，AC-33A，AC-35A，AC-36A DC-31A，DC-33A，DC-36A	AC-31B，AC-35B，AC-36B DC-31B，DC-36B，	AC-32B，AC-33iB，AC-33B，DC-33B	
$0<I_e\leqslant 300$	50	12	5	1
$300<I_e\leqslant 400$	50	12	5	2
$400<I_e\leqslant 630$	50	12	5	3
$630<I_e\leqslant 800$	50	12	5	4
$800<I_e\leqslant 1\ 600$	50	12	5	5
$1\ 600<I_e\leqslant 2\ 500$	25	6	5	5
$2\ 500<I_e$	3	3	3	5

[a] 经制造商同意可缩短操作循环时间。

b）试验电流不应小于表 2 规定值。

c）除非过载保护装置自动脱扣，否则每个接触位置的通电时间应为 0.05 s。

d）所有检测继电器和控制继电器均应施加额定工作电压，继电器的触头应接通与分断其正常负载。

e）延时继电器，欠电压监测继电器和频率监测继电器可以旁路，以便主电路的触头进行试验。

f）试验期间应无损坏，按 GB 14048.1—2006 中 8.3.3.5.2 规定的熔断器不应熔断。

试验后，TSE 应按预定的正常方式操作。

9.3.3.6　操作性能能力

9.3.3.6.1　派生 TSE

当 TSE 已符合 GB 14048 相关产品标准中对其相应使用类别的等同或更严厉的试验（见附录 A）要求，则可不按 9.3.3.6.2 和 9.3.3.6.3 进行验证试验。测量的断电时间应大于或等于制造商提供的数值，但不小于 50 ms。

当表 9 或表 10（适应时）规定的操作性能试验的总次数，大于 TSE 主体部分的相关产品标准对相应使用类别规定的常规操作性能的总操作次数时，应按 9.3.3.6.3 在完整的 TSE 上进行机械操作性能试验。

由 GB 14048.2—2008 或 GB 14048.3—2002 派生的 TSE，其机械和/或电气互锁装置应按表 9 中规定的操作循环总次数进行试验，这些试验可独立进行，也可与其他试验组合进行。

主体部分不按本条进行试验的派生 TSE 的其他部件（如辅助电路部件）应按照表 9 或表 10（适用时）规定的操作循环总数进行试验。这些试验可独立进行，也可与其他试验组合进行。

9.3.3.6.2　电气操作性能

a）TSE 应按表 3 规定在相应于该使用类别的电压、功率因数或时间常数下接通和分断试验电流。试验时不允许维修或更换零部件。操作循环次数和时间按表9和表10规定；一个操作循环包含接通与分断常用电源触头和备用电源触头二者的试验电流。

b) 采用9.3.3.5.2和9.3.3.5.4 c)、d)和e)规定的试验电路及操作要求；

c) 试验电流不应小于表3的规定值；

d) 试验后，TSE应能承受GB 14048.1—2006中8.3.3.4.1项4)规定的介电试验。对工作电压 U_e 大于50 V，适用于隔离的CB级/PC级TSE，应在试验电压为 $1.1U_e$，触头在断开位置时测量每一极的泄漏电流，其值不应超过2 mA；

e) 试验后，断电时间应符合制造商的规定；

f) 触头应不经维修仍能承载额定工作电流，并符合9.3.3.3验证温升的要求。但允许提高10 K。

表9 电操作与机械操作性能试验的操作循环次数和操作循环时间 A操作的使用类别

额定工作电流 I_e/A	操作循环时间[a]/min	操作循环次数		
		不通电流	通电流	总计
$0<I_e\leqslant100$	1	—	6 000	6 000
$100<I_e\leqslant300$	1	—	6 000	6 000
$300<I_e\leqslant400$	1	—	4 000	4 000
$400<I_e\leqslant630$	1	1 000	2 000	3 000
$630<I_e\leqslant800$	1	1 000	2 000	3 000
$800<I_e\leqslant1\ 600$	2	1 500	1 500	3 000
$1\ 600<I_e\leqslant2\ 500$	4	2 000	1 000	3 000
$2\ 500<I_e$	4	2 000	1 000	3 000

[a] 经制造商同意可缩短操作循环时间。

表10 电操作与机械操作性能试验的操作循环次数和操作循环时间 B操作的使用类别

额定工作电流 I_e/A	操作循环时间[a]/min	操作循环次数		
		不通电流	通电流	总计
$0<I_e\leqslant100$	1	4 500	1 500	6 000
$100<I_e\leqslant300$	1	5 000	1 000	6 000
$300<I_e\leqslant400$	1	3 000	1 000	4 000
$400<I_e\leqslant630$	1	2 000	1 000	3 000
$630<I_e\leqslant800$	1	2 500	500	3 000
$800<I_e\leqslant1\ 600$	3	2 500	500	3 000
$1\ 600<I_e\leqslant2\ 500$	6	1 500	500	2 000
$2\ 500<I_e$	6	1 500	500	2 000

[a] 经制造商同意可缩短操作循环时间。

9.3.3.6.3 机械操作性能

TSE在不经维修或更换零部件的条件下，应能完成表9或表10(适用时)规定的空载操作循环次数。

试验时，需要通电的监测继电器和控制继电器应施加额定工作电压供电。时间继电器、欠电压监测继电器和频率监测继电器可以旁路，以便于试验。

本试验后,TSE 应通过 9.3.3.2.4 试验。

对于派生 TSE,在试验需要时(见 9.3.3.6.1),操作循环次数应按表 9 或表 10(适用时)规定的总的操作循环次数,并且这些试验可以单独或与其他试验组合进行。

试验后,由制造商规定的在断开一个电路和闭合至另一个电路之间的延时不应有明显变化。

9.3.4 短路条件下的性能

9.3.4.1 验证短路额定值的试验电路

GB 14048.1—2006 中 8.3.4.1.1 规定的一般要求适用。有关试验电路与整定的详细要求应按 GB 14048.1—2006 中 8.3.4.1.2～8.3.4.1.8 的规定。

9.3.4.2 验证短路接通与分断能力

9.3.4.2.1 一般要求

由 GB 14048.2—2008 派生的 TSE 具有:

——短路接通能力 I_{cm}(GB 14048.2—2001 中的)大于或等于根据 8.2.5.3 及在 5.3.6.2 中规定 TSE 的接通能力;和

——短路分断能力 I_{cu}(GB 14048.2—2001 中的)大于或等于根据 8.2.5.4 及在 5.3.6.3 中规定 TSE 的 I_{cn},

不应进行本试验。

由 GB 14048.9—2008 派生的 TSE 具有:

——额定运行短路分断能力 I_{cs}(GB 14048.9—2003 中的),乘以 GB 14048.1—2006 表 16 中给出的系数 n,其值大于或等于根据 8.2.5.3 及在 5.3.6.2 中规定的 I_{cm};和

——额定运行短路分断能力 I_{cs}(GB 14048.9—2003 中的)大于或等于根据 8.2.5.4 及在 5.3.6.3 中规定的 I_{cn},

不应进行本试验。

9.3.4.2.2 额定短路接通能力

a) 预期试验电流应按 8.2.5.3 规定;

b) 操动主触头的装置应以正常方式供电;

c) 试验应按与被监测的电源偏差无关的外部控制程序进行;

d) TSE 的试验位置见 9.3.2.1;

e) 闭合 TSE 以接通电流,通电至(CB 级)TSE 断开电路为止,或通电时间按 5.3.6.1 规定;

f) 试验后,TSE 应符合 9.3.4.3c)的要求。

9.3.4.2.3 额定短路分断能力

本试验仅在 CB 级 TSE 上进行。

除非有其他规定,否则在所有试验中短路脱扣器应整定为最大值(时间和电流)。

如果是由电气控制的机械装置,应施加最小电压。另外,电气控制的机械装置应通过合适的 TSE 的带有开关装置的控制电路来供电。CB 级 TSE 在上述条件下操作时,应验证其在无载状态下的正确动作性能。

CB 级 TSE 应在自由空气下进行试验。

如果一个 CB 级 TSE 可以用在特殊的专用外壳内,并且已在自由空气中进行过试验,它应在由制造商规定的这种外壳的最小外壳中,使用新的试品,在电压最大值为 U_e 时,进行附加试验。

这些试验的详细情况,包括外壳尺寸,都应在试验报告中记录说明。

注:专用外壳指其设计和尺寸仅能容纳一个 CB 级 TSE 的外壳。

然而,如果一个 CB 级 TSE 可以用在特殊的专用外壳内,并且已在制造商规定的最小外壳中进行过试验,假如这种外壳是裸金属的,无绝缘,则不需要再进行自由空气中的试验。详细情况包括外壳尺寸应在试验报告中说明。

不允许部件维修或替换。

为便于试验，提高试验的严酷性(如为了减少试验周期而采用较高操作频率)也是有效的，但必须得到制造商的同意。

a) CB级TSE应按9.3.4.2.2规定进行试验，但TSE闭合，应由另一个开关电器接通电流，通电至TSE断开电路为止。

b) 试验后，TSE应符合9.3.4.3c)的要求。

9.3.4.3 验证承载额定短时耐受电流能力

本试验仅在PC级TSE上进行。

由GB 14048.3—2002派生的TSE，其额定短时耐受电流 I_{cw} 大于或等于8.2.5.2中规定的预期电流时，不应进行本试验。

a) PC级TSE应在额定工作电压下进行试验，适当的调整电路产生表4规定的耐受电流的预期电流值。如果标明更高的电流值，则应调整电路产生制造商规定的比短时耐受电流更高的预期电流及相应的通电时间。

对于用电磁铁操动主触头的TSE，其线圈励磁应由另一电源供给额定工作电压以使主触头保持闭合。

b) TSE闭合后，应由另一个开关电器接通电流，通电时间按5.3.6.1规定，并由另一个开关电器分断电流。

c) 试验后，TSE应符合以下条件：

1) TSE的触头仍能以正常方式进行闭合与断开，并能承载额定工作电流。

应在同一个TSE上按9.3.3.3不经维修进行温升试验，温升不应超过GB 14048.1—2006表2和表3中规定值加10 K。

2) 接至外壳或金属丝网的熔断器应不熔断。

3) TSE的损坏不应使带电部件装配的完整性受到损害。

4) 带外壳的TSE，不用附加锁紧装置TSE的门应能用其门闩锁住而不被吹开。只要符合IP2X外壳防护等级的要求(见GB 14048.1—2006中附录C)，单纯发生门变形可以不认为损坏。

5) TSE应能承受GB 14048.1—2006中8.3.3.4.1项4)规定的介电试验。

9.3.4.4 验证额定限制短路电流

本试验仅在PC/CC级TSE上进行。

对于由GB 14048.4—2003派生的PC级TSE，已通过限制短路电流 I_q 试验(无熔焊)，I_q 大于8.2.5.2中规定的预期电流，则不应进行本试验。

对于由GB 14048.4—2003派生的CC级TSE，已通过限制短路电流 I_q 试验，I_q 大于8.2.5.2中规定的预期电流，则不应进行本试验。

由GB 14048.3—2002派生的TSE，其限制短路电流大于8.2.5.2中规定的预期电流，不应进行本试验。

a) TSE应与制造商指定的短路保护电器(SCPD)串联进行试验(见5.3.6.4)。

选择用于试验的SCPD，应确保在规定的型号、额定值和特性的SCPD中具有最大 I_P 值和 I^2t 值。为了获得这些最大值，可能需要采用一个额定值大于规定值的SCPD。如果具有相同互换尺寸和额定值的熔断器，具有几个不同的最大 I_P 和最大 I^2t 值特性，则应选用具有最大 I_P 和 I^2t 值的熔断器；

通常在装有指定SCPD的部位，不可能再安装一更大的SCPD，应将此更大的SCPD接在电路的相同部位，并用一根阻抗可忽略的导线将原来指定的SCPD短接。

b) 预期试验电流应按8.2.5.2规定。在短路电流多于一个值的情况下，对每一电流值可用一个新的试品。

c) 本试验应按与被监测的电源偏差无关的外部控制程序进行。

d) TSE 的试验条件按 9.3.2.1 的规定。

e) TSE 与 SCPD 闭合后，应由另一个开关电器接通电流，通电至 SCPD 断开电路为止，操动装置可由另一个电源供电。

f) 继本试验后，接着在同一台试品上进行另一次试验，用 TSE 接通电流，通电至 SCPD 分断电路为止。

g) 试验后，应符合 9.3.4.3c)规定的条件。

9.4 常规试验

常规试验应在新的、清洁的 TSE 上进行。试验可在空载条件下进行，试验项目包括：

a) 按 9.3.3.1 规定验证操作机构；

b) 按 9.3.3.2.4、9.3.3.2.5 和 9.3.3.2.6 规定验证操作控制、程序与范围；

c) GB 14048.1—2006 中 8.3.3.4.2 验证介电耐受能力。

注：允许进行 GB 14048.1—2006 中 8.3.3.4.2 的混合试验。

9.5 EMC 试验

9.5.1 一般要求

GB 14048.1—2006 中 8.3.2.1、8.3.2.3 和 8.3.2.4 适用并作以下补充：

经制造商同意，可在一台试品上进行几项或全部 EMC 试验，该试验可以在新的试品上，或是在已通过 9.3.1 规定顺序的试验的试品上进行，EMC 试验的顺序可视方便而定。

试验报告应包括为符合试验要求时所采用的任何特殊措施，如使用屏蔽电缆或特殊电缆。如果 TSE 采用辅助设备以满足抗扰度或发射的要求，也应列入试验报告。

试品应处在断开或闭合位置中较为严酷的一个位置，并用额定控制电源进行操作。

根据 8.3.1，派生 TSE 的部件已按其他产品标准进行试验，不应再重复试验。含有电子线路的其他部件应进行试验。

9.5.2 抗扰度

9.5.2.1 一般要求

要求进行 GB 14048.1—2006 中表 23 规定的试验，特定要求按 9.5.2.2～9.5.2.8 规定。如果在进行 EMC 试验时需要用导线连接样品，则应采用任何符合制造商样本要求的截面积和型号的导线。

9.5.2.2 静电放电

采用 GB/T 17626.2—2006 的方法进行试验。

除了对金属部件要进行接触放电试验外，只要求进行空气放电试验，试验电平应为 8 kV(空气放电)和 4 kV(接触放电)。对每个选择的试验点施加 10 次正脉冲和 10 次负脉冲，相邻两次放电之间的时间间隔为 1 s。

试验只在正常运行时操作者通常易于接近的部件上进行。

除了必须连接的端子(例如控制电源接线端子)外，不要求连接其他接线端子。

如果 TSE 具有敞开机架或具有 IP00 防护等级，无法试验，制造商应在 TSE 上附上一个标记以提醒可能因静电放电而损坏。

TSE 应符合合格判别标准 1 的要求。

9.5.2.3 射频电磁场

试验频率范围分别为 0.15 MHz～80 MHz 和 80 MHz～1 000 MHz。

对于 0.15 MHz～80 MHz 频率范围，试验方法和程序在 GB/T 17626.6—2008 中规定，试验严酷等级应为 140 dB(μV)(严酷等级为 3)。

对于 80 MHz～1 000 MHz 频率范围，试验方法和程序在 GB/T 17626.3—2006 中规定，在 80 MHz～1 000 MHz 频率范围扫描时试验严酷等级为 10 V/m。

TSE 应符合合格判别标准 1 的要求。

如果 TSE 按照制造商的规定完全封闭地安装在 EMC 特定用途的金属外壳内，则无须进行此试验。

9.5.2.4　电快速瞬变脉冲群

采用 GB/T 17626.4—2008 的方法进行试验。

电源线的试验电平应为 2 kV/5 kHz，采用 GB/T 17626.4—2008 中图 10 带耦合/去耦合网络的试验装置。

对于 I/O、信号、数据和控制端口，采用 GB/T 17626.4—2008 中图 12 试验装置的电容耦合夹。试验严酷等级应为 1 kV/5 kHz。

试验电压施加时间为 1 min。

TSE 应符合合格判别标准 1 的要求。

9.5.2.5　浪涌

采用 GB/T 17626.5—2008 的方法进行试验。

推荐采用电容耦合，浪涌应施加在包含电子或机械触点的所有主电路、控制电路或辅助电路接线端子上。只有装在良好防护装置(如 GB/T 17626.5—2008 的 0 级装置)内的控制和辅助电路接线端子，不要求试验。

重复试验频率为每分钟 1 次，冲击次数为 5 次正脉冲和 5 次负脉冲。

TSE 应符合合格判别标准 1 的要求。

9.5.2.6　谐波

无试验要求。

注：将来的试验正在研究。

在考虑中。

9.5.2.7　电压暂降和短时中断

TSE 本身对于控制电源的电压暂降和短时中断具有内在响应；应在 8.2.1.2 规定的范围内作出正常反应，并用 9.3.3.2 的操作试验极限进行验证。

9.5.2.8　试验样品在试验中和试验后的性能

每次试验，应符合相应性能合格判别标准的要求，除非有关条款另有规定，试验后，应验证 9.3.3.2 的操作极限。

9.5.3　发射

9.5.3.1　一般要求

对于指定用于环境 A 的 TSE，应向用户提出适当的警告(如在说明书手册中)，说明该 TSE 用于环境 B 可能会引起无线电干扰，在此情况下，可要求用户采用减缓干扰的附加措施。

9.5.3.2　射频传导发射试验

试验规定、试验方法和试验装置按 GB 4824—2004 规定。

为了通过试验，如合适，电器不应超过 GB 4824—2004 中用于 B 级-1 组的设备发射电平或 A 级-1 组的设备发射电平。

9.5.3.3　射频辐射发射试验

试验规定、试验方法和试验装置按 GB 4824—2004 规定。

为了通过试验，电器不应超过 GB 4824—2004 中用于 B 级-1 组的设备发射水平或 A 级-1 组的设备发射水平（适用时）。

按照 GB 14048.1—2006 中 8.3.3.5.2 规定连接

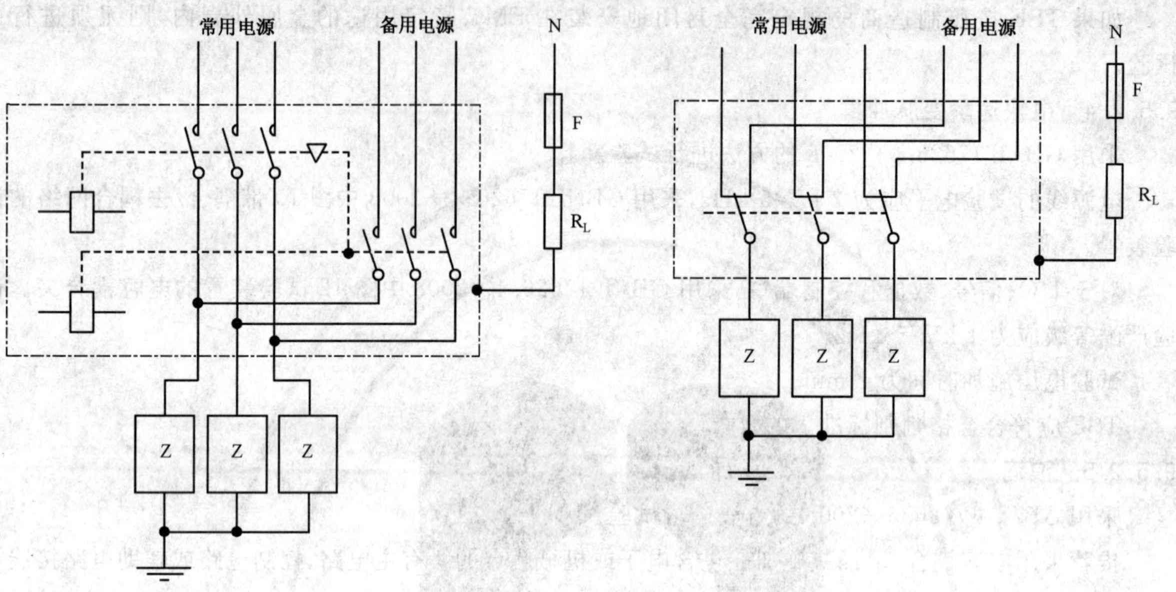

其中：

F——熔断元件；

Z——试验电路负载；

R_L——故障电流的限流电阻。

注：以上电路图仅表示电气条件，而不一定表示机械条件。

图 1 常用电源和备用电源试验线路连接图

按照 GB 14048.1—2006 中 8.3.3.5.2 规定连接

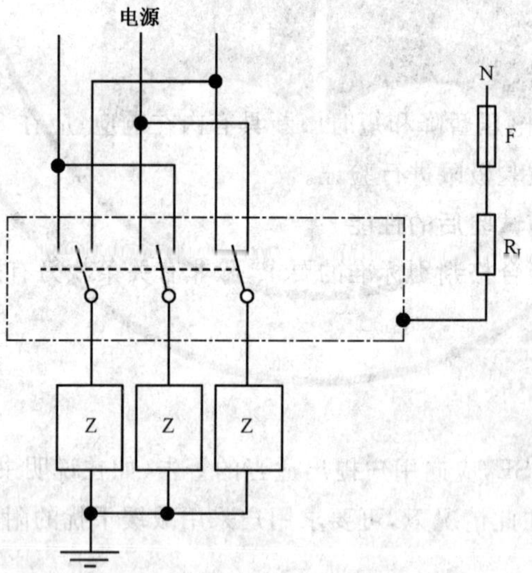

其中：

F——熔断元件；

Z——试验电路负载；

R_L——故障电流的限流电阻。

注：以上电路图仅表示电气条件，而不一定表示机械条件。

图 2 在三极上验证接通能力与分断能力试验线路图

按照 GB 14048.1—2006 中 8.3.3.5.2 规定连接

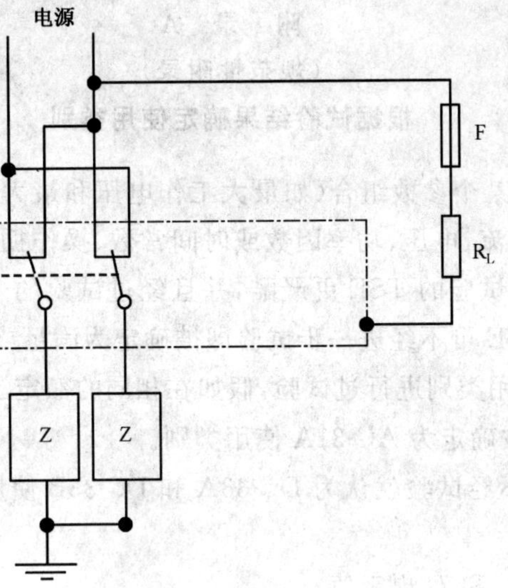

其中：

F——熔断元件；

Z——试验电路负载；

R_L——故障电流的限流电阻。

注：以上电路图仅表示电气条件，而不一定表示机械条件。

图 3　在二极上验证接通和分断能力试验线路图

附 录 A
（规范性附录）
根据试验结果确定使用类别

A.1 TSE按一种使用类别或某个参数组合（如最大工作电压和最大工作电流等）进行过试验，假如被指定的其他使用类别的试验电流、电压、功率因数或时间常数、操作循环次数、通电时间与断电时间、以及试验电路等条件均不比经过试验的TSE更严酷，并且经过试验的TSE在不低于被指定的最大工作电流下验证过温升的话，则TSE可不经进一步试验即被确定为满足或符合其他使用类别。

例如，TSE按AC-35A使用类别进行过试验，假如在相同的额定工作电压下，AC-31A的 I_e 不大于AC-35A的 $2\times I_e$，则TSE可被确定为AC-31A使用类别。

A.2 假如符合下述条件，可不经试验就认为DC-33A和DC-33B使用类别的TSE能够断开和闭合以下负载：

——电压与电流不超过 U_e 和 I_e 规定值；

——实际负载中贮存的能量 J 等于或小于已经过试验负载所贮存的能量 J_c。

试验电路贮存的能量为：

使用类别	贮存能量
DC-33A和DC-33B	$0.005\times U_e\times I_e$

常数值0.005可由 $J_c=1/2LI^2$ 导出。

式中：

时间常数用 2.5×10^{-3} s代替，且 $U=U_e$ 和 $I=4I_e$

见本部分表2。

A.3 对于派生TSE，表A.1列出了由GB 14048其他产品标准涵盖的等效使用类别。

表A.1 在一些GB 14048产品标准中使用的使用类别的等效性

GB 14048.11中的描述	GB 14048.11	GB 14048.2	GB 14048.3		GB 14048.4	GB 14048.6[d]	GB 14048.12	GB 14048.9
无感或微感负载	AC-31A	×	AC-21A[a]		AC-1			AC-41
	AC-31B	×		AC-21B[a]	AC-1			AC-41
通断阻性和感性混合负载，包括中度过载	AC-32A	×	AC-22A	AC-2	AC-2			AC-42
	AC-32B	×		AC-22B	AC-2			AC-42
系统总负荷包含笼型电动机和阻性负载	AC-33iA							
	AC-33iB							
电动机负载或包括电动机、阻性负载和30%以下白炽灯混合负载	AC-33A		AC-23A[b]	AC-3	AC-3 AC-4			AC-43 AC-44
	AC-33B			AC-23B[b]	AC-3 AC-4			AC-43 AC-44
放电灯负载	AC-35A				AC-5a			AC-45a
	AC-35B				AC-5a			AC-45a
白炽灯	AC-36A				AC-5b			AC-45b
	AC-36B				AC-5b			AC-45b

表 A.1（续）

GB 14048.11 中的描述	GB 14048.11	GB 14048.2	GB 14048.3		GB 14048.4	GB 14048.6[d]	GB 14048.12	GB 14048.9
阻性负载	DC-31A		DC-21A[c]		DC-1			DC-41
	DC-31B			DC-21B[c]	DC-1			DC-41
电动机负载或含电动机的混合负载	DC-33A		DC-23A[c]	DC-3	DC-3			DC-43
	DC-33B			DC-23B[c]	DC-3			DC-43
白炽灯	DC-36A				DC-6			DC-46
	DC-36B				DC-6			DC-46
×：涵盖了相应 GB 14048.1—2006.1 中的使用类别。								

[a] cosφ 和操作次数不同于 GB 14048.11 使用类别中的相应值。

[b] 电流和操作次数不同于 GB 14048.11 使用类别中的相应值。

[c] 操作次数不同于 GB 14048.11 使用类别中的相应值。

[d] 仅给出由这些产品标准的产品派生的 TSE 的信息，不在本部分范围内。

附 录 B
（资料性附录）
涉及制造商与用户协议的条款

注：就本附录而言：

——“协议”具有更广泛的含义。

——“用户”包括试验站。

GB 14048.1—2006 中附录 J 适用的条款与本部分的条款和分条款有关时适用，并作如下补充：

本部分的条款号	项　目
9.3.1	在一只试品上进行全部试验程序（如果制造商要求或同意的话）
表 8、表 9 和表 10	缩短进行接通与分断能力试验和操作性能试验时的操作循环时间（经制造商同意）

附 录 C
（资料性附录）
本部分与 IEC 60947-6-1:2005(2.0 版)技术性差异及其原因

表 C.1 给出了本部分与 IEC 60947-6-1:2005 技术性差异及其原因的一览表。

表 C.1 本部分与 IEC 60947-6-1:2005(2.0 版)技术性差异及其原因

本部分条款	IEC 60947-6-1:2005(2.0 版)	本部分 GB/T 14048.11—2008	原 因	备 注
1 中增加条文脚注 1)、2)	无	1)指非派生的 TSE。 2)指派生的 TSE	为便于用户理解，补充脚注	增加
3.2.1 中条文脚注 3)	无	当两路电源互为备用电源时，也可按用户要求的操作程序动作，相关操作程序要求和试验由双方协商	根据用户要求增加	增加
3.4	无	I_q：额定限制短路电流	标准后面用到 I_q 符号	补充
4a) 中条文脚注 4)	无	受短路电流冲击后，主触头允许熔焊	因为 GB 14048.4 规定的短路性能试验，允许接触器的触头熔焊。为便于用户理解，补充脚注	补充
表 1	无	AC-33i：系统总负荷包含电动机和阻性负载	AC-33i 与 GB/T 14048.11—2002 中 AC-33 使用类别的技术参数一致。体现标准的连续性	保留 1.0 版内容
6.1h)	PC/CC	PC	GB 14048.4 中接触器不具备额定短路接通能力	修订
6.1s)	无	因为 CC 级 ATSE 的主触头受短路电流冲击后标准允许其熔焊。制造商应向用户提出警告性提示，“提示—本产品的触头发生熔焊后，ATSE 将不能转换。”	因为 GB 14048.4 规定的短路性能试验，允许接触器的触头熔焊。当接触器派生 CC 级 ATSE 后，触头发生熔焊后 ATSE 不能转换。给用户一个提示，让用户正确地选用	增加
8.1.1.1	试验温度为 850 ℃	试验温度为 850 ℃或 960 ℃，根据 GB 14048.1 中 7.1.1.1 的规定选择适合于产品的相应的温度值	GB/T 5169.11 规定电器拟使用在建筑物中心供电点附近的电器。应 960 ℃	补充
表 2、表 3	无	AC-33i	对应表 1	增加
8.2.5.2	PC	PC/CC	遗漏，标准前后不一致	修订
表 6	Ⅲ 短路能力试验 i) 短路接通能力 PC/CC k) 短路耐受电流 PC/CC	Ⅲ 短路能力试验 i) 短路接通能力 PC k) 短路耐受电流 PC	标准前后不一致，接触器无该指标要求，CC 级无此意义	修订
表 6、表 7	g) 操作性能能力	g) 操作性能能力 —温升验证	对应 9.3.3.6.2f)的规定	增加

表 C.1(续)

本部分条款	IEC 60947-6-1：2005(2.0版)	本部分 GB/T 14048.11—2008	原　因	备　注
表 8	A操作 AC-31A,AC-32A, AC-33A, ……	A操作 AC-31A,AC-32A, AC-33iA,AC-33A, ……	对应表 1	补充
	B操作(2) AC-32B,AC-33B, DC-33B	B操作(2) AC-32B,AC-33iB, AC-33B,DC-33B	对应表 1	补充
9.3.3.6.2d)	……适应隔离的CB级TSE,	……适应隔离的CB/PC级TSE,	PC级TSE也可以具有隔离功能	修订
9.3.3.6.2e)	试验后,断电时间应符合制造商的规定,但不应小于50 ms。	试验后,断电时间应符合制造商的规定	与9.3.3.5.4的规定有矛盾,故删除“但不应小于50 ms”的规定	修订
9.3.3.6.2f)	无	触头应不经维修仍能承载额定工作电流,并符合9.3.3.3验证温升的要求。但允许提高10 K	增加此条有利于TES运行的可靠性。GB 14048.3中8.3.4.1.6也有此项要求	增加
表 A.1	无	AC-33i	对应表 1	增加

ICS 29.130.20
K 32

中华人民共和国国家标准

GB/T 14048.17—2008/IEC 60947-5-4:2002

低压开关设备和控制设备　第5-4部分：控制电路电器和开关元件　小容量触头的性能评定方法　特殊试验

Low-voltage switchgear and controlgear—Part 5-4: Control circuit devices and switching elements—Method of assessing the performance of low-energy contacts—Special tests

(IEC 60947-5-4:2002,IDT)

2008-12-30 发布　　2009-10-01 实施

中华人民共和国国家质量监督检验检疫总局
中国国家标准化管理委员会　发布

前　言

《低压开关设备和控制设备》目前包括以下18个部分：

——GB 14048.1　低压开关设备和控制设备　第1部分：总则；

——GB 14048.2　低压开关设备和控制设备　第2部分：断路器；

——GB 14048.3　低压开关设备和控制设备　第3部分：开关、隔离器、隔离开关及熔断器组合电器；

——GB 14048.4　低压开关设备和控制设备　机电式接触器和电动机起动器；

——GB 14048.5　低压开关设备和控制设备　第5-1部分：控制电路电器和开关元件　机电式控制电路电器；

——GB 14048.6　低压开关设备和控制设备　第4-2部分：接触器和电动机起动器　交流半导体电动机控制器和起动器(含软起动器)；

——GB/T 14048.7　低压开关设备和控制设备　辅助电器　第1部分：铜导体的接线端子排；

——GB/T 14048.8　低压开关设备和控制设备　辅助电器　第2部分：铜导体的保护导体接线端子排；

——GB 14048.9　低压开关设备和控制设备　第6-2部分：多功能电器(设备)　控制与保护开关电器(设备)(CPS)；

——GB/T 14048.10　低压开关设备和控制设备　控制电路电器和开关元件　第2部分：接近开关；

——GB/T 14048.11　低压开关设备和控制设备　第6部分：多功能电器　第1篇：自动转换开关电器；

——GB/T 14048.12　低压开关设备和控制设备　第4-3部分：接触器和电动机起动器　非电动机负载用交流半导体控制器和接触器；

——GB/T 14048.13　低压开关设备和控制设备　第5-3部分：控制电路电器和开关元件　在故障条件下具有确定功能的接近开关(PDF)的要求；

——GB/T 14048.14　低压开关设备和控制设备　第5-5部分：控制电路电器和开关元件　具有机械锁闩功能的电气紧急制动装置；

——GB/T 14048.15　低压开关设备和控制设备　第5-6部分：控制电路电器和开关元件　接近传感器和开关放大器的DC接口(NAMUR)；

——GB/T 14048.16　低压开关设备和控制设备　第8部分：旋转电机用装入式热保护(PTC)控制单元；

——GB/T 14048.17　低压开关设备和控制设备　第5-4部分：控制电路电器和开关元件　小容量触头的性能评定方法　特殊试验；

——GB/T 14048.18　低压开关设备和控制设备　第7-3部分：辅助器件　熔断器接线端子排的安全要求。

本部分是《低压开关设备和控制设备》的第17部分。

本部分等同采用IEC 60947-5-4:2002《低压开关设备和控制设备　第5-4部分：控制电路电器和开关元件　小容量触头的性能评定方法　特殊试验》(英文版)。

本部分的附录A为规范性附录。

本部分由中国电器工业协会提出。

本部分由全国低压电器标准化技术委员会(SAC/TC 189)归口。

本部分负责起草单位:上海电器科学研究所(集团)有限公司。

本部分主要起草人:栗惠、陈晓东。

本部分为首次发布。

低压开关设备和控制设备　第5-4部分：控制电路电器和开关元件　小容量触头的性能评定方法　特殊试验

1　范围和目的

本部分适用于所考虑的使用类别中使用的独立触头，如控制电路开关元件。

本部分考虑了两种额定电压的情况：

a)　触头用于切换可能带有电腐蚀的负载，例如可编程控制器的输入，额定电压大于或等于10 V（典型的是24 V）；

b)　电腐蚀可忽略的情况，例如电子电路，额定电压小于10 V（典型的是5 V）。

本部分不适用于测量非常小的容量时所采用的触头，例如传感器或热偶系统。

本部分的目的是确定一种评定小容量触头性能的方法，给出以下信息：

——定义；

——试验方法的一般原则，该试验用于监视和记录每次操作中触头的动作；

——常规试验设备定义的功能性依据；

——试验优选值；

——特定场合（例如PC输入的切换）所用触头的特殊试验条件；

——试验报告中要给出的信息；

——试验结果的解释和说明。

2　规范性引用文件

下列文件中的条款通过本部分的引用而成为本部分的条款。凡是注日期的引用文件，其随后所有的修改单（不包括勘误的内容）或修订版均不适用于本部分，然而，鼓励根据本部分达成协议的各方研究是否可使用这些文件的最新版本。凡是不注日期的引用文件，其最新版本适用于本部分。

GB/T 2421—1999　电工电子产品环境试验　第1部分：总则（idt IEC 60068-1:1988）

GB/T 2423（所有部分）　电工电子产品环境试验　第2部分：试验方法（IEC 60068-2（所有部分））

GB/T 5080.6—1996　设备可靠性试验　恒定失效率假设的有效性检验（idt IEC 60605-6:1989）

GB 14048.1—2006　低压开关设备和控制设备　第1部分：总则（IEC 60947-1:2001，MOD）

GB 14048.5—2001　低压开关设备和控制设备　第5-1部分：控制电路电器和开关元件　机电式控制电路电器（eqv IEC 60947-5-1:1997）

GB/T 15969.2—2008　可编程控制器　第2部分：设备要求和试验（IEC 61131-2:2007，IDT）

3　术语和定义、符号

3.1　术语和定义

下列术语和定义适用于本部分。

在本部分中，根据适用情况，术语“时间区间”可表示为“操作循环次数”。

3.1.1

可靠度　reliability

产品在规定条件下和规定时间区间（t_1，t_2）内完成规定功能的概率。

注1：一般假设为在时间区间的起点，产品处于要执行规定功能的状态。

注2："可靠度"还用于表示由此概率所表征的可靠性性能。

[IEV 191-02-06]

3.1.2

触头可靠度　contact reliability

触头在规定条件下和规定的操作循环次数内完成规定功能的概率。

3.1.3

失效　failure

产品终止完成规定功能的能力这样的事件。

注1：失效后，产品有故障。

注2："失效"是一个事件，与"故障"不同，后者为一种状态。

注3：本定义不适用于只由软件构成的产品。

[IEV 191-04-01]

3.1.4

缺陷　defect

没有完成预期的要求或设想，包括安全要求。

注：在现有的环境下，该要求或设想应该是合理的。

3.1.5

失效率观测值　observed failure rate

λ_{ob}

在产品寿命的某一规定期间，样品的总失效率数与该样品累积观测循环次数的比值。失效率的观测值与产品寿命期间特定的和规定的循环操作次数(或总操作循环次数)以及规定条件有关。

3.1.6

失效率评定值　assessed failure rate

λ_c

根据与同批产品的失效率观测值相同的数据，由规定置信水平下的置信区间限值确定的失效率。

注1：数据来源应该说明。

注2：只有所有条件都相似时，结果才可以累积(组合)。

注3：假定的相对于时间的隐藏的失效分布应该说明。

注4：应该说明使用单侧区间还是双侧区间。

注5：只规定一个限值时，该值一般是上限值。

3.1.7

恒定失效率期　constant failure rate period

不修理的产品可能存在的失效率近似恒定的期间。

[IEV 191-10-09]

注：在可靠性工程中，经常假设失效率 λ 是恒定的，也就是说失效次数符合指数分布。

3.1.8

控制单元　controlling unit

发出命令以运行规定的控制同步的试验程序以及命令流的设备(例如启动、测量、停止等)。

3.1.9

(闭合后触头的)稳态　steady state(of the contacts after closing)

(操作弹跳后)达到机械稳定后触头的状态。

3.1.10

负载　load

由受试触头控制的电器。

3.1.11

负荷比　duty ratio

在规定时间区间内,带载时间与总时间的比值。

[IEV 151-04-13]

3.1.12

触头压降　contact voltage drop

U_k

稳态下,触头之间的电压。

3.1.13

缺陷触头压降　defect contact voltage drop

U_{kd}

所发现的缺陷存在的时间超过 t_d 时的电压降值。

3.1.14

缺陷时间　defect time

t_d

可以认为大于 U_{kd} 的触头压降是一个缺陷的最小时间。

3.1.15

导通电压　ON voltage

U_{ON}

使负载由截止转入导通状态所需的最小电压。

3.1.16

导通时间　ON time

t_{ON}

使负载由截止转入导通状态的电压 U_{ON} 施加的最短时间。

3.1.17

截止电压　OFF voltage

U_{OFF}

使负载由导通转入截止状态所需的最大电压。

3.1.18

截止时间　OFF time

t_{OFF}

当电压小于或等于 U_{OFF} 时,由导通转入截止状态的最短时间。

3.2　符号

AX	辅助触头(见图 2)
B	统计分析使用的系数(见表 1)
C	受试触头(见图 2)
c	置信水平
I	试验电流
K_c	定时截尾试验系数
M	电压降的测量或负载的监测(见图 4)
m_c	在置信水平 c 下,统计评定的恒定的平均失效前操作循环次数(下限)($m_c=1/\lambda_c$)
N	操作循环次数(见 9.2.2)
n	试验开始时的试品数目(见 9.2.2)

N_i　　试品 i 的操作循环次数(见 9.2.2)

N^*　　累积操作循环次数(见 9.2.2)

r　　失效数(见 9.2.2)

t_b　　达到稳态的时间(见图 4)

t_c　　分断电流之前无监视的最后时间(见图 4)

t_d　　缺陷时间(见 3.1.14)

t_e　　辅助触头 AX 和受试触头 C 打开所间隔的时间(见图 5)

t_i　　电流接通后无监视的初始时间(见图 4)

t_m　　触头压降 U_k 或负载监测的测量时间(见图 4)

t_{OFF}　　截止时间(见 3.1.18)

t_{ON}　　导通时间(见 3.1.16)

t_p　　电流流通的时间(见图 4)

t_s　　试验触头的稳态时间(见 3.1.9 和图 4)

U　　试验电路的电源电压

U_k　　触头压降(见 3.1.12)

U_{kd}　　缺陷触头压降(见 3.1.13)

U_L　　负载两端的电压(见图 3)

U_{OFF}　　截止电压(见 3.1.17)

U_{ON}　　导通电压(见 3.1.15)

T　　试验周期(见图 4)

λ　　恒定失效率的真值

λ_c　　置信水平 c 下的失效率评定值(上限)

λ_{ob}　　失效率的观测值(通过试验算得)(见 3.1.5)

4　基本原理

通过特殊试验来评定小容量触头的性能。这种触头的失效具有随机性,所以该方法是基于对受试触头的连续监测。

对于基本方法(见 6.1.1),每次操作都要测量(稳态——见 3.1.9)闭合触头端子之间的电压降,将其与规定的阈值进行比较。

对于其他的方法,每次操作循环中都要监测负载的工作情况。

在恒定电压 U 下进行测量(见图 2 和图 3)。受试触头按正常运行情况进行安装和连接,周围环境条件按第 8 章的规定。电压降直接在触头的连接端子或负载的连接端子处测量(见 6.1.2)。

这里推荐的基本方法和其他方法中(见 6.1.1 和 6.1.2),受试触头用于切换(接通和分断)负载。

不切换负载的试验,可以在同一设备上进行分析。所以,用于此用途的试验设备应进行相应的设计。

也可以在特定环境(干热、灰尘、湿热、H_2S 等)中对触头进行试验。这种环境应该由用户和制造商协商,应该从 GB/T 2423 定义的环境序列中选择(见第 8 章)。

在基本方法中,试验电流为直流。应采取措施保证低电压的测量(例如,防护电缆的使用)。

对负载进行试验时,应该小心以避免触头压降之外的电压降(使用稳定电源)。

任何会影响结果的外部因素(例如振动)应该避免。

5 一般试验方法

试验设备(图 1)控制：

——受试触头的动作；

——触头回路的电源；

——基本方法中触头压降的测量或者其他方法中负载状态的监测；

——每个受试触头的缺陷和失效的检测和记录。

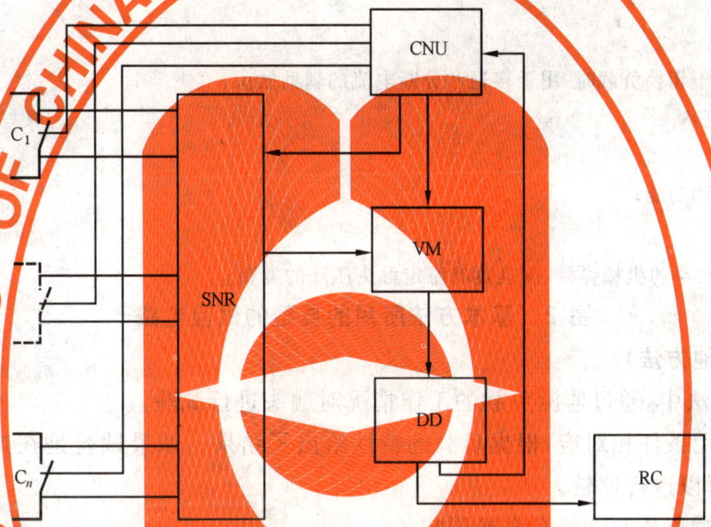

$C_1,\cdots,C_n$——受试触头；

CNU——控制单元；

SNR——扫描仪；

VM——电压测量电器；

DD——缺陷检测；

RC——结果记录。

图 1 试验设备的功能图

为了确保对失效率进行充分的统计估计，应该对 8 个或更多个受试型式的触头进行试验。

注：如果适用的话，接通和分断触头都应该进行试验。

试验操作循环次数应该至少为制造商规定的小容量条件下操作循环次数的 25%，但不超过 100%。除非另有规定，该次数指的是机械寿命。

试验设备应该包括操作程序的验证方法(要特别注意受试触头的状态)以及测量装置的校准。

6 一般特性

6.1 测量方法

6.1.1 在触头上的测量(基本方法)

根据图 2，直接在触头端子上进行测量(检测触头压降)。

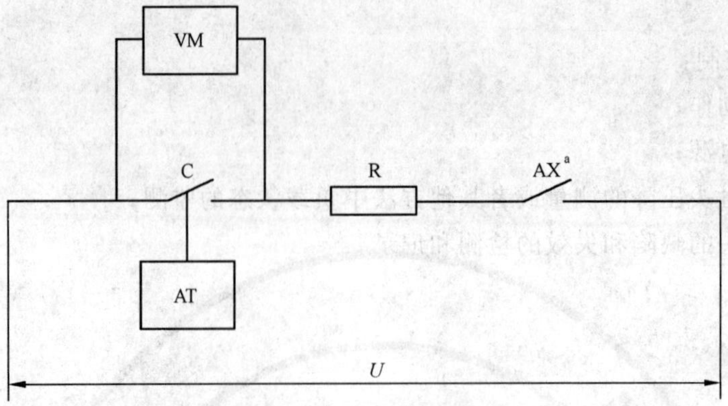

C——受试触头；

AX——受试触头不用于切换负载时，用于接通和分断电流的辅助触头；

U——电源电压(直流)；

R——电阻性负载；

AT——受试触头的操动功能；

VM——电压测量电器。

[a] AX应该选用具有较小的机械弹跳，而且具有稳定触头压降的类型。

图2 基本方法所用的典型的试验电路

6.1.2 负载监测(其他方法)

根据图3，在本方法中，通过监测负载的工作情况对触头进行试验。

本方法与正常使用条件相对应，根据负载的特性给出了结果。如果试验是在具有相同特性的负载上进行的，则结果才可以进行比较。

电源的工作情况对负载的性能有直接影响。

所以有必要使用稳定的(变化量小于±1%)连续电源(最大波纹的规定见6.3.1)。

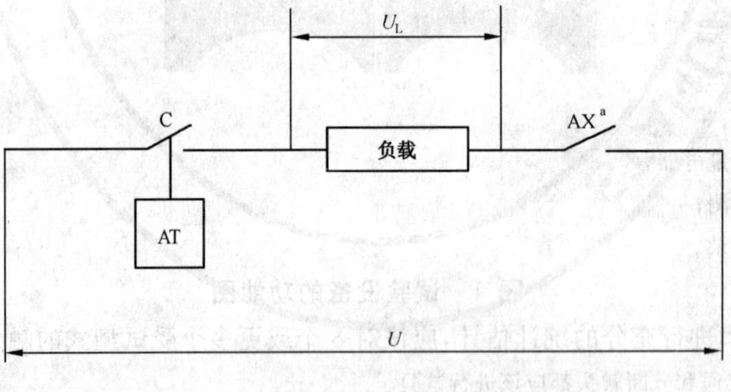

C——受试触头；

AT——受试触头的操动功能；

AX——辅助触头；

U——电源电压(直流或交流)；

U_L——负载两端的电压。

注：只要不超过AX触头的额定值，一个AX触头可用于多个受试触头，每个监测的触头都包括一个单独的负载电阻R。

[a] AX应该选用具有较小的机械弹跳，而且具有稳定触头压降的类型。

图3 负载监测的试验电路

6.2 操作程序

对于这些推荐的试验(基本方法或其他方法),受试触头切换负载,AX(见图2和图3)在试验过程中一直闭合。时序图见图4。

对于特殊的应用,受试触头不切换负载。时序图的例子见图5。

图中的函数(C,I等)即为图2和图3中的函数。函数M是基本方法中触头压降的实际测量。也可以是其他方法中负载状态的监测或记录。

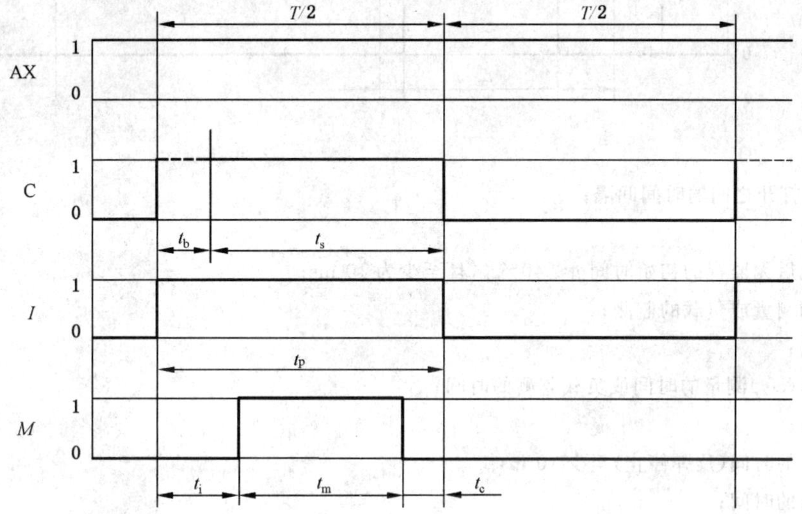

C——受试触头;

t_i——接通电流后无监视的初始时间 $t_i \leqslant 40\% t_p$,且至少为10 ms;

I——试验电流;

M——电压降的测量或负载的监测;

t_m——触头压降(U_k)测量的时间或负载监测的时间;

T——试验周期;

AX——辅助触头;

t_p——电流流通的时间;

t_b——达到稳态的时间(弹跳停止)至少10 ms;

t_s——受试触头的稳态时间;

t_c——分断电流之前无监视的最后时间(例如 $t_c = 10\% t_p$)。

图4 负载切换触头的时序图

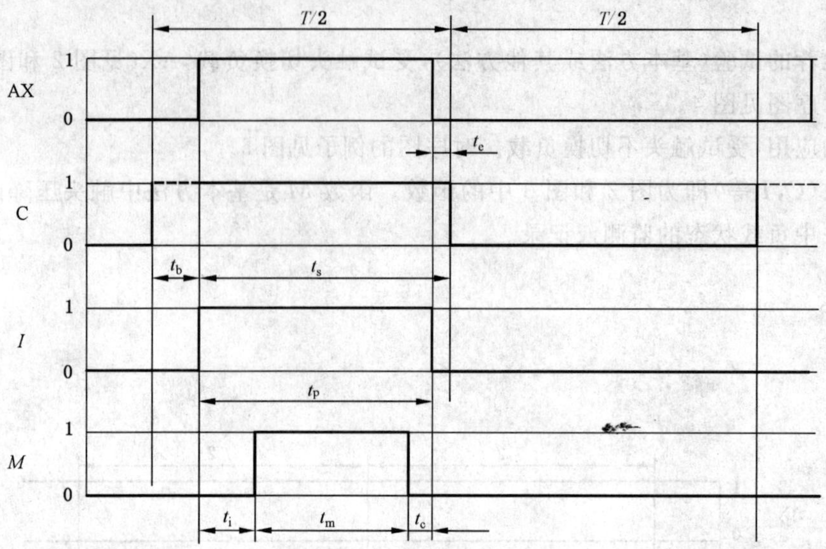

C——受试触头；

t_e——AX 和 C 打开之间的时间间隔；

I——试验电流；

t_i——接通电流后无监视的初始时间 $t_i \leqslant 40\% t_p$，且至少为 10 ms；

M——电压降的测量或负载的监测；

T——试验周期；

t_m——触头压降(U_k)测量的时间或负载监测的时间；

AX——辅助触头；

t_b——达到稳态的时间(反弹停止)至少 10 ms；

t_p——电流流通的时间；

t_s——受试触头的稳态时间；

t_c——分断电流之前无监视的最后时间(例如 $t_c = 10\% t_p$)。

图 5 无负载分断触头的时序图

6.3 电特性

6.3.1 基本方法的电源特性

6.3.1.1 电源电压

试验电路(见图 2)的电源电压应该为：

——直流 24(1±5%)V(包括波纹)，或

——直流 5(1±5%)V(包括波纹)。

注：对触头进行试验时，建议在试验过程中定期使触头中的电流反向。并在试验报告中进行记录。

6.3.1.2 电流

对于基本方法，触头电阻可忽略(短路端子)时，预期试验电流可选择下列数值：1 mA，5 mA，10 mA，100 mA；10 mA 是优选值。

电流不应该超过触头在规定试验条件下的额定值。

允差是标称值(在实际电压 U 下整定)的±5%。

6.3.2 其他方法的电源

电源取决于负载的要求。在每种情况下，电源的变化率应该小于±1%的调节电压(见图 3)。

6.3.3 有功负载的特性

6.3.3.1 一般要求

负载的特性用下列数值表征：

导通电压:U_{ON}　　　　导通延时:t_{ON}

截止电压:U_{OFF}　　　　截止延时:t_{OFF}

在 $t \geqslant t_{ON}$ 的时间内,如果 $U_L \geqslant U_{ON}$,则负载被激励,在 $t \geqslant t_{OFF}$ 的时间内,如果 $U_L \leqslant U_{OFF}$,则负载返回到截止状态。

6.3.3.2　可编程控制器的输入(PC 系统的定义见 GB/T 15969.2—2008)

制造商的名称以及试验所用的 PC 系统的型号应该记录在试验报告中。

6.3.3.3　接触器或继电器

因为试验是相对于特定的应用场合,所以电源应该根据适用情况选用交流或直流。

负载应该按照制造商推荐的方法使用。如果使用了抑制器,应该在试验报告中注明。所用抑制器(二极管、压敏电阻、RC 连接等)的型号也应该说明。

在机电式电器中,负载容易受到机械磨损。所以,在达到规定的机械寿命之前,应该替换负载(接触器或继电器)。

制造商的名称以及负载的型号应该记录在试验报告中。

6.4　动作特性

根据 GB 14048.1—2006 中 4.3.4.3 的要求,选择适用于电器以及试验负载的操作循环。

受试触头的负荷比:50%。

在有些情况中,为了操动受试触头,需要使用操作机构。

操作机构的操作条件应该按 GB 14048.5—2001 中 8.3.2.1 的规定。

7　缺陷的表征

7.1　基本方法

7.1.1　总则

试验设备应该能检测大于 U_{kd},且持续时间 $t \geqslant t_d$ 的触头电压降。t_d 取决于应用情况,应该记录在试验报告中;t_d 的优选值为 1 ms 和 5 ms。

U_{kd}取决于应用情况。优选值为 1%U、10%U、25%U。

对于缺陷操作,即使在 t_m 期间发生了多次传导缺陷(断续接触),也只记一次。

注:本部分给出的缺陷的表征方法是常规的方法。实际上,这种缺陷可能从未引起故障。

7.1.2　检测阈值的校准

对于固定的 U 和 I,用校准电阻代替触头进行试验,调整校准电阻达到 U_{kd}。调整检测器(或记录器),使其在规定的测量允差范围内动作。

7.1.3　监测(在 t_m 期间)

——通过模拟测量:测量时间 t_m,见图 4 和图 5。

——通过高频采样:测量时间 t_m 如图 4 和图 5 所示,两次采样的时间间隔应该小于 $t_d/2$。

7.2　负载监测(图 3)

7.2.1　电压降的测量

第一种监测方法可以采用与 7.1 相同的原理:通过模拟法或采样法测量 U_L。在这种情况下,当 $U_L < U_{ON}$的时间 $t \geqslant t_{OFF}$时,就会有缺陷(见 6.3.3)。

7.2.2　负载状态的分析

通过计算输出操作的次数进行分析。在这种情况下,要考虑的缺陷的个数为触头操作次数与输出变化次数的差值。

8　环境条件

8.1　正常条件

温度(15 ℃～35 ℃),相对湿度(25%～75%),压强(86 kPa～106 kPa)的要求见 GB/T 2421—1999

中 5.3 的规定。

8.2 先决条件

受试触头应该放置在 8.1 所规定的试验环境条件下 24 h。然而，如果先决条件与上述规定不同，应该在试验报告中说明，并增加先决条件过程的描述。

8.3 特殊条件

对于特殊的应用，可能要求在控制的环境中进行特殊试验。这种环境应该从 GB/T 2423 的规定中选取。

9 报告的方法

9.1 失效判据

在发生 3 次缺陷后可认为触头失效。

记录触头的失效以及触头失效时的操作循环次数。

推荐采用定时截尾试验。

在发生一次失效（3 次缺陷）后，该触头不可再用于以后的统计估计。可以将其从试验中移开，用一个新的触头代替，在统计分析中要考虑新触头的性能（见 9.2 有替换失效产品的试验）。

9.2 失效率的报告

9.2.1 一般要求

试验过程中失效率可认为恒定的情况（见 GB/T 5080.6—1996），评定值相应的置信限可以由 X^2 分布推得。

对于单侧区间，在置信水平 c 下，失效率的上限是评定失效率 λ_c，

$$0 < \lambda < \lambda_c$$

失效前操作循环评定次数：$m_c = 1/\lambda_c$。

失效率用给定置信水平 c 的 λ_c 表示。

置信水平 c 的优选值为 60% 和 90%。

对于定时截尾试验，λ_c 和 m_c 按如下方法进行估计：

——对于无替换失效产品；

——对于有替换失效产品。

9.2.2 无替换失效产品时 λ_c 的估计

$$\lambda_{ob} = (\text{失效数})/(\text{总操作循环次数})$$

$$\lambda_{ob} = r/N^*$$

式中：

$N^* = N_1 + N_2 + \cdots + N_r + (n-r)N$；

$N_1, N_2, \cdots, N_r$——试验过程中失效产品的操作循环次数。

$$\lambda_c = K_c/N^*$$

即使试验过程中没有发生失效，采用定时截尾试验时也能估计出失效率 λ_c 的上限值。

示例：

——20 个受试触头（$n=20$）；

——试验周期：$N=(5\times10^6)$ 操作循环（定时试验）；

——在 100 000 次操作循环时触头 1 失效；

——在 400 000 次操作循环时触头 2 失效；

——在（1.5×10^6）次操作循环时触头 3 失效；

——在（2.5×10^6）次操作循环时触头 4 失效；

——在（4×10^6）次操作循环时触头 5 和触头 6 失效；

——触头7～触头20一直运行到操作循环结束(5×10^6)没有发生失效。

$n=20$

$r=6$

$N^*=10^5+(0.4\times10^6)+(1.5\times10^6)+(2.5\times10^6)+[2\times(4\times10^6)]+[14\times(5\times10^6)]$

$=82.5\times10^6$

$\lambda_{ob}=6/82.5\times10^6=0.7\times10^{-7}$ 失效数/操作循环次数

在置信水平90%下

⟹ $K_c=10.55$(见表1)

$\lambda_c=10.55/(82.5\times10^6)=1.3\times10^{-7}$ 失效数/操作循环次数

$m_c=7.7\times10^6$ 操作循环次数

9.2.3 有替换失效产品时 λ_c 的估计

产品失效时,用一个新产品代替。试验过程中发生的所有失效都计数。

$$\lambda_{ob}=r/N^*$$

式中:

r=失效数;

$N^*=n\times N$。

$$\lambda_c=K_c/N^*$$

示例:

与前面所述例子中的条件相同,即:

——20个受试触头,备用触头用于替换失效的触头($n=20$);

——试验周期:$N=(5\times10^6)$操作循环(定时试验);

——在(0.1×10^6)次操作循环时触头1失效。用新触头替换,该触头一直运行到试验结束没有发生失效;

——在(0.4×10^6)次操作循环时触头2失效。用新触头替换,该触头一直运行到试验结束没有发生失效;

——在(1.5×10^6)次操作循环时触头3失效。用新触头替换,该触头在(3×10^6)次操作循环[这时为第(4.5×10^6)次操作循环]后失效。然后再用一个新触头替换,该触头一直运行到试验结束没有发生失效;

——在(2.5×10^6)次操作循环时触头4失效。用新触头替换,该触头一直运行到试验结束没有发生失效;

——在(4×10^6)次操作循环时触头5和触头6失效。用新触头替换,该触头一直运行到试验结束没有发生失效;

——触头7～触头20一直运行到操作循环结束(5×10^6)没有发生失效。

$n=20$

$r=7$

$N^*=20\times(5\times10^6)=10^8$

$\lambda_{ob}=7/10^8$　　　$\lambda_{ob}=0.7\times10^{-7}$ 失效数/操作循环次数

在置信水平90%下

⟹ $K_c=11.75$(见表1)

$\lambda_c=11.75/10^8\doteq1.2\times10^{-7}$ 失效数/操作循环次数

$m_c=8.3\times10^6$ 操作循环次数

表 1　定时截尾试验系数 K_c

失效数 r	置信水平 c 的 K_c	
	$c=60\%$	$c=90\%$
0	0.915	2.305
1	2.020	3.890
2	3.105	5.300
3	4.175	6.70
4	5.25	8.00
5	6.30	9.25
6	7.35	10.55
7	8.40	11.75
8	9.45	13.00
9	10.50	14.20
10	11.50	15.40
11	12.55	16.60
12	13.60	17.80
13	14.60	18.95
14	15.65	20.15
15	16.70	21.30
16	17.70	22.45
17	18.75	23.60
18	19.80	24.75
19	20.75	25.90
20	21.85	27.05
21	22.85	28.20
22	23.90	29.30
23	24.90	30.45
24	25.95	31.60

注：如果失效数大于 24，则使用公式 $K_c=0.25[(4r+1)^{1/2}+B]$，B 的取值如下：

——$c=60\%$，$B=0.253$；

——$c=90\%$，$B=1.28$。

10　试验报告中提供的信息

试验报告应该表明：

——对于基本方法选择标称特性量：U，I，U_{kd}，t_d；

——有功负载的负载特性：U_{ON}，U_{OFF}，t_{ON}，t_{OFF} 等；

——接线和安装条件；

——操作条件：操作频率；如果有操动电器应说明操动电器的平均速度；显著中断的次数及持续时间(在中断期间触头的状态、打开或闭合)；特殊的环境条件。

——在有功负载上进行试验，功能特性的变化应该说明(包括热稳定性)。应该规定计数器的特性(动作时间、敏感度等)。

报告的参照表，见附录 A。

附 录 A
（规范性附录）
制造商提供的信息

受试触头
制造商名称： 触头的型号： 触头的形状(见 GB 14048.5—2001 的图 4)：

有功负载(如果有的话)
负载性质： 制造商名称： 型号： 安装条件： 负载监测方法： (例如,计数器、数字电压表、逻辑输出)： ● 动作时间： ● 敏感度： 负载特性 ● 导通电压：U_{ON}=……………V ● 导通时间：t_{ON}=……………ms ● 截止电压：U_{OFF}=……………V ● 截止时间：t_{OFF}=……………ms

环境
正常(GB/T 2421—1999 的 5.3)：是/否 如果没有,规定：

型式试验		
引用标准及条款	试验描述及要求	试验数值及结果
6.1.1 6.1.2	基本方法 其他方法	是/否 是/否

电特性		
6.3.1.1	电压:U　　直流或交流 如果是直流,电压反向:是/否	…………V
6.3.1.2	电流:I	…………mA
GB 14048.1—2006 4.3.4.3	操作频率	………次数/h
7.1	缺陷触头压降　U_{kd}	………V
7.1	缺陷时间　t_d	………ms

机械特性		
GB 14048.5—2001 8.3.2.1	操动电器(如果有)的速度 (旋转开关用角速度)	…………m/s

试验结果的特征值	
试验开始时试品数	$n=$…………………………
操作循环次数	$N=$…………………………
失效触头的替换	是/否
失效数	$r=$…………………………
累积操作循环次数(见9.2.2和9.2.3)	$N^*=$…………………………
置信水平	$C=60\%$ 90%
系数 K_c(表1)	$K_c=$…………………………
评定的恒定失效率(失效数/操作循环数) $\lambda_c=K_c/N^*$	$\lambda_c=$…………………………
评定的失效前操作次数(操作循环) $m_c=1/\lambda_c$	$m_c=$…………………………

参 考 文 献

[1] GB/T 2900.83—2008 电工术语 电的和磁的器件(IEC 60050-151:2001,IDT)

[2] GB/T 3187—1994 可靠性、维修性术语(idt IEV 191 的 119 号中办文件)

[3] GB/T 14733.3—1993 电信术语 可靠性、可维护性和业务质量(eqv IEC 60050,IEV 191:1990)

[4] IEC 60050-151:1978 国际电工词汇(IEV) 第 151 部分:电和磁的器件

[5] IEC 60050-191:1990 国际电工词汇(IEV) 第 191 篇:可靠性和服务质量

修正件 1(1999)

修正件 2(2002)

ICS 29.120.99;29.130.20
K 30

中华人民共和国国家标准

GB/T 14048.18—2008/IEC 60947-7-3:2002

低压开关设备和控制设备 第7-3部分:辅助器件 熔断器接线端子排的安全要求

Low-voltage switchgear and controlgear—
Part 7-3:Ancillary equipment—
Safety requirements for fuse terminal blocks

(IEC 60947-7-3:2002,IDT)

2008-12-30 发布　　2009-10-01 实施

中华人民共和国国家质量监督检验检疫总局
中国国家标准化管理委员会　发布

前　言

《低压开关设备和控制设备》目前包括以下18个部分：

——GB 14048.1　低压开关设备和控制设备　第1部分：总则；

——GB 14048.2　低压开关设备和控制设备　第2部分：断路器；

——GB 14048.3　低压开关设备和控制设备　第3部分：开关、隔离器、隔离开关以及熔断器组合电器；

——GB 14048.4　低压开关设备和控制设备　机电式接触器和电动机起动器；

——GB 14048.5　低压开关设备和控制设备　第5-1部分：控制电路电器和开关元件　机电式控制电路电器；

——GB 14048.6　低压开关设备和控制设备　第4-2部分：接触器和电动机起动器　交流半导体电动机控制器和起动器(含软起动器)；

——GB/T 14048.7　低压开关设备和控制设备　辅助电器　第1部分：铜导体的接线端子排；

——GB/T 14048.8　低压开关设备和控制设备　辅助电器　第2部分：铜导体的保护导体接线端子排；

——GB 14048.9　低压开关设备和控制设备　第6-2部分：多功能电器(设备)　第2部分：控制与保护开关电器(设备)(CPS)；

——GB/T 14048.10　低压开关设备和控制设备　第5-2部分：控制电路电器和开关元件　接近开关；

——GB/T 14048.11　低压开关设备和控制设备　第6部分：多功能电器　第1篇：自动转换开关电器；

——GB/T 14048.12　低压开关设备和控制设备　第4-3部分：接触器和电动机起动器　非电动机负载用交流半导体控制器和接触器；

——GB/T 14048.13　低压开关设备和控制设备　第5-3部分：控制电路电器和开关元件　在故障条件下具有确定功能的接近开关(PDF)的要求；

——GB/T 14048.14　低压开关设备和控制设备　第5-5部分：控制电路电器和开关元件　具有机械锁闩功能的电器紧急制动装置；

——GB/T 14048.15　低压开关设备和控制设备　第5-6部分：控制电路电器和开关元件　接近传感器和开关放大器的DC接口(NAMUR)；

——GB/T 14048.16　低压开关设备和控制设备　第8部分：旋转电机用装入式热保护(PTC)控制单元；

——GB/T 14048.17　低压开关设备和控制设备　第5-4部分：控制电路电器和开关元件　小容量触头的性能评定方法　特殊试验；

——GB/T 14048.18　低压开关设备和控制设备　第7-3部分：辅助器件　熔断器接线端子排的安全要求。

本部分是《低压开关设备和控制设备》的第18部分。

本部分等同采用IEC 60947-7-3:2002《低压开关设备和控制设备　第7-3部分：辅助器件　熔断器接线端子排的安全要求》(英文版)。

本部分中大量引用GB 14048.1—2006《低压开关设备和控制设备　第1部分：总则》和GB/T 14048.7—2006《低压开关设备和控制设备　第7-1部分：辅助器件　铜导体的接线端子排》中规

定的技术要求和试验方法，因此本部分必须与 GB 14048.1 和 GB/T 14048.7 结合使用。

本部分的附录 A 和附录 C 为规范性附录，附录 B 为资料性附录。在附录 B 的图 B.1～图 B.4 中，$T_{S1}=T_A+\Delta T_{S1}$，（在易接近部件表面测得的温度），IEC 原文为“在易近绝缘材料表面测得的温度”疑为笔误，根据标准上下文理解，改为“在易接近部件表面测得的温度”。

本部分由中国电器工业协会提出。

本部分由全国低压电器标准化技术委员会（SAC/TC 189）归口。

本部分负责起草单位：上海电器科学研究所（集团）有限公司。

本部分主要起草人：周密、黄兢业、吴庆云。

本部分为首次发布。

引　　言

熔断器接线端子排的标准不仅包括了接线端子排的要求，而且也考虑了 GB 9364.1—1997 和 GB 9364.2—1997 中对管式熔断体的规范及要求。本部分和管式熔断体标准之间的联系是建立在将管式熔断体(具有不同特性尺寸为 5 mm×20 mm 或 6.3 mm×32 mm 的管式熔断体的额定电流、额定电压、最大电压降和最小持续耗散功率)的基本规范与 GB/T 14048.7 中对接线端子排的要求相配合的基础上的。用这种方法，可以判断“熔断器接线端子排”的质量。

一个重要的事实是：当使用具有熔断器接线端子排的管式熔断体时，熔断器在额定负载下的发热要比在过载条件下的发热小得多。额定负载是在最大电压降下通过额定电流的结果，但在过载条件下，耗散功率有相当的增加，等于 GB 9364.2—1997 规定的最大持续耗散功率。

在工业应用中，单个的熔断器接线端子排被用于一组接线端子排中，或者许多熔断器接线端子排形成一个独有的排列，这使得在相同的电流下，同样的熔断体散热不同。此外，还应考虑在普通的全范围的熔断器(用于过载和短路保护)之外，一些熔断器接线端子排被专门用于 GB 16895.5—2000 规定的短路保护，如在不出现过载的控制电路中(即安全线圈、指示灯或类似设备)。

因此，有四种不同的使用类型需在产品目录中或熔断器接线端子排上指明。详情见附录 B。

低压开关设备和控制设备
第 7-3 部分:辅助器件
熔断器接线端子排的安全要求

1 基本要求

1.1 范围

本部分适用于与硬铜导线(单芯线或多股线)或软铜导线连接的具有螺纹型和非螺纹型夹紧件熔断器接线端子排。该熔断器接线端子排承载或使用 GB 9364.2—1997 所述管式熔断体。主要用于交流不超过 1 000 V、频率至 1 000 Hz 或直流不超过 1 500 V,最大短路分断能力为 1 500 A 的工业或类似用途的电路中。

熔断器接线端子排安装于具有外壳的电气设备内。接线端子排与外壳周围应有借助于工具才能接近该接线端子排的空间。

在某些场合,例如在控制电路中,熔断器接线端子排可以被设计为专门用于短路保护。

注:本部分可作为用于接受特殊的、不符合 GB 9364.2 要求的管式熔断体的熔断器接线端子排的指南。

本部分的目的是为熔断器接线端子排制定详细的安全性要求和机械的、电气的以及热性能方面的试验方法,确保接线端子排和标准化熔断体之间的一致性。

下列产品可采用本部分作为指南:

——需要在导线上加装特殊的装置的熔断器接线端子排,例如:快速连接端头或绕接连接等;

——借助棱边或尖端穿刺绝缘来实现与导线直接接触的熔断器接线端子排。例如:绝缘移动的连接,等。

在引用 GB 14048.1 时,本部分中术语"夹紧件"代替"端子"。

1.2 规范性引用文件

下列文件中的条款通过本部分的引用而成为本部分的条款。凡是注日期的引用文件,其随后所有的修改单(不包括勘误的内容)或修订版均不适用于本部分,然而,鼓励根据本部分达成协议的各方研究是否可使用这些文件的最新版本。凡是不注日期的引用文件,其最新版本适用于本部分。

GB/T 321—2005　优先数和优先数系(ISO 3:1973,IDT)

GB/T 4687—2007　纸、纸板、纸浆及相关术语(ISO 4046:2002,MOD)

GB/T 5169.5—1997　电工电子产品着火危险试验　第 2 部分:试验方法　第 2 篇:针焰试验(idt IEC 60695-2-2:1989)

GB 9364.1—1997　小型熔断器　第 1 部分:小型熔断器定义和小型熔断体通用要求(idt IEC 60127-1:1988)

GB 9364.2—1997　小型熔断器　第 2 部分:管状熔断体(idt IEC 60127-2:1989)

GB 9364.6—2001　小型熔断器　第 6 部分:小型管状熔断体的熔断器座(idt IEC 60127-6:1994)

GB/T 11026.1—2003　电气绝缘材料　耐热性　第 1 部分:老化程序和试验结果的评定(IEC 60216-1:2001,IDT)

GB 14048.1—2006　低压开关设备和控制设备　第 1 部分:总则(IEC 60947-1:2001,MOD)

GB/T 14048.7—2006　低压开关设备和控制设备　第 7-1 部分:辅助器件　铜导体的接线端子排(IEC 60947-7-1:2002,MOD)

2 术语和定义

GB/T 14048.7 中的术语和定义及下列术语和定义适用于本部分。

2.1

熔断器接线端子块　fuse terminal block

带有载熔件的接线端子排基座。

2.2

接线端子块基座　terminal block base

固定在支架上的带有夹紧件和接触件的熔断器接线端子排的绝缘部件。

2.3

载熔件　fuse-carrier

熔断器接线端子排上用于携带管式熔断体的活动部件，用于熔断体的更换。

注：载熔件可与接线端子块的基座机械连接。

2.4

管式熔断体的最大耗散功率　maximum power dissipation of the cartridge fuse-link

2.4.1　过载下的最大耗散功率 P_{V1}，等于 GB 9364.2 规定的最大持续耗散功率。

2.4.2　标称负载下的最大耗散功率 P_{V2}，等于由标称值计算出的耗散功率，即按照 GB 9364.2 的额定电流和最大电压降计算所得。

2.5

单独排列的熔断器接线端子块　separate arrangement of a fuse terminal block

排列在无附加功能的接线端子排中的单个熔断器接线端子块(见图 2)。

注：熔断器接线端子排并行安装且具有安全地防止任何相互热影响的间隔，也被认为是单独排列的熔断器接线端子排。

2.6

混合排列的熔断器接线端子排　compound arrangement of a fuse terminal blocks

两个或几个熔断器接线端子块并行排列或单个熔断器接线端子块排列在有附加功能的接线端子排中(见图 3)。

注：本部分中的附加功能包括由于自身耗散功率产生的热影响到熔断器接线端子排功能的所有元件。

2.7

熔断器接线端子块的额定耗散功率　rated power dissipation value of a fuse terminal block

在规定的条件下，熔断器接线端子排能持续地承载管式熔断体的最大允许耗散功率值。

2.8

额定截面积　rated cross-section

由制造商规定的所有可连接类型的导线最大截面积值，导线为硬线（单芯线或多股线）和软线，某些发热、机械和电器的技术要求与此值有关。

2.9

额定接线能力　rated connecting capacity

熔断器接线端子排所设计的连接导体的额定截面积的范围，如合适，也包括连接导线的根数。

3 分类

熔断器接线端子排分类如下：

a)　载熔件与熔断器接线端子块分离型，如：螺纹型或插入型；

b)　载熔件与熔断器接线端子排机械连接型，如：绞链型。

4 特性

4.1 熔断体

熔断体应符合 GB 9364.2 的规定。

4.2 额定耗散功率

4.2.1 过载和短路保护用额定耗散功率(P_V)

在周围环境温度为 23 ℃时，熔断器接线端子块用于过载和短路保护情况下的最大允许耗散功率的值。

4.2.2 专用于短路保护的额定耗散功率(P_{VK})

该额定值是熔断器接线端子块可允许的最大耗散功率值。该熔断器接线端子块接受一耗散功率等于或小于其在周围环境温度为 23 ℃且专门用于短路保护条件下的耗散功率的熔断体(见附录 B)。

4.3 额定值和极限值

4.3.1 额定电压

GB/T 14048.7—2006 中 4.3.1 适用。

4.3.2 空

4.3.3 标准截面积

GB/T 14048.7—2006 中 4.3.3 适用。

4.3.4 额定截面积

GB/T 14048.7—2006 中 4.3.4 适用。

4.3.5 额定接线能力

GB/T 14048.7—2006 中 4.3.5 适用，并补充如下。

用于按 8.4.5 温升试验的导体截面积应包含在额定接线能力范围中。

4.3.6 工作电压

见 GB 14048.1—2006 中 2.5.52。

5 产品资料

5.1 标志

熔断器接线端子块应具有字迹清晰、经久耐用的标志，并标明下列内容：

a) 便于识别的制造商名称或商标；

b) 型号，据此可从制造商或其产品目录中查到有关数据；

c) 如要求确保避免受到电击(按照 7.1.8 要求)，标明电流方向，如：以线为负载标志，或→。

5.2 附加资料

适用时，制造商应在数据手册、产品目录中或包装上规定以下内容：

a) GB/T 14048.18(如果制造商声明产品符合本部分)；

b) 额定截面积；

c) 额定接线能力，包括可同时连接的导线根数(如果与 GB/T 14048.7—2006 中表 2 数据不同时)；

d) 接线端子排基座和载熔件的额定绝缘电压(如适用)；

e) 工作电压和工作电压范围(主要由熔断体或附加元件决定，如照明指示器等)；

f) 额定冲击电压；

注：仅当熔断器接线端子块上也标有其额定绝缘电压或工作电压时，该值可标在熔断器接线端子块上。如：250 V/4 kV 或 250/4 kV。

g) 由制造厂宣布的熔断体的额定耗散功率(P_V)值和额定电流值

——在单独排列的情况下，

——在混合排列的情况下；

h) 最大耗散功率(P_{VK})和熔断体的额定电流

——在单独排列的情况下，

——在混合排列的情况下；

i) 操作条件，如与第6章不符；

j) 熔断体的尺寸。

5.3 包装上的标记

a) 专门设计用于短路保护的熔断器接线端子排需注明“无过载保护”；

b) 设计为仅在单独排列时有过载保护和在混合排列时具有短路保护的熔断器接线端子排需注明“混合排列时无过载保护”。

6 正常使用、安装和运输条件

GB 14048.1—2006 中第6章适用，并补充如下：

6.1.1 周围空气温度

额定耗散功率值是指在周围空气温度为23 ℃时的值。

在周围空气温度非23 ℃时，应考虑功能影响。见附录B的降容曲线。

7 结构和性能要求

7.1 结构要求

7.1.1 夹紧件

GB/T 14048.7—2006 中7.1.1适用。

7.1.2 安装

熔断器接线端子排应提供可靠地安装在安装轨或安装表面上的措施。

按8.3.2试验。

注：安装轨的资料见GB/T 19334—2003。

7.1.3 电气间隙和爬电距离

电气间隙和爬电距离应按Ⅲ类过电压类别和3级污染等级设计。

GB/T 14048.7—2006 的要求适用，并补充如下：

熔断器接线端子块在正常使用状态下如：按表A.1的No.3或No.6量规和载熔件装到熔断器接线端子块上检查其电气间隙和爬电距离。

应考虑以下情况：

a) 功能性绝缘

——不同电位带电部件间的绝缘；

——带电部件与相邻的有相同类型结构和尺寸的熔断器接线端子排之间的绝缘。

b) 基本绝缘

——带电部件和其固定的支持件之间的绝缘。

通过测量进行检查，GB 14048.1—2006 中的8.3.3.4适用。

7.1.4 接线端子的识别和标志

GB/T 14048.7—2006 中的7.1.4适用。

7.1.5 空

7.1.6 额定截面积和额定接线能力

GB/T 14048.7—2006 中的7.1.6适用。

7.1.7 空

7.1.8 动作条件

熔断器接线端子块应设计成当其在正常使用条件下装配、安装和操作时，其带电部件不易接近。

除非制造商另有规定，在更换熔断体期间，应确保手指不能触及载熔件的带电部件。应确保手指不能触及带电部件直到载熔件与熔断体不带电为止。

7.2 性能要求

7.2.1 动作期间的机械性能要求

熔断器接线端子排应有足够的机械强度，使其能承受在操作时出现的应力。

按 8.3.4 和 8.3.5 检查。

7.2.2 电气性能要求

7.2.2.1 介电强度

熔断器接线端子排应有足够介电强度。

验证是在将量规按正常使用的要求装配到熔断器接线端子块上，按 8.4.3 进行冲击电压试验和工频耐压试验。

7.2.2.2 接触电阻

试验按 8.4.4 进行。如果没有另外规定，接触电阻的平均值不应超过 10 mΩ。单个测量值不超过 15 mΩ。

7.2.2.3 夹紧件的温升

夹紧件的温升不应超过 45 K。

按 8.4.5 检查。

7.2.2.4 老化试验后的电气性能(仅指非螺纹型熔断器接线端子排)

熔断器接线端子排应能耐受 8.4.7 规定的 192 次温度循环老化试验。

7.2.3 热性能要求

7.2.3.1 额定耗散功率

一个熔断器接线端子块应设计成能使用一个符合 GB 9364.1—1997、具有额定电流和最大持续耗散功率的熔断体，该熔断体的额定电流和最大持续耗散功率值低于或等于在周围空气温度为 23 ℃时该熔断器接线端子排的额定耗散功率值(见附录 B)。

在这种情况下载熔件动作元件的表面温度不应超过 85 ℃，绝缘材料的相对温度指数(*RTI*)不应超过由制造厂按 GB/T 11026.1—2003 规定的值。

按 8.5.2 检查。

对于专门设计用于短路保护的熔断器接线端子排，8.5.2.2 的试验不适用。

通常，允许的最高持续温度可以根据 GB/T 11026.1—2003 的 *RTI* 值，在通电 20 000 h 的基础上确定。

7.2.3.2 耐久性

熔断器接线端子排应能足以耐受正常使用时产生的热应力。

按 8.5.3 检查。

7.2.3.3 耐非正常热和火

熔断器接线端子排的绝缘材料在非正常热和火的作用下不应产生不利影响。

按 8.5.4 规定，检查按 GB/T 5169.5—1997 针焰试验进行。

7.3 电磁兼容性(EMC)

GB/T 14048.7—2006 中的 7.3 适用。

8 试验

8.1 试验类别

GB/T 14048.7—2006 中的 8.1 适用。

8.2 一般要求

GB/T 14048.7—2006 中的 8.2 适用。并做如下修改：

试验应在附录 C 的指导下完成。

8.3 验证机械性能

8.3.1 一般要求

验证机械性能包括如下的各项试验：

——熔断器接线端子块安装在支架上的试验(8.3.2)；

——熔断器接线端子块夹紧件的机械强度试验(8.3.3)；

——熔断器接线端子排与熔断体的一致性试验(8.3.4)；

——接线端子块基座与载熔件之间连接的机械强度试验(8.3.5)。

8.3.2 熔断器接线端子块安装在支架上的试验

GB/T 14048.7—2006 中的 8.3.2 适用。

8.3.3 熔断器接线端子块夹紧件的机械性能

8.3.3.1 夹紧件的机械强度试验

GB 14048.1—2006 中的 8.2.4.1 和 8.2.4.2 适用，并补充如下：

GB 14048.1—2006 中 8.2.4.2 的试验适用于非螺纹型夹紧件。

试验应在 5 个熔断器接线端子排上的两个夹紧部件上进行，熔断器接线端子排应按制造商说明书的规定以正常使用的方式安装在合适的支架上。

对于螺纹直径小于或等于 2.8 mm 螺纹型夹紧部件，拧紧力矩应按 GB/T 14048.7—2006 中表 C.1 的规定值或为制造商规定的力矩值的 110%，二者取大值。

具有额定截面积的硬导线应拆装 5 次。

8.3.3.2 熔断器接线端子块中导线偶然松脱或损坏试验(弯曲试验)

GB/T 14048.7—2006 中的 8.3.3.2 适用。

8.3.3.3 拉出试验

GB/T 14048.7—2006 中的 8.3.3.3 适用。

8.3.3.4 验证额定截面积和额定连接能力

GB/T 14048.7—2006 中的 8.3.3.4 适用。

8.3.4 熔断器接线端子排与熔断体的一致性

按表 A.1 用最大的 No.1 或 No.4 量规，在载熔件上插入和拔出 10 次。

每次量规插入后，载熔件应按正常操作装入接线端子块基座上。对于具有螺纹型载熔件的熔断器接线端子排，载熔件安装时应使用 2/3 表 1 所示的扭矩值。

表 1 试验力

载熔件直径(d) 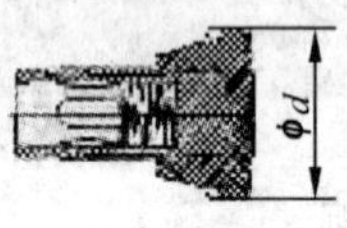	扭矩/Nm	轴向拉力/N
$d \leqslant 16$ mm	0.4	25
16 mm$< d \leqslant 25$ mm	0.6	50

目测应无明显的损伤和松动。按表 A.1,用最小的 No.2 或 No.5 量规,在最不利的位置上不应从载熔件上掉出。

然后,最小的 No.2 或 No.5 量规应插入熔断器接线端子块,按照 8.4.4(见图 1)测量接触电阻。

接触电阻的平均值不应超过 10 mΩ,单一测量值不应超过 15 mΩ。

8.3.5 接线端子块基座与载熔件之间的连接机械强度

8.3.5.1 螺纹型载熔件的扭矩试验

按表 A.1,配有最大的 No.1 或 No.4 量规的载熔件按表 1 所给的扭矩,在接线端子块基座上旋入各 5 次。

在试验期间和试验后,载熔件应安全地保持在接线端子块基座上,没有影响其正常使用的损伤。

8.3.5.2 螺旋式和插入式载熔件的拉力试验

按表 A.1,配有最大的 No.1 或 No.4 量规的载熔件,应插入接线端子块基座上。

螺旋式载熔件应用表 1 所给的扭矩的 2/3 值拧紧。

载熔件应能承受表 1 所列轴向拉力 1 min。

在试验期间和试验后,载熔件应安全地保持在接线端子块基座上,没有影响其正常使用的损伤。

8.3.5.3 压入式或绞链式载熔件的操作力

按表 A.1,配备有最大的 No.1 或 No.4 量规的载熔件,应能插入和拔出或旋入旋出接线端子块基座。

操作力应能用适当的测量方式测量,试验应进行 10 次。

每个单个测量值都应在制造商规定的极限值内。

在试验期间和试验后,载熔件应安全地保持在接线端子块基座上,没有影响其正常使用的损伤。

8.4 验证电气性能

8.4.1 一般要求

验证电气性能包括以下试验:

——介电试验(8.4.3);

——接触电阻(8.4.4);

——夹紧件温升试验(8.4.5);

——非螺纹型熔断器接线端子排的老化试验(8.4.7)。

8.4.2 空

8.4.3 介电试验

8.4.3.1 一般要求

a) 如果制造商已规定额定冲击耐压 U_{imp},则按 GB 14048.1—2006 中 8.3.3.4.1 项 2)的规定进行试验,(但项 2)c)不适用);

b) 按额定绝缘电压,工频耐压试验应按 GB 14048.1—2006 中的 8.3.3.4.1 项 3) 规定进行。试验电压值应依据 GB 14048.1—2006 中表 12A(见 GB 14048.1—2006 中 8.3.3.4.1 项 3)b)①)的规定值。

8.4.3.2 试验排列和试验电压的施加

8.4.3.2.1 一般要求

每个试验应在 5 个用额定截面积导线连接的安装在一个金属支架上相邻的熔断器接线端子排上,按下列条件进行:

——导线的端部应剥离至制造商规定的长度;

——如制造商规定可能使用不同的金属支架,应使用最不利的支架进行试验。

8.4.3.2.2 试验 A

按表 A.1 的 No.3 或 No.6 量规应正确地插入在正常使用时相应尺寸的熔断器接线端子块上。指示器(如有),在试验期间应被移去或不连接。

接着，根据载熔件 U_{imp} 的额定冲击耐压和额定绝缘电压，冲击耐受试验电压和工频耐受试验电压试验应施加在每个熔断器接线端子排触头元件之间。

8.4.3.2.3 **试验 B**

按表 A.1 的 No.1 或 No.4 号量规应正确地插入在正常使用时相应尺寸的熔断器接线端子块上。

接着，根据接线端子排基座的额定冲击耐受电压 U_{imp} 和额定绝缘电压，冲击耐受试验电压和工频耐受电压试验应施加在下列部件之间：

——相邻的相同类型和尺寸的熔断器接线端子排的带电部件之间；

——不同极性的带电部件之间；

——连接在一起的带电部件和支架之间。

8.4.3.3 **冲击电压的形状和次数**

1.2/50 μs 的冲击电压应每一极性施加 3 次，最小时间间隔为 1 s。

注：脉冲发生器的输出阻抗应不超过 500 Ω。对试验设备的描述，见 GB/T 17627.1—1998 和 GB/T 17627.2—1998。试验期间，应无闪络和击穿放电现象。不发生电压降的辉光放电或类似现象可忽略不计。

8.4.4 **接触电阻**

8.4.4.1 **测量的一般要求**

测量可在直流电或交流电下进行。用交流电测量时，频率应不超过 1 kHz。如有怀疑，以直流测量为准。

测量仪器的精确度应在±3%之内。

接触电阻的测量应在将按表 A.1 的 No.2 和 No.5 号量规装入熔断器接线端子块后进行。

对具有螺旋式载熔件的熔断器接线端子排，载熔件应按表 1 所列力矩的 2/3 值将其按正常使用状态进行安装。

对具有压入式或绞链式的载熔件的熔断器接线端子排，应按在正常使用状态安装并在该状态下进行试验。

8.4.4.2 **测量周期和测量方式**

8.4.4.2.1 **一般要求**

接触电阻通常由按图 1 测得的电压降计算而来。

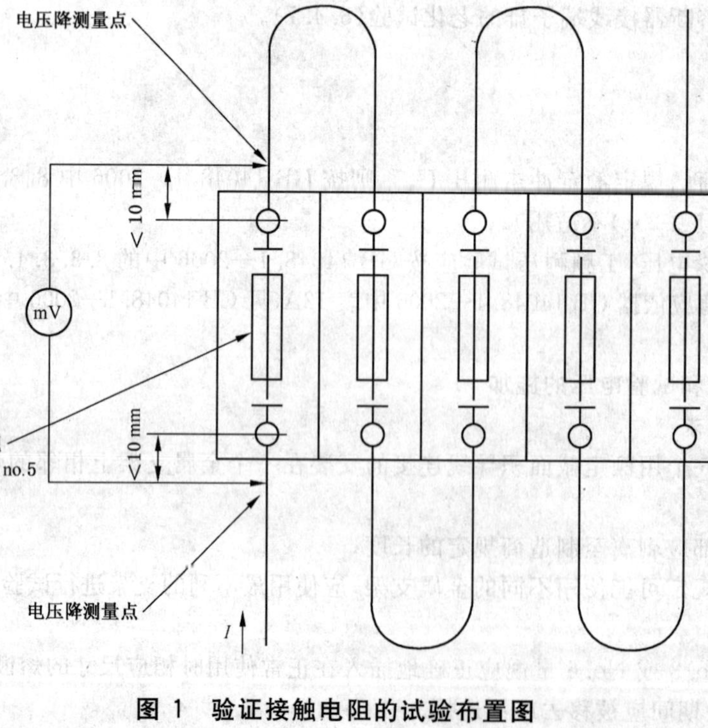

图 1 验证接触电阻的试验布置图

全部的测量由连续5个测量周期组成。

测量在下述条件下进行：

a) 试验电压：开路的电源电压应直流或交流（峰值）不超过60 V，但至少应是10 V；

b) 试验电流：0.1 A；

c) 测量应在通以试验电流1 min内完成；

d) 试验应避免被试接触点出现不正常压力和试验导线的移动。

8.4.4.2.2 直流电的测量周期

一个测量周期由下列组成：

a) 将量规插入熔断器接线端子排内；

b) 通一个方向的电流测量其压降；

c) 通一相反方向的电流测量其压降；

d) 从熔断器接线端子排内移去量规。

8.4.4.2.3 交流电的测量周期

一个测量周期由下列组成：

a) 将量规插入熔断器接线端子排内；

b) 测量；

c) 从熔断器接线端子排内移去量规。

8.4.4.3 试验判别

接触电阻不超过7.2.2.2规定值。

8.4.5 夹紧件的温升

按图1，将5个配有附件和表A.1所示的No.2和No.5号最小量规的熔断器接线端子排按正常使用并排安装在支架上。

导线和试验电流按8.5.2.4规定。

导线应按GB 14048.1—2006中表4规定的力矩拧紧。对于螺纹直径小于或等于2.8 mm的螺纹型夹紧部件，拧紧力矩应按GB/T 14048.7—2006表C.1规定或按制造商规定的更高值。

试验采用单相交流电，通电持续至温度达到稳定值。在熔断器接线端子排中央的导线夹紧部件的温升不得超过7.2.2.3的规定值。

8.4.6 空

8.4.7 非螺纹型熔断器接线端子排的老化试验

试验应在采用8.5.2.4指定的导线按图1所示串联的5个相邻的配有按表A.1的No.2和No.5量规的熔断器接线端子排上同时进行。

对于预期用于“正常使用条件（见GB 14048.1—2006中的6.1.1，最高值为40 ℃）”的熔断器接线端子排，应采用PVC绝缘导线。

对于制造商已规定“最大使用条件超过40 ℃”（见GB 14048.1—2006中的6.1.1注1）的熔断器接线端子排，应采用耐热的绝缘或非绝缘导线。

跨接导线的最短长度应为300 mm。

将熔断器接线端子排放置在初始温度保持在（20±2）℃的加热箱内，然后进行验证接触电阻的试验。

接触电阻试验完成前，整个试验装置（包括导线），不得移动。

熔断器接线端子排接受192次温度循环试验，过程如下：

加热箱内温度升至40 ℃（按GB 14048.1—2006中8.3.3.3.1规定），或升至制造商规定的“最高使用条件”温度值。

在此温度的±5 ℃范围内保温约10 min。

试验过程中，电流根据8.5.2.4规定施加。

然后使熔断器接线端子排冷却至接近 30 ℃，允许强迫冷却，并在此温度下保温约 10 min，如果需要测量电压降，允许继续冷却至 20 ℃±5 ℃。

注：作为指南，加热箱中加热和冷却速率的基础值可以约为 1.5 ℃/min。

每个接线端子每经过 24 次温度循环之后，以及完成 192 次温度循环之后，均应按 8.4.4 规定测量接触电阻，每次测定时的温度为 20 ℃±5 ℃。

不应出现接触电阻超过 15 mΩ 或第 24 次温度循环后测得的接触电阻的 1.5 倍的情况，二者取其低者。

若其中有一个熔断器接线端子排没有通过试验，则需在第二组熔断器接线端子排上重复试验，此时，所有的熔断器接线端子排均应通过重复试验。

本试验后，用目测检查，不应出现开裂、变形等影响进一步使用的变化。

此后，再进行 8.3.3.3 的拉出试验。

8.5 验证热性能

8.5.1 一般要求

热性能的验证包括以下几项：

——额定耗散功率(8.5.2)；

——耐久性(8.5.3)；

——针焰试验(8.5.4)。

8.5.2 额定耗散功率

8.5.2.1 试验排列

有两种不同的试验排列方式(单独排列和混合排列)用于确定熔断器接线端子排的额定耗散功率。

8.5.2.2 过载和短路保护的试验排列

8.5.2.2.1 单独排列

一个配有模拟熔断体(额定耗散功率 P_{V1} 按表 2)和有必需的附件(罩板、末端支持件等)的熔断器接线端子块，应置于 4 个类型、结构和尺寸相同的馈通接线端子排中央，且装于支架上并与导线(连接导线符合 8.5.2.4)串联。

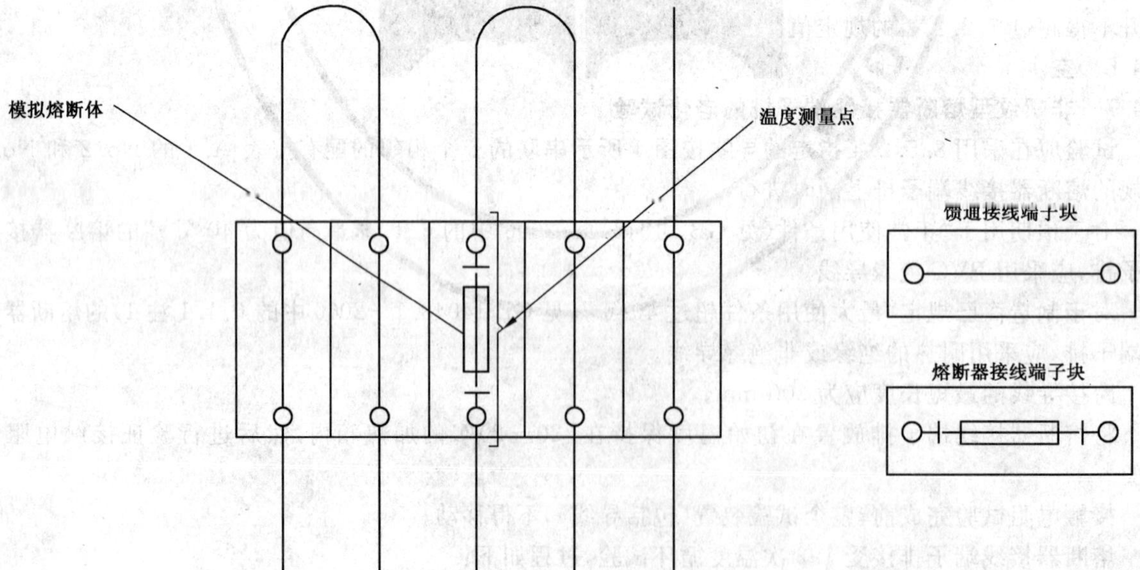

图 2 单独排列的试验方式

8.5.2.2.2 混合排列

5个配有必需附件的熔断器接线端子排应以正常使用时的状态安装于一个支架上。

线路图如图3，这样，与周围其他的熔断器接线端子排不同，位于中央的熔断器接线端子块的耗散功率可由一个独立的电源产生。

熔断器接线端子排应配有按表2规定的最大耗散功率为 P_{V1} 和 P_{V2} 的模拟熔断体。

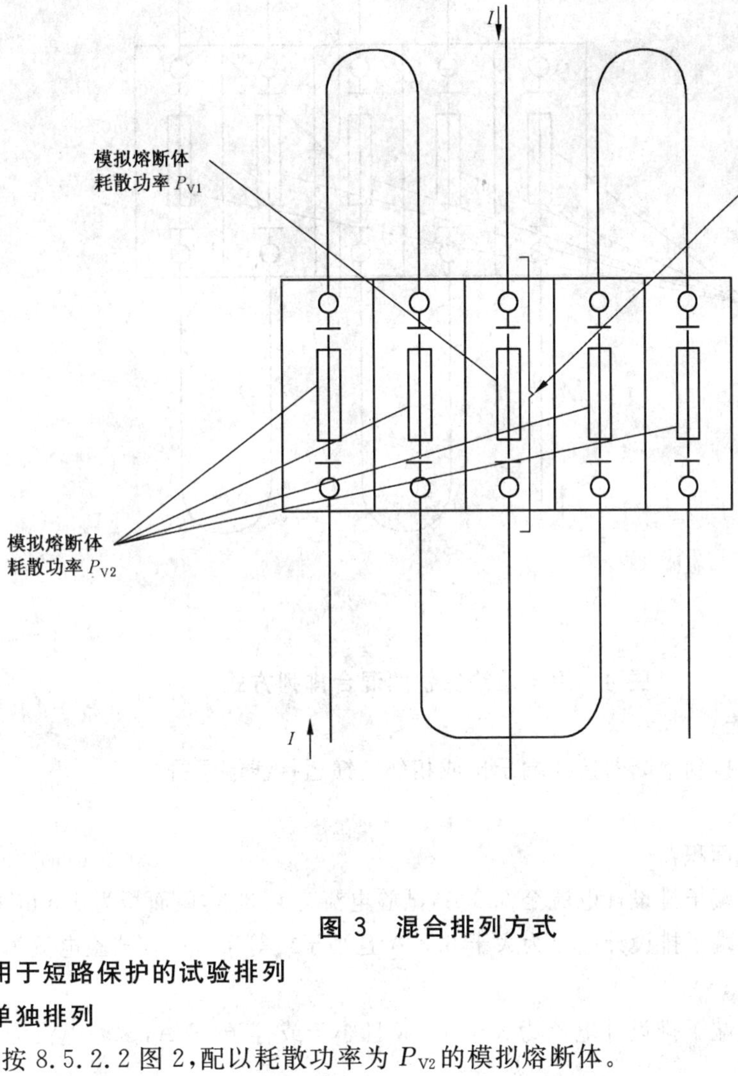

图3 混合排列方式

8.5.2.3 专用于短路保护的试验排列

8.5.2.3.1 单独排列

试验排列按8.5.2.2图2，配以耗散功率为 P_{V2} 的模拟熔断体。

8.5.2.3.2 混合排列

5个配有必需附件的熔断器接线端子排应以正常使用时的状态安装于一个支架上。

线路图按图4。所有5个熔断器接线端子排应配有按表2耗散功率为 P_{V2} 的模拟熔断体。

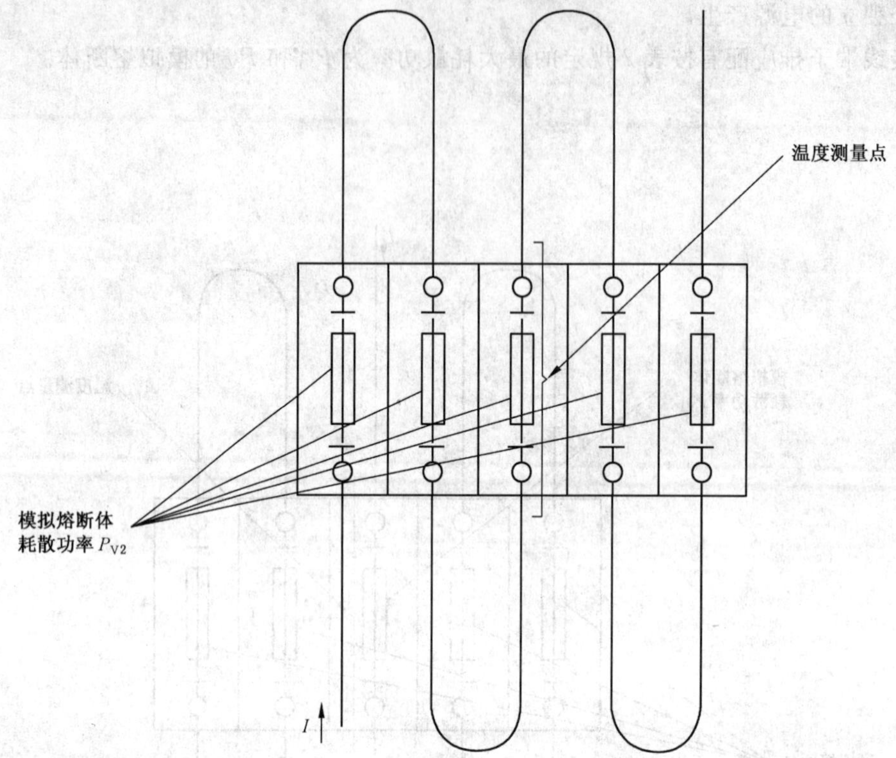

图 4　用于短路保护的混合排列方式

8.5.2.4　布线和试验电流

导线应按下列条件连接到熔断器接线端子排或相邻的馈通接线端子排：

a)　长度：1 m。

b)　单股铜导线的截面积：

——熔断器接线端子排设计电流至 6.3 A，试验电流为 6.3 A，截面积为 1 mm^2；

——熔断器接线端子排设计电流为大于 6.3 A 且小于或等于 10 A，试验电流为 10 A，截面积为 1.5 mm^2；

——熔断器接线端子排设计电流为大于 10 A 且小于或等于 16 A，试验电流为 16 A，截面积为 2.5 mm^2。

c)　绝缘：黑色。

导线应以 GB 14048.1—2006 表 4 规定的力矩拧紧，对于螺纹直径小于或等于 2.8 mm 的螺纹型夹紧件用 GB/T 14048.7—2006 表 C.1 的规定值或按制造商规定的更高值。

用热电偶或其他对温度没有实质影响的方法来测量被试部件的温度。

8.5.2.5　管式熔断体用模拟熔断体

模拟熔断体是一个具有表 2 规定的电阻和尺寸在管式熔断体公差允许范围内的试验用管式熔断体。

帽端材料：黄铜，镀镍，镀镍层最小厚度为 2 μm。

表 2 模拟熔断体

尺寸/mm	最大耗散功率和相关的电阻值				电流[c]/A
	过载 P_{V1}[a]/W	过载 R_1[d]/mΩ	标称负载 P_{V2}[b]/W	标称负载 R_2[d]/mΩ	
5×20	1.6	256	0.7	112	2.5
	1.6	40	0.7	18	6.3
	2.5	63	1.0	25	6.3
	4.0	101	1.3	33	6.3
6.3×32	1.6	1 600	0.5	500	1.0
	2.5	400	0.6	96	2.5
	4.0	40	2.0	20	10.0

[a] 如需其他值，该值应从 GB/T 321—2005 R10 系列中选取。

[b] 在标称条件下，该值由熔断体的额定电流乘以电压降得来。

[c] 10 A～16 A 的 5 mm×20 mm 管式熔断体正在考虑中。

[d] 公差±10%。

8.5.2.6 温度测量点

温度应在熔断器接线端子排的绝缘部件上温度接近最高点处(T_{S2})和载熔件动作元件的表面处(T_{S1})测得。若有怀疑，测量点应由初步试验确定。

8.5.2.7 试验程序

按表 2 选择试验(单独排列和混合排列)用模拟熔断体，并将其插入熔断器接线端子块中。

试验熔断器接线端子排的电流应调整至使其达到与 8.5.2.2 和 8.5.2.3 的试验排列相符合的，按表 2 所给定的最大耗散功率为 P_{V1} 和/或 P_{V2}。在整个试验期间，该额定值应保持恒定。

试验应持续至温度达到平衡。

当每隔至少 5 min，连续 3 次的温度读数没有任何进一步的升高，温度达到平衡。测量的结果，取决于周围的环境温度，应该按附录 B 举例的相应的降容曲线矫正至参考温度为 23 ℃时的值。

8.5.2.8 试验判别

测得的温度值不应超过 7.2.3.1 中规定的两个值。

8.5.3 耐久性

熔断器接线端子排应具有耐受在正常使用状态下出现的热和机械应力的能力。此外，应考虑 8.5.2 的要求。

按下列试验进行检查。

按 8.5.2.2.1 或 8.5.2.3.1(如适用)，对单独排列的熔断器接线端子块进行试验。通以按表 2 规定的、与相应的模拟熔断体有关的额定电流(见下面的例子)，试验应连续进行 168 h。

示例 1：对于包括短路保护的过载功率 P_V 为 2.5 W，使用 5 mm×20 mm 熔断体的接线端子块：用 6.3 A 其耗散功率为 2.5 W 的模拟熔断体。

示例 2：对于专用于短路保护的功率 P_{VK} 为 2.5 W，使用 5 mm×20 mm 熔断体的接线端子块：用 6.3 A 其耗散功率为 1 W 的模拟熔断体。

试验结束后，熔断器接线端子排不应有影响其正常使用的变化。下列要求应满足：

——按 8.4.3 进行介电试验；

——按 8.4.4 进行接触电阻试验，平均值不应超过 10 mΩ，单一测量值不应超过 15 mΩ；

——按 8.3.4 进行熔断器接线端子块与熔断体的一致性试验。

8.5.4 针焰试验

试验按 GB/T 5169.5—1997 在 3 个熔断器接线端子块的熔断体区域连续进行。

实验室应无通风，并有足够大的空间，以确保适当的空气供应。

试验前，熔断器接线端子排应在周围空气温度 15 ℃～35 ℃之间，相对湿度 45％ ～ 75％之间的环境中存放 24 h。

经过预处理后，熔断器接线端子块安装在合适的支架上，并用适当的方法固定以使绝缘侧壁平行于其下部的垫层(见图 5)。

不连接导线。

放在下面的垫层由约 10 mm 厚的松木板和在松木板上铺一层绢纸(根据 GB/T 4687—2007 中 6.86 克重在 12 g/m^2 至 30 g/m^2 之间)构成，垫层放置在距离熔断器接线端子块下(200±5)mm 处。

试验火焰，按 GB/T 5169.5—1997 中图 1a)调整，推荐与绝缘侧壁成 45°的范围内。

在熔断体区域内，应使火焰的尖端与绝缘侧壁接触(见图 6)。

火焰施加 10 s，对于绝缘板厚度小于 1 mm 和/或其面积小于 100 mm^2 的，火焰施加 5 s。

在移开火焰之后，在引燃的情况下测量持续燃烧时间。

持续燃烧时间是指从火焰被移开瞬间直至熔断器接线端子块的火焰或辉光熄灭的时间间隔。

在被引燃的情况下如果持续燃烧时间小于 30 s，则认为被试熔断器接线端子排通过本试验。

此外，如果从熔断器接线端子块上掉落的燃烧颗粒落至松木板的绢纸上，绢纸不应被引燃。

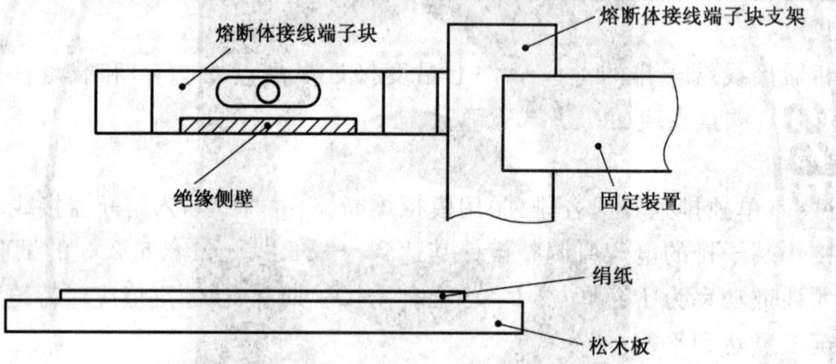

图 5　试验布置图

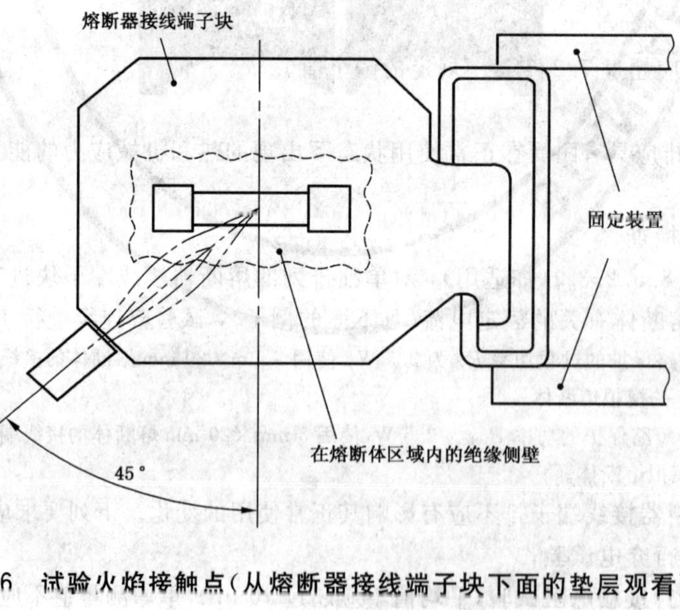

图 6　试验火焰接触点(从熔断器接线端子块下面的垫层观看)

8.6　验证 EMC 性能

GB/T 14048.7—2006 中的 8.6 适用。

附 录 A
（规范性附录）
量 规

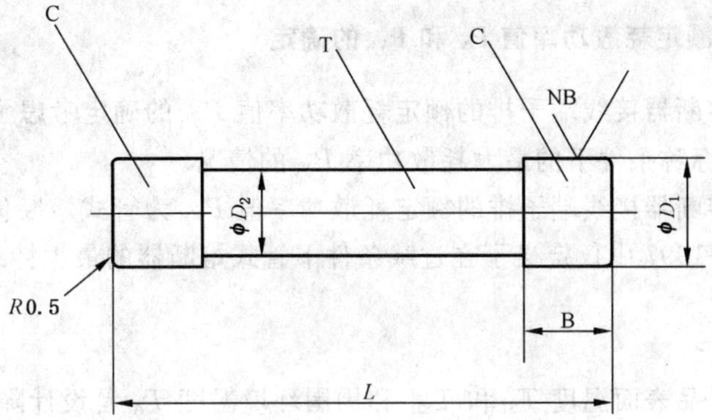

图 A.1 尺寸

表 A.1 尺寸和材料

管式熔断器的规格/mm	量规 No.	尺码	L/mm	D_1/mm	D_2/mm	B/mm	质量（约）/g	部件材料 C	部件材料 T
5×20	1	Max.	$20.54_{-0.04}^{0}$	$5.3_{0}^{+0.01}$	4.2 ± 0.1	$5_{0}^{+0.1}$	—	钢[a]	
	2	Min.	$19.54_{0}^{+0.04}$	$5.0_{-0.01}^{0}$	4.2 ± 0.1	$5_{0}^{+0.1}$	2.5	黄铜[b]	
	3	—	$20.54_{-0.04}^{0}$	$5.3_{0}^{+0.01}$	4.2	$6.2_{0}^{+0.1}$	—	黄铜帽端[b]	玻璃或陶瓷管
6.3×32	4	Max.	$32.64_{-0.04}^{0}$	$6.45_{0}^{+0.01}$	5.5 ± 0.1	$6_{0}^{+0.1}$	—	钢[a]	
	5	Min.	$30.96_{0}^{+0.04}$	$6.25_{-0.01}^{0}$	5.5 ± 0.1	$6_{0}^{+0.1}$	6	黄铜[b]	
	6	—	$32.64_{-0.04}^{0}$	$6.45_{0}^{+0.01}$	5.5	$8.3_{0}^{+0.1}$	—	黄铜帽端[b]	玻璃或陶瓷管
注：所有试验量规没有可熔元件。									
[a] 淬硬。 [b] 铜含量为 58％ ～70％。									

注：该表来源于 GB 9364.6—2001。

用黄铜制造的量规或其零件应镀有 8 μm 的镍和 4.5 μm 的金。

量规的末端应无孔。

除 No.3 和 No.6 外，量规的成分应均匀。

附 录 B
（资料性附录）
耗散功率值 P_V 和 P_{VK}

B.1 熔断器接线端子排额定耗散功率值 P_V 和 P_{VK} 的确定

专用于短路保护的熔断器接线端子排的额定耗散功率值 P_{VK} 的确定考虑了实际电路中可能无过载出现，仅是管式熔断器在标称条件下的最大耗散功率 P_{V2} 的情况。

在短路情况下规定熔断器接线端子排的额定耗散功率值 P_{VK} 为管式熔断体的最大功耗 P_{V1} 是必要的。因为在 GB 9364.2—1997 中仅定义了在过载条件下管式熔断器的最大持续耗散功率值 P_{V1}。

B.2 降容曲线的设计

在试验期间测得的样品表面温度 T_{S1} 和 T_{S2}，和周围环境温度 T_A 是设计降容曲线时的依据。

在坐标图中，画一条平行于 X 轴的辅助线，该辅助线是模拟熔断体的最大耗散功率值（P_{V1}）。

同样，在专用于短路保护的试验情况下，画一条与表 2 的 P_{V2} 值相关的平行于 X 轴 P_{V1} 的辅助线来替代 P_{V2} 辅助线。

周围环境温度 T_A（参考温度为 23 ℃），按 7.2.3.1 中易接近部件最高表面温度 85 ℃和绝缘材料的 RTI 值标在 X 轴上。

按 8.5.2，可测得在试验期间的温升 $\Delta T_{S1}=T_{S1}-T_A$，T_{S1} 为易接近部件的最高温度，测量在任选的周围环境温度 T_A 下进行（例如图中画出的 $T_A=22$ ℃）。

最高允许周围环境温度 T_1，此时易接近部件的最高允许温度不能超出（85 ℃），如果熔断器接线端子排使用规定的模拟熔断体在满负荷情况下操作，T_1 值可由从易接近部件的最高允许温度（85 ℃）减去测量出的 ΔT_{S1} 得出：

$$T_1 = 85\ ℃ - \Delta T_{S1} = 85\ ℃ - (T_{S1} - T_A)$$

从 T_1 处画一条垂直线与 P_{V1} 线交于点 X_1，从该点与 X 轴的 85 ℃点画一直线。该直线以下区域限定了操作条件，在此条件下，易接近部件的最高温度（85 ℃）将不会超过。

依此类推来确定绝缘材料的表面最高温度（T_{S2}）。

最高允许周围环境温度

$$T_2 = RTI - \Delta T_{S2} = RTI - (T_{S2} - T_A)$$

可从绝缘材料表面测得的最高温度（T_{S2}），绝缘材料的 RTI 值和环境温度 T_A 获得。连接 X 轴上的 RTI 点和辅助线（交点为 X_2）上的 T_2 点以下的直线区域限定了操作条件，在此条件下，绝缘材料可允许的最高温度值不允许超过。

B.3 评价

在例中深色线界限内的区域规定为安装在熔断器接线端子块的管式熔断体最大持续耗散功率（符合 GB 9364.1—1997）的可接受值。

该试验运用模拟熔断体的最大耗散功率准确限定了边界线，如此使得 T_{S2} 尽可能接近 RTI 值，使 T_{S1} 尽可能接近 85 ℃。要得到表 2 中定义的模拟熔断体的相关值，必须要做几次试验。

如果其中一条界线与辅助线（P_{V1}）相交点远离 23 ℃（参考温度），试验应用下一级耗散功率最大值为最小的模拟熔断体重复进行。

如果界线与参考温度 23 ℃的交点远在辅助线（P_{V1}）之上，可以检查（如适用）熔断器接线端子块是否满足具有上一级耗散功率最大值的模拟熔断体的要求。

B.4 举例

B.4.1 例1——应用范围：专用于短路保护(P_{VK})

B.4.1.1 单独排列

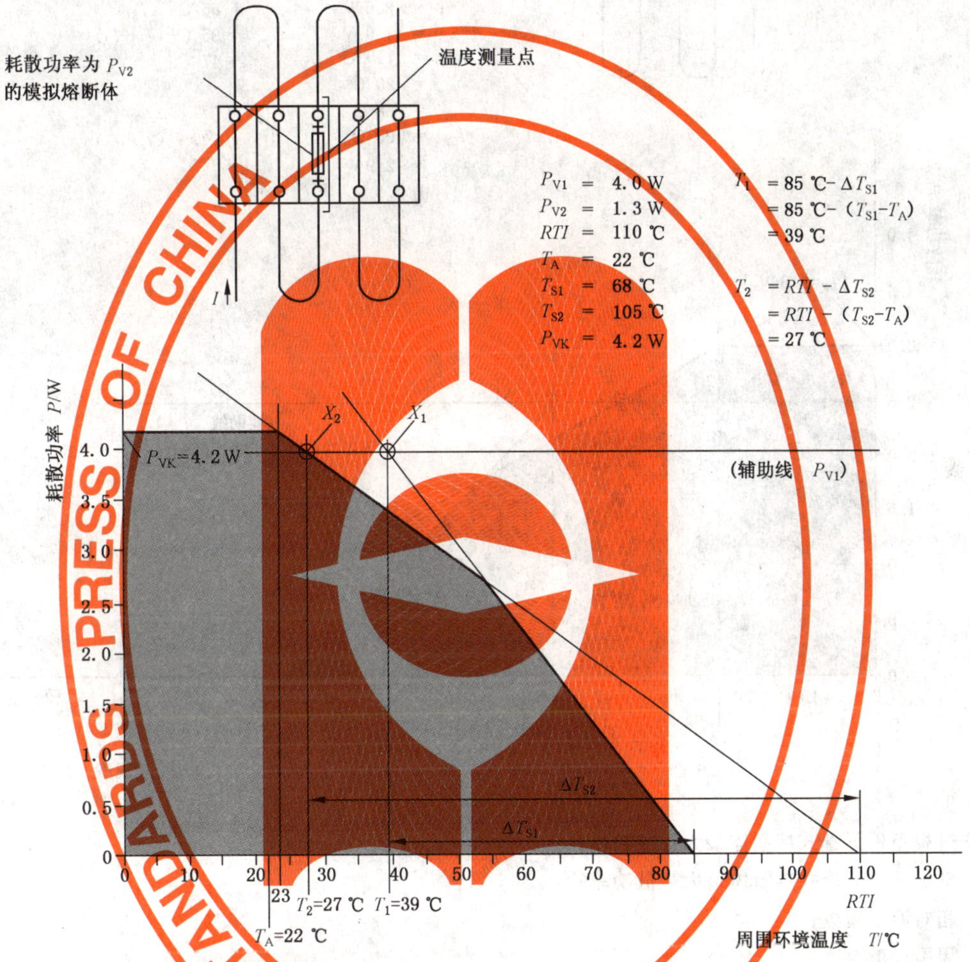

P_{V1}——过载条件下管式熔断体最大耗散功率；

P_{V2}——额定条件下管式熔断体最大耗散功率；

RTI——相对温度指数；

T_A——周围环境温度；

$T_{S1}=T_A+\Delta T_{S1}$(在易接近部件表面测得的温度)，ΔT_{S1}为在易接近部件表面测得的温升；

$T_{S2}=T_A+\Delta T_{S2}$(在绝缘材料表面温度最高点测得的温度)，ΔT_{S2}为在绝缘材料表面温度最高点测得的温升；

P_{VK}——专用于短路保护(见4.2.2)；

T_1——最高允许周围环境温度值，此时如果熔断器接线端子块使用规定的模拟熔断体在满负荷情况下操作，易接近部件的最高允许温度(85 ℃)不能超出；

T_2——最高允许周围环境温度值，此时如果熔断器接线端子块使用规定的模拟熔断体在满负荷情况下操作，绝缘材料的(RTI)值不能超过。

图 B.1 在专用于短路保护情况下单一排列的降容曲线

B.4.1.2 混合排列

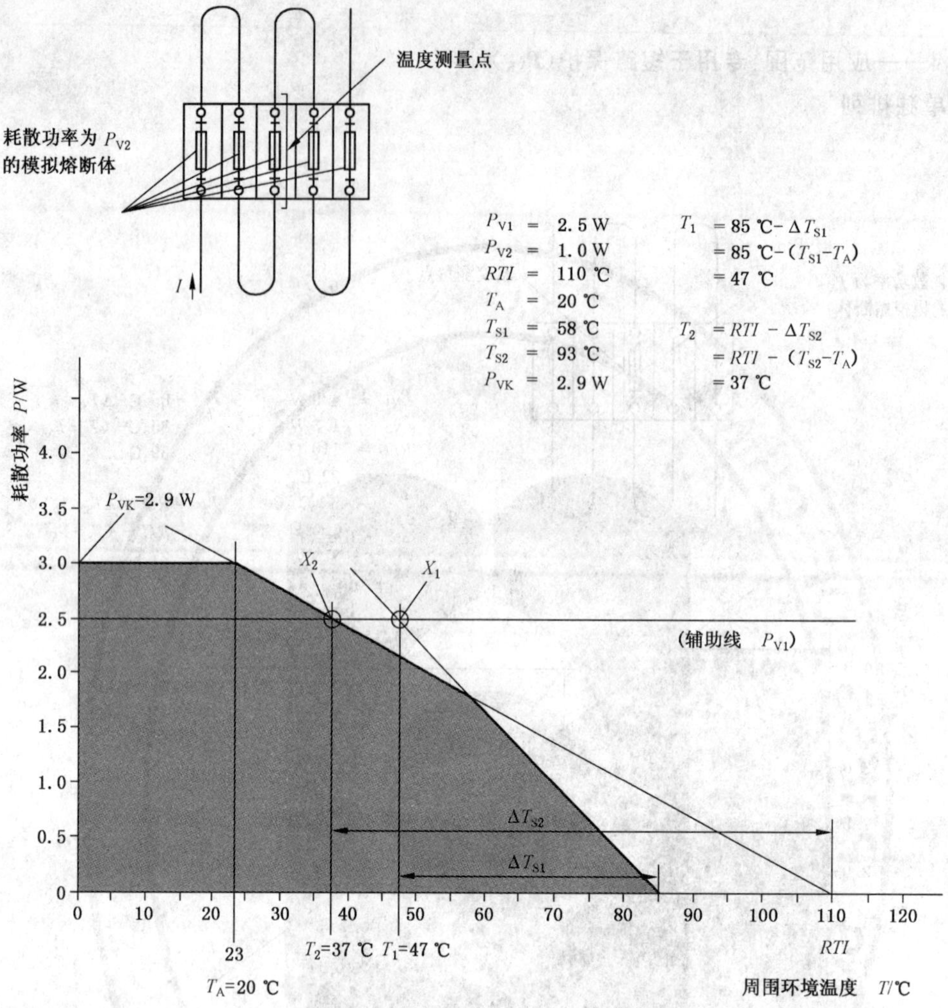

P_{V1}——过载条件下管式熔断体最大耗散功率；

P_{V2}——额定条件下管式熔断体最大耗散功率；

RTI——相对温度指数；

T_A——周围环境温度；

$T_{S1}=T_A+\Delta T_{S1}$(在易接近部件表面测得的温度)，ΔT_{S1}为在易接近部件表面测得的温升；

$T_{S2}=T_A+\Delta T_{S2}$(在绝缘材料表面温度最高点测得的温度)，ΔT_{S2}为在绝缘材料表面温度最高点测得的温升；

P_{VK}——专用于短路保护(见 4.2.2)；

T_1——最高允许周围环境温度值，此时如果熔断器接线端子排使用规定的模拟熔断体在满负荷情况下操作，易接近部件的最高允许温度(85 ℃)不能超出；

T_2——最高允许周围环境温度值，此时如果熔断器接线端子排使用规定的模拟熔断体在满负荷情况下操作，绝缘材料的(RTI)值不能超过。

图 B.2 在专用于短路保护情况下混合排列的降容曲线

根据 GB 9364.2—1997，使用尺寸为 5 mm×20 mm 的管式熔断体[1)]，在专用于短路保护的单独排列时，配一个额定耗散功率确定为 $P_{VK}=4.2$ W 的熔断器接线端子排；在专用于短路保护的混合排列时，配一个额定耗散功率确定为 $P_{VK}=2.9$ W 的熔断器接线端子排。

1) 在使用非标的管式熔断器的场合，熔断体的耗散功率应不超过熔断器接线端子排的额定值(P_V 和/或 P_{VK})(参考温度为 23 ℃)，在周围环境温度较高的情况下，最大允许耗散功率应从降容曲线中获得(导出)。

表 B.1 在专用于短路保护时降容曲线的结果

排 列	应 用 范 围			
	专用于短路保护		过载和短路保护	
	Max. T_A	标称值	Max. T_A	标称值
单一	27 ℃	4 W/6.3 A	—	—
混合	37 ℃	2.5 W/6.3 A	—	—

B.4.2 例 2——应用范围:过载和短路保护(P_V)

B.4.2.1 单独排列

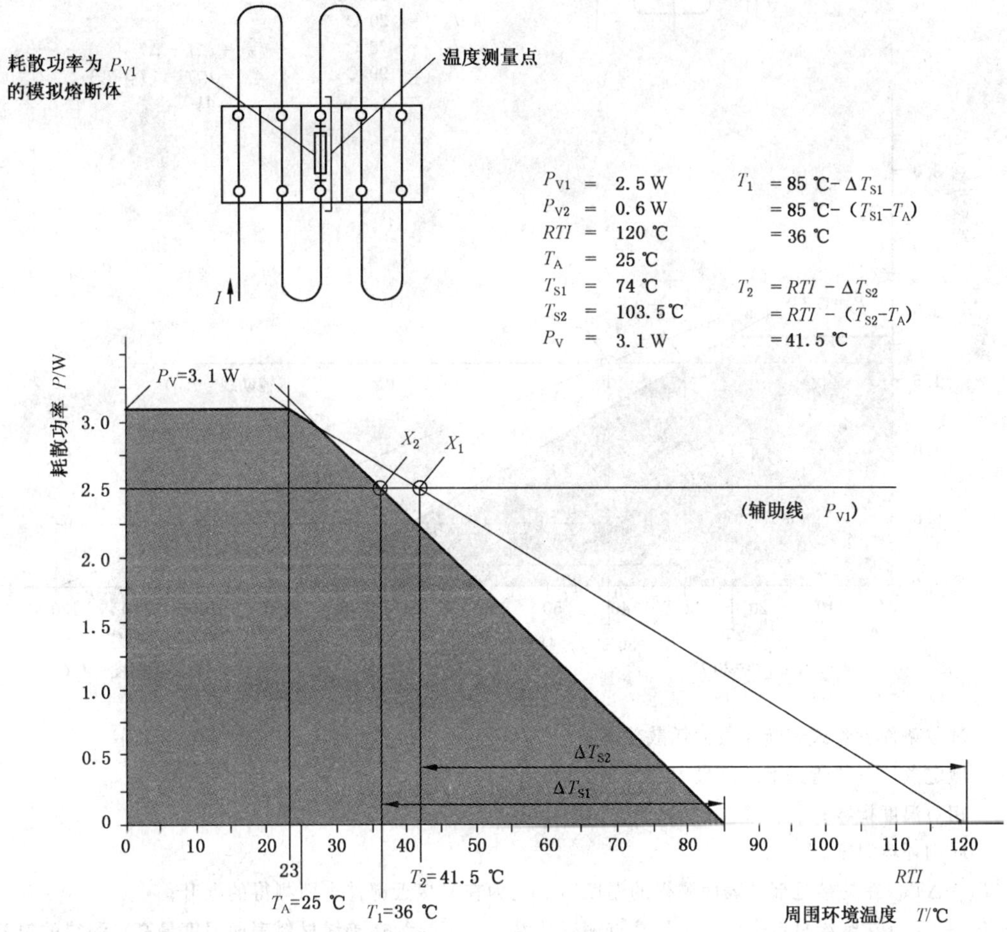

P_{V1}——过载条件下管式熔断体最大耗散功率;

P_{V2}——额定条件下的管式熔断体最大耗散功率;

RTI——相对温度指数;

T_A——周围环境温度;

$T_{S1} = T_A + \Delta T_{S1}$(在易接近部件表面测得的温度),$\Delta T_{S1}$ 为在易接近部件表面测得的温升;

$T_{S2} = T_A + \Delta T_{S2}$(在绝缘材料表面温度最高点测得的温度),$\Delta T_{S2}$ 为在绝缘材料表面温度最高点测得的温升;

P_V——过载和短路保护(见 4.2.1);

T_1——最高允许周围环境温度值,此时如果熔断器接线端子排使用规定的模拟熔断体在满负荷情况下操作,易接近部件的最高允许温度(85 ℃)不能超出;

T_2——最高允许周围环境温度值,此时如果熔断器接线端子排使用规定的模拟熔断体在满负荷情况下操作,绝缘材料的(RTI)值不能超过。

图 B.3 在过载和短路保护情况下单一排列的降容曲线

B.4.2.2 混合排列

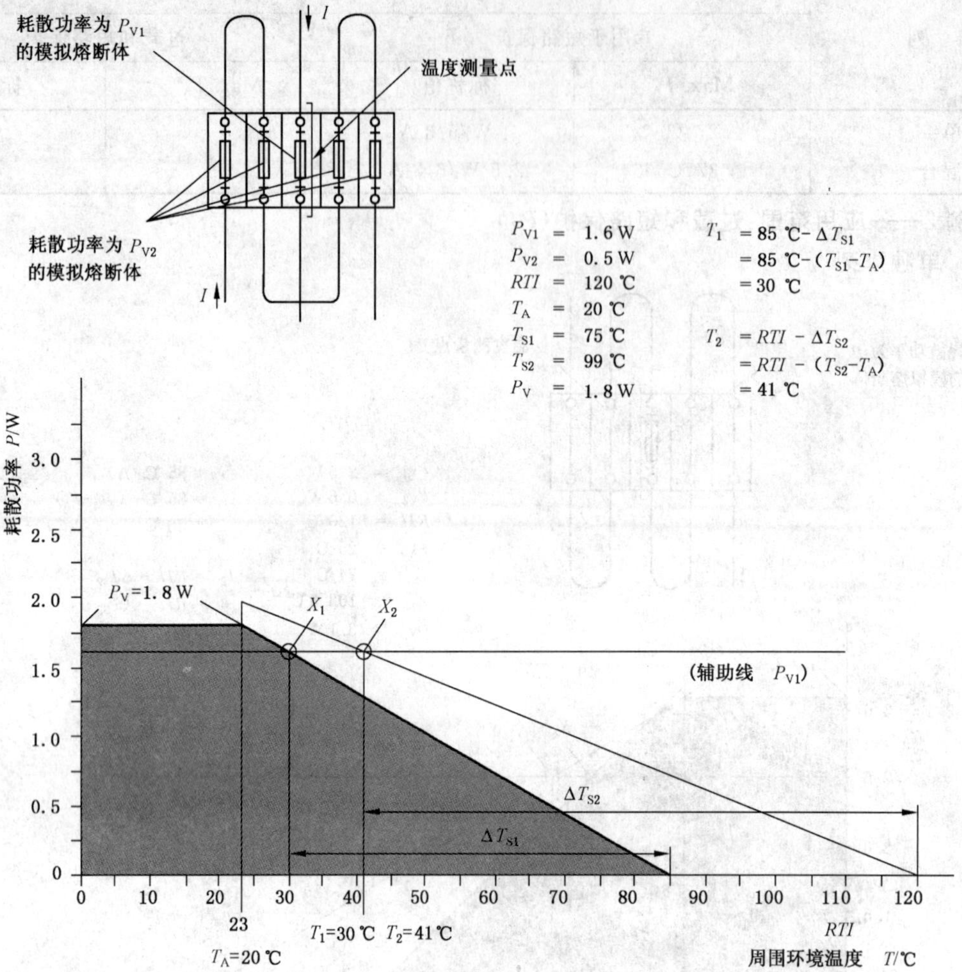

P_{V1}——过载条件下管式熔断体最大耗散功率；

P_{V2}——额定条件下的管式熔断体最大耗散功率；

RTI——相对温度指数；

T_A——周围环境温度；

$T_{S1}=T_A+\Delta T_{S1}$(在易接近部件表面测得的温度)，ΔT_{S1}为在易接近部件表面测得的温升；

$T_{S2}=T_A+\Delta T_{S2}$(在绝缘材料表面温度最高点测得的温度)，ΔT_{S2}为在绝缘材料表面温度最高点测得的温升；

P_V——过载和短路保护(见 4.2.1)；

T_1——最高允许周围环境温度值，此时如果熔断器接线端子排使用规定的模拟熔断体在满负荷情况下操作，易接近部件的最高允许温度(85 ℃)不能超出；

T_2——最高允许周围环境温度值，此时如果熔断器接线端子排使用规定的模拟熔断体在满负荷情况下操作，绝缘材料的(RTI)值不能超过。

图 B.4 在过载和短路保护情况下混合排列的降容曲线

根据 GB 9364.2—1997，使用尺寸为 6.3 mm×32 mm 的管式熔断体[2]，在用于过载和短路保护的单独排列时，配一个额定耗散功率确定为 $P_V=3.1$ W 的熔断器接线端子排；在用于过载和短路保护的混合排列时，配一个额定耗散功率确定为 $P_V=1.8$ W 的熔断器接线端子排。

2) 在使用非标的管式熔断器的场合，熔断体的耗散功率应不超过熔断器接线端子排的额定值(P_V 和/或 P_{VK})(参考温度为 23 ℃)，在周围环境温度较高的情况下，最大允许耗散功率应从降容曲线中获得(导出)。

表 B.2　在过载和短路保护时降容曲线的结果

排　列	应　用　范　围			
	专用于短路保护		过载和短路保护	
	Max. T_A	标称值	Max. T_A	标称值
单一	—	—	36 ℃	2.5 W/2.5 A
混合	—	—	30 ℃	1.6 W/1.0 A

附 录 C
（规范性附录）
试验顺序和样品数量

表 C.1 试验顺序和样品数量

试验组	试验号	样品数量	试验	符合的条款
1	1.1	1	标志	5.1
2	2.1 2.2 2.3	5	电气间隙和爬电距离 介电性能 在熔断器接线端子块支架上的附件	7.1.3 8.4.3 8.3.2
3	3.1 3.2	5	接触电阻 熔断器接线端子排和熔断体的一致性 熔断器接线端子块基座和熔断体之间的连接机械强度 熔断器接线端子块夹紧部件的机械性能	8.4.4 8.3.4 8.3.5 8.3.3
4	 4.1 4.2	 1个单一排列/5个混合排列 1个单一排列/5个混合排列	额定耗散功率 a) 过载和短路保护 b) 专用于短路保护	8.5.2 8.5.2.2 8.5.2.3
5	5.1	3	耐久性	8.5.3
6	6.1	5	夹紧件的温升	8.4.5
7	7.1	5	非螺纹型熔断器接线端子排的老化试验	8.4.7
8	8.1	3	针焰试验	8.5.4
注：试验排列可以附加必要的同种类型(结构和尺寸相同)的馈通接线端子排。				

参 考 文 献

[1] IEC 60127-6:1994 微型熔断器 第 6 部分:用于微型管式熔断器的支持件(GB 9364.6—2001)

[2] IEC 60364-4-43:2001 建筑物的电气装置 第 4-43 部分:安全防护 过电流保护(GB 16895.5—2000)

参考件 1(1997)

[3] IEC 60715:1981 低压开关设备和控制设备的尺寸 在成套开关设备和控制设备中作电器机械支承的标准化安装轨(GB/T 19334—2003)

参考件 1(1995)

[4] IEC 61180-1:1992 低压设备的高压试验技术 第 1 部分:定义、试验和程序要求(GB/T 17627.1—1998)

[5] IEC 61180-2:1994 低压设备的高压试验技术 第 2 部分:试验设备(GB/T 17627.2—1998)

ICS 29.060.20
K 13

GB

中华人民共和国国家标准

GB/T 14049—2008
代替 GB 14049—1993

额定电压 10 kV 架空绝缘电缆

Aerial insulated cables for rated voltage of 10 kV

2008-06-30 发布　　　　2009-04-01 实施

中华人民共和国国家质量监督检验检疫总局
中国国家标准化管理委员会　发布

前言

本标准代替GB 14049—1993《额定电压10 kV、35 kV架空绝缘电缆》。

本标准与GB 14049—1993相比，主要变化如下：

——标准名称改为《额定电压10 kV架空绝缘电缆》；

——删除了关于额定电压35 kV架空绝缘电缆的条目(1993版的第1章，3.1.3，4.1，表2，表3，7.7.2，表5，表8)；

——增加导体标称截面400 mm^2(见表2，表3)；

——删除对导体绞合节径比和绞向的规定(1993版的7.2.5)；

——增加了线芯的标志方法(见7.3.4)；

——删除对有绝缘屏蔽电缆的局部放电作为例行试验项目(1993版的7.7.4)；

——修改了10 kV架空电缆的冲击电压试验值(1993版的表8，本标准表8)；

——按照GB/T 1.1—2000进行了格式的修改。

本标准的附录A、附录B和附录C为规范性附录。

本标准由中国电器工业协会提出。

本标准由全国电线电缆标准化技术委员会(SAC/TC 213)归口。

本标准起草单位：上海电缆研究所，江苏远东集团有限公司，海口威特电气集团有限公司，福建南平太阳电缆股份有限公司，无锡江南电缆有限公司，扬州曙光电缆有限公司，湖南华菱线缆股份有限公司。

本标准起草人：孙建生、汪传斌、蒙忠奎、范德发、刘军、梁国华、张公卓。

本标准所代替标准的历次版本发布情况为：

——GB 14049—1993。

额定电压 10 kV 架空绝缘电缆

1 范围

本标准规定了交流额定电压 10 kV 架空绝缘电缆(架空电缆)产品的型号、规格、技术要求、试验方法、验收规则、包装、运输及贮存。

本标准适用于交流额定电压 $U(U_m)$ 为 10(12) kV 的架空电力线路用铜芯、铝芯、铝合金芯交联聚乙烯(XLPE)和高密度聚乙烯(HDPE)绝缘架空电缆。

2 规范性引用文件

下列文件中的条款通过本标准的引用而成为本标准的条款。凡是注日期的引用文件,其随后所有的修改单(不包括勘误的内容)或修订版均不适用于本标准,然而,鼓励根据本标准达成协议的各方研究是否可使用这些文件的最新版本。凡是不注日期的引用文件,其最新版本适用于本标准。

GB/T 1179—1999 圆线同心绞架空线(eqv IEC 61089:1991)

GB/T 2951.1—1997 电缆绝缘和护套材料通用试验方法 第1部分:通用试验方法 第1节:厚度和外形尺寸测量—机械物理性能试验(idt IEC 60811-1-1:1993)

GB/T 2951.2—1997 电缆绝缘和护套材料通用试验方法 第1部分:通用试验方法 第2节:热老化试验方法(idt IEC 60811-1-2:1985)

GB/T 2951.5—1997 电缆绝缘和护套材料通用试验方法 第2部分:弹性体混合料通用试验方法 第1节:耐臭氧试验—热延伸试验—浸矿物油试验(idt IEC 60811-2-1:1986)

GB/T 3048.4—2007 电线电缆电性能试验方法 第4部分:导体直流电阻试验

GB/T 3048.5—2007 电线电缆电性能试验方法 第5部分:绝缘电阻试验

GB/T 3048.7—2007 电线电缆电性能试验方法 第7部分:耐电痕试验

GB/T 3048.8—2007 电线电缆电性能试验方法 第8部分:交流电压试验(IEC 60060-1:1989,NEQ)

GB/T 3048.11—2007 电线电缆电性能试验方法 第11部分:介质损失角正切试验

GB/T 3048.12—2007 电线电缆电性能试验方法 第12部分:局部放电试验(IEC 60885-3:1988,MOD)

GB/T 3682—2000 热塑性塑料熔体质量流动速率和熔体体积流动速率的测定(idt ISO 1133:1997)

GB/T 3953—1983 电工圆铜线(neq ASTM B1:1970)

GB/T 3955—1983 电工圆铝线(neq ASTM B230:1977)

GB/T 4909.2—1985 裸电线试验方法 尺寸测量(neq IEC 60251:1978)

GB/T 4909.3—1985 裸电线试验方法 拉力试验(neq IEC 60207:1966)

GB/T 6995.3—2008 电线电缆识别标志方法 第3部分:电线电缆识别标志

JB/T 8134—1995 电工圆铝线及圆铝合金线 铝镁硅系合金圆线

JB/T 8137—1999(所有部分) 电线电缆交货盘

JB/T 10696.3—2007 电线电缆机械和理化试验方法 第3部分:弯曲试验

3 术语与定义

3.1

额定电压 rated voltage

额定电压是电缆设计和运行的基准电压,用 $U(U_m)$ 表示,单位为 kV。U——电缆两相导体之间的电压有效值。U_m——设备最高电压有效值。

额定电压 $U(U_m)$ 10(12) kV 架空电缆可用于单相接地故障时间每次一般不大于 1 min 的系统，亦可用于最长每次不超过 8 h，每年累计不超过 125 h 的系统。

4 符号和代号

4.1.1 系列代号

架空电缆系列 …… JK

4.1.2 材料和结构特征代号

铜导体 …… 省略

软铜导体 …… TR

铝导体 …… L

铝合金导体 …… LH

交联聚乙烯绝缘 …… YJ

高密度聚乙烯绝缘 …… Y

本色绝缘 …… /B

耐候黑色绝缘 …… 省略

轻型薄绝缘结构 …… /Q

普通绝缘结构 …… 省略

4.2 产品的表示方法

4.2.1 产品用型号，规格及本标准编号表示。

4.2.2 示例：

a) 铝芯交联聚乙烯轻型薄绝缘架空电缆，额定电压 10 kV，单芯，标称截面为 120 mm^2，表示为：
JKLYJ/Q-10　1×120　GB/T 14049—2008

b) 铝芯本色交联聚乙烯绝缘架空电缆，额定电压 10 kV，4 芯，其中主线芯为 3 芯，标称截面为 240 mm^2；承载绞线为镀锌钢丝，标称截面为 95 mm^2，表示为：
JKLYJ/B-10　3×240+95(A)　GB/T 14049—2008

c) 铝合金线芯聚乙烯绝缘架空电缆，额定电压 10 kV，单芯，标称截面为 185 mm^2，表示为：
JKLHY-10　1×185　GB/T 14049—2008

5 使用特性

5.1 额定电压为 10 kV。

5.2 电缆敷设温度应不低于－20 ℃。

5.3 短路时(最长持续时间不超过 5 s)电缆的最高温度：

交联聚乙烯绝缘 …… 250 ℃

高密度聚乙烯绝缘 …… 150 ℃

5.4 电缆导体的最高长期允许工作温度：

a) 有承载线结构电缆　由绝缘的最高长期允许工作温度决定。

交联聚乙烯绝缘 …… 90 ℃

高密度聚乙烯绝缘 …… 75 ℃

b) 无承载线结构电缆(在考虑中)

5.5 电缆的允许弯曲半径应不小于电缆弯曲试验用圆柱体直径。

6 型号和规格

架空电缆的型号如表 1。

表 1

型 号	名 称	主要用途
JKYJ JKTRYJ JKLYJ JKLHYJ JKY JKTRY JKLY JKLHY	铜芯交联聚乙烯绝缘架空电缆 软铜芯交联聚乙烯绝缘架空电缆 铝芯交联聚乙烯绝缘架空电缆 铝合金芯交联聚乙烯绝缘架空电缆 铜芯聚乙烯绝缘架空电缆 软铜芯聚乙烯绝缘架空电缆 铝芯聚乙烯绝缘架空电缆 铝合金芯聚乙烯绝缘架空电缆	架空固定敷设，软铜芯产品用于变压器引下线。 电缆架设时，应考虑电缆和树木保持一定距离，电缆运行时，允许电缆和树木频繁接触
JKLYJ/B JKLHYJ/B	铝芯本色交联聚乙烯绝缘架空电缆 铝合金芯本色交联聚乙烯绝缘架空电缆	架空固定敷设 电缆架设时，应考虑电缆和树木保持一定距离，电缆运行时，允许电缆和树木频繁接触
JKLYJ/Q JKLHYJ/Q JKLY/Q JKLHY/Q	铝芯轻型交联聚乙烯薄绝缘架空电缆 铝合金芯轻型交联聚乙烯绝缘架空电缆 铝芯轻型聚乙烯绝缘架空电缆 铝合金芯轻型聚乙烯绝缘架空电缆	架空固定敷设用 电缆架设时，应考虑电缆和树木保持一定距离，电缆运行时，只允许电缆和树木作短时接触

架空电缆的型号如表 2。

表 2

型 号	芯 数	标称截面/mm^2
JKYJ JKTRYJ JKLYJ JKLHYJ	1	10～400
	3	25～400
	3+K(A) 或 3+K(B)	25～400 其中 K25～120
JKY,JKTRY JKLY,JKLHY JKLYJ/Q,JKLHYJ/Q JKLY/Q,JKLHY/Q	1	10～400
JKLYJ/B JKLHYJ/B	3	25～400
	3+K(A) 或 3+K(B)	25～400 其中 K25～120

注 1：其中 K 为承载绞线，按工程设计要求，可任选表 2 中规定截面与相应导体截面相匹配，如杆塔跨距更大采用外加承载索时，该承载索不包括在电缆结构内。

注 2：其中(A)表示钢承载绞线，(B)为铝合金承载绞线。

7 技术要求

7.1 架空绝缘电缆的结构和技术参数如表 3 规定，承载绞线拉断力要求如表 4 规定。

表 3

导体标称截面/mm²	导体最少单线根数	导体直径(参考值)/mm	导体屏蔽层最小厚度[a](近似值)[b]/mm	绝缘标称厚度/mm		绝缘屏蔽层标称厚度/mm	20 ℃时导体电阻不大于/Ω/km				导体拉断力不小于/N		
				薄绝缘	普通绝缘		硬铜芯	软铜芯	铝芯	铝合金芯	硬铜芯	铝芯	铝合金芯
10	6	3.8	0.5	—	3.4	—	—	1.830	3.080	3.574	—	—	—
16	6	4.8	0.5	—	3.4	—	—	1.150	1.910	2.217	—	—	—
25	6	6.0	0.5	2.5	3.4	1.0	0.749	0.727	1.200	1.393	8 465	3 762	6 284
35	6	7.0	0.5	2.5	3.4	1.0	0.540	0.524	0.868	1.007	11 731	5 177	8 800
50	6	8.3	0.5	2.5	3.4	1.0	0.399	0.387	0.641	0.744	16 502	7 011	12 569
70	12	10.0	0.5	2.5	3.4	1.0	0.276	0.268	0.443	0.514	23 461	10 354	17 596
95	15	11.6	0.6	2.5	3.4	1.0	0.199	0.193	0.320	0.371	31 759	13 727	23 880
120	18	13.0	0.6	2.5	3.4	1.0	0.158	0.153	0.253	0.294	39 911	17 339	30 164
150	18	14.6	0.6	2.5	3.4	1.0	0.128	—	0.206	0.239	49 505	21 033	37 706
185	30	16.2	0.6	2.5	3.4	1.0	0.102 1	—	0.164	0.190	61 846	26 732	46 503
240	34	18.4	0.6	2.5	3.4	1.0	0.077 7	—	0.125	0.145	79 823	34 679	60 329
300	34	20.6	0.6	2.5	3.4	1.0	0.061 9	—	0.100	0.116	99 788	43 349	75 411
400	53	23.8	0.6	2.5	3.4	1.0	0.048 4	—	0.077 8	0.090 4	133 040	55 707	100 548

[a] 轻型薄绝缘结构架空电缆无内半导电屏蔽层；

[b] 近似值是既不要验证又不要检查的数值，但在设计与工艺制造上需予充分考虑。

表 4

承载绞线截面/mm²	钢承载绞线拉断力不小于/N	铝合金承载绞线拉断力不小于/N
25	30 000	6 284
35	42 000	8 800
50	56 550	12 569
70	81 150	17 596
95	110 150	23 880
120	—	30 164

7.2 导体及承载绞线

7.2.1 导体应采用紧压圆形绞合硬铜硬铝或铝合金导体或钢芯铝绞线导体，其中铜导体应采用 TY 型硬铜圆线，并符合 GB/T 3953—1983 规定；铝导体应采用 L8 或 LY9 型硬铝圆线，并符合 GB/T 3955—1983 规定；铝合金导体应采用 LHA 或 LHB 型铝合金圆线，并符合 JB/T 8134—1995 的规定。导体的结构尺寸、机械拉断力及导体电阻应符合表 3 规定。

7.2.2 作为变压器引下线用的架空电缆导体应采用 TR 型软铜圆线，并符合 GB/T 3953—1983 规定。

7.2.3 承载绞线材料和结构应符合 JB/T 8134—1995 或 GB/T 1179—1999 相应规定，其拉断力应符合表 4 规定。

7.2.4 导体表面应光洁，无油污，无损伤屏蔽及绝缘的毛刺，锐边，以及凸起或断裂的单线。

7.2.5 导体中的单线为 7 根及以下时，所有单线均不允许有接头；7 根以上时，单线允许有接头，但成绞线上两单线接头间的距离应不小于 15 m。

7.3 绝缘

7.3.1 绝缘应采用交联聚乙烯(XLPE)或高密度聚乙烯(HDPE)混合料,如绝缘层无半导电屏蔽层,材料应采用黑色耐候料。绝缘料性能应符合附录A要求。

7.3.2 绝缘应紧密地挤包在导体或导体屏蔽层上,绝缘表面应平整,色泽均匀。

7.3.3 绝缘标称厚度应符合表3规定,绝缘厚度的平均值应不小于标称值,其最薄处厚度应不小于标称值的90%减去0.1 mm。

7.3.4 3芯电缆绝缘表面推荐采用标有可识别相序的凸出标志,A相为1根凸脊,B相为2根凸脊,C相为3根凸脊,也可采用其他耐久的标志方法。中性线芯应采用区别于上述标志方法的其他标志。

7.4 屏蔽

7.4.1 导体屏蔽

导体表面除轻型薄绝缘结构外,均应有半导电屏蔽层,导体屏蔽用半导电料可以是交联型的或者是非交联型的,半导电屏蔽层应均匀地包覆在导体上,表面应光滑,无明显绞线凸纹,不应有尖角,颗粒,烧焦或擦伤的痕迹。半导电屏蔽层厚度可参照表3规定。半导电屏蔽料性能应符合附录B规定。

7.4.2 绝缘屏蔽

3芯绞合成缆的绝缘线芯,应有挤包的半导电层作为绝缘屏蔽,不允许采用轻型薄绝缘结构。单芯电缆均采用耐候黑色绝缘,可不包覆半导电屏蔽层。

绝缘屏蔽层应采用可剥离半导电交联料,并应均匀地包覆在绝缘表面,表面应光滑,不应有尖角、颗粒、烧焦或擦伤的痕迹。

绝缘屏蔽层厚度的平均值应不小于表3规定的标称值,最薄处厚度应不小于标称值的90%减去0.1 mm。

7.5 成缆

3芯电缆应绞合成缆,成缆节径比应小于25,绞合方向为右向。

如具有承载绞线时,承载绞线应处于中心位置。

7.6 试验条件

7.6.1 除非另有规定,电压试验的环境温度为(20±15)℃,其他项目试验的环境温度为(20±5)℃。

7.6.2 交流电压试验的频率为(49～60)Hz,电压波形基本上是正弦波形。

7.6.3 冲击电压试验波形规定波前时间为(1～5)μs,半峰值时间为(40～60)μs。

7.7 例行试验(代号R)

7.7.1 导体直流电阻试验

导体直流电阻应符合表3规定。

7.7.2 绝缘电阻试验

无绝缘屏蔽电缆,应进行绝缘电阻试验。

试验在成盘电缆上进行,在室温下,将电缆浸于水中不少于1 h,施加电压(80～500)V直流电压,稳定时间应不小于1 min,且不大于5 min。普通绝缘结构电缆的绝缘电阻应不小于1 500 MΩ·km,轻型薄绝缘结构电缆的绝缘电阻应不小于1 000 MΩ·km。

7.7.3 交流电压试验

试验在成盘电缆上进行。在室温下,将电缆浸于水中不少于1 h后施加试验电压,维持时间为1 min,电缆应不击穿,对应各额定电压电缆的试验电压值如表5规定。

表5

额定电压U/kV	10	
	普通绝缘结构电缆	轻型薄绝缘结构电缆
试验电压/kV	18	12

7.8　抽样试验(代号 S)

7.8.1　抽样试验的数量

7.8.1.1　结构尺寸检查应在每批同一型号及规格的电缆上进行，其数量应不超过交货批电缆段数量的 10%。

7.8.1.2　交货批中 3 芯电缆总长度超过 2 km，单芯电缆总长度超过 4 km，可根据表 6 确定抽取的试样数。

表 6

电缆交货长度 L/km		试样数
3 芯电缆	单芯电缆	
$2<L\leqslant10$	$4<L\leqslant20$	1
$10<L\leqslant20$	$20<L\leqslant40$	2
$20<L\leqslant30$	$40<L\leqslant60$	3
其余类推	其余类推	其余类推

7.8.2　结构和尺寸检查

导体结构应符合 7.2 规定。

承载绞线结构应符合 7.2 规定。

绝缘结构应符合 7.3 规定。

屏蔽结构应符合 7.4 规定。

7.8.3　4 h 交流电压试验

除终端外，成品电缆试样应不少于 5 m，将电缆浸入水中按表 5 规定施加交流电压，持续时间 4 h，试验过程中，绝缘应不发生击穿。

7.8.4　热延伸试验

交联聚乙烯绝缘应进行热延伸试验，试验条件及要求应符合表 7 规定。

表 7

序　号	试　验　项　目		指　标
1	试验条件		
1.1	温度(偏差±3 ℃)/℃		200
1.2	荷载时间/min		15
1.3	机械应力/MPa		0.2
2	负载下伸长率/%	最大	175
3	冷却后永久伸长率/%	最大	15

7.9　型式试验(代号 T)

7.9.1　试样长度及试验顺序

7.9.1.1　电气型式试验应在一段成品电缆试样上进行，除终端外，试样长度为(10～15)m，其他类型的型式试验试样长度均在各项试验方法中规定。

7.9.1.2　有绝缘屏蔽的电缆必须按下列顺序逐项试验：

a)　局部放电试验(见 7.9.2)；

b)　弯曲试验及随后的局部放电试验(见 7.9.3)；

c)　tanδ 与电压关系试验(见 7.9.4)；

d)　tanδ 与温度关系试验(见 7.9.5)；

e)　热循环试验后的局部放电试验(见 7.9.6)。

有绝缘屏蔽电缆按 7.9.2～7.9.6 顺序试验完毕后即可进行其他项目的型式试验。但不必进行 7.9.10 的耐电痕试验和 7.9.15 的绝缘耐候试验。

7.9.1.3 与 7.9.1.2 中 c)和 d)两项有关 tanδ 试验也可以另取试样试验。

7.9.1.4 无绝缘屏蔽电缆不必进行 7.9.2～7.9.6 各项型式试验，但必须进行其余各项型式试验。

7.9.2 局部放电试验

在 10 kV 电缆试样上施加 9 kV 交流电压，电缆的放电量应不大于 20 pC。

7.9.3 弯曲试验及随后的局部放电试验

7.9.3.1 弯曲试验

按 7.9.7 规定试验。

7.9.3.2 局部放电试验

按 7.9.2 规定试验。

7.9.4 tanδ 与电压关系试验

在 10 kV 电缆试样上进行，在室温下分别施加 3 kV、6 kV、12 kV 交流电压，6 kV 时测得的 tanδ 应不大于 40×10^{-4}，在 3 kV 和 12 kV 时测得的 tanδ 应不大于 20×10^{-4}。

7.9.5 tanδ 与温度关系试验

在 10 kV 电缆试样上进行，分别在室温和 90 ℃温度下测量，施加交流电压 2 kV，室温时测得的 tanδ 值应不大于 40×10^{-4}，90 ℃时测得的 tanδ 应不大于 80×10^{-4}。

7.9.6 热循环试验后的局部放电试验

在 10 kV 电缆试样导体上通以电流，使导体达到并稳定在 100 ℃，多芯电缆试样的加热电流应通过所有导体。加热循环应持续至少 8 h，在每一加热过程中，导体在达到规定温度后至少应维持 2 h，并随即在空气中自然冷却至少 3 h。如此重复循环 3 次，随后进行局部放电试验，试验结果应符合 7.9.2 规定。

7.9.7 弯曲试验

电缆应在室温下，按 JB/T 10696.3—2007 规定进行弯曲试验。

弯曲试验用圆柱体直径按下列规定确定：

单芯电缆　$20(D+d)\pm5\%$，mm；

多芯电缆　$15(D+d)\pm5\%$，mm；

式中：

D——试样的实际外径，mm；

d——试样导体的实际外径，mm。

7.9.8 冲击电压试验及交流电压试验

7.9.8.1 冲击电压试验

在经过弯曲试验后电缆试样上进行，试样长度应不小于 5 m，在室温下浸水中 1 h，按表 8 中规定施加冲击电压，正负极各 10 次，试样不击穿。

表 8

额定电压 U/kV	10	
	普通绝缘结构电缆	轻型薄绝缘结构电缆
试验电压/kV	95	75

7.9.8.2 交流电压试验

试验应在经过冲击电压试验试样上进行。

在室温下，按表 5 规定对电缆试样施加交流电压 15 min，电缆试样应不击穿。

7.9.9 4 h 交流电压试验

按表 5 规定，对电缆试样施加交流电压 4 h，电缆试样应不击穿，该项试验也可以另取试样进行，但对有绝缘屏蔽的 10 kV 电缆试样必须先经过 7.9.3 和 7.9.6 规定的试验，对无绝缘屏蔽的电缆试样必须先经过 7.9.7 规定的试验。

7.9.10 绝缘耐漏电痕迹试验

无绝缘屏蔽的电缆应进行此项试验。

在 4 kV 电压下，经 101 次喷水后，表面应无烧焦，泄漏电流应不超过 0.5 A。

7.9.11 导体承载绞线拉力试验

导体拉力试验应在电缆试样上进行，拉断力应不小于表 3 规定。承载绞线拉断力应符合表 4 规定。

7.9.12 绝缘机械物理性能试验

7.9.12.1 老化前后绝缘机械性能试验

试验要求应符合表 9 规定。

表 9

序 号	试验项目		XLPE	HDPE
1	老化前机械性能			
1.1	抗张强度/MPa	最小	12.5	10.0
1.2	断裂伸长率/%	最小	200	300
2	空气老化后机械性能			
	温度/℃		135	100
	温度偏差/℃		±3	±2
	持续时间/d		7	10
2.1	抗张强度变化率/%	最大	±25	—
2.2	断裂伸长率变化率/%	最大	±25	—
2.3	断裂伸长率/%	最小	—	300

7.9.12.2 高密度聚乙烯绝缘熔体指数试验

试验结果应符合表 10 规定。

表 10

试验项目		指 标
老化前熔体指数/(g/10 min)	最大	0.4

7.9.13 绝缘粘附力(滑脱)试验

在 10 m 电缆上取 3 个试样，试样置一个旋转滑脱机上进行，其滑脱力应不小于 180 N。试验方法按附录 B 规定。

7.9.14 交联聚乙烯绝缘热延伸试验

试验条件及试验要求应符合表 7 规定。

7.9.15 绝缘耐候试验

无绝缘屏蔽的电缆应进行本项试验，试验方法按附录 C 规定。

在大气和光老化作用下，试样经 42 d 老化后，绝缘的抗张强度和伸长率的变化率应不超过±30%范围，经过 21 d 老化后试样与经 42 d 老化后试样对比，抗张强度和伸长率的变化率应不超过±15%范围。

7.9.16 外半导电层剥离试验

可剥离外半导电层应经受剥离试验。

取带有外半导电层的绝缘芯 0.5 m，沿轴向将半导电层平行切割成两条至绝缘的深痕，间距

10 mm。用力拉已切割成条的外半导电层，力的方向应垂直于轴心，力的大小应不小于 8 N 且不大于 40 N，绝缘应不拉坏，且无半导电层残留在表面上。

7.9.17 印刷标志耐擦试验

按 GB/T 6995.3—2008 规定的试验方法和要求进行。

7.10 成品电缆标志

成品电缆的表面应有制造厂名、产品型号及额定电压的连续标志，标志应字迹应清楚，容易辨认，耐擦。成品电缆标志应符合 GB/T 6995.3—2008 规定。

8 试验方法

产品按表 11 规定项目和试验方法进行试验。

表 11

序号	项 目	本标准条文号	验收规则		试验方法
			有绝缘屏蔽	无绝缘屏蔽	
1	导体直流电阻试验	7.7.1	R	R	GB/T 3048.4—2007
2	绝缘电阻试验	7.7.2	—	R	GB/T 3048.5—2007
3	交流电压试验	7.7.3	R	R	GB/T 3048.8—2007
4	结构和尺寸检查	7.8.2	S	S	
4.1	导体结构	7.8.2	S	S	GB/T 4909.2—1985
4.2	承载绞线结构	7.8.2	S	S	GB/T 4909.2—1985
4.3	绝缘厚度	7.8.2	S	S	GB/T 2951.1—1997
4.4	屏蔽结构	7.8.2	S	S	GB/T 2951.1—1997
5	4 h 交流电压试验	7.8.3	S	S	GB/T 3048.8—2007
6	热延伸试验	7.8.4	S	S	GB/T 2951.5—1997
7	局部放电试验	7.9.2	T	—	GB/T 3048.12—2007
8	弯曲试验及随后的局部放电试验	7.9.3	T	—	JB/T 10696.3—2007 及 GB/T 3048.12—2007
9	tanδ 与电压关系试验	7.9.4	T	—	GB/T 3048.11 2007
10	tanδ 与温度关系试验	7.9.5	T	—	GB/T 3048.11—2007
11	热循环后局部放电试验	7.9.6	T	—	GB/T 3048.12—2007
12	弯曲试验	7.9.7	T	T	JB/T 10696.3—2007
13	冲击电压及交流电压试验	7.9.8	T	T	GB/T 3048.8—2007
14	4 h 交流电压试验	7.9.9	T	T	GB/T 3048.8—2007
15	绝缘耐漏电痕迹试验	7.9.10	—	T	GB/T 3048.7—2007
16	导体承载绞线拉力试验	7.9.11	T	T	GB/T 4909.3—1985
17	绝缘机械物理性能试验	7.9.12	T	T	
17.1	老化前后绝缘机械性能试验	7.9.12.1	T	T	GB/T 2951.1 和.2—1997
17.2	高密度聚乙烯绝缘熔体指数试验	7.9.12.2	T	T	GB/T 3682—2000
18	绝缘粘附力(滑脱)试验	7.9.13	T	T	本标准附录 B
19	交联聚乙烯绝缘热延伸试验	7.9.14	T	T	GB/T 2951.5—1997

表 11（续）

序号	项 目	本标准条文号	验收规则		试验方法
			有绝缘屏蔽	无绝缘屏蔽	
20	绝缘耐候试验	7.9.15	—	T	本标准附录 C
21	半导电层剥离试验	7.9.16	T	—	本标准 7.9.16
22	印刷标志耐擦试验	7.9.17	T	T	GB/T 6995.3—2008

9 验收规则

9.1 产品应由制造厂的技术部门检查合格后方能出厂。每个出厂的包装件上应附有产品质量检验合格证。

9.2 产品应符合 7.8.1.2 规定试验频度进行抽样试验。如果第一次试验的结果不符合 7.8 规定的任一项试验要求，应在同一批电缆中再取 2 个试样，就不合格项目进行试验，如果 2 个试样均合格，则该批电缆符合本标准要求；否则该批电缆判为不合格。

9.3 电缆的交货长度和允许短段电缆长度及数量由用户和制造厂商定。

10 包装、运输及贮存

10.1 电缆应妥善包装在符合 JB/T 8137—1999 规定要求的电缆盘上交货。

10.2 电缆端头应可靠密封、伸出盘外的电缆端头应钉保护罩，伸出的长度应不小于 300 mm。

10.3 成盘电缆的电缆盘外侧及成圈电缆的附加标签应标明：

a) 制造厂名或商标；

b) 电缆型号及规格；

c) 长度(m)；

d) 毛重(kg)；

e) 制造日期： 年 月；

f) 表示电缆盘正确旋转方向的符号；

g) 标准编号。

10.4 运输和贮存

a) 电缆应避免在露天存放，电缆盘不允许平放；

b) 运输中禁从高处扔下装有电缆的电缆盘，严禁机械损伤电缆；

c) 吊装包装件时，严禁几盘同时吊装。在车辆船舶等运输工具上，电缆盘必须放稳，并用合适方法固定，防止互撞或翻倒。

附 录 A
（规范性附录）
架空电缆用绝缘料半导电屏蔽料性能要求

A.1 绝缘材料

绝缘料性能应符合表 A.1 规定。

表 A.1

序号	项目		XLPE	黑色 XLPE	黑色 HDPE
1	密度/g/cm^3		0.922±0.003	0.922±0.003	≥0.945
2	老化前机械性能				
	抗张强度/MPa	最小	17	14.5	18.6
	断裂伸长/%	最小	420	400	650
3	空气老化后机械性能				
	温度/℃		135	135	100
	温度偏差/℃		±3	±3	±2
	持续时间/d		7	7	10
3.1	抗张强度变化率/%	最大	±20	±20	—
3.2	断裂伸长变化率/%	最大	±20	±20	—
3.3	断裂伸长/%	最小	—	—	650
4	维卡软点化/℃	最小	—	—	110
5	冲击脆化温度/℃	不大于	−76	−76	−76
6	耐环境应力开裂/h	不小于	—	1 000	500
7	熔体指数/(g/10 min)	不大于	—	—	0.4
8	介电常数	不大于	2.3	2.35	2.45
9	介质损耗角正切/20 ℃	不大于	5×10^{-4}	10×10^{-4}	10×10^{-4}
10	介电强度/(kV/mm)	不小于	35	35	35
11	热延伸/200 ℃	15 min			
12	负荷下伸长率/%	不大于	80	80	—
13	冷却后永久变形/%	不大于	5	5	—
14	凝胶含量/%		80	—	—
15	光老化性能[a]				
	绝缘试片经 42 d 老化后（见附录 C）				
	抗张强度变化率/%	最大	±30	±30	±30
	断裂伸长率变化率/%	最大	±30	±30	±30

[a] 绝缘料制成电缆试样后制备绝缘试片，进行试验。

A.2 半导电屏蔽料

半导电屏蔽料性能应符合表 A.2 规定。

表 A.2

项　　目		导体屏蔽半导电料		绝缘屏蔽可剥离半导电交联料
		热塑性料	可交联料	
抗拉强度/MPa	不小于	15	15	10
断裂伸长率/%	不小于	200	200	200
空气箱老化后				
断裂伸长率/%	不小于	100	100	100
热延伸/(200 ℃/0.2 MPa/15 min)				
负荷伸长率/%	不大于	—	175	175
冷却后永久变形/%	不大于	—	15	15
冲击脆化温度/℃	不大于	−45	−50	−50
剥离力/N		—	—	8～40
体积电阻率/(Ω·cm)	不大于			
23 ℃		100	100	100
90 ℃		500	500	500

附　录　B
（规范性附录）
架空绝缘电缆粘附力（滑脱）试验方法

B.1　适用范围

本试验方法适用于架空绝缘电缆绝缘层与导体之间粘附力的测定。

B.2　试验设备

B.2.1　(0～1 000)N 拉力试验机一台。

B.2.2　夹具。如图 B.1 所示。

单位为毫米

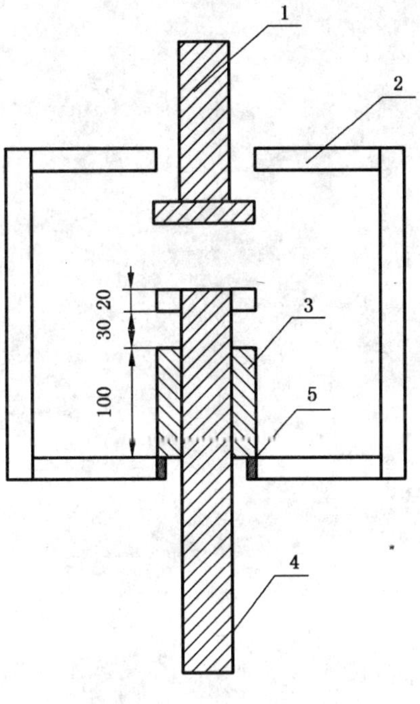

1——夹具上端部；

2——夹具框架；

3——绝缘尺；

4——导体，夹于拉力试验机下端部；

5——平面轴承。

图 B.1

B.3　试验准备

B.3.1　从被测电缆上选取长度不小于 250 mm 的试样 3 只，并按图 B.1 所示尺寸进行处理，处理时应保证被测部分绝缘层完整无损。

B.3.2　处理好的试样应在室温状态下放置 4 h 后，方可进行测试。

B.4　试验步骤

B.4.1　试验在室温(25±5)℃进行。

B.4.2 将试样放在图 B.1 所示夹具内，起动拉力机在(2±1)cm/min 速度下拉伸。

B.4.3 记录下每只试样的绝缘层与导体产生滑移时的拉力 T。

B.5 实验结果

3 只试样的拉力 T 均应不小于产品标准中规定的粘附力要求。

附 录 C
（规范性附录）
人工气候老化试验方法（氙灯法）

C.1 适用范围

本试验方法适用于聚氯乙烯（PVC）、聚乙烯（PE）、交联聚乙烯（XLPE）绝缘架空电缆的人工气候老化性能的规定。

C.2 试验设备

C.2.1 氙灯气候老化箱

C.2.1.1 氙灯功率 6 kV，试样转架直径 ϕ(800～959)mm，高 365 mm，试样转架每分钟旋转一周，箱体温度(55±3)℃，相对湿度(85±5)%。

C.2.1.2 喷水应为清洁的自来水，喷水水压(0.12～0.15)MPa，喷水嘴内径 ϕ0.8 mm。以 18 min 喷水、光照、102 min 单独光照，周期进行。

C.2.2 臭氧发生装置

C.2.3 工业用二氧化硫

C.2.4 −40 ℃冷冻箱。

C.2.5 拉力试验机

示值精度：从各级度盘 1/10 量程以上，但不小于最大负荷的 4%开始，为±1%。

C.3 试样制备

从被试电缆的端部 500 mm 处切取足够长度的电缆，并从电缆中取出导体，制取绝缘试样（试片），能供三组试验测定有效性能。有机械损伤的样段不能作为试样用于试验。

第一组试样至少应 5 个，供原始性能测量用。

第二组试样至少应 5 个，供 0 h～1 008 h 光老化后性能测量用。

第三组试样至少应 5 个，供 504 h～1 008 h 光老化后性能测量用。

C.4 试验步骤

C.4.1 第一组试样保存在阴凉干燥处，第二、三组试样应放入氙灯气候箱内进行试验，其中第三组试样应在试验开始 504 h 后放入，试样放入气候箱内后，应在保持约 5%的伸长下进行试验。

C.4.2 试验循环：整个试验持续 6 个星期，每星期为一次循环，其中 6 d 按 C.2.1.1 和 C.2.1.2 进行试验，第 7 d 按下述的调节 a、调节 b、调节 c 规定的条件进行试验。

调节 a：老化试样应在温度为(40±3)℃，含 0.067%二氧化硫和浓度大于 20×10^{-6}(20 PPm)臭氧的环境中放置 1 d。

调节 b：老化试样应从 C.2.1.1 和 C.2.1.2 的环境中移至(−25±2)℃冷冻室内，进行冷热试验，共进行三次，每次 2 h 两次热震时间应等于或大于 1 h。

调节 c：老化试样应在(40±3)℃，含 0.067%二氧化硫饱和湿度的容器内放置 8 h，然后，打开容器，在试验室温环境中放置 16 h。

C.4.3 在规定的老化时间后，取出试样，置环境温度下存放至少 16 h，与第一组试样对比进行外观检查。

C.4.4 按 GB/T 2951.1—1997 的要求，在光照面冲切哑铃片和预处理后，测定老化前后三组试片的抗张强度和断裂伸长率，制作试片时，不能磨削光照面。

C.4.5 当按C.4.4规定，不能在光照面冲切哑铃片时，允许从同一型号的其他规格上切取，其老化性能等效。

C.5 试验结果及计算

C.5.1 检查光照面、试样应无明显的龟裂。

C.5.2 试验结果用老化前后的抗张强度和断裂伸长率的变化率(%)表示，按下式计算，其变化率应符合产品标准的规定。

$$TS_1=(T_2-T_1)/T_1\times100\%$$

$$EB_1=(E_2-E_1)/E_1\times100\%$$

$$TS_2=(T_2-T_3)/T_1\times100\%$$

$$EB_2=(E_2-E_3)/E_1\times100\%$$

式中：

TS_1——(0～1 008)h光老化后抗张强度的变化率，%；

EB_1——(0～1 008)h光老化后断裂伸长率的变化率，%；

TS_2——(504～1 008)h光老化后抗张强度的变化率，%；

EB_2——(504～1 008)h光老化后断裂伸长率的变化率，%；

T_1——光老化前(第一组试样)抗张强度的中间值，单位为兆帕(MPa)；

E_1——光老化前(第一组试样)断裂伸长率的中间值，%；

T_2——光老化后(第二组试样，光老化1 008 h)抗张强度的中间值，单位为兆帕(MPa)；

E_2——光老化后(第二组试样，光老化1 008 h)断裂伸长率的中间值，%；

T_3——光老化后(第三组试样，光老化504 h)抗张强度的中间值，单位为兆帕(MPa)；

E_3——光老化后(第三组试样，光老化504 h)断裂伸长率的中间值，%。

ICS 91.140.50
K 09

中华人民共和国国家标准

GB 14050—2008
代替 GB 14050—1993

系统接地的型式及安全技术要求

Types and safety technical requirements of system earthing

2008-09-24 发布　　2009-08-01 实施

中华人民共和国国家质量监督检验检疫总局
中国国家标准化管理委员会　发布

前　言

本标准的全部技术内容为强制性。

本标准代替 GB 14050—1993。

本标准与 GB 14050—1993 相比，修订的主要内容如下：

——按照 GB/T 1.1 进行编辑性修改，增加第 2 章规范性引用文件。

——第 3 章，修改和增加如下术语和定义：

3.2　外露可导电部分；

3.3　外部可导电部分；

3.4　保护导体(符号 PE)；

3.5　接地导体；

3.10　系统接地；

3.11　保护接地；

3.12　总等电位联结；

3.13　辅助等电位联结。

——5.1.2 和 5.1.3 最后分别增加一段“总等电位联结导体必须符合 GB 16895.3—2004 中 544.1 的规定。”和“辅助等电位联结导体必须符合 GB 16895.3—2004 中 544.2 的规定”。

——增加 5.1.4“有必要时，分级安装剩余电流保护装置和火灾监控系统，并符合 GB 13955 规定。”

——5.1.8 修改为：“保护导体的截面，通过引用 GB 16895.3—2004 作出规定。”

——5.2.3 第一段修改为：

“TN 系统主要由过电流保护电器提供电击防护。如果使用过电流保护电器不能满足 5.2.2 的要求时，则应采用总等电位联结或局部等电位联结措施，也可增设剩余电流动作保护装置，或结合采用等电位联结措施和增设剩余电流动作保护装置等间接接触防护措施来满足要求。”

——删除原附录 A。

——其他编辑性修改。

本标准由全国电气安全标准化技术委员会(SAC/TC 25)提出。

本标准由全国电气安全标准化技术委员会归口并负责解释。

本标准负责起草单位：上海电动工具研究所、机械工业北京电工技术经济研究所、广东出入境检验检疫局技术中心、施耐德电气(中国)投资有限公司上海分公司、西门子(中国)有限公司。

本标准主要起草人：刘江、曾雁鸿、裴晓波、张萍、范一兵。

本标准所代替标准的历次版本发布情况为：

——GB 14050—1993。

系统接地的型式及安全技术要求

1 范围

本标准规定了系统接地的型式及安全技术要求，其目的是保障人和设备的安全。

本标准适用于系统标称电压为交流 220/380 V 的电网。

2 规范性引用文件

下列文件中的条款通过本标准的引用而成为本标准的条款。凡是注日期的引用文件，其随后所有的修改单(不包括勘误的内容)或修订版均不适用于本标准，然而，鼓励根据本标准达成协议的各方研究是否可使用这些文件的最新版本。凡是不注日期的引用文件，其最新版本适用于本标准。

GB/T 4776—2008 电气安全术语

GB 13955 剩余电流动作保护装置安装和运行

GB 16895.3—2004 建筑物电气装置 第 5-54 部分 电气设备的选择和安装 接地配置、保护导体和保护联结导体(IEC 60364-5-54:2002,IDT)

3 术语和定义

下列术语和定义适用于本标准。

3.1

电气装置 electrical installation

为达到一个或几个特定目的的相关电气设备的组合。

3.2

外露可导电部分 exposed conductive part

容易触及的导电部分和虽不是带电部分但在故障情况下可变为带电的部分。

[GB/T 4776—2008,定义 3.1.10]

3.3

外部可导电部分 extraneous conductive part

不是电气装置组成部分，且易引入电位(通常是地电位)的导电部分。

[GB/T 4776—2008,定义 3.1.11]

3.4

中性导体(N) neutral conductor (symbol N)

连接到系统中性点上并能提供传输电能的导体。

[GB/T 4776—2008,定义 3.3.3.11]

3.5

保护导体(PE) protective conductor (symbol PE)

用于在故障情况下防止电击所采用保护措施的导体。

[GB/T 4776—2008,定义 3.3.3.10]

本标准指与下列任一部分作电气连接的导体：

——外露可导电部分；

——外部可导电部分；

——总接地端子或主接地导体；

——接地极；

——电源接地点或人工中性点。

3.6

保护接地中性导体　PEN conductor

PEN 导体

同时具有保护接地导体和中性导体功能的导体。

[GB/T 4776—2008，定义 3.3.3.13]

注：缩写字母 PEN 是由保护导体符号 PE 和中性导体符号 N 组合而成的。

3.7

接地导体　earthing conductor

用于在设备、装置或系统给定点和接地极之间的电气连接，并具有低阻抗的导体。

[GB/T 4776—2008，定义 3.3.3.9]

3.8

接触电压　touch voltage

人体同时触及的两点之间意外出现的电压。

[GB/T 4776—2008，定义 3.2.4]

注 1：按惯例，此术语仅用在与间接接触保护有关的方面。

注 2：在某些情况下，接触电压值可能受到触及这些部分的人的阻抗的明显影响。

3.9

预期接触电压　prospect live touch voltage

电气装置中发生阻抗可以忽略的故障时，可能出现的最高接触电压。

3.10

系统接地　system earthing

系统电源侧某一点（通常是中性点）的接地。

3.11

保护接地　protective earthing

为安全目的在设备、装置或系统上设置的一点或多点接地。

[GB/T 4776—2008，定义 3.3.2.3]

3.12

总等电位联结　main equipotential bonding

MEB

使各外露导体可导电部分和电气装置外可导电部分电位基本相等的电气连接。

3.13

辅助等电位联结　supplementary equipotential bonding

SEB

用导体直接连通两个物体之间的导电部分，使其电位大致相等。

4　系统接地的型式

系统接地型式以拉丁字母作代号，其意义为：

第一个字母表示电源端与地的关系

T——电源端有一点直接接地；

I——电源端所有带电部分不接地或有一点通过阻抗接地。

第二个字母表示电气装置的外露可导电部分与地的关系：

T——电气装置的外露可导电部分直接接地，此接地点在电气上独立于电源端的接地点；

N——电气装置的外露可导电部分与电源端接地点有直接电气连接。

短横线(-)后的字母用来表示中性导体与保护导体的组合情况：

S——中性导体和保护导体是分开的；

C——中性导体和保护导体是合一的；

系统接地有下述几种型式。

4.1　**TN 系统**

电源端有一点直接接地，电气装置的外露可导电部分通过保护中性导体或保护导体连接到此接地点。

根据中性导体和保护导体的组合情况，TN 系统的型式有以下三种：

a)　TN-S 系统：整个系统的中性导体和保护导体是分开的(见图 1)。

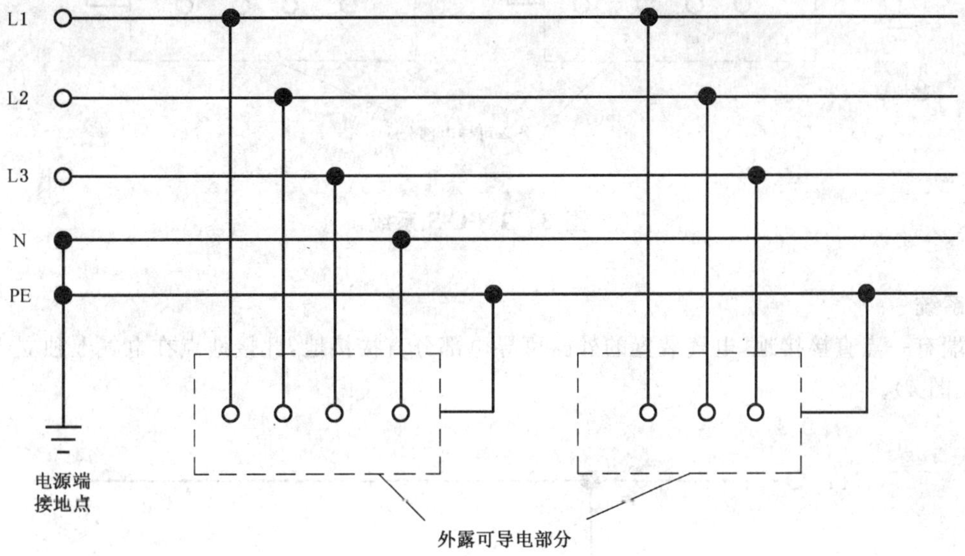

图 1　TN-S 系统

b)　TN-C 系统：整个系统的中性导体和保护导体是合一的(见图 2)。

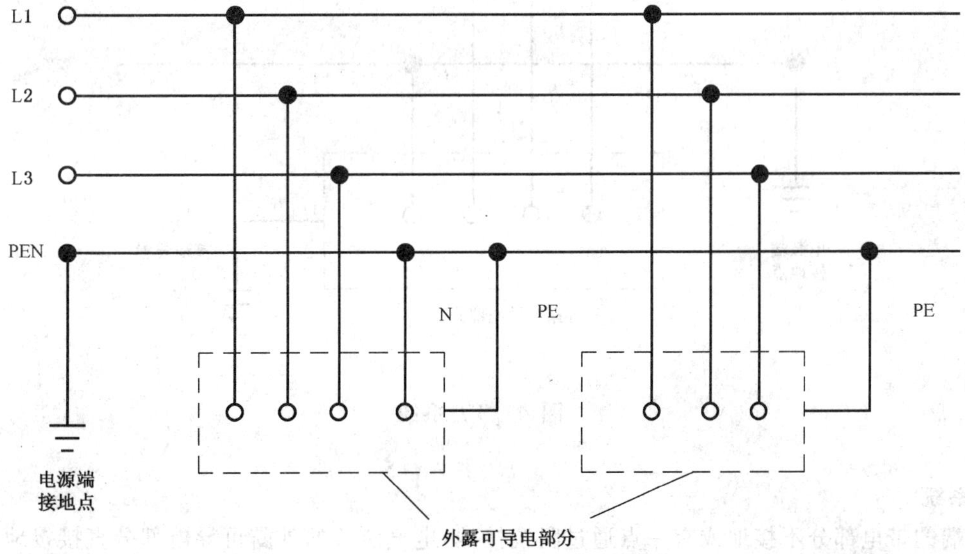

图 2　TN-C 系统

c) TN-C-S 系统：系统中一部分线路的中性导体和保护导体是合一的(见图 3)。

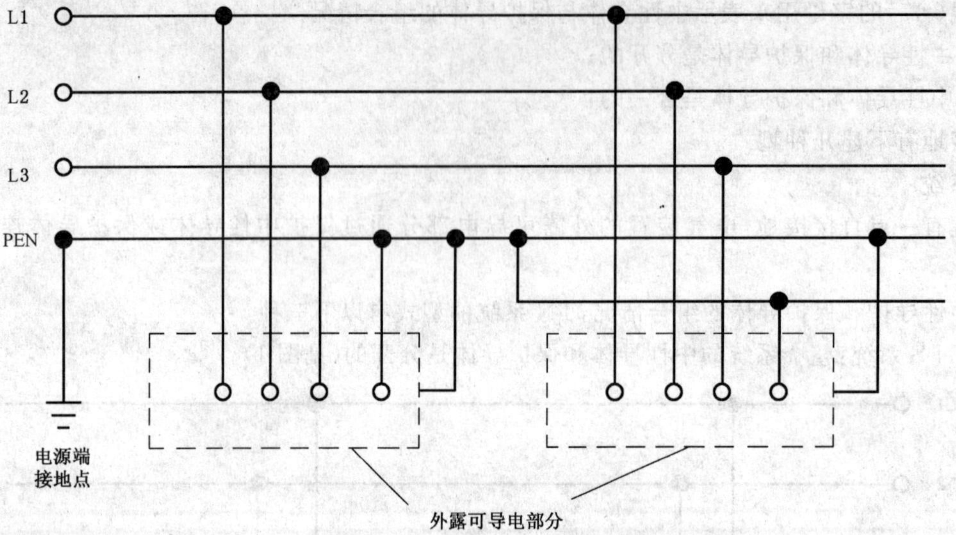

图 3 TN-C-S 系统

4.2 TT 系统

电源端有一点直接接地，电气装置的外露可导电部分直接接地，此接地点在电气上独立于电源端的接地点(见图 4)。

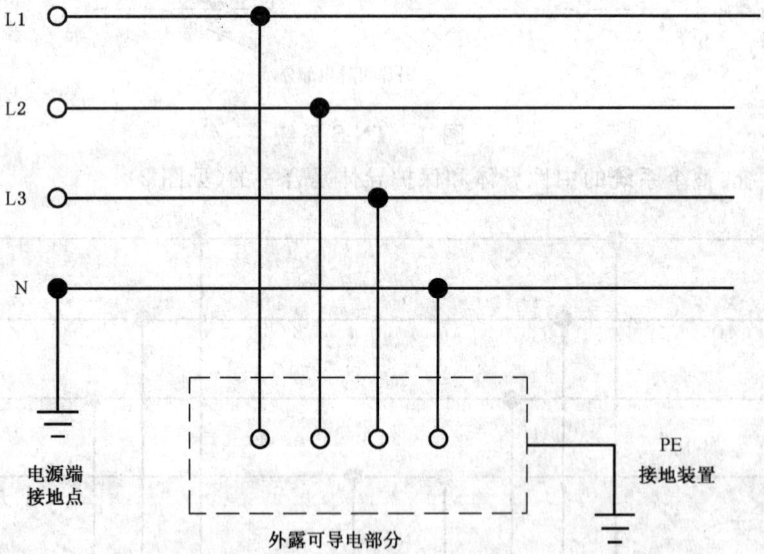

图 4 TT 系统

4.3 IT 系统

电源端的带电部分不接地或有一点通过阻抗接地，电气装置的外露可导电部分直接接地(见图 5)。

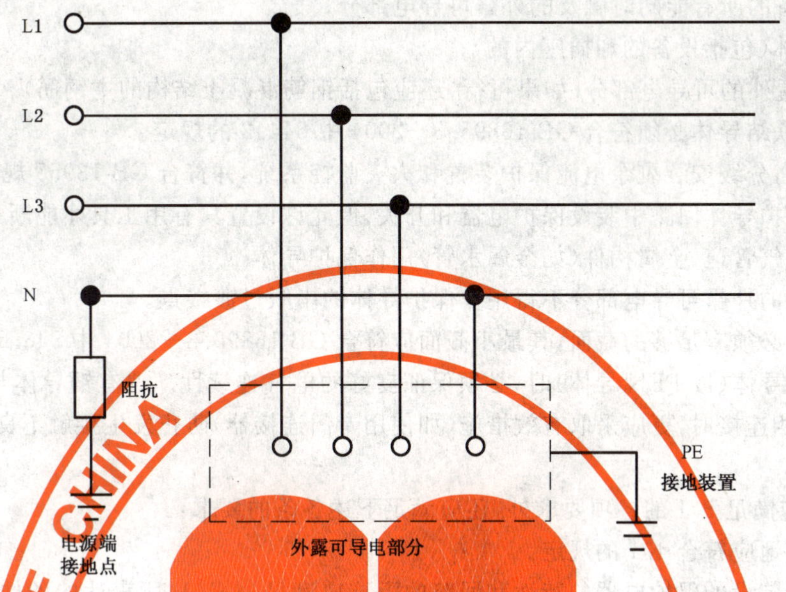

图 5　IT 系统

5　对系统接地的安全技术要求

5.1　基本要求

5.1.1　系统接地为采用自动切断供电这一间接接触防护措施提供了必要的条件。为保证自动切断供电措施的可靠和有效，要求做到：

a)　当电气装置中发生了带电部分与外露可导电部分(或保护导体)之间的故障时，所配置的保护电器应能自动切断发生故障部分的供电，并保证不出现这样的情况：一个超过交流 50 V(有效值)的预期接触电压会持续存在到足以对人体产生危险的生理效应(在人体一旦触及它时)。

在与系统接地型式有关的某些情况下[如 5.2.2 中的 b)]，不论接触电压大小，切断时间允许放宽到不超过 5 s。

注：对于 IT 系统，在发生第一次故障时，通常不要求自动切断供电，但必须由绝缘监视装置发出警告信号。

b)　电气装置中的外露可导电部分，都应通过保护导体或保护中性导体与接地极相连接，以保证故障回路的形成。

凡可被人体同时触及的外露可导电部分，应连接到同一接地系统。

5.1.2　系统中应尽量实施总等电位联结。

建筑物内的总等电位联结导体应与下列可导电部分互相连接：

a)　总保护导体(保护线干线)；

b)　总接地导体(接地线干线)或总接地端子；

c)　建筑物内的公用金属管道和类似金属构件(如自来水管、煤气管等)；

d)　建筑结构中的金属部分、集中采暖和空调系统。

来自建筑物外面的可导电体，应在建筑物内尽量在靠近入口之处与等电位联结导体连接。

总等电位联结导体必须符合 GB 16895.3—2004 中 544.1 的规定。

5.1.3　在如下情况下应考虑实施辅助等电位联结：

——在局部区域，当自动切断供电的时间不能满足防电击要求；

——在特定场所，需要有更低接触电压要求的防电击措施；

——具有防雷和信息系统抗干扰要求。

辅助等电位联结导体应与区域内的下列可导电部分互相连接：

a) 固定设备的所有能同时触及的外露可导电部分；

b) 保护导体(包括设备的和插座内的)；

c) 电气装置外的可导电部分(如果可行，还应包括钢筋混凝土结构的主钢筋)。

辅助等电位联结导体必须符合 GB 16895.3—2004 中 544.2 的规定。

5.1.4 有必要时，分级安装剩余电流保护装置和火灾监控系统，并符合 GB 13955 规定。

5.1.5 不得在保护导体回路中装设保护电器和开关，但允许设置只有用工具才能断开的连接点。

5.1.6 严禁将煤气管道、金属构件(如金属水管)用作保护导体。

5.1.7 电气装置的外露可导电部分不得用作保护导体的串联过渡接点。

5.1.8 保护导体必须有足够的截面，其最小截面应符合 GB 16895.3—2004 中 543.1 的规定。

5.1.9 连接保护导体(或 PEN 导体)时，必须保证良好的电气连续性。遇有铜导体与铝导体相连接和铝导体与铝导体相连接时，更应采取有效措施(如使用专门连接器)防止发生接触不良等故障。

5.2 TN 系统

TN 系统除应满足 5.1 的各项要求外，还应满足下述各条的要求：

5.2.1 系统的接地应符合 4.1 的规定。

5.2.2 系统中所装设的保护电器的特性和回路的阻抗应满足公式(1)所表达的条件，以保证在电气装置内的任何地方发生相导体与保护导体(或外露可导电部分)之间的阻抗可以忽略不计的故障时，保护电器能在规定的时间内切断其供电。

$$Z_S \cdot I_a \leqslant U_0 \qquad (1)$$

式中：

Z_S——故障回路的阻抗，单位为欧姆(Ω)；

I_a——保证保护电器在规定的时间内自动动作切断供电的电流，单位为安培(A)；

U_0——对地标称电压，单位为伏特(V)。

公式(1)中与 I_a 有关的切断供电时间系指：

a) 对于通过插座供电的末端回路或不用插座而直接向Ⅰ类手持式设备(或运行时需用手移动的设备)供电的末端回路为不超过 0.4 s；

b) 对于配电回路或只给固定设备供电的末端回路，为不超过 5 s。

5.2.3 TN 系统主要由过电流保护电器提供电击防护。如果使用过电流保护电器不能满足 5.2.2 的要求时，则应采用总等电位联结或辅助等电位联结措施，也可增设剩余电流动作保护装置，或结合采用等电位联结措施和增设剩余电流动作保护装置等间接接触防护措施来满足要求。

TN-C 系统中不能装设剩余电流动作保护装置，若必须装设时，应将系统接地的型式由 TN-C 改装成 TN-C-S 或形成局部的 TT 系统。

5.2.4 TN-C 及 TN-C-S 系统中的 PEN 导体应满足以下要求：

a) 必须按可能遭受的最高电压设置绝缘；

注：成套开关设备和控制设备内部的 PEN 导体可以不这样要求。

b) 电气装置外的可导电部分，不得用来替代 PEN 导体；

c) TN-C-S 系统中的 PEN 导体从某点起分为中性导体和保护导体后，就不允许再合并或相互接触。在分开点，保护导体和中性导体必须各自设有端子或母线，PEN 导体必须接在供保护导体用的端子或母线上。

5.2.5 系统中的 PEN 导体(或保护导体)应在建筑物的入口处作重复接地，若遇有方便接地之处，亦应尽可能与地连接。

5.3 TT 系统

TT 系统除应满足 5.1 的各项要求外，还应满足下述各条的要求：

5.3.1 系统的接地应符合 4.2 的规定。

5.3.2 系统中所装设的用于间接接触防护的保护电器的特性和电气装置外露可导电部分与大地间的电阻值应满足公式(2)要求：

$$R_A \cdot I_a \leqslant 50\ \text{V} \quad \cdots\cdots(2)$$

式中：

R_A——电气装置的外露可导电部分与大地间的电阻，单位为欧姆(Ω)；

I_a——在系统出现接地故障时保证保护电器能自动动作的电流，单位为安培(A)。

当保护电器为剩余电流动作保护装置时，公式(2)中的 I_a 为额定剩余电流动作电流 $I_{\Delta n}$；当保护电器为过电流保护电器时，I_a 为下述两者之一：

a) 对具有反时限特性的保护电器，为保证电器在 5 s 内自动动作的电流；

b) 对具有瞬时跳闸特性的保护电器，为保证瞬时跳闸的最小电流。

5.3.3 系统一般宜采用剩余电流动作保护装置作电击保护，只有在公式(2)中的 R_A 的值非常低的条件下，才有可能以过电流保护电器兼作电击保护。

装设剩余电流动作保护装置后，被保护设备的外露可导电部分仍必须与接地系统相连接。

5.4 **IT 系统**

IT 系统除应满足 5.1 的各项要求外，还应满足下述各条的要求。

5.4.1 系统的接地应符合 4.3 的规定。

系统发生相导体与外露可导电部分(或地)之间的第一次阻抗可以忽略的故障时，如果电阻值能满足公式(3)，则不一定需要切断供电。

$$R_A \cdot I_d \leqslant 50\ \text{V} \quad \cdots\cdots(3)$$

式中：

R_A——电气装置的外露可导电部分与大地间的电阻，单位为欧姆(Ω)；

I_d——相导体与外露可导电部分之间出现阻抗可以忽略的第一次故障时的电流，单位为安培(A)。

注：I_d 的值要计及泄漏电流和电气装置总对地阻抗。

5.4.2 为了在尽可能短的时间内发现并进而消除相导体与外露可导电部分(或地)之间的第一次故障，系统中必须装设能发出声或光信号的绝缘监视装置。

5.4.3 针对第二次接地故障而采取的自动切断供电的防护措施，其保护条件取决于电气装置的外露可导电部分的接地方式，在外露可导电部分单独地或成组地与电气上独立的接地极相连接的情况下，其保护条件可采用 TT 系统。

ICS 17.240
F 84

中华人民共和国国家标准

GB/T 14055.1—2008/ISO 8529-1:2001
代替 GB/T 14055—1993

中子参考辐射 第1部分:辐射特性和产生方法

Reference neutron radiations— Part 1:Characteristics and methods of production

(ISO 8529-1:2001,IDT)

2008-07-18 发布 2009-04-01 实施

中华人民共和国国家质量监督检验检疫总局
中国国家标准化管理委员会 发布

前言

GB/T 14055《中子参考辐射》的结构分为三部分：

——第1部分：辐射特性和产生方法；

——第2部分：与表征辐射场基本量相关的辐射防护仪表校准基础；

——第3部分：场所剂量仪和个人剂量计的校准及其能量和角响应的确定。

本部分为GB/T 14055的第1部分，等同采用ISO 8529-1:2001《中子参考辐射——第1部分：辐射特性和产生方法》(英文版)。

为便于使用，本部分作了下列编辑性修改：

a) “ISO 8529的本部分”改为“GB/T 14055的本部分”；

b) 用小数点“.”代替作为小数点的逗号“,”；

c) 删除了ISO 8529-1:2001的前言。

本部分代替GB/T 14055—1993《校准辐射防护用的中子测量仪表并确定其能量响应的中子参考辐射》。本部分与GB/T 14055—1993在技术内容上的主要差异有：

——标准名称改为《中子参考辐射 第1部分：辐射特性和产生方法》；

——术语部分增加了吸收剂量、剂量当量、剂量当量率和活度的定义；

——删除了第5章中光中子源部分的内容。

本部分中的附录A、附录C为规范性附录，附录B为资料性附录。

本部分由中国核工业集团公司提出。

本部分由全国核能标准化技术委员会归口。

本部分起草单位：中国原子能科学研究院。

本部分主要起草人：陈军、王志强、刘毅娜、李春娟、骆海龙。

本部分所代替标准的历次版本发布情况为：GB/T 14055—1993。

中子参考辐射
第1部分:辐射特性和产生方法

1 范围

GB/T 14055 的本部分规定了用于校准辐射防护用中子测量仪器并确定其能量响应的中子参考辐射,能量范围为热能至 20 MeV。对中子能量为 1 MeV 时,中子注量率达到 $1\times10^{9}\ m^{-2}\cdot s^{-1}$,相当于剂量当量率达到 100 $mSv\cdot h^{-1}$。

本部分只涉及中子参考辐射的产生方法及其特性,ISO 8529-2 和 ISO 8529-3 规定用这些参考辐射进行校准的方法。

本部分规定的参考辐射如下:

——放射性核素源(包括在慢化体中的源)产生的中子;

——加速器带电粒子核反应产生的中子;

——核反应堆产生的中子。

鉴于它们产生方法和用途的不同,第 4 章规定了用于校准中子测量仪器的具有宽谱的放射性核素中子源,其宜用于型式试验后的中子测量仪器的常规校准,第 5 章规定了用于确定中子测量仪器能量响应的由加速器产生的单能中子和由反应堆产生的宽能或准单能中子。由于只有专业的、有足够设备的实验室才具备产生这些参考辐射的条件,所以对实验细节只做简要介绍。

为了将中子注量转换到辐射防护实用量,根据附录 A 中的中子能谱并采用 ICRP 74 号出版物和 ICRU 57 号报告中给出的中子注量 剂量当量转换系数与能量的关系计算了转换系数。

2 规范性引用文件

下列文件中的条款通过 GB/T 14055 本部分的引用而成为本部分的条款。凡是注日期的引用文件,其随后所有的修改单(不包括勘误的内容)或修订版均不适用于本部分,然而,鼓励根据本部分达成协议的各方研究是否可使用这些文件的最新版本。凡是不注日期的引用文件,其最新版本适用于本部分。

ISO 8529-2:2000 中子参考辐射 第 2 部分:与表征辐射场基本量相关的辐射防护仪表校准基础(Reference neutron radiation—Part 2:Calibration fundamentals of radiation protection devices related to the basic quantities characterizing the radiation field)

ISO 8529-3:1998 中子参考辐射 第 3 部分:场所剂量仪和个人剂量计的校准及其能量和角响应的确定(Reference neutron radiation—Part 3:Calibration area and personal dosimeters and determination of response as a function of energy and angle of incidence)

ICRP 74 号出版物 用于外照射防护的转换系数(Conversion Coefficients for use in Radiological Protection against External Radiation),Annals of the ICRP,Vol. 26,No. 3/4(1996)

ICRU 33 号报告:1980 辐射量和单位(Radiation Quantities and Units)

ICRU 51 号报告:1993 辐射防护剂量学中的量和单位(Quantities and Units in Radiation Protection Dosimetry)

ICRU 57 号报告:1998 用于外照射防护的转换系数(Conversion Coefficients for use in Radiological Protection Against External Radiation)

3 术语和定义

ICRU 33 号报告和 ICRU 51 号报告确立的以及下列术语和定义适用于 GB/T 14055 的本部分。

3.1

中子注量 neutron fluence

Φ

dN 除以 da 而得的商，即：

$$\Phi = \frac{dN}{da} \qquad (1)$$

式中：

dN——射入截面积为 da 的球体中的中子数。

注：中子注量的单位为 m^{-2}，常用单位为 cm^{-2}。

3.2

中子注量率 neutron fluence rate

中子通量密度 neutron flux density

φ

dΦ 除以 dt 而得的商，即：

$$\varphi = \frac{d\Phi}{dt} = \frac{d^2N}{da\,dt} \qquad (2)$$

式中：

dΦ——中子注量在时间间隔 dt 内的增量。

注：中子注量率的单位为 $m^{-2} \cdot s^{-1}$，常用单位为 $cm^{-2} \cdot s^{-1}$。

3.3

谱中子注量 spectral neutron fluence

中子注量的能量分布 energy distribution of the neutron fluence

Φ_E

dΦ 除以 dE 而得的商，即：

$$\Phi_E = \frac{d\Phi}{dE} \qquad (3)$$

式中：

dΦ——中子注量在能量间隔 E～E+dE 内的增量。

注：谱中子注量的单位为 $m^{-2} \cdot J^{-1}$，常用单位为 $cm^2 \cdot eV^{-1}$。

3.4

谱中子注量率 spectral neutron fluence rate

谱中子通量密度 spectral neutron flux density

φ_E

dΦ_E 除以 dt 而得的商，即：

$$\varphi_E = \frac{d\Phi_E}{dt} = \frac{d^2\Phi}{dE \cdot dt} \qquad (4)$$

式中：

dΦ_E——谱中子注量在时间间隔 dt 内的增量。

注：谱中子注量率的单位为 $m^{-2} \cdot s^{-1} \cdot J^{-1}$，常用单位为 $cm^2 \cdot s^{-1} \cdot eV^{-1}$。

3.5

吸收剂量 absorbed dose

D

d$\bar{\varepsilon}$ 除以 dm 而得的商，即：

$$D = \frac{d\bar{\varepsilon}}{dm} \quad \cdots\cdots (5)$$

式中：

$d\bar{\varepsilon}$——电离辐射授予质量为 dm 的物质的平均能量。

注：吸收剂量的单位为 $J \cdot kg^{-1}$，专有名称为戈瑞(Gy)。

3.6

剂量当量　dose equivalent

H

组织中某点处的剂量当量 H 是 D 和 Q 的乘积，即：

$$H = DQ \quad \cdots\cdots (6)$$

式中：

D——该点处的吸收剂量；

Q——辐射的品质因数。

注：剂量当量的单位为 $J \cdot kg^{-1}$，专有名称为希沃特(Sv)。

3.7

剂量当量率　dose equivalent rate

$\dot{H}$

dH 除以 dt 而得的商，即：

$$\dot{H} = \frac{dH}{dt} \quad \cdots\cdots (7)$$

式中：

dH——剂量当量在时间间隔 dt 内的增量。

注：剂量当量率的单位为 $J \cdot kg^{-1} \cdot s^{-1}$，专有名称为希沃特每秒($Sv \cdot s^{-1}$)。

3.8

中子注量-剂量当量转换系数　neutron fluence to dose equivalent conversion coefficient

h_{Φ}

在未被照射物体干扰的辐射场中某点处的中子剂量当量 H 除以该点处的中子注量 Φ 而得的商，即：

$$h_{\Phi} - \frac{H}{\Phi} \quad \cdots\cdots (8)$$

注：注量-剂量当量转换系数应指明剂量当量的类型，如周围剂量当量或个人剂量当量，ISO 8529-3 中给出了具体的定义和各自的转换系数。

3.9

[放射性]活度　activity

A

在给定时刻，处于特定能态的一定量的某种放射性核素活度 A 是 dN^{+} 除以 dt 而得的商，即：

$$A = \frac{dN^{+}}{dt} \quad \cdots\cdots (9)$$

式中：

dN^{+}——在时间间隔 dt 内，该核素从该能态发生自发核跃迁数的期望值。

注：活度的单位为 s^{-1}，专有名称为贝可勒尔(Bq)。

3.10

中子源强度　neutron source strength

B

给定时刻的中子源强度 B 是 dN^* 除以 dt 而得的商，即：

$$B = \frac{dN^*}{dt} \quad \cdots\cdots(10)$$

式中：

dN^*——在时间间隔 dt 内由源发射的中子数的期望值。

注：源强的单位为 s^{-1}。

3.11

角源强　angular source strength

B_Ω

dB 除以 $d\Omega$ 而得的商，即：

$$B_\Omega = \frac{dB}{d\Omega} \quad \cdots\cdots(11)$$

式中：

dB——在指定方向、立体角 $d\Omega$ 内单位时间发射的中子数。

注：角源强的单位为 $s^{-1} \cdot sr^{-1}$。

3.12

谱源强　spectral source strength

中子源强的能量分布　energy distribution of neutron source strength

B_E

dB 除以 dE 而得的商，即：

$$B_E = \frac{dB}{dE} \quad \cdots\cdots(12)$$

式中：

dB——中子源强度在能量间隔 $E \sim E + dE$ 内的增量。

注1：谱源强的单位为 $s^{-1} \cdot J^{-1}$，常用单位为 $s^{-1} \cdot eV^{-1}$。

注2：B_E 和源强 B 有如下关系：$B = \int_0^\infty B_E dE$

由于谱源强为 B_E 的点源发射的中子是各向同性的，故与点源距离为 l 处的谱中子注量率 φ_E 由下式给出（忽略周围物质的影响）：

$$\varphi_E = \frac{B_E}{4\pi l^2} \quad \cdots\cdots(13)$$

3.13

注量平均中子能量　fluence-average neutron energy

$\bar{E}$

对整个谱中子注量求平均得到的中子能量，即：

$$\bar{E} = \frac{1}{\Phi}\int_0^\infty E \cdot \Phi_E(E) dE \quad \cdots\cdots(14)$$

3.14

剂量当量平均中子能量　dose-equivalent-average neutron energy

$\tilde{E}$

对整个剂量当量谱求平均得到的中子能量，即：

$$\tilde{E} = \frac{1}{H}\int_0^\infty E \cdot h_\Phi(E)\Phi_E dE \quad \cdots\cdots(15)$$

注：上式中，$H = \int_0^\infty h_\Phi(E)\Phi_E dE$。

3.15

响应 response

R

测量仪器的读数 M 除以被测量约定真值而得的商。

宜指明响应的类型,如"注量响应"(相应于 Φ 的响应):$R_{\Phi}=\frac{M}{\Phi}$,或"剂量当量响应"(相应于剂量当量 H 的响应):

$$R_H=\frac{M}{H} \qquad (16)$$

4 用于校准中子测量仪器的参考辐射

4.1 引言

本章说明由放射性核素中子源产生的参考辐射,其特别适用于中子测量仪器的校准(见 ISO 8529-3)。

4.2 一般性质

4.2.1 类型

表 1 给出了应被用于产生参考辐射的中子源,其中的数值只作为中子源主要特征的参考值。由于中子和 γ 射线的散射与吸收以及放射性材料中同位素杂质等因素的影响,中子源强度和剂量当量率可能随源的结构而变化,因此,详细规定了源的封装(见 4.2.2),以及中子发射各向异性的测量方法(见 4.4)。对于 ^{252}Cf,由于发射 γ 射线的裂变产物具有累积效应,故比光子剂量当量率取决于源龄,但在最初的 20 年内,其增量不超过 5%。

除在表 1 中列出的源外,还可以用 Pu-Be(α,n)和 Am-Li(α,n)源,但如果实验室还未开始使用,则推荐不宜使用 Pu-Be 源。

表 1 用于中子测量仪器校准的参考放射性核素中子源

源	半衰期 a[d]	注量平均能量[a,b]/MeV	剂量当量平均能量[a,b]/MeV	比源强[c]/($s^{-1}\cdot kg^{-1}$)	光子-中子剂量当量率比[c]	谱平均注量-剂量当量转换系数[b]/($pSv\cdot cm^2$)
^{252}Cf(D_2O 慢化)[e]	2.65	0.55	2.1	2.1×10^{15}	0.18	105
^{252}Cf	2.65	2.13	2.3	2.4×10^{15}	0.05[f]	385
				$s^{-1}\cdot Bq^{-1}$		
^{241}Am-B(α,n)	432	2.72	2.8	1.6×10^{-5}	<0.20[g]	408
^{241}Am-Be(α,n)	432	4.16	4.4	6.6×10^{-5}	<0.05[g]	391

a 3.13 和 3.14 中分别给出了注量平均能量和剂量当量平均能量的定义。

b 附录 A 中给出了计算所依据的中子能谱和 ICRU57 号报告给出的转换系数。

c 对于 ^{252}Cf 源,比源强与源内含有的锎的质量有关(见附录 A)。对于其他中子源,比源强与源内含有的 ^{241}Am 活度有关。参考文献[1]、[2]、[3]和[5]给出了慢化 ^{252}Cf 源的情况,参考文献[1]和[4]给出了 ^{252}Cf 源的情况,参考文献[5]中给出了 ^{241}Am-B 源的情况,参考文献[7]给出 ^{241}Am-Be 源的情况。

d 1 a=1 平均太阳年=31 556 926 s 或 365.242 20 d。

e 直径为 300 mm 的重水球包有大约 1 mm 厚的镉壳时,源中子的 11.5% 被慢化到镉截止能以下,并被镉壳俘获(见附录 A)。

f 对于大约 2.5 mm 厚的钢包壳。

g 对于包有厚度大约 1 mm 左右铅屏蔽的源。

4.2.2 源的形状和包壳

源的形状宜为球形或圆柱形，对于后者，直径和高度最好近似相等。源的封装包壳厚度宜均匀，且与包壳外径相比要小。对^{241}Am-Be(α,n)源，能量低于 2 MeV 的谱分布在一定程度上取决于源的大小和成分。源的封装宜遵循 ISO 2919 的要求。

^{241}Am-Be(α,n)源可包于厚 1 mm 的铅屏蔽层内，此时源的光子剂量当量率减弱到中子剂量当量率的 5%以下，而中子剂量当量率的变化可以忽略不计(小于 1%)；无铅屏蔽时，光子剂量当量率(主要来自能量为 59.5 keV 的 γ 射线)将取决于源的结构，可能达到与中子剂量当量率相近的水平。

4.3 源的特性

4.3.1 类型

最好选用^{241}Am-Be(α,n)源和/或^{252}Cf 自发裂变源开展常规校准(见 ISO 8529-3)。通常，^{252}Cf 源具有高的比源强，因而体积相对较小，由于半衰期为 2.65 a，故需不时更换。镅基中子源应由镅合金或由均匀压缩的氧化镅与铍或硼的适当混合物组成。

4.3.2 中子源强的能量分布

附录 A 给出了^{241}Am-Be(α,n)、^{252}Cf、重水慢化^{252}Cf 和^{241}Am-B(α,n)源中子源强度的能量分布(见表 A.1～表 A.4 和图 A.1～图 A.4)。其中，^{252}Cf 源在 100 keV～10 MeV 能区内中子源强度的能量分布 B_E 可以用下式描述：

$$B_E = \frac{2}{\sqrt{\pi}T^{3/2}} \times \sqrt{E} \times e^{-E/T} \times B \qquad \cdots\cdots(17)$$

式中：

T——谱参数，T=1.42 MeV[4](见图 A.1)。

附录 A 给出的是轻包壳源的中子能谱(见 4.2.2)，表 1 和 ISO 8529-3 中给出了根据这些中子谱计算的谱平均注量-剂量当量转换系数。重包壳源或特殊结构的重水慢化^{252}Cf 源的能谱可能有明显的变化，如果其源强度谱 B_E 或注量谱 Φ_E 是根据计算或测量得到的，宜利用下式计算谱平均转换系数：

$$h_\Phi = \frac{1}{\Phi}\int_0^\infty h_\Phi(E)\Phi_E \mathrm{d}E \qquad \cdots\cdots(18)$$

式中，Φ_E 正比于 B_E。

4.4 源的中子注量率

中子源的注量率主要通过中子源强度和源中心到试验点间的距离确定。通常，在以中子源几何中心为原点的坐标系中，中子是各向异性发射的。对于圆柱体源，其在角 θ 和角 α 描述的 Ω 方向(见图 1)的角源强 B_Ω，只依赖于 θ 角，而与方位角 α 没有明显关系，角源强在 $\theta=90°$ 方向变化最小，宜选用该方向进行校准。

应确定中子源强度 B 和 $\theta=90°$ 方向的角源强 $\mathrm{d}B/\mathrm{d}\Omega$(参见附录 B)。

此时，$\Delta\theta$ 应不大于 4°，相当于立体角 $\Delta\Omega=3.8\times10^{-3}$ sr，则在 $\theta=90°$ 方向、距源中心 l 处的中子注量率可表示为：

$$\varphi_{(l,90°)} = \frac{\mathrm{d}B}{\mathrm{d}\Omega} \times \frac{1}{l^2} \qquad \cdots\cdots(19)$$

由该式得到的中子注量率还要进行空气衰减和空气及周围物质的内散射修正，只有在特殊情况下，这些修正才可以忽略，详见 ISO 8529-2。

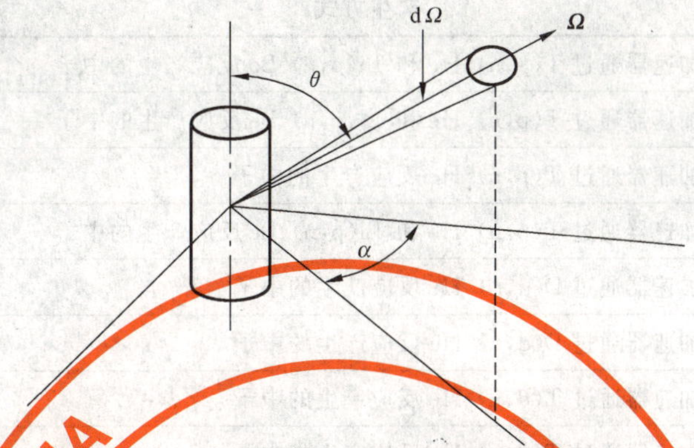

图 1 各向异性发射源的坐标系

4.5 中子源强度的校准

^{241}Am-Be(α,n)、^{252}Cf 和^{241}Am-B(α,n)源宜由具有源同位素成分检验证书的制造厂商供应，且使用前应由校准实验室校准其源强，通常，源强的相对标准不确定度在约 1.5%以内。

随着时间的推移，^{241}Am-Be 和^{241}Am-B 粉末源的组分可能发生变化，从而源强也发生相应的变化，因此推荐这些镅基中子源每隔五年重新校准一次。

^{252}Cf 源的强度应逐日进行放射性衰变修正。通常，^{252}Cf 源中含有^{250}Cf，因而考虑放射源中所有成分的衰变很重要。目前，^{252}Cf 半衰期的相对标准不确定度为 0.5%～0.7%，经过大约两个半衰期(即五年左右)之后，由半衰期不确定度导致的源强度的相对标准不确定度约为 1%，已经与最初校准时的不确定度相当，因此推荐^{252}Cf 源亦每五年重新校准一次。

4.6 辐照设施

通常，中子辐照室具有厚墙(如混凝土)屏蔽，在实际可行的范围内，宜使室内尺寸尽可能大。室散射和空气散射中子带来的修正量大小以及辐射场量的不确定度都与房间的尺寸密切相关，所以在任何情况下，均应确定散射中子的影响，详见 ISO 8529-2。

5 用于确定中子测量仪器能量响应的参考辐射

5.1 引言

本章规定了确定中子测量仪器能量响应的参考辐射。这些参考辐射也可用于确定剂量当量率响应和角响应，以及用于中子测量仪器的校准。

由于只有专业实验室才能获得这些参考辐射，所以在此只叙述其产生方法及其特性的一般原理。

5.2 一般性质

表 2 给出了推荐的中子能量及相应中子辐射的产生方法，同时列出了有关的参考文献。

表 2 用于确定中子测量仪器能量响应的中子辐射

中子能量/MeV	产生方式	参考文献
2.5×10^{-8}(热中子)[a]	反应堆慢化中子或加速器产生的中子	[8]、[10]
0.002	反应堆钪过滤中子束或利用加速器通过^{45}Sc(p,n)^{45}Ti 反应产生的中子	[9]、[10]
0.024	反应堆铁-铝过滤中子束或利用加速器通过^{45}Sc(p,n)^{45}Ti 反应产生的中子	[9]、[10]、[11]
0.144[a]	反应堆硅过滤中子束或利用加速器通过 T(p,n)^{3}He 和^{7}Li(p,n)^{7}Be 反应产生的中子	[9]、[12]、[13]、[14]

表 2（续）

中子能量/MeV	产生方式	参考文献
0.25[a]	利用加速器通过 $T(p,n)^3He$ 和 $^7Li(p,n)^7Be$ 反应产生的中子	[12]、[13]、[14]
0.565[a]	利用加速器通过 $T(p,n)^3He$ 和 $^7Li(p,n)^7Be$ 反应产生的中子	
1.2	利用加速器通过 $T(p,n)^3He$ 反应产生的中子	
2.5[a]	利用加速器通过 $T(p,n)^3He$ 和 $^7Li(p,n)^7Be$ 反应产生的中子	
2.8[a,b]	利用加速器通过 $D(d,n)^3He$ 反应产生的中子	
5.0	利用加速器通过 $D(d,n)^3He$ 反应产生的中子	
14.8[a,b]	利用加速器通过 $T(d,n)^4He$ 反应产生的中子	
19	利用加速器通过 $T(d,n)^4He$ 反应产生的中子	

a 这些能量点已进行过中子注量测量的国际比对[15]。

b 入射氘核的能量为几百 keV 时，加速器产生的中子。

5.3 反应堆产生的中子参考辐射

5.3.1 一般要求

以校准为目的时，应采用单向中子束，如果中子束的直径小于测量仪器的尺寸，可将仪器在中子束内进行适当的扫描，以模拟宽束辐射[1],[16]。

5.3.2 热中子束

本部分中，能量范围低于镉截止能（对 1 mm 厚的镉约为 0.51 eV[17]）的中子称为"热中子"。"真热中子注量率"φ_{th}，是指可用合适的转换系数 h_φ 推导出剂量当量率所需的中子注量率。

"真热中子注量率"应直接由测量的谱注量率（如通过飞行时间谱法）确定，或由参考文献[17]中定义的诸如金箔活化法[18]测量的"约定中子注量率"得到（见附录 C）。

对已知温度的热中子麦克斯韦谱的特殊情况，可直接由 $1/v$ 探测器测量到的活化产额求出"真热中子注量率"（见附录 C）。

为了提高热中子剂量当量与无用辐射（光子和能量高于镉截止能的中子）剂量当量之比，可对中子束进行过滤。

宜仔细监测热中子注量率，如采用裂变室，以便对注量率随时间的变化进行修正。

5.3.3 反应堆过滤中子束[9],[10],[19]

采用反应堆过滤中子束产生准单能中子辐射，就是利用某些物质的中子全截面在某个特殊能量点（例如钪是 2 keV，铁和铝是 24 keV，硅是 144 keV）存在显著的相对极小值，即"中子窗"。此外，在其他一些能量点上也存在所谓的"中子窗"，因此，应测量中子能谱，以确定这些中子群的相对强度。对于钪过滤束（2 keV），过滤器应置于反应堆切向孔道内[9],[10]，同样的几何对其他的反应堆过滤束也有利。即使如此，也应考虑其他中子群的影响。

可采用反冲质子正比计数器和 ^3He 正比计数器测量中子束能谱。可采用 BF_3 或 ^3He 正比计数管绝对测量低能中子束（中子能量 $E_n \leqslant 24$ keV）的注量率，采用反冲质子计数管绝对测量较高能量的中子束（中子能量 $E_n > 24$ keV）的注量率。BF_3 或 ^3He 正比计数管可用作监测仪或传递仪器。

5.4 加速器产生的中子辐射

5.4.1 一般要求

产生表 2 给出的所有能量的中子辐射，需要一台能加速质子和氘核达到 3.5 MeV 的加速器[2]。如果只产生能量为 2.8 MeV 和 14.8 MeV 的中子，则一台加速电压为几百千伏的小型加速器即可满足要求。使用加速器产生的中子校准仪器时，应确定下列参数：

——带电粒子能量；

——中子注量；
——中子能谱；
——散射中子影响；
——靶龄和厚度。

5.4.2 带电粒子能量

参考文献[12]和[13]中给出了确定中子能量和相应带电粒子能量的核反应动力学。

宜确定入射带电粒子束的能量。经过若干已知的核反应阈能校准的稳定分析磁铁，可用于选择粒子束的动量。在计算所需中子参考辐射能量的入射粒子能量时，应考虑带电粒子在靶中的能量损失。参考文献[20]给出了质子在不同物质中阻止本领的最新值。

5.4.3 中子能谱

由于靶中的能量损失及其他影响，在给定的角度，由加速带电粒子产生的中子在既定的参考能量附近会有小的能量展宽，但是是有限的。通常，利用注量-剂量当量转换系数计算剂量当量时不必考虑能量展宽，而总是采用既定能量的“单能”中子的转换系数。

对于吸热反应，在入射质子束阈能附近会产生两组中子，如 $T(p,n)^3He$ 反应，在 0°方向既产生 144 keV中子，也产生 250 keV 中子，这种情况下，为了获得这些能量的单能中子，宜在相对较高的入射带电粒子能量下，采用较大角度方向出射的中子。对于 $T(d,n)^4He$ 放热反应，必须考虑由 D(d,n)反应产生的低能中子的影响，尤其对薄靶。

对于质子与钪和锂的核反应，当在 0°方向分别产生能量高于 53 keV 和 650 keV 中子时，剩余核将处于激发态。只有当仪器对产生的附加中子能群的响应以及附加群中子对主群中子的相对强度都已知时，才宜利用由这两种核反应产生的较高能量的中子作为参考辐射。

5.4.4 散射中子本底

下列情况应考虑散射中子本底：

a） 测量中子注量；

b） 监测中子产额；

c） 评价仪器的性能。

可利用影锥法和 $1/l^2$ 关系（这里 l 是中子源和探测器之间的距离）的偏离分析，扣除散射中子本底。

为了减小本底对测量的影响，测量宜尽可能在 0°方向进行。而为了减小散射中子对测量的影响，测量房间应尽可能大（见 4.6），靶组件的材料宜尽量少。

5.4.5 中子注量测量和监测

中子校准实验室应对中子注量测量提供实际指导，适当的测量方法和仪器包括：

a） 反冲质子计数器（含氢正比计数器，反冲质子望远镜，闪烁探测器）；

b） 阈活化探测器和共振探测器；

c） 裂变碎片探测器；

d） 效率已知且经过校准的探测器（如精密长计数器）。

应确定仪器校准位置的中子注量。校准过程中，应在校准位置外使用中子注量监测仪，其能够反映校准位置的中子注量。

附 录 A
（规范性附录）
用图表表示放射性核素源的中子能谱

A.1 用数据表表示

表 A.1～表 A.4 按某一能量间隔的组源强 B_i 给出了表 1 中所列放射性核素中子源的能谱，即能量 $E_i \sim E_{i+1}$ 间的中子源强度：

$$B_i = \int_{E_i}^{E_{i+1}} B_E \mathrm{d}E \qquad \cdots\cdots(\text{A.1})$$

式中：

B_E——谱源强。

其中，对于 ^{252}Cf 自发裂变中子源，B_i 按 4.3.2 给出的分析函数通过数值积分计算；对于 ^{241}Am-Be(α,n)和 ^{241}Am-B(α,n)中子源，使用实验数据，对测量阈下的中子源强度，从最小能量处的谱源强线性外推到 0(E_n=0 MeV)；对于 D_2O 慢化 ^{252}Cf 中子源，用蒙特卡罗方法计算了距离源表面大于 15 cm 处的中子能谱[2]。

表 A.1～表 A.4 中给出的每组源强 B_i 的能量是能量间隔 i 的下限 E_i，各表给出的最后一个能量是最后一个能量间隔的上限。对于 ^{241}Am-Be(α,n)、^{241}Am-B(α,n)和 ^{252}Cf 源，组源强被归一到总源强 $B=1\ \mathrm{s}^{-1}$，即：

$$\sum_{i=1}^{n} B_i = 1\ \mathrm{s}^{-1} \qquad \cdots\cdots(\text{A.2})$$

对于 D_2O 慢化 ^{252}Cf 源，因有 11.5% 的中子被慢化到镉截止能以下并被镉壳俘获，所以组源强之和为 0.885 s^{-1}。

表 A.1～表 A.4 中的数据可以通过各组源强的简单求和计算出能量 $E_a \sim E_b$ 间的部分源强，即：

$$B_{E_a}^{E_b} = \sum_{a}^{b-1} B_i \qquad \cdots\cdots(\text{A.3})$$

A.2 用图表示

尽管组源强的值源于测量或计算的基本物理数据并应被用于作进一步的积分计算，但由于其与能量间隔的宽度有关，故不适于用其描述谱的图示。

如果谱以连续(分析)函数给出，最常用的图示是谱源强。若横坐标 E 是线性刻度，则纵坐标为 $B_E=\mathrm{d}B/\mathrm{d}E$；若横坐标 E 是对数刻度，则纵坐标为 $\mathrm{d}B/\mathrm{d}(\ln E/E_0)$(后者曾经被称为“等勒图”，任意参数 E_0 用来使对数变量的量纲为 1)。因为 $\mathrm{d}(\ln x)=\mathrm{d}x/x$，所以 $\mathrm{d}B/\mathrm{d}(\ln E/E_0)=E\cdot \mathrm{d}B/\mathrm{d}E=E\cdot B_E$。采用这种方法，中子能谱能够通过曲线下相等面积表示相等源强份额的方式描绘出。

$$\int_{E_1}^{E_2} B_E(E)\cdot \mathrm{d}E = \int_{E_1}^{E_2} E\cdot B_E(E)\cdot(\mathrm{d}E/E) \qquad \cdots\cdots(\text{A.4})$$

图 A.1～图 A.4 中，能谱表示为 $E\cdot B_E$(线性刻度)～E_n(对数刻度)，阶梯形曲线只限于了解能谱的形状。如果其横坐标用线性刻度表示，则纵坐标通过 $B_E=\Delta B/\Delta E=B_i/(E_{i+1}-E_i)$ 求出。图 A.1～图 A.4 就是通过下式计算得到的：

$$E_n\cdot B_E = B_i/\ln(E_{i+1}/E_i) \qquad \cdots\cdots(\text{A.5})$$

表 A.1 D_2O 慢化 ^{252}Cf 自发裂变中子源组源强值

E_i/MeV	B_i/s^{-1}	E_i/MeV	B_i/s^{-1}
4.14×10^{-7}	1.90×10^{-2}	7.00×10^{-1}	6.78×10^{-3}
1.00×10^{-6}	6.31×10^{-2}	8.00×10^{-1}	5.75×10^{-3}
1.00×10^{-5}	6.04×10^{-2}	9.00×10^{-1}	3.57×10^{-3}
5.00×10^{-5}	3.17×10^{-2}	1.00×10^{0}	7.48×10^{-3}
1.00×10^{-4}	3.41×10^{-2}	1.20×10^{0}	8.43×10^{-3}
2.00×10^{-4}	3.82×10^{-2}	1.40×10^{0}	9.13×10^{-3}
4.00×10^{-4}	3.28×10^{-2}	1.60×10^{0}	8.55×10^{-3}
7.00×10^{-4}	2.24×10^{-2}	1.80×10^{0}	8.07×10^{-3}
1.00×10^{-3}	7.56×10^{-2}	2.00×10^{0}	1.34×10^{-2}
3.00×10^{-3}	5.09×10^{-2}	2.30×10^{0}	1.45×10^{-2}
6.00×10^{-3}	3.79×10^{-2}	2.60×10^{0}	1.49×10^{-2}
1.00×10^{-2}	5.47×10^{-2}	3.00×10^{0}	1.23×10^{-2}
2.00×10^{-2}	5.12×10^{-2}	3.50×10^{0}	8.19×10^{-3}
4.00×10^{-2}	2.96×10^{-2}	4.00×10^{0}	8.10×10^{-3}
6.00×10^{-2}	2.00×10^{-2}	4.50×10^{0}	6.54×10^{-3}
8.00×10^{-2}	1.45×10^{-2}	5.00×10^{0}	8.70×10^{-3}
1.00×10^{-1}	2.47×10^{-2}	6.00×10^{0}	4.93×10^{-3}
1.50×10^{-1}	1.59×10^{-2}	7.00×10^{0}	2.42×10^{-3}
2.00×10^{-1}	1.14×10^{-2}	8.00×10^{0}	1.30×10^{-3}
2.50×10^{-1}	8.90×10^{-3}	9.00×10^{0}	7.66×10^{-3}
3.00×10^{-1}	6.57×10^{-3}	1.00×10^{1}	4.43×10^{-4}
3.50×10^{-1}	4.89×10^{-3}	1.10×10^{1}	1.62×10^{-4}
4.00×10^{-1}	2.65×10^{-3}	1.20×10^{1}	1.24×10^{-4}
4.50×10^{-1}	3.14×10^{-3}	1.30×10^{1}	5.93×10^{-5}
5.00×10^{-1}	4.20×10^{-3}	1.40×10^{1}	2.83×10^{-5}
5.50×10^{-1}	4.12×10^{-3}	1.50×10^{1}	
6.00×10^{-1}	7.83×10^{-3}		

表 A.2 ^{252}Cf 自发裂变中子源组源强值

E_i/MeV	B_i/s^{-1}	E_i/MeV	B_i/s^{-1}
4.14×10^{-7}	3.10×10^{-10}	7.00×10^{-1}	3.39×10^{-2}
1.00×10^{-6}	1.11×10^{-8}	8.00×10^{-1}	3.37×10^{-2}
1.00×10^{-5}	1.27×10^{-7}	9.00×10^{-1}	3.33×10^{-2}
5.00×10^{-5}	2.76×10^{-7}	1.00×10^{0}	6.46×10^{-2}
1.00×10^{-4}	7.82×10^{-7}	1.20×10^{0}	6.12×10^{-2}
2.00×10^{-4}	2.21×10^{-6}	1.40×10^{0}	5.73×10^{-2}

表 A.2（续）

E_i/MeV	B_i/s^{-1}	E_i/MeV	B_i/s^{-1}
4.00×10^{-4}	4.53×10^{-6}	1.60×10^{0}	5.31×10^{-2}
7.00×10^{-4}	5.68×10^{-6}	1.80×10^{0}	4.88×10^{-2}
1.00×10^{-3}	5.51×10^{-5}	2.00×10^{0}	6.55×10^{-2}
3.00×10^{-3}	1.28×10^{-4}	2.30×10^{0}	5.67×10^{-2}
6.00×10^{-3}	2.30×10^{-4}	2.60×10^{0}	6.33×10^{-2}
1.00×10^{-2}	7.74×10^{-4}	3.00×10^{0}	6.21×10^{-2}
2.00×10^{-2}	2.17×10^{-3}	3.50×10^{0}	4.68×10^{-2}
4.00×10^{-2}	2.80×10^{-3}	4.00×10^{0}	3.49×10^{-2}
6.00×10^{-2}	3.29×10^{-3}	4.50×10^{0}	2.58×10^{-2}
8.00×10^{-2}	3.68×10^{-3}	5.00×10^{0}	3.30×10^{-2}
1.00×10^{-1}	1.05×10^{-2}	6.00×10^{0}	1.74×10^{-3}
1.50×10^{-1}	1.21×10^{-2}	7.00×10^{0}	9.01×10^{-3}
2.00×10^{-1}	1.33×10^{-2}	8.00×10^{0}	4.61×10^{-3}
2.50×10^{-1}	1.42×10^{-2}	9.00×10^{0}	2.33×10^{-3}
3.00×10^{-1}	1.49×10^{-2}	1.00×10^{1}	1.17×10^{-3}
3.50×10^{-1}	1.55×10^{-2}	1.10×10^{1}	5.83×10^{-4}
4.00×10^{-1}	1.60×10^{-2}	1.20×10^{1}	2.88×10^{-4}
4.50×10^{-1}	1.63×10^{-2}	1.30×10^{1}	1.42×10^{-4}
5.00×10^{-1}	1.66×10^{-2}	1.40×10^{1}	6.94×10^{-5}
5.50×10^{-1}	1.68×10^{-2}	1.50×10^{1}	
6.00×10^{-1}	3.38×10^{-2}		

表 A.3 ^{241}Am-B(α,n)中子源组源强值

E_i/MeV	B_i/s^{-1}	E_i/MeV	B_i/s^{-1}
4.14×10^{-7}	1.75×10^{-2}	3.98×10^{0}	1.98×10^{-2}
8.20×10^{-1}	1.13×10^{-2}	4.13×10^{0}	1.72×10^{-2}
1.09×10^{0}	8.07×10^{-3}	4.27×10^{0}	1.45×10^{-2}
1.34×10^{0}	2.10×10^{-2}	4.41×10^{0}	9.97×10^{-3}
1.56×10^{0}	4.54×10^{-2}	4.55×10^{0}	7.46×10^{-3}
1.78×10^{0}	6.31×10^{-2}	4.69×10^{0}	3.41×10^{-3}
1.98×10^{0}	7.99×10^{-2}	4.83×10^{0}	2.19×10^{-3}
2.17×10^{0}	8.90×10^{-2}	4.96×10^{0}	1.16×10^{-3}
2.36×10^{0}	9.26×10^{-2}	5.09×10^{0}	3.03×10^{-4}
2.54×10^{0}	9.65×10^{-2}	5.22×10^{0}	2.68×10^{-4}
2.72×10^{0}	8.30×10^{-2}	5.35×10^{0}	2.36×10^{-4}
2.89×10^{0}	7.06×10^{-2}	5.48×10^{0}	1.15×10^{-4}

表 A.3（续）

E_i/MeV	B_i/s^{-1}	E_i/MeV	B_i/s^{-1}
3.05×10^{0}	6.67×10^{-2}	5.61×10^{0}	1.45×10^{-4}
3.22×10^{0}	4.99×10^{-2}	5.74×10^{0}	1.39×10^{-4}
3.38×10^{0}	4.02×10^{-2}	5.86×10^{0}	2.78×10^{-4}
3.53×10^{0}	3.17×10^{-2}	5.98×10^{0}	1.78×10^{-2}
3.68×10^{0}	3.03×10^{-2}	6.11×10^{0}	2.91×10^{-3}
3.83×10^{0}	2.52×10^{-2}	6.19×10^{0}	

表 A.4 ^{241}Am-Be(α,n)中子源组源强值

E_i/MeV	B_i/s^{-1}	E_i/MeV	B_i/s^{-1}
4.14×10^{-7}	1.44×10^{-2}	5.68×10^{0}	2.06×10^{-2}
1.10×10^{-1}	3.34×10^{-2}	5.89×10^{0}	1.82×10^{-2}
3.30×10^{-1}	3.13×10^{-3}	6.11×10^{0}	1.77×10^{-2}
5.40×10^{-1}	2.81×10^{-2}	6.32×10^{0}	2.04×10^{-2}
7.50×10^{-1}	2.50×10^{-2}	6.54×10^{0}	1.83×10^{-2}
9.70×10^{0}	2.14×10^{-2}	6.75×10^{0}	1.63×10^{-2}
1.18×10^{0}	1.98×10^{-2}	6.96×10^{0}	1.68×10^{-2}
1.40×10^{0}	1.75×10^{-2}	7.18×10^{0}	1.68×10^{-2}
1.61×10^{0}	1.92×10^{-2}	7.39×10^{0}	1.88×10^{-2}
1.82×10^{0}	2.33×10^{-2}	7.61×10^{0}	1.84×10^{-3}
2.04×10^{0}	2.15×10^{-2}	7.82×10^{0}	1.69×10^{-3}
2.25×10^{0}	2.25×10^{-2}	8.03×10^{0}	1.44×10^{-3}
2.47×10^{0}	2.28×10^{-2}	8.25×10^{0}	9.68×10^{-3}
2.68×10^{0}	2.95×10^{-2}	8.46×10^{0}	6.52×10^{-3}
2.90×10^{0}	3.56×10^{-2}	8.68×10^{0}	4.26×10^{-3}
3.11×10^{0}	3.69×10^{-2}	8.89×10^{0}	3.67×10^{-3}
3.32×10^{0}	3.46×10^{-2}	9.11×10^{0}	3.81×10^{-3}
3.54×10^{0}	3.07×10^{-2}	9.32×10^{0}	5.06×10^{-3}
3.75×10^{0}	3.00×10^{-2}	9.53×10^{0}	6.25×10^{-3}
3.95×10^{0}	2.69×10^{-2}	9.75×10^{0}	5.52×10^{-3}
4.18×10^{0}	2.86×10^{-2}	9.96×10^{0}	4.68×10^{-3}
4.39×10^{0}	3.18×10^{-2}	1.02×10^{1}	3.81×10^{-3}
4.61×10^{0}	3.07×10^{-2}	1.04×10^{1}	3.81×10^{-3}
4.82×10^{0}	3.33×10^{-2}	1.06×10^{1}	3.81×10^{-3}
5.03×10^{0}	3.04×10^{-2}	1.08×10^{1}	3.81×10^{-3}
5.25×10^{0}	2.74×10^{-2}	1.10×10^{1}	
5.47×10^{0}	2.33×10^{-2}		

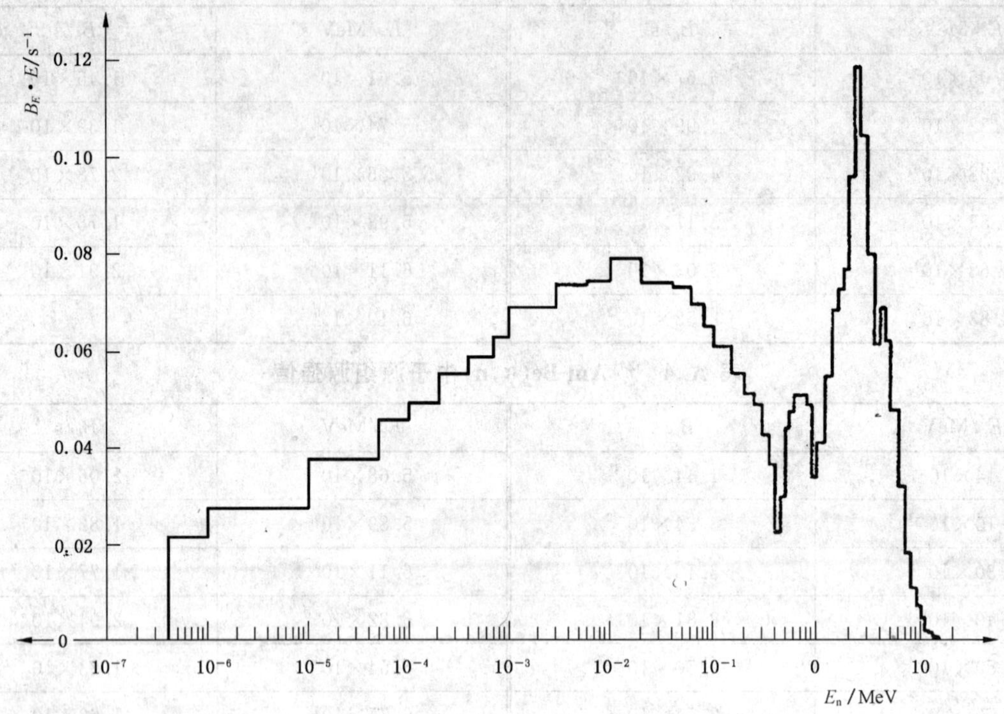

图 A.1 中心置有^{252}Cf 中子源半径为 150 mm 的 D_2O 球外的中子能谱

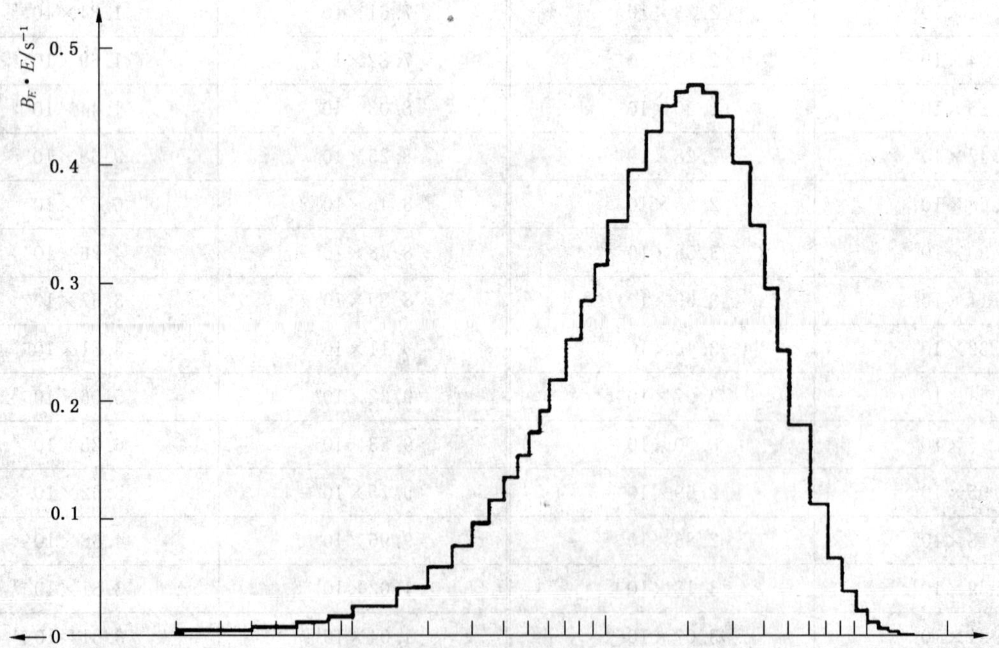

图 A.2 ^{252}Cf 中子源能谱

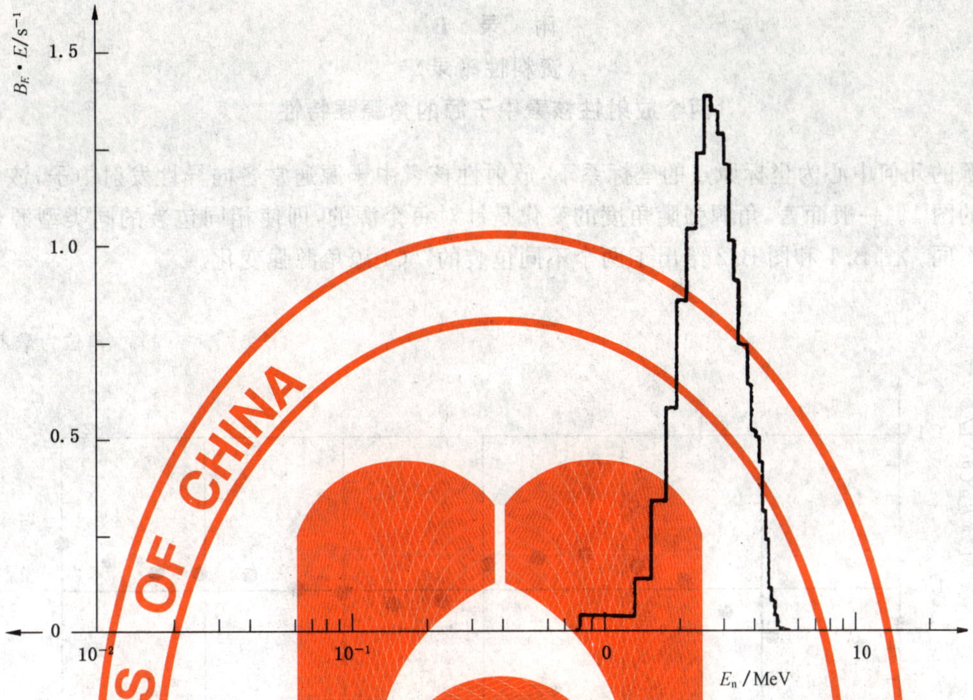

图 A.3 ^{241}Am-B(α,n)中子源能谱

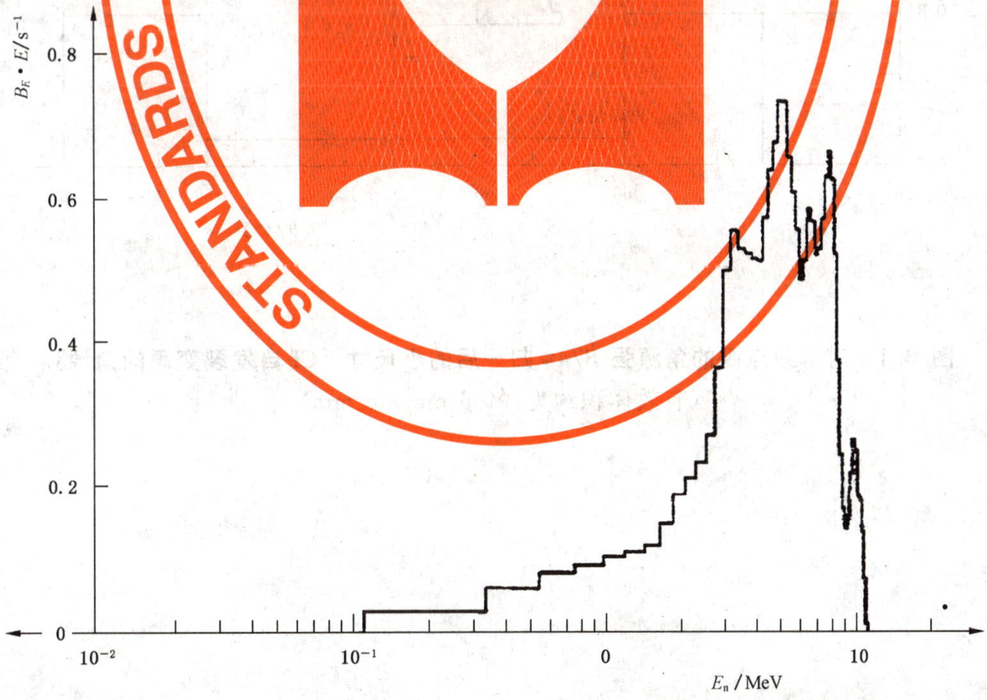

图 A.4 ^{241}Am-Be(α,n)中子源能谱

附　录　B
（资料性附录）
两个放射性核素中子源的角源强特性

在以源的几何中心为坐标原点的坐标系下，放射性核素中子源通常各向异性发射中子，该坐标系示于4.4中的图1。一般而言，角源强随角度的变化是针对每个源的，即使相同包装的同类型源也会有一定程度的不同。图B.1和图B.2给出了两个不同包装的^{252}Cf源角源强变化。

单位为毫米

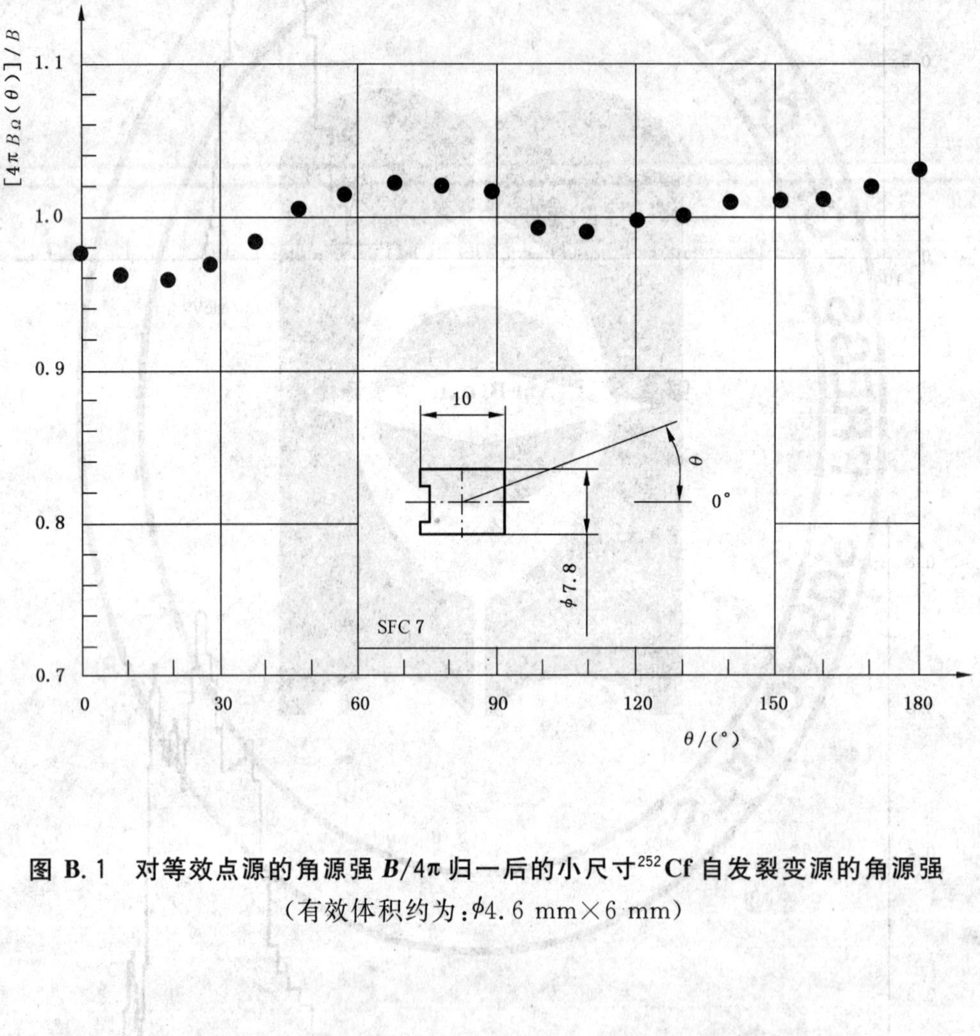

图B.1　对等效点源的角源强 $B/4\pi$ 归一后的小尺寸^{252}Cf自发裂变源的角源强
（有效体积约为：ϕ4.6 mm×6 mm）

单位为毫米

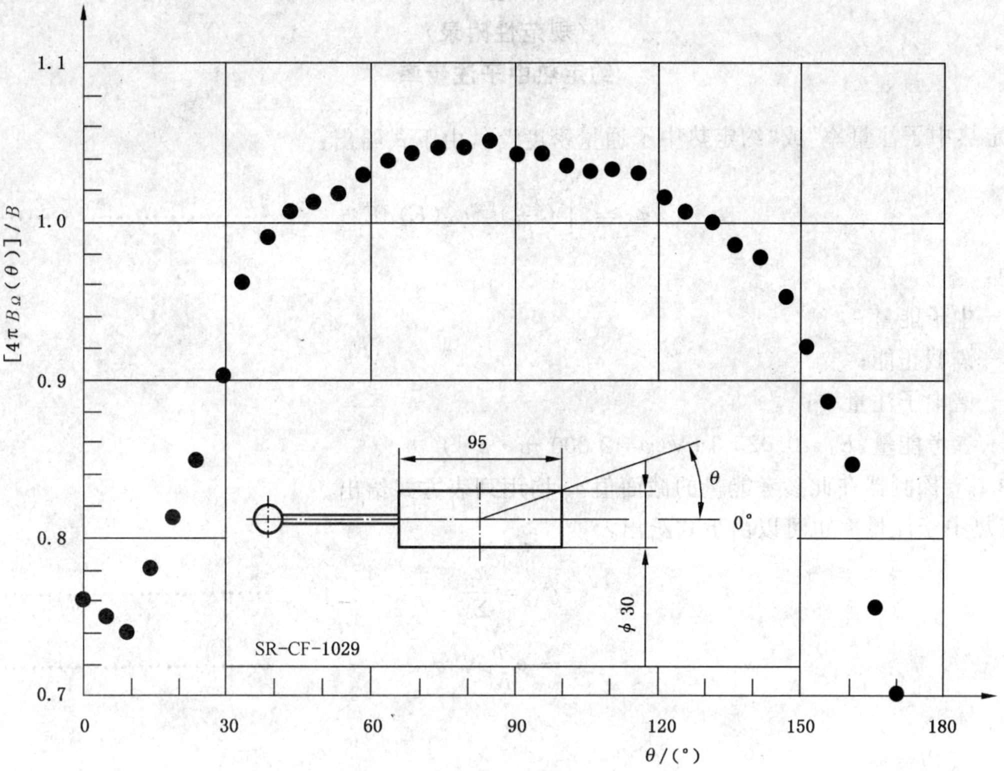

图 B.2 对等效点源的角源强 $B/4\pi$ 归一后的高强度^{252}Cf自发裂变源的角源强

(有效体积约为:ϕ3 mm×30 mm)

附　录　C
（规范性附录）
约定热中子注量率

“约定热中子注量率”或“约定热中子通量密度”φ_0，由下式给出：

$$\varphi_0 = \int_0^{E_{Cd}} (\frac{E_0}{E})^{1/2} \varphi_E(E) \mathrm{d}E \qquad \text{(C.1)}$$

式中：

E——中子能量；

E_{Cd}——镉截止能；

φ_E——谱中子注量率；

E_0——参考能量，$E_0 = 0.0253\ \mathrm{eV}(v = 2\ 200\ \mathrm{m \cdot s^{-1}})$。

各种 $1/v$ 探测器在此参考能量的截面值 σ_0 均用列表方式给出。

约定热中子注量率也可以由下式给出：

$$\varphi_0 = \frac{\dot{n}_R}{\Sigma_0} \qquad \text{(C.2)}$$

$$\Sigma_0 = \rho \frac{p}{M} N_A \sigma_0 \qquad \text{(C.3)}$$

式中：

$\dot{n}_R$——反应率密度；

Σ_0——截面密度；

ρ——探测介质的密度；

p——探测介质的同位素丰度；

M——探测介质的摩尔质量；

N_A——阿佛加德罗常数；

σ_0——能量为 E_0 时的截面。

在热力学温度 20 ℃时，对于能量参数为 $E_\sigma = 0.0253\ \mathrm{eV}$ 的麦克斯韦速度分布，“真热中子注量率”φ_{th} 由下式给出：

$$\varphi_{th} = \frac{2}{\sqrt{\pi}} \varphi_0 = 1.128 \varphi_0 \qquad \text{(C.4)}$$

其中，所使用的约定热中子注量率不包括能量 E_{Cd} 以上的中子。

参 考 文 献

[1] ING, H. and MAKRA, S. Compendium of Neutron Spectra in Criticality Accident Dosimetry, Technical Reports Series No. 180, International Atomic Energy Agency, Vienna 1978.

[2] ING, H. and CROSS, W. G. Spectral and Dosimetric Characteristics of a D_2O-Moderated ^{252}Cf Calibration Facility. Health Phys. 46, No. 1, (1984), 97-106.

[3] SCHWARTZ, R. B and ELSENHAUER, C. M. The Design and Construction of a D_2O-Moderated ^{252}Cf Source for Calibrating Neutron Personal Dosimeters Used at Nuclear Power Reactors. NUREG/CR-1204, U. S. Nuclear Regulatory Commission, Washington, D. C. , (1980).

[4] SMITH, A. B. Proc. Of the IAEA Consultants' Meeting on Neutron Source Properties, Debrecen, Hungary, INDC (NDS)-114/GT(1980), p. 19 (Blinov, M. V p79, and Geiger, K. W. , p, 43).

[5] McDONALD, J. C. , GRIFFITH, r. V. , PLATO, P. A. and MIKLOS, J. A. measurement of Gamma Ray Dose From a Moderated ^{252}Cf Source. Radia. Prot. Dosim. 9 (1984), 113-118.

[6] LORCH. E. A. neutron Spectra of $^{241}Am/B$, $^{241}Am/F$, $^{242}Cm/Be$, $^{238}Pu/^{13}C$ and ^{252}Cf Isotopic Neutron Sources. Int. Journ. Appl. Rad. Lsot. 24 (1973), 585-591.

[7] KLUGE, H. and WEISE, K. The Neutron Energy Spectrum of a ^{241}Am-Be(α, n) Source and Resulting Mean Fluence to Dose Equivalent Conversion Factors. Radia. Prot. Dosim. 2(1982), 85-93.

[8] AXTON, E. J. , HUNT, J. B. ROBERTSON, J. C. and RYVES, T. B. inProc. Int. Sysom: Progress in the Establishment of Neutron Standards at the National Physical Laboratory. Neutron Monitoring for Radiation Protection, IAEA STI/PUB/318 Vol. II, Vienna(1973), 431-439.

[9] SCHWARTZ, R. B. Calibration and Use of Filered Beams, Proc. Symp. Neutron Standards and Application. NBS Spec. Publ. 493(1977), 250-256.

[10] ALBERTS, W. G. , COSACK, M. DIETZE, G. , JAHR, R. , KLUGE, H. , KNAUF, K. , LESIECKI, H. , MATZKE, M. , SCHUSTER, H. J. , WAGNER, S. and ZILL, H. W. Advances in Radiation Protection Monitoring, IAEA STI/PUB/494, (1979), 265.

[11] ROGERS, D. W. O. The ^{45}Sc(p, n) Reaction as a Source of Monoenergetic 10-50keV Neutrons. Nucl. Instr. Meth. , 142, (1977), 475-478.

[12] LISKIEN, H. and PAULSEN, A. Neutron Production Cross-Sections and Energies for the Reactions T(p, n)^{3}He, D(d, n)^{3}He and T(d, n)^{4}He Atomic Data and Nucl. Data Tables, 11 (1973), 569-619.

[13] LISKIEN, H. and PAULSEN, A. Neutron Production Cross-Sections and Energies for the Reactions ^{7}Li(p, n)^{7}Be and ^{7}Li(p, n)^{7}Be* Atomic Data and Nucl. Data Tables 15(1975), 57-84.

[14] DROSG, M. Unified Absolute Differential Cross Sections for Neutron Production by the Hydrogen Isotopes for Charged-Particle Energies between 6 and 17 MeV. Nucl. Sci. and Eng. 67. (1978), 190-220.

[15] HUYNH, V. D. International Comparison of Flux Density Measurements for Monoenergetic Fast Neutrons. Metrologia. 16, (1980), 31-49.

[16] MATZKE, M. Kalibrierung grossvolumiger Neutronendetektoren mit isotrop und einheitlich gerchtet einfalenden thermischen Neutronen. Proc. 2nd Symp. On Neutron Dosimetry in Biology and Medicine Neuherberg, Munich, (1974), EUR 5273 d-e-f, 929-937.

[17] DROULERS, Y. , Thermal Neutrons, In: Neutron Fluence Measurements, IAEA Technical Reports Series No. 107, IAEA, Vienna (1978).

[18] BECKURTS, K. H. and WIRTZ, K., Neutron Physics, Springer-Vertag, Berlin-Goettingen-Heidelberg-New York, (1964).

[19] MILL, A. J., and Harvey, j. r., Proc. Of the IAEA Consultants' Meeting on Neutron Source Properties. Debrecen, Hungary, INDC9NDS0-114/GT (1980), 135.

[20] ICRU Report 49:1993, Stopping Power and Ranges for Protons and Alpha Particals, ICRU, Bethesda, MD.

[21] GEIGER, K. W. and VAN DER ZWARN, L.: Radioactive Neutron Source Spectra from $^{9}Be(\alpha,n)$cross section data. Nucl. Instr. Meth., 131, (1975), 315-321.

[22] ISO 2919:1999, Radiation Protection-Sealed radioactive sources-General requirements and classification.

[23] ICRP Publication 60:1990, Recommendations of the International Commission on Radiological Protection. Annals of the ICRP, Vol. 21, No. 2.

ICS 17.240
F 74

中华人民共和国国家标准

GB/T 14056.1—2008
代替 GB/T 14056—1993

表面污染测定 第1部分：β发射体($E_{\beta max}$>0.15 MeV)和α发射体

Evaluation of surface contamination—Part 1：Beta-emitters(maximum beta energy greater than 0.15 MeV) and alpha emitters

(ISO 7503.1:1988,MOD)

2008-07-02 发布　　2009-04-01 实施

中华人民共和国国家质量监督检验检疫总局
中国国家标准化管理委员会　发布

前　言

GB/T 14056《表面污染测定》包括下列 3 个部分：

——第 1 部分：β 发射体（$E_{\beta max}$>0.15 MeV）和 α 发射体；

——第 2 部分：氚表面污染；

——第 3 部分：同质异能跃迁和电子俘获发射体、低能 β 发射体（$E_{\beta max}$<0.15 MeV）。

本部分是 GB/T 14056 的第 1 部分，本部分修改采用国际标准 ISO 7503.1：1988《表面污染测定——第 1 部分：β 发射体（最大 β 能量大于 0.15 MeV）和 α 发射体》。

本部分与 ISO 7503.1：1988 主要技术性差异如下：

——ISO 7503.1：1988 引用的其他国际标准中由相应的我国标准代替（见第 2 章）；

——增加了我国标准中关于表面污染控制水平的规定（4.2.1）。

为便于使用，本部分做了下列修改：

——"ISO 7503 的本部分"改为"GB/T 14056 的本部分"；

——用小数点"."代替作为小数点的逗号"，"；

——有的条款的段落增加了条的编号。

本部分代替 GB/T 14056—1993《表面污染测定　第 1 部分：β 发射体（最大 β 能量大于 0.15 MeV）和 α 发射体》，本部分与 GB/T 14056—1993 相比主要变化如下：

——对原文中少数条款的表述进行了修改；

——恢复了 GB/T 14056—1993 相对于 ISO 7503.1：1988 删去的部分，包括 4.2.3.6 的注，5.6 的注 3、注 4、注 5，A.2 的最后一款。

本部分的附录 A 为规范性附录。

本部分由中国核工业集团公司提出。

本部分由全国核能标准化技术委员会（SAC/TC 58）归口。

本部分起草单位：核工业标准化研究所。

本部分主要起草人：高米力，张立波。

本部分所代替标准的历次版本发布情况为：

——GB/T 14056—1993。

表面污染测定
第1部分：β发射体($E_{\beta max}$>0.15 MeV)和α发射体

1 范围

GB/T 14056的本部分规定了测定β发射体(最大β能量大于0.15 MeV)和α发射体表面污染的方法。

本部分适用于以单位面积放射性活度表示的设备、设施、放射性物质的容器以及密封源的表面污染测定。

本部分仅限于符合下述条件的β发射体和α发射体：

a) β粒子加单能电子的粒子产生率为每100次衰变发射出接近100个粒子；

b) α粒子的粒子产生率为每100次衰变发射出接近100个粒子。

β发射体详见附录A中表A.3。

本部分不适用于皮肤和工作服的污染测定。

2 规范性引用文件

下列文件中的条款通过GB/T 14056的本部分的引用而成为本部分的条款。凡是注日期的引用文件，其随后所有的修改单(不包括勘误的内容)或修订版均不适用于本部分，然而，鼓励根据本部分达成协议的各方研究是否可使用这些文件的最新版本。凡是不注日期的引用文件，其最新版本适用于本部分。

GB/T 5202 辐射防护仪器 α、β和α/β(β能量大于60 keV)污染测量仪与监测仪(GB/T 5202—2008，IEC 60325:2002，IDT)

GB/T 12128 用于校准表面污染监测仪的参考源 β发射体和α发射体(GB/T 12128—1989，neq ISO 8769:1986)

GB 18871 电离辐射防护与辐射源安全基本标准

3 术语和定义

下列术语和定义适用于GB/T 14056的本部分。

3.1

表面污染 surface contamination

表面具有放射性物质的污染。

3.2

固定的表面污染 fixed surface contamination

在正常工作条件下以不可转移的方式附着在表面的污染。

注："正常工作条件"是假设在该条件下，可能造成去除表面污染的机械作用的最大强度限定为人体与表面正常的非事故性的接触(有防护服和无防护服)或人直接操作的设备部件与表面之间以类似强度的非破坏性接触。擦拭法的作用强度应该与这些类型的机械作用相符合。

3.3

可去除的表面污染　removable surface contamination

在正常工作条件下可去除的或可转移的表面污染。

注：应该注意，由于水分、化学试剂等的影响，或者由于腐蚀或扩散的结果，在没有任何人为的作用下，固定污染可能变成可去除的污染或者相反。表面污染由于蒸发和挥发可能减少。

3.4

单位面积放射性活度　activity per unit area

存在于表面的放射性核素的活度与该表面面积之比，以贝克每平方厘米表示($Bq \cdot cm^{-2}$)。

3.5

表面污染的直接测量　direct measurement of surface contamination

采用污染测量仪或监测仪进行的表面放射性活度的测量。直接测量测定的是固定的与可去除的表面污染之和，但是可能受到来自被检测物件内部的或环境辐射的影响。

3.6

表面污染的间接测定　indirect measurement of surface contamination

用擦拭法对表面可去除的放射性活度进行的测定。

3.7

擦拭法　smear test

用干的或湿的擦拭材料擦污染表面以取得可去除的放射性活度样品，随后测定转移到擦拭材料上的放射性活度。

3.8

去除因子　removal factor

F

某一擦拭样品从表面去除的放射性活度与该次取样前可去除的表面污染的放射性活度之比。

去除因子通过式(1)定义：

$$F = \frac{A_P}{A_T} \qquad \cdots\cdots(1)$$

式中：

A_P——通过擦拭取样所除去的放射性活度；

A_T——取样前污染表面上总的可去除放射性活度。

3.9

源表面发射率　surface emission rate of a source

$\boldsymbol{q_{2\pi}}$

单位时间从源的前表面发出的大于给定能量、给定类型的粒子数。

3.10

源效率　efficiency of a source

$\boldsymbol{\varepsilon_s}$

单位时间内从源的表面或从源窗发射出大于给定能量的给定类型的粒子数(表面发射率)与单位时间内在源内(对一个薄源)或它的饱和层厚度(对一个厚源)内产生或释放的相同类型的粒子数之比。

3.11

仪器效率　instrument efficiency

$\boldsymbol{\varepsilon_i}$

在给定几何条件下仪器的净计数率和源表面发射率之比。对于一个给定的仪器，仪器效率依赖于源的辐射能量。

4 测定表面污染的方法

4.1 总则

表面污染可以通过直接和间接测量方法来测定。直接测量是采用表面污染测量仪和监测仪进行的,这类仪表测定的是可去除的与固定的污染之和。间接测定通常是采用擦拭法进行的,用擦拭法只能测定可去除的表面污染。

测量表面污染的目的:

a) 确定污染物的存在或扩散,并控制它由较高污染区向较低污染区或向非污染区的转移;

b) 测定单位面积上的放射性活度,以证实是否超过表面污染控制水平(导出限值)。

满足上述目的两种测量方法的适用性和可靠性主要依赖于某些特定的情况,也就是:污染物的物理和化学形态;污染物在表面上的粘着性能(固定的或可去除的);以及对被测量表面是否可接近或是否存在干扰辐射场等。

当表面有非放射性液体或固态的沉淀物或有干扰辐射场存在时,直接测量可能是特别困难的或不可能的。特别是由于场所或相对位置的局限,使直接测量不容易接近污染表面,或者是干扰辐射场严重地影响污染监测仪的工作时,间接方法一般更为合适。但是,间接方法不能测量固定污染,又由于去除因子通常有较大的不确定性,故间接方法一般更多地用于可去除污染的测量。

由于直接方法和间接方法对测量表面污染均存在固有的缺陷,所以在很多情况下,两种方法都采用,以保证测出结果最好地满足测量的目的。

因为仪器效率随能量而变化,所以在测定具有各种能量的β污染时应该特别小心(也见第5章)。对于显示表面放射性活度的仪器尤其应注意。

4.2 表面污染的直接测量

4.2.1 对测量仪器的要求

测量仪器的特性和性能应符合于GB/T 5202的要求。

仪器应能测量GB 18871中规定的表面污染控制水平以下的放射性活度,污染测量的结果将与该限值比较。

注:用于表面污染直接测量的仪器通常具有20 cm^2～200 cm^2 的灵敏窗,正常本底条件下,可测表面污染水平,对α发射体低于0.04 $Bq \cdot cm^{-2}$,对β发射体低于0.4 $Bq \cdot cm^{-2}$。探测器的适用性,不但由仪器效率决定,而且还由灵敏窗的大小而定。对于大面积污染的测量,应采用有较大灵敏窗的探测器。

4.2.2 探测程序

4.2.2.1 在探测器灵敏窗和待检查表面避免接触的情况下,将探测器在表面上方慢慢地移动,并监听声频的变化。音响指示是瞬间的并与所采用的响应时间无关。对于数字显示或表头显示的仪表,应密切观察其数字及表头指针的变化。一旦探测到污染区,应把探测器放在这个区域上方,在足够长的时间内保持位置不变,以便进一步确认。

4.2.2.2 探测器和被测表面之间的距离应在可行的情况下尽可能的小。为此可采用定位架。

4.2.3 测量程序

4.2.3.1 测量时,应遵守所用测量仪器的有关操作规程和要求:

a) 进行测量前应测定被测场所的本底计数率;

b) 应经常检查仪器本底计数率;

c) 应用合适的检验源校验仪器是否正常,校验频度:经常用的仪器每日校验一次,其他的仪器每次使用前校验,仪器对检验源的读数变化超过±20%时应重新校准;

d) 测量期间的几何条件应与仪器校准时所采用的几何条件尽可能保持一致,为此可采用可移动的定位架;

e) 为了准确地测量,探测器在三倍响应时间(95%的指示值)内应保持固定;

f) 应采用和待测放射性核素相应的仪器效率值(见第5章)。

4.2.3.2 被检查表面上的固定的和可去除的污染,即单位面积的β或α放射性活度 A_s,以贝可每平方厘米($Bq \cdot cm^{-2}$)表示。A_s 与测量的计数率的关系见式(2):

$$A_s = \frac{n - n_B}{\varepsilon_i \times W \times \varepsilon_s} \quad \cdots\cdots(2)$$

式中:

n——测得的总计数率;

n_B——本底计数率;

ε_i——对β或α辐射的仪器效率(见第5章和A.2);

W——测量仪器灵敏窗(辐射进入窗)的面积;

ε_s——污染源的效率(见A.1);

在缺少 ε_s 更确切的已知数值时,应采用下述保守但尚合理的 ε_s 值:

对于 $E_{\beta max} \geqslant 0.4$ MeV β发射体

$\varepsilon_s = 0.5$

对于 0.15 MeV $< E_{\beta max} <$ 0.4 MeV β发射体和α射体

$\varepsilon_s = 0.25$

对α污染可能低估(见A.1)。

注:公式只适用于第1章所述限制范围。

4.2.3.3 必要时,测得的计数率应进行死时间修正。

4.2.3.4 对于衰变链中与其他的α发射体完全或部分平衡的α发射体,该法测定α发射体的总放射性活度。在完全平衡的情况下,α发射性总活度除以衰变链中参与平衡的α发射体的数目,即可得到单一α发射体的贡献。

4.2.3.5 对于处在衰变链平衡中的β发射体,仅当它们的探测几率处在同一水平时才可以进行上述类似的计算(见表A.3,标有符号* eq.的衰变对)。

4.2.3.6 在表A.3中标有符号§衰变的情况下,只有其下有下划线的放射性核素才适合用β表面污染监测仪探测。在平衡状态下,实际存在的总放射性活度是用标准测定方法得到的β放射性活度的2倍。

注:具有微处理器的测量仪器能够自动的对公式(3)进行计算,并且能够根据单位面积的活度给出指示值。对于这种应用,仪器的存贮器中需要有 n_B、W、ε_i、ε_s 的相关数值。ε_i 和 ε_s 的值应根据被测核素和污染源的结构分别选取。这些因子通常会作为一个联合因子输入仪器的存贮器中。在对这种仪器直接校准的情况下(见5.6中注5),只需要选取 ε_s 的值即可。

4.3 表面污染的间接测定

4.3.1 对测量仪器的要求

4.3.1.1 擦拭样品的测量通常是采用具有良好屏蔽、脉冲-计数型、性能稳定的仪器进行。使用手提式表面污染测量仪或监测仪时,仪器的特性和性能应符合GB/T 5202的要求。

4.3.1.2 仪器应能测量低于GB 18871中规定的表面放射性物质污染控制水平以下的污染水平,以便污染测量的结果与该限值进行比较。

注:目前通用的仪器对α污染能够测量到小于0.4 Bq,而对β污染小于4 Bq的放射性活度。若擦拭面积为100 cm^2,去除因子 $F=0.1$,则相当于可测量到低于0.04 $Bq \cdot cm^{-2}$ 的α发射体和低于0.4 $Bq \cdot cm^{-2}$ 的β发射体的可去除污染。

4.3.2 采样

4.3.2.1 表面污染的测定和估计可借助于一个或多个干的或湿的擦拭样品来进行。

4.3.2.2 在大面积范围内取擦拭样品时,为确定污染分布,应考虑下述几点:

a) 尽可能擦拭 100 cm^2 的被测面积；

b) 大面积污染，应按规程允许的平均面积取样，并在计算结果时按 4.3.3 应用该面积；

c) 应选择适合于待检查表面的擦拭材料(对于平滑表面用滤纸，对于粗糙表面用棉纺织品)；

d) 用润湿剂润湿擦拭材料时，该润湿剂不应从材料中渗出；

注：因为污染物可能被吸入擦拭材料的内部结构中或被残留的水分所覆盖，故在 α 发射体的情况下使用润湿剂，可能导致对污染的明显低估。

e) 擦拭材料应当用手指或最好用适当的工具(为保证压力均匀、恒定而设计的夹具)适度地压在待检查的表面上；

f) 应擦拭 100 cm^2 的所有面积；

g) 尽可能用圆形滤纸作为擦拭材料；

h) 擦拭样品的总面积应小于或等于探头的灵敏面积；

i) 采样后，应避免擦拭样品由于干燥而使放射性物质损失。

4.3.3 测量程序

擦拭样品的测量应按照 4.2.3.1 所叙述的程序进行。

被擦拭表面可去除污染的单位面积的 β 或 α 放射性活度 A_{sr} 以 Bq·cm^{-2} 表示，与测量的计数率的关系见式(3)：

$$A_{sr}=\frac{n-n_B}{\varepsilon_i\times F\times S\times\varepsilon_s} \qquad \cdots\cdots(3)$$

式中：

n——测量的总计数率；

n_B——本底计数率；

ε_i——对 β 或 α 辐射的仪器效率(见第 5 章和 A.2)；

F——去除因子；

S——擦拭面积；

ε_s——由擦拭样品表示的源效率(见 A.2)。

注：公式只适用于第 1 章所述限制范围。

应采用在 4.2.3.2 中给出的污染源的效率 ε_s 值。

污染物和表面材料有大量的结合时，去除因子 F 可以通过"反复擦拭彻底去除"的方法由实验测定。逐次去除的放射性活度之和趋近于总的可去除放射性活度 A_T。这样由第一次擦拭所去除的放射性活度 A_P 与 A_T 的关系可得出去除因子。如果去除因子 F 不是由实验测定，那么应采用保守值，令 $F=0.1$。

对处于衰变平衡的放射性核素的测定，见 4.2.3.4～4.2.3.6。

5 仪器效率的测定

5.1 仪器效率应采用已知单位面积发射率的、符合 GB/T 12128 要求的参考源提供的参考辐射来测定。

5.2 参考源源面积的大小应足以覆盖仪器探测器的窗口。在得不到这种尺寸的源的情况下，应用小面积源进行一系列测量。这些测量应覆盖整个窗面积或至少是它的有代表性的部分，通过这些测量应得出计数效率的平均值。

5.3 在测定仪器效率时，应区分 α 和 β 辐射。

5.3.1 在 α 表面污染的情况下，污染物的粒度可能会达到 10 μm 或更大。对于小颗粒的污染物(粒子直径从 0.1 μm～2 μm)，在采样期间，放射性物质会与非放射性的表面灰尘混合，并压入样品载体中。在上述两种情况下，初始的线谱变成连续谱，在这个连续谱中，所有 α 能量介于零和线谱能量之间。因此探测器的效率会低于对薄膜源的效率。为此，由某些放射性物质，例如由铀合金(13%的天然铀，0.06 mm厚)构成的饱和层源适宜作为对β辐射不灵敏的α探测器的工作源。

5.3.2　在β发射体的情况下，仪器效率 ε_i 依赖于β粒子的能量，故应采用相应于待测污染的β能量来测定仪器效率。

注：本部分术语β能量系指最大β能量。

5.3.3　在工厂和实验室，通常具有不同β能量的放射性核素，但实际上可以只使用单个β能量的核素来测定仪器效率，但要保证这个参考源的β能量不显著地大于待测的最低β能量。

5.4　表1中所列放射性核素适合于作参考源，表中给出了它们的β粒子最大能量。

5.5　仪器效率应在已知的几何条件下测定，已知的几何条件应与其后的直接或间接测量时的条件尽可能地接近(见4.2.3.1)。

5.6　参考源的仪器效率 ε_i(见A.2)计算见式(4)：

$$\varepsilon_i = \frac{n - n_B}{q_{2\pi,sc}} = \frac{n - n_B}{E_{sc} \cdot W} \qquad (4)$$

式中：

n——测得的参考源加本底的总计数率；

n_B——本底计数率；

$q_{2\pi,sc}$——在探头灵敏窗面积 W(以 cm^2 表示)下方测量时参考源的表面发射率；

E_{sc}——测量时参考源单位面积的表面发射率。

表1　适合作参考源的放射性核素的β最大能量

核　素	$E_{\beta max}$ / MeV
^{14}C	0.154
^{147}Pm	0.225
^{36}Cl	0.71
^{204}Tl	0.77
$^{90}Sr/^{90}Y$	2.26
$^{106}Ru/^{106}Rh$	3.54

注1：当 ^{90}Sr 和其子体核素 ^{90}Y 平衡时，公式中所用的单位面积表面发射率应该是给定 ^{90}Sr 的单位面积表面发射率的两倍。

注2：如果用作校准的源的表面发射率是未知的(即该源不符合GB/T 12128的要求)，可按附录A.4.1确定表面发射率 E_{sc} 的估计值。

注3：使用饱和厚源而不使用薄层源作为参考源，会得出保守的仪器效率值。

注4：在一些具有微处理器的测量仪器中，ε_i 由下述方法确定：探头放在已知单位面积发射率(E_{sc})的合适的大面积参考源上，通过校准因子的连续变化，率表指数就会被设定为 E_{sc} 的值。那么，在这些条件下，仪器就会转换指示出等于校准因子的 E_i 值。

注5：可以用具有微处理器的仪器进行直接测量：探头放置于已知单位面积发射率 E_{sc} 的合适的大面积参考源的上方，通过校准因子的连续变化，率表指数就会被设定为 E_{sc}/ε_s 的值，这里 ε_s 是指经已校准的仪器测量得到的污染源的源效率。

6　污染测量的记录

如需表面污染的测量报告，宜包括下述内容：

a)　日期；

b)　场所和具体位置；

c) 污染核素；

d) 间接测量的表面类型；

e) 擦拭材料(干或湿)；

f) 润湿剂；

g) 间接测量的去除因子(实测的或假设的)；

h) 所用仪器,编号；

i) 仪器效率,校准日期；

j) 参考源:放射性核素,表面发射率(单位面积)；

k) 污染的仪器读数(表面或擦拭样品)；

l) 本底读数；

m) 单位面积的放射性活度；

n) 污染程度的说明；

o) 其他的观察结果；

p) 操作者姓名。

附 录 A
（规范性附录）
基本术语的解释和校准与测量的数据

A.1 概述

A.1.1 表面污染，通常以单位面积的放射性活度来表示，仪器测量的计数率直接与表面发射的辐射有关，而不是直接与表面上或表面内所含的放射性活度有关。对于给定的单位面积放射性活度，单位时间从表面射出的粒子数取决于源的自吸收以及源和源衬底材料的反散射。自吸收将减少射出粒子的数目而反散射将增加射出粒子的数目。由于实际表面吸收和散射性质的变化，一般说来，不能假设在发射率和放射性活度之间存在简单而已知的关系。因此，有必要在源的发射率基础上校准表面污染仪的仪器效率；而对参考源应有活度和发射率两方面的说明。

A.1.2 表面污染仪的校准，通常是通过测定仪器对已知放射性活度（或单位面积放射性活度）的参考源的响应来进行的。

A.1.3 为了使这个校准方法得出唯一的校准因子，要求参考源是理想的薄源，也就是既无自吸收也无反散射的源。但在实际上，源远不会是理想的，特别是对 α 发射体和低能 β 发射体（最大 β 能量大约低于 0.4 MeV）。因此，根据活度来校准，将导致校准因子不是唯一的，而与源的结构有关；采用给定放射性核素的活度相同但具有不同结构的参考源，可能获得校准因子较宽的取值范围。

A.1.4 以源的发射率为基础得到的校准因子不依赖于源的结构。这样，根据发射率而不是活度校准的表面污染仪，它的灵敏度可相互比较。

A.1.5 本附录中对与表面污染测量和表面污染仪校准有关的各种术语作了说明，为的是避免混淆以及保证清楚地理解两种校准方法之间的差别。对仪器效率 ε_i 和源效率 ε_s 的推荐值均做了更加详细的考虑。

A.2 术语的说明

在表 A.1 中所给的各种术语在图 A.1 中作了说明。由源的辐射而导致的计数率用 n 来表示，而 q_1 到 q_6 系指下述各类型粒子的产生率：

q_1：直接到达探测器的粒子；

q_2：由于源或源托的反散射到达探测器的粒子；

q_3：在上面的 2π 立体角方向上离开源，但是由于在空气中的吸收而未到达探测器的粒子；

q_4：发射进入上面的 2π 立体角，但由于自吸收而未离开源的粒子；

q_5：在上面的 2π 立体角方向上离开源但由于几何条件的原因未能射入探测器的粒子；

q_6：发射进入下面的 2π 立体角的全部粒子，包括除第 2 类型的粒子外的反散射粒子。

在表 A.1 中所给出的术语定义是参照图 A.1 而进行分类的。此外，术语“固有的仪器效率，I_i”有时是需要的，其定义为“探测器上引致的计数率与单位时间入射到探测器上的粒子数的商”。对于一个理想的源（没有自吸收和反散射），污染源的效率 ε_s 的值是 0.5。而对于一个实际的源，污染源的效率 ε_s 值通常小于 0.5，但也可能大于 0.5，这依赖于自吸收和反散射作用的相对重要性。

仪器效率 ε_i 和固有效率 I_i 的最大值是 1。

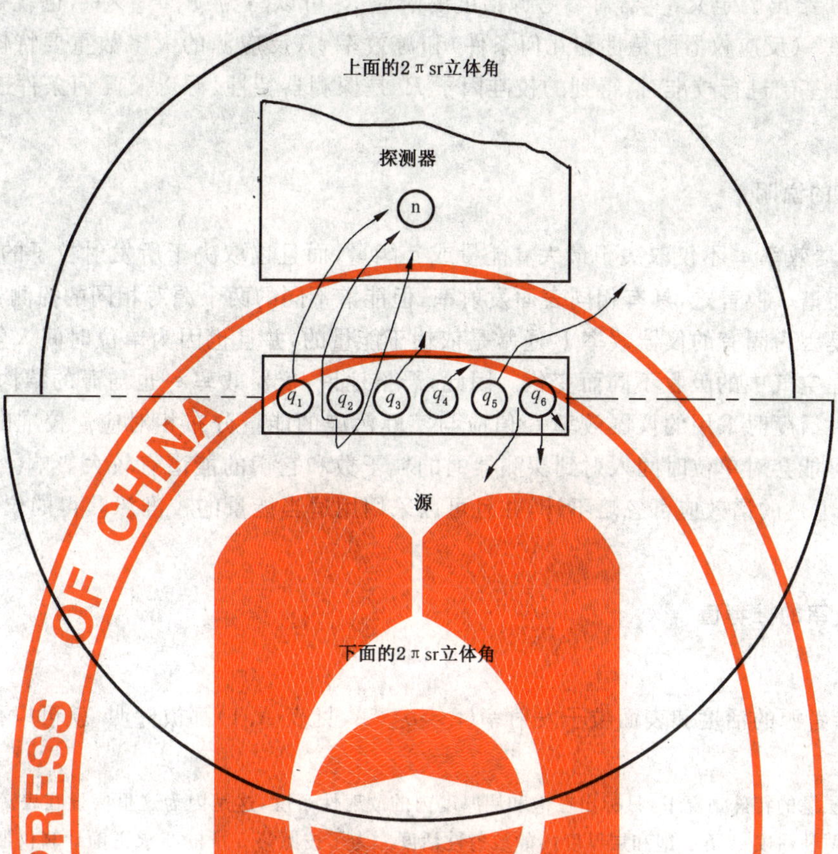

图 A.1　源-探测器配合的剖面图

表 A.1　术语的定义

术　语	符号	单位	定　义
源的放射性活度	A	Bq	$A=q_1+q_2+q_3+q_4+q_5+q_6$
源的表面发射率	$q_{2\pi}$	s^{-1}	$q_{2\pi}=q_1+q_2+q_3+q_5$
源的效率	ε_s		$\varepsilon_s=\dfrac{q_1+q_2+q_3+q_5}{q_1+q_2+q_3+q_4+q_5+q_6}=\dfrac{q_{2\pi}}{A}$
仪器效率	ε_i		$\varepsilon_i=\dfrac{n}{q_1+q_2+q_3+q_5}$
固有仪器效率	I_i		$I_i=\dfrac{n}{q_1+q_2}$
该仪器对放射性活度 A 的响应	R_i		$R_i=\varepsilon_i\times\varepsilon_s=n/A$

注 1：简化了的放射性活度的定义，仅能在第 1 章中所叙述的限定条件下应用。严格地说，放射性活度的定义见式(A.1)：

$$A=\frac{1}{\varepsilon_d}(q_1+\cdots+q_6) \qquad\cdots\cdots\cdots\cdots\cdots\cdots(A.1)$$

式中：

ε_d——每次衰变产生的被考虑类型的粒子数。但是，对于在本部分所考虑的核素见表 A.3，对 ε_d 的值可以规定为 1。

注 2：所有的效率都是无量纲量。

根据表 A.1 给出的定义，仪器对参考源活度的响应 R_i 可以写为：$R_i=\varepsilon_i\times\varepsilon_s$，也就是说，响应 R_i 可以分为仪器效率 ε_i（反应仪器的特性和几何条件）和源效率 ε_s（反应源的大多数重要特性）相乘。因此，当以源的活度为基础进行校准时，得到的校准因子 R_i 是探测器特性、源以及几何条件三个方面结合的结果。

A.3 仪器效率的说明

理论上，仪器效率 ε_i 不仅取决于最大 β 能量或 α 能量，而且也取决于所发射粒子的实际能量分布，即取决于源的能谱。换言之，具有相同表面发射率，但能谱不同的两个源对相同的探测器可能产生不同的计数率。这是因为固有的仪器效率 I_i 通常是依赖于能量的，并且也因为单位时间入射到探测器上的粒子数可能因在空气中的吸收不同而变化。因此，严格地说，仪器效率 ε_i 也与源的结构有些关系，计算单位面积放射性活度时采用的仪器效率 ε_i 值应与实际污染的能量分布相对应。校准时与实测时的几何条件的差异可能会对单位时间入射到探测器上的粒子数和它们的能谱有较大影响。但是，对于大多数实际的应用，上述的谱效应可忽略不计，并且可以采用用适当能量的校准源获得的仪器效率 ε_i 值（见第 5 章）。

A.4 关于源效率的推荐值

A.4.1 参考源

A.4.1.1 当参考源的活度和表面粒子发射率（$\varepsilon_s=q_{2\pi}/A$，见表 A.1）都被标明，就可以得到参考源的效率 ε_{sc}。

注：在饱和层源的特殊情况下，只标出在饱和层厚度内的放射性活度，这是因为这里假设在表 A.1 源效率 ε_s 公式中的放射性活度 A 等于饱和层厚度内的放射性活度。为了按照第 5 章的要求正确计算仪器效率 ε_i，该假设是必要的。

A.4.1.2 如果仅仅知道参考源[活性面积 $V(cm^2)$]的放射性活度 A 或单位面积的放射性活度 A^*，那么参考源效率 ε_{sc} 应采用 0.5 的值。应用式(5)可导出参考源单位面积的表面发射率 $E_{sc}=(0.5\ A)/V$ 或 $E_{sc}=0.5\ A^*$。因忽略反散射对表面发射率的增加，仪器效率 ε_i 的计算将导致对污染的保守估计（即低于真实值）。市售的以活度标称的参考源，通常装在低反散射材料（例如铝）的衬底上。对于固定在铝上的薄 β 源，其饱和反散射大约是 30%，对于固定在塑料上和其他低原子序材料（符合本部分的所有 β 能量）上的 β 源大约小于 20%。在大多数情况下 α 源的反散射小于 5%。

A.4.2 污染源

A.4.2.1 实际上 α 或 β 污染源的效率 ε_s 难以估计，由于真实源结构的差异，污染源效率 ε_s 的变化可达一个数量级。由于反散射使计数率增加，根据 ε_s 的定义和表 A.1 中 ε_s 的公式可知，忽略反散射将导致对单位面积活度的保守（得到更大的活度值）估计，由此提供了一个附加的安全系数，所以在这里只须考虑源的自吸收。

A.4.2.2 β 发射体的污染源效率 ε_s 推荐值是按下述类型污染源导出的：

——用大约 2.5 mg/cm^2 的非放射性材料覆盖的 β 发射体薄层；

——均匀的擦拭检查滤纸制成的厚 β 源（约 10 mg/cm^2）。

直接测量可能碰到第一种类型，而间接测量可能主要出现第二种类型。

A.4.2.3 在两种情况下，由于源自吸收引起的源效率损失，对于最大 β 能量大于或等于 0.4 MeV 的 β 发射体是可以忽略的（污染源效率 $\varepsilon_s=0.5$）。在相同条件下，对于最大 β 能量大于 0.15 MeV 而小于 0.4 MeV 的 β 发射体的源效率平均值大约是 0.25。若用大于 A.4.2.2 所述厚度的吸收材料覆盖 β 发射体，则采用此值可能导致低估。但是应该注意到，这种放射性物质对内、外照射的危害也同时减少。

A.4.2.4 在 α 发射体的情况下，估计一个保守又尚合理的源效率值更为困难，因为实际污染源的源效率 ε_s 可以很接近于零。对于饱和层源，理论值 $\varepsilon_{s,\alpha}$ 等于 0.25，但大部分 α 发射体，饱和层厚度只有大约

5 mg/cm²。$\varepsilon_{s,\alpha}$等于0.25,适用于两种可能的α污染的重要类型:在直接测量情况下,被α发射体均匀污染达到饱和厚度,以及在收集擦拭采样的过程中产生的均匀化的源。但是,当α发射体存在于比饱和厚度更深的深度中,或当α发射体的薄层被厚度大于饱和层厚度的50%的非放射性物质覆盖时,选取$\varepsilon_{s,\alpha}$等于0.25,将会低估单位面积的活度。这证明了擦拭法的重要。

A.4.2.5 源效率ε_s的推荐值归纳于表A.2中。

表 A.2 源效率ε_s的推荐值

粒子类型和能量范围/MeV	ε_s	说明
β($E_{\beta max}\geqslant$0.4) β(0.15<$E_{\beta max}$<0.4)	0.5 0.25	
α	0.25	对下述情况的保守值: ——达到均匀污染的饱和厚度; ——擦拭样品。

A.5 适用本部分测定方法的β发射体

可适用本部分测定方法的β发射体如表A.3所列。

表A.3中用到的符号如下:

$\bar{E}_\beta$——平均β能量;

P_β——β衰变几率;

$P_{ME>20}$——大于20 keV能量的单能电子发射几率;

C——市售的;

*——两个放射性核素具有类似探测几率的衰变对;

§——只有一个放射性核素(下边加横线)易于被探测的衰变对;

eq.——可能存在衰变平衡;

#——最大β能量$E_{\beta max}$和β平均能量$\bar{E}_\beta$之间的差别异常;

(β^+)——正β发射体;

(EC)——电子-俘获发射体;

(IT)——同质异能-跃迁发射体。

表 A.3 适合于按照本部分测定方法的β发射体

核素	半衰期	$E_{\beta max}$/keV	$\bar{E}_\beta$/keV	P_β/%	$P_{ME>20}$/%	备注
^{14}C	5 730 a	154	49	100	—	C
^{18}F(β^+)	110 min	634	250	96.7	—	
^{24}Na	15 h	1 390	554	100	—	C
^{28}Mg	20.9 h	860	152	100	29.6	}* eq.
^{28}Al	2.24 min	2 864	1 242	100	—	
^{32}Si	330 a	213	65	100	—	
^{32}P	14.3 d	1 710	694	100	—	C
^{33}P	25.4 d	249	77	100	—	
^{35}S	87.4 d	167	49	100	—	C
^{36}Cl	3.01×10^5 a	710	251	99	—	

表 A.3（续）

核素	半衰期	$E_{\beta max}$/keV	$\bar{E}_{\beta}$/keV	P_{β}/%	$P_{ME>20}$/%	备注
^{42}K	12.4 h	3 521	1 430	100	—	C
^{43}K	22.6 h	1 817	307	99.3	—	
^{44}Sc(β^{+})	3.93 h	1476	633	94.4	—	
^{45}Ca	163 d	257	77	100	—	C
^{46}Sc	83.8 d	357	112	100	—	C
^{47}Ca	4.54 d	1 988	345	100	—	C } * no eq.
^{47}Sc	3.42d	601	162	100	0.4	C }
^{48}Sc	43.7 h	657	220	100	0.2	
^{56}Mn	2.58 h	2 848	830	99.9	—	
^{59}Fe	44.6 d	1 565	118	99.9	—	C
^{60}Co	5.27 a	318	96	100	—	C
^{65}Ni	2.52 h	2.137	632	100	—	
^{69m}Zn(IT)	13.8 h	—	—		5.1	} §
^{69}Zn	56 min	905	321	100	—	}
^{72}Ga	14.1 h	3 158	498	100	0.4	
^{76}As	26.3 h	2 969	1 064	100	—	
^{77}Ge	11.3 h	2 486	647	99.7	3.7	} * no eq.
^{77}As	38.8 h	690	229	100	—	}
^{82}Br	35.3 h	444	137	99.3	—	
^{82}Sr(EC)	25 d	—	—	—	—	} §
^{82}Rb(β^{+})	1.25 min	3 356	1 474	95.5	—	}
^{86}Rb	18.7 d	1 774	667	100	—	C
^{89}Sr	50.6 d	1 491	583	100	—	C
^{90}Sr	28.6 a	546	196	100	—	C } * eq.
^{90}Y	64.1 h	2 260	935	100	—	}
^{91}Y	58.5 d	1 543	602	100	—	
^{92}Sr	2.71 h	1 930	199 #	100	—	} * no eq.
^{92}Y	3.54 h	3 634	1 447	99.9	—	}
^{93}Y	10.1 h	2 890	1 173	100	0.2	
^{94}Nb	2.03×10^{4} a	471	146	100	0.2	
^{96}Nb	23.4 h	749	249	100	0.5	
^{97}Zn	16.9 h	1 914	696	100	—	
^{97}Nb	72.1 min	1 275	466 #	100	0.2	
^{98}Tc	4.2×10^{6} a	394	118	100	0.4	
^{99}Tc	2.13×10^{5} a	294	85	100	—	

表 A.3（续）

核素	半衰期	$E_{\beta max}$/keV	$\bar{E}_{\beta}$/keV	P_{β}/%	$P_{ME>20}$/%	备注
^{106}Ru	368 d	39	10	100	—	C } §
^{106}Rh	30 s	3 540	1 411	100	—	
^{110m}Ag	250 d	530	67#	98.4	1.5	C
^{111}Ag	7.46 d	1 028	350	100	0.1	C
^{113}Cd	13.7 a	586	185	100	—	
^{115}Cd	44.6 d	1 621	606	100	—	C
^{117}Ch	3.36 h	1 916	204#	99.2	1.3	} * eq.
^{117}In	43.8 min	1 140	245	100	15.6	
^{122}Sb	2.7 d	1 981	575	97.5	0.6	
^{123}Sn	129 d	1 397	520	100	—	
^{124}Sb	60.2 d	2 302	378#	100	0.4	C
^{126}Sb	12.4 d	1 790	289#	100	2.1	
^{130}I	12.4 h	1 176	279	99.5	1.9	
^{131}I	8.04 d	807	182	99.9	6.7	C
^{132}I	2.3 h	2 140	482	100	0.7	
^{134}Cs	2.06 a	658	156	100	0.8	C
^{137}Cs	30.2 a	1 173	171#	100	—	C } §
^{137m}Ba(T)	2.6 min	—	—	—		
^{139}Ba	83.1 min	2 306	893	100	4.2	
^{140}La	40.2 h	2 164	527	100	2.1	C
^{142}La	95.4 min	4 517	848#	100	0.3	
^{142}Pr	19.1 h	2 159	809	100	—	
^{143}Pr	13.6 d	935	316	100	—	
^{144}Ce	284.3 d	318	82	100	13.5	C } * eq.
^{144}Pr	17.28 min	2 996	1 207	100	—	
^{147}Pm	2.62 a	225	62	100	—	
^{148}Pm	5.37 d	2 464	726	100	0.2	C
^{149}Pm	53 h	1 071	364	100	0.2	
^{159}Gd	18.6 h	975	311	100	4.6	
^{169}Er	9.4d	350	99	100	—	
^{175}Yb	4.19 d	468	126	100	5.27	
^{185}W	75.1 d	432	126	99.9	—	C
^{186}Re	90.6 h	1 077	349	93	14	C
^{188}W	69.4 d	349	99	100	0.3	} * eq.
^{188}Re	17 h	2 120	764	100	12.5	

表 A.3（续）

核素	半衰期	$E_{\beta max}$/keV	$\bar{E}_\beta$/keV	P_β/%	$P_{ME>20}$/%	备注
^{194}Ir	19.2 h	2 251	808	100	1.1	
^{198}Au	2.7 d	961	311	100	4.2	C
^{204}Tl	3.78 a	770	244	97.4	—	C
^{209}Pb	3.25 h	644	198	100	—	

ICS 13.280
F 74

中华人民共和国国家标准

GB/T 14057.1—2008/ISO 8690:1988
代替 GB/T 14057—1993

放射性污染表面去污　第1部分：试验与评价去污难易程度的方法

Decontamination of radioactively contaminated surfaces—Part 1:Method for testing and assessing the ease of decontamination

(ISO 8690:1988,IDT)

2008-07-02 发布　　2009-04-01 实施

中华人民共和国国家质量监督检验检疫总局
中国国家标准化管理委员会　发布

前　言

GB/T 14057《放射性污染表面去污》包括下列两个部分：

——第1部分：试验与评价去污难易程度的方法；

——第2部分：纺织品去污剂的试验方法。

本部分为GB/T 14057的第1部分。本部分等同采用ISO 8690:1988《放射性污染表面去污——试验与评价去污难易程度的方法》。

本部分做了下列编辑性修改：

——删除国际标准前言；

——删除术语和定义中2个术语(英文版3.1污染和3.2去污)。

本部分代替GB/T 14057—1993《放射性污染表面去污　试验与评价去污难易程度的方法》。

本部分与GB/T 14057—1993相比主要变化如下：

——为了便于使用，将GB/T 14057—1993与GB/T 15850—1995整合为一项标准的两个部分。

——对少数不够准确的表述进行了修改完善。

本部分的附录A、附录B和附录C为规范性附录，附录D为资料性附录。

本部分由中国核工业集团公司提出。

本部分由全国核能标准化技术委员会(SAC/TC 58)归口。

本部分起草单位：核工业标准化研究所、中国核动力研究设计院。

本部分主要起草人：黄富端。

本部分所代替标准的历次版本发布情况为：

——GB/T 14057—1993。

放射性污染表面去污　第1部分：试验与评价去污难易程度的方法

1　范围

GB/T 14057 的本部分规定了在实验室条件下，试验与评价放射性污染表面去污难易程度的方法。

本部分适用于为了选择材料的目的评价金属、非金属、各种涂层及地板覆盖材料表面放射性污染去污的难易程度。

本部分不适用于在高温、高压下，长期接触污染介质的工艺系统的选材，也不适用于评价现场实际污染表面去污的难易程度。

2　规范性引用文件

下列文件中的条款通过 GB/T 14057 本部分的引用而成为本部分的条款。凡是注日期的引用文件，其随后所有的修改单（不包括勘误的内容）或修订版均不适用于本部分，然而，鼓励根据本部分达成协议的各方研究是否可使用这些文件的最新版本。凡是不注日期的引用文件，其最新版本适用于本部分。

GB/T 68　开槽沉头螺钉(GB/T 68—2000,eqv ISO 2009:1994)

GB/T 69　开槽半沉头螺钉(GB/T 69—2000, eqv ISO 2010:1994)

GB/T 70.1　内六角圆柱头螺钉(GB/T 70.1—2000,eqv ISO 4762:1997)

GB/T 5277　紧固件　螺栓和螺钉通孔(GB/T 5277—1985,eqv ISO 273:1979)

3　术语和定义

下列术语和定义适用于本部分。

3.1

比计数率　specific pulse rate

在给定几何条件下，1 mL 污染溶液由测量装置测得的，经死时间和本底校正后的计数率。单位为计数/(分·毫升)[$(\mathrm{min}\cdot\mathrm{mL})^{-1}$]。

3.2

残留计数率　residual pulse rate

试样表面去污后，在给定几何条件下，由测量装置对残留放射性核素测得的计数率。单位为计数/分(min^{-1})。

3.3

平均残留计数率　mean residual pulse rate

同一种放射性核素污染的 5 块试样测得的各残留计数率的算术平均值。单位为计数/分(min^{-1})。

3.4

标准平均残留计数率　standardized mean residual pulse rate

平均残留计数率的校正值。单位为计数/分(min^{-1})。

其校正因子 α 为基准比计数率[$3\times10^{6}(\mathrm{min}\cdot\mathrm{mL})^{-1}$]与试验用污染溶液的比计数率的比值。

引入校正因子是为了校正不同实验室所用的污染液比计数率之间的差别。

3.5

最终残留计数率　final residual pulse rate

对规定的两种核素(^{60}Co、^{137}Cs)分别测得的标准平均残留计数率的算术平均值。单位为计数/分(min^{-1})。

4　试验原理

按6.1.2分别配制^{137}Cs和^{60}Co污染溶液,各准确取100 μL,用大面积辐射探测器测得计数,并分别换算成比计数率。

用上述污染溶液污染材料试样的一定面积,用去离子水去污。测定去污后试样表面的残留计数率。计算出每种核素的标准平均残留计数率,用它们的算术平均值——最终残留计数率按经验整理出的去污难易程度表评价材料去污难易程度。

5　仪器设备

除一般放射化学实验室常用仪器设备外,还应有5.1～5.8所述仪器设备。

5.1　两个容量为2 000 mL的矮型玻璃烧杯。

5.2　辐射探测器及配套电子仪表。

该探测器灵敏面积的直径应不小于30 mm。实际上,按规定的测量几何要求,在正常情况下需使用更大灵敏面积的探测器。

宜选用流气式正比计数器、闪烁探测器或半导体型探测器。

为满足规定的测量几何要求(L_{min}-12.5 mm):H不得小于3 mm。L_{min}是污染面积中心在探测器截面上的投影点到灵敏面积边缘的最短距离(mm),H是由探测器表面到污染试样表面的距离(mm)(见图1)。

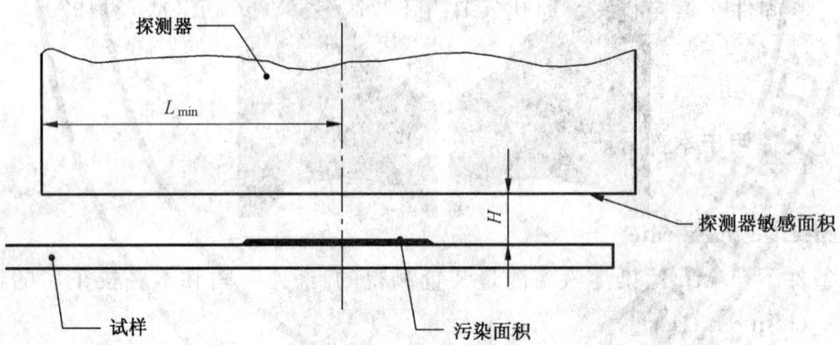

图1　几何要求(剖面)

如果不能满足(L_{min}-12.5mm):H大于或等于3 mm的测量几何条件,宜使用灵敏面积直径不小于30 mm的探测器,而且:

a)　为了确定比计数率(8.1),应将100 μL污染液一点一点地滴遍被污染试样表面上直径为25mm的圆形面积;

b)　在上述几何条件下,100 μL污染溶液的净脉冲率应不低于$2\times10^{5}min^{-1}$。

5.3　两支端头可卸换的100 μL移液管。

5.4　两支端头可卸换的1 000 μL移液管。

5.5　两个聚四氟乙烯(PTEE)(或具有类似化学稳定性的含氟材料)贮液瓶。

5.6　两个聚四氟乙烯(PTEE)烧杯。

注:具有相似化学稳定性的其他氟化物材料,例如聚六氟丙烯(PTEE/PFP)、全氟烷氧基烷(PFA)和聚偏氟乙烯(PVDF),聚四氟乙烯(PTEE)的可能代替材料。

5.7　5 个试样污染定位器。

由硬质有机玻璃(聚异丁烯酸甲酯)制成,用于在污染操作时协助定位,见附录 A。

每个定位器应配备一个扁平的肖氏硬度值不大于 60、尺寸为 45 mm×25 mm×2 mm 的素硅橡胶圈。

硅橡胶圈最好采用无填料的氟硅素橡胶制作。

橡胶圈第一次使用前,应该用清洗试样的有机溶剂(7.3)清洗,只有在经过仔细去污后才可复用。

每种核素必须单独配备 5.3～5.7 中所述仪器、器具,以免交叉污染。

5.8　笼式搅拌去污器

该装置可放 6 片污染试样(见附录 B),配备的电动机应能使搅拌器以 100 r/min 的转速运行。

6　污染液和去污剂

6.1　污染液

6.1.1　污染液组成

应分别配制含有 ^{60}Co 和 ^{137}Cs 核素的污染溶液。

每种污染液必须具有的放射性浓度为:100 μL 污染液蒸干后产生的计数率,经死时间和本底校正后,不少于 2×10^5 min^{-1}(通常放射性浓度为 0.2 MBq/mL 可充分满足需要)。

放射性核素的载体在 pH 值为 4.0±0.2 的硝酸溶液中的浓度为 $(1.0\pm0.1)\times10^{-5}$mol/L。

6.1.2　污染溶液的配制

6.1.2.1　放射性贮备溶液在按 6.1.2.4 规定的方法蒸干后,残渣中除含有 Co^{+2} 和 Cs^{+} 及相应的 NO_3^- 离子外,不应含有别的成分。配制放射性贮备液的试剂都应使用分析纯或高于分析纯纯度的试剂。

6.1.2.2　根据所需污染液的最终放射性浓度和最终体积,以及放射性核素贮备液的放射性浓度,可分别算出所需放射性核素贮备液体积。根据所需污染液载体最终浓度和最终体积,放射性核素贮备液的载体浓度和贮备液加入体积以及标定过的载体溶液浓度,可分别算出所需硝酸钴或硝酸铯载体溶液的加入体积(见附录 C)。

6.1.2.3　把需要量的两种载体的贮备液分别加入到两个足够大的聚四氟乙烯容器里。为了保证贮备液中可能存在的氯离子(Cl^-)全为硝酸根离子所取代,按最终体积每 90 mL 污染液加入 5 mL 浓度为 1 mol/L的高纯度硝酸。然后分别加入需要量的 ^{60}Co 或 ^{137}Cs 贮备液。

6.1.2.4　用红外灯加热,蒸发至干,直至不冒烟后,把红外灯远移至两倍初始距离处,继续加热两小时。待冷却后,分别用 pH 值为 4.0 的硝酸溶液(取密度为 1.4 g/mL 的硝酸 7 μL,用二次蒸馏水稀释成 1 L)加至所需配制的最终体积,并把溶液摇匀。

注:按 8.1 中规定的方法,测定上述溶液的比计数率。

pH 的测定必需至少在干渣全部溶解后 12 h 进行。

6.1.2.5　为了避免容器壁对浓度的影响和防止挥发,每种核素的污染溶液都应保存在密封的聚四氟乙烯容器里,并将其封装在尽可能小的玻璃容器内。

6.1.2.6　按上述规程制备和保存的污染溶液,只要其 pH 值在规定范围内,放射性浓度变化值不超过初始值的 5%(经衰变校正),就可以长期使用。

6.2　去污剂

应采用电导率不大于 3 μS/cm 的去离子水作为去污剂,试验初始温度为(23±2) ℃。

7　试验样品

7.1　制备及预试验

7.1.1　试样耐清洗液的试验

试样可以是任何适当的材料,如金属、非金属、各种涂层、地板覆盖材料等。为了预试验,试样至少

应有一个足够大的、平的表面(7.2),应具有足够的耐清洗液的能力,并须按下述程序检验:

a) 把一小团在清洗液(7.3)里浸渍过的脱脂棉放在试样表面上,用培养皿盖住;

b) 10 min 后,取走棉球,用洗瓶以去离子水吹洗表面;

c) 在(40±5) ℃下干燥 1 h;

d) 目视检查试样,颜色和光泽无变化者宜作为试样材料。

7.1.2 非金属材料(包括有非金属涂层的金属)试样

受试非金属材料,如高分子聚合材料、玻璃、陶瓷材料,必须有一个大小足够的、平的表面。若试样背衬是多孔的或者是无涂层的金属,其背面和棱边必须涂覆易去污的材料(如环氧树脂、聚胺酯、氯化橡胶涂料等)。

制备带涂层的试样,必须从所研究的涂覆材料中选取一个有代表性的样品。用于试验的涂料样品必须按有关标准方法制备。

涂覆材料必须按实际通用方式施用于背面或背衬上,且必须经过适当处理。此外,不允许进行诸如热老化等任何别的处理。

必须注明试样制作日期。

7.1.3 金属材料试样

金属或具有金属表面的试样,应按实际通用的方法进行预处理。金属试样背面及棱边的覆盖可照7.1.2执行。试样制造厂必须提供试样表面粗糙度(平均粗糙度)。并应在样品材料说明书中加以注明。

7.2 试样数量和尺寸

需准备 15 块相同的试样,用 5 块一组的两组试样分别对^{60}Co 和^{137}Cs 进行试验,其余的样品用作预试验(7.1)和试验后的参照样品。

试样尺寸为 50^{+1}_{-2} mm×50^{+1}_{-2} mm,厚度为 1 mm～10 mm。

应在每块试样上选一角(最接近直角的角)作参照角,在它们的背面用细实线刻上(+)的记号。

选用其他尺寸的试样和其他制备条件应与有关方面讨论决定,还须在试验报告中注明。试样尺寸应保证试样能放进清洗架。

7.3 试样的整备和清洗

试样应存放在实验室敞开的容器里,室内气氛必须清洁,无离蚀成分。室温在(20±5) ℃。存放时间不少于 14 d。表面是陶瓷或玻璃的试样不作上述要求。

试样存放期间,应保证试样表面不彼此接触。

擦洗方法:

第一步用柔软纤维泡浸汽油醚(沸点 60 ℃～80 ℃)与异丙醇(含量 99%以上)以 1∶1(体积比)的混合液擦洗。第二步用近干的软纤维织物擦洗。第三步用泡浸去离子水的软纤维织物反复擦洗。

擦洗时,一块试样每一步擦洗 5 遍,每一遍用一团软纤维织物朝一个方向擦洗 5 次,每擦洗一次要改变纤维织物的不同部位。最后用洗瓶中纯水喷洗,直到试样表面上的纤维和微粒都被洗去。然后将试样竖放,在(45±5) ℃的环境下干燥 1 h。

另外,被有机表面材料整个涂覆的试样如有特殊要求,可不作预清洗而直接进行试验。在这种情况下,务必根据厂家的说明制备样品,并确信材料受试表面上无任何脏物。如果略去清洗步骤,必须在试验报告中注明。

8 试验程序

8.1 每种污染溶液比计数率的确定

取 3 块 50 mm×50 mm 的平板玻璃,在每块玻璃的中心位置滴加 100 μL 污染液。宜使污染中心与 8.2 规定的实际试样的污染斑中心一致。为此,可借助于定位器(5.7)进行操作。滴加污染液后,在不超过 45 ℃的温度下进行干燥。然后用 5.2 规定的设备分别测 3 块玻璃片的计数率。

宜确保测量的几何条件,尤其是污染玻璃表面与探测器之间的距离应与 8.3.2 中规定的试样的测定条件完全一致。

每块玻璃片的测量时间为 1 min,测得的计数应作死时间和本底校正。

3 块玻璃片测得的计数率的算术平均值乘以 10 就是污染液的比计数率(计数/(min·mL))。

用上述方法分别确定^{60}Co 和^{137}Cs 污染液的比计数率。

8.2 污染

污染操作必须用图 2 所示的装置进行。操作方法如下。

单位为毫米

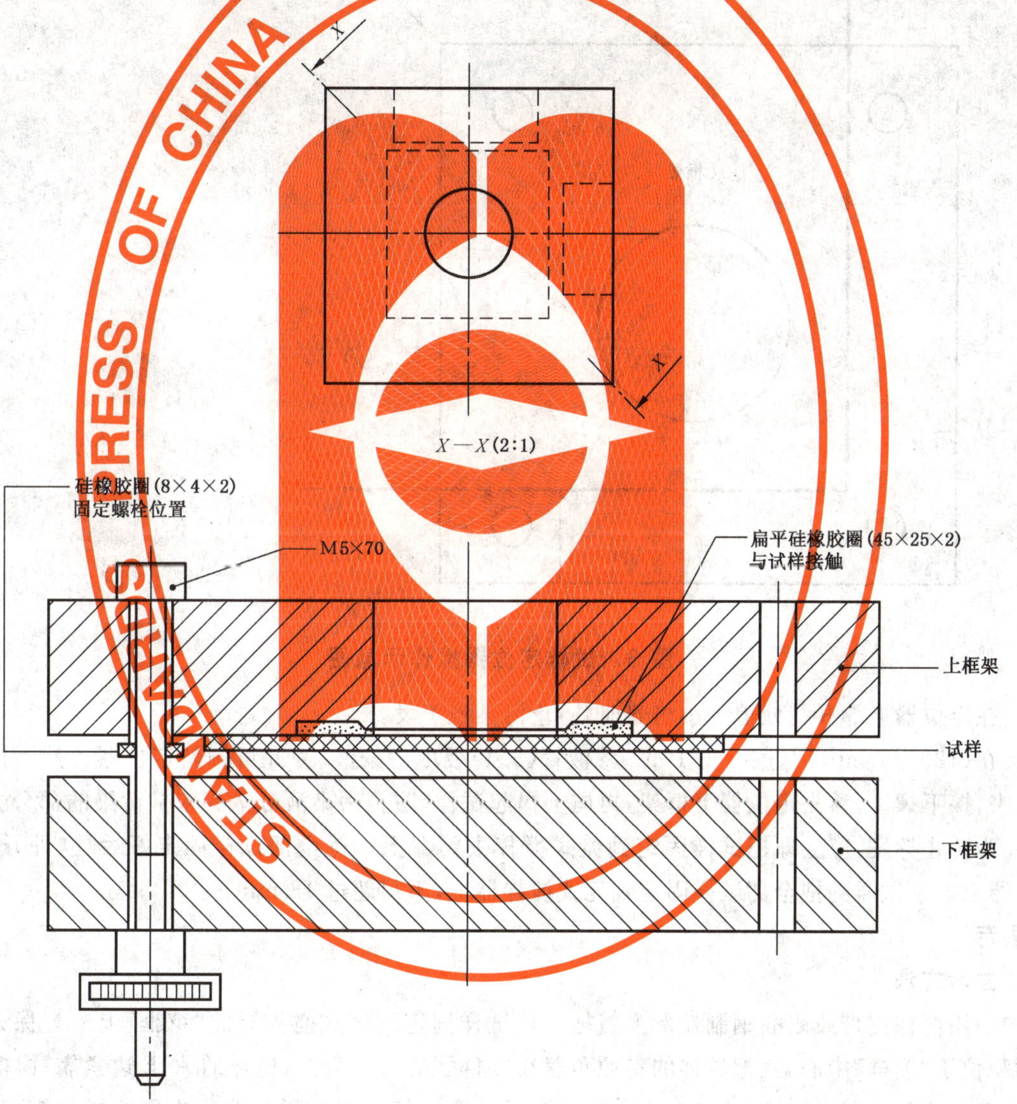

图 2 试样污染定位器(详见图 A.1、A.2)

8.2.1 抬高上框架,把一块试样插入定位器(5.7)。方法是:以试样的参照图解(见图 3)为前导,使其两边分别紧靠定位器 a、b 线,先使 B、b 接触,然后将带有硅橡胶圈的定位器上框架压在试样上,旋紧螺栓,使试样与定位器上部各边(a、b 边)紧密接触。

8.2.2 1 mL 污染溶液从定位器上框架中心加到试样上,保持定位器水平。若试样表面材料具高度疏水性,溶液不能立即在试样上散开,可倾斜定位器,以保证液体充分铺开,覆盖试验圆面。

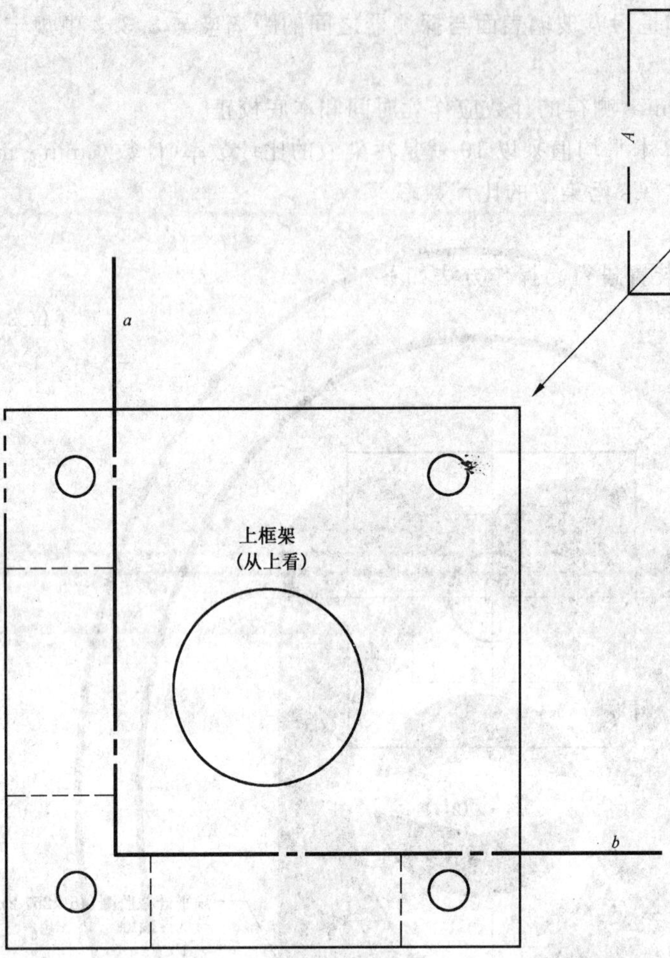

图 3 试样定位器操作示意图

8.2.3 在定位器上部开孔处盖一小培养皿,防止污染液蒸发。

8.2.4 在(120±5)min 后,用一支 1 mL 移液管(5.4)吸尽污染液,为此可倾斜定位器。然后把定位器翻转过来,探下螺母,移去定位器下框架,再向上揭起试样,防止污染液分散到未被污染的部分去。

8.2.5 为防止挥发,应立即把试样固定到笼式搅拌去污器上。待全部试样固定好后,立即开始去污。从定位器上取下试样到把全部试样固定到笼式搅拌器上,不得超过 12 min。

8.3 去污

8.3.1 去污方法

8.3.1.1 用薄橡皮带或耐酸钢制蛇形弹簧把 5 块试样固定到笼式搅拌器的"窗框"上。为保证试样的污染面积位于"窗框"中心,宜把试样的参照角盖在"窗框"的右下角上,试样的 A、B 边紧靠"窗框"的 d、e 线(先让 B、e 靠紧)(图 4)。第六窗用一块耐酸钢板盖严。每块薄试样的背后也用这样的钢板支撑,以保证薄试样有足够平整的表面。

8.3.1.2 把装有试样的笼式搅拌去污器浸没在盛有(900±20) mL 去离子水(6.2)的烧杯(5.1)中,笼底直接接触到烧杯底。若烧杯未满足 5.1 中的规定,去离子水在烧杯中的水位不得低于图 4 所示的最低水位线。

8.3.1.3 去污时水的初始温度应为(23±2) ℃。

8.3.1.4 以(100±5)r/min 的速度转动笼式搅拌器 2.5 min 后,取出笼式搅拌器,并放入另一个装有去离子水的烧杯中，再转 10 s。从笼上取下试样，放入干燥箱中，在(40±5) ℃下干燥。

8.3.1.5 如果要检查去污液的再污染情况，则第六窗不装钢板而装上一块未被污染的试样。

8.3.2 残留计数率的确定

试样干燥后，用 5.2 规定的设备测定计数率。测量时的几何条件(试样与探测器的距离和相对位置)应与 8.1 的测量条件相一致。

测定残留计数率宜在用未污染试样测定本底后立即进行。

每次测量应一次完成，并校正死时间及本底。测得的净计数应超过 5 000，否则测量时间应超过 10 min。

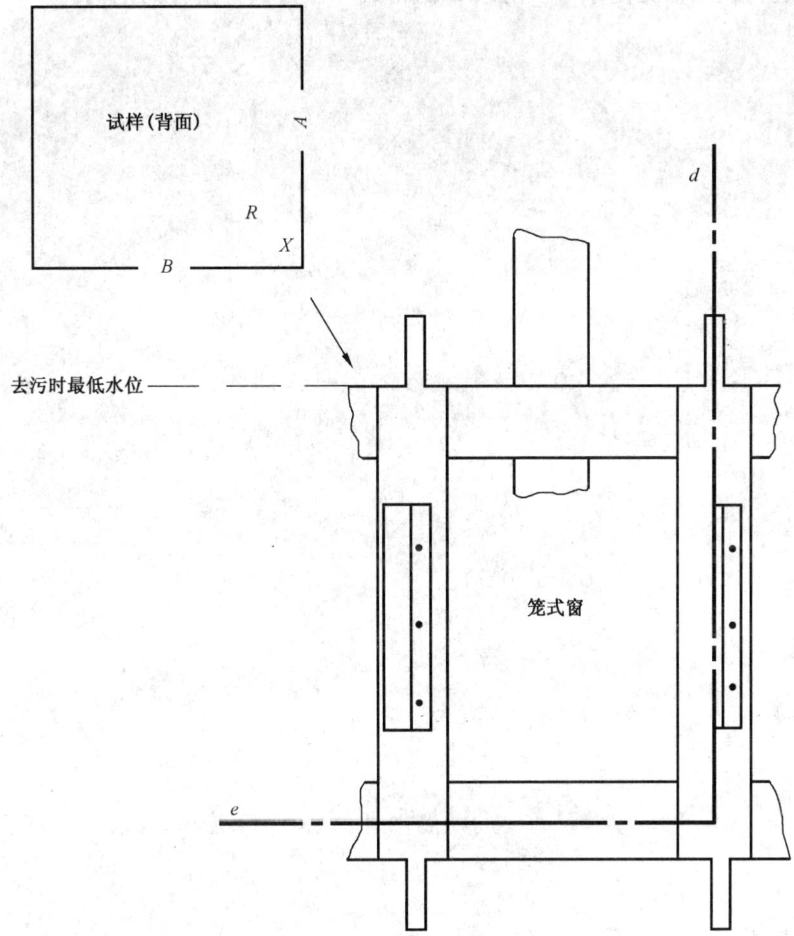

图 4 笼式搅拌去污器操作示意图

(详见图 B.1～B.9)

9 试验结果计算及去污难易程度的评价

9.1 结果计算

去污后，分别对 ^{60}Co 和 ^{137}Cs 污染的每组 5 块试样计算出残留计数率的平均残留计数率，分别乘以校正因子 α(3.4)即为标准平均残留计数率。^{60}Co、^{137}Cs 的标准平均残留计数率的算术平均值——最终残留计数率即为计算的最终结果。

9.2 去污难易程度的评定

根据表 1 评价 ^{60}Co、^{137}Cs 表面污染去污的难易程度。

表 1 去污难易程度评价表

最终残留计数率(FRC)/min^{-1}	去污难易程度
FRC<3 000	极易
3 000≤FRC<15 000	易
15 000≤FRC<60 000	较易
60 000≤FRC	难

10 试验报告

按要求编写试验报告(参见附录 D),附录 D 的格式可作为试验报告的范例。

附　录　A
（规范性附录）
试样污染定位器

A.1　试样污染定位器下框架(见图 A.1)

单位为毫米

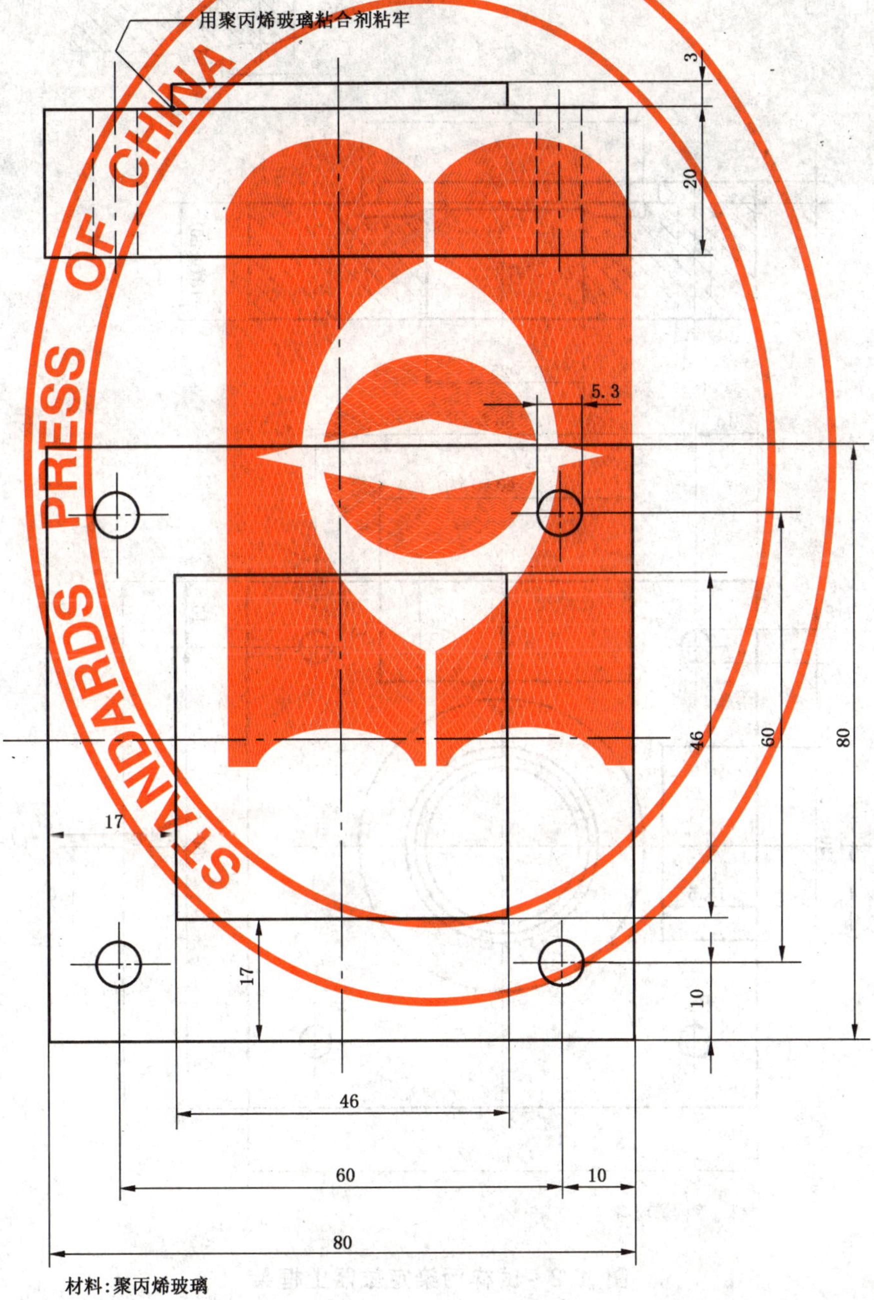

图 A.1　试样污染定位器下框架

A.2 试样污染定位器上框架(见图 A.2)

单位为毫米

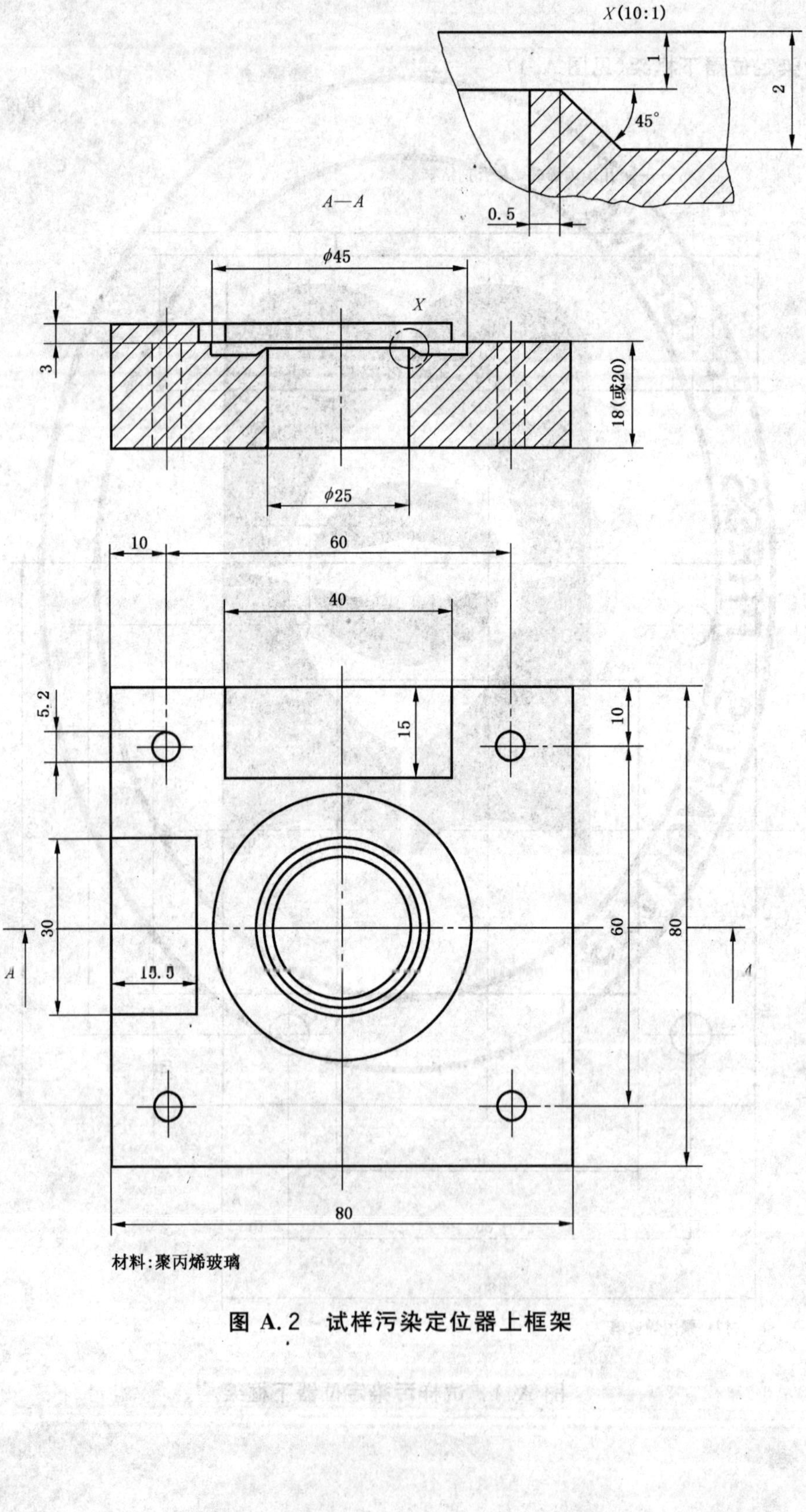

材料:聚丙烯玻璃

图 A.2 试样污染定位器上框架

附 录 B
（规范性附录）
笼式搅拌去污器

B.1 笼式搅拌器总装图（见图 B.1）

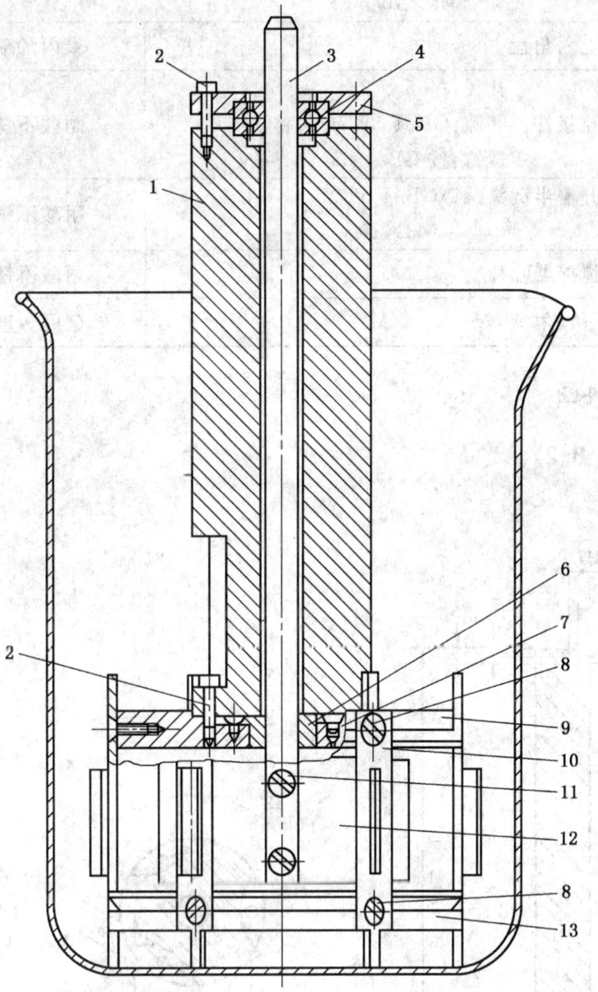

图 B.1 笼式搅拌器总装图

B.2 笼式搅拌去污器零件明细表（见表 B.1）

表 B.1 笼式搅拌去污器零件明细表

序号	件数	名 称	材 料	零件图
1	1	搅拌器支柱	聚丙烯玻璃	图 B.2
2	6	内六角圆柱头螺钉GB/T 70.1 M3×12	耐酸不锈钢	—
3	1	搅拌器轴	耐酸不锈钢	图 B.3
4	1	径向深槽滚珠轴承带垫圈		—
5	1	轴承压板	聚丙烯玻璃	图 B.4

表 B.1（续）

序号	件数	名　　称	材　　料	零件图
6	1	搅拌器轴承　孔径：ϕ2.4 间隙：按 GB/T 5277 螺钉：按 GB/T 68	聚四氟乙烯	图 B.5
7	2	开槽沉头螺钉GB/T 68 M3×5	耐酸不锈钢	—
8	12	开槽沉头螺钉GB/T 68 M4×10	耐酸不锈钢	—
9	1	上六角盘	聚丙烯玻璃	图 B.6
10	6	连接件　孔径：ϕ4.5 间隙：GB/T 5277 螺钉：按 GB/T 68	耐酸不锈钢	图 B.7
11	2	开槽半沉头螺钉GB/T 69 M3×10	耐酸不锈钢	—
12	1	搅拌器叶片	耐酸不锈钢	图 B.8
13	1	下六角盘	聚丙烯玻璃	图 B.9

B.3 笼式搅拌去污器零件图

B.3.1 搅拌器支柱（见图 B.2）

单位为毫米

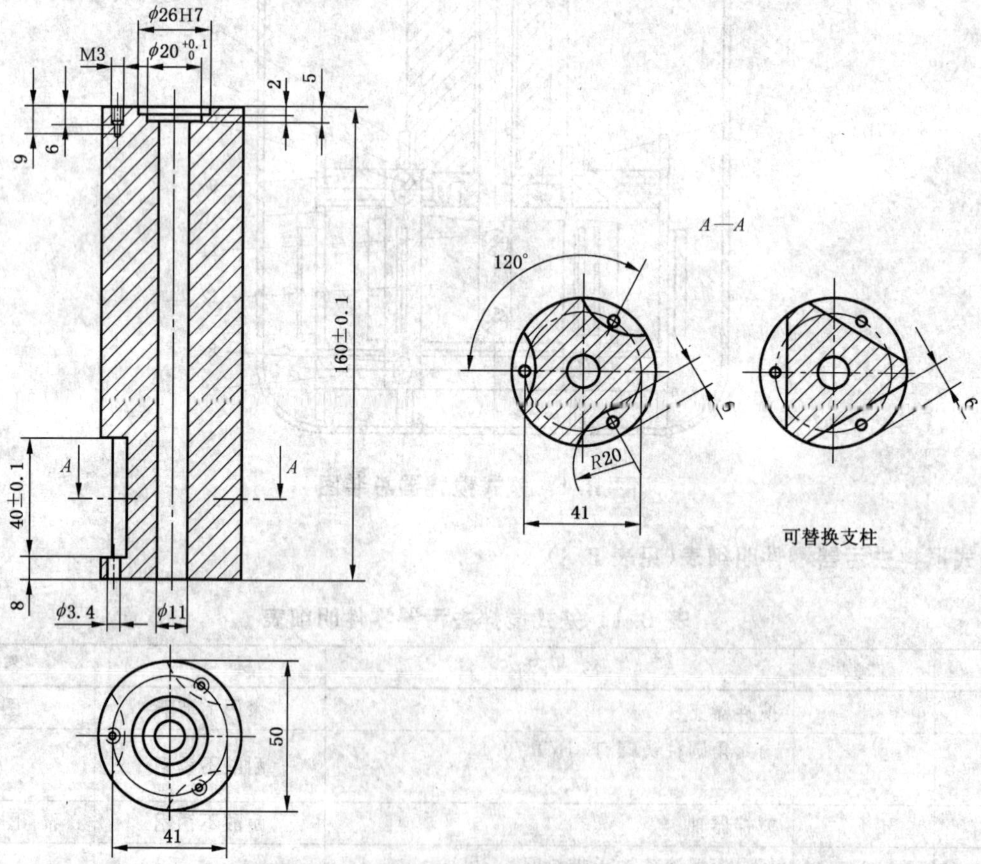

图 B.2 搅拌器支柱

B.3.2 搅拌器轴(见图 B.3)

单位为毫米

图 B.3 搅拌器轴

B.3.3 轴承压板(见图 B.4)

单位为毫米

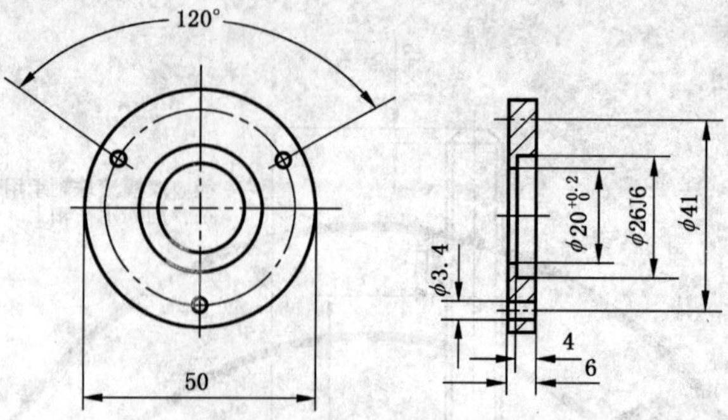

图 B.4 轴承压板

B.3.4 搅拌器轴承(见图 B.5)

单位为毫米

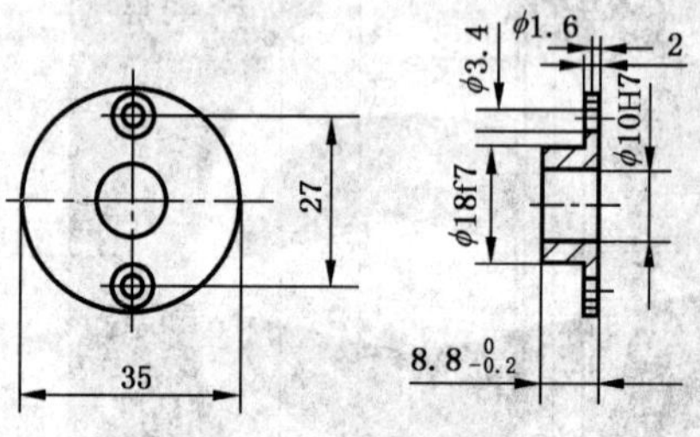

图 B.5 搅拌器轴承

B.3.5　上六角盘(见图 B.6)

单位为毫米

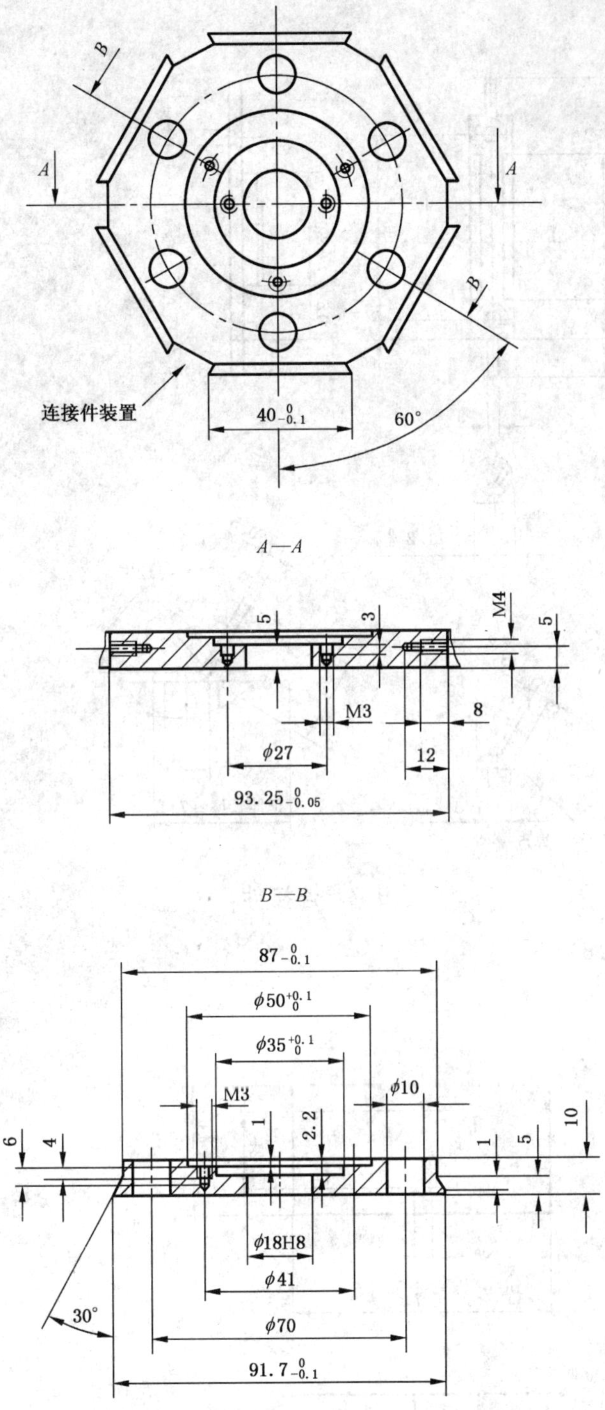

图 B.6　上六角盘

B.3.6 连接件(见图 B.7)

单位为毫米

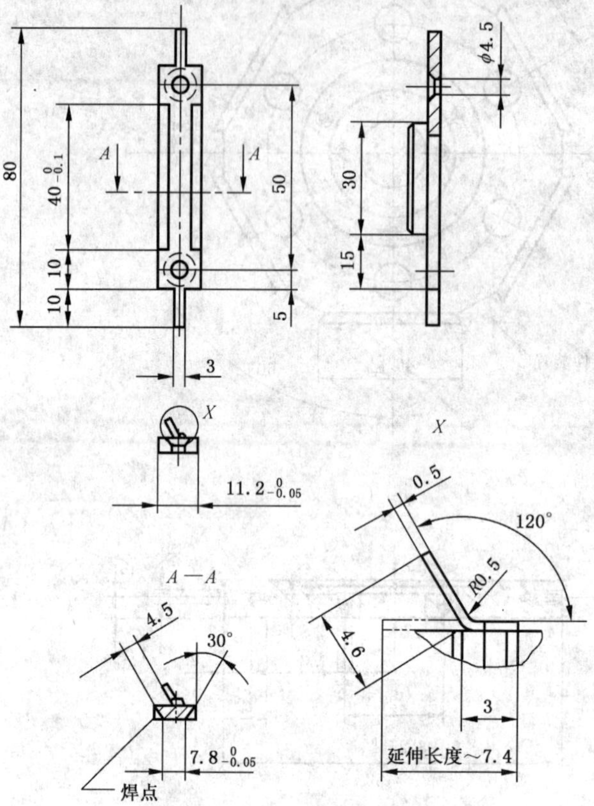

图 B.7 连接件

B.3.7 搅拌器叶片(见图 B.8)

单位为毫米

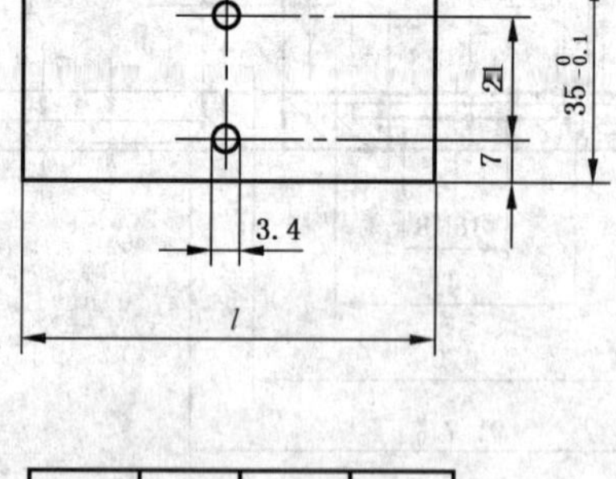

l^{0}_{-1}	50	60	70

厚度=3 mm

图 B.8 搅拌器叶片

B.3.8 下六角盘(见图 B.9)

单位为毫米

图 B.9 下六角盘

附 录 C
（规范性附录）
^{60}Co、^{137}Cs 污染溶液的计算公式

C.1 本附录给出了配制放射性浓度为 0.2 MBq/mL，载体浓度为 10^{-5} mol/L 的放射性污染溶液所需要的放射性核素贮备液和标定过的载体溶液体积的计算公式。

C.1.1 配制污染溶液所需要的放射性核素贮备液体积的计算见式(C.1)：

$$V_{贮} = \frac{0.2V_{污}}{S} \qquad \cdots\cdots(C.1)$$

式中：

$V_{污}$——所需污染液的最终体积，单位为毫升(mL)；

S——贮备液的放射性浓度，单位为兆贝可每毫升(MBq/mL)；

0.2——所需污染液的最终放射性浓度为 0.2 MBq/mL；

$V_{贮}$——所需放射性核素贮备液的体积，单位为毫升(mL)。

C.1.2 配制污染液所需标定过的载体溶液体积的计算见式(C.2)：

$$V_{载} = \frac{1.0 \times 10^{-5} \times V_{污} - 0.2V_{污} \times M/S}{m} \qquad \cdots\cdots(C.2)$$

式中：

M——^{60}Co 或 ^{137}Cs 贮备液中载体浓度，单位为摩尔每升(mol/L)；

m——标定过的载体溶液的浓度，单位为摩尔每升(mol/L)；

$V_{载}$——所需标定过的载体溶液的体积，单位为毫升(mL)。

附　录　D
（资料性附录）
试验报告范例

试验单位
试验报告号：
委托单位：
送检人：

D.1　委托单位提供的有关资料

D.1.1　材料名称和用途（如用作地板覆盖材料、容器涂层等）。
D.1.2　材料生产厂。
D.1.3　试验材料一般情况。
出厂标号、颜色、光泽、表面粗糙度、其他资料。
D.1.4　试验材料的重要组分（如：粘合剂、固化剂、填充剂等）。
D.1.5　试验材料制造和使用说明（如：使用方法、干燥时间和干燥温度等）。
D.1.6　试样尺寸及载体（背衬）材料。
D.1.7　试样进行过何种预处理（如机械处理、热处理、化学处理等）。
D.1.8　试样制备日期。

D.2　试验单位提供的资料

D.2.1　试样试验前的表现（颜色、表面状态、光泽、表面粗糙度等）。
D.2.2　去污难易程度试验有关资料：
D.2.2.1　试验日期。
D.2.2.2　测量仪器。
D.2.2.3　探测器。
D.2.2.4　污染剂（核素）。
D.2.3　测量结果：
D.2.3.1　所用各种放射性核素的标准平均残留计数率。
D.2.3.2　最终残留计数率。
D.2.3.3　去污难易程度评定。

试验单位　　　　签字　　　　盖章：
试验日期××××年××月××日

ICS 17.040.30
F 86

中华人民共和国国家标准

GB/T 14058—2008
代替 GB/T 14058—1993

γ射线探伤机

Apparatus for gamma radiography

2008-07-02 发布　　　　2009-04-01 实施

中华人民共和国国家质量监督检验检疫总局
中国国家标准化管理委员会　发布

前　言

本标准代替GB/T 14058—1993《γ射线探伤机》。

本标准与GB/T 14058—1993相比主要差异如下：

a) 增加了“控制缆导管、源托及源组件”等术语和定义，另将原标准术语“联锁装置”改为“自动安全装置”(3.2)；

b) 产品分类的变化，将按特殊用途设计的管线爬行器和水下用γ射线照相设备作为其他类，但本标准不适用特殊用途方面的性能(第4章)；

c) 对第5章“要求”作了修改和完善，将其内容分为“外观要求、环境适用性、安全性能和可靠性要求”四个部分(第5章)；

d) 在试验方法上的变化，不仅细化了试验的目的、原理和过程，将比较复杂的试验“屏蔽性能试验方法”和“可靠性试验方法”分别单独作为标准的规范性附录B和规范性附录C；

e) 根据ISO 3999-1:2000《辐射防护工业γ射线照相设备　第1部分:性能、设计及试验规范》，取消了原标准中事故性跌落试验的跌落试验Ⅰ(跌落高度9 m)，只保留了其跌落试验Ⅱ并将跌落高度由1 m改为1.2 m(C.2.3.2.2)；

f) 在标记方面增加了源组件标记要求(8.1.1)；

g) 增加了对产品随行文件的要求(第9章)。

本标准的附录B和附录C为规范性附录，附录A为资料性附录。

本标准由中国核工业集团公司提出。

本标准由全国核仪器仪表标准化技术委员会归口。

本标准主要起草单位：中国核动力研究设计院。

本标准主要起草人：周建明。

本标准所代替标准的历次版本发布情况为：

——GB/T 14058—1993。

γ射线探伤机

1 范围

本标准规定了γ射线探伤机(以下简称为γ探伤机)的产品分类、技术要求、试验方法、检验规则和标志、包装、运输及贮存等。本标准不规定γ探伤机的测读系统及其要求。

本标准适用于采用密封放射源发射的γ射线进行工业射线照相的探伤机产品。本标准不适用于为特殊用途而设计的γ射线探伤机。

2 规范性引用文件

下列文件中的条款通过本标准的引用而成为本标准的条款。凡是注日期的引用文件,其随后所有的修改单(不包括勘误的内容)或修订版均不适用于本标准,然而,鼓励根据本标准达成协议的各方研究是否可使用这些文件的最新版本。凡是不注日期的引用文件,其最新版本适用于本标准。

GB 190 危险货物包装标志

GB/T 4075—2003 密封放射源 一般要求和分级(ISO 2919:1999,MOD)

GB/T 8993—1998 核仪器环境条件与试验方法

GB 11806—2004 放射性物质安全运输规程(IAEA NO. TS-R-1,IDT)

GB/T 12626.1 硬质纤维板 定义和分类(GB/T 12626.1—1990,neq ISO 818:1975)

GB/T 14056 表面污染测定 第1部分:β发射体(最大β能量大于0.15 MeV)和α发射体

GB/T 15479 工业自动化仪表绝缘电阻、绝缘强度 技术要求和试验方法

GB 18871—2002 电离辐射防护与辐射源安全基本标准

3 术语和定义

下列术语和定义适用于本标准。

3.1

γ射线探伤机 apparatus for gamma radiography

包含一个源容器及其附件,能使密封放射源发射的γ射线用于工业射线照相的设备。

3.2

自动安全装置 automatic securing mechanism

能将源组件自动限定在安全位置的机构。

3.3

限束器 beam limiter

用于固定在工作位置上降低预定方向外辐射的屏蔽装置。

3.4

控制缆 control cable

用于依靠遥控装置将源组件送出和收回源容器的缆索,包括与源托连接的连接件。

3.5

控制缆导管 control-cable sheath

用于遥控装置与源容器之间对控制缆进行导向并对控制缆提供物理性保护的软管,包括与遥控装置和源容器连接的连接件。

3.6

源容器　exposure container

它是一个密封源的屏蔽体，可以使 γ 射线有控制地输出。

3.7

曝光头　exposure head

用于将密封放射源定位于选定的工作位置，并限制源组件伸出输源管的装置。

3.8

安全锁　lock

用于锁住或开启源容器的带钥匙的机械装置。

3.9

锁定状态　locked position

源组件位于安全屏蔽位置且被锁定时源容器的状态。

3.10

最大额定值　maximum rating

γ 射线探伤机采用某一特定放射性核素所允许的最大活度。

3.11

输源管　projection sheath

用于源容器与曝光头之间对源组件导向的软管。它包括必要的连接部件以便与源容器和曝光头连接或包括曝光头。

3.12

遥控装置　remote control

用于通过远距离操作实现源组件从源容器移动到工作位置的装置。它包括控制机构、控制缆、控制缆导管、必要的其他部件和附件。

3.13

安全位置　secured position

当密封源被屏蔽且被限制在源容器内的屏蔽位置时源容器及源组件的状态。

3.14

工作位置　working position

当进行预定的 γ 射线照相时，源容器及源组件的状态。

4　产品分类

4.1　按源容器的可移动性分类

γ 射线探伤机按其源容器的可移动性可分为 P、M 和 F 三类。

P 类：便携式 γ 探伤机，源容器便于人工搬运且质量不超过 50 kg。

M 类：移动式 γ 探伤机，源容器借助适当的工具能容易移动。

F 类：固定式 γ 探伤机，源容器是固定安装的或只能在某一特定区域内有限制地移动。

4.2　按结构型式分类

γ 射线探伤机按结构型式可分为Ⅰ、Ⅱ和其他共三类，其结构示意参见附录 A。

Ⅰ类：结构型式见图 A.1。Ⅰ类 γ 探伤机照相时，源组件不需要离开源容器。

Ⅱ类：结构型式见图 A.2。Ⅱ类 γ 探伤机在照相时，源组件需通过遥控操作经输源管送到曝光头。

其他类：Ⅰ类和Ⅱ类以外的其他结构形式 γ 射线探伤机。

5　要求

5.1　外观要求

5.1.1　产品外表面光整、色泽均匀，不得有裂痕、锈蚀和变形等缺陷。

5.1.2 产品上文字和标记应清晰可见。

5.1.3 遥控装置控制导管及输源管等塑料件应无起泡、起皮、开裂、变形等缺陷。

5.2 环境适应性

5.2.1 环境温度

γ探伤机应能在−40 ℃～70 ℃的温度范围内正常工作。

5.2.2 环境相对湿度

γ探伤机应能在30%～93%的相对湿度范围内正常工作。

5.2.3 电源

非手动操作的γ探伤机遥控装置必须适用下列电源：

a) 额定电压不超过直流或单相交流250 V、多相交流500 V，电压波动范围不超过额定电压的±10%；

b) 频率不超过100 Hz，频率误差不超过1 Hz。

5.3 安全性能

5.3.1 源容器

5.3.1.1 β辐射的防护

当γ探伤机采用贫化铀作为屏蔽材料时，其外表面应包覆足够厚度的低原子序数的非放射性材料，以减弱和吸收贫化铀发射的β辐射；其源通道也应包覆足够厚度的非放射性材料。

5.3.1.2 屏蔽性能

当源容器装载最大活度值的密封源并处于锁定状态且装配好保护盖(若有)时，其周围当量剂量率应不超过表1规定的限值。

表1 周围当量剂量率极限值

1	2	3	4
类别	最大周围当量剂量率/(mSv/h)		
	容器外表面	离容器表面50 mm处	离容器表面1 m处
P	2	0.5	0.02
M	2	1	0.05
F	2	1	0.1

5.3.1.3 防意外拆卸的要求

γ探伤机的源容器应能防止未经许可的人员的拆卸，对源组件保持在安全或锁定状态有影响的零部件应设计成只有使用专用工具才能拆除。

5.3.2 安全锁

γ探伤机的源容器应有安全锁，并配置专用钥匙。该安全锁应符合以下要求：

a) 只有用专用钥匙打开安全锁后，才能进行自动安全装置的一系列操作，使射线束从源容器或照射头射出；

b) 安全锁可以是在无钥匙的情况下能锁上的保险锁，也可以是只有当源容器处于锁定状态时才能取下钥匙的保险锁。当该安全锁锁上时，源容器和源组件一定处于安全状态，否则就无法锁上。当密封源处在工作位置时，安全锁的损坏应不妨碍密封源从工作位置返回到安全位置；

c) 安全锁应能承受逐渐施加的400 N的作用力且仍能起作用。

5.3.3 自动安全装置

γ探伤机的源容器应有自动安全装置，该装置应符合以下要求：

a) 只有在源容器上完成预定动作后才能打开自动安全装置；

b) 当源组件返回安全位置时，应能自动使源容器转变到安全状态；

c) 只有当源组件处于安全位置时才能锁定源容器；

d) Ⅱ类γ探伤机的源容器，应只有在控制缆与源组件、控制缆导管与源容器及输源管与源容器之间可靠连接后才能送出放射源；

e) 对使用有遥控装置的源容器，只有当源容器处于安全状态时才能拆下遥控装置。

5.3.4 源组件位置显示器

γ探伤机应有源组件位置显示器，该显示器应符合以下要求：

a) 能使操作者在5 m处确定源托是否处于安全状态，若这些显示在源容器上，则应在遥控装置的连接方向5 m处能清晰辨别；

b) 应采用不同的颜色进行指示，用绿色表示源托处于安全状态，用红色表示源托未处于安全状态；

c) 应采用数字显示器显示源组件离开源容器的距离；

d) 应采用音响提示源组件已离开源容器。

5.3.5 源组件

5.3.5.1 承力要求

源组件各部分应能承受以下要求的拉力且保持结构完好：

a) 铥-170源的源组件应能承受300 N的拉力；

b) 铱-192源的源组件或硒-75源的源组件应能承受500 N的拉力；

c) 钴-60源的源组件应能承受700 N的拉力。

5.3.5.2 互换性要求

Ⅱ类γ探伤机的源组件应具有互换性(即：能与控制缆末端连接且其总长的尺寸误差小于±1 mm)。

5.3.5.3 其他要求

源组件还应符合以下要求：

a) 可重复使用的源托，密封源应通过两种以上的连接方式固定在源托上；

b) Ⅱ类γ探伤机的源组件应能在不使用工具的情况下与控制缆末端连接和断开(不可分离地连接在控制缆上的源组件除外)；

c) 源组件回到源容器后，在操作设备或拆卸和连接遥控装置时均不可能被拔出；

密封源或源组件应仅在常规换源操作中且通过两种以上的操作才能被卸出。

5.3.6 手柄及提升装置

P类源容器的手柄或M类源容器的提升装置应能承受相当于25倍源容器总重量的静态拉力，要求手柄和提升装置保持完好且可靠地连接在源容器上。

5.3.7 手推车

M类源容器的手推车及其固定装置应能在倾度为10°的平整钢板表面上不会下滑和倾翻。

5.3.8 遥控装置

γ探伤机的遥控装置应符合以下要求：

a) 遥控装置的控制缆应有一个止动装置，以防止控制缆与遥控装置丢失和脱开；

b) 遥控装置的控制机构应清晰标记源组件运动到曝光位置及其返回的方向；

c) 遥控装置的控制机构应能防止粒度大于1 μm泥泞、沙子的浸入；

d) 非手动操作的遥控装置应符合以下要求之一：

  1) 系统出现故障时源容器和源组件能自动回到安全状态；

  2) 配备一个应急装置(最好是手动的)和(或)应急措施，使源组件能返回到安全状态。

5.3.9 电气安全要求

非手动操作的遥控装置应符合以下电气安全要求：

a) 对采用插头与电源的遥控装置，当拔断插头之后 1 s 时，各插头插脚之间或每一插脚与机壳之间的电压应不超过 60 V。

b) 非手动操作的遥控装置的绝缘电阻和绝缘强度应符合 GB/T 15479 的规定。

5.4 可靠性要求

5.4.1 整机可靠性

5.4.1.1 疲劳性能

γ 探伤机经过 50 000 次的全循环模拟操作后，其自动安全装置和安全锁应仍能完成设计要求的各项操作。

5.4.1.2 源驱动耐受性能

在完成以下各项试验后，γ 探伤机应能实现源组件的送出和收回：

a) 对源容器的屏蔽效能试验、振动试验和冲击试验；

b) 对源组件的振动试验和拉力试验；

c) 对遥控装置的挤压试验、弯曲试验、扭折试验和拉力试验；

d) 对输源管的挤压试验、弯曲试验、扭折试验和拉力试验。

5.4.2 源容器的可靠性

5.4.2.1 抗振动

γ 探伤机的源容器经过振动试验后，应能符合 5.3.1～5.3.4 及 5.3.6 的要求。

5.4.2.2 抗冲击

γ 探伤机的源容器经过冲击试验后，应能符合 5.3.1～5.3.4 及 5.3.6 的要求。

5.4.2.3 抗跌落

γ 探伤机的源容器经过跌落试验后，密封源应保持在源容器内且源容器周围 1 米处的周围当量剂量率不应超过表 1 规定限值的 1.5 倍。

5.4.3 遥控装置的可靠性

Ⅱ类 γ 探伤机的遥控装置经过挤压、弯曲、扭折和拉力等试验后，应满足下列要求：

a) 保持结构完整且控制缆能在导管内运动灵活无卡滞现象；

b) 按图 1 布置遥控装置，使控制缆完全伸出和收回的最大力矩不大于试验前的 125%。

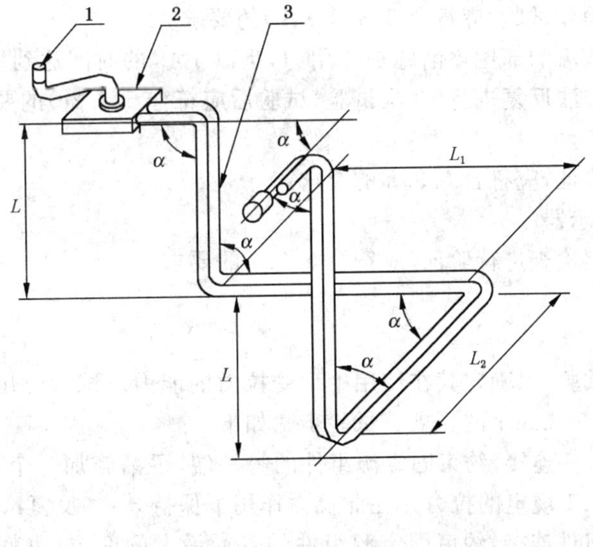

1——控制杆；

2——控制机构；

3——控制缆导管。

注 1：方向变化角度 $\alpha=90°$，遥控装置导管的最小弯曲半径由随行文件规定。

注 2：控制导管和贮存导管绑在一起呈复合式导管。

图 1 遥控装置试验几何图

5.4.4 输源管的可靠性

Ⅱ类γ探伤机的输源管经过挤压、弯曲、扭折和拉力等试验后，应保持结构完整且控制缆及源组件能在导管内运动灵活无卡滞现象。

注：若输源管是刚性的，则不进行扭折试验。

6 试验方法

6.1 外观检查

通过目测进行外观检查应符合5.1的要求。

6.2 环境适应性试验

6.2.1 温度试验

6.2.1.1 将γ探伤机放入温箱内，将温箱温度以20 ℃/h的变化速率升至70 ℃，经预定热平衡后保温4 h，然后将温箱温度以同样的变化速率降至常温，恢复4 h后，取出进行检查。

6.2.1.2 将γ探伤机放入温箱内，将温箱温度以20 ℃/h的变化速率降至－40 ℃，经预定热平衡后保温4 h，然后将温箱温度以同样的变化速率升至常温，恢复4 h后，取出进行检查。

6.2.2 湿度试验

按GB/T 8993—1998附录D规定的恒定湿热试验方法(按第Ⅲ组的要求)进行试验。

6.2.3 供电试验

通过模拟操作进行试验。

6.3 安全试验

6.3.1 源容器

6.3.1.1 **β辐射的防护**

按GB/T 14056规定的方法进行检查试验。

6.3.1.2 **屏蔽性能**

按附录B(规范性附录)规定的试验方法进行测量和计算，其结果应符合5.3.1.2的要求。

6.3.1.3 **防意外拆卸的试验**

通过模拟操作进行试验。

6.3.2 安全锁

对安全锁进行模拟操作试验，应符合5.3.2a)、b)的要求。

对安全锁的最易受破坏的部位逐渐施加作用力，且以10 s的时间达到400 N并保持5 s后以10 s的时间逐渐释放。按此方法反复进行10次试验，试验后应符合5.3.2c)的要求。

6.3.3 自动安全装置

通过模拟操作进行验证，应符合5.3.3的要求。

6.3.4 源组件的位置显示器

通过模拟操作和目测检查进行验证，应符合5.3.4的要求。

6.3.5 源组件

6.3.5.1 **承力要求**

源组件应进行拉力试验，以确定其在使用中耐受拉力的能力。试验时用模拟源组件代替源组件进行试验，试验结果应符合5.3.5.1的要求。试验步骤如下：

a) 将控制缆与源组件连接，约束固定源组件的另一端，逐渐施加一个拉力于控制缆，要求以10 s的时间达5.3.5.1规定的拉力并在此拉力作用下保持5 s。反复试验10次；
b) 将控制缆与源组件连接，约束固定源组件的直径最大的部位(也就是当源组件到达源容器安全位置的过程中，那些常阻止其收回的部位)，逐渐施加拉力于控制缆，要求10 s的时间达5.3.5.1规定的拉力并在此拉力作用下保持5 s。反复试验10次。

注：本试验用的模拟源组件应由密封源供应商按源托与密封源的组装工艺要求装配。

6.3.5.2 互换性检验

随机抽取(10～15)根源组件进行检查,试验结果应符合5.3.5.2的要求。

6.3.5.3 其他要求检验

通过模拟操作和演示进行检验,其结果应符合5.3.5.3的要求。

6.3.6 手柄和提升装置

对源容器的手柄和提升装置的最常用的部位施加一个静态拉力进行试验验证,该静态力应相当于源容器重量的25倍。试验结果应符合5.3.6的要求。

6.3.7 手推车

通过模拟操作演示进行试验验证,其结果应符合5.3.7的要求。

6.3.8 遥控装置

通过模拟操作和目测进行验证,其结果应符合5.3.8的要求。

6.3.9 电气安全试验

6.3.9.1 将γ探伤机在额定电压或上限电压运行,用拔断插头的方法使设备与电网断开且设备电源置于最不利的位置上;在拔断插头后1 s时,用仪表测量插头各插脚之间或每一插脚与机壳之间的电压,测量结果应符合5.3.9a)的要求。

6.3.9.2 按GB/T 15479的规定试验方法进行绝缘电阻和绝缘强度的测量。

6.4 可靠性试验

6.4.1 整机可靠性

6.4.1.1 疲劳性能

按附录C中C.1规定的试验方法进行试验,其结果应符合5.4.1.1的要求。

6.4.1.2 源驱动耐受性能

在5.4.1.2规定的试验完成后进行γ探伤机源驱动试验,试验结果应符合5.4.1.2的要求。

所有试验开始前,施加于控制杆的使源组件送出和收回的最大作用力不应超过实际所需的最大作用力的125%。

注:使源组件送出和收回的实际所需的最大作用力可采用制造商提供的测量数据,也可在试验时通过力矩测量装置先测出此数据。

6.4.2 源容器的可靠性

6.4.2.1 抗振动

按附录C中C.2.1规定的试验方法进行试验,其结果应符合5.4.2.1的要求。

6.4.2.2 抗冲击

按附录C中C.2.2规定的试验方法进行试验,其结果应符合5.4.2.2的要求。

6.4.2.3 抗事故跌落

按附录C中C.2.3规定的试验方法进行试验,其结果应符合5.4.2.3的要求。

注:若γ探伤机源容器已按GB 11806—2004中8.5.7.2的规定进行了试验,则不必进行本项试验。

6.4.3 遥控装置的可靠性

按附录C中C.3规定的试验方法进行试验,其结果应符合5.4.3的要求。

6.4.4 输源管的可靠性

按附录C中C.4规定的试验方法进行试验,其结果应符合5.4.4的要求。

7 检验规则

7.1 检验分类

γ射线探伤机的检验分为型式检验和出厂检验。

7.2 型式检验

7.2.1 下列情况之一,应进行型式试验:

a) 新产品或老产品转厂生产的试制定型鉴定；

b) 正式投产后，当产品的结构、材料、工艺有较大改变，可能影响产品性能时；

c) 产品长期停产两年以上，恢复生产时；

d) 国家质量监督机构提出要求时。

7.2.2 型式检验项目见表2。型式试验时应随机抽取(3～5)台γ射线探伤机。

表2 型式检验和出厂检验项目

序号	检验项目	评定依据	型式检验	出厂检验
1	外观	5.1	+	+
2	环境适应性	5.2	+	−
3	β辐射的防护	5.3.1.1	+	−
4	源容器的屏蔽性能	5.3.1.2	+	+
5	防意外拆卸	5.3.1.3	+	+
6	安全锁	5.3.2	+	+
7	自动安全装置	5.3.3	+	+
8	源组件的位置指示器	5.3.4	+	+
9	源组件	5.3.5	+	+[a]
10	手柄、附加装置及提升装置	5.3.6	+	−
11	手推车	5.3.7	+	−
12	遥控装置的检验	5.3.8	+	+
13	电气安全	5.3.9	+	−
14	疲劳性能	5.4.1.1	+	−
15	源驱动耐受性能	5.4.1.2	+	+[b]
16	抗振动	5.4.2.1	+	−
17	抗冲击	5.4.2.2	+	−
18	抗跌落	5.4.2.3	+	−
19	遥控装置的可靠性	5.4.3	+	−
20	输源管的可靠性	5.4.4	+	−

注：“+”为必作的项目，“−”为不要求作的项目。

[a] 只对源组件的互换性进行检验。

[b] 按图C.1的要求进行连接和布置，用模拟源代替进行源驱动试验，只检查源驱动过程是否顺畅有无卡滞现象。

7.3 出厂检验

7.3.1 每台γ射线探伤机出厂前进行出厂检验。

7.3.2 出厂检验项目见表2。

7.4 合格判定

7.4.1 型式检验中除5.1允许返修外，其余应全部检验合格。

7.4.2 出厂检验应全部检验合格并出具产品合格证后，才能交付用户。用户可根据7.3的规定进行复检；如果发现不合格产品，制造商应予调换。

8 标志、包装、运输、贮存和使用

8.1 标志

8.1.1 产品标志

每台γ探伤机的源容器上或永久性固定在源容器上的铭牌上或源组件上，应采用雕刻、冲压或其他方法，将以下内容作出永久性的、擦洗不掉的标志：

a) 基本电离辐射符号(见 GB 18871—2002 附录 F 中图 F.1)；

b) 源容器的最大活度值，用“Bq”为单位表示，如：3.7TBq；

c) 执行标准编号；

d) 制造商名称、设备类型和出厂编号；

e) 源容器种类或类别；

f) 源容器的总质量；

g) 贫铀屏蔽体的质量(若采用)和“内有贫化铀”的字样；

h) 每个源托或放射源应清晰标记表示放射性的字样(即“放射性”字样或电离辐射符号)、制造商、识别标志和源托的出厂编号及类型。

8.1.2 密封源标志

源容器应有密封源标志的连接接口。密封源标志应包括以下内容：

a) 放射性核素的化学符号和质量数；

b) 活度值及其测定日期，活度值应以“Bq”为单位表示；

c) 密封源的编号；

d) 密封源制造商名称。

注 1：密封源标志由密封源制造商提供并在每次γ探伤机装源后连接在源容器上。

注 2：γ探伤机密封源的质量性能等级应符合 GB/T 4075—2003 的要求并由密封源制造商负责。

8.1.3 包装标志

应满足如下要求：

a) 应符合 GB 190 的要求；

b) 包装箱外表面应标明制造商名称、产品型号及名称、收货单位和地址、包装箱序号、体积、质量等。

8.2 包装

除源容器外的γ探伤机其他部件，可以采用牢固的木箱或金属箱，内装物之间应予以固定，不允许相互碰撞。对γ探伤机的源容器及密封源应按照 GB 11806 的要求进行包装。

8.3 运输

γ探伤机的源容器及密封源的运输，应符合 GB 11806 的要求。

8.4 贮存

γ探伤机的贮存和使用应符合以下要求：

a) γ探伤机的贮存地及房间入口处应有符合 GB/T 18871 规定的电离辐射标志，并注有“注意(或危险)！放射性物质”等字样；

b) γ探伤机的贮存场地应有防盗设施。

9 随行文件

γ探伤机应提供以下文件，供操作者使用：

a) 技术说明书；
b) 产品合格证；
c) 使用说明书；
d) 检查、保养和维修说明；
e) 密封源更换说明。

附 录 A
（资料性附录）
γ探伤机结构简图

a）转动型　　　　　　b）屏蔽闸型

1——源容器；

2——源组件。

图 A.1　第Ⅰ类γ探伤机结构简图

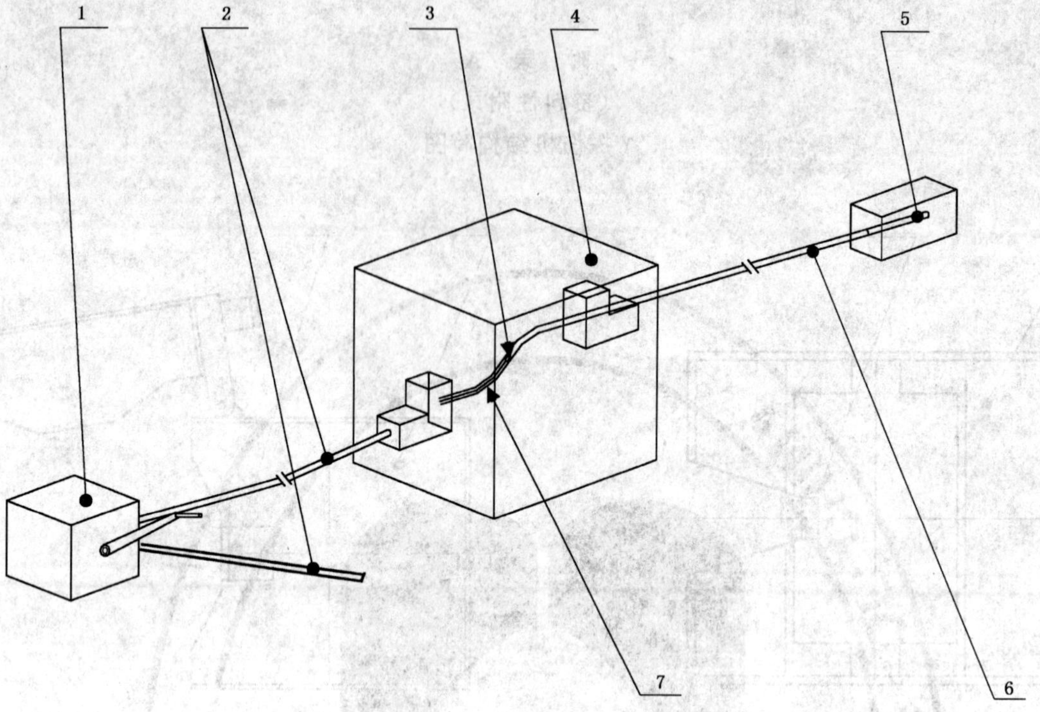

1——遥控装置；
2——控制缆导管；
3——密封放射源；
4——源容器；
5——曝光头；
6——输源管；
7——源托。

图 A.2 第Ⅱ类γ探伤机结构简图

附　录　B
（规范性附录）
屏蔽性能试验方法

B.1　试验目的

本试验的目的是测量源容器的泄漏剂量率，以保证其周围当量剂量率符合 5.3.1 中表 1 的要求。

B.2　试验步骤

本试验应按以下步骤进行：

a） 将源容器装载已知活度的密封源，并将源容器置于锁定状态且装好保护帽、保护塞等保护装置；

b） 按 GB/T 14056 规定的方法对源容器表面进行污染检查；

c） 用 X 射线胶片或有效截面积小于 10 cm^2 的 γ 射线检测仪测量源容器表面的周围当量剂量率，要求测量五点并计算平均值；

d） 用有效截面积小于 10 cm^2 且线尺寸不超过 5 cm 的 γ 射线检测仪测量距源容器表面 50 mm 处的周围当量剂量率，要求测量五点并取最大值；

e） 用有效截面积小于 100 cm^2 且线尺寸不超过 20 cm 的 γ 射线检测仪来测量距源容器表面 1 m 处的周围当量剂量率，要求测量五点并取最大值；

f） 将上述测量计算的平均值用外推计算的方法计算得出容器装载额定活度密封源时的周围当量剂量率，其结果应符合 5.3.1 中表 1 的要求。

注 1：周围当量剂量率检测应选取屏蔽厚度最小及连接操作部位作为测量点，或利用 γ 射线检测仪对源容器周围进行巡回测试并选取五个最大的读数值来计算平均值。

注 2：外推计算应考虑测量仪器的灵敏度和密封源的最终使用的最大活度。

注 3：对 F 类源容器，不需要测量其不能接近的位置的周围当量剂量率。

附 录 C
（规范性附录）
可靠性试验方法

C.1 疲劳试验

C.1.1 试验原理

本试验的目的是验证γ探伤机各部件由安全位置转换到工作位置及由工作位置转换为安全位置的过程中的抗疲劳能力和耐磨性，特别是自动安全装置、源组件与遥控装置间的连接件和相关的指示器。

本试验通过反复交替的正向和反向操作来实现。在每次操作循环中，自动安全装置均能释放源组件并由安全位置运动到工作位置然后返回到安全位置。

疲劳试验时，源组件的运动速度应满足下列要求：

a) 对Ⅰ类γ探伤机，最小运动速度为 30 r/min 或每个全循环的时间为 1 s（采用两者中较快的速度进行试验）。在试验中速度应保持恒定且只能在每个操作全循环完成一半时停止。

b) 对Ⅱ类γ探伤机，试最小运动速度为 0.75 m/s。在试验中速度应保持连续且只能在每个操作全循环完成时停止。

c) 试验过程的作用力应是源驱动试验（6.4.1.2）测得的作用力的两倍。

C.1.2 试验步骤

本试验应按以下步骤进行：

a) 对Ⅱ类γ探伤机，首先连接源容器与输源管及遥控装置，然后按图 C.1 的要求进行布置，长度可作适当调整；

注：源移动长度应采用制造商推荐的最大值。

单位为米

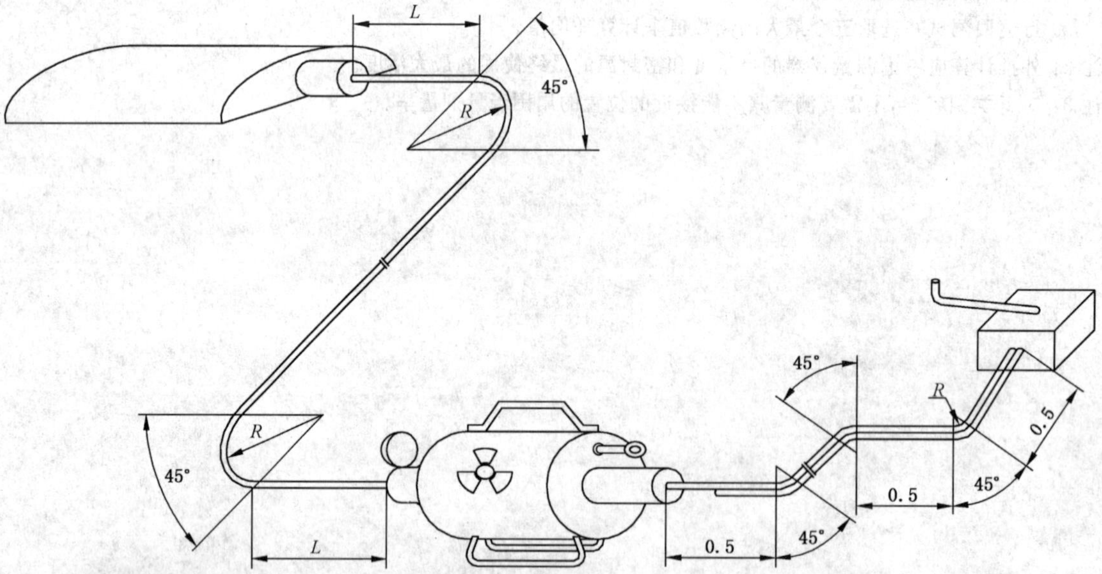

注 1：遥控装置按下列方式布置：
a) 对控制导管长度大于 3 m 的遥控装置，应以 45°弯曲 3 处使控制导管处于两个高度相差 1 m 的水平面和斜面内；
b) 对控制导管长度小于 3 m 的遥控装置，应尽可能满足上述布局要求，必要时可同时减少直线段的长度；
c) 控制导管允许的最小弯曲半径由制造商规定。

注 2：输源管按下列方式布置：
a) 对长度大于 3 m 的输源管，应在水平面内以 90°弯曲 2 处；
b) 对长度小于 3 m 的输源管，应在水平面内以 90°弯曲 1 处；
c) 输源管允许的最小弯曲半径由制造商规定。

图 C.1 疲劳和源驱动试验布置示意图

b) 按表 C.1 规定的操作类型及次数进行试验。

表 C.1 疲劳试验的操作类型及次数分布

	操作类型	次 数
1	正常操作循环	50 000
2	应急操作循环(若有)	10
3	总 次 数	50 010

注 1：对Ⅰ类 γ 探伤机，正常操作循环是指设备从安全位置转换到工作位置和由工作位置回到安全位置。

注 2：对Ⅱ类 γ 探伤机，正常操作循环是指使源组件由安全位置运动到工作位置和使源组件由工作位置返回到安全位置。

注 3：应急操作循环次数适用于非手动操作的遥控装置。

注 4：最初的 10 000 次操作循环中试验不应中断，且在整个试验过程中，对 γ 探伤机的常规维护(仅指润滑和清洁)的次数不应超过 4 次。

注 5：当制造商设计文件有规定时，在完成两倍于源组件寿命的操作次数后，允许对源组件及其连接件进行维护，但此循环次数应不小于 10 000 次。否则不允许在 50 000 次操作循环结束前对源组件及其连接件进行维护。

C.2 源容器的可靠性试验

C.2.1 振动试验

C.2.1.1 试验原理

本试验的目的是确定源容器的固有频率并研究其变化，以确定源容器在运输过程中耐振动的能力。

注 1：固有频率定义为其机械共振频率且偏离 C.2.1.4a)规定的最大加速度的 30%，该频率将导致各零部件的装配连接的缺陷或其他方面的响应(如：碰撞噪声、内部的撞击声)。

注 2：采用的振动条件和参数值应与正常运输状况一致。

C.2.1.2 试验设备

配有坚硬木质平台的振动机，该机能沿三个相互垂直轴的方向对源容器进行振动试验。

C.2.1.3 试验装配

C.2.1.3.1 源容器应装载模拟源组件并处于锁定状态，且装好保护盖、保护塞等保护装置，但去掉遥控装置和输源管。

C.2.1.3.2 将源容器基底固定在振动机平台上，使它与平台之间不会作相对的独立运动。

C.2.1.3.3 加速度计不应布置在铆接构件上及其附近位置，也不应布置在有旋转或平移机构的装置上(如：旋转门或移动门)。

C.2.1.4 试验要求

C.2.1.4.1 试验内容

每个试验，应沿两个垂直轴连续地进行，试验内容包括：

a) 扫频振动试验；

b) 固有频率处的振动试验；

c) 振动耐受试验。

C.2.1.4.2 扫频振动试验

源容器应沿两个垂直轴方向进行激烈振动(对Ⅱ类 γ 探伤机，源组件的运动方向应与其中一轴平行)，扫频过程应连续(频率根据时间而连续变化)以防止频率突然增大而产生不真实的固有频率。振动的激烈性应根据以下三方面的参数来确定：

a) 频率范围：(10 ±1)Hz～(150 ±3)Hz；

b) 最大加速度：9.8 m/s^2；

c) 作用时间：以每分钟 1 倍频程(10%的误差范围内)的扫频速率完成每个扫频循环(频率由 10 Hz变化到 150 Hz 并回到 10 Hz 的范围)。

C.2.1.4.3 **固有频率处的振动试验**

源容器应以扫频振动试验中获得的固有频率和 9.8 m/s^2 的加速度进行试验。试验时间为 30 min±1 min,试验频率为扫频振动试验获得的固有频率(误差不超过±10%)。

若沿相同轴测出几个固有频率,则试验时间应平均分配给各固有频率(每轴不超过 3 个固有频率)。

C.2.1.4.4 **振动耐受试验**

源容器应以扫频振动试验进行振动耐受试验。若已完成固有频率处振动试验的,则应进行 15 个扫频循环的试验;若未探测出固有频率的,则应进行 25 个扫频循环的试验。

C.2.2 **冲击试验**

C.2.2.1 **概述**

本试验应对已完成振动试验的源容器进行。

本试验的目的是模拟 γ 射线探伤机可能受到的冲击以检验其对冲击的耐受能力,包括搬运时与障碍物碰撞而受到的水平冲击或通过障碍物上方意外落下而受到的垂直冲击。

C.2.2.2 **P 类源容器的水平冲击试验**

C.2.2.2.1 **试验设备**

试验靶应由一具有平坦的垂直端面(棱边倒圆 R3)、直径为 50 mm、长为 300 mm 且水平放置的钢棒构成,该钢棒被固定或焊接在 10 倍于源容器重量的刚体上。

试验用悬挂装置应能使源容器在冲击前不产生绕铅垂轴的旋转。

C.2.2.2.2 **试验步骤**

首先在源容器上选出因冲击而对辐射安全影响最大的表面;然后将源容器悬挂在某一固定点,该固定点能保证源容器静止时选定的表面刚好与试验靶接触;再将源容器的重心抬高 100 mm 后释放源容器使之以钟摆运动方式正对着试验靶摆动。

对每个选定的表面均进行试验,且重复试验 20 次。

C.2.2.3 **P 类源容器的垂直冲击试验**

C.2.2.3.1 **试验设备**

刚性试验靶(如:钢或混凝土)应由 10 倍于被试源容器重量且有平坦水平表面的刚性块和覆盖在平坦水平表面的厚度为 25 mm 的坚硬胶合板(七层板或九层板)组成。胶合板应符合 GB/T 12626.1 的规定。

C.2.2.3.2 **试验步骤**

将源容器从高出其正常搬运位置 150 mm 处跌落在刚性试验靶上,重复试验 100 次。

C.2.2.4 **M 类源容器的冲击试验**

C.2.2.4.1 将源容器放在其搬运小车或其他易运动的装置上,以至少 1 m/s 的速度运动并从 150 mm 高的台阶自由跌下(台阶的边缘不会因此项操作而变形)。

C.2.2.4.2 源容器跌落撞击的地面应是坚硬的(如:混凝土或石板地面)。若地面不是这样的(如:像木板或整平的泥土地面),则应铺一层 10 mm 厚的钢板。

C.2.2.4.3 重复进行试验 100 次。

C.2.3 **跌落试验**

C.2.3.1 **试验原理**

本试验的目的是使源容器在模拟事故情况下自由落下,以确保源组件不会因跌落而产生事故照射。源容器应处于锁定状态且装好了保护帽、保护塞等保护装置。

本试验应使源容器单独跌落在一个靶上。

C.2.3.2 试验步骤

C.2.3.2.1 源容器应落在靶上，以对辐射安全产生最大的影响。

C.2.3.2.2 跌落高度应为 1.2 m。跌落高度是指从容器最低点到靶的最上表面的距离。

C.2.3.2.3 试验用靶应有一平坦水平的表面，以保证当靶受到源容器冲击而产生抗位移和抗变形的强度增加不会增大对源容器的损伤。

注：此试验用靶的一个例子是将一块钢板放在一混凝土块上。该混凝土块的重量至少为跌落试样的 10 倍且放置在坚实的土基上。混凝土块上钢板的厚度至少为 12.5 mm 且用湿浮法浮注在混凝土上，以使其与混凝土紧密接触。该靶平面的各方向尺寸应比跌落试样大 500 mm，且应尽可能地接近于立方体。

C.3 遥控装置的可靠性试验

C.3.1 挤压和弯曲试验

C.3.1.1 试验原理

本试验是模拟装有控制缆的导管受到人脚后跟的挤压和弯曲的情况。

C.3.1.2 试验设备

试验表面为重量 150 kg 的水平平板的表面，该表面应相当的坚硬，以保证在没有被试件时其不会在钢性踵板的作用下发生变形。

试验装置由能绕其顶端摆动的曲柄、连接在曲柄底部的 70 mm×70 mm 的钢性踵板组成。钢性踵板的水平棱边圆角成 R2，垂直棱边圆角成 R5(见图 C.2)。踵板和曲柄的重量为 15 kg。若对刚性导管进行试验则应增加两件钢棒，每个钢棒的直径为 50 mm，长度为 300 mm。

单位为毫米

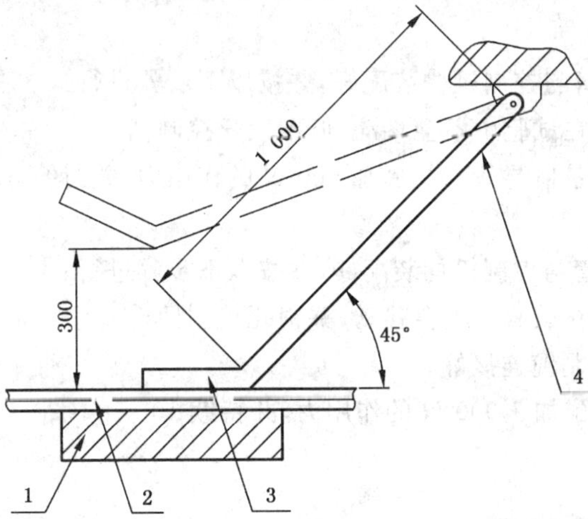

1——试验表面；
2——控制导管；
3——踵板；
4——试验曲柄。

图 C.2 挤压试验装置示意图

若控制导管为组合导管时，试验表面应有定位装置以防止导管在冲击时发生相对运动。定位装置具有以下两项特性：

a) 其长度大于两个踵板的长度；

b) 其高度是并列导管高度的(0.5～0.75)倍，并是重叠导管高度的(1.5～1.75)倍。

C.3.1.3 试验步骤

C.3.1.3.1 对柔性导管，将装有控制缆的导管平铺在试验表面上，将踵板放在导管的一点。对刚性导管，将两根试验钢棒以 0.5 m 的间距相互平行地放在曲柄两侧，将刚性导管垂直于试验钢棒的方向放在钢棒上。将踵板放置在试验钢棒之间导管的中间位置。

C.3.1.3.2 抬起曲柄使踵板底面高出导管表面 300 mm，然后使曲柄自由摆动落下。在导管上随机选取 10 个试验点，对每个点进行一次此试验。

C.3.1.3.3 对组合导管，应对已插入控制缆的两导管的以下随机点进行试验，试验过程中，导管均由定位装置进行侧向定位：

a) 并列排列式导管的五个随机点，在每个随机点踵板应同时落在两根导管上；

b) 重叠排列式导管的五个随机点，在每个随机点踵板应落在上面的导管上。

C.3.2 扭折试验

C.3.2.1 试验目的地

本试验的目的是使遥控装置遭受因铺设扭折力而引起的扭折应力。

C.3.2.2 试验步骤

C.3.2.2.1 将装有控制缆的控制导管呈直线地铺设在水平平面上，固定导管的一端以使其在试验中不能产生任何形式的运动。

C.3.2.2.2 将控制导管圈成一个半径为 500 mm 的圆环，沿着原先轴线方向以 2 m/s 的速度拉动控制导管的自由端(不允许其旋转)，直到圆环消失且控制导管呈直线状态。

C.3.2.2.3 以控制导管上的十个等距离点为试验点，每个点重复此试验 10 次。每个试验点应是每次试验圆环的起点。

C.3.2.3 拉力试验

C.3.2.3.1 试验原理

本试验的目的是模拟控制导管的各构件、控制缆及其连接件和控制机构等在使用中受到的拉应力。

C.3.2.3.2 试验步骤

C.3.2.3.2.1 将控制缆导管与控制机构装配好，并按以下步骤进行：

a) 固定控制机构使其在试验中不会移动，但不锁死控制柄；

b) 对与源容器相连的控制导管末端施加 500 N 的作用力，并持续 30 s；

c) 重复试验 10 次。

C.3.2.3.2.2 将控制缆导管与控制机构装配好，并按以下步骤进行：

a) 固定控制机构使其在试验中不会移动，并锁死控制柄；

b) 将模拟源组件与控制缆连接好；

c) 对模拟源组件末端施加 1 000 N 的作用力，并持续 10 s；

d) 重复试验 10 次。

C.4 输源管和曝光头的可靠性试验

C.4.1 挤压和弯曲试验

C.4.1.1 试验原理

本试验是模拟输源管受到人脚后跟的挤压和弯曲的情况。

C.4.1.2 试验设备

采用 C.3.1.2 规定的试验设备。

C.4.1.3 试验步骤

采用 C.3.1.3 规定的试验步骤。

C.4.2 扭折试验

C.4.2.1 试验原理

本试验的目的是使输源管受到扭折应力，该应力是在使用铺设中因扭折力而引起的。

C.4.2.2 试验步骤

按以下步骤进行试验：

a) 将输源管(无连接接头)放置在间距不超过输源管外径 5 倍的两个相互平行的平板之间，将输源管圈一个环并固定其一端；

b) 沿环的切线方向施加一个牵引力于输源管的自由端以减小环的直径。施加牵引力时，通过测力计测量使该力在 5 s 的时间内达到 200 N 并保持 10 s；

c) 重复试验 10 次，每次试验后应使圆环恢复到初始状态；

d) 若输源管由不同的部分连接组成，对含连接头的圆环重新进行试验。圆环按 a)所示的方式圈成，以使连接头和交叉点彼此相对。

C.4.3 拉力试验

C.4.3.1 试验原理

本试验的目的是模拟输源管在使用中受到的拉应力。仅对 P 类和 M 类源容器使用的输源管进行试验。

C.4.3.2 试验步骤

按以下步骤进行试验：

a) 连接输源管与源容器，固定源容器以使其在试验中不发生运动；

b) 施加 500 N 的牵引力于输源管的最末段。若此最末段与曝光头连接在一起则将牵引力施加于曝光头。持续保持牵引力 30 s；

c) 重复试验 10 次。

ICS 17.180.99
N 35

中华人民共和国国家标准

GB/T 14075—2008
代替 GB/T 14075—1993

光纤色散测试仪技术条件

Specifications for optical fibre chromatic dispersion measuring set

2008-10-07 发布　　2009-04-01 实施

中华人民共和国国家质量监督检验检疫总局
中国国家标准化管理委员会　发布

前 言

本标准参考了IEC 61744:2005《光纤色散测试仪的校准》,结合了目前国内单模光纤色散测试仪使用实际要求而制定。

本标准代替GB/T 14075—1993《光纤色散测试仪技术条件》。

本标准与GB/T 14075—1993相比主要变化如下:

——增加了前言,删去了附加说明;

——增加了光纤色散测试仪在1 625 nm使用波段的要求(见本版第4章);

——增加了术语和定义(见本版第3章);

——删去了按测试波长范围分级(1993版表1,本版表1);

——修改了色散仪主要技术指标及性能(1993版表1,本版表1);

——将测试动态范围改为允许通道衰减(1993版表1和4.1.4,本版表1和5.1.4);

——将测量精度改为准确度,增加了零色散波长和零色散斜率指标(1993版表1和4.1.3,本版表1和5.1.3);

——修改了波长选择器谱宽要求(1993版4.1.1.3,本版5.1.1.3);

——将时延检测器改为相位计(1993版4.1.1.5,本版5.1.1.5);

——增加了光谱分析仪或光波长计要求(见本版5.1.1.8);

——修改了可变衰减器光衰减值要求(1993版4.1.1.7,本版5.1.1.7);

——修改了色散仪准确度的测量方法(1993版4.1.3,本版5.1.3);

——增加了色散仪重复性的测量方法(见本版5.1.3)。

本标准由中华人民共和国工业和信息化部提出。

本标准由中国通信标准化协会归口。

本标准起草单位:武汉邮电科学研究院。

本标准主要起草人:刘骋、陈永诗、许江波、张希。

本标准于1993年首次发布,本次为第一次修订。

光纤色散测试仪技术条件

1 范围

本标准规定了单模光纤色散测试仪(以下简称色散仪)的术语和定义、要求、试验方法、检验规则和标志、包装、运输、贮存。

本标准适用于1 310 nm、1 550 nm和1 625 nm波段使用的光纤色散测试仪。

2 规范性引用文件

下列文件中的条款通过本标准的引用而成为本标准的条款。凡是注日期的引用文件,其随后所有的修改单(不包括勘误的内容)或修订版均不适用于本标准,然而,鼓励根据本标准达成协议的各方研究是否可使用这些文件的最新版本。凡是不注日期的引用文件,其最新版本适用于本标准。

GB/T 191—2008 包装储运图示标志

GB/T 4793.1—2007 测量、控制和实验室用电气设备的安全要求 第1部分:通用要求

GB/T 4798.2—2008 电工电子产品应用环境条件 第2部分:运输

GB/T 6587.1—1986 电子测量仪器 环境试验总纲

GB/T 6587.2—1986 电子测量仪器 温度试验

GB/T 6587.3—1986 电子测量仪器 湿度试验

GB/T 6587.4—1986 电子测量仪器 振动试验

GB/T 6587.5—1986 电子测量仪器 冲击试验

GB/T 6587.6—1986 电子测量仪器 运输试验

GB/T 6587.7—1986 电子测量仪器 基本安全试验

GB/T 6587.8—1986 电子测量仪器 电源频率与电压试验

GB/T 6592—1996 电工和电子测量设备性能表示

GB/T 6593—1996 电子测量仪器质量检验规则

GB/T 6833.1~GB/T 6833.10 电子测量仪器电磁兼容性试验规范

GB/T 11463—1989 电子测量仪器可靠性试验

GB/T 15972.42—2008 光纤试验方法规范 第42部分:传输特性和光学特性的测量方法和试验程序——波长色散(IEC 60793-1-42:2001,MOD)

SJ 946—1983 电子测量仪器电气、机械结构基本要求

3 术语和定义

下列术语和定义适用于本标准。

3.1

色散测试仪 chromatic dispersion measuring set

色散测试仪是用于测量光纤在光传输窗口的不同波长下的色散值(D)的仪器,典型的光传输窗口为1 310 nm、1 550 nm、1 625 nm。

仪器的测量结果输出可显示群时延—波长、色散—波长相关关系曲线,并给出零色散波长(λ_0)和零色散斜率(S_0)参数。

3.2

零色散波长 zero dispersion wavelength (s)

零色散波长即色散值为零的波长点。

3.3

零色散斜率 zero dispersion slope (s)

零色散斜率是色散—波长曲线在零色散波长处的斜率。

4 要求

4.1 主要技术指标

色散仪的主要技术指标见表1。

表1 色散仪的主要技术指标

项目	指标			
测试波长范围	1 250 nm～1 630 nm	1 250 nm～1 340 nm	1 520 nm～1 600 nm	1 560 nm～1 650 nm
允许通道衰减	≥25 dB	≥32 dB		
准确度	D:±0.2 ps/(nm·km)以内 λ_0:±0.5 nm以内 S_0:±1.5%以内			
重复性	D:≤0.000 6ps/(nm·km) λ_0:≤0.007 5 nm S_0:≤0.08%			
光输出连接方式	FC型活动连接器(推荐)			
注1:测试波长范围也可以是表中规定的波段1 250 nm～1 340 nm,1 520 nm～1 600 nm和1 560 nm～1 650 nm的组合; 注2:光纤色散测试仪的准确度和重复性与允许通道衰减相关,为满足不同的使用要求,色散仪提供者可与用户商定其他的指标要求。				

4.2 预热时间

色散仪达到工作特性的预热时间小于30 min。

4.3 环境条件

色散仪环境条件应符合GB/T 6587.1—1986中Ⅱ组仪器的规定。

4.4 基本安全条件

色散仪的基本安全条件应符合GB/T 6587.7—1986中Ⅰ类安全仪器的规定。

4.5 安全要求

色散仪的安全要求应符合GB/T 4793.1—2007中Ⅰ类安全仪器的规定。

4.6 电磁兼容性要求

色散仪电磁兼容性要求应符合GB/T 6833.1～6833.10的规定。

4.7 可靠性指标

色散仪的可靠性指标:在工作条件下平均无故障工作时间为6 000 h。

4.8 电气、机械结构要求

色散仪的电气、机械结构要求应符合SJ 946—1983的规定。

5 试验方法

5.1 色散仪主要技术指标的测试方法

5.1.1 测试用的仪器及设备

5.1.1.1 光源

在完成测试过程的时间内,光源的位置、强度和波长应保持稳定。可以采用发光二极管或激光器,其数目及工作波长随测量覆盖的波长范围来决定。

5.1.1.2 **正弦波发生器**

频率范围应在 100 kHz～800 MHz,输出频率应稳定。

5.1.1.3 **波长选择器**

波长选择器的波长分辨率和信号电平应满足测试要求。波长选择器可置于被测光纤的输入端或输出端,谱宽小于 5 nm。

5.1.1.4 **光电检测器**

检测器的信噪比和时间分辨率都应符合测试要求,必要时检测器后面可接低噪声放大器。

5.1.1.5 **相位计**

用于光纤输出信号与参考信号间的相移检测,可使用矢量电压表。

5.1.1.6 **信号处理器**

用以减少输出波形中的噪声或抖动,可用一台数字计算机完成设备控制、数据处理和数据值的计算。

5.1.1.7 **光衰减器**

要求一个可变衰减器,光衰减值大于 32 dB。

5.1.1.8 **光谱分析仪或光波长计**

要求测试波长范围 1 250 nm～1 700 nm,波长准确度不大于±0.3 nm。

5.1.1.9 **被测光纤**

选择在被测波长下处于单模工作的成品光纤,其长度大于 1 km。

5.1.2 **对测试用仪器的要求**

测试用的仪器必须符合定期计量检定合格的规定和 GB/T 6592—1996 中的规定。

5.1.3 **色散仪的准确度及重复性的测量**

测试步骤如下:

a) 仪器的测量

按 GB/T 15972.42—2008 规定的方法,将被测光纤一端接在色散仪光发送端,被测光纤的另一端接在色散仪的光接收端,测出被测光纤色散值 D_1 和零色散波长 λ_{01}、零色散斜率 S_{01},选取工作波段中不同区域的至少 3 个波长点进行测试,如图 1 所示。

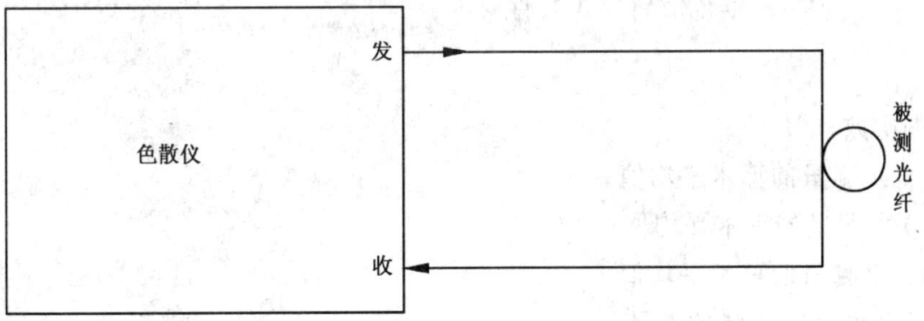

图 1 准确度和重复性的测量——仪器的测量

b) 标定系统的测量

用标定的色散测试系统(相移法),按 GB/T 15972.42—2008 附录 A 规定的方法,测出被测光纤色散值 D_2 和零色散波长 λ_{02}、零色散斜率 S_{02},选取工作波段中不同区域的至少 3 个波长点进行测试,如图 2 所示。

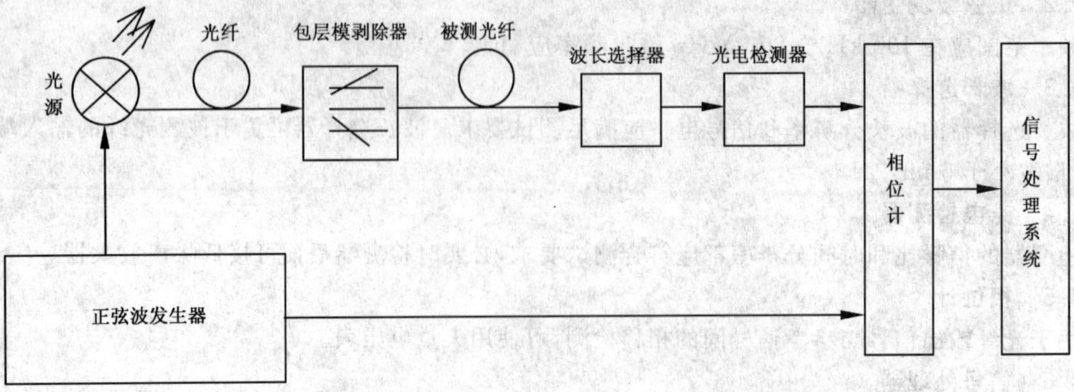

图 2 准确度的测量——标定系统的测量

c) 准确度的确定

比较在同一波长下的用仪器测出的色散值 D_1、零色散波长 λ_{01}、零色散斜率 S_{01}，与用相移法测出的色散值 D_2、零色散波长 λ_{02}、零色散斜率 S_{02}，色散仪的色散准确度和零色散波长准确度可由 D_1 减 D_2、λ_{01} 减 λ_{02} 得出，色散仪的零色散斜率准确度可由 $(S_{01}-S_{02})/S_{02}$ 得出。

d) 重复性的确定

重复 a)的测量至少 6 次，分别按下式(1)、(2)、(3)计算色散仪的色散值和零色散波长、零色散斜率测量重复性。

$$\text{色散重复性}=\sqrt{\frac{\sum_{i=1}^{n}(D_{1i}-\overline{D}_1)^2}{(n-1)}} \qquad (1)$$

$$\text{零色散波长重复性}=\sqrt{\frac{\sum_{i=1}^{n}(\lambda_{01i}-\overline{\lambda}_{01})^2}{(n-1)}} \qquad (2)$$

$$\text{零色散斜率重复性}=\sqrt{\frac{\sum_{i=1}^{n}(S_{01i}-\overline{S}_{01})^2}{(n-1)}}/\overline{S}_{01} \qquad (3)$$

式中：

n——测量的次数；

$\overline{D}_i$——D_i 的 n 次测量的算术平均值；

$\overline{\lambda}_{01}$——λ_{01} 的 n 次测量的算术平均值；

$\overline{S}_{01}$——S_{01} 的 n 次测量的算术平均值。

5.1.4 色散仪的允许通道衰减的测量

测试步骤如下：

a) 标定系统的测量

用标定的色散测试系统(相移法)，按 GB/T 15972.42—2008 附录 A 规定的方法，测量被测通路的色散值 D_1(由光衰减器和被测光纤组成被测通路，其衰减值小于 10 dB)。如图 3 所示。

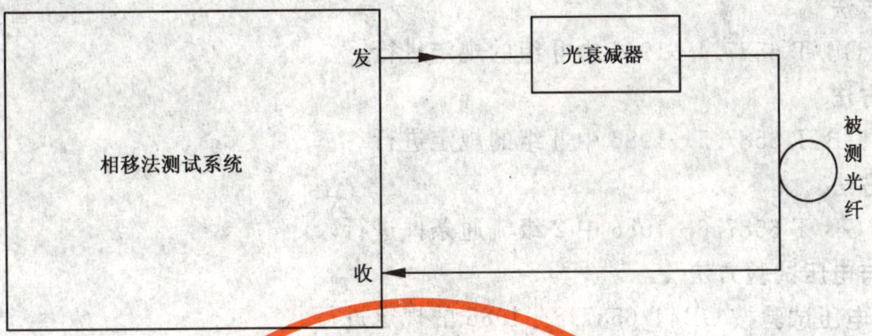

图 3　允许通道衰减的测量——标定系统的测量

b)　仪器的测量

用仪器测量被测通路，测得色散值 D_2，如图 4 所示。比较 D_2 与 D_1，由于被测通路的衰减值较小(小于 10 dB)，所以 D_2 减 D_1 应在仪器的准确度范围内。然后调节光衰减器，使被测通路衰减值达到 32 dB，再用仪器测量此时的被测通路，测得色散值 D_3。

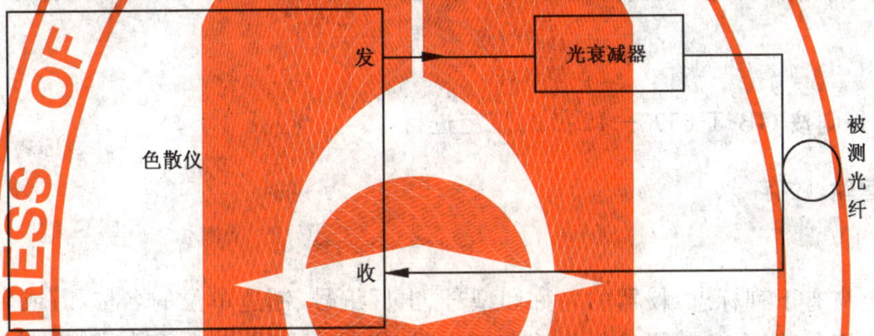

图 4　允许通道衰减的测量——仪器的测量

c)　允许通道衰减的确定

比较 D_3 与 D_1 仍在仪器的准确度范围内，说明仪器的允许通道衰减达到 32 dB。

d)　色散仪的允许通道衰减 25 dB 时，其测量方法同上。

5.1.5　色散仪的测试波长范围的测量

如图 5 所示，将光谱分析仪或光波长计接到色散仪的光发送端，从光谱分析仪或光波长计上读出波长范围：1 250 nm～1 340 nm，1 520 nm～1 600 nm，1 560 nm～1 650 nm，1 250 nm～1 630 nm。

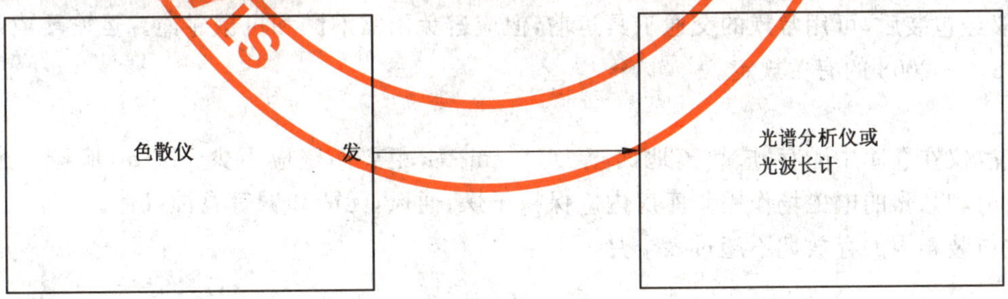

图 5　测试波长范围的测量

5.2　基本安全试验方法

基本安全试验按 GB/T 6587.7—1986 中Ⅰ类安全仪器的规定进行。

5.3　温度试验方法

温度试验按 GB/T 6587.2—1986 中Ⅱ组的规定进行。

5.4　湿度试验方法

湿度试验按 GB/T 6587.3—1986 中Ⅱ组的规定进行。

5.5 振动试验方法

振动试验按 GB/T 6587.4—1986 中Ⅱ组的规定进行。

5.6 冲击试验方法

冲击试验按 GB/T 6587.5—1986 中Ⅱ组的规定进行。

5.7 运输试验方法

运输试验按 GB/T 6587.6—1986 中 2 级流通条件进行。

5.8 电源频率与电压试验方法

电源频率与电压试验按 GB/T 6587.8—1986 的规定进行。

5.9 安全要求试验方法

安全要求试验按 GB/T 4793.1—2007 的规定进行。

5.10 电磁兼容性试验方法

电磁兼容性试验按 GB/T 6833.1～GB/T 6833.10 的规定进行。

5.11 可靠性试验方法

可靠性试验可根据产品生产数量和经济费用情况从 GB/T 11463—1989 中选择可靠性试验方案。

6 检验规则

色散仪检验规则按 GB/T 6593—1996 的规定进行。

7 标志、包装、运输、贮存

7.1 标志

7.1.1 色散仪上应有下列标志：仪器的名称和型号、出厂编号、制造单位的名称和/或商标。

7.1.2 如使用专用包装箱，色散仪的包装箱上应注明：仪器的名称、型号和数量、制造单位的名称和商标、产地、贮运作业标志（"向上"、"怕湿"、"小心轻放"和"禁止翻滚"等，标志图形应符合 GB/T 191—2008 的规定）、装箱年月等。

7.1.3 如适用，在色散仪的合适位置以及使用说明书和包装上使用《制造计量器具许可证》的标志。

7.2 包装

色散仪的包装箱应根据规定的贮存和运输条件，采用合适的包装，以保证色散仪在贮存运输的过程中不受损坏。

7.3 运输

色散仪经包装后，可用常规的交通工具运输，但应避免雨雪淋溅和机械碰撞。运输环境条件应符合 GB/T 4798.2—2008 的有关规定。

7.4 贮存

7.4.1 色散仪在仓库中贮存，应垫离地面至少 30 cm 高，距离四壁应不少于 1 m，应避免强烈振动冲击、强光照射和强烈的电磁场作用。库房内应保持干燥、通风，无酸和碱等腐蚀气体。

7.4.2 在包装箱内的存放期不超过六个月。

ICS 47.020.01
U 04

中华人民共和国国家标准

GB/T 14090—2008
代替 GB/T 14090.1～14090.4—1993

海上油气开发工程术语

Terminology for offshore oil and gas development engineering

2008-03-03 发布　　　　2008-09-01 实施

中华人民共和国国家质量监督检验检疫总局
中国国家标准化管理委员会　发布

前　言

本标准代替 GB/T 14090.1—1993《海上油气开发工程术语　综合》、GB/T 14090.2—1993《海上油气开发工程术语　平台》、GB/T 14090.3—1993《海上油气开发工程术语　单点系泊装置和定位系统》、GB/T 14090.4—1993《海上油气开发工程术语　海底管道》。

本标准与 GB/T 14090.1～14090.4—1993 相比主要有下列变化：

——修改了部分术语的英文对应词；

——修改了个别术语的名称；

——修改了个别术语的定义；

——重编了术语的条目级别；

——调整了术语的位置；

——增加了术语词条。

本标准由中国船舶工业集团公司提出。

本标准由全国海洋船标准化技术委员会船舶基础分技术委员会归口。

本标准起草单位：中国船舶工业综合技术经济研究院。

本标准主要起草人：高学峰、李虎清。

本标准所代替标准的历次版本发布情况为：

——GB/T 14090.1—1993、GB/T 14090.2—1993、GB/T 14090.3—1993、GB/T 14090.4—1993。

海上油气开发工程术语

1 范围

本标准规定了海上油气开发工程的基本术语及其定义。

本标准适用于海上油气开发工程的教学、科研、设计和生产等领域。

2 综合

2.1 系统

2.1.1

固定式生产系统 fixed production system

以固定式结构支承海上油气处理装置的生产系统。

2.1.2

浮式生产系统 floating production system(FPS)

以浮式平台、生产储油船等支承海上油气处理装置的生产系统。

2.1.3

顺应式生产系统 compliant production system

以顺应式结构支承海上油气处理装置的生产系统。

2.1.4

水下生产系统 underwater production system

由水下井口、水下基盘及管汇、水下储油中心、输油中间站等整套水下生产设备及海底管道组成的海上油气生产系统。

2.1.5

早期生产系统 early production system(EPS)

利用已有的少数勘探井、试油井和快速改装完成的采油设施先行生产，提前获得经济收益，有时也结合进行延长测试，以期进一步探明油藏，为最终制定油田开发方案提供有价值的油层资料的海上油气生产系统或生产与测试系统。

2.1.6

单井石油生产系统 single well oil production system(SWOPS)

采用水下井口及动力定位生产储油船(兼作运输油船将原油运回港口)进行海上石油早期生产与延长测试的海上石油生产测试系统。

2.1.7

集输系统 gathering and transportation system

将各油井的井液加以汇集并输送给油气处理装置的系统。

2.1.8

储油系统 oil storage system

为海上石油生产系统所产原油提供缓冲储存的系统。

2.2 设施与装置

2.2.1

平台 platform

用于海上油气资源勘探与开发的移动式平台、固定式平台、顺应式结构的总称。由上部结构、设施与设备、支承结构等组成。

2.2.2

钻井平台　drilling platform；drilling unit

设有钻井设备，可在海上进行钻井作业的平台。

2.2.3

井口平台　wellhead platform

甲板上设有采油井口，可在海上进行油气采集的平台。

2.2.4

生产平台　production platform

采油平台　oil-drilling platform（被取代）

设有油、气、水处理装置，可在海上进行油、气、水分离及处理的平台。

2.2.5

储油平台　oil storage platform

具有储油设施，可在海上为生产平台所生产的原油提供缓冲储存的平台。

2.2.6

输油平台　transfer platform

供停靠穿梭油船并将原油输送到船上运走的固定式平台。

2.2.7

油区终端平台　field terminal platform

作为油气开发区平台群中的终端站，通过单点系泊装置或其他形式的输油、装油设施将油气开发区生产和储存的原油输送出去的平台。

2.2.8

修井平台　workover platform

专用于对油井施行井下作业使油井恢复或增加产量的平台。其结构型式与悬臂型自升式钻井平台相似。

2.2.9

生活平台　accommodation platform

专用于在海上为人员提供起居及生活设施的平台。

2.2.10

火炬台　flare platform

将油气处理过程中分离出的少量天然气引至火炬塔顶放空燃烧的专用平台。

2.2.11

海洋水声研究平台　platform for acoustic research

安装在海上，用于海洋水声研究的平台。

2.2.12

竖筒型采油平台　upright-pipe oil extraction platform

结构外形型式为圆筒形，竖直安装在海上，用于海上采油的平台。

2.2.13

固定式平台　fixed platform

用桩将结构固定于海底或依靠自身的巨大重量坐落于海底的平台。

2.2.14

桩基平台　pile-supported platform

用桩作为支承结构的平台。

2.2.15

导管架平台 jacket platform

上部结构与设施以导管架及桩作支承结构的平台。

2.2.16

基盘式平台 template platform

底盘式平台 underpan platform(被取代)

导管架和预先安装并固定于海底的水下基盘连接成一体的平台。

2.2.17

单立柱平台 monopod platform

上部结构架设在一根大直径塔柱上的平台。

2.2.18

重力式平台 gravity platform

利用自身重量大、重心低等特点,能稳坐于海底进行作业的平台。

2.2.19

混凝土重力式平台 concrete gravity platform

由钢筋混凝土建造,具有钻井、采油、储油和输油等多种功能的大型重力式平台。

2.2.20

塔式平台 tower platform

以格栅形混凝土沉箱(兼作储油罐)作基础,向上伸出 2～4 根空心混凝土柱支撑上部结构的大型重力式平台。

2.2.21

移动式平台 mobile unit

能重复实现就位、起浮、移航等操作以改变作业地点的平台。

2.2.22

移动式钻井平台 mobile drilling unit

能重复实现就位、起浮、移航等操作以改变作业地点的钻井平台。

2.2.23

坐底式钻井平台 submersible drilling unit; bottom-supported drilling unit

坐落于海底时钻井,起浮后可拖航至另一地点作业的移动式钻井平台。

2.2.24

自升式钻井平台 jack-up drilling unit; self-elevating drilling unit

由上部结构、桩腿及升降机构等组成,在桩腿支承于海底、上部结构升起到水面以上一定高度时进行钻井作业,浮于水面时可拖航至另一作业地点的移动式钻井平台。

2.2.25

沉垫型自升式钻井平台 mat jack-up drilling unit

在诸桩腿的下端连接有一个大面积公共沉垫的自升式钻井平台。

2.2.26

桩靴型自升式钻井平台 footing jack-up drilling unit

在每一桩腿的下端设一面积较大的箱体以增大海底支承面积的自升式钻井平台。

2.2.27

悬臂型自升式钻井平台 cantilever jack-up drilling unit

井架及钻台安装在悬臂结构上,且能沿轨道滑移到平台甲板以外一定距离进行钻井的自升式钻井平台。

2.2.28

槽口型自升式钻井平台　slot jack-up drilling unit

为使钻柱从钻台向下通过甲板直达海底进行钻井，将甲板结构做成凹形槽口的自升式钻井平台。

2.2.29

倾斜桩腿型自升式钻井平台　slant leg jack-up drilling unit

斜置桩腿使诸桩腿在海底的间距增大，以改善平台稳定性的自升式钻井平台。

2.2.30

半潜式钻井平台　semi-submersible drilling unit；semi-submersible drilling platform

具有潜没在水下的浮体(下体或沉箱)并由立柱连接浮体和上部甲板，作业时处于漂浮状态的钻井平台。

2.2.31

柱稳半潜式钻井平台　column stabilized semi-submersible drilling unit

由上部结构、立柱与浮垫或柱靴等组成，大部分浮体深埋于水面以下，依靠立柱的小水线面保证漂浮稳性，并在波浪中具有良好运动性能的移动式钻井平台。

2.2.32

双下浮垫柱稳半潜式钻井平台　twin pontoon column stabilized semi-submersible drilling unit

为简化结构及改善移航性能，将下部结构设计成两个前后向的箱形或其他形状浮体的柱稳半潜式钻井平台。

2.2.33

柱靴柱稳半潜式钻井平台　spud can column stabilized semi-submersible drilling unit

每一立柱下端设一柱靴作为主要浮体的柱稳半潜式钻井平台。

2.2.34

柱稳半潜式生产平台　column stabilized semi-submersible production unit

在海上进行油气生产的柱稳半潜式平台。

2.2.35

钻井船　drilling ship

设有钻井设备，能在系泊定位或动力定位状态下进行海上钻井作业的船。

2.2.36

中心系泊定位钻井船　center moored drilling ship；turret moored drilling ship

将定位用系泊线系到船体中央的转筒下方，船体可绕转筒旋转，使作用在船体上的风浪流外力减到最小，以改善定位与运动性能从而提高钻井效率的系泊定位钻井船。

2.2.37

散射系泊定位钻井船　spread mooring drilling ship

依靠在船体四周呈辐射状分布的多根系泊线进行定位的钻井船。

2.2.38

动力定位钻井船　dynamic positioning drilling ship

依靠自动控制的动力定位装置使船体保持所需位置以进行钻井作业的船。

2.2.39

钻井驳　drilling barge

设有钻井设备，一般在浅水域进行钻井作业的驳船。

2.2.40

顺应式结构　compliant structure

顺应式平台　compliant platform(被取代)

利用拉索、张力腿、万向接头等构件，对结构物在外载荷作用下产生的六个自由度的运动加以某种限制与约束，以满足定位与运动要求的半固定式结构。

2.2.41

拉索塔　guyed tower

牵索塔　guyed tower(被取代)

以塔形桁架及桩作为支承结构，同时采用多根系泊钢索从塔形桁架四周拉住以保证风浪中稳定性的深水顺应式结构。

2.2.42

张力腿平台　tension leg platform(TLP)

借助于几组钢管或钢缆张力构件垂直地系结于海底锚碇重块以实现定位的顺应式结构。结构型式类似于柱稳半潜式平台。

2.2.43

铰接柱　articulated column；articulated tower

铰接塔　articulated tower(被取代)

用铰接接头连接到海底重力基础或桩基础，在近水面处设有浮力舱或浮筒的管结构或桁架结构。

2.2.44

液化天然气装载装置　liquified natural gas loading

为船舶装载液化天然气的单点系泊装置。

2.2.45

储油系泊装油装置　loading mooring storage(LMS)

具有储油和为系泊的穿梭油船装油等多种功能，且可在环境条件恶劣海域使用的单点系泊装置。

2.2.46

人工岛　artificial island

为了在浅水区进行海上油气开发，采用沉箱结构、泥沙吹填等方法建成的岛式油气生产基地。

2.2.47

储油船　oil storage tanker

为生产平台不断产出的原油提供储存设施，并在穿梭油船因天气恶劣无法靠泊装油的情况下提供缓冲储存容积的油船。

2.2.48

浮式生产储油装置　floating production storage unit(FPSU)；oil production and storage unit

以船或驳船作为支承结构，具有油气处理及原油储存功能的浮式装置。

2.2.49

浮式生产储油船　floating production，storage and offloading(FPSO)

具有油气处理及原油储存功能的船或驳船。

2.2.50

浮式钻井生产储油船　floating drilling & production storage oil tanker

具有钻井勘探和生产储存功能的钻井船和浮式生产储油船的结合体。

2.2.51

生产储油船　production storage tanker；oil production and storage vessel

用作油气处理及原油储存的船。

2.2.52

生产测试船　production test ship

进行海上石油早期生产及延长测试的船。

2.2.53

穿梭油船 shuttle tanker

在生产油田和岸边终端站或炼油厂之间作定期往返的运输油船。

2.2.54

起重、多用途自升式驳船 heavy lift, multi-purpose jackup barge

主要用于浅海、大陆架的海上油气开发新建项目的安装、运输等辅助作业的工程船舶。通常具有自航推进能力,动力定位系统,船体多为驳船型,配有3～4个桩腿,能够升降,船上设有生活模块,直升飞机平台,重型起重机。可以搭载大型海上模块,通过滑移系统将模块安装到海上平台中。

2.2.55

自升自航式起重船 self-elevating self-propelled vessel; self-elevating self-propelled lift-boat

带有推进系统,具有自升能力,较强的起重能力和运输能力,用于近海工程服务,通常为驳船船型。

2.2.56

下水驳 launching barge

平底平甲板船型,甲板上设有导管架专用下水滑道及摇臂机构,把坐落在下水滑道上的导管架滑移到水中的驳船。

2.2.57

守护船 stand-by ship

设有救助及医疗设备,为钻井平台执行看守、值班及协助抛锚起锚等作业的辅助船。

2.2.58

固井船 well cementing ship

设有水泥储存舱、水泥搅拌机、水泥泵以及供安装管具、填料用的机械设备,带有足够的水泥与淡水,为钻井作业进行固井的船。

2.2.59

修井驳 workover barge

设有修井用各种设备的小型驳船。

2.2.60

钻井供应船 drilling tender

为钻井平台供应管子、泥浆、水泥、燃料、备品等物资,有时也提供人员居住舱室的船。

2.2.61

载管驳 pipe barge

为铺管船运载及供应钢管的驳船。

2.2.62

铺管船 pipelaying vessel

专用于铺设海底管道的船。

2.2.63

铺管驳 pipelaying barge

浅吃水、驳船型,可在近海、内河、沼泽地等区域进行管道铺设、架接等作业的驳船。

2.2.64

卷筒铺管驳 reel barge

将卷绕在大直径卷筒上的钢管从船上铺设到海底的驳船。

2.2.65

埋管驳 pipe-burying barge

借助于船载埋管机完成埋管作业的驳船。

2.2.66

三用工作船　tug, anchor handling and supply vessel

拖曳钻井平台转移井位,协助就位和起、抛锚作业,以及向钻井平台与生产平台供应钻管、泥浆、水泥、燃油、钻井用水等生产物品和食品、淡水等生活补给品的船。

2.2.67

直升机平台　helicopter platform

供直升机停放、起飞和降落的平台。

2.3　操作状态

2.3.1

自由漂浮状态　free floating condition

海洋工程结构或海洋工程船舶依靠浮力无约束地漂浮于水面的状态。

2.3.2

系泊状态　moored condition

海洋工程结构或海洋工程船舶在单点系泊系统或其他系泊方式的约束下漂浮于水面的状态。

2.3.3

锚泊状态　anchored condition

海洋工程结构或海洋工程船舶在锚泊系统的约束下漂浮于水面的状态。

2.3.4

移航状态　transit condition

海洋工程结构或海洋工程船舶借助于自航、拖航、装运等方式从一个地点转移到另一个地点的状态。

2.3.5

拖航状态　towing condition

自由漂浮状态的海洋工程结构或无推进装置的海洋工程船舶在海上被拖带,从一个地点转移到另一个地点的状态。

2.3.6

坐底状态　supported on the sea bed condition

坐底式、重力式平台等坐落于海底,经过地基预压操作后的状态。包括坐底作业状态和坐底生存状态。

2.3.7

作业状态　operating condition

海洋工程结构在作业现场进行正常作业,承受与正常作业相应的环境载荷及作业载荷的状态。

2.3.8

生存状态　survival condition

自存状态　survival condition(被取代)

海洋工程结构根据预报即将遇到极端恶劣的环境条件时,采取中止正常作业和提高安全性的各种措施,使结构物处于抗风暴的态势,以及在风暴环境中承受与生存环境条件相应的载荷的状态。

2.3.9

安装状态　installing condition

海洋工程结构在安装地点处于海上安装作业的状态。包括从驳船上下水、就位、打桩以及安装上部结构与设施等。

2.3.10

试验状态　test condition

海洋工程结构与设施在建造完成后进行试验时的状态。

2.3.11

升降状态　jacking condition

自升式平台在就位或撤离井位时，经历桩腿升或降、上部结构升或降、注入压载水进行地基预压等一系列操作时的状态。

2.3.12

插拔桩状态　spud driving and pulling condition

自升式平台在就位时依靠平台自重插桩，然后利用压载水进行地基预压，使桩腿处于稳定位置；撤离井位时通过喷冲装置用大量海水对桩下土壤进行喷冲以消除土的吸附力再进行拔桩的状态。

2.3.13

预压状态　preloading condition

自升式平台就位时，坐底式、重力式平台坐落海底时，用海水压载的方法对地基进行预压，使平台及地基在生存状态具有足够稳定性的一种操作状态。

2.3.14

沉浮状态　ascending and descending condition

坐底式、重力式平台就位或撤离时，平台处于自由漂浮状态和坐底状态相互转变过程中的状态。

2.3.15

冲桩　washing out pile

喷冲装置用大量海水对桩腿或沉垫下面的土壤进行喷冲，以消除土壤对结构的吸附力，使桩腿容易被拔起或沉垫容易浮起的一种操作。

2.4　环境条件及载荷

2.4.1

环境资料　environmental data

包括水文条件（水深、潮位、流速、流向、波高、周期、波向、海冰、冰温、水温）、气象条件（风速、风向、气温、雪覆盖、结冰）、地震、海生物、工程地质（地质、地貌、海床土壤）等实测资料、可靠的观测资料和统计结果。

2.4.2

自然环境条件　environmental conditions

海洋工程结构在建造或使用期间可能遇到的风、浪、潮、流、冰、地震、海啸、雨、雪、雾、霜、温度、湿度、工程地质、海水腐蚀、海生物附着、水深等条件。

2.4.3

环境参数　environmental parameters

各种自然环境条件的有关参数。如波浪的参数有波高、周期、波向以及波谱等。

2.4.4

重现期　recurrence period

再次出现比给定的波高、风速、流速等更为严重的情况所需的概率平均年数。

2.4.5

有效波高　significant wave height

有义波高　significant wave height（被取代）

三一波高　one third wave height（被取代）

将所有连续测量的波高按大小排列，取其总个数的三分之一大波波高的平均值。

2.4.6

有效周期　significant wave period

有义周期　significant wave period(被取代)

三一周期　one third wave period(被取代)

将所有连续测量的波高按大小排列,并记下与各波高值相应的周期,取其总个数的三分之一大波周期的平均值。

2.4.7

波谱　wave spectrum

波浪位移的方差谱、波倾角谱、波数谱的统称。一般指波浪位移的方差谱,它反映了各成分波的有关量相对于频率的分布情况。

2.4.8

水面高程　water level elevation

海洋工程结构所在地点受潮位等影响而出现的水位。

2.4.9

特征潮位　characteristic tide levels

海洋工程常用的极端高(低)潮位、天文高(低)潮位、平均高(低)潮位等有代表意义的潮位。

2.4.10

环境设计衡准　environmental design criteria

在确定海洋工程结构的设计环境条件时,对环境参数的重现期及环境载荷的组合等所持的原则和标准。

2.4.11

设计环境条件　design environmental conditions

作业环境条件与生存环境条件的总称。

2.4.12

作业环境条件　operating environmental conditions

按海洋工程结构的主要功能和各种操作要求确定的,能实现安全作业的一组环境参数上限值。

2.4.13

生存环境条件　survival environmental conditions

在海洋工程结构的工作寿命内,对结构产生最不利影响的环境条件组合以及代表最恶劣环境条件的一组环境参数上限值。

2.4.14

安装环境条件　installing environmental conditions

海洋工程结构在海上安装作业期间能实现安全作业的一组环境参数上限值。

2.4.15

作业水深　operating water depth

海洋工程结构作业时所能达到的水深或水深范围。

2.4.16

设计水深　design water depth

作为设计要求提出的海洋工程结构的作业水深或水深范围。

2.4.17

飞溅区　splash zone

海洋工程结构在潮汐和波浪作用下干湿交替的区域。

2.4.18

海底冲刷　seafloor scour

海洋工程结构接触海底处，土壤受海流冲击作用而发生运移的现象。

2.4.19

环境载荷　environmental load

由风、浪、潮、流、冰、雪、地震等自然环境条件直接引起的载荷。

2.4.20

风载荷　wind load

风作用在海洋工程结构水面以上部位所产生的载荷。

2.4.21

波浪载荷　wave load

波浪运动作用在海洋工程结构上所产生的载荷。

2.4.22

海流载荷　current load

海流作用在海洋工程结构上所产生的载荷。许多场合应计算波浪及海流联合作用引起的载荷，以及研究卡门涡流对柱状构件引起共振的可能性。

2.4.23

冰载荷　ice load

冰作用在海洋工程结构上所产生的载荷。包括大面积冰原整体移动引起的作用力、流冰的冲击力以及温度变化、水位涨落引起的载荷。

2.4.24

地震载荷　earthquake load

地震引起海洋工程结构物基础运动所产生的载荷。

2.4.25

作业载荷　operating load

海洋工程结构在使用期间所受到的除环境载荷以外的其他载荷。

2.4.26

固定载荷　dead load

在某一操作状态恒定不变的载荷。包括海洋工程结构自身重量、静水浮力、永久性压载、土的静压力等。

2.4.27

可变载荷　variable load; live load

活动载荷　active load　(被取代)

在所论操作状态缓慢地变化其位置及大小的载荷。如需移动位置或撤走的钻井及生产设备、人员及供应品、各种材料、储存舱及压载舱中的液体以及生产作业中的消耗品等。

2.4.28

动载荷　dynamic load

对海洋工程结构有显著动力影响的载荷。

2.4.29

变形载荷　deformation load

结构变形引起的载荷。如温度变化、地基沉降、相邻结构变形引起的载荷。

2.4.30

生存环境载荷　survival environmental load

和生存环境条件相应的载荷。

2.4.31

作业环境载荷　operating environmental load

和作业环境条件相应的载荷。

2.4.32

甲板设计载荷　design deck load

各种状态下甲板各部位最大均布载荷和集中载荷的设计值。

3　平台

3.1　性能和结构分析

3.1.1

举升能力　jacking capacity

自升式平台在作业地点,利用平台升降机构将上部结构举升至设计要求高度的能力。

3.1.2

峰隙　air gap

气隙　air gap

设计波浪的波峰与上部结构底部之间的最小空隙。

3.1.3

桩贯入深度　pile penetration

桩沉入土中的深度。

3.1.4

海床地基承载力　bearing capacity of the sea bed

海床地基单位面积上所能承受的载荷。

3.1.5

***P-Y* 曲线　*P-Y* curve**

表示桩土体系的侧向位移与反力特征的曲线。

3.1.6

***T-Z* 曲线　*T-Z* curve**

表示桩土体系的垂向位移与摩擦阻力特征的曲线。

3.1.7

***P-B* 曲线　*P-B* curve**

表示桩土体系的垂向位移与端承力特征的曲线。

3.1.8

群桩效应　pile group effect

密集的桩所造成的对水动力性能的影响或桩土体系间的相互影响。

3.1.9

坐底稳定性　sit-on-bottom stability

平台在坐底状态下抗倾覆和抗滑动的能力。

3.1.10

抗倾稳定性　stability against overturning

海洋工程结构物抵抗外力矩倾覆作用的能力。

3.1.11

抗滑稳定性　stability against sliding

海洋工程结构物抵抗水平力作用所造成的滑移的能力。

3.1.12

地基整体稳定性　ground general stability

海洋工程结构物的地基在整体上抵抗倾覆和滑移的能力。

3.1.13

在位分析　in place analysis

就位分析　in place analysis(被取代)

对平台使用期间,承受作业载荷和环境载荷作用条件下结构受力所作的分析。

3.1.14

上驳分析　load out analysis

对导管架、模块等结构物从制造场地装上运载驳船过程中的结构受力所作的分析。

3.1.15

运输分析　transportation analysis

对导管架、模块等结构物装在船上进行海上运输过程中的结构受力所作的分析。

3.1.16

下水分析　launching analysis

对导管架自运载驳船下水过程中的运动轨迹和结构受力所作的分析。

3.1.17

扶正分析　uprighting analysis

对导管架下水后,在扶正就位过程中的运动轨迹和结构受力所作的分析。

3.1.18

吊装分析　lifting analysis

对结构物吊装过程中的结构受力所作的分析。

3.1.19

拖航分析　towing analysis

对移动式平台或漂浮结构物在拖运至预定位置过程中的运动和结构受力所作的分析。

3.1.20

确定性疲劳分析　determinate fatigue analysis

以确定性设计载荷进行疲劳累积损伤计算的疲劳分析。

3.1.21

随机性疲劳分析　random fatigue analysis

以随机性设计载荷进行疲劳累积损伤计算的疲劳分析。

3.1.22

强度水平地震分析　strength level earthquake analysis

为使结构物满足中等重现期地震时的强度要求而进行的地震分析。

3.1.23

延性水平地震分析　ductility level earthquake analysis

在罕见的强烈地震作用下允许结构物出现某些永久变形,但不致倒塌的工况下的结构分析。

3.1.24

时域法动力分析　time history method of dynamic analysis

根据作用在结构上的外力在时域内求解每一瞬时各节点的位移、构件的内力和应力值的动力分析方法。

3.1.25

频域法动力分析　frequency domain method of dynamic analysis

将与时间有关的外力，用与频率有关的调和函数来表示，利用结构的频率响应函数来求解节点位移、构件内力和应力值的动力分析方法。

3.1.26

波浪力线性化　linearization of wave force

将波浪力中的非线性项进行线性化处理，从而求解结构的运动和受力的方法。

3.1.27

热点应力　hot spot stress

结构突变处最大应力点的应力。

3.2 结构

3.2.1

关键构件　critical member

破坏时可能导致整个平台毁坏，而且其应力往往因形状复杂或加工不当而可能超过计算值的构件。

3.2.2

重要构件　primary member

破坏时不会很快地使整个平台毁掉，但在其修复之前平台无法正常使用的构件。

3.2.3

次要构件　secondary member

破坏时不会影响平台的使用，而且易于修复的构件。

3.2.4

有骨材壳体　framed(stiffened) shell

用环形强框架、舱壁或适当的隔板保证其强度和稳定性的带骨材的壳体结构。适用于立柱、沉垫或浮垫、桩靴或柱靴的结构设计。

3.2.5

无骨材壳体　unframed(unstiffened) shell

用环形强框架、舱壁或适当的隔板保证其强度和稳定性而不设骨材的壳体结构，适用于立柱、沉垫或浮垫、桩靴或柱靴的结构设计。

3.2.6

上部构件　super structure; upper structure

位于桩腿、立柱或框架上方，且由其直接支承的结构物。

3.2.7

立柱　column

在半潜式平台或坐底式平台上连接上部结构和浮垫的柱形结构。

3.2.8

桩腿　leg

支承在海底，并利用升降装置升降平台上部结构的筒形或桁架结构。

3.2.9

沉垫　mat

把各桩腿或各立柱底端连接起来的整体水密箱形底部结构。

3.2.10

浮垫　pontoon

为半潜式平台提供浮力的船形或筒形底部结构。

3.2.11

桩靴　footing

自升式平台每个桩腿下端独立的浮体。

3.2.12

柱靴　spud can

半潜式平台每个桩腿下端独立的浮体。

3.2.13

抗滑桩、spud for anti-slip

为保证沉垫坐底时不偏离井位而设置的插入土中的抗滑结构物。

3.2.14

裙板　skirt plate

自升式平台、坐底式平台和重力式平台的沉垫、桩靴和底板周围设置的插入土中的围板。用于减少水流对地基土的冲刷并且防止滑移。

3.2.15

主桁　main girder

连接桩腿围井的强力构件是上部结构的一部分，通常为箱形结构，由底板、甲板和侧板组成。

3.2.16

导管架　jacket

由穿过其腿柱或套筒的钢管桩与海底牢固连接的用钢管焊成的空间构架。

3.2.17

模块支承桁架　module support frame

位于导管架顶部用来支承上部甲板和设施的钢桁架。

3.2.18

井口基盘　template

放置在海底的钢质构架，用以保护油井井口，并为平台就位导向，保证井口正确回接。

3.2.19

导管架腿柱　jacket leg

导管架的钢管柱。一般呈倾斜状，是桩的导向结构，主要用以传递整个平台的水平载荷。

3.2.20

弦杆　chord

弦管　chord(被取代)

构架的主构件，一般指导管架整体结构中的腿柱，或是结点中的连接的大直径主管。

3.2.21

撑杆　brace

将主要构件组成一个空间构架的管状或其他形状的连接构件。在结点中，指与弦杆相交的其他构件。

3.2.22

管结点　tubular joint

管节点　tubular joint(被取代)

由一个或多个作为撑杆的圆管焊接到作为弦杆的圆管表面形成的结点，一般包括简单结点、搭接结点和其他复杂结点，是导管架的关键部位。

3.2.23

简单结点　simple joint

简单节点　simple joint(被取代)

撑杆相互不搭接，圆管内外不设加劲板或隔板的结点。

3.2.24

K 型结点　K joint

K 型节点　K joint(被取代)

两根撑杆轴力垂直于弦杆方向的分力，在弦杆轴线一侧平面内自身平衡的结点。

结构形式见图 1。

单位为牛顿

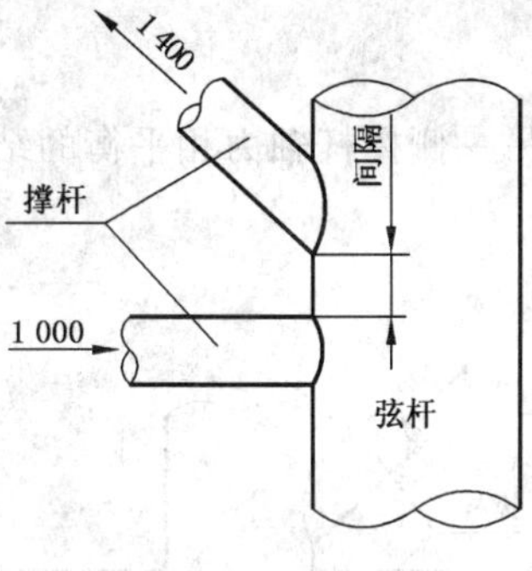

图 1　K 型结点

3.2.25

Y 型结点　Y joint

Y 型节点　Y joint(被取代)

一个结点平面内斜撑杆的与弦杆垂直的内力分量需由弦杆平衡的结点。

结构形式见图 2。

单位为牛顿

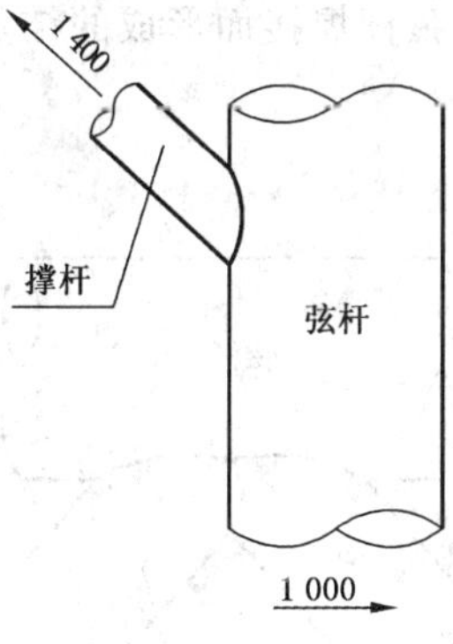

图 2　Y 型结点

3.2.26

T 型结点　T joint

T 型节点　T joint(被取代)

一个结点平面内垂直撑杆的垂直于弦杆的内力分量需由弦杆平衡的结点。

结构形式见图 3。

单位为牛顿

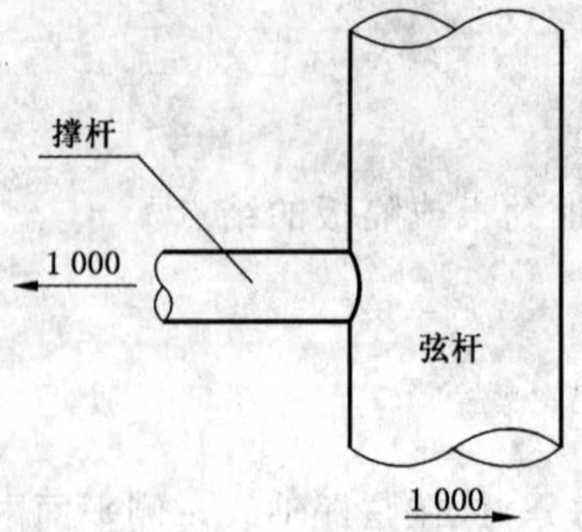

图 3　T 型结点

3.2.27

X 型结点　X joint

X 型节点　X joint(被取代)

弦杆轴线一侧的撑杆轴力必需与另一侧撑杆轴力相平衡的结点。

结构形式见图 4。

单位为牛顿

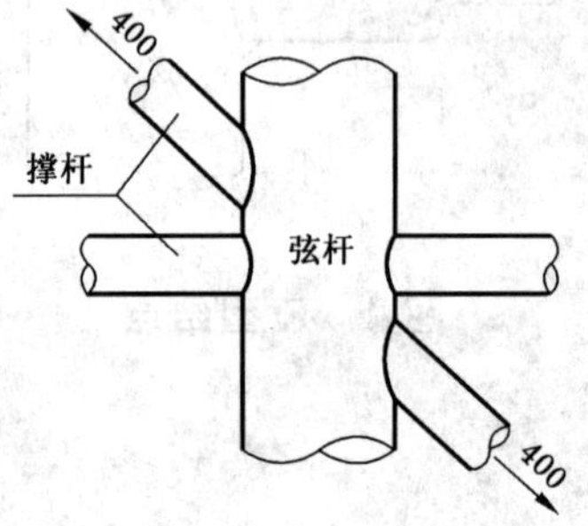

图 4　X 型结点

3.2.28

搭接结点　overlapping joint

搭接节点　overlapping joint(被取代)

两根撑杆一部分相互焊接,一部分与弦杆焊接而形成的结点。

结构形式见图 5。

单位为牛顿

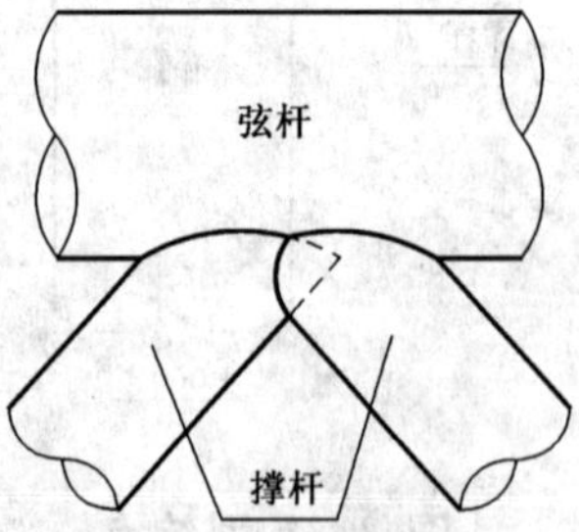

图 5　搭接结点

3.2.29

厚壁筒结点　heavy wall joint

厚壁筒节点　heavy wall joint(被取代)

为满足冲剪和疲劳强度要求,局部弦杆筒壁加厚并采用抗层状撕裂的高强度特种钢材的结点。

3.2.30

带垫板结点 gusset joint

带垫板节点 gusset joint(被取代)

撑杆端部与弦杆之间焊有加劲板的结点。

3.2.31

外环加强结点 external ring joint

外环加强节点 external ring joint(被取代)

弦杆外壁焊有环形加劲板的结点。

3.2.32

内环加强结点 internal ring joint

内环加强节点 internal ring joint(被取代)

弦杆内壁焊有环形加劲板的结点。

3.2.33

锥形过渡段 conical transition

连接结点处直径增大的弦杆和原直径弦杆的锥形管段。

3.2.34

下水桁架 launching truss

为保证管架在制造厂和驳船上水平放置,滑行时能足以承担滑道的反力,在导管架滑行方向上设置的节间细密的桁架。

3.2.35

开口钢管桩 open end steel pile

桩尖不封闭的钢管桩。

3.2.36

模块 module

整个系统的设备和设施组装在钢构架内,整体运输和吊装的集装块。

3.2.37

撬装块 skid

设备和管系组装在公共底盘上,整体运输和吊装的集装块。

3.2.38

防沉板 mud mat

泥垫 mud mat(被取代)

为保证导管架在打桩之前稳定地坐在泥面上而设在导管架底部的钢垫板。

3.2.39

隔水套管 conductor tube

底部固定在海底而将钻杆等与海水隔离的护管。

3.2.40

隔水套管构架 conductor frame

为隔水套管提供侧向支承并沿平台高度方向分层布置的水平构架。

3.2.41

风敏结构 wind sensitive structure

易与风动力载荷产生共振的结构物。如平台上的火炬臂。

3.2.42

桩基 pipe foundation

依靠桩把平台各种载荷传递到地基的基础结构。

3.2.43

侧向承载桩 laterally loaded pile

承受与轴线垂直的侧向载荷作用力的桩。

3.2.44

导向板 guiding plate

在自升式钻井平台中,为保证桩腿齿条与升降系统单元有效地啮合,为齿条提供导向作用的钢板。通常对硬度有特殊的要求,位于升降齿条箱齿条通道的两侧。

3.2.45

耐磨板 wear proofing plate

位于齿条板上端,与齿条频繁接触,具有良好的耐磨性和硬度的钢板。

3.2.46

悬臂梁 cantilever beam

用于自升式钻井平台,主要支撑钻台的结构。通常为箱型结构,位于主体结构之上,在钻井作业时,可以通过滑移系统伸出主体结构之外,不作业时,可以回收。

3.2.47

升降基础结构 jackcase foundation structure

用于自升式钻井平台,俗称齿类箱,作为升降单元、锁紧系统的支持结构,与平台的主体结构相连接。是将桩腿与主体结构相连接的接口。

3.2.48

钻台 drilling floor

用于支持井架、其他钻井设备的平台结构。通常四周配有挡风墙。

3.2.49

底座结构 substructure

用于支撑钻台的支持结构。

3.3 设备

3.3.1

水下设备 underwater equipment

海上钻井装置各种水下作业设施的总称。

3.3.2

运动补偿设备 motion compensation equipment

在漂浮状态下进行钻井作业的平台或船为克服在风、浪、流等外力作用下所产生的各种运动(在水平面内的漂移以及垂荡、横摇等)对钻柱及水下设备的工作状态所造成的不利影响而设置的补偿装置的总称。

3.3.3

钻柱运动补偿器 drill string compensator(DSC)

消除浮式钻井装置在波浪中的垂荡运动对钻柱工作的影响,以便稳定钻压和平稳下放套管、油管及防喷器的装置。

3.3.4

垂荡补偿器 heave compensator

浮式钻井装置为消除在波浪中的垂荡运动对钻柱及安装其他水下设备的影响而设置的装置与设备。

3.3.5

水平位移补偿器 horizontal displacement compensator

浮式钻井装置为减缓在波浪中的水平面内的飘荡运动对水下设备(主要是隔水套管)的影响而设置

运动补偿设备。

3.3.6

隔水管张力器　riser tensioners

浮式钻井装置为保证隔水管的正常工作而设置的能补偿在波浪中的垂荡运动和使隔水管保持受到一定大小的张力的装置。

3.3.7

导向索　guiding line

供起、下隔水套管、防喷器或水下设备时用的导向钢索。

3.3.8

导向索恒张力器　permanent guiding line tensioners

安置在导向索水面一端，保证导向索始终处于合适的张紧状态的装置。

3.3.9

伸缩接头　telescopic joint

浮式钻井装置的隔水管为解决垂荡补偿而将其上部设计成具有内、外筒体且可以相互伸缩的接头。

3.3.10

胶管张力器　pod line tensioners

使含有许多液压控制管线的胶管(控制软管)处于受一定的张力状态的张紧装置。

3.3.11

升降装置　jacking system

设置在自升式平台桩腿和平台主桁交接处而使桩腿和平台作相对升降运动的机械装置。

3.3.12

楔块装置　wedge system

为使自升式平台进入作业状态或拖航前，桩腿和平台本体相互紧密固定而在其间隙内压入楔块的机械装置。

4　单点系泊装置和定位系统

4.1　单点系泊装置、部件及其他

4.1.1

单点系泊　single point moorings(SPM)

凡允许系泊船舶随着盛行风和海况的变化而围绕着单个系泊点自由回转，从而不断地处于风、浪、流合阻力最小位置的系泊。有时也将单点系泊装置或单点系泊系统简称为单点系泊。

4.1.2

单点系泊装置　single point mooring unit

在海上油气开发工程中，作为海底管道与系泊船舶之间的连接环节，一般用以输送流体(如石油、天然气等)和系留船舶，并具有单点系泊特性的海上系泊装置。

4.1.3

固定式单点系泊装置　fixed single point mooring unit

以固定式结构支持的单点系泊装置。

4.1.4

浮式单点系泊装置　floating single point mooring unit

以浮式结构支持的单点系泊装置。

4.1.5

桩式系泊塔　piled mooring tower

用桩固定于海底的塔状固定式单点系泊装置。

4.1.6

重力式系泊塔　gravity mooring tower

用重力基础固定于海底的塔状固定式单点系泊装置。

4.1.7

悬链锚腿系泊装置　catenary anchor leg mooring(CALM)

以若干根呈辐射状布置的悬链锚腿(一般为锚链)将一浮筒系至固定于海底的锚或桩上的单点系泊装置。

4.1.8

垂直锚腿系泊装置　vertical anchor leg mooring(VALM)

以有预张力的锚腿垂直地将一浮筒系于海底的固定基础上的单点系泊装置。

4.1.9

单锚腿系泊装置　single anchor leg mooring(SALM)

以单根锚腿与固定于海底的基础相连接的单点系泊装置。

4.1.10

刚臂式单锚腿系泊装置　single anchor leg mooring with rigid arm(SALMRA)

以刚性轭架与系泊船舶相连接的单锚腿系泊装置。

4.1.11

混合刚臂式单锚腿系泊装置　hybrid SALMRA

在刚臂式单锚腿系泊装置中加设悬链系统,使整个系泊装置的回复力部分由浮力产生,部分由悬链的链重产生的混合式的单点系泊装置。

4.1.12

轭塔式单锚腿系泊装置　yoke tower single anchor leg mooring

锚腿为一塔形的浮力结构,其下段为一刚性立管,上段为一竖立的圆柱形浮筒,立管底端与海底基础相铰接,浮筒顶部则以一刚性轭架与系泊船舶相铰接的单锚腿系泊装置。

4.1.13

铰接式装油塔　articulated loading tower(ALT); articulated loading column (ALC); articulated loading platform(ALP)

铰接式装油平台　articulated loading platform(被取代)

底端以万向接头与海底重力基础相铰接的柱形结构,其水下部分的下段设有辅助浮体和压载,上段(在水面附近)设有主浮体,或整个水下柱体结构作为浮体,支持着伸出水面的顶部旋转头及上层设施,用以在海上为停靠的油船装油的单点系泊装置。

4.1.14

单浮筒储油装置　single buoy storage(SBS)

以刚性轭架将储油船联结在悬链锚腿系泊装置上,供在海上储油的单点系泊装置。

4.1.15

单锚腿储油装置　single anchor leg storage(SALS)

以设有水下浮力舱的空间构架作为刚性系泊轭架,将储油船联结在单锚腿系泊装置上,供在海上储油的单点系泊装置。

4.1.16

混合式单锚腿储油装置　hybrid SALS

在通常的单锚腿储油装置中加设悬链系统,使立管预张力和动载荷得以降低,但仍保持单锚腿储油装置的基本构型的混合式的单点系泊装置。

4.1.17

立管转塔式系泊装置　riser turret mooring

由立管、悬链和转塔结构组成的单点系泊装置。其立管的上端通过万向架与转塔结构中的轴承相连接;在立管的水下适当部位连接着一组固定于海底的悬链,使立管转塔结构竖立于海中一定位置上,整个装置的回复力由立管的浮力和悬链的链重产生;立管的底部连接着水下软管。

4.1.18

铰接立管转塔式系泊装置　articulated riser turret mooring

立管顶端与系泊船舶之间铰接一刚性轭架,立管底端连接着一组悬链的立管转塔式系泊装置。

4.1.19

转塔式浮筒系泊装置　buoyant turret mooring(BTM)

转塔结构位于船首内部,支承悬链的系泊浮筒位于转塔底部的转塔与悬链锚腿系泊相组合的单点系泊装置。

4.1.20

柔性轭架系泊装置　soft yoke mooring

系泊浮筒的转台和系泊船舶之间的连接采用柔性的铰接轻型轭架,用于浅水的悬链锚腿系泊装置。

4.1.21

轭架　yoke

在单点系泊装置的转台(或立管顶部的万向架)与系泊船舶之间起连接作用,并传递两者之间所有力和力矩的具有铰接端部的刚性构架。

4.1.22

转台　turntable

设在单点系泊装置的顶部由滚柱轴承支承的可让系在其上的船舶按风标特性旋转的部件。

4.1.23

万向架　gimbal table

在水平面内有一对正交轴,并允许绕着正交轴自由转动的,用于在立管与轭架之间形成一个铰接接头,以适应系泊船舶纵摇、横摇、纵荡运动的类似于万向接头的机械装置。

4.1.24

锚腿　anchor leg

单点系泊装置的上部浮体与海底基础固定点之间的连接构件。它可以是圆管、锚链或桁架结构。

4.1.25

系泊旋转接头　mooring swivel

在单点系泊装置中可绕竖轴转动的部件与相对静止的部件之间的能传递系泊载荷的旋转连接装置。

4.1.26

流体输送旋转接头　fluid product swivel

单点系泊装置中流体管系的动与静部分的连接装置。它能在旋转和固定部件之间的过渡段保证有一定压力的流体(油、气、水等)无泄漏地连续输送。

4.1.27

快速解脱接头　quick connect/disconnect coupler(QCDC)

在紧急情况下可让系泊船舶迅速从单点系泊装置上脱开,当要恢复连接时又可迅速回接的装置。

4.1.28

配重块　clump weight

在浮式单点系泊系统中,为使悬链线获得所要求的曲线形状而在悬链线上配挂的通常为混凝土或铁制的块状物。

4.1.29

回转区域半径　turning circle radius; swing circle radius

系泊船舶在作业系缆载荷作用下,并处于最低潮位时,与单点系泊装置的回转中心之间的距离。即系缆长度的水平投影、单点系泊装置设计系泊的最大船舶的总长以及适当的安全裕量三者之和。

4.1.30

回转区域　turning circle; swing circle

系泊船舶绕着系泊点按回转区域半径回转时所扫过的海上区域。

4.1.31

操纵区域　maneuvering area

为确保船舶进行靠离单点系泊装置时的操纵安全,根据所在海区情况确定的围绕单点系泊装置有最小半径要求的海上区域。

4.1.32

作业系泊载荷　operating mooring load

在作业环境状况下,单点系泊装置系有其设计系泊的最大船舶时,作用于单点系泊浮筒和基础的载荷;或者,单点系泊装置系有其他较小的船舶但会产生更大的载荷时,作用于单点系泊浮筒和基础的载荷。它包括系缆载荷和单点系泊装置的锚泊载荷。

4.1.33

作业系缆载荷　operating hawser load

在作业环境状况下,单点系泊装置系有其设计系泊的最大船舶时,作用于系缆的最大载荷;或者,系有其他较小的船舶但会产生更大的载荷时,作用于系缆的最大载荷。

4.1.34

作业锚泊载荷　operating anchor load

在作业环境状况下,单点系泊装置系有其设计系泊的最大船舶时,在负荷最大的锚腿中的最大载荷;或者,系有其他较小的船舶但会产生更大的载荷时,在负荷最大的锚腿中的最大载荷。

4.2　定位系统及其部件

4.2.1

定位系统　positioning system

能使偏离预定位置的海上浮体(船舶或浮式装置)回复到原位,并不断保持在预定位置上的系统。一般为电子与机械的组合系统。

4.2.2

动力定位　dynamic positioning

借助动力来自动保持海上浮体(船舶或浮式装置)预定位置或保持预定航线的定位系统。它是由位置检测系统测得浮体受外力(风、浪、流等)干扰而发生方位偏移的信息,经控制系统信息处理后发出操纵指令,由推力系统产生相应于消除方位偏移的推力,使浮体复回原位的自动控制方法。

4.2.3

位置检测系统　position detecting system

用以检测海上浮体(船舶或浮式装置)在风、浪、流等外力作用下发生方位偏移的系统。

4.2.4

推力器系统　thruster system

动力定位系统中的推力器按照控制指令发出推力来抵消干扰力作用的系统。

4.2.5

锚泊定位　anchor moored positioning

用锚及锚链(缆)将船舶或浮式装置系留于海上,限制风、浪、流等外力引起的漂移,使其保持在预定的位置上的定位方法。

4.2.6

散射锚泊系统　spread anchoring system

用散布于四周的固定于海底的多根锚链(缆)共同将一船舶或浮式装置系留于海上,使其保持在预定位置上的锚泊系统。

4.2.7

多浮筒系泊系统　multi-buoy mooring system

以多个系泊浮筒共同将一船舶或浮式装置系留于海上,使其保持在预定位置上的系泊系统。

4.2.8

锚桩　anchor pile; spud

打入海底用以固定锚链(缆)的桩。

4.2.9

吸力锚桩　suction anchor

利用抽吸方法形成的负压而压入海底土壤中作为锚泊固定点的封顶的空心圆柱桩。

4.2.10

重力锚　gravity anchor

主要依靠自身的重量固定于海底能够承受垂直和水平载荷的锚。

4.2.11

埋入锚　burial anchor

埋入海底土壤中依靠土体的重量和剪切强度来增大固定力的锚。

4.2.12

定位能力　stationkeeping ability

借助于定位系统将船舶或浮式装置保持在海上停泊地的能力。

4.2.13

监控圈　watch circle

动力定位的船舶或浮式装置在海上进行钻井作业时,为保持作业正常进行而将其水平位移控制在一定范围内的以钻孔中心为圆心的圆圈。该圆圈的半径一般按水深的百分数来规定。

5　海底管道

5.1　类型

5.1.1

海底管道系统　submarine pipeline system

海底管线系统　submarine pipeline system(被取代)

用于输送石油、天然气及其他流体产品的海底管道工程设施的所有组成部分的总称。它包括海底管道、立管、支撑构件、配管附件、防腐系统、加重层、泄漏检测系统、报警系统、应急关闭系统和与其相连的海底装置等。

5.1.2

海底管道　submarine pipeline

海底管线　submarine pipeline(被取代)

海底管道系统中,于最大潮汐期间处于水面以下的管道(立管除外)。

5.1.3

立管　riser

连接海底管道与海洋工程结构物上生产设备之间的管道,其底部的膨胀弯管亦属立管的一部分。

立管分为刚性立管和柔性立管，仅刚性立管可作受力构件。对于单点系泊装置，系指连接上部浮体与海底基础固定点之间的一段竖立的管形受力构件。

5.1.4

外立管　external riser

未提供有效掩蔽而直接受到风、波浪、海流和海冰作用的立管。

5.1.5

内立管　internal riser

受到有效掩蔽保护，能防止风、波浪、海流和海冰作用的立管。

5.1.6

膨胀弯管　expansion loop

能够吸收海底管道膨胀或收缩的弯管。其形状有 L 形、N 形和 U 形。

5.1.7

管道接岸段　pipeline shore-approach

登岸管道　pipeline shore-approach(被取代)

位于接岸潮差带的管段。

5.1.8

保温管道　hot oil line

用来输送已被加热的重质黏性原油或燃料油的管道。在输送过程中管道内一直保持适宜的输送温度。

5.1.9

双层管　double tube

能够保持输送介质温度，且结构为两层钢管的管道。内层为输送管，外层为保护套管。内外管之间的环隙放置保温绝缘材料。

5.1.10

水下管汇　manifold

多根管道交汇的组合体。具有一个或几个出口，并装有阀和监控各个管道中流体情况的仪表。

5.1.11

水下管汇中心　manifold center

水下采油系统的集输站。

5.1.12

管道末端管汇　pipeline end manifold

装于海底管道端部，经短管与输油软管相连通的管汇。

5.1.13

出油(气)管道　flowline

水下采油系统中，用于输送直接从井口产出的原油(气)的管道。

5.1.14

集输管道　gathering and transportation line

水下采油系统中，专门用来把油气从各个油井和油罐集输到管汇中心的出油(气)管道。

5.1.15

集输中心　gathering and transportation center

多个生产平台或水下井口的出油(气)管道的集结点。

5.1.16

埋设管道　buried pipeline

埋设在海底泥面以下的海底管道。

5.1.17

裸置管道　unburied pipeline

放置在海底或悬跨于其上而不埋入海底泥面以下的海底管道。

5.2 设计

5.2.1

线路勘测　route survey

为铺设海底管道选择最佳线路而进行的勘察性调查和测量。一般包括对水文、气象、地形地质特征、浅层地质剖面、海底土壤特性和海底障碍物等的调查和测量。

5.2.2

管道线路　pipeline route

海底管道的实际轴线在海底的线路。

5.2.3

在位稳定性　on bottom stability

在位安定性　on bottom stability(被取代)

管道铺设在海床上或预开的管沟内或埋入土壤中，在重力、浮力、海流力、波浪力以及土壤摩擦力等因素影响下，于垂直方向及水平方向的稳定程度。

5.2.4

水击压力　surge pressure

由管道内部流体流速的突变引起的流体对管壁的局部冲击压力。

5.2.5

引发压力　initiation pressure

诱发压力　initiation pressure(被取代)

能够导致海底管道管壁上已存在的局部屈曲或凹陷进一步扩展的外部压力。

5.2.6

传播压力　propagation pressure

管道屈曲扩展已经产生后，继续维持屈曲在管道中传播的外部压力。

5.2.7

悬空段长度　suspended length

管道中无支承管段的长度。

5.2.8

约束管道　restrained line

由于受到固定支座或管子与土壤间摩擦力的约束而在轴向不能自由膨胀或收缩的管道。在管道设计中，可作为受约束管道考虑。

5.2.9

非约束管道　unrestrained line

轴向约束力可忽略的管道。在管道设计中，可作为没有约束的管道考虑。

5.2.10

埋设深度　laying depth

管道埋置在海底泥面以下的深度。

5.3 材料与附件

5.3.1

涂层　coating

涂覆或包敷于钢质管道内部和外部的保护层。包括防腐涂层和加重层。

5.3.2

外涂层　external coating

涂覆于钢管外部金属表面的防腐涂层。

5.3.3

内涂层　internal coating

涂覆于钢管内部金属表面的防腐涂层。

5.3.4

加重层　weight coating

混凝土层　concrete coating(被取代)

包敷在防腐涂层外增加管道重量的涂层。它的材料主要是钢筋混凝土或钢丝网水泥。其作用是保持管道在海底的稳定性,并抵抗所处环境偶然载荷的撞击。

5.3.5

现场接头涂层　field joint coating

海底管道在海上现场组装焊接后,于其焊接接头处补口的涂层。

5.3.6

保温层　insulation

为保持正常的介质输送温度,包覆于输送管外的隔热层。一般用于需要保温的管道。隔热材料通常用石棉或聚乙烯等。

5.3.7

立管管卡　riser clamp

用螺栓将立管紧固在平台导管架腿柱上的卡箍。

5.3.8

立管支撑件　riser support

将立管固定在平台上的构件,或立管的局部或连续的导向构件。

5.3.9

清管器　pig

穿管器　pig(被取代)

借助于本身动力或油流或气流推动下在管腔内运动的一种工具。用于清洁管壁、监测管道内部状况。

5.3.10

扫线清管器　cleaning pig

用于清扫海底管道在施工或生产过程中残留在其内部的剩余物等的清管器。

5.3.11

定径清管器　gauging pig

用于检查施工或作业中管道内径是否符合要求的清管器。

5.3.12

检测清管器　instrument pig

用于检测和记录管子内壁的任何不规则变化和破损情况的清管器。

5.3.13

清管器收发装置　pig traps

连接在海底管道系统上的能发送和回收清管器的装置。

5.3.14

管道封头　cap

铺设海底管道时焊于第一根管子端部的圆盖形钢制封头。用来防止海水进入管道并使其具有一定的浮力。

5.3.15

止屈器 buckle arrestor

为防止屈曲沿管道长度方向的传播,在管道上安装的局部加强件。

5.3.16

应急关闭系统 emergency shutdown system

管道输送系统中保持待命状态的备用安全系统。在紧急情况下,可采用应急关闭系统关闭部分或全部输送线。

5.4 施工

5.4.1

铺管参数 pipe laying parameters

铺管过程中控制管道应力和变形的基本参数。

5.4.2

管道标志 pipeline identification

显示管道所处位置的标记。一般使用浮标等浮具。在管道施工期间,常使用管道标志显示管道预定铺设路线的位置。

5.4.3

管段连接 tie-in

海底管道管段之间,海底管道与立管之间在海上的对接连接。

5.4.4

拖管法 tow method

管道铺设的施工方法之一。一般是在陆上预制场内将管子组装焊接成管段,然后由拖管船或其他牵引设备把管段拖到海上预定的线路,再在海上进行连接。

5.4.5

底拖法 bottom tow method

管段一直着落海底被拖至预定位置的拖管法。

5.4.6

近底拖法 off-bottom tow method

离地拖法 off-bottom tow method(被取代)

管段在接近海底面的高度上被拖至预定位置的拖管法。

5.4.7

定深拖法 below-surface tow method

潜水拖法 diving tow method(被取代)

水下拖法 underwater tow method(被取代)

管段沿水下一定深度被拖至预定位置的拖管法。

5.4.8

水面拖法 surface tow method

漂浮拖法 floating tow method(被取代)

管段漂浮于水面被拖至预定位置的拖管法。

5.4.9

铺管船法 pipelaying vessel method

用铺管船铺设海底管道的方法。在铺管船上把管段逐根接长,并焊接接头和涂覆接头涂层,然后通过张紧器,由船尾斜滑道徐徐地将管道往海底铺设。

5.4.10

卷筒铺管船法　reel barge method

用卷筒铺管船铺设海底管道的方法。先在陆上把一定长度预制好的管子连续地卷绕在卷筒上，并吊装到卷管船的固定架上。卷筒铺管船抵达海上现场后，将管子从卷筒上退卷，经校直后，通过张紧器、船尾斜滑道将其铺设到海底。

5.4.11

张紧器　tensioner

为了减少管道铺设时的弯曲应力，在铺管滑道处设置的能使管子处于拉伸状态的机械夹紧装置。

5.4.12

托管架　stinger

安装在铺管船尾部用以支撑焊好的管子并逐步把管子下放至海底的刚性或铰接的斜架。

5.4.13

J型管　J-tube

为铺设立管而预先在平台上安装的直径大于立管的J型导管。施工时，利用卷扬设备将立管从J型管中拉到指定位置。

5.4.14

管沟　pipe ditch

根据海底管道埋设要求，在海床上开挖的埋管沟槽。

5.4.15

开沟　trenching

在海床上开挖埋管沟槽的作业。

5.4.16

喷射挖沟埋管法　jetting method

通过埋管驳拖带靠磁力骑跨在海底管道上的拖埋器喷射高压水或高压气把砂子和泥液从管道下部冲开，形成沟槽，并通过吸管将冲开的砂子和泥液吸走，管子沉入沟槽后，可通过海流或波浪的运动将排在管沟槽旁的泥砂回填，以埋设管沟内的管子的施工方法。

5.4.17

液化埋管法　fluidization method

将大量的水强注到管子周围的土壤中，并利用埋管机的振动，使土壤液化，减少土壤密度而使管子沉入砂土中的施工方法。

5.4.18

机械开沟法　mechanical cutting method

利用机械设备对海床进行开沟的施工方法。

5.4.19

开沟犁法　plowing method

通过工程船拖带海底开沟犁，将海底犁出管沟的施工方法。

5.4.20

回填　back fill

管道放入管沟后，用砂土料填没管沟的作业。

5.4.21

定径板　rigid disc

铺管时，检验管子屈曲情况的刚性圆板。通常放在铺设管道与海底面接触点之后适当距离的管段内。

5.4.22

拖管头　pulling head

拖管法铺设海底管道时，用于牵引管道的专用件。它连接在被牵引管道的端头上，并在系缚牵引缆索的眼孔，使管道牢固地与牵引缆索联结，并将牵引力传递给管壁。

5.4.23

锚定　anchorage

锚固　anchorage(被取代)

锚碇　anchorage(被取代)

利用锚杆或螺旋锚杆固定海底管道，使之能抵御波浪、潮流以及浮力等作用，保持管道在海底的稳定性的措施。

5.4.24

弃管　pipe abandon

管道海上施工过程中，因海洋气候的突变等原因不得不中断施工时，暂时将管道弃放海底的作业。作业时管道经封堵放入海底并系以浮标，以便再次施工时易于寻找和回收。

5.4.25

收管　pipe retrieval

拾管　pipe retrieval(被取代)

捡管　pipe retrieval(被取代)

对弃管后弃放在海床上的管道进行的回收作业。

中 文 索 引

A

B

C

D

E

F

G

H

J

K

L

M

N

P

Q

Y

Z

英 文 索 引

A

B

C

M

O

P

Q

R

S

T

Y

ICS 27.020
J 94

GB

中华人民共和国国家标准

GB/T 14096—2008
代替 GB/T 14096—1993

喷油泵试验台 试验方法

Testing method for fuel injection pump test-stand

(ISO 4008-1:1980 Road vehicle—Fuel injection pump testing—
Part 1:Dynamic conditions,NEQ)

2008-04-22 发布 2008-10-01 实施

中华人民共和国国家质量监督检验检疫总局
中国国家标准化管理委员会 发布

前 言

本标准是对 GB/T 14096—1993《喷油泵试验台　试验方法》的修订。

本标准非等效采用 ISO 4008-1:1980《道路车辆　喷油泵试验　动态条件》。

本标准按 GB/T 1.1—2000 的规定编写，并对有些技术内容作了编辑性修改。

本标准与 GB/T 14096—1993 相比，主要技术内容变化如下：

——在第 1 章范围中，取消了“本标准适用于……每循环供油量最大值不大于 300 mm^3”；

——在第 2 章中，规范性引用文件均采用现行有效标准；

——在 3.1.3 中，增加了公式(2)中参数 Δn_1 的说明；

——在 3.2.3 中，增加了公式(4)中参数 Δn_2 的说明；

——在 3.9.2 和 3.12 中，叙述了读取油量时的具体方法，取消了“量杯的倒油和燃油下沉时间应按 GB/T 5770 中的规定”；

——在 3.10.1 中，表 1 增加了表题；

——喷油泵试验台可靠性试验由制造厂委托“油泵油嘴生产企业进行”，增加“或第三方法定检测机构进行”；

——在 3.11 中，表 2 增加了表题；

——在 3.12 中，对试验台用的校泵油、高压油管、标准喷油泵和标准喷油器增加了相应的标准号；

——在 3.12 中，用“试验台用标准喷油器”代替“试验台用喷油器”；

——在 E.1.2 中，增加了滤网的标准号 GB/T 5330；

——在表 E.1 中，增加记录 G_1 和 G_2。

本标准的附录 A～附录 E 均为规范性附录。

本标准代替 GB/T 14096—1993。

本标准由中国机械工业联合会提出并归口。

本标准主要起草单位：无锡油泵油嘴研究所、泰安泰山金石机械有限责任公司、无锡托福莱尔精密机械有限公司、泰安市海特机器制造有限责任公司。

本标准主要起草人：朱锡芬、王建群、方云佳、张继忠。

本标准所代替标准的历次版本发布情况为：

——GB/T 14096—1993。

喷油泵试验台　试验方法

1　范围

本标准规定了柴油机喷油泵试验台的性能试验方法。

2　规范性引用文件

下列文件中的条款通过本标准的引用而成为本标准的条款。凡是注日期的引用文件，其随后所有的修改单(不包括勘误的内容)或修订版均不适用于本标准，然而，鼓励根据本标准达成协议的各方研究是否可使用这些文件的最新版本。凡是不注日期的引用文件，其最新版本适用于本标准。

GB/T 3821—2005　中小功率内燃机清洁度测定方法

GB/T 5330—2003　工业用金属丝编织方孔筛网

GB/T 8029—1987　柴油机喷油泵校泵油(neq ISO 4113:1978)

JB/T 8121　柴油机喷油泵试验台用高压油管组件

JB/T 9733　标准喷油泵　技术条件

JB/T 9734　喷油泵试验台　技术条件

JB/T 9735　喷油泵试验台用标准喷油器总成　技术条件

3　试验方法

3.1　喷油泵试验台平均转速波动的测试

3.1.1　在规定的稳定负载条件下，采用试验转速为 150 r/min，250 r/min，500 r/min，750 r/min，1 000 r/min，1 100 r/min，1 200 r/min，1 500 r/min 分别在全负荷和空负荷的工况下，进行不小于 1 min 的测试。对每一工况均匀采样，采样时间不大于 1 s，测量数据不小于 20 个。

3.1.2　平均转速波动率 φ_1 按公式(1)计算：

$$\varphi_1 = \frac{n_{max}(或\ n_{min}) - n_m}{n_m} \times 100 \qquad \cdots\cdots(1)$$

式中：

φ_1——平均转速波动率，单位为百分率(%)；

n_{max}——测量期间的最大转速，单位为转每分(r/min)；

n_{min}——测量期间的最小转速，单位为转每分(r/min)；

n_m——测量期间的平均转速，单位为转每分(r/min)；

$$n_m = \frac{1}{m}\sum_{i=1}^{m} n_i$$

m——测量期间内转速记录的次数，$m \geqslant 20$；

n_i——测量期间内每次实测转速。

3.1.3　转速波动值 Δn_1 按式(2)计算：

$$\Delta n_1 = n_{max}(或\ n_{min}) - n_m \qquad \cdots\cdots(2)$$

式中：

Δn_1——平均转速波动值，单位为转每分(r/min)。

3.2　喷油泵试验台周期负荷转速波动的测试

3.2.1　采用 JB/T 9734 规定的负载泵保留一缸工作(其余各缸高压油旁通)，分别在 300 r/min，500 r/min，750 r/min，900 r/min，1 000 r/min，1 200 r/min，1 500 r/min 工况下，在驱动轴转盘处进行测

试,任一转速内均匀测取 72 个以上的数据。

3.2.2 周期负荷转速波动率 φ_2,按公式(3)计算:

$$\varphi_2 = \frac{n'_{\max} - n'_{\min}}{n'_{\mathrm{m}}} \times 100 \qquad \cdots\cdots(3)$$

式中:

φ_2—— 周期负荷转速波动率,单位为百分率(%);

$n'_{\max}$——在测定周期内的最大转速,单位为转每分(r/min);

$n'_{\min}$——与 $n'_{\max}$ 同一周期的最小转速,单位为转每分(r/min);

n'_{m}——平均转速,单位为转每分(r/min)。

$$n'_{\mathrm{m}} = \frac{n'_{\max} + n'_{\min}}{2}$$

3.2.3 周期负荷转速波动值 Δn_2 按公式(4)计算:

$$\Delta n_2 = n_{\max} - n_{\min} \qquad \cdots\cdots(4)$$

式中:

Δn_2——周期负荷转速波动值,单位为转每分(r/min)。

3.3 飞轮转动惯量、驱动轴扭转刚度的测定

可用物理测量的方法来测定。

3.4 联轴器刚度的测定

联轴器刚度的测量方法见附录 A。

3.5 喷油泵安装稳定性测量

3.5.1 按附录 B 中规定的专用模拟装置和试验程序作动态测量,来确定喷油泵安装稳定性。在试验台整个转速范围内,至少应选择 5 个等间隔的转速 n_t,逐个测量对应每一试验转速的供油量,并测量其偏转角(见附录 B 中第 B.4.1 条)。

3.5.2 根据 3.3～3.5 条所得数据,利用附录 C 中的公式,可绘制出符合 JB/T 9734 要求的喷油泵试验台的允许工作区域曲线图。

3.6 试验台输出功率和转速降的测量

3.6.1 采用适当的测功装置(也可用附录 D 给出的装置)连接到试验台驱动轴上,测量试验台的输出功率和转速降。在试验台的整个转速范围内,以相同间隔取不少于 5 个转速点,分别测取该试验台在这些转速点上的最大输出功率,以检验试验台能否输出规定的最大许用功率。

3.6.2 同时分别在这些转速点上,按规定的降速率测取其对应的功率值。可绘出符合 JB/T 9734 要求的喷油泵试验台驱动轴最大允许功率曲线及功率-降速率曲线图。

3.7 飞轮和联轴器输出驱动面之间侧隙和相对角位移的测定

3.7.1 在飞轮和联轴器输出驱动面间加上一个正、反方向的扭矩[按附录 C 中式(C.4)计算施加的扭矩值],通过测量以证实不存在侧隙和相对角位移。

3.7.2 进行试验时,用任何简便的方法把飞轮锁在试验台主机架上,联轴器连接到喷油泵或其他适当的夹具上。先在从动轴上施加顺时针方向的扭矩(也可采用附录 A 中图 A.2 装置),然后慢慢地逆转到反时针方向,卸去施加扭矩,用精度不低于 0.02°的仪器测量任意两个相互作用部件接合面所形成的角位移正、反向扭矩试验应各重复 5 次。

3.8 喷油泵安装对中性的测量

在测量喷油泵被动轴线对驱动轴线在联轴器输出端面处的径向圆跳动时,测量点应位于该端面的外圆上,测量上述两轴线角度方向的允差时,测量点应距前者 300 mm。

3.9 喷油泵试验台测量系统零位误差和记数误差的试验方法

3.9.1 选择一种稳定和可靠的多缸喷油泵,在 10 倍的基本记数值或 500 次时,该喷油泵最大供油量的

50%应接近充满所试验的量杯。

3.9.2 设基本记数为 N_0(不少于50次)。在试验转速500 r/min和记数为 $10N_0$ 下,让燃油充满量杯的90%左右。为使读数值精确,读数前量筒内的油应有30 s下沉时间,读取油量时以量筒中盛油的弯月面底部读取数值。倒油时量筒架应倾斜45°,并维持30 s。读取 $10N_0$ 次数下油量值,记为 R_1。

3.9.3 以每次次数的间隔为 N_0,连续3次向量杯供油。每次供油后不倒油,经过30 s油流下沉时间后,读取油量值,记为 R_2,此时不倒油。继而再以每次记数为 N_0 的间隔连续7次向量杯供油。每次供油后不倒油不读数,经过30 s油流下沉时间后,读取油量值,记为 R_3。

a) 容积零位误差 E_Z 计算公式(5)如下:

$$E_Z = (10R_2 - 3R_3)/7 \quad \cdots\cdots(5)$$

b) 量杯容积百分率零位误差 e_Z,计算公式(6)如下:

$$e_Z = (E_Z/M) \times 100\% \quad \cdots\cdots(6)$$

式中:

M——喷油泵试验台上的量筒满刻度容量。

c) 以容积计算记数误差 E_{CV},计算公式(7)如下:

$$E_{CV} = (R_3 - R_1)/9 \quad \cdots\cdots(7)$$

d) 以驱动轴转数计算记数误差 E_{CV},计算公式(8)如下:

$$E_{CT} = 10N_0 \cdot E_{CV}/(R_1 - E_Z - E_{CV}) \quad \cdots\cdots(8)$$

3.10 喷油泵试验台可靠性

3.10.1 喷油泵试验台4 h运转可靠性试验,采用连续循环运转(每循环为30 min,共运转4 h),其运转规范见表1。

表1 喷油泵试验台4 h运转可靠性试验连续循环运转规范

转速/r/min	运转时间/min	计数档次			
		100	200	500	1 000
250	5	4	2	1	1
500	10	10	5	4	3
750	10	15	8	6	4
负载泵标定转速	5	15	8	6	4
合计	30	44	23	17	12

3.10.2 喷油泵试验台300 h可靠性试验由喷油泵试验台制造厂委托油泵油嘴生产企业或第三方法定检测机构进行实际使用考核,并提出可靠性试验报告。

3.11 喷油泵试验台清洁度测定方法

喷油泵试验台清洁度按表2规定的部位分别收集杂质,其测定方法见附录E。

表2 喷油泵试验台清洁度测定收集杂质部位

序号	试验油油路系统		变速箱		液压传动系统	
	名称	部位	名称	部位	名称	部位
1	油箱	内表面	变速箱总成	内腔	油箱	内表面
2	滤清器	内腔			吸油阀	内表面
3	集油架	内腔			传动油管	内表面
4	油管	内表面			液压泵总成	内腔
5	齿轮泵总成	内腔			液压马达总成	内腔

3.12 同一台试验台上标准喷油器总成油量不均匀度的试验方法

选择转速稳定性好的试验台，试验用油为符合 GB/T 8029 要求的喷油泵校泵油，由符合JB/T 9733 要求的标准喷油泵的同一缸、符合 JB/T 8121 要求的同一高压油管，在其额定转速点上对符合 JB/T 9735 要求的同一台试验台用的标准喷油器总成，逐个进行油量测试。每个重复 3 次，取其平均值。为使读数精确，读数前量筒内的油应有 30 s 下沉时间，读取油量时以量筒中盛油的弯月面底部读取数值。倒油时量筒架应倾斜 45°，并维持 30 s。

附 录 A
（规范性附录）
联轴器刚度的测量方法

A.1 调整图 A.1 所有指示表读数 a,b,c,d 到零位。

A.2 所施加扭矩 T 在数值上相当于$(1\pm5\%)Q_{max}$，单位为牛米(N·m)。

A.3 记录下所有表的读数(不管正负)，单位为毫米(mm)。

A.4 联轴器的角位移等于 $57.3\times[(a+b)-(c+d)]/y$，单位为度(°)。

A.5 联轴器刚度 $S_c=0.0175T\cdot y/[(a+b)-(c+d)]$，单位为牛米每度[N·m/(°)]。

A.6 在相反方向施加扭矩，重复 A.2～A.5 项。

A.7 记录的刚度是测量结果的算术平均值。

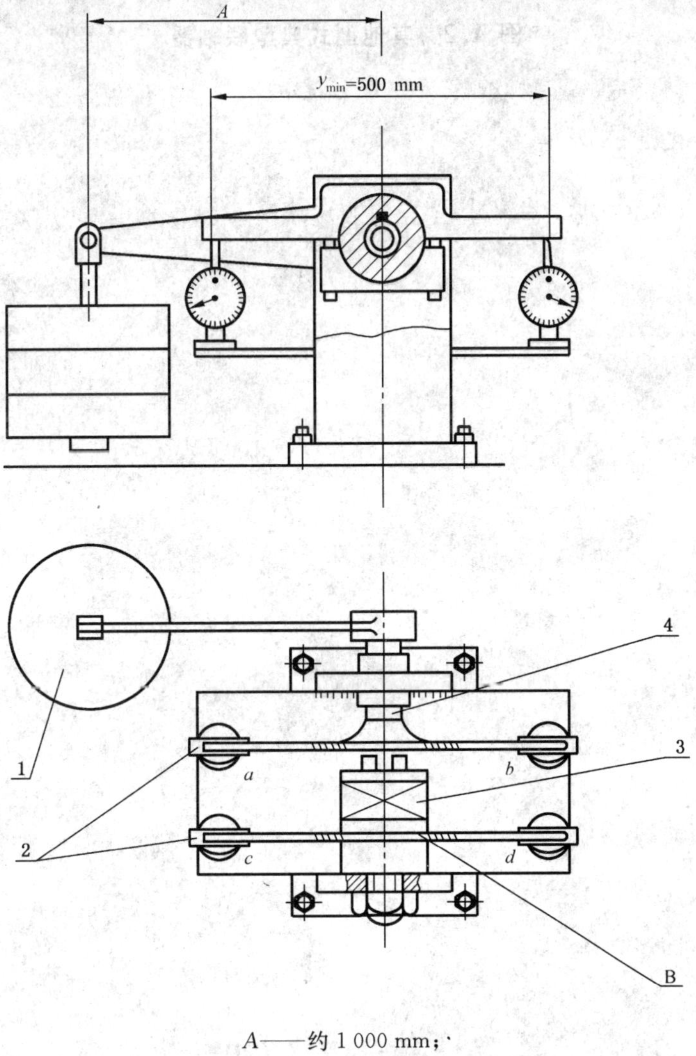

1——重块；
2——指示表，分辨率最小为 0.02 mm；
3——试验的联轴器；
4——被动轴；
A——约 1 000 mm；
B——联轴器安装面。

图 A.1 联轴器刚度的测量方法

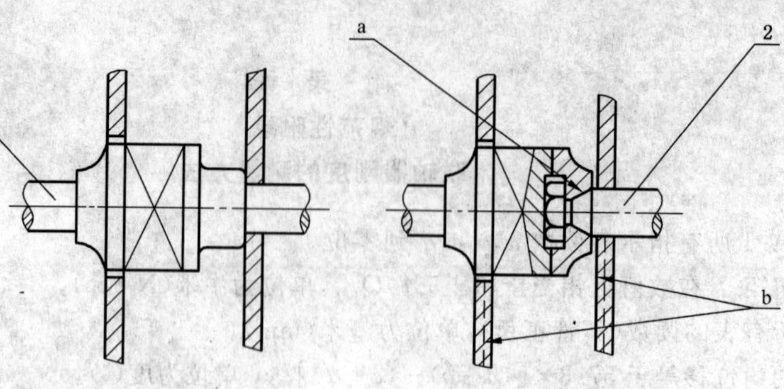

1——被动轴(在衬套 F 内可活动);
2——驱动轴(固定到支架上);
a——联轴器安装面;
b——测量平面。

图 A.2 其他型式典型联轴器

附　录　B
（规范性附录）
用于测量喷油泵安装稳定性的模拟装置

B.1　工作原理

B.1.1　转盘从一供能弹簧中接受初始动能(见图 B.1)。供能弹簧参数:钢丝直径 3 mm ,有效圈数 6 圈,公称直径 55 mm ,试验扭矩在 120°时为 1.607 N·m±0.016 N·m。

B.1.2　转盘后端面上的撞击凸块与两个刚性的弹性圆柱体一端相接触,弹性圆柱体的另一端与安装法兰连接(见图 B.2)。

B.1.3　位于被试验喷油泵安装面处的安装法兰,可将弹性圆柱体处产生的冲击脉冲传送到安装面(见图 B.2,图 B.3,图 B.6,图 B.7,图 B.8)。

B.1.4　用扭矩脉冲的振幅可模拟喷油泵供油量,改变供能弹簧的预紧力能改变扭矩脉冲的振幅,因此,当 n_t 一定时,模拟供油量就可相应变化。

B.1.5　调整弹性圆柱体有效刚度的机构,应采用相应的试验转速 n_t 刻度。预紧力的刻度是用 Q/n_t 来表示的。通过调定两者的刻度,能够模拟任何转速 n_t、任何供油量 Q 的单次喷射扭矩脉冲。

B.1.6　偏转测量仪器,以时间为横坐标,以与喷油泵轴线平行的喷油泵安装面中心线相对地面的角位移为纵坐标。

B.2　结构

B.2.1　图 B.1～图 B.5 表示模拟装置的主要尺寸和公差。材料除另有规定外一般用低碳钢。

B.2.2　图 B.6～图 B.8 表示推荐的光电管传感器和缓冲放大器的原理图。

B.2.3　图 B.9 表示采用常规仪器测量的另一种型式。

B.2.4　图 B.10 表示用托架安装喷油泵和模拟装置的装配示意图。

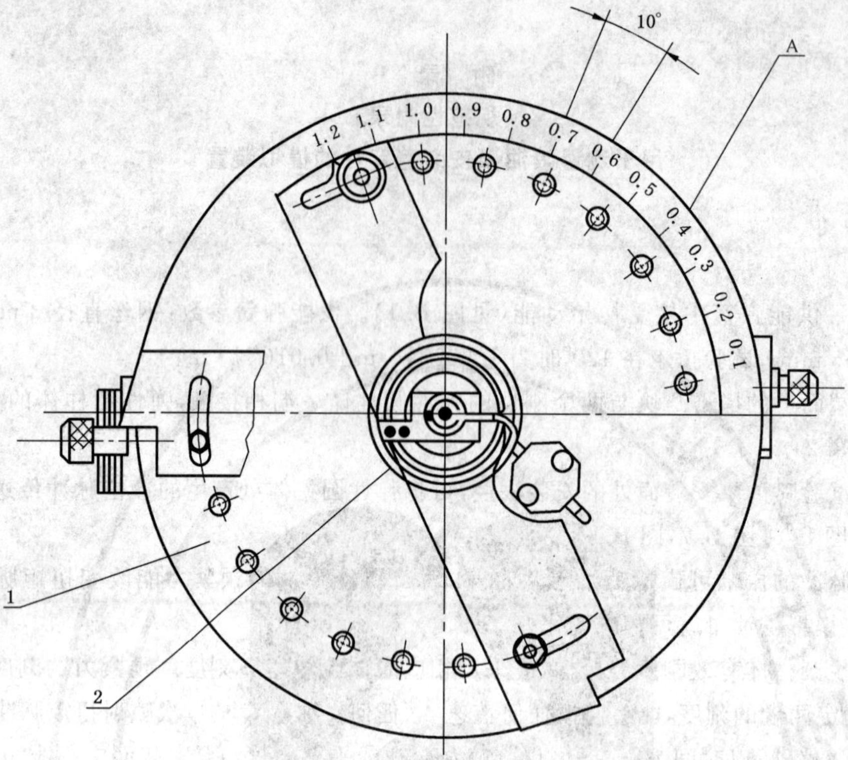

1——转盘；
2——供能弹簧；
A——应变刻度。

图 B.1 模拟装置(俯视图)

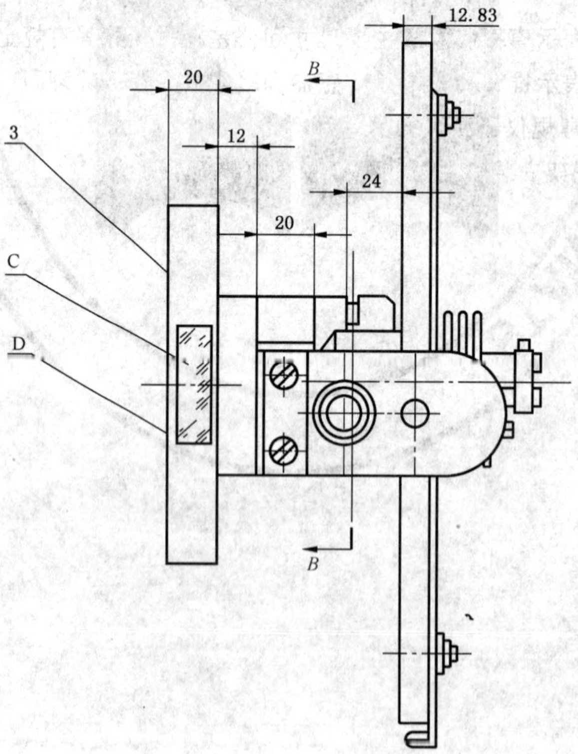

3——安装法兰；
C——在此位置测量角位移；
D——光敏传感器变形测量系统用镜。

图 B.2 模拟装置(侧视图)

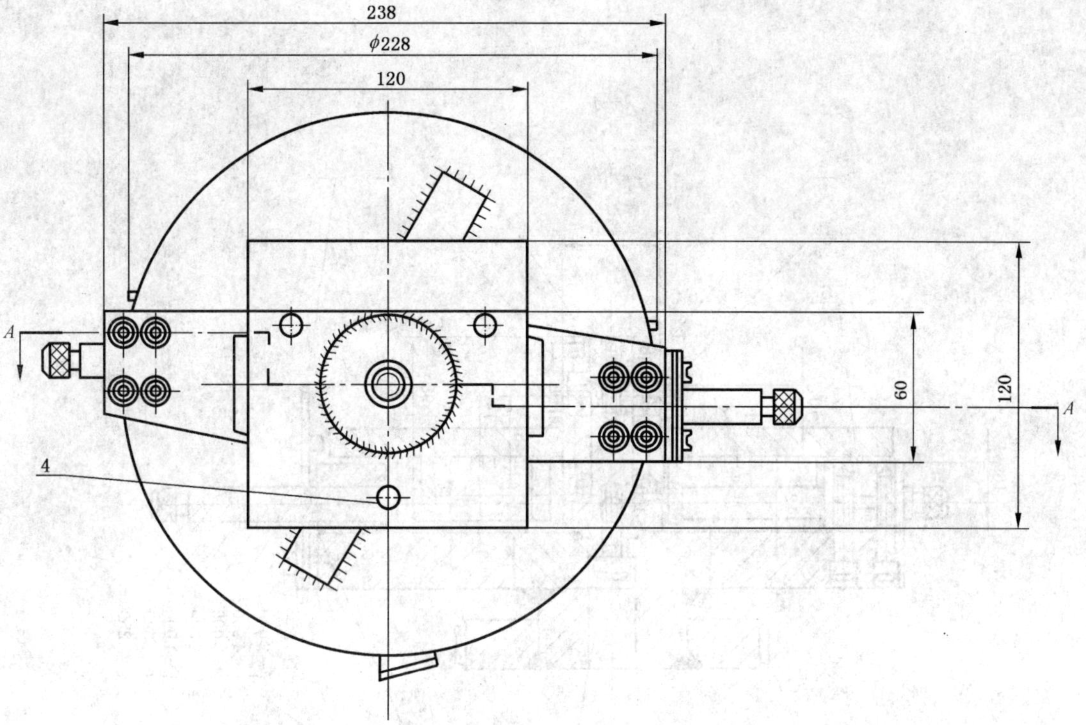

4——M8(最小)螺栓必须的 3 或 4 个孔。

图 B.3 模拟装置(仰视图)

B—B

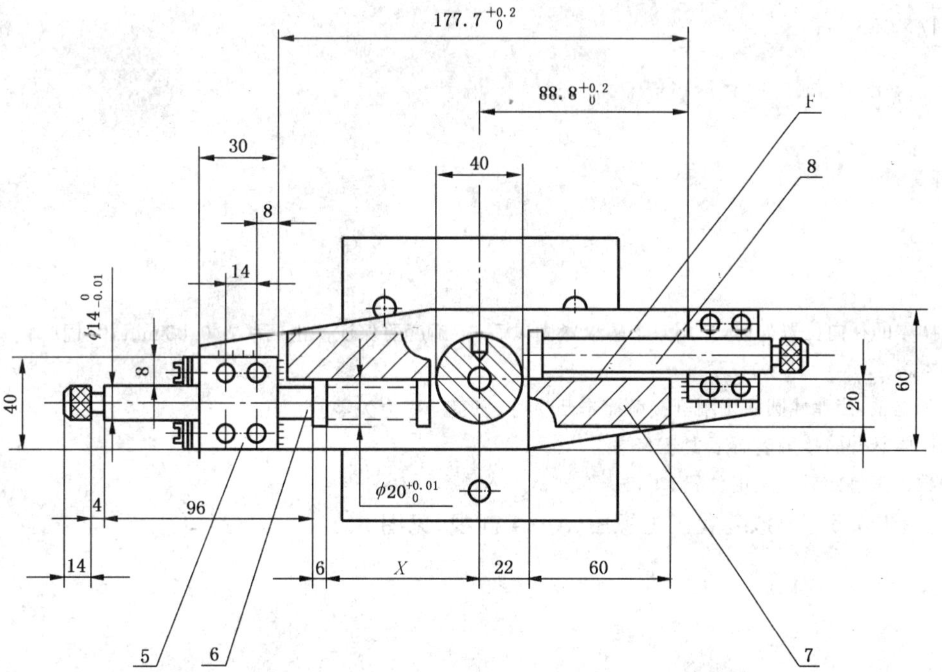

尺寸 X /mm	转速 n_t/ r/min
68.53	5 000
66.24	4 000
62.94	3 000
60.58	2 500
57.50	2 000
53.18	1 500
46.53	1 000
41.48	750
34.26	500
22.40	250

5——定位体；

6——弹性圆柱体(整体淬硬 41 HRC～43 HRC)；

7——撞击凸块；

8——弹性圆柱体；

F——该表面淬硬，淬硬层深 0.5 mm。

图 B.4 模拟装置(***B—B*** 视图，见图 B.2)

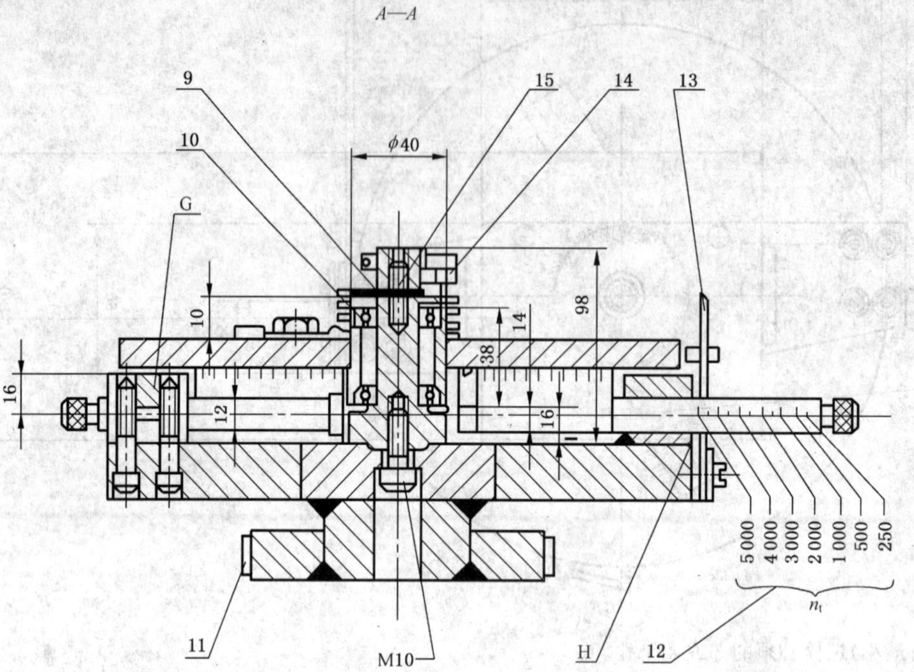

9——平端塞头；

10——深槽滚珠轴承(17×35×8)；

11——光束；

12——转速刻度；

13——弹簧释放装置；

14——同步显示微动开关；

15——螺钉 M10；

G——定位体开槽；

H——读数基准边。

注 1：不管两个弹性圆柱体的径向位置如何，当用 8 个螺栓紧固以后，精确度要保证撞击凸块在 0.03 mm 内，同时接触两个弹性圆柱体。

注 2：角度方向调整转盘主轴，使弹性圆柱体刚刚接触撞击凸块时，扭簧的应力为零。

注 3：定位体和弹性圆柱体悬臂的接触表面不少于 90%。

注 4：按照图 B.4 表列数值来确定转速刻度位置。

图 B.5　模拟装置　主视图(A—A 剖视，见图 B.3)

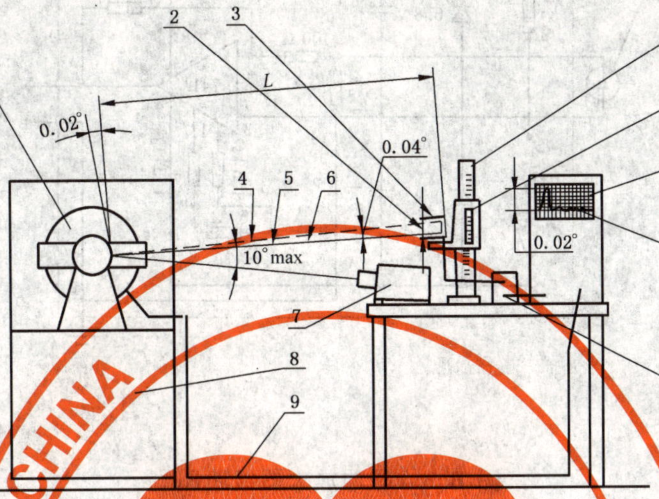

1——模拟装置；

2——偏转位移 X；

3——遮光板；

4——光束边缘；

5——凸块撞击时的光路；

6——凸块未撞击时的光路；

7——投影仪；

8——试验台；

9——同步信号电缆；

10——缓冲放大器；

11——典型波形；

12——示波器；

13——光电管；

14——高度尺。

注1：模拟装置处产生0.02°角位移，其光束偏转0.04°。

注2：光束偏转角为0.04°时，光电管面在 L 处的偏转位移为0.000 7L。

注3：高度尺移动0.000 7L 时，标定示波器上光线偏转的读数为0.02°。

图 B.6　测量角位移时选用仪器的使用示意图

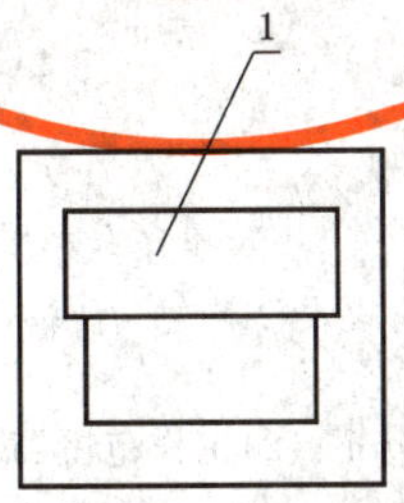

1——遮光板。

图 B.7　投影仪用的遮光片

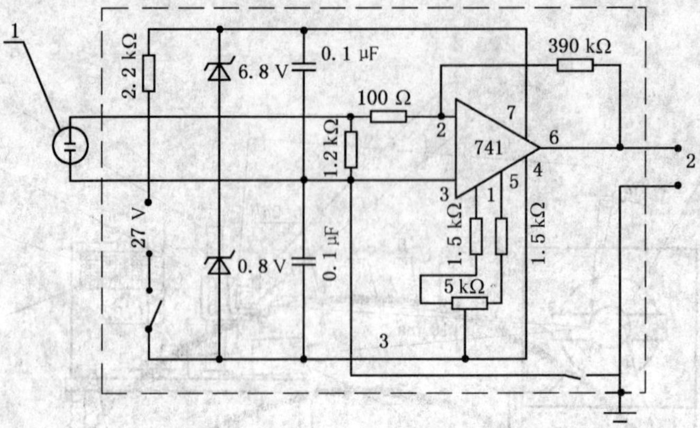

1——光电管；

2——输出；

3——偏置调整。

图 B.8　缓冲放大器线路图

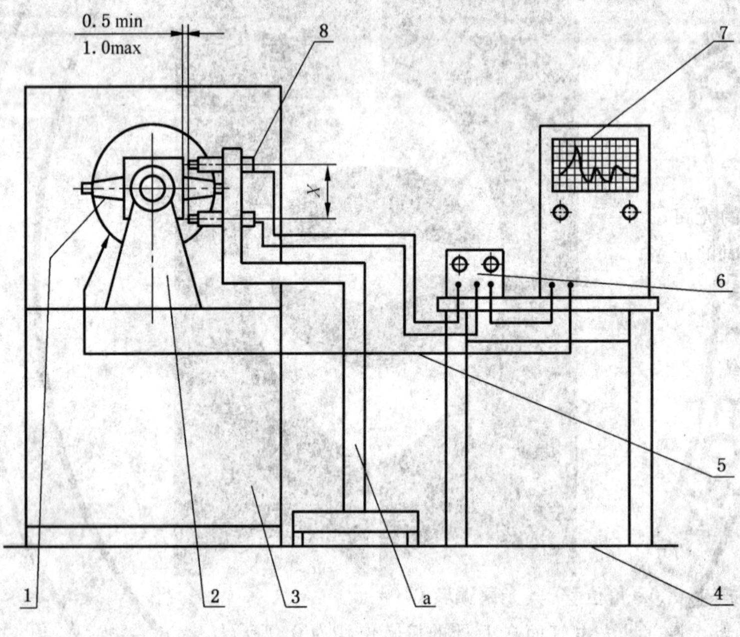

1——模拟装置；

2——试验时喷油泵安装托架；

3——试验台；

4——坚实地面；

5——同步连接线；

6——差动放大器；

7——示波器；

8——线性传感器；

a——传感器重型托架自由地放置于地面上。

注：线性传感器主要参数：(1)分辨率：最小 1 μm ；(2)工作范围：最小 0.2 mm～1.0 mm ；(3)频率：最小 1.5 kHz。

当角度位移 0.02°时，传感器间差动位移为：

$$S=2\pi X\frac{0.02}{360}=0.000\ 35\ X(\text{mm})$$

式中：

X——两传感器间的距离，单位为毫米(mm)。

当两个传感器间差动位移是 0.000 35X 时，标定示波仪曲线的读数为 0.02°。

图 B.9　测量角位移的方法之一

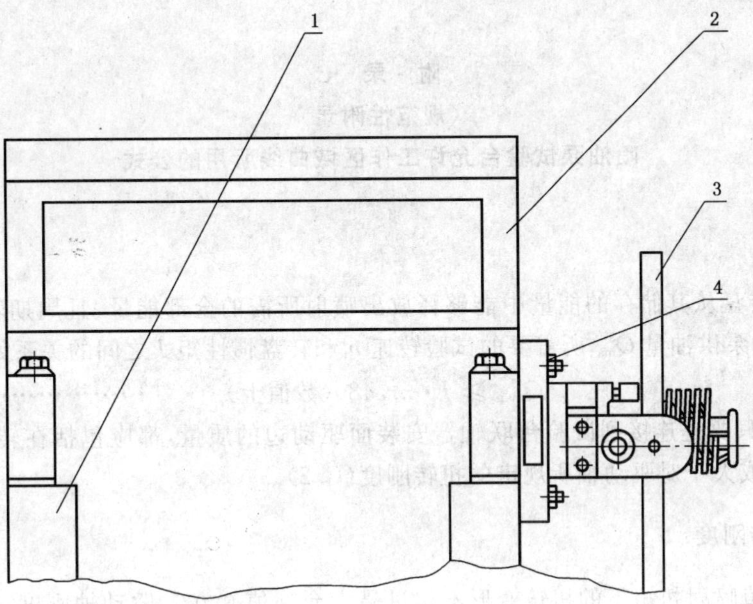

1——喷油泵安装托架；
2——从动装置壳体；
3——模拟装置；
4——4—M8 螺栓。

注 1：取一尚未装配的喷油泵壳体，当作从动装置用，该壳体应与此试验台被试托架相适应。

注 2：用四个最小为 M8 的螺栓将模拟装置安装法兰紧固到从动装置壳体端面上。

注 3：模拟装置转盘轴线与喷油泵凸轮轴轴线的最大偏差不超过 20 mm 。

注 4：调节 B4 的距离 X，可改变弹性圆柱体的刚度，可达到所要求的模拟转速 n_t，在此刚度下，凸轮撞击弹性援助体的作用时间相当于此模拟转速下凸轮轴转过 10°所需时间。

图 B.10　喷油泵为底面安装时托架的一种试验型式

B.3　试验步骤

B.3.1　选择一个坚实地面，其面积应能保证安装试验台和位移测量仪器。

B.3.2　将被试验的喷油泵安装托架固定到试验台上，将模拟装置固定在喷油泵壳体上。装置位移测量系统，包括显示器。进行静态标定，以证实显示的位移等于安装面相对于地面的角位移。建议使用图 B.6 或图 B.9 所示任一类角位移传感器。

B.4　试验时的注意事项

B.4.1　当供油量 Q 和试验转速 n_t 刻度调整到最大而角位移达不到 0.02°，表示该试验台用托架的喷油泵安装面相对地面的角位移可忽略不计，可不作喷油泵安装稳定性极限曲线。

B.4.2　将模拟装置装到被试安装面时，先将螺栓装上但别拧紧，顺着转盘旋转方向施加一个扭矩，然后再拧紧螺栓。这样，可以防止结合面的滑动。如发生滑动，则在示波图上可看到在出现扭矩脉冲前后一瞬间，迹线基准高度位置有所漂移。

B.4.3　当装配模拟装置和喷油泵安装托架时，首先要完全保证在所有配合面没有油漆、毛刺或杂质，并且所有螺栓或夹头要适当地上紧，否则将降低所测得的 Q 值。

B.4.4　当上紧弹性圆柱体时，按一般常用上紧次序将 4 个螺栓完全拧紧，以保持夹紧体间隙大致相等（见图 B.5）。

附 录 C
（规范性附录）
喷油泵试验台允许工作区域曲线所用的公式

C.1 转盘

C.1.1 为了保证转盘从其储存的能量中能够释放出喷射所需的全部能量，且周期转速在规定的范围时，则最大允许喷油泵供油量 Q_{max} 所需要的试验转速 n_t 和转盘惯性矩 I 之间的关系如式(C.1)：

$$Q_{max} \geqslant I \cdot n_t^2/480(\text{数值上}) \qquad \cdots\cdots(C.1)$$

C.1.2 上式要求：只要是连接到试验台联轴器安装面驱动边的质量，都应包括在转盘惯量之内，同时其扭转刚度应等于或大于对驱动轴所规定的扭转刚度(C.2)。

C.2 驱动轴的扭转刚度

为了保证在峰值喷射扭矩下的扭转变形不超过最大允许值 0.02°，驱动轴刚度 S_d 和 Q_{max} 之间的关系如式(C.2)。

$$Q_{max} \geqslant S_d/28(\text{数值上}) \qquad \cdots\cdots(C.2)$$

C.3 联轴器扭转刚度(见附录 A)

为了保证在峰值喷射扭矩下的扭转变形不超过最大允许值 0.1°，联轴器刚度 S_d 和 Q_{max} 之间的关系如式(C.3)。

$$Q_{max} \geqslant S_c/5(\text{数值上}) \qquad \cdots\cdots(C.3)$$

C.4 用于测量联轴器刚度和检测角位移的扭矩

为了测量联轴器刚度和检测喷油泵试验台传动中间隙和角位移，在交变方向施加的扭矩值 T 应为峰值喷射扭矩的两倍，可按式(C.4)计算。

$$T \geqslant Q_{max}(\text{数值上}) \qquad \cdots\cdots(C.4)$$

附 录 D
（规范性附录）
动力测功机

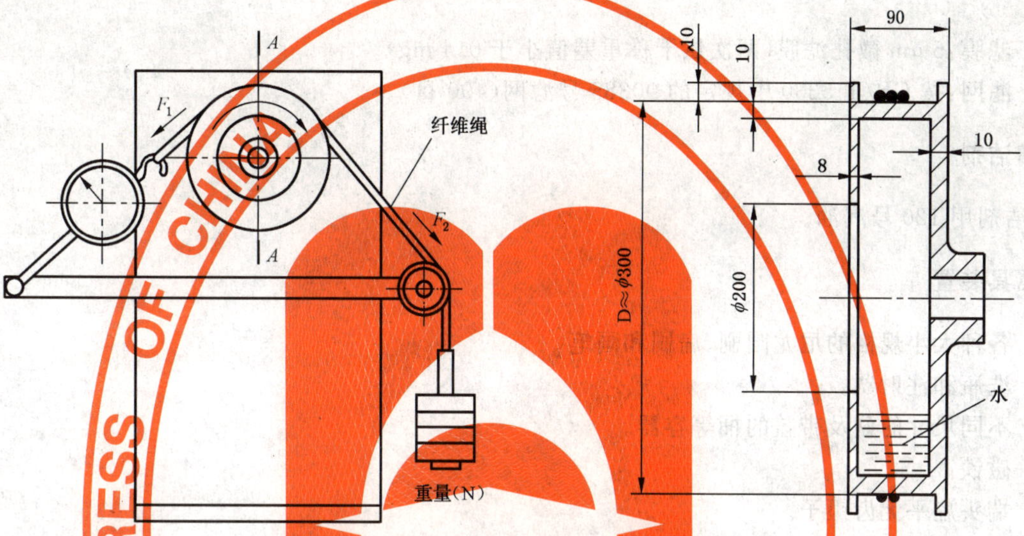

注：对于 10 kW，建议用铝制动鼓，功率：$5.24D(F_1-F_2)10^{-3}$ kW。

图 D.1 采用的动力测功机

附　录　E
（规范性附录）
喷油泵试验台整机清洁度测定方法

喷油泵试验台整机清洁度按“变速箱”、“液压传动系统”分别考核。

E.1　过滤元件

E.1.1　滤膜：5 μm 微孔滤膜（两次烘干称重差值小于 0.4 mg）。

E.1.2　滤网：按 GB/T 5330 中规定的 00385 号滤网（400 目）。

E.2　清洁剂

清洁剂用 120 号汽油。

E.3　器具装置

E.3.1　各种大小规格的尼龙圆刷、扁刷和画笔。

E.3.2　洗瓶和注射器。

E.3.3　不同尺寸的盆及带盖的桶等容器。

E.3.4　磁铁。

E.3.5　端头扁平无齿镊子。

E.3.6　感应为万分之一的分析天平。

E.3.7　真空泵（真空度不大于 79 980 Pa）及滤膜过滤装置（见图 E.1）。

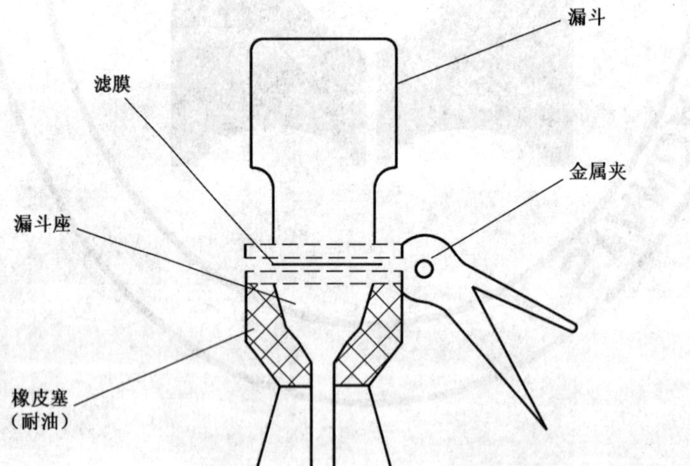

图 E.1　滤膜过滤装置示意图

E.3.8　烘箱、干燥瓶和称量瓶。

E.3.9　带刻度的显微镜，其放大率大于40倍。

E.4　杂质收集的操作过程

E.4.1　准备工作

E.4.1.1　清洁度测定工作应在环境干净、清洁通风良好，并有安全措施的室内进行。

E.4.1.2　操作人员应穿戴清洁的工作衣、帽和鞋，并洗净双手。

E.4.1.3　整机非测定部位应清洁干净。

E.4.1.4　所有取样工具、支架和容器等均应清洁干净。

E.4.1.5　使用的清洁剂应经精度高于10倍的滤膜（0.45 μm）过滤。

E.4.1.6　过渡元件的准备工作

E.4.1.6.1　滤网平整地放在清洗剂中浸泡10 min取出，待清洗剂挥发后放入105±5℃烘箱内经1 h取出，置于干燥器中冷却30 min后称重待用。

E.4.1.6.2　用镊子将滤膜放入称量瓶中，半开盖放入已升温至90±5℃的烘箱中经60 min取出，置于干燥器中冷却30 min后称重待用。根据需要，可采用多张滤膜一起烘干称重，但每个称量瓶内不得超过3张，要求滤膜要相互错开。并要求两次烘干称重的差值小于0.4 mg。

E.4.2　操作步骤

E.4.2.1　按产品使用说明书规定，加入工作所需的机油、柴油，开机运转约30 min以上（转速750/min，空载），待燃油温度升至40℃以上，机油温度升至65℃以上时停机，按系统分别集中全部用油。

E.4.2.2　清洗齿轮箱、燃油系统、传动系统

用清洁剂、毛刷洗刷上述指定的部件（所有通孔、盲孔要用注射器冲洗数次），冲洗后，收集带有杂质的清洗剂。

E.5　杂质的过滤与称重

E.5.1　用00385滤网分别过滤齿轮箱内机油、液压传动系统机油和带杂质的清洗剂，并用清洗剂将滤网上的机油冲净。

E.5.2　用滤膜过滤装置过滤燃油和带杂质的清洗剂，并用清洗剂将燃油从滤膜上洗净。

E.5.3　将滤网连同杂质一起放入原称量瓶中，按GB/T 3821的规定进行称重。

E.5.4　将滤膜连同杂质一起放入原称量瓶中，按GB/T 3821的规定进行称重。

E.6　杂质的计算与记录

E.6.1　杂质质量按下式计算：

$$W = G_2 - G_1 \qquad \text{(E.1)}$$

式中：

G_1——过滤前滤网或滤膜的质量，单位为毫克（mg）；

G_2——过滤后滤网或滤膜的质量，单位为毫克（mg）；

W——杂质质量，单位为毫克（mg）。

E.6.2　用包有玻璃纸的磁铁拣出杂质中的铁屑，称出铁的质量（mg）。

E.6.3　用40倍以上的显微镜测出最大颗粒尺寸（长×宽）。

E.6.4　对测定结果按表E.1记录。

表 E.1 记录表格式

产品名称及型号＿＿＿＿＿＿ 测定项目及部位＿＿＿＿＿＿ 机　油　牌　号＿＿＿＿＿＿	过滤元件＿＿＿＿＿＿ 测定日期＿＿＿＿＿＿ 测定人员＿＿＿＿＿＿
项　　目	数　　值
过滤前滤膜的质量 G_1/mg	
过滤后滤膜的质量 G_2/mg	
杂质质量 W/mg	
杂质中铁的质量/mg	
最大颗粒尺寸/μm	
杂质中的异常物	

ICS 17.160
J 04

中华人民共和国国家标准

GB/T 14125—2008/ISO 8569:1996
代替 GB/T 14125—1993

机械振动与冲击　振动与冲击对建筑物内敏感设备影响的测量和评价

Mechanical vibration and shock—Measurement and evaluation of shock and vibration effects on sensitive equipment in buildings

(ISO 8569:1996,IDT)

2008-09-27 发布　　　　2009-05-01 实施

中华人民共和国国家质量监督检验检疫总局
中国国家标准化管理委员会　发布

前　言

本标准等同采用 ISO 8569:1996《机械振动与冲击　振动与冲击对建筑物内敏感设备影响的测量和评价》(英文版)。

本标准等同翻译 ISO 8569:1996。

本标准与 ISO 8569:1996 相比，编辑性修改内容如下：

——将“本国际标准”改为“本标准”；

——用小数点符号“.”代替作为小数点的逗号“,”；

——对 ISO 8569:1996 引用的其他国际标准，有被等同采用为我国标准的用我国标准代替相应的国际标准。

本标准是对 GB/T 14125—1993《振动与冲击对室内振敏设备影响的测量与数据呈报方法》的修订。

与 GB/T 14125—1993 相比，修改内容如下：

——1993 年版是等效采用 ISO 8569:1989；本版系等同采用 ISO 8569:1996(英文版)，技术内容和编写格式与国际标准等同。

本标准自实施之日起代替 GB/T 14125—1993。

本标准的附录 A、附录 B 是资料性附录。

本标准由全国机械振动、冲击与状态监测标准化技术委员会(SAC/TC 53)提出并归口。

本标准起草单位：同济大学、大连理工大学、北京电力建设研究院、清华大学。

本标准主要起草人：施卫星、朱彤、杨细望、王宗纲。

本标准所代替标准的历次版本发布情况为：

——GB/T 14125—1993。

机械振动与冲击　振动与冲击对建筑物内敏感设备影响的测量和评价

1　范围

本标准规定了对建筑物内的敏感设备(处于运行或非运行状态)的振动与冲击的数据测量和报告的方法,测得的振动与冲击数据用来建立数据库。

为了便于数据的比较(例如,比较在不同的国家不同的生产商生产的设备上测得的振动与冲击量级),讨论了数据库报告系统。提出的报告系统有利于建立特定设备的界限值,同时有利于划分不同界限值的环境条件。

本标准考虑的振动与冲击类型包括从地面、工作台、墙、屋顶或者隔离系统传到设备整体的振动与冲击。设备内部的个别机械或者电子部件的振动冲击响应不予考虑。

根据数据库建立的环境条件分类系统应该作为设计、制造、使用对振动与冲击敏感的设备的人以及建筑承包商的指南。针对的敏感设备包括:

a)　固定式计算机系统(包括外围设备);

b)　固定远程通讯设备;

c)　固定式实验室仪器,例如电子显微镜、质谱仪、气体色谱仪和一般的激光和X射线仪器;

d)　高精度机械仪器(机床),例如微电子生产设备;

e)　高精度光学仪器,照相复制设备和电子束;

f)　火车交通控制中心的机电系统;

g)　安全装置(火警设备)和存取控制设备。

本标准中所考虑的振动与冲击可能由以下振源引起:

a)　外部振源(例如交通、施工过程中的爆破、打桩和振动夯实等),同时也包括声爆和声音激励的振动响应;

b)　室内使用的设备,如冲床、锻锤、旋转设备(例如,空气压缩机、空调机泵)和在建筑物内运输和运行的重型设备;

c)　与设备维护和运行有关的人员类活动;

d)　天然振源,如地震、水和风;

e)　内部振源,如设备自身引起的振动。

优势频率反映了建筑物部件的响应特征,一般来说,优势频率小于100 Hz,所以关注的频率范围为0.5 Hz～250 Hz(对地震引起的振动,则关注的频率范围为0.5 Hz～35 Hz)。

振动幅值和持续时间主要取决于振源、振源和敏感设备的距离以及支撑敏感设备的建筑物部件的响应。目前用来评价建筑物振动的参数以质点速度表示,且该值在10^{-4} m/s～2×10^{-2} m/s范围内。

对于由不同振源引起的瞬态和连续振动,附录B中给出了所关注的振动值。

2　规范性引用文件

下列文件中的条款通过本标准的引用而成为本标准的条款。凡是注日期的引用文件,其随后所有的修改单(不包括勘误的内容)或修订版均不适用于本标准,然而,鼓励根据本标准达成协议的各方研究是否可使用这些文件的最新版本。凡是不注日期的引用文件,其最新版本适用于本标准。

GB/T 14124　机械振动与冲击　建筑物的振动　振动测量及其对建筑物影响的评价指南

(GB/T 14124—1993,ISO 4866:1990,IDT)

ISO 2041:1990 机械振动与冲击 词汇

3 定义

ISO 2041 中给出的术语和定义适用于本标准。

4 测量方法

4.1 现场测量

为评估振动烈度,需进行现场测量,将现场测量所得值与制造商以及规范给出的值进行比较。测量的最低要求是以质点速度峰值和(或)加速度峰值的连续记录来描述的振动或冲击,并且假定基频分量是可以测定的。

4.2 工程分析

为确定设备可能受到的振动与冲击,必须进行精确和综合的现场测量。应记录时程并对该时程在三个正交轴上进行分析。应在安装设备的位置,对振敏设备或与之有同样质量和动力特性的模拟设备进行测量。位于高架地板或工作台上的设备的有效质量会显著改变设备输入的响应量级和频率。若设备的质量很小,则对地板特性没有影响。

对超敏感设备(例如E光束)来说,只要有可能就应该在敏感设备、隔离系统以及邻近地板上进行测量,以确定传递函数和隔离系统的效果。

设备本身也可能产生振动,并引起临近区域内设备的振动。振动也会由通风设备或者人的行走引起,尤其是在高架地板上。

建议在任何可能的时间对正在运行或未运行的敏感设备进行振动与冲击测量,以区分各种可能的振源。

为了与制造商给定的目标振动限值相比较,可以在设备处于正常工作状态时测量周围的振动,作为参考。

4.3 传感器位置和安装

传感器应尽可能近地布置在设备或设备的支座与地板或墙体的接触点附近(距离小于0.2 m)。如果地板上有软的覆盖物(例如地毯),则应尽可能将传感器布置在地板覆盖物之下。如果地板的硬度不足以传递须考虑的频率,或者可以传递该频率但衰减很大,则应将传感器布置在设备本身上。

为了确定振源和敏感设备的之间的传递函数,应使传感器的位置与地板、高架地板、隔离系统和设备本身大致在一条竖直线上。

传感器和电缆的安装应使得在整个关注的频率范围内都能获得精确的测量结果。

4.4 仪器的技术性能指标

可能会用到速度传感器和加速度传感器。建议使用电池供电的放大器来减小接地回路电流引起的噪声。可以使用云母垫圈和绝缘螺栓来绝缘加速度传感器基座和安装面。

时程记录和分析应考虑以下要求:

a) 振动数据记录或图示应足够长(振源的若干循环),以便分析时求均值;

b) 冲击数据记录或图示应包括最初的脉冲,并应持续到某项响应出现衰减为止;

c) 重复冲击脉冲记录或图示应至少包括十个脉冲,以便能够确定其重复率。

数据分析应包括记录数据的谱分析。

传感器的安装和所有的仪器应具备足够的响应灵敏度和量程,以涵盖所有预期的频率和幅值范围。

4.5 校准和精度

从传感器到记录仪整个系统进行校准。

用已知的信号源进行校准。注意时程记录时从每一个传感器/放大器/数据通道组得到的经过校正的输出信号,信号通道组是用来记录时程,为每个数据通道提供基准振幅。

整个数据通道的准确度应该在数据真值的10%以内。

信噪比在信号范围的低端应至少为6 dB。

5 数据报告系统

对于4.1和4.2中描述的各种测量,所采用的报告方法应该尽可能一致。对现场测量来说(见4.1),记录速度或加速度峰值,说明传感器的安装方法和位置,再加上受振动与冲击影响的建筑物的测量的一般报告方法(见GB/T 14124)就足够了。对工程分析来说(见4.2),最好根据以下列出的方法来收集和报告数据。

5.1 需考虑的项目

应考虑以下项目:

a) 要测量的参数;

b) 要记录下来进行分析的数据和信息;

c) 仪器和测量技术;

d) 数据分析技术;

e) 数据报告格式;

f) 调整数据库信息的可行性。

5.2 需测量的参数

5.2.1 冲击

应记录时间历程(三个轴向)并包括以下测量量:

a) 加速度或速度变化,包括最大值;

b) 最大半波的持续时间;

c) 脉冲波形;

d) 重复率(如果可能)。

5.2.2 振动

振动幅值在所有的频率范围内应用同样的参数给出,以便于数据的测量和比较。由于该值要与建筑物(位于振源传播范围之内或之外)的相应值进行比较,质点速度是首选参数。

时间历程(三个轴)应包括以下测量量:

a) 速度变化,包括最大值和给定时间段内的平均值;

b) 持续时间;

c) 频谱分析,包括优势频率。

5.3 需记录的数据和信息

a) 5.2中指定的参数。

b) 设备安装说明,包括:

——房间尺寸和布局,所在方位;

——建筑构造类型和平面布置图;

——设备厂商,机器型号和出厂日期;

——设备支座(例如,地板、平台、墙;对远程通讯设备来说,是有垫衬的还是未垫衬的);

——隔振器。

c) 设备失效的定义。

d) 施工活动说明或其他引起振动与冲击的源。

e) 测量振动与冲击仪器的说明,包括:

——仪器型号和生产商,包括校准设备、传感器、放大器、记录仪和分析仪;

——传感器的位置和各坐标轴的方向；

——传感器，包括电缆和底座；

——频率响应。

6 数据分析

6.1 为获得速度和频率、功率谱密度的关系曲线，谱分析是首选的方法。对振动来说，还应确定特征频率及其峰值。

6.2 对于冲击分析，需给出时间历程曲线（加速度、持续时间和脉冲波形），同时建议计算冲击响应谱。

6.3 数据应按照附录 A 的格式给出。

附　录　A
（资料性附录）
工程分析得到的数据的报告格式

A.1　振动与冲击数据库信息表

见表A.1。

表 A.1　振动与冲击数据库信息表

振动/冲击数据库信息	记录识别
安装信息 项目名称： 街道地址： 国家、省、市和邮编： 建筑物构造类型： 设备间的地板构造： 建筑物的楼层平面图(附件)：	
设备信息 生产厂商： 设备名称、型号、出厂日期和安装方式(如地板、墙还是工作台,远程通讯设备支架有无垫衬)： 因振动与冲击引起的故障：	
仪器信息 传感器 名称： 生产厂商： 型号： 位置(见资料表,简图或者照片)： 安装方法,包括其对所关注频率范围内的数据的准确性的影响： 放大器 名称： 生产厂商： 型号： 记录仪 名称： 生产厂商： 型号： 分析仪 名称： 生产厂商： 型号： 分析的频率范围和谱线数：	

表 A.1(续)

振动/冲击数据库信息	记录识别
对连续振动进行谱分析的窗类型(分块方式,FFT方法)或者分析频率范围和百分比带宽(带通滤波,模拟式或是数字式): 校准仪 名称: 生产厂商: 型号: 校准 从传感器到记录仪或分析仪输出整个系统(包括精度描述): 频率响应 从传感器到记录仪或分析仪输出整个系统:	

A.2 数据表格

见表 A.2。

表 A.2 数据表格

数据	数据识别[a]
输入信号/源[b]: 观测到的最大加速度或速度[c]: 加速度或速度量级[d]: 频率[e]: 冲击持续时间[f]: 冲击/振动类型: 测试人员的姓名、地址和电话:	
[a] 数据识别是分配给逐次读数的序列号。描述信息、图示或者照片应附加到本数据表格,以指出实际测量的点和轴。任何附加的时间历程或者分析仪数据的备份都应该用同样的数据识别号。 [b] 应提供频率信息以能够进行加速度、速度或位移之间的数据转换。 [c] 在观测时间历程或者谱分析中得到的最大加速度或速度值。 [d] 所分析频率段内的随机振动的加速度和速度。应指明分析仪带宽。 [e] 加速度或速度峰值的谱线的频率读数,或是加速度均方根值总和的分析范围的频率。 [f] 这是冲击输入的最初脉冲长度,不包括随后的振荡。	

附　录　B
（资料性附录）
爆破产生的典型振动数据示例

对振动与冲击敏感的设备及其附属仪表的使用已经成为建筑施工行业的一大问题。附属仪表生产商为他们的设备规定非常低的最大振动值。因此，当在有敏感设备的区域附近进行施工时，施工方在挖掘、加固基础地基的方法选择上经常受到限制。

有一项测量（见参考文献[4]）专门针对振动冲击标准的指导原则，这一标准是由对振动冲击敏感的电子设备的生产商、供应商和使用方联合提出的，而所涉及的对振动冲击敏感的电子设备包括计算机、磁盘驱动器、电话交换机等。

图 B.1 给出了施工场地有爆破时得到的一些典型振动数据。测量点布置在计算机机架上或者布置在靠近计算机的地板上。图中，横轴是优势频率，纵轴为质点速度峰值（或加速度峰值）。

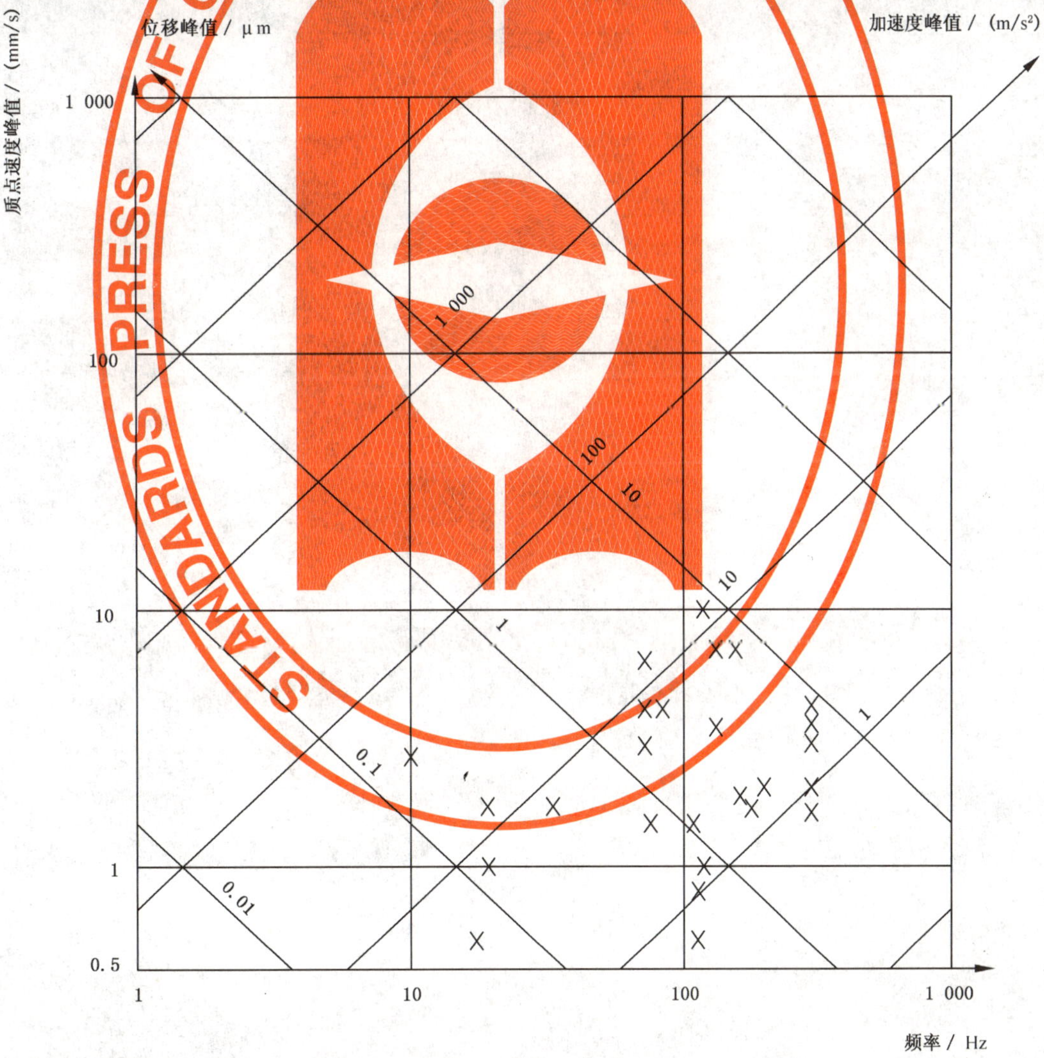

注：此数据是在计算机机架上或者布置在靠近计算机的地板上测量得到。

图 B.1　由爆破引起的典型振动值

参 考 文 献

[1] GB/T 14412—2005/ISO 5348:1998 机械振动与冲击 加速度计的机械安装.

[2] IEC 68-1:1998 环境测试 第1部分:总则和指导,及后续部分.

[3] IEC 721-1:1990 环境条件分类 第1部分:环境参数及其严酷程度以及后续部分.

[4] HOLMBERG. R. EKMR, G. SANDSTROM. H 关于对振动敏感电子设备的现行标准的评述.

ICS 91.060.50
Q 74

中华人民共和国国家标准

GB/T 14155—2008/ISO 8270:1985
代替 GB/T 14155—1993

整樘门 软重物体撞击试验

Doorsets—Soft heavy body impact test

(ISO 8270:1985,IDT)

2008-08-07 发布 2009-04-01 实施

中华人民共和国国家质量监督检验检疫总局
中国国家标准化管理委员会 发布

前　言

本标准等同采用 ISO 8270:1985《整樘门　软重物体撞击试验》(英文版)。

本标准等同翻译 ISO 8270:1985。

为便于使用,本标准做了下列编辑性修改:

——“本国际标准”一词改为“本标准”;

——删除了 ISO 8270:1985 的前言。

本标准代替 GB/T 14155—1993《塑料门　软重物体撞击试验方法》。

本标准与 GB/T 14155—1993 相比主要变化如下:

——与 ISO 8270:1985 的一致性程度不同:GB/T 14155—1993 为参照,本标准为等同;

——适用范围不同:GB/T 14155—1993 适用于塑料门,本标准适用于各种材料的门;

——由 GB/T 14155—1993 第 2 章引用的标准 GB/T 2918《塑料试样状态调节和试验的标准环境》改为本标准第 2 章规范性引用的标准 ISO 1804:1972《门　术语》;

——增加了第 3 章“术语和定义”(见第 3 章);

——删除了 GB/T 14155—1993 第 5 章和第 6 章的内容;

——修改了门扇撞击点的表述(GB/T 14155—1993 的第 7.3 条;本标准的第 4 章);

——修改了撞击高度和撞击次数的表述(GB/T 14155—1993 的第 7.4 条、第 7.5 条;本标准的第 6 章第 2 段);

——本标准第 7 章试验报告内容项目增加了“撞击次数”和“试验的空气环境”。

本标准由中华人民共和国住房和城乡建设部提出。

本标准由住房和城乡建设部建筑制品与构配件产品标准化技术委员会归口。

本标准负责起草单位:广东省建筑科学研究院、中国建筑标准设计研究院。

本标准参加起草单位:中国建筑科学研究院、上海市建筑科学研究院有限公司、河南省建筑科学研究院、广东省东莞市坚朗五金制品有限公司、福建省南平铝业有限公司、优铝胜门窗技术(上海)有限公司。

本标准主要起草人:张作萍、石民祥、谭上飞、庄国伟、王洪涛、刘会涛、徐勤、刘新生、杜万明、谢光宇、江裕生。

本标准所代替标准的历次版本发布情况为:

——GB/T 14155—1993。

整樘门　软重物体撞击试验

1　范围

本标准规定了整樘门的软重物体撞击试验方法。

本标准适用于单扇或双扇的整樘门，所提供的门应已准备完毕可供安装，并应包括：

——单扇(或双扇)门扇；

——与墙连接的门框；

——有关的五金配件(关闭件、回转件或其他特殊部件)。

2　规范性引用文件

下列文件中的条款通过本标准的应用而成为本标准的条款。凡是注日期的引用文件，其随后的所有修改单(不包括勘误的内容)或修订版均不适用于本标准，然而，鼓励根据本标准达成协议的各方研究是否可使用这些文件的最新版本。凡是不注日期的引用文件，其最新版本适用于本标准。

ISO 1804:1972　门　术语

3　术语和定义

ISO 1804:1972 确立的有关门的术语和定义适用于本标准。

4　原理

在门扇一侧表面预定的一个或几个估计薄弱的部位上，用一软重物体垂直于门扇平面进行撞击试验，检验其是否损坏。

5　设备

设备如图 1 所示，组成部分如下：

5.1　可调节的试验设备：试验设备上应可安装各种规格的整樘门。安装方式与实际使用中的安装方式相类似。试验设备应有足够的刚度，以保证试验中设备所产生的任何变形对试验结果的影响可以忽略不计。

5.2　撞击体：总重 30 kg，直径约 350 mm 的球状皮袋，其中装有表观密度约 1 500 kg/m^3 的砂子(通过 2 mm 筛孔筛选的砂)。

5.3　钢丝索、滑轮、弹簧扣和调节装置。

6　试验步骤

宜测量试验前后门的平面位置变化，试验原理见图 1。

试验开始时撞击物位于垂直位置，拉高撞击物并使其自由落下撞击整樘门。按要求次数重复撞击，如有需要，可从不同高度落下。然后检查整樘门的损坏情况。

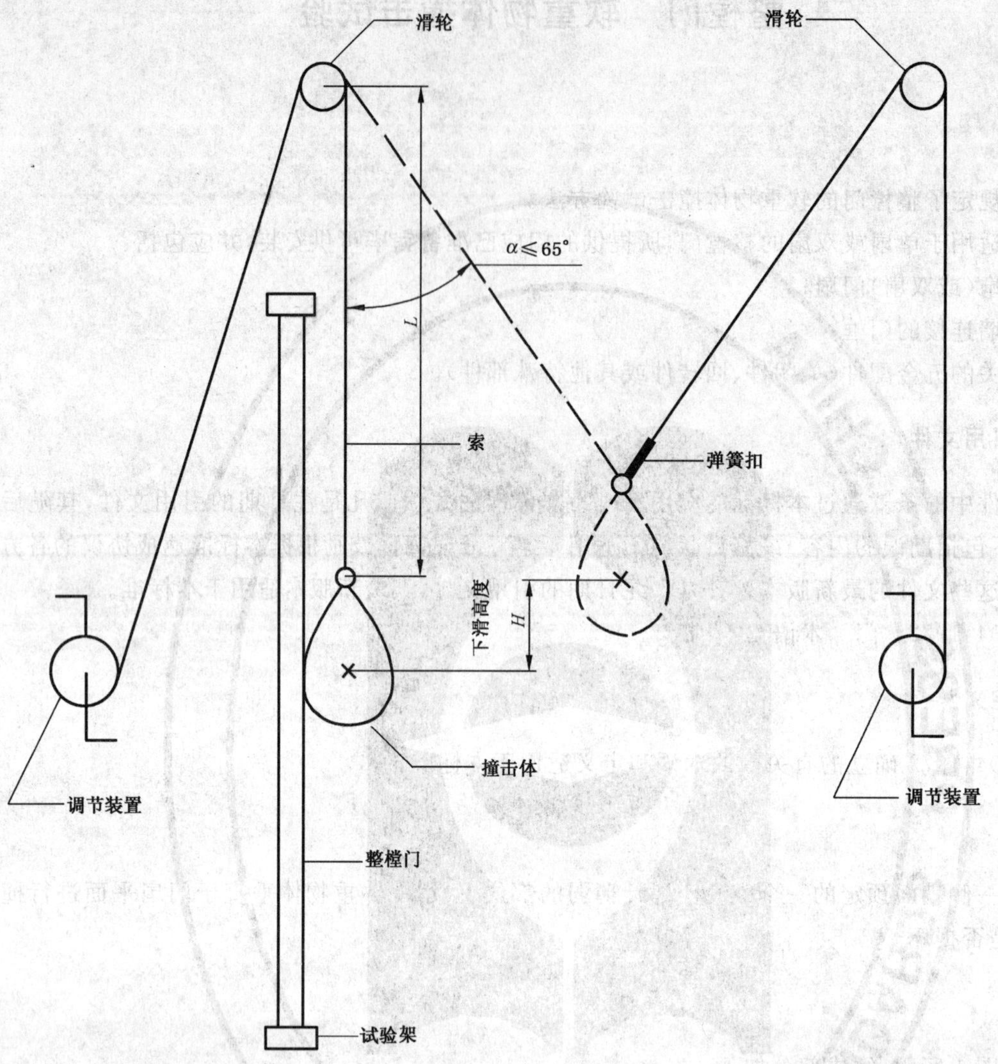

图 1　软重物体撞击试验装置和试验原理

7　试验报告

试验报告应包括下列内容：

a)　有关门和门框的材料、类型、尺寸、形状、构造和饰面的细节，以及所用五金配件的描述；

b)　撞击次数；

c)　试验中撞击物的下落高度(一个或几个高度)；

d)　被测试的表面和撞击点的位置；

e)　试验后出现损坏的详细情况，包括损坏的性质、部位(表面)和严重程度；

f)　试验的空气环境(温度和相对湿度)。

ICS 13.100
D 09

中华人民共和国国家标准

GB 14161—2008
代替 GB 14161—1993

矿山安全标志

Mine safety signs

2008-12-11 发布　　　　2009-10-01 实施

中华人民共和国国家质量监督检验检疫总局
中国国家标准化管理委员会　发布

前言

本标准的全部技术内容为强制性。

本标准是对国家标准 GB 14161—1993 进行修订的标准。

本标准代替 GB 14161—1993《矿山安全标志》。

本标准与 GB 14161—1993 相比主要变化如下：

a) 修改标志图型、文字 11 处；

b) 增加新标志 22 个；

c) 取消原标志 4 个；

d) 取消原标准"核激发夜光材料"的使用条款(原标准 11.2)；

e) 在附录 A 中取消了原标准中的色品坐标、色品图、逆向反射系数表，代之以 GB 2893《安全色》中的相关表、图。

本标准附录 A 为资料性附录，附录 B 为规范性附录。

本标准由国家安全生产监督管理总局提出。

本标准由全国安全生产标准化技术委员会归口。

本标准起草单位：国家安全生产监督管理总局信息研究院、兖州煤业(集团)有限责任公司、山西焦煤(集团)有限责任公司、开滦矿业(集团)有限责任公司、四川省安全生产监督执法总队。

本标准主要起草人：黄盛初、王捷帆、陈昌、陈国瑞、倪兴华、王登刚、莫志中、杨树民、余致远。

本标准所代替标准的历次版本发布情况为：

——GB 14161—1993。

矿 山 安 全 标 志

1 范围

本标准规定了矿山传递安全警示信息的主要标志。

本标准主要适用于各类矿山对安全标志的设置要求。

2 规范性引用文件

下列文件中的条款通过本标准的引用而成为本标准的条款。凡是注日期的引用文件，其随后所有的修改单(不包括勘误的内容)或修订版均不适用于本标准，然而，鼓励根据本标准达成协议的各方研究是否可使用这些文件的最新版本。凡是不注日期的引用文件，其最新版本适用于本标准。

GB 2894 安全标志及其使用导则

GB 5768 道路交通标志和标线

GB/T 10001(所有部分) 标志用公共信息图形符号

AQ 1017 煤矿井下安全标志

3 分类

3.1 矿山安全标志分为主标志和补充标志两类。

3.2 主标志

3.2.1 禁止标志：禁止或制止人们的某种行为的标志。

3.2.2 警告标志：警告人们注意可能发生危险的标志。

3.2.3 指令标志：指示人们必须遵守某种规定的标志。

3.2.4 路标、名牌、提示标志：提示人们目标方向、地点的标志。

3.3 补充标志

补充标志是主标志的文字说明或方向指示，它只能与主标志同时使用。

4 禁止标志

4.1 禁止标志的基本形状为带斜杠的圆环，如图 1 所示。

4.2 禁止标志的颜色，为白底，红圈、红斜杠，黑图形符号。

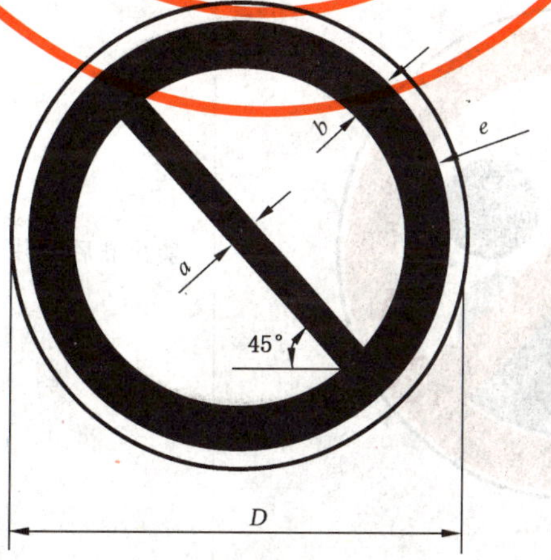

图 1

4.3 禁止标志的基本尺寸应根据最大观察距离（*L*）确定，按表1选取。

表1 禁止标志尺寸与最大观察距离的关系

单位为毫米

标志尺寸	逆向反射标志		自发光标志	
	L=10 m	*L*=15 m	*L*=10 m	*L*=15 m
标志外径 *D*	250	375	250	320
红杠宽度 *a*	20	30	20	26
红环宽度 *b*	25	38	25	32
白边宽度 *e*	5	7	5	7

4.4 禁止标志的种类及设置地点。

禁止标志的种类、名称、设置地点及说明见表2。

表2

编号	符 号	名 称	设置地点	说 明
2-1		禁带烟火	禁止烟火地点	
2-2		禁止酒后入井	有人出入的井口和矿坑	引用 AQ 1017

表 2（续）

编号	符　号	名　称	设置地点	说　明
2-3		禁止明火	禁止明火作业地点	
2-4		禁止启动	不允许启动的机电设备	引用 GB 2894
2-5		禁止合闸	变电室、移动电源开关停电检修等	引用 AQ 1017

表 2（续）

编号	符　　号	名　称	设置地点	说　明
2-6		禁止扒乘矿车	运输大巷交叉口、乘车场、扒车事故多发地段	
2-7		禁止扒、登、跳人车	井下人车巷道，每隔 50 m 设一个	引用 AQ 1017
2-8		禁止车间乘人	斜井、平巷运人列车车站、串车提升斜井上下口	

表 2（续）

编号	符　号	名　称	设置地点	说　明
2-9		禁止登钩	串车提升斜井上下口	引用 AQ 1017
2-10		禁止跨、乘输送带	链板、带式输送机、钢丝绳牵引运输不许跨越的地方，间隔 30 m 设置	引用 AQ 1017
2-11		禁止攀牵线缆	设在敷有电缆、信号线等巷道内，间隔 100 m 设置	

表 2（续）

编号	符　　号	名　称	设置地点	说　明
2-12		禁止人料同罐	设在开凿立井井口处	
2-13		禁止入内	井下封闭区、瓦斯区、盲巷、废弃巷道及禁止人员入内的地点	引用 AQ 1017
2-14		禁止通行	井下危险区、放炮警戒处、不兼作行人的绞车道、材料道及禁止行人的通道口等	引用 GB 2894

表 2（续）

编号	符　　号	名　称	设置地点	说　明
2-15		禁止停车	井下禁止停放车辆的地段	引用 AQ 1017
2-16		禁止打手机	防爆场所禁止接打手机	
2-17		禁止驶入	线路终点和禁止机车驶入地段	引用 GB 5768

表 2（续）

编号	符　　号	名　称	设置地点	说　明
2-18		禁止穿化纤服装入井	人员出入的井口	引用 AQ 1017
2-19		禁止放明炮、糊炮	井下采掘爆破工作面及井下其他爆破地点	引用 AQ 1017
2-20		禁止井下睡觉	井下各工序岗位和作业区	引用 AQ 1017

表 2（续）

编号	符　号	名　称	设置地点	说　明
2-21		禁止同时打开两道风门	井下巷道风门处	引用 AQ 1017
2-22		禁止井下随意拆卸、敲打、撞击矿灯	入井口、井下工作面	引用 AQ 1017

5　警告标志

5.1　警告标志的基本尺寸为等边三角形，顶角朝上，如图 2 所示。

5.2　警告标志的颜色为黄底，黑边，黑图形符号。

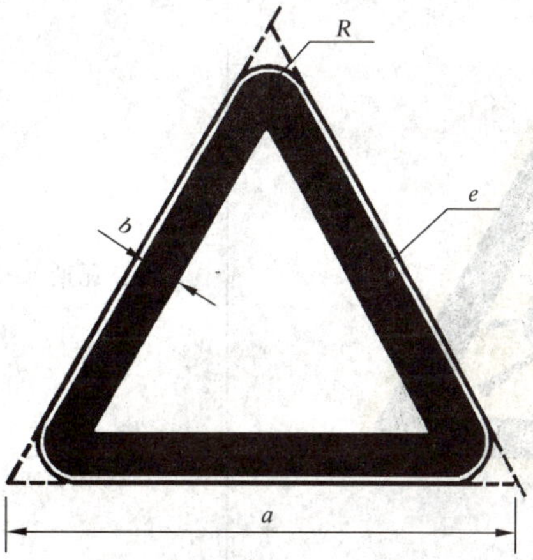

图 2

5.3 警告标志的基本尺寸应根据最大观察距离(*L*)确定，按表 3 选取。

表 3 警告标志尺寸与最大观察距离的关系

单位为毫米

标志尺寸	逆向反射标志		自发光标志	
	L=10 m	*L*=15 m	*L*=10 m	*L*=15 m
三角形边长 *a*	340	510	300	450
黑杠宽度 *b*	30	30	25	25
黑边圆角半径 *R*	17	26	15	23
黄边宽度 *e*	5	7	5	7

5.4 警告标志的种类及设置地点。

警告标志的种类、名称、设置地点见表 4。

表 4

编号	符　号	名　称	设置地点	说　明
4-1		注意安全	提醒人们注意安全的场所及设备安置的地方	引用 GB 2894
4-2		当心瓦斯	井下瓦斯集聚地段、盲巷口、瓦斯抽放地点、巷道冒高处	

表 4（续）

编号	符　　号	名　称	设置地点	说　明
4-3		当心冒顶	井下冒顶危险区、巷道维修地段	引用 GB 2894
4-4		当心火灾	仓库、爆炸材料库、油库、带式输送机、充电室和有发火预兆的地区	引用 GB 2894
4-5		当心水灾	有透水或水患地点	

表 4（续）

编号	符　　号	名　称	设置地点	说　明
4-6		当心煤（岩）与瓦斯突出	井下煤（岩）与预计有害气体突出地区	引用 AQ 1017
4-7		当心有害气体中毒	井下 CO、H_2S、NO_x 等有害气体危险地区、露天矿深部通风不良的火区	
4-8		当心爆炸	爆炸材料库、运送火药、雷管的容器和设备上	引用 GB 2894

表 4（续）

编号	符　　号	名　称	设置地点	说　明
4-9		当心触电	有触电危险部位	引用 GB 2894
4-10		当心坠落	建井施工、井筒维修及井内高空作业处	引用 GB 2894
4-11		当心坠入溜井	井下溜煤（矸）眼、溜矿井、溜矿仓	

表 4（续）

编号	符　　号	名　称	设置地点	说　明
4-12		当心片帮、滑坡	有片帮、滑坡危险地段	
4-13		当心列车通过	行人巷道与运输巷道交叉处	
4-14		当心交叉道口	巷道交叉口处	

表 4（续）

编号	符　　号	名　称	设置地点	说　明
4-15		当心弯道	弯道处	
4-16		当心巷道变窄	井下巷道前方变窄的地段	
4-17		当心发生冲击地压	井下有冲击地压的作业区域	引用 AQ 1017

表 4（续）

编号	符　　号	名　称	设置地点	说　明
4-18		当心绊倒	井下地面有障碍物，绊倒易造成伤害的地方	
4-19		当心滑跌	井下巷道有易造成伤害的滑跌地点	

6　指令标志

6.1　指令标志基本形状为圆形，如图 3 所示。

6.2　指令标志的颜色为蓝底、白图形符号。

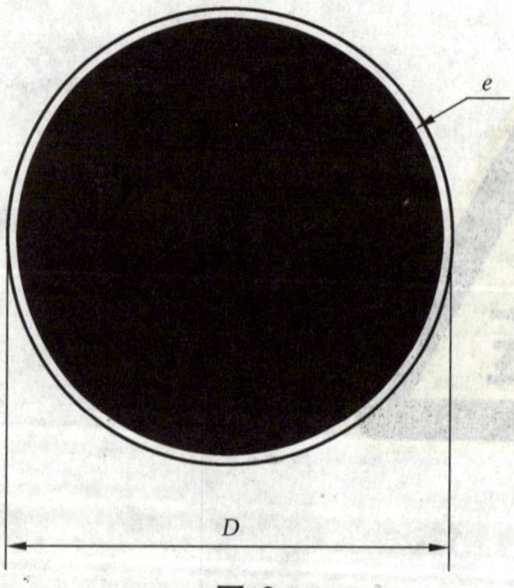

图 3

6.3 指令标志的基本尺寸应根据最大观察距离(L)确定，按表5选取。

表5 指令标志尺寸与最大观察距离的关系

单位为毫米

标志尺寸	逆向反射标志		自发光标志	
	L=10 m	L=15 m	L=10 m	L=15 m
圆形直径 D	250	375	250	320
白边宽度 e	5	7	5	7

6.4 指令标志的种类及设置地点。

指令标志的种类、名称、设置地点见表6。

表6

编号	符号	名称	设置地点	说明
6-1		必须戴矿工帽	人员出入的井口、更衣房、矿灯房及井下人员休息候车等醒目地方	
6-2		必须携带矿灯	入井口处、更衣房、矿灯房等醒目地方	

表 6（续）

编号	符　　号	名　称	设置地点	说　明
6-3		必须随身携带自救器	入井口处、更衣室、领自救器房等醒目地方	
6-4		必须穿带绝缘保护用品	设在高压电器设备室内	
6-5		必须系安全带	建井施工处、高空作业、井筒检修地点	引用 GB 2894

表 6（续）

编号	符　号	名　称	设置地点	说　明
6-6		必须戴防尘口罩	打眼施工、炮烟区、喷浆等产尘作业地段	引用 GB 2894
6-7		必须桥上通过	设有人行桥的地方	
6-8		走人行道	设在人行道两端	

表 6（续）

编号	符　号	名　称	设置地点	说　明
6-9		鸣笛	机车通过巷道交叉处、道岔口和弯道前20 m～30 m鸣笛处	引用 GB 5768
6-10		必须加锁	剧毒品、爆炸物、危险品库房等地点	引用 GB 2894
6-11		必须持证上岗	井口、配电室、炸药库等必须出示上岗证的地点	引用 AQ 1017

表 6（续）

编号	符　　号	名　称	设置地点	说　明
6-12		注意通风	需要供风的工作场所	

7　路标、名牌、提示标志

7.1　路标、名牌、提示标志的基本形状为长方形，如图 4 所示。

7.2　路标、名牌、提示标志的颜色为绿底、白图案，白字亦可用黑字。

图 4

7.3　路标、名牌、提示标志的基本尺寸应根据最大观察距离（L）确定，按表 7 选取路标牌的尺寸根据实际需要可按比例放大。

表 7　提示标志尺寸与最大观察距离的关系　　　单位为毫米

标志尺寸	逆向反射标志		自发光标志	
	L=10 m	L=15 m	L=10 m	L=15 m
短边长度 b	220	320	200	300
长边长度 l	330	480	300	450
白边宽度 e	5	7	5	7

7.4　路标、名牌、提示标志的种类及设置地点。

路标、名牌、提示标志的种类、名称、设置地点见表 8。

表 8

编号	符　　号	名　称	设置地点	说　明
8-1		安全出口	设在矿井采区安全出口路线上(间隔 100 m)和改变方向处	引用 GB/T 10001
8-2		电话	通往电话的通道上	
8-3		躲避硐	井下通往躲避硐室的通道及躲避硐室入口处	引用 GB 2894

表 8（续）

编号	符　　号	名　称	设置地点	说　明
8-4	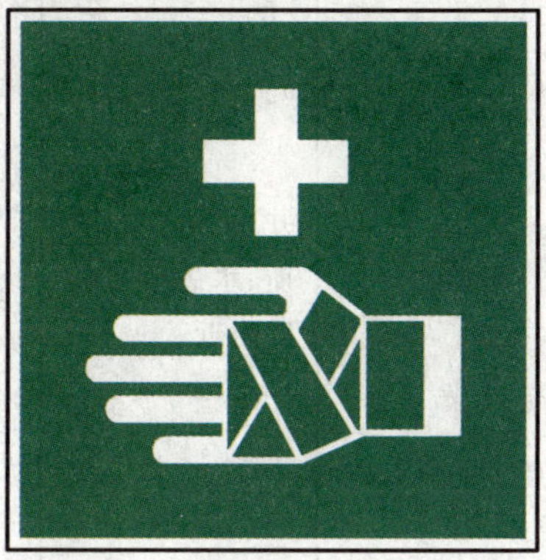	急救站	通往急救站通道上	引用 GB/T 10001
8-5		可动火区	经有关部门划定的可使用明火的地点	引用 GB 2894
8-6		爆破警戒线	爆破警戒线处	

表 8（续）

编号	符　　号	名　称	设置地点	说　明
8-7		危险区	井下火灾、瓦斯、水患等危险区附近	
8-8		沉陷区	地表沉陷滑落区	
8-9		前方慢行	风门、交叉道口、弯道、车场、翻罐等须减速慢行地点	

表 8（续）

编号	符　　号	名　称	设置地点	说　明
8-10		进风巷道	进风巷道	
8-11		回风巷道	回风巷道	
8-12		运输巷道	井下运输巷道	引用 AQ 1017

表 8（续）

编号	符　　号	名　称	设置地点	说　明
8-13	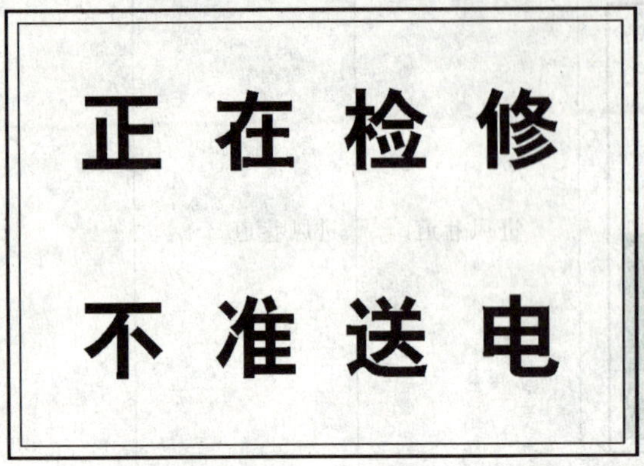	指示牌	根据需要自行书写自行设置	示例
8-14	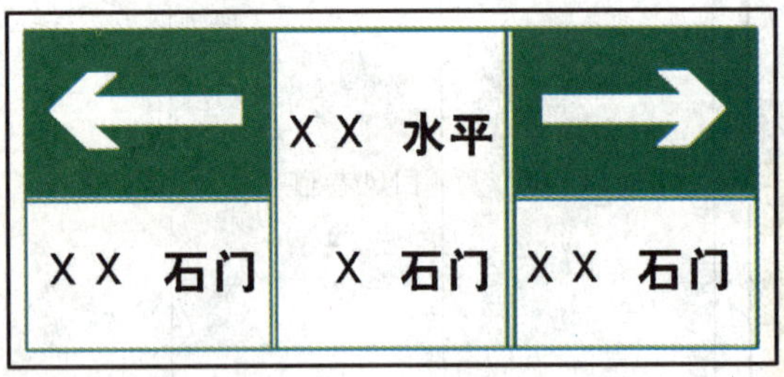	路标	自行设置	
8-15		避火灾、瓦斯爆炸路线	井下躲避火灾、瓦斯、煤尘爆炸的通道上	引用 AQ 1017

表 8（续）

编号	符　　号	名　称	设置地点	说　明
8-16		避水灾路线	井下躲避水灾的通道上	引用 AQ 1017
8-17		避有毒有害气体路线	井下躲避有毒有害气体路线的通道上	引用 AQ 1017
8-18	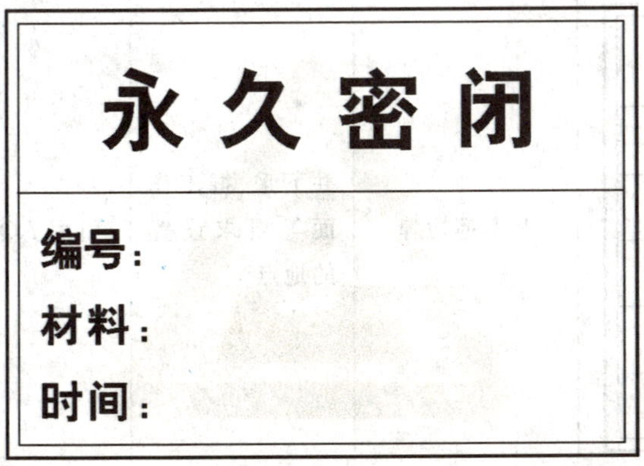	永久密闭	井下废巷、盲巷入口处	引用 AQ 1017

表 8（续）

编号	符　　号	名　称	设置地点	说　明
8-19	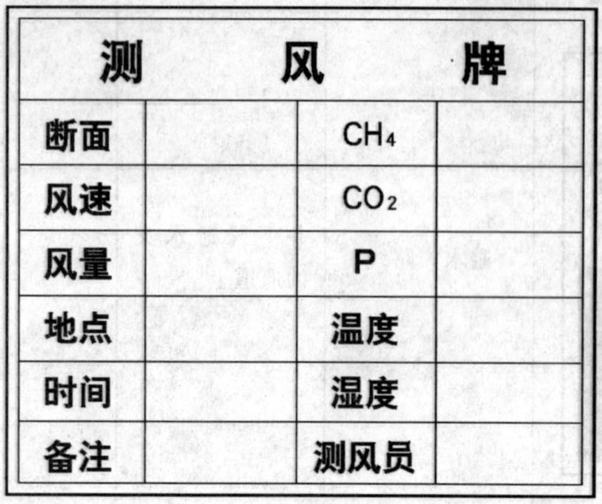	测风牌	井下掘进、采煤工作面等处	引用 AQ 1017
8-20		炮检牌	井下采、掘工作面等要求设置的地点	引用 AQ 1017
8-21	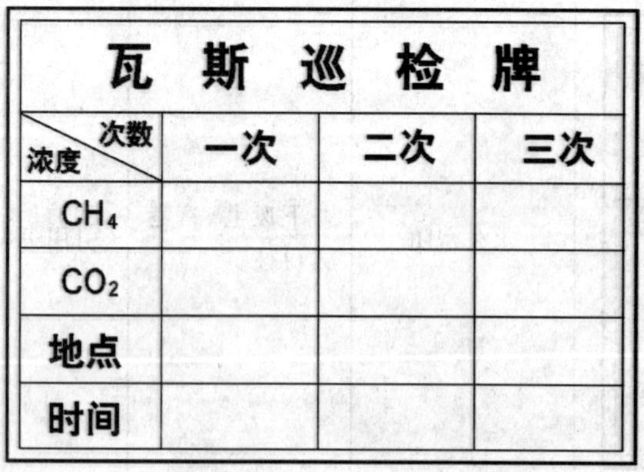	瓦斯巡检牌	井下采、掘工作面等要求设置的地点	引用 AQ 1017

8 补充标志

8.1 文字补充标志的规定

8.1.1 文字补充标志是将主标志的名称用黑体字横写在矩形的底板上。文字补充标志必须与主标志联用，单独使用没有任何安全含义。

8.1.2 文字补充标志基本形式是矩形边框，放在主标志下方，也可放在左方或右方，见图5、图6所示。

8.1.3 文字补充标志的底色应与联用的主标志底色相统一，其文字的颜色，除警告标志用黑色外，其他标志均为白色。

8.1.4 文字补充标志为矩形，长边等于圆的直径或三角形边长，宽等于长边的五分之一。如与方向补充标志联用，其尺寸宽为标志的二分之一，长为标志的三分之一。

8.2 方向补充标志的规定

8.2.1 方向补充标志图形符号是箭头，它应指示被联用主标志所表示意义的方向，必须与主标志联用，单独使用没有任何安全含义。

8.2.2 方向补充标志如系指示左向(包括左上、左下)则放在主标志的左侧，如系指示右向(包括右上、右下)则放在主标志的右侧，如图6所示。

8.2.3 方向补充标志的底色和箭头颜色应与联用主标志的颜色相统一。

8.2.4 方向补充标志的尺寸，宽为标志的二分之一，长为标志的三分之一。

图 5

图 6

9 颜色

本标准使用的安全色及其安全含义应符合 GB 2893 的规定。各种材料的色度坐标和亮度因数应符合表 A.1 的规定，逆向反射材料的反射系数应符合表 A.2 的规定。见附录 A。

10 矿山安全标志牌的制作与检验

10.1 矿山安全标志牌应按本标准规定制作。制作图示例见附录 B。应采用逆向反光材料和自发光材料制作安全标志图形。一般选用金属或其他阻燃材料为底板。有触电危险场所的标志牌，应使用绝缘材料制作。

10.2 矿山安全标志牌必须经国家技术监督部门认可的安全产品质量检验单位检查合格后方可使用。

11 矿山安全标志牌的设置与管理

11.1 矿山安全标志牌位置应设在与安全有关的明显的地方，并保证人们有足够的时间注意它所表示的内容。

11.2 矿山安全标志牌应定期清洗，每季至少检查一次。如有变形、损坏、变色、图形符号脱落、亮度老化等现象应及时修理或更换。

附　录　A
（资料性附录）
颜　色　范　围

A.1　色度坐标与色品区域图。

表 A.1　普通材料、发光材料、逆反射材料和组合材料的色度坐标和亮度因数

颜色	许用颜色范围的角点色度坐标（标准照明体 D_{65}，2°视场）					亮度因数 β				
						普通材料	发光材料	逆反射材料		组合材料
		1	2	3	4			类型 1	类型 2	
红	x	0.735	0.681	0.579	0.655	≥0.07	≥0.03	≥0.05	≥0.03	≥0.25
	y	0.265	0.239	0.341	0.345					
蓝	x	0.049	0.172	0.210	0.137	≥0.05	≥0.05	≥0.01	≥0.01	≥0.03
	y	0.125	0.198	0.160	0.038					
黄	x	0.545	0.494	0.444	0.481	≥0.45	≥0.80	≥0.27	≥0.16	≥0.70
	y	0.454	0.426	0.476	0.518					
绿	x	0.201	0.285	0.170	0.026	≥0.12	≥0.40	≥0.04	≥0.03	≥0.35
	y	0.776	0.441	0.364	0.399					
白	x	0.350	0.305	0.295	0.340	≥0.75	≥1.0	≥0.35	≥0.27	—
	y	0.360	0.315	0.325	0.370					
黑	x	0.385	0.300	0.260	0.345	≥0.03	—	—	—	—
	y	0.355	0.270	0.310	0.395					

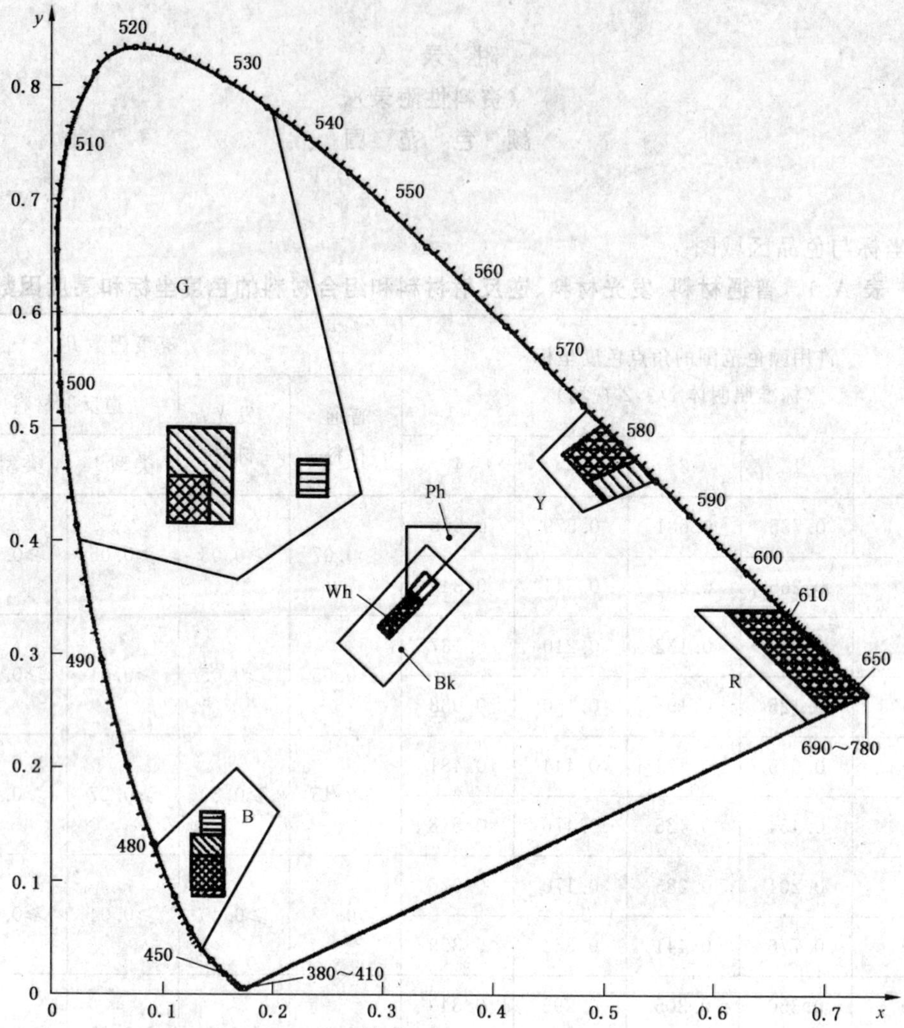

图例：

R 红色
Y 黄色
G 绿色
B 蓝色
Wh 白色
Bk 黑色
Ph 浅黄的白色磷光

与表2一致的安全色范围

与表3一致的安全色范围，普通材料

与表3一致的安全色范围，逆反射材料类型1

与表3一致的安全色范围，逆反射材料类型2

图 A.1 安全色和对比色的色品区域

A.2 逆向反射系数(在平面反光材料的表面上):该系数是在观察方向上,一种材料的反光强度(I)对垂直入射光照度(E_1)和该反射面积(A)乘积之比。用符号 R' 表示。

$$R' = \frac{I}{E_1 \times A} \qquad \text{(A.1)}$$

表 A.2 最小逆反射系数 R'

观察角	入射角	最小逆反射系数 (单位:cd·lx^{-1}·m^{-2},光源:标准照明体 A)									
		类型 1					类型 2				
		白	黄	红	绿	蓝	白	黄	红	绿	蓝
12′	5°	70	50	14.5	9	4	250	170	45	45	20
	30°	30	22	6	3.5	1.7	150	10	25	25	11
	40°	10	7	2	1.5	0.5	110	70	16	16	8
20′	5°	50	35	10	7	2	180	122	25	21	14
	30°	24	16	4	3	1	100	67	14	11	7
	40°	9	6	1.8	1.2	0.4	95	64	13	11	7
2′	5°	5	3	0.8	0.6	0.2	5	3	0.8	0.6	0.2
	30°	2.5	1.5	0.4	0.3	0.1	2.5	1.5	0.4	0.3	0.1
	40°	1.5	1.0	0.3	0.2	0.06	1.5	1.0	0.3	0.2	0.06

附 录 B
（规范性附录）
矿山安全标志牌制作图示例

图 B.1

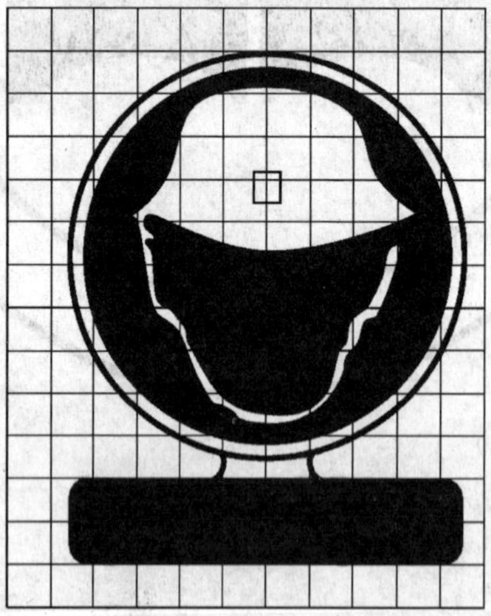

图 B.2

图 B.3

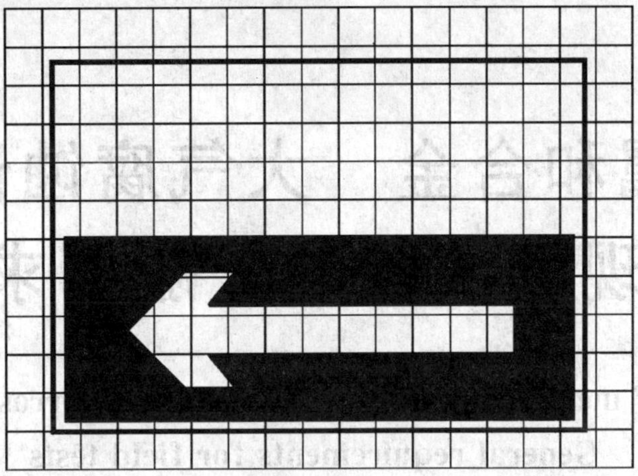

图 B.4

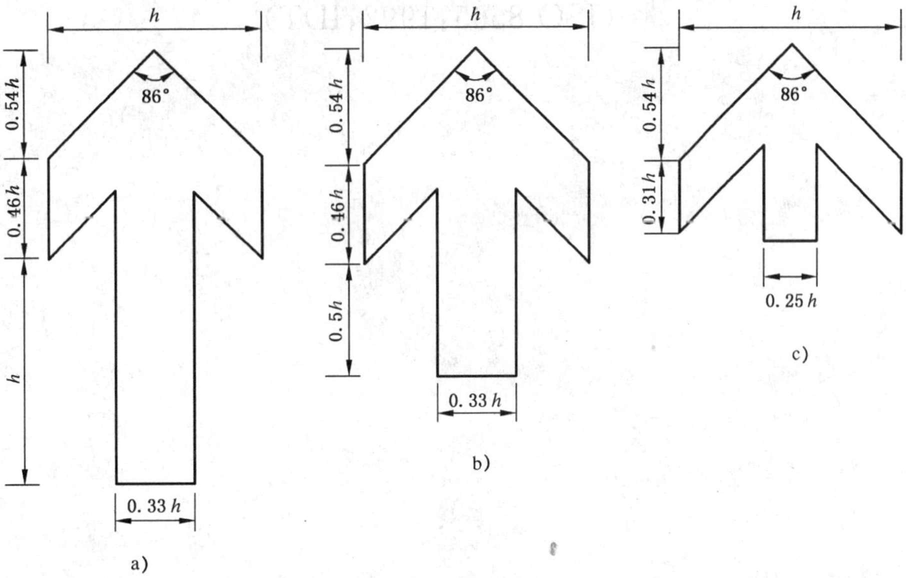
h
0.54h
0.46h
86°
h
0.33h
a)
h
0.54h
0.46h
86°
0.5h
0.33h
b)
h
0.54h
0.31h
86°
0.25h
c)

图 B.5

ICS 77.060
H 25

中华人民共和国国家标准

GB/T 14165—2008/ISO 8565:1992
代替 GB/T 6464—1997、GB/T 14165—1993、GB/T 11112—1989

金属和合金 大气腐蚀试验 现场试验的一般要求

Corrosion of metals and alloys—Atmospheric corrosion testing—General requirements for field tests

(ISO 8565:1992,IDT)

2008-05-30 发布　　2008-12-01 实施

中华人民共和国国家质量监督检验检疫总局
中国国家标准化管理委员会　发布

前　言

本标准等同采用国际标准 ISO 8565:1992《金属和合金　大气腐蚀试验　现场试验的一般要求》。

本标准做了下列编辑性修改:

——删除国际标准前言。

本标准的附录 A 为规范性附录。

本标准代替 GB/T 6464—1997《金属及其覆盖层　大气腐蚀试验　现场试验的一般要求》、GB/T 14165—1993《黑色金属　室外大气暴露试验方法》和 GB/T 11112—1989《有色金属　大气腐蚀试验方法》。

本标准由中国钢铁工业协会提出。

本标准由冶金工业信息标准研究院归口。

本标准起草单位:钢铁研究总院、冶金工业信息标准研究院。

本标准主要起草人:王玮、冯超、罗明、任翠英。

引　　言

大气暴露条件下的腐蚀试验目的：

——获得在大气环境下金属、合金和其他无机金属覆盖层[1]的耐蚀性数据；

——评价大气环境下和给定的实验室条件下的试验结果的相关性；

——评价特殊金属的腐蚀类型。

本标准包括试样在试验站点大气环境下的暴露和定期检查。不包括使用条件的腐蚀试验。

给定金属的腐蚀速率取决于大气腐蚀试验站的环境。金属腐蚀速率和大气变量的关系复杂，因此，现场试验结果不能准确预测使用性能，但可以提供相近的使用性能。

1）　在下文中统称为“金属”。

金属和合金　大气腐蚀试验
现场试验的一般要求

1　范围

本标准规定了在大气条件下金属和金属覆盖层静态试验的一般要求,可在敞开或遮蔽条件下进行试验。

本标准也适用于室内试验。

2　规范性引用文件

下列文件中的条款通过本标准的引用而成为本标准的条款。凡是注日期的引用文件,其随后所有的修改单(不包括勘误的内容)或修订版均不适用于本标准,然而,鼓励根据本标准达成协议的各方研究是否可使用这些文件的最新版本。凡是不注日期的引用文件,其最新版本适用于本标准。

GB/T 11377　金属和其他无机覆盖层　储存条件下腐蚀试验的一般规则(GB/T 11377—2005,ISO 4543:1981,IDT)

GB/T 16545—1996　金属和合金的腐蚀　腐蚀试样上腐蚀产物的清除(GB/T 16545—1996,eqv ISO 8407:1991)

GB/T 19292.3　金属和合金的腐蚀　大气腐蚀性　污染物的测量(GB/T 19292.3—2003,ISO 9225:1992,IDT)

GB/T 19292.4　金属和合金的腐蚀　大气腐蚀性　用于评估腐蚀性的标准试样的腐蚀速率的测定(GB/T 19292.4—2003,ISO 9226:1992,IDT)

ISO 4221　空气质量　环境大气中二氧化硫质量浓度的测定　钍试剂分光光度法

ISO 4226　空气质量　概况　计量单位

ISO 4540　金属覆盖层　相对基体为阴极覆盖层　腐蚀试验后电镀试样的评定

ISO 6879　空气质量　空气测量方法的使用特点和相关概念

ISO 8403　金属覆盖层　相对基体为阳极性覆盖层　腐蚀试验后试样的评定

3　试样要求

3.1　试样类型

3.1.1　平板试样

一般选用矩形平板试样,易于称重和测量,并且形状简单便于固定在试验架上。适宜的尺寸为150 mm×100 mm,如果能准确地评价,试样尺寸可以更大。试样厚度应足以确保试样能经受预期的试验周期的腐蚀减薄,还应考虑某些材料的力学效应和晶间腐蚀的可能性,最适宜的厚度为1 mm～3 mm。

带有金属覆盖层的试样表面积应尽可能大,任何情况下都不应小于50 cm^2(5 cm×10 cm)。如果涂镀件的面积小于50 cm^2,可将同类试样组合而达到所要求的最小表面积。但获得的结果不宜与按规定最小面积专门制备的试样进行比较。

3.1.2　形状不规则试样

如有必要,螺栓、管材、棒材,甚至组件可以进行试验。

如果只对管状试样的外表面进行腐蚀试验,管的端部应当密封。

复杂试样，例如组合件，可能存在缝隙、积水、焊缝和不同金属，因此有必要考虑这些因素对组合件耐蚀性的影响。还应注意组合件的放置，以模拟预期的使用情况。

3.1.3 焊接试样

为了揭示焊缝金属和母材的金相组织或成分的差异引起的焊接区域选择性腐蚀倾向，对焊接件进行大气腐蚀试验。焊缝应在试样的中部，与长边平行，如果有技术要求，也可与长边垂直。

3.2 试样制备

因为大气腐蚀试验可能要进行许多年，应确保试样被清楚标识和认真记录数据。通常从大的金属料上切取试样，并去除毛刺。这些操作可能会造成试样表面损伤，对于某些金属，甚至会造成冶金状态的明显变化(例如剪切或切割边的加工硬化)。应避免表面损伤，除非规定评价加工硬化的效果，否则应通过机械加工消除。其他操作，如火焰切割、锯和研磨也会造成类似损伤。当试验结果要与使用性能比较时，暴露的试样表面状况应与使用状况下的一致或相似。对于所有其他目的，表面处理需要明确说明。

表面处理涉及脱脂除油和去除氧化皮，脱脂除油可用有机溶剂或碱液，去除轧制氧化皮、热处理氧化皮或锈可采用机械或化学方法。各种金属去除氧化皮的方法可参照 GB/T 16545—1996 的表 1 和表 2。

对于金属覆盖层和无机覆盖层，必须避免清洗方法侵蚀试样表面。

3.3 搬动

暴露前的试样清洗完后，应尽量减少搬动。在最后搬动操作中要戴清洁的手套。

3.4 试样标记

标记试样使之不会在暴露期间发生混淆。标记号应在整个暴露期间清晰耐久，并且对试样标记区域不必进行视觉评定，对试验结果不会产生影响。

试样可打上合适的数字进行标记。对于金属，可用缺口或打孔进行标记。只要能满足清晰和耐久的要求，可使用其他标记方法。

有不同的推荐标识方法。对于金属覆盖层，首选方法是在涂镀保护层前进行定位缺口编码标识。

标识影响的区域应最小化。建议制定详实的试样类型、暴露数据和暴露架上位置的示意图。

3.5 试样数量

在每个暴露时间间隔，用于预期评价的每种类型的试样数量不少于 3 个。

对于简单的比较试验项目，3 个试样已足够。但根据统计学要求，更复杂的项目需要更多的试样数量。

3.6 对比试样和参比试样

在试验项目中，为了满足对比和参照的要求，需要额外试样。

3.6.1 对比试样

对比试样与暴露试样相同，储存在无腐蚀的条件下(见 3.7)。用来确定暴露试样试验后物理和机械性能的变化。

3.6.2 参比试样

当试验新的或改进的材料时，用原有(已知)的材料作为参比试样进行比较，参比试样和暴露试样一起进行暴露试验。

3.7 存储

暴露试验前试样和对比试样的存储应避免机械损伤和与其他试样接触。存储室可控制温度，且相对湿度不大于 65%。特别敏感的试样可储存在干燥器或有干燥剂的塑料袋中(见 GB/T 11377)。

3.8 试样数据记录

对于每一系列的试样，需要记录评价腐蚀效果的数据(见第 8 章)，这些记录应包括：

a) 无覆盖层试样

——化学成分；
——质量；
——形状和尺寸；
——表面加工情况；
——热处理；
——基本物理性能(力学、电或物理化学)和表面粗糙度；
——试验前试样表面初始状态(对于金属,在大气条件下长期暴露可能改变它们的结构)；
——试样的制备方法；
——金属表面处理方法；
——符合相关标准或牌号的金属规范；
——评价各个性能所用试验方法规范；
——制造试样的中间产品规范。

b) 有覆盖层试样
——基体金属说明；
——涂镀前表面处理方法；
——涂镀工艺和涂镀材料的说明；
——覆盖层厚度；
——覆盖层基本性能(即孔隙率、硬度、延展性等),包括评价性能的试验方法。

c) 部件或零件
——性能的基本技术数据(即厚度、孔隙率、硬度、延展性等),评定性能的试验方法及试验前性能的初始值。

试验前应目视检查试样状态,必要时拍照记录。小心保存记录结果。

4 大气腐蚀试验场

4.1 放置方式分类

建议大气腐蚀试验场提供两种设施：

a) 敞开暴露,即直接暴露在整个大气条件和大气污染物环境中；

b) 遮蔽暴露,即在遮蔽下或局部封闭的空间内,避免了大气沉降物和阳光照射,例如百叶箱,百叶箱的侧壁也对试样提供了保护。

由于可采用不同的遮蔽暴露方式,有必要对遮蔽物和暴露试样的方式详细说明。不同遮蔽方式下获得的结果不宜进行对比。

4.2 试验场要求

选择的试验场应保证试验场地能暴露在气候环境的全部影响下,试验场附近存在的房屋、建筑物、树和某些地理形貌,如河流、湖泊、山或洞穴,可能对风、污染源或阳光产生不希望的遮蔽或暴露。

除非试验场附近的这些人造物和自然环境是试验项目所需要,否则应避免或者在报告中注明它们的存在。生长缓慢的灌木和植物的存在也影响试验场温度和湿度的分布,因此宜去除或控制其高度不超过 0.2 m,也可把试样架放置在排水良好的地面或沙砾、混凝土铺砌地基上。

如果在试样架附近用化学物质控制植物生长,应防止化学物质与任何试样发生接触,并采取安全防范措施。

如果在遮蔽条件下进行大气腐蚀试验,应采取合适的措施,避免对相邻的敞开暴露的试样产生任何不必要的影响。

4.3 试验场位置

试验场的位置应代表材料预期的使用环境。

可划分为两类试验场：

a） 永久试验场，代表区域气候条件，广义上分为工业、乡村、城市和海洋性气候；

b） 临时试验场，仅在预定的时间内，进行特殊的腐蚀试验。

试验场的位置应能定期观察试样，并记录或评价第5章中规定的环境因素。最好在气象站或其附近设立大气暴露试验站。试验站位置应主要根据环境因素和检查的便利性来选择。

4.4 试验场的安全措施

大气腐蚀试验场应能提供足够的安全保障，防止偷盗、损坏或其他形式的干扰。

应当注意安全墙不能影响试验，例如，不能使一些试样比其他试样受到更多的遮蔽或被积雪掩埋。

4.4.1 暴露架

试样架用于安全地固定试样，不会使试样遭受明显损坏或影响试样的腐蚀。试样架的设计应保证全部或部分暴露在大气环境中。

只要有足够的强度和耐久性，可选用金属部件或木材制作暴露架。根据需要可在经适当处理并涂底漆的金属表面涂漆。暴露架也可用有合适保护和处理的木材制造。

对下面设计要求的实践认识取决于当地可用的资源和材料。

设计的暴露架应使试样的上表面和下表面暴露的面积尽可能的大，目的在于根据试验要求能评价朝天和朝地暴露面的差别。另外，暴露架的结构组件不应遮蔽试样。

在暴露架上固定试样的方法应能防止试样间相互接触、遮蔽或彼此影响，也能使试样与试样架间完全电绝缘。可使用带有固定孔洞的开槽的陶瓷绝缘体或惰性的、耐久的塑料材料制成的类似装置，也可使用带有电绝缘套筒或垫圈的螺栓或螺钉。试样与其固定装置的接触面积应尽可能小。

试样架也应设计成试样朝上面与水平面成45°（30°也可以），或按试验要求的其他方向暴露。

试样架的设计应能使试样不受试样架和其他试样上的流落的雨水或地面飞溅的水滴的影响。试验场中安装的暴露架也许会引起雪的局部堆积，因此有必要要求距离地面最小的试样暴露高度。选用的最小高度应能防止雨水飞溅和积雪掩埋，应不小于0.75 m。

试样架的承载能力应为装满试样和风雪施加的最大静态载荷。试样架应牢固固定在地面上，在强风中试样不应移动或脱落。

为了方便实际使用，可把试样尺寸标准化或限定在一定范围内，这样简化了暴露架的设计和试样的固定方法。

为了让大气腐蚀产物和污染物积累，防止被雨水冲刷掉，应在遮蔽条件下进行暴露试验。暴露于大气介质中的程度决定遮蔽暴露架的具体设计。

4.4.2 遮蔽暴露的遮蔽物

当在伞状遮蔽物下进行暴露试验，试样也应放在试验架上。

通常的遮覆材料可用于建造伞状屋顶。屋顶应倾斜以便能排水，并能防止屋顶的雨水滴落和地面上水的飞溅影响试样。屋顶也能提供一定的遮蔽程度，防止阳光对试样的照射。屋顶距地面的最大高度和超出试样架边缘的范围不大于3 m。

4.4.3 封闭暴露试验箱

百叶箱的设计与标准的气象试验箱相同，能防止沉降、阳光照射和风，但应保持与外面有空气流动。箱壁和门的外表面应涂成白色。

百叶箱应是软百叶型，固定而且坚固，箱内和外面大气能进行空气交换，雨雪仅能少量进入箱内。箱距离地面至少0.5 m。

百叶箱的内部尺寸应适合一定数量的试样放置在箱内的架子上。试样架的设计和试样的定位应能保证试样间的空气自由流通，防止在箱内的偏角处特殊微气候的形成。

百叶箱应放置在试验场的空旷区域中。如果在同一个试验场放置一个以上的百叶箱，箱之间的距离应能保证不影响彼此箱内的气候条件。建议箱之间最小距离应是箱高度的两倍。

5 试验场特征

为了进一步评价腐蚀测量结果,需要描述试验场的大气条件。可根据 GB/T 19292.4 直接测量标准试样的腐蚀率来描述,对于永久试验场,可通过测量或从其他来源收集的大气数据来描述。

如果采用其他来源的大气数据,应说明来源及与试验场的大致距离。

表征大气条件的环境数据:

——气温,℃;

——大气相对湿度,%;

——沉降量,mm/d;

——日照强度和持续时间;

——根据 GB/T 19292.3 测量二氧化硫沉降率,mg/(m^2·d)或 mg/m^3;

——根据 GB/T 19292.3 测量氯化物沉降率,mg/(m^2·d),一般仅针对海洋气候试验场。

附录 A 给出了这些因素的建议检测频率。

其他因素,如沉降持续时间、实际湿润时间、风向和风速、雨水 pH 值、气体和颗粒污染物的量,按规定的试验要求收集或测量。

根据 GB/T 16545—1996,去除腐蚀产物后,测量标准试样的腐蚀率。

根据 ISO 4226 和 ISO 6879 表征试验场大气条件,根据 ISO 4221 测量浓度,根据 GB/T 19292.3 测量沉降物。

6 试样放置要求

按以下方式放置试样:

——各个试样不与试验条件下影响其腐蚀的任何材料接触;

——腐蚀产物和含有腐蚀产物的雨水不能从一个试样表面滴落到另一个试样上;

——便于观察试样表面;

——便于取样;

——防止试样脱落(例如风的作用)、意外污染或损伤;

——所有试样暴露在同样条件下,各个方向的空气能均匀流通;

——对于敞开暴露,一般在北半球试样面朝南,在南半球试样面朝北,但应考虑腐蚀源的方向(例如海洋);除非有其他规定或协议,试样最好与地平面成 45°(也可以 30°);

——除非有其他规定或协议,遮蔽暴露的试样最好与地平面成 0°、30°、45°、60°或 90°;

——试样可随意放置在试样架整个有效范围内进行暴露。

7 试验程序

7.1 试验持续时间

暴露的总时间和季节取决于试样的类型和试验目的。由于大气腐蚀过程相对缓慢,根据试验金属或覆盖层的耐蚀性,建议暴露试验计划可安排为 1 年、2 年、10 年或 20 年。在某些情况下,整个暴露时间可少于 2 年。

应当注意,特别是短期暴露的结果取决于暴露开始的季节,因此建议在腐蚀性最高的时期(通常为秋季或春季)开始暴露。

7.2 定期观测检查

应定期观察试样,看是否需要移动,对任何明显的外观变化或不寻常特征的出现应说明或拍照。应观察试样正反两面,以发现腐蚀作用的任何差别。

记录应包括:任何腐蚀产物的颜色、结构和均匀性,及它们附着性、随暴露时间的延长与表面的剥离倾向。

定期检查也能较早地对改进金属或合金的冶金或化学特性提供意见，从而安排材料开发计划。应核对试样，以证实标记仍是清晰的(见 3.4)。定期观察也有益于试验场的安全、仪器运行和设施的维护。

7.3 结果评价

通过目测、金相检查、失重、材料力学性能或行为特征(如反射率)的变化进行结果评价。

建议采用彩色照相记录试样的外观。

应按 7.1 中所述在试验方案中制订的时间间隔进行腐蚀效果评价，适当时可与对比试样比较。试样评定应在暴露周期完成的 3 个月内进行。在这个时间内，试样应按 3.7 的要求存放。除非有其他规定，对于金属覆盖层，应根据 ISO 4540(相对基体为阴极性金属覆盖层)或 ISO 8403(相对基体为阳极性金属覆盖层)对暴露试样进行评级。

在测定金属试样失重前，应按 GB/T 16545—1996 中方法进行清洗。

8 试验报告

试验报告应包含以下内容：

a) 试样的数据，包括试样暴露的倾斜角度和朝向；

b) 试验场的描述(见第 5 章)；

c) 参比试样和试验试样的数量；

d) 暴露、取出和评价的日期；

e) 试样初始性能及制备(见 3.8)；

f) 每次评价中表面外观变化的定性描述，如可能，附上试验前、试验期间和试验后的照片；

g) 定性评价腐蚀结果，失重、金相观察、物理性能变化、坑的深度、密度和分布或其他评价方法。

应用一些约定的图表形式清晰描述评价方法和结果。

试验报告也可讨论可能影响试验结果的任何问题。

试验报告也可包括主要结果的概要。

附　录　A
（规范性附录）
表征大气条件件的环境因素

环境因素	单　位	测量种类和次数	结果的表示
大气温度	℃	连续或每天至少三次	月或年平均
相对湿度	%	连续或每天至少三次	月或年平均
润湿时间（温度>0℃ RH>80%）	h	—	每月或每年的小时数
降水量	mm/d	月	每月或每年的量
空气污染			
SO_2 浓度	mg/m^3	连续或按月	月或年平均
或			
SO_2 沉降速率	$mg/(m^2 \cdot d)$	连续或按月	月或年平均
氯化物沉降速率	$mg/(m^2 \cdot d)$	连续或按月	月或年平均

ICS 27.140
P 26

中华人民共和国国家标准

GB/T 14173—2008
代替 GB/T 14173—1993,GB/T 814—1989

水利水电工程
钢闸门制造、安装及验收规范

Specification for manufacture, installation and acceptance of steel gate in hydraulic and hydroelectric engineering

2008-11-04 发布　　2009-01-01 实施

中华人民共和国国家质量监督检验检疫总局
中国国家标准化管理委员会　发布

前言

本标准代替 GB/T 14173—1993《平面钢闸门　技术条件》和 GB/T 814—1989《弧形闸门通用技术条件》,并参考合并编入了 SL 37—1991《偏心铰弧形闸门技术条件》、SL/T 57—1993《平面链轮闸门技术条件》及 DL5018—2004《水电水利工程钢闸门制造安装及验收规范》相关内容。

本标准与原标准相比主要有如下变化:

——适用范围扩展应用到所有水利水电工程及其他工程钢闸门的制造、安装及验收;

——增加了钢板表面质量及其表面缺欠的修正要求;

——要求焊接工艺评定按 GB/T 19866 及 GB/T 19868.4、GB/T 19869.1 的规定进行;

——对于使用新材料、水头大于等于 80 m 或结构复杂的闸门,提出宜增加无损检测检查比例的要求;

——增加了焊缝表面无损检测验收等级的规定;

——增加了当机加工后需要保持尺寸公差时应采取消除应力处理的要求;

——增加了当结构尺寸有稳定要求时宜采用整体消除应力热处理或振动时效处理而不宜采用局部热处理的规定;

——对组合焊缝的质量标准进行了修改;

——对铸钢件和锻件进行了质量等级分类;

——增加了一、二类铸钢件表面无损检测检查的要求;

——规定了锻件的制造和验收技术要求应符合 JB/T 6397 或 JB/T 6396 的要求;

——增加了一类锻件的主轨表面无损检测检查的要求;

——规定充压式、压紧式水封弧形闸门门叶面板加工后,面板板厚局部允许偏差应不小于图样尺寸;

——增加有关工程塑料合金材料的要求。

本标准附录 B 为规范性附录,附录 A、附录 C、附录 D 为资料性附录。

本标准由水利部提出。

本标准由水利部综合事业局负责归口。

本标准起草单位:水利部水工金属结构质量检验测试中心、二滩水电开发有限责任公司、江河机电装备工程有限公司。

本标准主要起草人:张亚军、铁汉、毋新房、王兆成、张小阳、王安、梅燕、郭云峰、李义茂、李文明、熊剑鸣、朱国纲、孟庆奎、何配排、李世刚、王翠萍、胡木生。

本标准由水利部水工金属结构质量检验测试中心负责解释。

本标准所代替标准的历次版本发布情况为:

——GB/T 814—1989;

——GB/T 14173—1993。

水利水电工程
钢闸门制造、安装及验收规范

1 范围

本标准规定了水利水电工程钢闸门(包括拦污栅,下同)制造、安装及验收的技术要求。

本标准适用于水利水电工程和其他工程钢闸门的制造、安装及验收。

2 规范性引用文件

下列文件中的条款通过本标准的引用而成为本标准的条款。凡是注日期的引用文件,其随后所有的修改单(不包括勘误的内容)或修订版均不适用于本标准,然而,鼓励根据本标准达成协议的各方研究是否可使用这些文件的最新版本。凡是不注日期的引用文件,其最新版本适用于本标准。

GB/T 228 金属材料 室温拉伸试验方法

GB/T 229 金属材料 夏比摆锤冲击试验方法

GB/T 232 金属材料 弯曲试验方法

GB/T 699 优质碳素结构钢

GB/T 700 碳素结构钢

GB/T 983 不锈钢焊条

GB/T 985 气焊、手工电弧焊及气体保护焊焊缝坡口的基本形式与尺寸

GB/T 986 埋弧焊焊缝坡口的基本形式和尺寸

GB/T 1184—1999 形状和位置公差 未注公差值

GB/T 1231 钢结构用高强度大六角头螺栓、大六角螺母、垫圈技术条件

GB/T 1591 低合金高强度结构钢

GB/T 1800.2—1998 极限与配合 基础 第2部分:公差、偏差和配合的基本规定

GB/T 1801—1999 极限与配合 公差带和配合的选择

GB/T 2970 厚钢板超声波检验方法

GB/T 2975 钢及钢产品 力学性能试验取样位置及试样制备

GB/T 3077 合金结构钢

GB/T 3098.1 紧固件机械性能 螺栓、螺钉和螺柱

GB/T 3098.2 紧固件机械性能 螺母 粗牙螺纹

GB/T 3098.6 紧固件机械性能 不锈钢螺栓、螺钉和螺柱

GB/T 3098.15 紧固件机械性能 不锈钢螺母

GB/T 3323 金属熔化焊焊接接头射线照相

GB/T 3398(所有部分) 塑料 硬度测定

GB/T 4237 不锈钢热轧钢板和钢带

GB/T 4842 氩

GB/T 5117 碳钢焊条

GB/T 5118 低合金钢焊条

GB/T 5216 保证淬透性结构钢

GB/T 5293 埋弧焊用碳钢焊丝和焊剂

GB/T 5616 无损检测 应用导则
GB/T 5680 高锰钢铸件
GB/T 6402 钢锻件超声检测方法
GB/T 6414 铸件 尺寸公差与机械加工余量
GB/T 6654 压力容器用钢板
GB/T 7233 铸钢件超声探伤及质量评级方法
GB/T 7659 焊接结构用碳素钢铸件
GB/T 8110 气体保护电弧焊用碳钢、低合金钢焊丝
GB/T 8165 不锈钢复合钢板和钢带
GB/T 8923—1988 涂装前钢材表面锈蚀等级和除锈等级
GB/T 9443 铸钢件渗透检测
GB/T 9444 铸钢件磁粉检测
GB/T 9445 无损检测 人员资格鉴定与认证
GB/T 11345 钢焊缝手工超声波探伤方法和探伤结果分级
GB/T 11352 一般工程用铸造碳钢件
GB/T 12470 埋弧焊用低合金钢焊丝和焊剂
GB/T 13819 铜合金铸件
GB/T 14408 一般工程与结构用低合金铸钢件
GB/T 14977 热轧钢板表面质量的一般要求
GB/T 16253 承压钢铸件
GB/T 17854 埋弧焊用不锈钢焊丝和焊剂
GB/T 19866 焊接工艺规程及评定的一般原则
GB/T 19867.1 电弧焊焊接工艺规程
GB/T 19868.2 基于焊接经验的工艺评定
GB/T 19868.4 基于预生产焊接试验的工艺评定
GB/T 19869.1 钢、镍及镍合金的焊接工艺评定试验
HG/T 2537 焊接用二氧化碳气体
JB/T 4730.4 承压设备无损检测 第4部分:磁粉检测
JB/T 4730.5 承压设备无损检测 第5部分:渗透检测
JB/T 5926 振动时效效果 评定方法
JB/T 6061 无损检测 焊缝磁粉检测及验收等级
JB/T 6062 无损检测 焊缝渗透检测及验收等级
JB/T 6396 大型合金结构钢锻件 技术条件
JB/T 6397 大型碳素结构钢锻件 技术条件
JGJ 82 钢结构高强度螺栓连接的设计施工及验收规程
SL 35 水工金属结构焊工考核规则
SL 36 水工金属结构焊接通用技术条件
SL 105 水工金属结构防腐蚀规范

3 一般规定

3.1 技术资料

3.1.1 闸门及埋件制造前,应具备下列资料:

a) 设计图样、施工图样和技术文件,设计图样包括闸门及埋件总图,施工图样包括闸门及埋件装

配图及零件图。

b) 主要钢材、焊材及防腐蚀材料质量证书。

c) 标准件和非标准协作件质量证书。

3.1.2 闸门及埋件安装前应具备下列资料：

a) 设计图样、施工图样和技术文件。

b) 闸门出厂合格证。

c) 闸门制造验收资料和出厂检验资料。

d) 闸门制造竣工图或能反映闸门出厂时实际结构尺寸的图样。

e) 发货清单、到货验收文件及装配编号图。

f) 安装用控制点位置图。

3.1.3 闸门及埋件制造与安装应按图样和有关技术文件进行，如有修改应有设计修改通知书。

3.2 材料

3.2.1 闸门使用的钢材应符合图样规定，其性能应分别符合 GB/T 699、GB/T 700、GB/T 1591、GB/T 3077、GB/T 4237、GB/T 6654、GB/T 8165 等标准的规定，并应具有出厂质量证书。标号不清或对材质有疑问时应予复验，复验符合有关标准后方可使用。

3.2.2 钢板性能试验取样位置及试样制备应符合 GB/T 2975 的规定，试验方法应符合 GB/T 228、GB/T 229、GB/T 232 的规定。

3.2.3 钢板表面质量及其表面缺欠的修正应符合 GB/T 14977 的规定。钢板如需超声波检测，则应按 GB/T 2970 标准执行，超声波检测的位置、比例及合格标准由供需双方确定。

3.2.4 焊接材料(焊条、焊丝、焊剂、保护气体)应具有出厂质量证书。标号不清或对材质有疑问时应予复验，复验合格方可使用。焊条的化学成分、力学性能和扩散氢含量等各项指标应符合 GB/T 5117、GB/T 5118 或 GB/T 983 等标准的规定；埋弧焊用焊丝和焊剂应符合 GB/T 5293、GB/T 12470 或 GB/T 17854 等标准的规定；气体保护焊用焊丝应符合 GB/T 8110 等标准的规定；气体保护电弧焊用二氧化碳气体应符合 HG/T 2537 优等品的规定；氩气应符合 GB/T 4842 的规定。

3.3 基准点和测量工具

3.3.1 闸门出厂检验、制造验收和安装验收所用的量具和仪器，应经计量检定机构检定合格并在有效期内，主要量具和仪器的精度应达到下述规定：

a) 钢卷尺精度应不低于一级；

b) 经纬仪的精度应不低于 DJ_2 级；

c) 水准仪的精度应不低于 DS_3 级；

d) 全站仪的测角精度应不低于 1″，测距精度应不低于 $1\ \text{mm}+2\times D\times 10^{-6}\ \text{mm}$，$D$ 为测量距离，单位 mm。

3.3.2 对于闸门制造、安装过程中所用的量具和仪器，使用单位应自行定期检定或送计量检定机构检定，并提供修正值，在使用时根据修正值进行数据修正。

3.3.3 用于测量高程和安装轴线的基准点及安装用的控制点均应准确、牢固、明显和便于使用。

3.4 标志、包装及运输

3.4.1 闸门应有标志，标志内容应包括：

——制造厂名；

——产品名称；

——生产许可证标志及编号；

——产品型号或主要技术参数；

——制造日期；

——闸门重心位置及总重量。

3.4.2 闸门门叶应分节编号，加工面应有可靠保护；埋件可成捆包装并用钢架拴紧；附件应成套装箱。

3.4.3 闸门起吊时应防止构件损坏或变形；装车时应摆放平稳、位置适中、加固可靠；超长、超宽件运输应悬挂危险警示牌，注意保护道路、桥梁、通信、电力等设施安全。

4 焊接

4.1 焊接工艺规程及焊接工艺评定

4.1.1 闸门在制造与安装前，施焊单位应根据结构特点及其质量要求制定焊接工艺规程。电弧焊焊接工艺规程的主要内容和具体格式见 GB/T 19867.1。

4.1.2 未经评定过的焊接工艺规程应按 GB/T 19866 的规定进行焊接工艺评定。有关各种焊接工艺评定方法的应用说明参见附录 A。

4.1.3 一、二类焊缝应通过焊接工艺评定试验进行焊接工艺的评定，进行评定试验的方法按照 GB/T 19869.1 的规定进行。

4.1.4 三类焊缝的工艺评定可参照以前的焊接经验来进行工艺评定，但应有文件证实其以前曾焊制了满足要求并相同的接头和材料种类。评定方法按 GB/T 19868.2 的规定进行。

4.1.5 当实际焊接接头的某些条件(如：尺寸、拘束度、热传导效应等)对焊缝性能影响较大，采用标准试件无法有效地验证焊接工艺规程的正确性时，应使用预生产焊接试验进行评定。评定的方法按照 GB/T 19868.4 的规定进行。

4.1.6 焊接工艺评定报告应包括所有变量(主要变量和非主要变量)以及相关标准规定的评定范围。

4.1.7 施焊单位应以工艺评定报告为依据，形成用于生产的焊接工艺规程。

4.2 焊工资格

4.2.1 从事水利水电工程闸门一、二类焊缝焊接的焊工应持有按照 SL 35 考试合格，由水利水电行业主管部门签发的水工金属结构焊工考试合格证书。从事其他行业工程闸门一、二类焊缝焊接的焊工应符合国家或相应行业有关焊工资质的规定。

4.2.2 焊工焊接的钢材种类、焊接材料、焊接方法和焊接位置等均应与焊工本人考试合格的项目相符。

4.3 焊接的基本规定

4.3.1 焊缝按其重要性分为三类，合同文件及图样另有规定者，按合同文件及图样的规定。

a) 一类焊缝：
   1) 闸门主梁、边梁、臂柱的腹板及翼缘板的对接焊缝。
   2) 闸门及拦污栅吊耳板、拉杆的对接焊缝。
   3) 闸门主梁腹板与边梁腹板连接的组合焊缝(对接焊缝与角焊缝)或角焊缝；主梁翼缘板与边梁翼缘板连接的对接焊缝。
   4) 转向吊杆的组合焊缝或角焊缝。
   5) 人字闸门端柱隔板与主梁腹板及端板的组合焊缝。

b) 二类焊缝：
   1) 闸门面板的对接焊缝。
   2) 拦污栅主梁和边梁的腹板及翼缘板的对接焊缝。
   3) 闸门主梁、边梁、支臂的翼缘板与腹板的组合焊缝或角焊缝。
   4) 闸门吊耳板与门叶的组合焊缝或角焊缝。
   5) 主梁、边梁与门叶面板相连接的组合焊缝或角焊缝。
   6) 支臂与连接板的组合焊缝或角焊缝。

c) 三类焊缝：

   不属于一、二类焊缝的其他焊缝都为三类焊缝，设计有特殊要求者按设计要求。

4.3.2 水利水电工程闸门的焊接应符合 SL 36 的有关规定；其他行业工程闸门的焊接应符合国家或相

应行业焊接规程的有关规定。

4.3.3 闸门上的焊缝除图样上有特殊标示外，均为接头全长连续的焊缝。

4.4 焊缝检验

4.4.1 所有焊缝均应进行外观检查，外观质量应符合表1的规定。

表1 焊缝外观质量要求

单位为毫米

序号	项目			允许缺欠尺寸		
				一类焊缝	二类焊缝	三类焊缝
1	裂纹			不允许		
2	焊瘤			不允许		
3	飞溅			清除干净		
4	电弧擦伤			不允许		
5	未焊透			不允许	不加垫板单面焊允许值≤0.5δ且≤1.5，每100 mm焊缝长度内缺欠总长度≤25	≤0.1δ且≤2每100 mm焊缝长度内缺欠总长度≤25
6	表面夹渣			不允许		深≤0.2δ，长≤0.5δ且≤20
7	咬边			深≤0.5	深≤1	深≤1.5
8	表面气孔			不允许	每米范围内允许3个ϕ1.0气孔，且间距≥20 mm	每米范围内允许5个ϕ1.5气孔，且间距≥20 mm
9	焊缝边缘直线度		焊条电弧焊 气体保护焊	在焊缝任意300 mm长度内≤3		
			埋弧焊	在焊缝任意300 mm长度内≤4		
10	对接焊缝	未焊满		不允许		
11		焊缝余高	焊条电弧焊 气体保护焊	平焊0～3， 立焊、横焊、仰焊0～4		
			埋弧焊	0～3		
12		焊缝宽度	焊条电弧焊 气体保护焊	盖过每侧坡口宽度2～4，且平滑过渡		
			埋弧焊	开坡口时盖过每侧坡口宽度2～7，且平滑过渡； 不开坡口时盖过每侧坡口宽度4～14，且平滑过渡		
13	角焊缝	角焊缝厚度不足（按焊缝计算厚度）		不允许	≤0.3+0.05δ且≤1，每100 mm焊缝长度内缺欠总长度≤25	≤0.3+0.05δ且≤2，每100 mm焊缝长度内缺欠总长度≤25
14		焊脚	焊条电弧焊 气体保护焊	K<12:0～3，K≥12:0～4		
			埋弧焊	K<12:0～4，K≥12:0～5		
15		焊脚不对称		差值≤1+0.1K		

注1：δ——板厚，K——焊脚。

注2：在角焊缝检测时，凹形角焊缝以检测角焊缝厚度不足为主，凸形角焊缝以检测角焊缝焊脚为主。

4.4.2 无损检测人员应按照 GB/T 9445 的要求进行培训和资格鉴定合格，取得全国通用资格证书并通过相关行业部门的资格认可。各级无损检测人员应按照 GB/T 5616 的原则和程序开展与其资格证书准许项目相同的检测工作，质量评定和检测报告审核应由 2 级及 2 级以上的无损检测人员担任。

4.4.3 焊缝内部质量检测可选用射线或超声波检测，焊缝表面检测可选用渗透检测或磁粉检测。当无损检测人员应用其中一种检测方法，不能对所发现的缺欠进行定性和定量时，应采用其他无损检测方法进行复查。

4.4.4 同一焊缝部位或同一焊接缺欠，使用两种及两种以上的无损检测方法进行检测时，按各自标准分别评定合格时为合格。

4.4.5 焊缝无损检测长度占全长的百分比应不少于表 2 规定，合同、图样或设计文件另有规定时，按合同、图样和设计文件的规定执行。

表 2 焊缝无损检测比例

钢 种	板厚/mm	射线检测/%		超声波检测/%	
		一类	二类	一类	二类
碳素钢	＜38	15	10	50	30
	≥38	20	10	100	50
低合金钢	＜32	20	10	50	30
	≥32	25	10	100	50

4.4.6 局部无损检测部位应包括全部丁字焊缝及每个焊工所焊焊缝的一部分。

4.4.7 使用新材料、水头大于或等于 80 m 或结构复杂的闸门，宜增加无损检测检查比例，增加的比例按合同文件或图样的规定。

4.4.8 焊缝局部无损检测发现存在裂纹、未熔合或不允许的未焊透等危害性缺欠时，应对该条焊缝进行全部检测。如发现存在其他不符合质量要求的缺欠，应在其延伸方向或可疑部位作补充检测，补充检测的长度应大于等于 200 mm，经补充检测仍发现存在不符合质量要求的缺欠，应对该整条焊缝进行全部检测。

4.4.9 射线检测按 GB/T 3323 进行，射线透照技术等级为 B 级，一类焊缝不低于Ⅱ级合格，二类焊缝不低于Ⅲ级合格。超声波检测按 GB /T 11345 进行，检验等级为 B 级，一类焊缝Ⅰ级为合格，二类焊缝不低于Ⅱ级为合格。焊缝表面无损检测按 JB/T 6061 或 JB/T 6062 进行，验收等级为 2 级。

4.4.10 对有延迟裂纹倾向的钢材，无损检测应在焊接完成 24 h 后进行。

4.4.11 T 形接头的对接和角接的组合焊缝，合同文件和图样上无特殊规定时，一类焊缝的组合焊缝应为完全焊透焊缝，翼板上的焊脚应大于 1/4 腹板板厚，见图 1a)、b)；合同文件和图样未明确规定时，二类焊缝的组合焊缝可为部分焊透焊缝，未焊透深度不应大于腹板板厚的 25%，且不大于 4 mm，双面坡口时其翼板方向焊脚应大于 6 mm，见图 1c)，单面坡口时其翼板方向焊脚应大于 8 mm，见图 1d)。

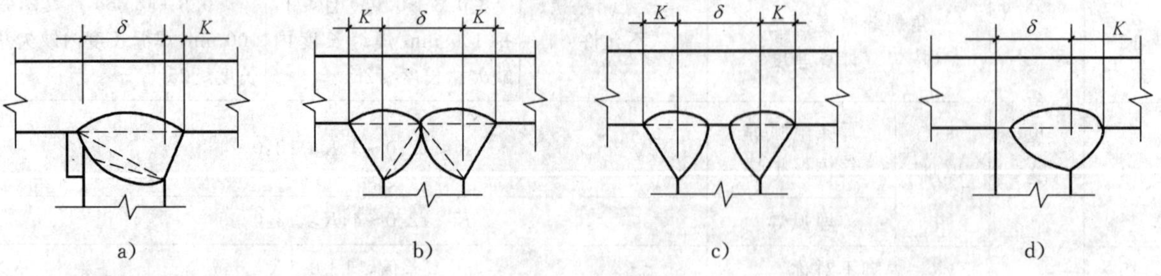

K——焊脚；

δ——板厚。

图 1 组合焊缝的焊脚

4.4.12 翼板厚度大于或等于 36 mm 时，一、二类焊缝中的角焊缝，应进行焊缝表面无损检测，检测比例宜不小于 10%。

4.5 焊缝缺欠返工

焊缝发现有超标缺欠时，应进行返工。返工的要求应符合 SL 36 及国家有关焊接标准的规定。

4.6 焊后消除应力处理

4.6.1 闸门、埋件的合同文件及图样有要求时，应进行消除应力处理。

4.6.2 有稳定结构尺寸要求的部件，宜采取整体消除应力热处理或振动时效处理，不宜采用局部热处理。

4.6.3 消除应力热处理的温度应按合同文件及图样的规定，如无规定时，经淬火＋回火处理的钢，热处理加热温度应低于母材供货状态的回火温度 50 ℃且不大于 590 ℃，其他钢的加热温度为 600 ℃～650 ℃。

4.6.4 消除应力热处理应符合以下要求：

a） 焊件入炉时，炉内温度应低于 300 ℃。

b） 炉温升至 300 ℃后，加热速度不应超过$\left(220\times\frac{25}{\delta_{max}}\right)$℃/h，且小于等于 220 ℃/h。式中 δ_{max} 为最大板厚，单位为毫米(mm)。

c） 炉温达到热处理温度后，应根据板厚进行保温，保温时间不应少于表 3 的规定。对有稳定结构尺寸要求的部件进行消应处理时，保温时间应根据最厚部件的厚度确定。保温期间，各部温差不得超过 50 ℃。

表 3 焊后热处理时的保温时间

板厚 δ/mm	保温时间/h
≤6	0.25
＞6～50	$0.04\times\delta$
＞50	$2+0.25\times\frac{\delta-50}{25}$

4.6.5 在 300 ℃以上进行冷却时，冷却速度不应超过$\left(260\times\frac{25}{\delta_{max}}\right)$℃/h，且小于等于 260 ℃/h。式中 δ_{max} 为最大板厚，单位为毫米(mm)。炉温降至 300 ℃以下后，可在静止的空气中冷却。

4.6.6 有再热裂纹倾向的低合金钢焊接接头和高强钢焊件，不宜采用焊后热处理，宜采用振动时效法进行消除应力处理。

4.6.7 热处理后，应提供热处理曲线及消除应力的效果及硬度测定记录。

4.6.8 振动时效法进行消除应力处理后，应按 JB/T 5926 的规定进行消除应力效果的评价，并提供消除应力的效果报告。

5 螺栓连接

5.1 螺孔制备

5.1.1 螺栓孔应配钻，或用钻模钻孔，螺栓孔应具有 GB/T 1800.2—1998 中 IT14 级精度要求。

5.1.2 为防止构件钻孔时出现位移，应先将最远处孔制作销钉孔，销钉孔数量应不低于全部孔数的 10%，且不少于 2 个。打入销钉后再钻制其他螺孔。销钉直径与孔径应符合 GB/T 1801—1999 中 H7/k6 的配合要求。

5.1.3 构件配钻后，螺栓与螺栓孔的极限偏差应符合表 4 的规定。

表 4 螺栓与螺栓孔的极限偏差

单位为毫米

序号	名称		公称直径及极限偏差						
1	螺栓	公称直径	12	16	20	(22)	24	(27)	30
		极限偏差	±0.43		±0.52			±0.84	
2	螺栓孔	直径	13.5	17.5	22	(24)	26	(30)	33
		极限偏差	$^{+0.43}_{0}$		$^{+0.52}_{0}$			$^{+0.84}_{0}$	
3	中心线倾斜度		应不大于板厚的 3%，且单层板不得大于 2.0，多层板叠组合不得大于 3.0						

5.1.4 使用高强度螺栓连接的构件表面，应保证抗滑移系数值达到有关标准要求。闸门制作和安装单位应按附录 B 的规定分别进行高强度螺栓连接摩擦面的抗滑移系数试验和复验。抗滑移系数试验用的试件应由制造厂加工，试件与所代表的钢结构构件应为同一材质、同批制作、采用同一摩擦面处理工艺和具有相同的表面状态，并应用同批同一性能等级的高强度螺栓连接副，在同一环境条件下存放。现场处理的构件摩擦面应单独进行摩擦面抗滑移系数试验，其结果应符合设计要求。

5.2 螺栓制备

5.2.1 普通螺栓与高强度螺栓，根据连接件工作特性、布置条件，按不同强度等级选用，并应符合表 5 的规定，其螺母及垫圈按相应的强度级别组合选用。普通螺栓、螺母应符合 GB/T 3098.1、GB/T 3098.2 的要求，不锈钢螺栓、螺母应符合 GB/T 3098.6、GB/T 3098.15 的要求。螺栓、螺母和垫圈都应妥善保管，防止锈蚀和丝扣损伤。

表 5 螺栓的选用

螺栓的强度级别			螺母的强度级别			螺栓与螺母按强度级别组合	
级别	MPa	推荐材料牌号	级别	MPa	推荐材料牌号	螺母	螺栓
4.6	400	15、Q235	4	400	10、Q215	4	4.6、4.8
4.8		10、Q215	4				
5.6	500	25、35	5	500	10、Q215	5	5.6、5.8
5.8		15、Q235	5				
6.8	600	35	6	600	15、Q235	6	6.8
*8.8	800	35、45、40B	8	800	35	8H	8.8S
*10.9	1 000	20MnTiB、35VB	10	1 000	35、45、15MnVB	10H	10.9S
注："*"为高强度螺栓。							

5.2.2 高强度大六角螺栓应符合 GB/T 1231 的规定，高强度连接副应注明规格，分箱保管，使用前严禁任意开箱。

5.2.3 高强度大六角螺栓连接副在施工前按出厂批号复验扭矩系数，试验方法与结果应符合 GB/T 1231 的规定。

5.3 螺栓紧固

5.3.1 钢结构连接用的普通螺栓的最终合适紧度宜为螺栓拧断力矩的 50%～60%，并应使所有螺栓拧紧力矩保持均匀。

5.3.2 高强度螺栓连接副的施拧顺序和初拧复拧扭矩应符合设计要求和 JGJ 82 的规定。

5.3.3 初拧力矩宜为终拧施工力矩值的 50%，终拧到规定力矩。拧紧螺栓应从中部开始对称向两端进行。

5.3.4 不同等级的高强度螺栓规定的施工预紧力、施工扭矩及检查扭矩的计算公式可参照第 B.2 章。

5.3.5 检验所用的扭矩扳手应在使用前进行标定，其扭矩精度误差应不大于3%，并在使用过程中定期复验。

5.3.6 经检验合格的高强度连接副，应按设计要求涂漆防锈，并在连接处缝隙及时用腻子封闭。

6 防腐蚀

6.1 防腐蚀的基本规定

6.1.1 防腐蚀操作工应具有行业主管部门颁发的防腐蚀操作工资质证书并在有效期内，所从事的工作应与本人考试合格的项目相符。

6.1.2 防腐蚀施工的质检人员应具有行业主管部门颁发的防腐蚀质检人员资质证书并在有效期内。

6.1.3 防腐蚀施工前，施工单位应编写防腐蚀工艺规程。

6.1.4 防腐蚀材料应具有出厂质量证明。标号不清或对材质有疑问时应予复验，复验符合有关标准后方可使用。

6.2 表面预处理

6.2.1 表面预处理应符合SL 105或国家有关标准的规定。

6.2.2 闸门表面预处理后，基体金属表面清洁度不应低于GB/T 8923—1988中规定的Sa2 $\frac{1}{2}$级，表面粗糙度值及质量评定应符合SL 105或国家有关标准的规定。

6.2.3 闸门埋件露出混凝土的钢表面预处理要求同闸门表面，埋入混凝土部分表面处理清洁度不应低于GB/T 8923—1988中规定的Sa1级。

6.3 表面防护

6.3.1 表面涂料保护、金属热喷涂保护及牺牲阳极保护应符合SL 105或国家有关标准的规定。

6.3.2 设计图样和有关技术文件无特殊要求时，闸门埋件露出混凝土的钢表面防护要求同闸门表面。埋入混凝土部分防护要求应符合SL 105或国家有关标准的规定。

6.4 表面防腐蚀的检测

6.4.1 在防腐蚀施工过程中，应对每道工序进行检测并做好检测记录，在前道工序合格后方可进行下道工序。

6.4.2 表面预处理及表面防护的质量检测应按SL 105或国家有关标准的规定。

7 闸门制造

7.1 零件和单个构件制造

7.1.1 制定零件和单个构件的制造工艺时，应预留焊接收缩量、机械加工部位的切削余量。

7.1.2 用钢板或型钢下料而成的零件，其未注公差尺寸的应符合表6规定。

表6 零件的极限偏差

单位为毫米

基本尺寸	极限偏差		基本尺寸	极限偏差	
	切割	刨(铣)边缘		切割	刨(铣)边缘
≤1 000	±2	±0.5	>2 000～3 150	±2.5	±1.5
>1 000～2 000	±2.5	±1	>3 150	±3	±2

7.1.3 切割钢板或型钢，其切断口表面形位公差及表面粗糙度要求：

a) 钢板或型钢切断面为待焊边缘时，切断面应无对焊缝质量有不利影响的缺欠；断面粗糙度Ra≤50 μm；长度方向的直线度公差应不大于边棱长度的0.5/1 000，且不大于1.5 mm；厚度方向的垂直度公差：当板厚δ≤24 mm时，不大于0.5 mm；δ>24 mm时，不大于1 mm。若局部存在少量较深的割痕时，可采用电焊方法进行焊补，但焊补应遵守本标准有关焊接的规定，焊补后应磨平。

b) 钢板或型钢切断面为非焊接边缘时，切断面应光滑、整齐、无毛刺；长度方向的直线度公差应不大于表6中尺寸公差的一半；厚度方向的垂直度公差应不大于厚度的1/10，且不大于2 mm。

7.1.4 焊缝坡口的基本形式和尺寸应符合GB/T 985和GB/T 986的有关规定。

7.1.5 钢板零件的边棱之间平行度和垂直度公差为表6相应尺寸公差的一半。

7.1.6 零件经矫正后，钢板的平面度、型钢的直线度、角钢肢的垂直度、工字钢和槽钢翼缘的垂直度和扭曲应符合表7的规定。

表7 零件形位公差

单位为毫米

序号	名称	简图	公差		
1	钢板、扁钢的局部平面度 t	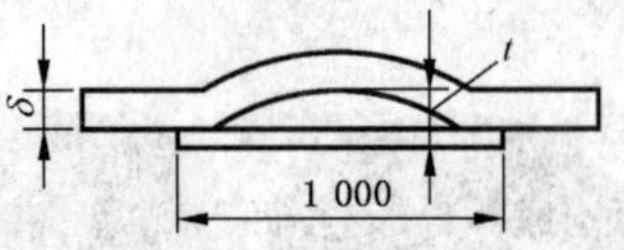	在1m范围内 $\delta \geqslant 4$：$t \leqslant 2$ $\delta > 4 \sim 12$：$t \leqslant 1.5$ $\delta > 12$：$t \leqslant 1$		
2	角钢、工字钢、槽钢的直线度	—	长度的1/1 000但不大于5		
3	角钢肢的垂直度 Δ	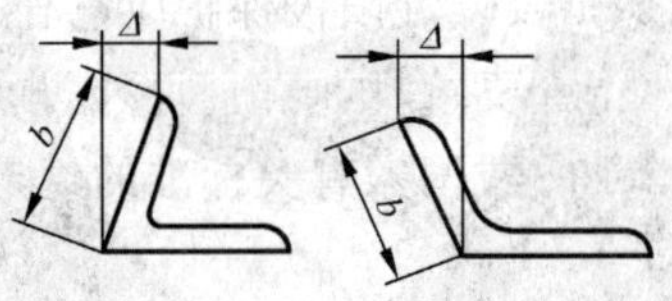	$\Delta \leqslant b/100$		
4	工字钢、槽钢翼缘的垂直度 Δ	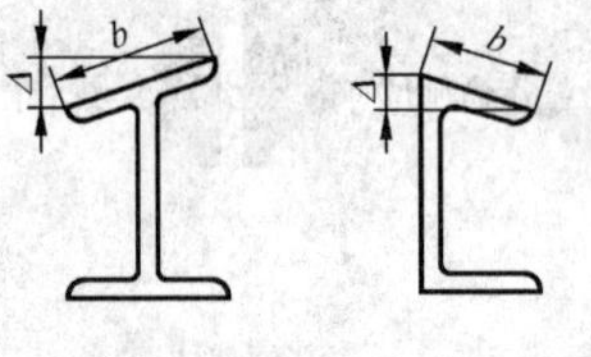	$\Delta < b/30$ 且 $\Delta \leqslant 2$		
5	角钢、工字钢、槽钢扭曲 e	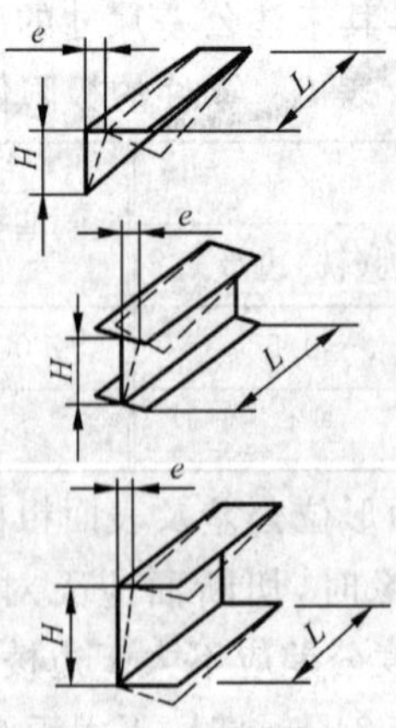	型钢长度 L	型钢高度 H	
				≤100	>100
			≤2 000	$e \leqslant 1$	$e \leqslant 1.5$
			>2 000	$e=\frac{0.5}{1\,000}L$	$e=\frac{0.75}{1\,000}L$
				$e \leqslant 2$	

7.1.7 单个构件的尺寸极限偏差和形位公差应符合表 8 的规定。

表 8 构件尺寸极限偏差和形位公差

单位为毫米

序号	名称	简图	极限偏差或公差
1	构件宽度 b	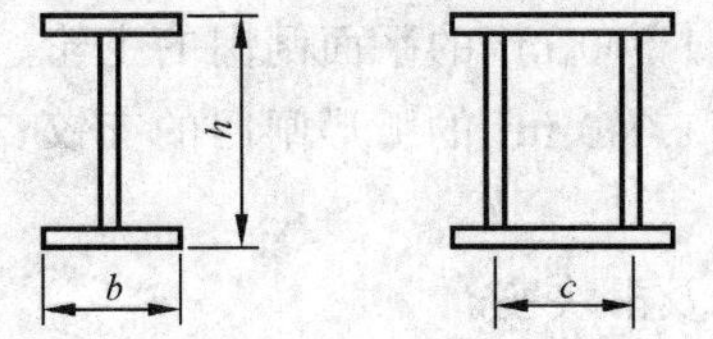	±2
2	构件高度 h		
3	腹板间距 c		
4	翼缘板对腹板的垂直度 a	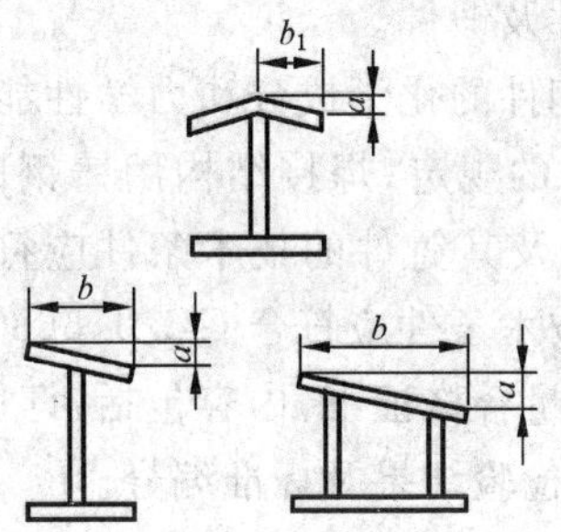	$a \leqslant b_1/150$，且不大于 2
			$a \leqslant 0.003b$，且不大于 2
5	腹板对翼缘板的中心位置的偏移 e	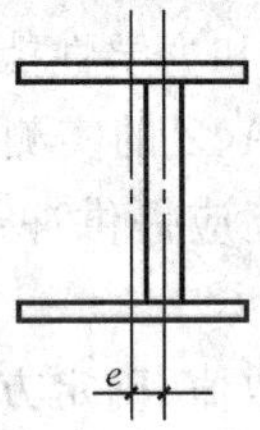	不大于 2
6	腹板的局部平面度 Δ	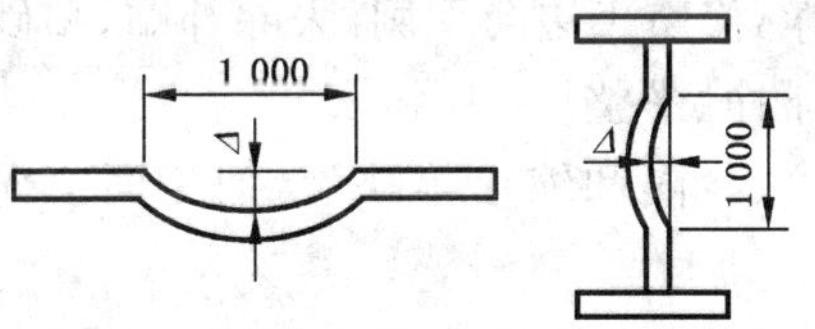	每米范围内不大于 2
7	扭曲	—	长度不大于 3 m 的构件，应不大于 1，每增加 1 m，递增 0.5，且最大不大于 2
8	正面(受力面)弯曲度	—	构件长度的 1/1 500，且不大于 4
9	侧面弯曲度	—	构件长度的 1/1 000，且不大于 6

7.1.8 零件和单个构件变形，可以采用机械方法或局部火焰加热方法矫正。若采用局部火焰加热矫正，应控制加热区的温度不超过 650 ℃(呈暗红色)。

7.2 铸钢件和锻件

7.2.1 铸钢件和锻件根据零件的受力情况、重要性程度及工作条件分为 4 类，合同文件及图样另有规定者，按合同文件及图样的规定。

a) 一类铸钢件和锻件：

——门叶面积×水头＞1 000 m^3 的平面闸门的主轮、主轮轴、吊耳轴、节间连接轴、铸锻件主轨；

——门叶面积×水头>1 000 m^3 的弧形闸门的支铰、支铰轴；

——人字闸门的顶、底枢零件及支枕垫块。

b) 二类铸钢件和锻件：

——门叶面积×水头≤1 000 m^3 的平面闸门的主轮、主轮轴、节间连接轴、铸锻件主轨；

——门叶面积×水头≤1 000 m^3 的弧形闸门的支铰、支铰轴。

c) 三类铸钢件和锻件：

平面滑动闸门的主滑块及滑块座。

d) 四类铸钢件和锻件：

除以上 3 类之外的铸钢件及锻件。

7.2.2 除本标准另有规定外，铸钢件的化学成分和力学性能等技术要求、试验方法和检验规则应分别符合 GB/T 11352 或 GB/T 14408 的规定；焊接结构用铸钢的牌号及其铸件的技术条件应符合 GB/T 7659 的规定；承受压力铸钢的牌号及其铸件的技术条件应符合 GB/T 16253 的规定；承受冲击负荷下耐磨损高锰钢的牌号及其铸件的技术条件应符合 GB/T 5680 的规定。

7.2.3 铸钢件应按批提供出厂质量合格证书，内容包括：订货合同号、铸件名称及设计图号、铸钢牌号、熔炼炉号、批号、热处理类型、各项检验结果及标准编号。

a) 凡同一牌号、同一炉次浇注及同炉热处理者为一批。

b) 质量合格证书中应包括化学成分和力学性能试验的实测数据。

c) 力学性能应提供 R_m、R_{eL}($R_{p0.2}$)、A、Z 的实测数据。设计有要求时提供硬度的实测数据。对于低温、冲击工作条件下的铸钢件还应提供冲击功(夏比 V 型缺口试验 Akv)的数据，冲击试验的试验温度应按设计规定。

7.2.4 铸钢件的尺寸和机械加工余量的数值、确定方法及检验评定规则应符合 GB/T 6414 的规定。

7.2.5 铸钢件的表面质量：

a) 铸钢件表面应清理干净，修整飞边与毛刺，去除补贴、粘砂、氧化铁皮及内腔残余物。

b) 浇冒口的残根应清除干净、平整。

c) 铸钢件表面不应有裂纹、冷隔和缩松等缺欠，加工面上允许存在机械加工余量范围内的表面缺欠。

7.2.6 一、二类铸钢件应按 GB/T 7233 进行超声波检测，一类铸钢件的主要受力部位质量等级应符合 2 级标准，其余部位质量等级应符合 3 级标准；二类铸钢件的主要受力部位应符合 3 级标准，其余部位质量等级应符合 4 级标准。一、二类铸钢件应作 100%外观目视检查，其主要受力部位的加工面应按 GB/T 9443 或 GB/T 9444 进行表面无损检测，一类铸钢件检查比例不低于 50%，二类铸钢件检查比例不低于 20%，不得有裂纹。同一批的主轨可对该批 30%的主轨进行抽查，其他部位对有疑问处应进行检查。当检查发现有裂纹缺欠时，应进行 100%检查。

7.2.7 铸钢件有超标缺欠时，可用焊接方法进行修补，合同或图样另有规定时按其规定执行。

7.2.8 铸钢件焊补前应将缺欠全部清除干净，露出致密金属表面，坡口面应修整圆滑，不得有尖角存在；对于裂纹类缺欠，在清除裂纹前为防止裂纹扩展，应开止裂孔，并采用磁粉检测或渗透检测方法对焊补区坡口进行检验，以证实缺欠被全部清除。

7.2.9 铸钢件焊补前应进行预热，焊补后应进行消除应力热处理。

7.2.10 焊补应遵照本标准有关焊接的规定。

7.2.11 当焊补坡口深度超过壁厚的 20%或 25 mm 或坡口面积大于 65 cm^2 时，被认为是重大焊补。重大焊补应征得设计同意和监理批准；重大焊补应有焊补技术记录，及时、正确、真实地记录焊补过程的实际情况。

7.2.12 铸钢件在最终性能热处理之后不得再进行焊补。

7.2.13 锻件用的钢棒、钢锭或钢坯应是镇静钢，其制造和验收技术要求应符合 JB/T 6397 或 JB/T 6396 的要求。要求保证淬透性的锻件的牌号、技术要求、试验方法及检验规则应符合 GB/T 5216 的要求。

7.2.14 锻件用钢应具有出厂合格证书，合格证书应包括化学成分及力学性能试验的实测数据。每批锻件应由同一图样锻成，也可由不同图样锻造但形状和尺寸相近的锻件组批。各类锻件的试验要求见表 9。

表 9 锻件的检验项目

锻件级别	试验项目及检验数量				组批条件
	化学成分	硬度	拉伸（R_m、R_{eL} 或 $R_{p0.2}$、A、Z）	冲击(AKV)	
一	每一炉号	100 %	100 %	100 %	逐件检验
二	每一炉号	100 %	每批抽 2 %，但不少于 2 件	每批抽 2 %，但不少于 2 件	同钢号，同热处理炉次
三	每一炉号	100 %	—	—	同钢号，同热处理炉次
四	每一炉号	每批抽 2 %，但不少于 2 件	—	—	同钢号、同热处理炉次

注 1：按百分比计算检验数量后，不足 1 件的余数应算为 1 件。

注 2：一、二类锻件的硬度值不作为验收的依据。

7.2.15 锻件表面不应有裂纹、缩孔、折叠、夹层及锻伤等缺欠。需机械加工的表面若有缺欠，其深度不应超过单边机械加工余量的 50%。

一、二类锻件应按照 GB/T 6402 进行超声波检测，一类锻件的质量等级应符合 2 级标准，二类锻件的质量等级应符合 3 级标准。一类锻件应按 JB/T 4730.4 或 JB/T 4730.5 进行表面无损检测检查，主要受力部位检查比例不低于 50%，其他部位对有疑问处进行检查。不允许任何裂纹和白点，紧固件和轴类零件不允许任何横向缺陷显示，其他部件和材料Ⅲ级合格。当检查发现有超标缺欠时，应进行 100%检查。

7.2.16 有白点的缺欠应予报废，且与该锻件同一熔炉号、同炉热处理的锻件均应逐个进行检查。

7.2.17 焊补应遵照本标准有关焊接的规定。

7.3 埋件制造

7.3.1 除本标准另有规定者外，预埋在各类闸室中的钢结构件，包括底槛、主轨、副轨、反轨、止水座板、门楣、侧轮导板、侧轨、铰座钢梁和具有止水要求的胸墙及钢衬护制造的允许公差应符合表 10 的规定。

表 10 具有止水要求的埋件公差

单位为毫米

序号	项 目	公 差	
		构件表面未经加工	构件表面经过加工
1	工作面直线度	构件长度的 1/1 500 且不大于 3	构件长度的 1/2 000 且不大于 1
2	侧面直线度	构件长度的 1/1 000 且不大于 4	构件长度的 1/1 000 且不大于 2
3	工作面局部平面度	每米范围内不大于 1，且不超过 2 处	每米范围内不大于 0.5，且不超过 2 处
4	扭曲	长度不大于 3 m 的构件，不应大于 1；每增加 1 m，递增 0.5，且最大不大于 2	—

注 1：工作面直线度，沿工作面正向对应支承梁腹板中心测量。

注 2：侧面直线度，沿工作面侧向对应隔板或筋板处测量。

注 3：扭曲系指构件两对角线中间交叉点处不吻合值。

7.3.2 没有止水要求的胸墙和钢衬护制造的允许公差应符合表11的规定。

表11 没有止水要求的埋件公差

单位为毫米

序号	项目	公差
1	工作面直线度	构件长度的1/1 500且不大于3
2	侧面直线度	构件长度的1/1 500且不大于4
3	工作面局部平面度	每米范围内不大于3
4	扭曲	长度不大于3 m,不应大于2,每增加1 m,递增0.5,且不大于3
注1:工作面直线度,沿工作面正向对应支承梁腹板中心测量。 注2:侧面直线度,沿工作面侧向对应隔板或筋板处测量。 注3:扭曲系指构件两对角线中间交叉点处不吻合值。		

7.3.3 平面链轮闸门主轨承压凹槽及承压板加工按GB/T 1800.2—1998应不低于IT8级精度要求,凹槽底面的直线度应符合表12的规定。

当设计要求对主轨承压板进行表面热处理时,热处理工艺应保证表面硬度及硬度分布满足要求。

承压板装配在主轨上之后,接头的错位应不大于0.1 mm,主轨承压面的直线度允许公差应符合表12的规定。

表12 平面链轮闸门主轨凹槽和承压面公差

单位为毫米

主轨长度	公差	
	主轨凹槽底面	主轨承压面
≤1 000	0.15	0.20
>1 000~2 500	0.20	0.30
>2 500~4 000	0.25	0.40
>4 000~6 300	0.30	0.50
>6 300~10 000	0.40	0.60

7.3.4 采用充压式、压紧式水封的弧形闸门,埋件的止水座基面的曲率半径极限偏差为±2 mm,其偏差方向应与门叶面板外弧的曲率偏差方向一致;其他型式弧形闸门侧止水座板和侧轮导板的中心线曲率半径极限偏差为±3 mm。

7.3.5 底槛和门楣的长度极限偏差为−4 mm~0 mm,如底槛不是嵌于其他构件之间,则极限偏差为±4mm,胸墙的宽度极限偏差为−4 mm~0 mm,对角线相对差应不大于4 mm。

7.3.6 焊接主轨的不锈方钢、止水板与主轨面板组装时应压合,局部间隙应不大于0.5 mm,且每段长度不超过100 mm,累计长度不超过全长的15%。

7.3.7 铸钢主轨支承面(踏面)宽度尺寸极限偏差为±3 mm。

7.3.8 当止水板在主轨上时,任一横断面的止水面与主轨轨面的距离 c 的极限偏差为±0.5 mm,止水板中心至轨面中心的距离 a 的极限偏差为±2 mm,止水板与主轨轨面的相互关系见图2。

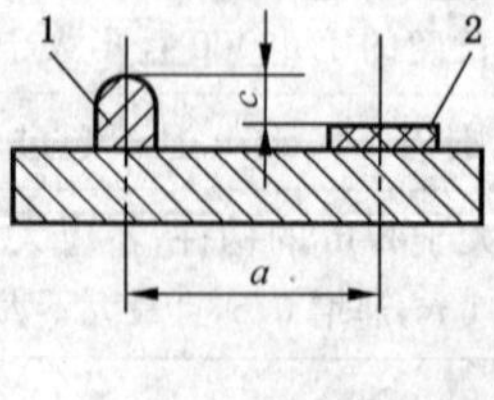

1——主轨;

2——止水板。

图2 止水板与主轨轨面的相互关系

7.3.9　当止水板在反轨上时，任一横断面的止水板与反轨工作面的距离 c 的极限偏差为±2 mm，止水板中心至反轨工作面中心的距离 a 的极限偏差为±3 mm，止水板与反轨工作面的相互关系见图 3。

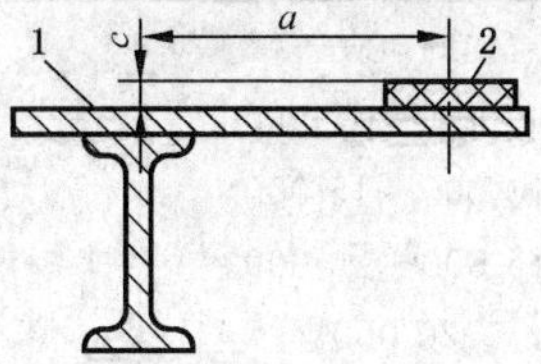

1——反轨工作面；

2——止水板。

图 3　止水板与反轨工作面的相互关系

7.3.10　护角如兼作侧轨，其与主轨面(或反轨工作面)中心距离 a 的极限偏差为±3 mm，其与主轨面(或反轨工作面)的垂直度公差应不大于 1 mm(见图 4)。

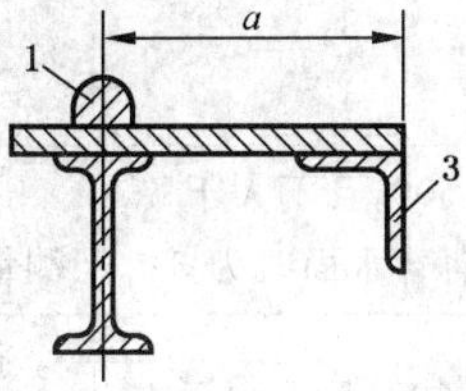

a)

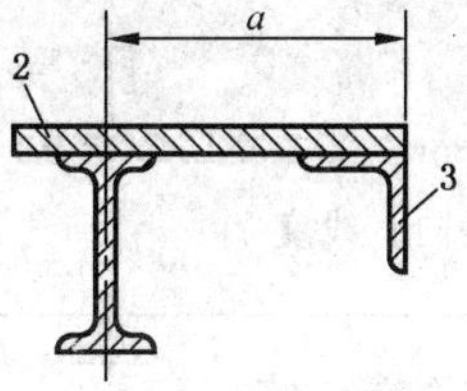

b)

1——主轨；

2——反轨；

3——护角。

图 4　护角与主轨(反轨)的相互关系

7.3.11　支铰的铰链和铰座平面的平面度公差、铰链轴孔和铰座轴孔的同轴度公差应符合 GB/T 1184—1999 中 B 级精度要求，其表面粗糙度 $R_a \leqslant 25\ \mu m$；铰链与支臂的连接螺孔宜采用模板套钻。

7.3.12　分节制造的埋件，应在制造厂进行预组装，组装可以立拼，也可以卧拼，但不应以外力强制组装。

7.3.13　组装时，相邻构件组合处的错位允差为：

a)　经过机加工的工作面应不大于 0.5 mm。

b)　未经机加工的应不大于 2 mm。

c)　链轮门主轨承压面应不大于 0.1 mm。

7.3.14　预组装检验合格后，应在埋件的工作面和止水面显著标记中心线，应在节间组合面两侧 150 mm处标定检查线，必要时应设置定位装置，并按本标准有关规定进行编号和包装。

7.4　平面闸门门体制造

7.4.1　除本标准另有规定者外，平面闸门门叶制造、组装的公差或极限偏差应符合表 13 的规定。

表 13　平面闸门门叶的公差或极限偏差　　单位为毫米

序号	项　　目	门叶尺寸	公差或极限偏差	备　　注
1	门叶厚度 b	≤1 000 >1 000～3 000 >3 000	±3 ±4 ±5	
2	门叶外形高度 H 门叶外形宽度 B	≤5 000 >5 000～10 000 >10 000～15 000 >15 000～20 000 >20 000	±5 ±8 ±10 ±12 ±15	

表 13（续）

单位为毫米

序号	项　　目	门叶尺寸	公差或极限偏差	备　　注
3	门叶宽度 B 和高度 H 的对应边之差	≤5 000 >5 000～10 000 >10 000～15 000 >15 000～20 000 >20 000	5 8 10 12 15	
4	对角线相对差 $\|D_1\text{-}D_2\|$	≤5 000 >5000～10 000 >10 000～15 000 >15 000～20 000 >20 000	3 4 5 6 7	门叶尺寸取门高或门宽中尺寸较大者
5	扭曲	≤10 000 >10 000	3 4	
6	门叶横向直线度 f_1		B/1 500，且不大于 6（凸向背水面时为 3）	通过各横梁中心线测量
7	门叶竖向直线度 f_2		H/1 500，且不大于 4	通过两边梁中心线测量
8	两边梁中心距	≤10 000 >10 000～15 000 >15 000～20 000 >20 000	±3 ±4 ±5 ±6	
9	两边梁平行度 $\|L'-L\|$	≤10 000 >10 000～15 000 >15 000～20 000 >20 000	3 4 5 6	
10	纵向隔板错位		3	
11	面板与梁组合面的局部间隙		1	
12	面板局部平面度	面板厚度 δ： ≤10 >10～16 >16	每米范围内不大于： 5 4 3	
13	门叶底缘直线度		2	
14	门叶底缘倾斜值 $2C$		3	
15	两边梁底缘平面（或承压板）平面度		2	
16	止水座面平面度		2	
17	节间止水板平面度		2	
18	止水座板至支承座面的距离		±1	
19	侧止水螺孔中心至门叶中心距离		±1.5	

表 13（续）　　单位为毫米

序号	项　　目	门叶尺寸	公差或极限偏差	备　　注
20	顶止水螺孔中心至门叶底缘距离		±3	
21	底水封座板高度		±2	
22	自动挂钩定位孔（或销）至门叶中心距离		±2	
简图				

7.4.2　滚轮和轴套应按图样要求的配合公差加工。在图样未明确规定时，轴套内孔直径偏差应符合 GB/T 1801—1999 规定的 H8 级精度要求，其圆柱度公差为尺寸公差的 1/2，滚轮踏面圆跳动宜不低于 GB/T 1184—1999 中 9 级精度要求。滚轮组装好后，应转动灵活，无卡滞现象。

7.4.3　滑道支承常用材料——填充四氟乙烯板材、钢基铜塑复合材料、自润滑铜合金、工程塑料合金的物理力学性能与技术要求参见附录 C。

7.4.4　滑道支承夹槽底面与门叶表面的间隙应符合表 14 的规定。

表 14　滑道支承夹槽底面与门叶表面的间隙　　单位为毫米

序号	间隙性质	极限偏差	
		接触表面未经加工	接触表面经过加工
1	贯穿间隙 	Δ应不大于 1，每段长度不超过 200，累计长度不大于滑道全长的 20%	Δ应不大于 0.3，每段长度不超过 100，累计长度不大于滑道全长的 15%
2	局部间隙 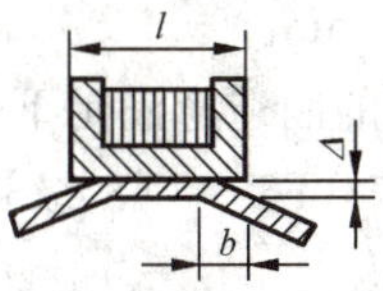	$\Delta \leqslant 0.5$，$b \leqslant l/10$，累计长度不大于滑道全长的 50%	$\Delta \leqslant 0.3$，$b \leqslant l/10$，累计长度不大于滑道全长的 25%

7.4.5 平面闸门的滚轮或滑道支承组装时，应以止水座面为基准面进行调整。组装的公差或极限偏差应符合表15的规定。

表15 滚轮或滑道支承组装的公差或极限偏差

单位为毫米

<table>
<tr><th>序号</th><th>项目</th><th>特征尺寸</th><th colspan="2">公差或极限偏差</th><th>备注</th></tr>
<tr><td rowspan="2">1</td><td rowspan="2">滚轮或滑道支承所组平面的平面度</td><td>跨度≤10 000</td><td colspan="2">≤2</td><td rowspan="2">测量时应在每段滑道两端各测一点</td></tr>
<tr><td>跨度＞10 000</td><td colspan="2">≤3</td></tr>
<tr><td rowspan="2">2</td><td rowspan="2">滑道支承与止水座基准面平行度</td><td>滑道长度≤500</td><td colspan="2">≤0.5</td><td></td></tr>
<tr><td>滑道长度＞500</td><td colspan="2">≤1</td><td></td></tr>
<tr><td>3</td><td>相邻滑道衔接端的高低差</td><td></td><td colspan="2">≤1</td><td></td></tr>
<tr><td>4</td><td>滚轮或支承滑道的工作面与止水座面的距离极限偏差</td><td></td><td colspan="2">±1.5</td><td rowspan="2">同一横断面上</td></tr>
<tr><td>5</td><td>反向支承滑块或滚轮的工作面与止水座面的距离极限偏差</td><td></td><td colspan="2">±2</td></tr>
<tr><td>6</td><td>滚轮对任何平面的倾斜度</td><td></td><td colspan="2">2/1 000</td><td></td></tr>
<tr><td>7</td><td>同侧滚轮或滑道的中心线与闸门中心线的极限偏差</td><td></td><td colspan="2">±2</td><td></td></tr>
<tr><td rowspan="2">8</td><td rowspan="2">滚轮或滑道支承跨度的极限偏差</td><td>跨　度</td><td>滚轮</td><td>滑道</td><td rowspan="2"></td></tr>
<tr><td>≤5 000
＞5 000～10 000
＞10 000</td><td>±2
±3
±4</td><td>±2
±2
±2</td></tr>
<tr><td>9</td><td>平面链轮闸门承载走道跨度极限偏差</td><td>跨　距
≤5 000
＞5 000～10 000
＞10 000</td><td colspan="2">±1
±2
±3</td><td></td></tr>
</table>

7.4.6 闸门吊耳距门叶中心线极限偏差为±1.5 mm。闸门吊耳孔在闸门高度、厚度方向中心线与图样给定基准面的极限偏差为±2 mm，且相对差不大于2 mm。

7.4.7 吊耳、吊杆的轴孔倾斜度应不大于1/1 000。

7.4.8 平面闸门出厂前应进行整体预组装(包括主支承装置、反向支承装置、侧向支承装置及充水装置)，预组装应在自由状态下进行。如节间焊接连接的，则节间允许用连接板连接，但不得强制组合。

7.4.9 平面链轮闸门门叶焊接完成之后，为了保证门叶整体形状和几何尺寸的稳定，宜进行消除应力处理。

当设计图样要求对门叶进行机加工时，应满足下列要求：

a) 相应平面之间距离极限偏差为±0.5 mm。

b) 门叶两侧与承载走道相接触的表面平面度应不大于0.3 mm。

c) 平行平面的平行度应不大于0.3 mm。

d) 各机械加工面的表面粗糙度 R_a≤25 μm。

e) 加工后的梁系翼缘板厚应符合设计要求，局部极限偏差−2 mm。

7.4.10 平面链轮闸门的主要零部件(滚轮、承载走道、非承载走道)的制造应满足下列要求：

a) 主要零部件尺寸公差可参照GB/T 1800.2—1998中按IT6～IT8级选用，表面粗糙度 R_a≤3.2 μm。

b) 当设计要求对承载走道进行表面热处理时，热处理工艺应保证表面硬度和硬度分布满足要求。

7.4.11 平面链轮闸门链条组装好后，应活动灵活、无卡滞现象。门叶水平放置时，每个链轮与承载走道面应接触良好，接触长度不应小于链轮长度的80%，局部间隙应小于0.1 mm。门叶处在工作位置时，应检查链轮与下部端走道之间的距离（下驰度）并满足设计的要求。

7.4.12 平面链轮闸门反轮、侧轮及止水橡皮的组装应以承载走道上的链轮所确定的平面和中心为基准进行调整与检查。

7.4.13 预组装后，平面闸门组合处的错位应不大于2 mm，但平面链轮闸门组合处的错位应不大于1 mm。

7.4.14 检查合格后，应明显标记门叶中心线、边柱中心线及对角线测控点，在组合处两侧150 mm作供安装控制的检查线，设置可靠的定位装置并进行编号和标志。

7.5 弧形闸门门体制造

7.5.1 除本标准另有规定者外，弧形闸门门叶制造、组装的允许公差与极限偏差应符合表16的规定。

表16 弧形闸门门叶的公差或极限偏差

单位为毫米

序号	项目	门叶尺寸	公差或极限偏差		备注
			潜孔式	露顶式	
1	门叶厚度 b	≤1 000 >1 000～3 000 >3 000	±3 ±4 ±5	±3 ±4 ±5	
2	门叶外形高度 H 和外形宽度 B	≤5 000 >5 000～10 000 >10 000～15 000 >15 000	±5 ±8 ±10 ±12	±5 ±8 ±10 ±12	
3	对角线相差 $\lvert D_1-D_2\rvert$	≤5 000 >5 000～10 000 >10 000	3 4 5	3 4 5	在主梁与支臂组合处测量
4	扭曲	≤5 000 >5 000～10 000 >10 000	2 3 4	2 3 4	在主梁与支臂组合处测量
		≤5 000 >5 000～10 000 >10 000	3 4 5	3 4 5	在门叶四角测量
5	门叶横向直线度	≤5 000 >5 000～10 000 >10 000	3 4 5	6 7 8	通过各主、次横梁或横向隔板的中心线测量
6	门叶纵向弧度与样板的间隙		3	6	通过各主、次纵梁或纵向隔板的中心线，用弦长3 m的样板测量
7	两主梁中心距		±3	±3	
8	两主梁平行度 $\lvert L'-L\rvert$		3	3	

表 16（续）

单位为毫米

序号	项　　目	门叶尺寸	公差或极限偏差		备　注
			潜孔式	露顶式	
9	纵向隔板错位		2	2	
10	面板与梁组合面的局部间隙		1	1	
11	面板与样尺的间隙	板厚 δ： >6～10 >10～16 >16	每米范围不大于 5 4 3	 6 5 4	
12	门叶底缘直线度		2	2	
13	门叶底缘倾斜值 2C		3	3	
14	侧止水座面平面度		2	2	
15	顶止水座面平面度		2		
16	侧止水座面至门叶中心距离		±1.5	±1.5	
17	侧止水螺孔中心至门叶中心距离		±1.5	±1.5	
18	顶止水螺孔中心至门叶底缘距离		±3		
简图	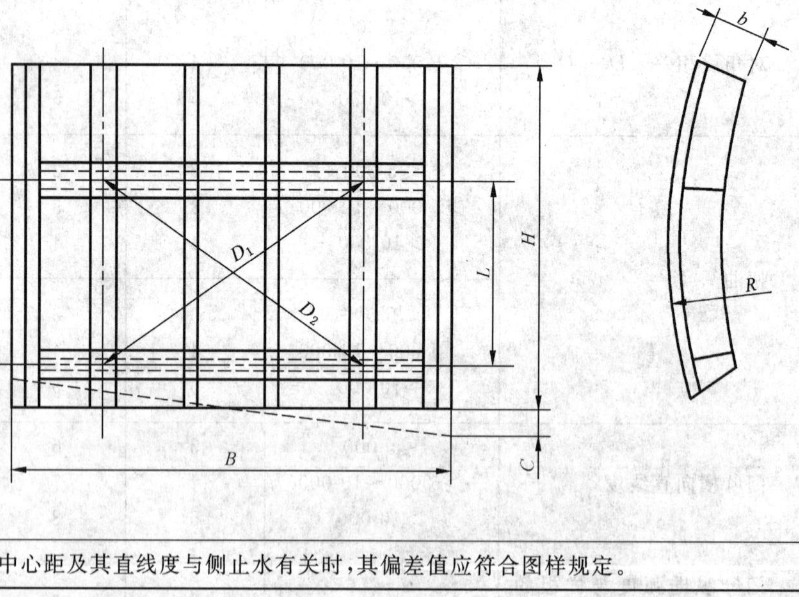				
注：当门叶宽度、两边梁中心距及其直线度与侧止水有关时，其偏差值应符合图样规定。					

7.5.2　采用充压式、压紧式水封弧形闸门门叶面板加工后的外弧的曲率半径极限偏差为±2 mm，其偏差方向应与埋件的止水座基面的曲率半径偏差方向一致；门叶面板加工后的板厚应不小于图样尺寸，其表面粗糙度 $R_a \leqslant 25\ \mu m$，形状公差应符合表 17 的规定。

表 17 形状公差

单位为毫米

序号	项　　目	特征尺寸	公差
1	门叶横向直线度	≤1 000	0.5
		>1 000～1 600	0.8
		>1600～2 500	1
		>2 500～4 000	1.2
		>4 000～6 300	1.5
		>6 300～10 000	2
2	各组合面的平面度	≤630	0.25
		>630～1 000	0.3
		>1 000～1 600	0.4
		>1 600～2 500	0.5

7.5.3　弧形闸门吊耳的位置及吊耳孔中心线的极限偏差应符合 7.4.6 的规定。

7.5.4　支臂(见图 5)制造与组装的极限偏差应符合下列规定：

1——臂柱；

2——连接板。

图 5　支臂示意图

a)　臂柱下料时，应留出焊接收缩和调整的余量，在弧形闸门整体组装时再修正，以使其长度最后能满足铰链轴孔中心至面板外缘曲率半径的要求。

b)　臂柱作为单个构件制造的极限偏差应符合表 8 的规定。

c)　支臂开口处弦长 L 的极限偏差应符合表 18 的规定。

表 18　支臂开口处弦长极限偏差

单位为毫米

序号	支腿开口处弦长 L	极限偏差
1	≤4 000	±2
2	>4 000～6 000	±3
3	>6 000	±4

d)　直支臂的侧面扭曲应不大于 2 mm，反向弧形闸门支臂两侧对水平面的垂直度应不大于支腿开口处弦长 L/1 000。

e)　斜支臂组装应以臂柱中心线夹角平分线为基准线，臂柱腹板应与门叶主梁腹板形成水平连接，支臂连接板应与基准线垂直，上、下臂柱腹板在垂直于基准线的剖面的扭角应用样板检查，样板间隙应不大于 2 mm，臂柱补强板应根据计算扭角大小预折成形，不得强制装配。

7.5.5　弧形闸门出厂前，应进行立体组装检查，其公差或极限偏差除符合本章中的有关规定外，并应符合表 19 的要求。

表 19　弧形闸门组装的公差或极限偏差

单位为毫米

序号	项　　目		公差或极限偏差	备　　注
1	两个铰链轴孔的同轴度公差		≤1	
2	每个铰链轴孔的倾斜度		≤1/1 000	
3	铰链中心至门叶中心距离 L_1		±1	
4	臂柱中心与铰链中心的不吻合值 Δ_1		≤2	
5	臂柱腹板中心与主梁腹板中心的不吻合值 Δ_2		≤4	
6	支臂中心至门叶中心距离 L_2		±1.5	在支臂开口处测量
7	支臂与主梁组合处的中心至支臂与铰链组合处的中心对角线相对差 $\lvert D_1-D_2 \rvert$		≤3	
8	在上、下两支臂夹角平分线的垂直剖面上，上、下支臂侧面的位置度公差 $C=\lvert L_3-L_3' \rvert$		≤5	
9	铰链轴孔中心至面板外缘的半径 R	露顶式弧形闸门	±7	
		潜孔式弧形闸门	±3	
		采用充压式、压紧式水封弧形闸门	±2	其偏差方向应与埋件的止水座基面的曲率半径偏差方向一致
10	铰链轴孔中心至面板外缘的半径 R 两侧相对差	露顶式弧形闸门	≤5	
		潜孔式弧形闸门	≤2	
		采用充压式、压紧式水封弧形闸门	≤1	
11	组合处错位		≤2	
12	支臂两端连接板与门叶、铰链组合面之接触面，臂柱间两连接板的接触面		应有 75% 以上的面积紧贴，且边缘最大间隙不应大于 0.8 mm	连接螺栓紧固后，用 0.3 mm 塞尺检查其塞入面积应小于 25%
简图	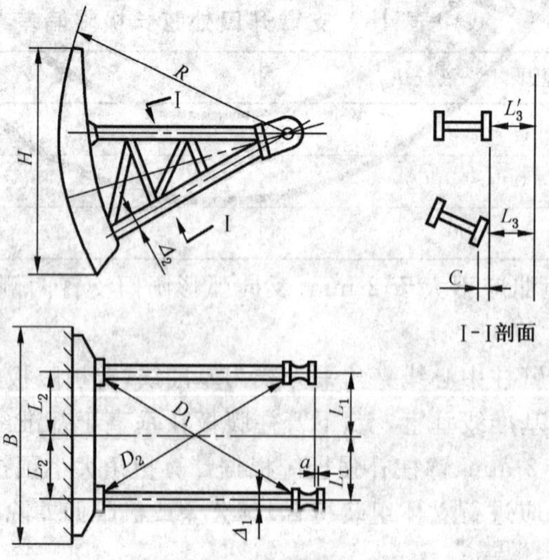			

7.5.6 组装检查合格后，应明显标记门叶中心线，对角线测控点，在组合处两侧 150 mm 作供安装控制的检查线，设置可靠的定位装置，并进行编号和标志。

7.6 人字闸门门体制造

7.6.1 人字闸门门叶制造、组装的公差或极限偏差，应符合表 20 的规定。

表 20 人字闸门门叶的公差或极限偏差

单位为毫米

序号	项　目	门叶尺寸	公差或极限偏差	备　注
1	门叶厚度 b	≤1 000 ＞1 000～3 000 ＞3 000	±3 ±4 ±5	
2	门叶外形高度 H	≤5 000 ＞5 000～10 000 ＞10 000～15 000 ＞15 000～20 000 ＞20 000	±5 ±8 ±12 ±16 ±20	
3	门叶外形半宽 $B/2$	≤5 000 ＞5 000～10 000 ＞10 000	±2.5 ±4 ±5	
4	对角线相对差 $\|D_1-D_2\|$	≤5 000 ＞5 000～10 000 ＞10 000～15 000 ＞15 000～20 000 ＞20 000	3 4 5 6 7	按门高或门宽尺寸较大者选取
5	门轴柱、斜接柱正面直线度	≤5 000 ＞5 000～10 000 ＞10 000	2.5 4 5	
6	门轴柱、斜接柱侧面直线度		5	
7	门叶横向直线度 f_1		$B/1\ 500$，且不大于 4	通过各横梁中心线测量
8	门叶竖向直线度 f_2		$H/1\ 500$，且不大于 6	通过左、右两侧两根纵向隔板中心线测量
9	顶、底主梁的长度相对差	≤5 000 ＞5 000～10 000 ＞10 000	2.5 4 5	
10	门叶底面的平面度		2	
11	止水座面平面度		2	
12	面板与梁组合面的局部间隙		1	
13	面板局部不平度	面板板厚 δ： ≤10 ＞10～16 ＞16	每米范围内： 6 5 4	
14	门叶底缘倾斜值 $2C$		3	

表 20（续）

单位为毫米

序号	项　　目	门叶尺寸	公差或极限偏差	备　　注
15	纵向隔板错位		3	
简图	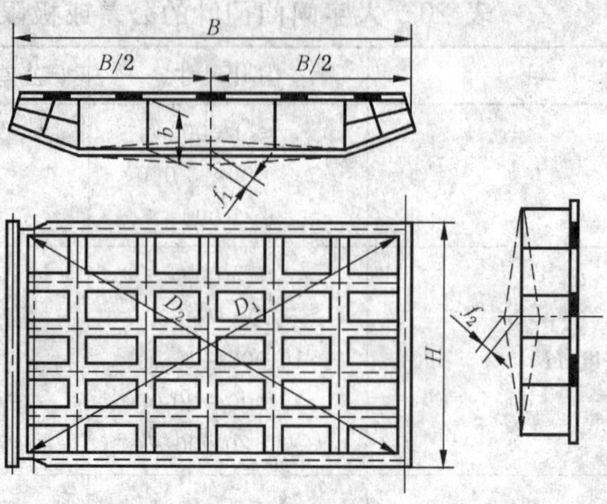			

7.6.2　支、枕垫块出厂前应逐对配装研磨，使其接触紧密，局部间隙应不大于 0.05 mm，其累计长度应不超过支、枕垫块长度的 10%。

7.6.3　底枢蘑菇头与底枢顶盖轴套应在厂内组装研刮，并满足下列要求：

a)　在加工时，定出蘑菇头的中心位置并予以标记。

b)　应转动灵活，无卡阻现象。

c)　蘑菇头与轴套接触面应集中在顶部 20°～120°范围内，接触面上的接触点数，在每 25 mm×25 mm 面积内应不少于 1 个～2 个点。

7.6.4　人字闸门出厂前应进行整体预组装检查，组装时，应以门叶中心线（即安装时的垂直线）和底横梁中心线（即安装时的水平线）为基准线，其偏差应符合表 20 的规定外，并应符合下列要求：

a)　底枢顶盖中心位置度公差应不大于 2 mm，底枢顶盖与底横梁中心线的平行度公差应不大于 1 mm。

b)　分节制造的人字闸门顶枢轴孔应在工地完成了门叶拼装、焊接之后再进行镗孔或扩孔。整体组装时应作出顶、底枢轴线和顶枢轴孔控制线，并用仪器进行校验。顶、底枢中心同轴度公差应不大于 0.5 mm，顶、底枢中心线与门叶中心线平行度公差应不大于 0.5 mm。

c)　整体制造的人字门可在工厂对顶枢进行镗孔，顶、底枢孔同轴度公差应不大于 0.5 mm，顶、底枢中心线与门叶中心线平行度公差应不大于 0.5 mm。

d)　检查合格后，应明显标记门叶和端板中心线及底横梁中心线，在距离节间组合面约 150 mm 作供安装控制的检查线，设置可靠的定位装置，并予编号和标志。

8　闸门安装

8.1　埋件安装

8.1.1　预埋在一期混凝土中的锚栓或锚板，应按设计图样制造、预埋，在混凝土浇筑之前应对预埋的锚栓或锚板位置进行检查、核对。

8.1.2　埋件安装前，门槽中的模板等杂物及有油污的地方应清除干净。一、二期混凝土的结合面应凿毛，并冲洗干净。二期混凝土门槽的断面尺寸及预埋锚栓或锚板的位置应复验。

8.1.3　埋件安装前，应对埋件各项尺寸进行复验。

8.1.4　除本标准中另有规定者外，平面闸门埋件安装的公差或极限偏差应符合表 21 的规定，检测时，构件每米至少应测一点。

表 21　平面闸门埋件安装的公差或极限偏差

单位为毫米

序号	埋件名称		底槛	门楣	主轨		侧轨	反轨	止水板	护角兼作侧轨	胸墙			
					加工	不加工					兼作止水		不兼作止水	
											上部	下部	上部	下部
	简图													
1	对门槽中心线 a	工作范围内	±5	+2 −1	+2 −1	+3 −1	±5	+3 −1	+2 −1	±5	+5 0	+2 −1	+8 −1	+2 −1
		工作范围外			+3 −1	+5 −2	±5	+5 −2		±5				
2	对孔口中心线 b	工作范围内	±5		±3	±3	±5	±3	±3	±5				
		工作范围外			±4	±4	±5	±5		±5				
3	高程	▽	±5											
4	门楣中心对底槛面的距离 h			±3										
5	工作表面一端对另一端的高差	$L<10\ 000$	2											
		$L\geqslant 10\ 000$	3											
6	工作表面平面度	工作范围内	2	2		2			2		2	2	4	4
		工作范围外												

表 21（续）

单位为毫米

序号	埋件名称		底槛	门楣	主轨		侧轨	反轨	止水板	护角兼作侧轨	胸墙			
					加工	不加工					兼作止水		不兼作止水	
											上部	下部	上部	下部
7	工作表面组合处的错位	工作范围内	1	0.5	0.5	1	1	1	0.5	1	1	1	1	1
		工作范围外			1	2	2	2		2				
8	简图		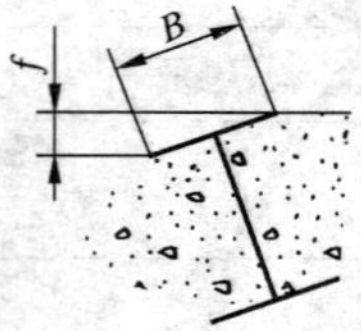	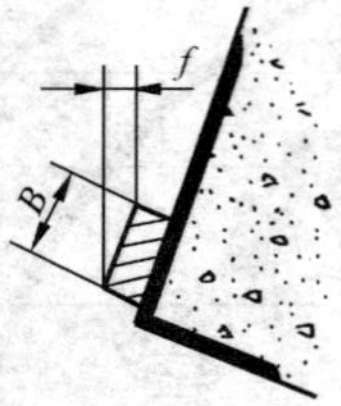	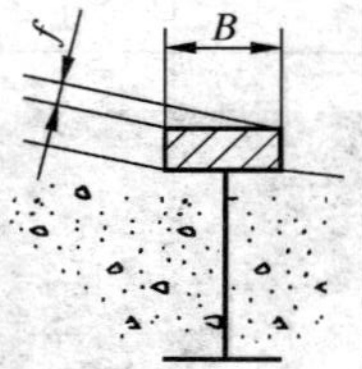		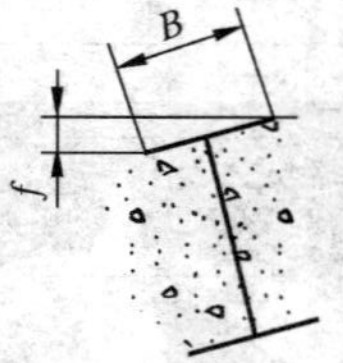		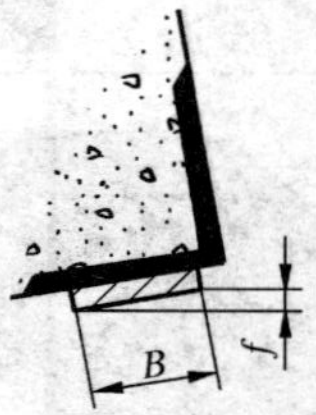	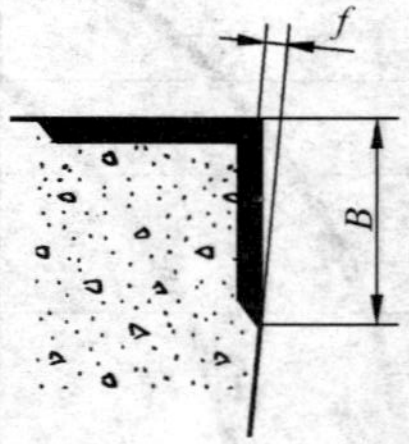				
	表面扭曲值 f 工作范围内表面宽度	$B<100$	1	1	0.5	1	2		2	1	2			
		$B=100\sim200$	1.5	1.5	1	2	2.5		2.5	1.5	2.5			
		$B>200$	2		1	2	3		3		3			
	工作范围外允许增加值				2	2	2		2		2			

注 1：L 为闸门宽度。

注 2：胸墙下部系指和门楣组合处。

注 3：门槽工作范围高度：静水启闭闸门为孔口高；动水启闭闸门为承压主轨高度。

8.1.5 平面链轮闸门埋件安装除满足8.1.4规定外，主轨承压面接头处的错位应不大于0.2 mm，并应磨成缓坡；孔口两侧主轨承压面应在同一平面之内，其平面度应符合表22的规定。

表22 平面链轮闸门主轨承压面平面度

单位为毫米

主轨长度	平面度公差
≤1 000	0.4
>1 000～2 500	0.5
>2 500～4 000	0.6
>4 000～6 300	0.8
>6 300～10 000	1

8.1.6 弧形闸门铰座的基础螺栓中心和设计中心的位置偏差应不大于1 mm。

8.1.7 本标准另有规定者外，弧形闸门埋件安装的公差与极限偏差应符合表23的规定，检测时，构件每米至少测一点。

表23 弧形闸门埋件安装的公差或极限偏差

单位为毫米

序号	埋件名称		底槛	门楣	侧止水板		侧轮导板
					潜孔式	露顶式	
	简图		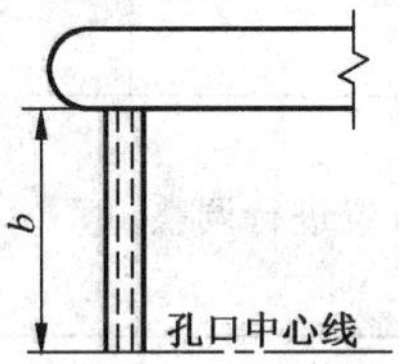	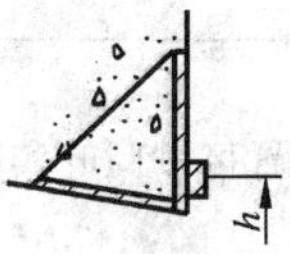	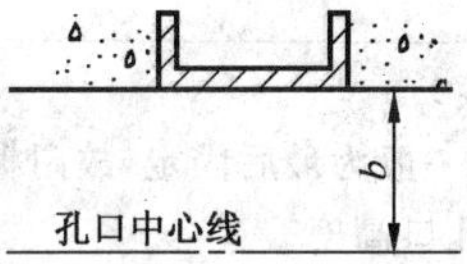		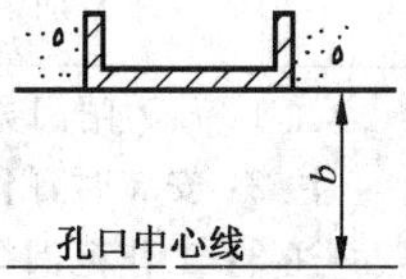
1	里程		±5	$^{+2}_{-1}$			
2	高程		±5				
3	门楣中心至底槛面的距离 h			±3			
4	对孔口中心线 b	工作范围内	±5		±2	$^{+3}_{-2}$	$^{+3}_{-2}$
		工作范围外			$^{+4}_{-2}$	$^{+6}_{-2}$	$^{+6}_{-2}$
5	工作表面一端对另一端的高差	L≥10 000	3				
		L<10 000	2				
6	工作表面平面度		2	2	2	2	2
7	工作表面组合处的错位		1	0.5	1	1	1
8	侧止水板和侧轮导板中心线的曲率半径				±5	±5	±5

表 23（续） 单位为毫米

序号	埋件名称	底槛	门楣	潜孔式		侧轮导板
				潜孔式	露顶式	
	简图	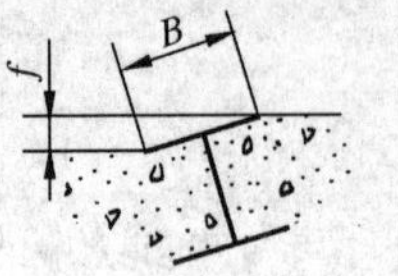	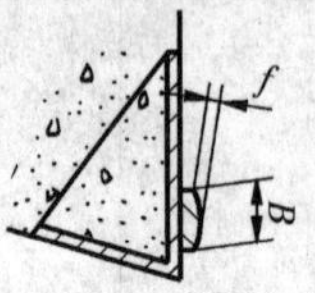	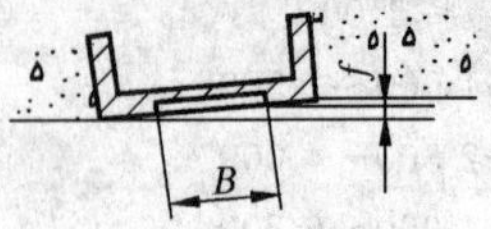		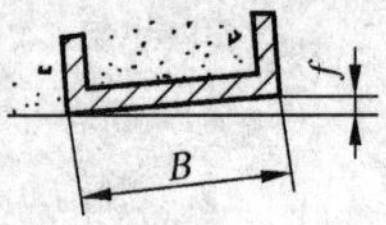
9	表面扭曲 f 工作范围表面宽度 $B<100$	1	1	1	1	2
	表面扭曲 f 工作范围表面宽度 $B=100\sim200$	1.5	1.5	1.5	1.5	2.5
	表面扭曲 f 工作范围表面宽度 $B>200$	2		2	2	3
	表面扭曲 f 工作范围外允许增加值			2	2	2

注 1：L 为闸门宽度。

注 2：安装时，门楣一般为最后固定，故门楣位置可按门叶实际位置进行调整。

注 3：工作范围指孔口高度。

8.1.8 采用充压式、压紧式水封的弧形闸门，埋件的止水座基面中心线至孔口中心线的距离极限偏差为±2 mm；埋件的止水座基面的曲率半径极限偏差为±3 mm，其偏差方向应与门叶面板外弧的曲率偏差方向一致；埋件的止水座基面至弧形闸门外弧面间隙尺寸极限偏差应不大于 1.5 mm；潜孔式侧止水座如为不锈钢，其组合错位为 0.5 mm。

8.1.9 弧形闸门铰座钢梁单独安装时，钢梁中心的里程、高程和对孔口中心线距离的极限偏差为±1.5 mm。铰座钢梁的倾斜（见图 6），按其水平投影尺寸 L 的偏差值来控制，要求 L 的偏差应不大于 $L/1\,000$。

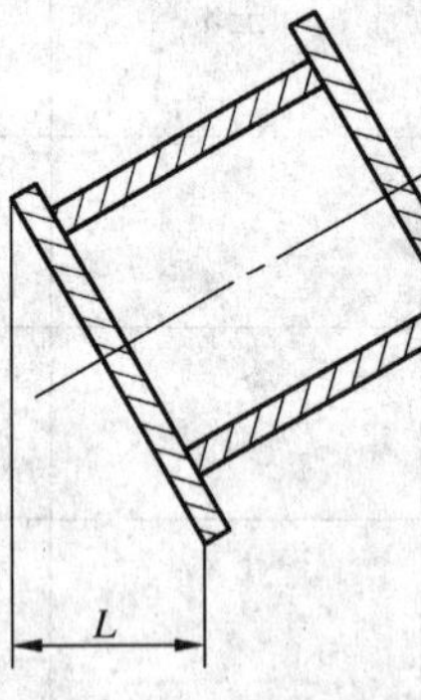

图 6 铰座钢梁的倾斜

8.1.10 水平钢衬高程极限偏差为±3 mm，侧向钢衬至孔口中心线距离极限偏差为+6 mm～−2 mm，表面平面度公差为 4 mm，垂直度公差为高度的 1/1 000 且不大于 4 mm，组合面错位应不大于 2 mm。

8.1.11 埋件安装调整好后，应将调整螺栓与锚板或锚栓焊牢，埋件在浇筑二期混凝土过程中不应变形或移位。

8.1.12 埋件工作面对接接头的错位均应进行缓坡处理，过流面及工作面的焊疤和焊缝余高应铲平磨光，凹坑应补焊平并磨光。

8.1.13 埋件安装完，经检查合格，应在 5 d 内浇筑二期混凝土。如过期或有碰撞，应予复测，复测合格，方可浇筑二期混凝土。二期混凝土一次浇筑高度不宜超过 5 m，浇筑时，应注意防止撞击埋件和模板，并采取措施捣实混凝土，应防止二期混凝土离析、跑模和漏浆。

8.1.14 埋件的二期混凝土强度达到 70%以后方可拆模，拆模后应对埋件进行复测，并作好记录。同时检查混凝土尺寸，清除遗留的外露钢筋头和模板等杂物，以免影响闸门启闭。

8.1.15 工程挡水前，应对全部检修门槽和共用门槽进行试槽。

8.2 平面闸门门体安装

8.2.1 整体闸门在安装前，应对其各项尺寸进行复测，并符合本标准有关规定的要求。

8.2.2 分节闸门组装成整体后，除应按本标准有关规定对各项尺寸进行复测外，并应满足下列要求：

a) 节间如采用螺栓连接，则螺栓应均匀拧紧，节间橡皮的压缩量应符合设计要求。

b) 节间如采用焊接，则应采用已经评定合格的焊接工艺，按本标准的有关规定进行焊接和检验，焊接时应采取措施控制变形。

8.2.3 充水阀的尺寸应符合设计图样，其导向机构应灵活可靠，密封件与座阀应接触均匀，并满足止水要求。

8.2.4 止水橡皮的物理力学性能参见附录 D 中有关规定。

8.2.5 止水橡皮的螺栓孔位置应与门叶和止水压板上的螺栓孔位置一致，孔径应比螺栓直径小1 mm。应采用专用空心钻头制孔，不应烫孔，均匀拧紧螺栓后，其端部至少应低于止水橡皮自由表面 8 mm。

8.2.6 止水橡皮表面应光滑平直，橡塑复合水封应保持平直运输，不得盘折存放。其厚度极限偏差为 ±1 mm，截面其他尺寸的极限偏差为设计尺寸的 2%。

8.2.7 止水橡皮接头可采用生胶热压等方法胶合，胶合接头处不得有错位、凹凸不平和疏松现象；若采用常温粘接剂胶合，抗拉强度应不低于附录 D 中的橡胶水封抗拉强度的 85%。

8.2.8 止水橡皮安装后，两侧止水中心距离和顶止水中心至底止水底缘距离的极限偏差±3 mm，止水表面的平面度为 2 mm。闸门处于工作状态时，止水橡皮的压缩量应符合图样规定，并进行透光检查或冲水试验。

8.2.9 平面闸门应作静平衡试验，试验方法为：将闸门吊离地面 100 mm，通过滚轮或滑道的中心测量上、下游与左、右方向的倾斜，平面闸门的倾斜不应超过门高的 1/1 000，且不大于 8 mm；平面链轮闸门的倾斜应不超过门高的 1/1 500，且不大于 3 mm；当超过上述规定时，应予配重。

8.3 弧形闸门门体安装

8.3.1 圆柱铰和球铰及其他形式支铰铰座安装公差或极限偏差应符合表 24 的规定。

表 24 弧形闸门铰座安装公差或极限偏差

单位为毫米

序号	项 目	公差与偏差
1	铰座中心对孔口中心线的距离	±1.5
2	里程	±2
3	高程	±2
4	铰座轴孔倾斜	l/1 000
5	两铰座轴孔的同轴度	1
注：铰座轴孔倾斜系指任何方向的倾斜，l 为轴孔宽度。		

8.3.2 分节弧形闸门门叶组装成整体后，应按本标准有关规定对各项尺寸进行复测。复测合格后采用评定合格的焊接工艺，按本标准的有关规定进行门叶结构焊接和检验，焊接时应采取措施控制变形。当门叶节间采取螺栓连接时，应遵照螺栓连接有关规定进行紧固和检验。

8.3.3 弧形闸门安装应符合下列规定：

a) 支臂两端的连接板若需要在安装时焊接，应采取措施减少焊接变形，以保证焊接后其组合面符合本标准有关要求。

b) 抗剪板应和连接板顶紧施焊。

c) 连接螺栓应遵照螺栓连接有关规定进行紧固和检验，连接面间隙应符合本标准表19的有关规定。

d) 铰轴中心至面板外缘的曲率半径 R 的极限偏差：露顶式弧形闸门为±8 mm，两侧相对差应不大于5 mm；潜孔式弧形闸门为±4 mm，两侧相对差应不大于3 mm；采用充压式、压紧式水封弧形闸门为±3 mm，其偏差方向应与埋件的止水座基面的曲率半径偏差方向一致，埋件的止水座基面至弧形闸门外弧面的间隙公差应不大于3 mm，同时两侧半径的相对差应不大于1.5 mm。

e) 止水橡皮的质量应符合国家或行业有关技术标准的规定，顶、侧止水橡皮安装质量应符合8.2.4～8.2.8的有关规定。

8.4 人字闸门门体安装

8.4.1 底枢装置(见图7)安装应符合下列规定：

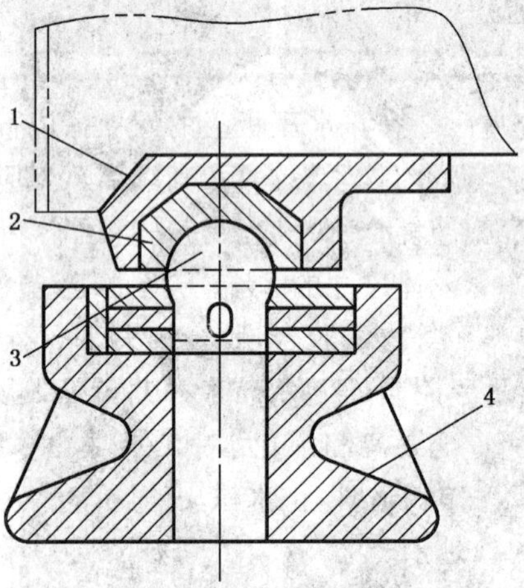

1——底枢顶盖；
2——轴套；
3——蘑菇头；
4——底枢轴座。

图7 底枢装置

a) 底枢轴孔或蘑菇头中心的位置度公差应不大于2.0 mm，左、右两蘑菇头高程极限偏差±3.0 mm，左、右两蘑菇头高程相对差应不大于2.0 mm。

b) 底枢轴座的水平倾斜度应不大于1/1 000。

8.4.2 门叶安装应以底横梁中心线为水平基准线，以门体中心线为垂直基准线，并在门轴柱和斜接柱端板及其他必要部位悬挂铅垂线进行控制与检查。

门叶安装应按照吊装对位、焊接并检验合格之后再吊装下一节的程序进行。焊接应采用已经评定合格的焊接工艺，并采取有效的防止和监视焊接变形措施，遵照本标准有关焊接规定进行焊接与检验，门叶整体几何尺寸及形位公差应符合表20的规定。

8.4.3 顶枢装置(见图8)安装应符合下列规定：

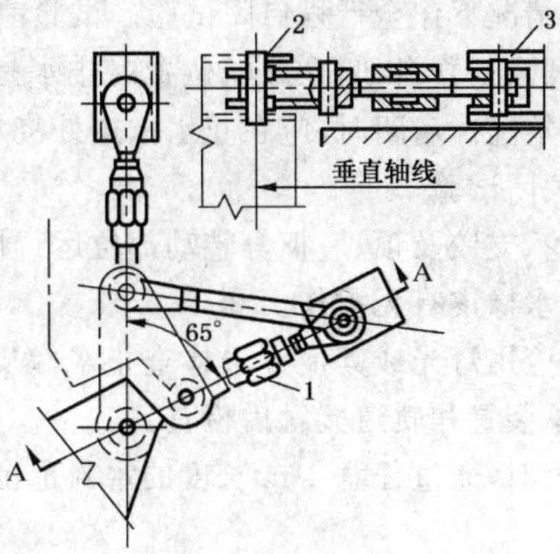

1——拉杆；

2——轴；

3——座板。

图8　顶枢装置

a) 顶枢埋件应根据门叶上顶枢轴座板的实际高程进行安装，拉杆两端的高差应不大于 1 mm。

b) 两拉杆中心线的交点与顶枢中心应重合，其偏差应不大于 2 mm。

c) 顶枢轴线与底枢轴线应在同一轴线上，其同轴度公差为 2 mm。

d) 顶枢轴孔的同轴度和垂直度应符合 GB/T 1184—1999 的 9 级精度，表面粗糙度 $R_a \leqslant 25\ \mu m$。

8.4.4　支、枕座安装时，以顶部和底部支座或枕座中心的连线检查中间支、枕座的中心，其对称度公差应不大于 2 mm，且与顶枢、底枢轴线的平行度公差应不大于 3 mm。

8.4.5　支、枕垫块安装和调整，应符合下列规定：

a) 支、枕垫块安装应以枕垫块安装为基准，枕垫块的对称度公差为 1 mm，垂直度公差为 1 mm。

b) 不作止水的支、枕垫块间不应有大于 0.2 mm 的连续间隙，局部间隙不大于 0.4 mm；兼作止水的支、枕垫块间，不应有大于 0.15 mm 的连续间隙，局部间隙不大于 0.3 mm；间隙累计长度应不超过支、枕垫块长度的 10%。

c) 每对相接触的支、枕垫块中心线的对称度公差：不作止水的应不大于 5 mm，兼作止水的应不大于 3 mm。

8.4.6　支、枕垫块与支、枕座间浇注填料应符合下列规定：

a) 如浇注环氧填料，则环氧垫层的厚度应不小于 20 mm。

b) 如浇注巴氏合金，则当支、枕垫块与支、枕座间的间隙小于 7 mm 时，应将垫块和支、枕座均匀加热到 200 ℃后方可浇注，不应采用氧气-乙炔火焰加热。

8.4.7　旋转门叶从全开到全关过程中，斜接柱上任意一点的最大跳动量：当门宽小于或等于 12 m 时为 1.0 mm；门宽大于 12 m 小于或等于 24 m 时为 1.5 mm；门宽大于 24 m 时为 2.0 mm。

8.4.8　人字门背拉杆调整应在自由悬挂状态下进行，调整背拉杆应符合下列要求：

a) 背拉杆宜分步参照设计预应力值进行调整。

b) 门轴柱和斜接柱的正面直线度、门叶横向直线度不应超过表 20 的有关规定。

c) 门叶底横梁在斜接柱下端点的位移：顺水流方向±2 mm，垂直方向±2mm。

8.4.9　关闭单扇门叶，检查门轴柱支、枕垫块(侧水封与侧止水板)、底水封与底止水板是否均匀接触；关闭两扇门叶，检查斜接柱支垫块间(中间水封与止水板)是否均匀接触。

8.4.10　在无水状态下调试人字闸门时，应充分考虑到环境温差的影响，正确处理门体有关几何尺寸及相互位置的变化。

8.5 闸门试验

8.5.1 闸门安装合格后，应在无水情况下作全行程启闭试验。试验前应检查自动挂脱梁挂钩脱钩是否灵活可靠；充水阀在行程范围内的升降是否自如，在最低位置时止水是否严密；同时还须清除门叶上和门槽内所有杂物并检查吊杆的连接情况。启闭时，应在止水橡皮处浇水润滑。有条件时，工作闸门应作动水启闭试验，事故闸门应作动水关闭试验。

8.5.2 闸门启闭过程中应检查滚轮、支铰及顶、底枢等转动部位运行情况，闸门升降或旋转过程有无卡阻，启闭设备左右两侧是否同步，止水橡皮有无损伤。

8.5.3 闸门全部处于工作部位后，应用灯光或其他方法检查止水橡皮的压缩程度，不应有透亮或有间隙。如闸门为上游止水，则应在支承装置和轨道接触后检查。

8.5.4 闸门在承受设计水头的压力时，通过任意 1 m 长度的水封范围内漏水量不应超过 0.1 L/s。

9 拦污栅制造和安装

9.1 拦污栅制造

9.1.1 拦污栅埋件制造的公差应符合表 25 的规定。

表 25 拦污栅埋件制造公差

单位为毫米

序号	项　目	公　差
1	工作面直线度	构件长度的 1/1 000，且不大于 6
2	侧面直线度	构件长度的 1/750，且不大于 8
3	工作面局部平面度	每米范围不大于 2
4	扭曲	3

9.1.2 拦污栅单个构件制造的极限偏差应符合表 8 的规定。

9.1.3 拦污栅栅体制造的公差或极限偏差应符合表 26 的规定。

表 26 拦污栅栅体的公差或极限偏差

单位为毫米

序号	项　目	公差或极限偏差	备注
1	栅体厚度	±4	
2	栅体外形高度	±8	
4	栅体外形宽度	±8	
5	单节栅体高度对应边相对差	≤4	
6	对角线相对差	6	
7	扭曲	4	
8	栅条间距	设计间距的±5%	
9	栅体吊耳中心对栅体中心距	±2	
10	滚轮或滑道支承工作面所组平面的平面度	4	
11	滑块或滚轮跨度	±6	
12	同侧滚轮或滑道支承对栅体中心线的极限偏差	±3	
13	两边梁下端面所组平面的平面度	3	

9.1.4 当拦污栅与检修门共用启闭设备时，栅体吊耳孔则应符合 7.4.6 和 7.4.7 的规定。

9.2 拦污栅安装

9.2.1 活动式拦污栅埋件安装的极限偏差应符合表 27 的规定。

表 27 活动式拦污栅埋件安装的极限偏差

单位为毫米

序号	项目	极限偏差		
		底槛	主轨	反轨
1	里程	±5		
2	高程	±5		
3	工作表面一端对另一端的高差	3		
4	对栅槽中心线		+3 −2	+5 −2
5	对孔口中心线	±5	±5	±5

9.2.2 倾斜设置的升降式拦污栅埋件，其倾斜角的角度极限偏差为±10′。回转式拦污栅按设计图样要求执行。

9.2.3 固定式拦污栅埋件安装时，各横梁工作表面应在同一平面内，其工作表面最高点和最低点的差值应不大于 3 mm。

9.2.4 栅体吊入栅槽后，应作升降试验，检查栅槽有无卡滞情况，检查栅体动作和各节的连接是否可靠。

使用清污机清污的拦污栅，其栅体结构与栅槽埋件应满足清污机的运行要求。

10 验收

10.1 总则

10.1.1 闸门验收分为制造和安装验收。

10.1.2 闸门制造安装验收是工程验收的一部分，应服从工程验收的需要，并满足工程验收要求。

10.1.3 验收工作由项目法人或委托监理单位主持，各阶段验收的时间、地点及参加验收工作的人员应遵照合同有关规定。

10.2 闸门制造验收

10.2.1 闸门出厂前，应进行闸门制造出厂验收。

10.2.2 闸门制造验收时应具备以下条件：

a) 闸门宜在防腐蚀工序前进行验收；

b) 门体及埋件应进行预组装，并使其处于主要检测项目能够进行检测的状态；

c) 焊接与热处理(如有)工作基本完成，不存在引起其尺寸与精度变化的后续加工工序。

10.2.3 验收前制造单位应提交验收申请报告和验收大纲。

10.2.4 验收时制造单位应提供以下验收资料：

a) 闸门设计图样、施工图样、设计文件及有关会议纪要。

b) 焊接工艺评定报告及制造工艺文件。

c) 主要材料、标准件、外购件及外协加工件的质量证明书。

d) 焊缝质量检验报告。

e) 对重大缺欠处理记录和报告。

f) 闸门和埋件产品质量检查记录。

10.2.5 闸门制造验收的主要工作：

a) 检查闸门和埋件制造是否符合设计要求。

b) 检查闸门和埋件制造质量是否符合本标准和有关技术标准的要求。

c) 对遗留问题提出处理意见。

10.2.6 验收时监理应提供监理报告。

10.2.7 验收完成后，验收各方形成验收会议纪要。

10.3 闸门安装验收

10.3.1 闸门安装完成移交前，应进行闸门安装验收或纳入安装工程单元验收。

10.3.2 闸门安装验收时闸门应安装完毕，并具备试运行条件。

10.3.3 验收前安装单位应提交验收申请报告和验收大纲。

10.3.4 验收时安装方应提供以下验收资料：

a) 验收申请报告和验收大纲。

b) 闸门设计图样、竣工图、设计文件及有关会议纪要。

c) 焊接工艺评定报告及安装工艺文件。

d) 焊缝质量检验报告。

e) 对重大缺欠处理记录和报告。

f) 闸门和埋件安装质量检验记录。

g) 闸门平衡试验、充水试验及静水启闭试验报告，试运行记录和资料。

10.3.5 闸门安装验收的主要工作：

a) 检查闸门和埋件安装是否符合设计要求。

b) 检查闸门和埋件安装质量是否符合本标准和有关技术标准的要求。

c) 对遗留问题提出处理意见。

10.3.6 验收时监理应提供监理报告。

10.3.7 验收完成后，验收各方形成验收会议纪要。

附 录 A
（资料性附录）
各种工艺评定方法的应用说明

A.1 应用说明

各种评定方法的应用说明见表 A.1。

表 A.1 评定方法

评定方法	应用说明
焊接工艺评定试验	应用普遍，工艺评定试验不适于实际接头形状、拘束度、可达性的情况除外。
焊接经验	限于过去用过的焊接工艺，许多焊缝在类项、接头和材料方面相似。具体要求参见 GB/T 19868.2。
预生产焊接试验	原则上可以经常使用，但要求在生产条件下制作试件，适合于批量生产。具体要求参见 GB/T 19868.4。

A.2 焊接工艺评定试验

该方法规定了如何通过标准试件的焊接和检验评定焊接工艺。

当焊接接头的性能对应用结构具有关键影响时，一般应采用这种方法来进行焊接工艺的评定。

GB/T 19869.1 规定了钢、镍及镍合金的焊接工艺评定试验方法。

A.3 基于焊接经验的工艺评定

该方法规定了如何通过展示以前合格的焊接能力评定焊接工艺。

制造商可以通过参照以前的经验评定焊接工艺，其条件是：有真实可信的文件证实其以前曾令人满意地焊制了相同的接头和材料种类。

只有从以前经验中获知焊接工艺确实可靠时，才可用于这种场合。

GB/T 19868.2 规定了利用以前经验进行评定的方法。

A.4 基于预生产焊接试验的工艺评定

该方法规定了如何使用预生产焊接试验评定焊接工艺。

仅对某些焊缝性能在很大程度依靠某些条件（诸如：尺寸、拘束度、热传导效应）的焊接工艺而言，这种方法是可靠的评定方法。

当标准试件的形状和尺寸无法适宜地代表实际焊接的接头（如薄壁管上的附件焊缝）时，可以使用预生产焊接试验做评定。在这种情况下，应制作一个或多个特殊试件以模拟生产接头的主要特征。试验应在生产之前并按生产条件进行。

试件的试验和检验应按有关工艺评定试验标准进行，而且可以按接头性质用特殊试验补充或替代。

GB/T 19868.4 规定了利用预生产焊接试验进行评定的方法。

附 录 B
(规范性附录)
高强度螺栓抗滑移系数和紧固力矩检测

B.1 高强度螺栓摩擦面抗滑移系数检测规定

B.1.1 抗滑移系数试验应采用双摩擦面的两栓拼接的拉力试件。

B.1.2 抗滑移系数 μ 按式(B.1)计算：

$$\mu = \frac{N}{n_f \times \sum P_t} \qquad \cdots\cdots\cdots\cdots(B.1)$$

式中：

N——由试验测得的滑动荷载，单位为千牛(kN)；

n_f——传力摩擦面面数(取 $n_f=2$)；

$\sum P_t$——试件产生滑移一侧的高强度螺栓预拉力实测值之和，单位为千牛(kN)。

B.2 高强度螺栓紧固力矩检测规定

B.2.1 高强度螺栓规定的紧固力及紧固力矩见表 B.1。

表 B.1 高强度螺栓规定的紧固力及紧固力矩表

公称直径 d/mm	高强度螺栓平均扭矩系数	施工预拉力 P_c/kN 螺栓性能等级		施工扭矩 T_c/N·m 螺栓性能等级	
		8.8 s	10.9 s	8.8 s	10.9 s
M12	0.130	45.0	60.0	70.2	93.6
M16	0.130	75.0	110.0	156.0	228.8
M20	0.130	120.0	170.0	312.0	442.0
M22	0.130	150.0	210.0	429.0	600.6
M24	0.130	170.0	250.0	530.4	780.0
M27	0.130	225.0	320.0	789.8	1 123.2
M30	0.130	275.0	390.0	1 072.5	1 521.0

B.2.2 高强度大六角头螺栓的初拧矩宜为终拧施工扭矩的50%。

B.2.3 大六角头高强度螺栓检查扭矩可由式(B.2)计算确定：

$$T_{ch} = K \times P \times d \qquad \cdots\cdots\cdots\cdots(B.2)$$

式中：

T_{ch}——检查扭矩(将已拧紧的高强度螺栓副抽查10%，将螺母松开约60°，再重新拧紧，此时测得的扭矩应在 $0.9T_{ch}$～$1.1T_{ch}$ 范围内)，单位为牛米(N·m)；

K——高强度螺栓连接副的扭矩系数平均值(应在0.110～0.150范围内，其标准偏差应小于0.011)；

P——高强度螺栓设计预拉力($P_c=1.1P$)，单位为千牛(kN)；

d——高强度螺栓直径，单位为毫米(mm)。

附　录　C
（资料性附录）
支承滑道常用材料

C.1　增强（填充）四氟板材

C.1.1　增强（填充）四氟材料的物理力学性能见表 C.1。

表 C.1　增强（填充）四氟材料的物理力学性能

序号	性能	单位	指标	备注
1	密度	g/cm³	1.20～1.50	
2	抗压强度	MPa	120～180	
3	缺口冲击强度	J/cm²	＞0.7	
4	球压痕硬度	MPa	≥100	GB/T 3398
5	许用线压强	kN/cm	≤80	
6	线胀系数	1/℃	$\leqslant 7.0\times10^{-5}$	
7	吸水率	%	≤0.6	
8	热变形温度	℃	185	

C.1.2　增强（填充）四氟材料滑块的宽度尺寸宜大于夹槽宽度 1%。

C.1.3　滑块表面粗糙度 $R_a\leqslant3.2$ μm。

C.2　钢背铜塑复合材料

C.2.1　钢背铜塑复合材料的物理力学性能见表 C.2。

表 C.2　钢背铜塑复合材料的物理力学性能

序号	性能	单位	复合材料	
			铜球/聚甲醛	铜螺旋/聚甲醛
1	复合层厚度	mm	1.2～1.5	≥3.0
2	抗压强度	MPa	≥250	≥160
3	布氏硬度	MPa	≥300	≥120
4	允许线压强	kN/cm	60	80
5	线胀系数	1/℃	2.3×10^{-5}	2.3×10^{-5}
6	工作温度	℃	−40～+100	−40～+100

C.2.2　钢基聚甲醛复合材料的表面应均匀一致，无未溶化的塑料，无裂纹等缺欠。

C.3　自润滑铜合金支承材料

C.3.1　常用自润滑铜合金支承材料的铜合金应符合 GB/T 13819 有关规定的要求，其力学性能应满足表 C.3 的规定。

表 C.3 自润滑铜合金力学性能

铜合金	力学性能			
	抗拉强度 σ_b/MPa	屈服强度 $\sigma_{0.2}$/MPa	伸长率 δ_5/%	硬度/HB
锡青铜	≥200	≥90	≥13	≥60
铝青铜	≥630	≥250	≥16	≥157
高强黄铜	≥740	≥400	≥7	≥167

C.3.2 铜基体应无夹杂物、砂眼、缩孔等缺欠，表面粗糙度 $R_a \leqslant 3.2\ \mu m$。

C.3.3 固体润滑剂的化学成分应符合图样规定，表面应颜色一致，无缺损、无剥离、无裂纹。

C.4 工程塑料合金材料

C.4.1 工程塑料合金材料的物理力学性能应符合表 C.4 的规定。

表 C.4 工程塑料合金材料的物理力学性能

序号	性能	单位	指标	备注
1	密度	g/cm^3	1.1～1.3	
2	抗压强度	MPa	90～160	
3	冲击强度	kJ/m^2	>60	
4	邵氏硬度	D	>66	
5	许用线压强	kN/cm	<83	
6	吸小率	%	0.06	
7	热变形温度	℃	186	
8	摩擦系数		0.05～0.1	

C.4.2 工程塑料合金滑动的宽度尺寸宜大于夹槽宽度 0.8%。

C.4.3 在压入夹槽后的机加工表面粗糙度为 $R_a \leqslant 6.3\ \mu m$。

C.4.4 工程塑料合金材料是以不同单体共聚高分子为基础，采用合成的稀土金属化合物及多种添加剂改性，通过特殊的合成工艺制造而成的各向同性无界面突变的均质聚合物。

附　录　D
（资料性附录）
橡胶水封的物理力学性能

D.1　橡胶水封的物理力学性能应符合表D.1的规定。

表D.1　橡胶水封的物理力学性能

序号	性能		指标值			
			Ⅰ		Ⅱ	高水头橡胶水封
			SF6674	SF6474	SF6574	
1	密度/(g/cm^3)		1.2～1.5	1.2～1.5	1.2～1.5	1.2～1.5
2	含(新)胶量/%		≥60	≥60	≥60	≥60
3	拉伸强度/MPa		≥18	≥13	≥14	≥22
4	邵氏硬度/A		60±5	60±5	60±5	70±5
5	拉断伸长率/%		≥450	≥450	≥400	≥400
6	拉伸弹性模量/MPa	100%	1.6～2.0	1.6～2.0	1.6～2.0	2.0～4.0
		200%	1.8～2.5	1.8～2.5	1.8～2.5	2.5～5.0
7	压缩弹性模量/MPa	20%	5.5～6.0	5.5～6.0	5.5～6.0	5.5～7.5
		30%	5.6～6.0	5.6～6.0	5.6～6.0	5.8～8.0
		40%	6.2～6.8	6.2～6.8	6.2～6.8	6.0～9.0
8	在−40 ℃～+40 ℃		不发生冻裂或硬化			

D.2　橡胶复合水封聚四氟乙烯薄膜厚度应大于1.0 mm，聚四氟乙烯薄膜与橡胶材料的粘合强度，当试样宽度为25.0 mm时，应不小于10 kN/m。